PRÉCIS ÉLÉMENTAIRE

DE PHYSIQUE

EXPÉRIMENTALE.

avec douze planches en taille-douce.

DE L'IMPRIMERIE DE A. BELIN.

PRÉCIS ÉLÉMENTAIRE

DE PHYSIQUE

EXPÉRIMENTALE,

PAR J.-B. BIOT,

De l'Académie des Sciences, des Sociétés royales de Londres, d'Édimbourg, des Antiquaires d'Écosse, de la Société Philomathique, des Académies de Turin, de Munich et de Wilna.

> Qui tractaverunt scientias, aut empirici aut dogmatici fuerunt. Empirici, formicæ more, congerunt tantum et utuntur : rationales, aranearum more, telas ex se conficiunt. Apis verò ratio media est, quæ materiam ex floribus horti et agri elicit, sed tamen eam, propriâ facultate, vertit ac digerit.
>
> BACON, *Nov. Org.* Lib. I. xciv.

OUVRAGE DESTINÉ A L'ENSEIGNEMENT PUBLIC, par Arrêté de la Commission de l'Instruction publique, en date du 22 févᵉʳ. 1817.

TOME I.

A PARIS,

CHEZ DETERVILLE, LIBRAIRE, RUE HAUTEFEUILLE.

1817.

AVANT-PROPOS.

Ce Précis élémentaire est le texte des leçons publiques que
j'ai données à la Faculté des Sciences de Paris en 1817 et
1816, dans le cours de physique que je partage avec mon ami
M. Gay-Lussac. C'est en grande partie l'extrait du Traité général de physique que j'ai publié il y a quelques mois, avec cette
différence que les faits y sont exposés d'une manière purement expérimentale, et leurs conséquences déduites d'une
manière purement rationnelle, sans aucun emploi quelconque du calcul algébrique, modifications qui devenaient
nécessaires pour mettre les élémens de la science à la
portée de la plupart des jeunes gens, qui cherchent seulement à acquérir des notions générales, comme une préparation utile pour d'autres études, telles que la médecine ou
l'histoire naturelle, ou même comme un simple complément
de leur éducation. Dans cette vue, j'ai ajouté à mon travail
un premier livre qui contient les lois générales de l'équilibre
et du mouvement, avec leurs applications les plus usuelles;
j'ai aussi intercalé dans l'optique la description et l'usage
des lunettes, des télescopes, des microscopes et des autres
appareils dont je n'avais pas parlé dans mon Traité, les
réservant pour un autre ouvrage spécialement consacré à
l'optique analytique. Ce Précis, ainsi complété, embrasse
donc toute la physique expérimentale : d'ailleurs, l'ordre
des matières y est le même que dans mon Traité; c'est-
à-dire, qu'après les principes abstraits de l'équilibre et du
mouvement qui règlent tous les phénomènes, j'expose successivement les procédés généraux d'observation et de
mesure qui servent à toutes les sciences d'expérience, et
j'en développe ensuite les applications aux diverses branches
de la physique, telles que l'acoustique, l'électricité, le

magnétisme, la lumière et la chaleur. L'expérience m'a de plus en plus convaincu que cette marche est la meilleure pour l'exposition des matières; j'oserais presque dire que c'est la seule qui amène les résultats dans l'ordre naturel et nécessaire de leur déduction.

Ce n'est pas toutefois sans quelques regrets que je me suis résolu à présenter aux élèves un ouvrage où la physique est dépouillée de ce qui fait sa principale utilité et sa certitude, je veux dire les expressions et les méthodes mathématiques. J'aurais vivement désiré que l'état de l'instruction élémentaire dans les écoles publiques m'eût permis de m'en tenir à mon premier Traité. Je suis aussi convaincu que personne du tort que font en général aux progrès réels d'une science, les ouvrages qui l'abrégent en la mutilant, et dont la simplicité apparente ne provient que de l'omission des détails qui constituent la solidité des résultats et les rendent susceptibles d'application. Je partage entièrement à cet égard l'opinion d'un savant Anglais, qui, en rendant compte de mon Traité avec une bienveillance dont je dois le remercier, combat l'usage où l'on est en Angleterre, d'offrir au public ce que l'on appelle des traités populaires, qui ne sont, à proprement parler, que des espèces de tables ou d'index, au moyen desquels un lecteur superficiel parvient seulement à savoir en gros que telle ou telle classe de phénomènes fait partie d'une science, et qu'il y a tel ou tel résultat qui s'en conclut; sans connaître jamais précisément comment ces phénomènes ont été observés, ni par quelles déductions les résultats ont été tirés, ni avec quel degré de certitude on peut les admettre. » Si l'élève, dit notre critique, ne sait rien de tout cela, et s'il a une fois habitué son esprit à se contenter de la pure nomenclature de la science, on peut le rendre aussi savant que l'on voudra dans ce genre, il n'en sera guère plus avancé. » J'ajoute que ce qu'on néglige de lui enseigner est justement ce qu'il lui est surtout nécessaire de savoir. Car, lorsque vous exposez devant lui l'électricité, ou le magnétisme, ou telle autre partie de la physique, ce qui lui importe le plus, ce n'est pas de retenir la multitude des faits qu'il pourra toujours retrouver dans les livres; c'est de bien comprendre la méthode d'expérience et d'observation qui a servi à les découvrir; de se la rendre familière et usuelle; en un mot, d'aquérir la philosophie des sciences, qui lui servira à quoi qu'il s'applique, et dont la connaissance intime, et, si je l'ose dire, l'imbibition profonde, donnera à son esprit de la tenue, de la force, de la justesse, lui inspirera un vif amour de la vérité, un insurmontable dégoût pour les explications systématiques, et le rendra ainsi capable d'observer et d'étudier la nature, quel que soit le genre de recherches auquel il veuille s'appliquer.

Mais, dira-t-on, si vous sentez si bien l'inconvénient de ces sortes d'ouvrages que l'on appelle populaires, comment vous êtes-vous décidé à en composer un? C'est parce que j'ai eu l'espoir d'éviter leur principal défaut. C'est qu'en renonçant aux secours du langage algébrique, en abandonnant avec lui les conséquences les plus éloignées des théories, et leurs vérifications les plus sûres, j'ai cru qu'on pouvait ne rien omettre des faits qui servent à les fonder d'une manière stable, ni des moyens par lesquels on observe ces faits, ni des considérations philosophiques par lesquelles on les enchaîne. De cette manière, j'ai espéré pouvoir présenter, en langage vulgaire, la substance même de la science, non pas sa surface ou son squelette. J'ai éprouvé cette marche dans le cours de la faculté des Sciences, sur un grand concours d'auditeurs, dont la plupart ne connaissant pas la langue des mathématiques, m'ont paru accueillir avec plaisir, sous cette forme rationelle, des vérités qui autrement ne leur eussent pas été accessibles. Je l'ai appliquée devant eux à toutes les expériences importantes dont la science se compose, à tous les appareils variés que la dotation libérale de la Commission de l'instruction publique nous a mis en état de présenter aux étudians; j'ai cru voir qu'elle atteignait aussi loin et aussi profondément que le permettait l'état actuel de l'éducation élémentaire pour les sciences physiques; et cette conviction, jointe aux sollicitations d'un grand nombre de personnes, m'a décidé à publier cet abrégé de mon Traité, que je n'avais d'abord rédigé que pour me servir de guide dans mes leçons.

On y trouvera, dans l'optique, plusieurs choses nouvelles, parmi lesquelles on remarquera sans doute un procédé aussi simple qu'ingénieux que M. Arago m'a communiqué pour mesurer les grossissemens de tous les instrumens d'optique. Parmi ces instrumens, le plus parfait, le plus admirable, c'est l'organe de la vision : j'ai tâché d'en décrire la construction et les usages avec autant de soin que j'en avais mis, dans mon Traité, à la description des organes de l'ouïe et de la voix. J'ai trouvé pour cela les plus utiles secours dans les communications bienveillantes de MM. Magendie et de Blainville; et surtout dans la complaisance extrême avec laquelle M. Cuvier a bien voulu m'expliquer lui-même les belles préparations de sa magnifique collection d'anatomie, et m'éclairer par sa conversation, autant que par ses ouvrages, sur les détails précis dont j'avais besoin. Je suis persuadé que les instrumens de la physique et les opérations de la chimie pourraient recevoir plusieurs perfectionnemens très-importans de l'étude approfondie de la construction des êtres organisés et des combinaisons si variées qui s'opèrent en eux. C'est la conservation des couleurs des objets dans la vision qui a fait deviner à Euler la possibilité des lunettes achromatiques. On verra, dans ce Précis, que l'œil de l'homme n'est pas moins bien pourvu sous le rapport de l'aberration de sphéricité; car la situation de la pupille dans l'intérieur du premier milieu réfringent est parfaitement appropriée à cet usage; tellement que si l'on eût fait attention aux conséquences de cette disposition, on aurait été conduit directement à cette construction de loupes que l'ingénieux M. Wollaston a imaginées, et qu'il a si justement appelées périscopiques, à cause de la grande étendue de champ qu'elles permettent d'embrasser. Les modifications si multipliées de l'œil dans les animaux, et ses particularités dans l'homme même, ne peuvent-elles pas, étant plus étudiées, donner de même un jour des indications importantes pour agrandir le champ de nos télescopes, ou compenser plus habilement leurs aberrations de sphéricité? L'admirable construction du labyrinthe de l'oreille, le mécanisme inexpliqué des osselets, n'aurait-il rien à nous apprendre sur la manière de propager et de recueillir les sons? La construction si délicate de la trachée des oiseaux chanteurs, la forme si soignée de leur glotte et de leur double larinx, ne renferme-t-elle pas le modèle inaperçu de quelques instrumens harmonieux? L'organe électrique de la torpille, si semblable aux appareils voltaïques, ne peut-il pas nous révéler quelque moyen nouveau pour augmenter la force de ces instrumens déjà si énergiques, et dont l'action décomposante est si utile à la chimie? Enfin, les combinaisons si variées qui s'opèrent sous l'influence de la vie, n'offrent-elles pas à nos recherches les corps vivans comme autant d'appareils chimiques admirablement disposés pour réaliser tous les modes d'action dont les molécules matérielles sont susceptibles? Et quel avantage n'y a-t-il pas à les étudier sous ce point de vue, à présent, surtout, que les combinaisons stables étant vraisemblablement pour la plupart réalisées, la chimie s'étudie à former, entre les substances, ces alliances passagères, qui, par leur mobilité même, semblent les plus propres à dévoiler les caractères les plus délicats, les plus secrets des affinités. Certes, si de telles applications sont possibles, elles ouvrent un vaste champ aux travaux des chimistes, des physiciens, des anatomistes, des zoologistes, des physiologistes et des médecins. Mais pour que ce champ devienne fertile, il faut qu'il soit cultivé en commun; il faut que les procédés exacts de la chimie, de la physique, et leur philosophie sévère, déjà introduites par des esprits supérieurs dans une grande partie de l'histoire naturelle de l'anatomie comparée et de la physiologie, soient accueillies

et pratiquées par les personnes auxquelles leur état même
donne des occasions continuelles d'observer les diverses
forces et les effets variés de la vie. L'ouvrage que j'offre
ici aux étudians remplira toutes mes espérances, s'il peut
contribuer à cet heureux résultat.

Fautes indispensables à corriger.

Page 537, ajoutez sur la ligne de *ut*$_2$ un point au milieu de chaque
espace, pour marquer les milieux des vibrations du son *ut*$_2$.
Page 510, ligne 8 en remontant, *fig.* 47, lisez *fig.* 38.

PRÉCIS ÉLÉMENTAIRE

DE PHYSIQUE.

LIVRE PREMIER.

CONSIDÉRATIONS GÉNÉRALES

Sur la Matérialité, l'Équilibre et le Mouvement.

CHAPITRE PREMIER.

Examen des propriétés par lesquelles les corps nous deviennent sensibles.

Les métaphysiciens ont donné des définitions très-diverses de la *matière ;* quelques-uns même ont douté que nous pussions avoir la certitude morale de son existence. Le physicien n'entre pas dans ces discussions. S'appuyant uniquement sur l'expérience, il appelle *corps matériels* tout ce qui produit sur nos organes un certain ensemble de sensations déterminées ; et la faculté d'exciter en nous ces diverses sensations, constitue, pour lui, autant de *propriétés* par lesquelles il reconnaît la présence des corps. Mais, parmi ces propriétés, deux seulement sont essentiellement indispensables, pour que nous ayons la sensation de la matière : ce sont *l'étendue* et *l'impénétrabilité*, dont la vue et le toucher sont les premiers juges.

Le caractère tiré de l'étendue est évident de lui-même. Lorsque nous voyons ou que nous touchons un corps, ce corps, ou, si l'on veut, la faculté qu'il a d'agir sur nous, réside dans certaines parties de l'espace, et non pas dans d'autres. Le lieu où elle réside est donc déterminé ; par cela même il est étendu.

Lorsque nous suivons les contours d'un corps par le tact, nous sentons que la matière qui le compose réside hors de nous. En général, deux portions de matière distinctes ne peuvent jamais s'identifier l'une dans l'autre, de façon que les mêmes points physiques de l'espace nous donnent à la fois la sensation de toutes deux. C'est en cela que consiste l'impénétrabilité.

Pour faire comprendre comment la réunion de cette qualité avec l'étendue est nécessaire à l'état de corps, je rapporterai un exemple où ces propriétés peuvent s'observer séparément.

Lorsqu'on place un petit objet au devant d'un miroir concave de métal poli, dont la surface est sphérique, il se forme, à quelque distance du miroir, une image fort ressemblante de l'objet, que l'on peut voir avec la plus grande netteté, en se plaçant à une distance convenable. Cette image, distincte des parties de l'espace qui l'avoisinent, est étendue, mais non pas impénétrable. Vous pouvez y plonger la main sans éprouver la moindre résistance, et les parties que vous touchez ne se déplacent pas, mais s'évanouissent à mesure. Assurément vous ne pénétreriez pas ainsi un morceau de bois ou de pierre, ou tout autre corps de ceux qu'on appelle solides. Vous pourrez même, en plaçant convenablement un second miroir, faire coïncider dans le lieu de cette même image, l'image d'un autre objet, sans que la première se déplace ou en soit nullement dérangée. Vous pourrez opérer la même coïncidence pour l'image d'un troisième objet, d'un quatrième, et d'autant que vous voudrez. Toutes ces images sont étendues, mais non impénétrables. Ce sont des *formes*, et non de la *matière sensible ;* ce mot est nécessaire, car on verra plus tard que la lumière qui détermine ces images, est elle-même composée de petites molécules matérielles d'une ténuité insensible, qui se meuvent avec une vitesse extrême, et ne font ici que passer les unes parmi les autres dans les immenses intervalles par lesquels elles sont séparées.

Ici, il devient nécessaire de rapporter quelques phénomènes fort simples, qui semblent, au premier coup-d'œil,
contredire l'impénétrabilité de la matière, mais qui, exa-
minés de plus près, ne font, au contraire, que la confirmer.

Lorsqu'on laisse tomber un corps solide, une masse d'or,
par exemple, dans un fluide tel que l'eau, elle s'y enfonce
et semble le pénétrer ; mais elle n'a fait réellement que le
séparer et déplacer ses parties ; car si le vase qui renferme
l'eau se termine vers le haut par un col étroit, on voit le
niveau s'élever dans ce col à mesure que l'on augmente le volume du corps immergé. Il y a donc ici division et séparation,
mais non pénétration intime. Il en est de même lorsque nous
enfonçons un clou dans une planche, ou que nous fendons
du bois avec une hache ; seulement les parties de ces corps se
laissent plus difficilement séparer que celles de l'eau. Il en
est de même encore, si l'on enfonce le clou dans une masse
de terre glaise, ou de plomb, ou d'or, dans laquelle il ne fait
absolument que sa place. A la vérité, la masse ainsi percée
ne se désunit pas entièrement, mais ses parties n'en sont pas
moins pressées et refoulées les unes sur les autres ; et si l'on
extrait celles qui environnent le trou que le clou s'est fait,
on y trouvera des traces sensibles de cette pression. Le clou,
à son tour, peut être percé de même par l'acier, et celui-ci
peut être rayé par d'autres corps.

Ceci nous apprend que les corps, même les plus durs et les
plus solides, ne sont pas composés de matière absolument
continue, mais de parties agrégées les unes aux autres, et
placées à des distances qui, sous l'influence des causes extérieures, peuvent devenir plus grandes ou moindres. Cela explique comment la même masse de matière peut augmenter
de volume par l'effet de la chaleur, et se contracter par le
refroidissement ; comment les molécules des sels peuvent,
en se désunissant, se disséminer, et, pour ainsi dire, se perdre
parmi les molécules de l'eau ; comment le mercure peut s'attacher à l'or que l'on y plonge, et s'insinuer jusque dans
l'intérieur de sa masse ; comment enfin ces mélanges, ces
dissolutions peuvent quelquefois s'opérer sans une augmenta-

tion apparente du volume total , ce volume ne se mesurant que sur la forme extérieure des corps , sans tenir compte des vides sensibles ou insensibles à nos regards , qui peuvent se trouver entre leurs parties. Il n'y a dans tout cela que séparation et mélange , sans pénétration des parties matérielles.

Cette discontinuité de la matière dans les corps se désigne généralement par le nom de *porosité* , et l'on appelle *pores* les interstices qui séparent leurs particules. La *porosité* paraît être une propriété *générale* et commune à tous les corps que la nature nous présente , quoiqu'elle ne soit pas inhérente à l'essence de la matière , puisque nous pourrions concevoir des corps sensibles où elle n'existerait pas.

En s'accordant à regarder ainsi les masses des corps naturels comme composés de parties plus petites qui constituent leur essence , on peut se demander quelle est la forme et la grosseur de ces parties. Il paraît que cette grosseur est extrèmement petite. Quelque division que l'on fasse subir à l'or , par exemple, en le tirant , le filant , le laminant , les plus petites parcelles conservent toujours toutes les propriétés que présentait la masse entière. Les corps cristallisés , réduits en poussière presque impalpable , étant regardés au microscope , montrent encore les mêmes formes et les mêmes angles qui caractérisaient la masse totale du cristal. On a des exemples d'une division plus grande encore dans les odeurs , qui ne sont que des sensations produites par les particules invisibles et impalpables des corps odorans. Tout nous prouve qu'un corps , sans changer de nature, sans cesser d'être identique avec les plus grosses masses , peut être ainsi divisé en parties dont la petitesse échappe à nos sens et presque à notre imagination.

Les métaphysiciens et les physiciens même ont beaucoup discuté entre eux, si cette divisibilité de la matière était ou n'était pas possible à l'infini. C'est une pure question de mots. Si l'on veut parler d'une divisibilité abstraite et géométrique, il n'y a aucun doute qu'elle ne s'étende indéfiniment ; car , quelque infiniment petite que l'on suppose une particule , par cela seul qu'elle sera étendue , on pourra toujours conce voir son étendue divisée en deux moitiés, chacune de celle-ci en deux autres, et ainsi de suite à l'infini : mais si l'on veut parler d'une divisibilité réelle et physique, nous ne pouvons rien prononcer d'absolu. Il paraît néanmoins, par les résultats, que, sur notre globe, les molécules matérielles ne se brisent point, ni ne s'altèrent, ni ne se transmutent les unes dans les autres. Car, quelque opération chimique qu'on leur fasse subir, quelles que soient les combinaisons où on les engage, et les assimilations qu'on leur fasse éprouver de la part des corps vivans, elles en sortent toujours avec leurs propriétés originelles. La variété infinie d'actions de ce genre qui ont agi sur elles depuis que le monde existe, paraît n'avoir produit aucune altération dans ces propriétés.

Mais comment un pareil système de particules peut-il exister agrégé en forme de masses solides et résistantes, comme nous voyons que le sont un grand nombre de corps, et tous même, quand ils sont convenablement éprouvés ? on verra, dans cet ouvrage, que cet état est produit et maintenu par des forces naturelles dont toutes les particules des corps sont animées, et qui les font tendre mutuellement les unes vers les autres, *comme par attraction*. Mais si ces forces existaient seules, les particules s'approcheraient jusqu'au contact, c'est-à-dire, jusqu'à ce qu'elles fussent arrêtées par l'impénétrabilité de leurs parties; ce qui est contraire à cette possibilité d'éloignement et de rapprochement qu'elles conservent dans les corps. Aussi trouverons-nous qu'il existe une cause générale de répulsion intérieure, par laquelle toutes les forces attractives sont continuellement balancées. Cette cause, qui réside dans tous les corps de la nature, paraît être produite par le principe de la chaleur. Les particules de chaque corps, sollicitées à la fois par ces deux genres de forces contraires, se mettent naturellement dans l'état d'équilibre qui résulte de leurs énergies compensées, et se rapprochent ou s'écartent, selon que les forces extérieures auxquelles on les expose, favorisent l'attraction ou la répulsion. C'est ainsi que les astres qui composent notre système planétaire, se meuvent et oscillent continuellement dans les ellipticités variables de leurs orbites , sans que le sytême se détruise , et que l'équilibre général soit rompu. De ces divers états d'équilibre des corps, résultent , comme nous le verrons par la suite , toutes les propriétés secondaires et variables, telles que *l'état aériforme* , *la liquidité* , *la solidité* , *la cristallisation* , *la dureté* , *l'élasticité* , etc.

Dans tous ces phénomènes , les molécules matérielles se comportent comme autant de masses absolument *inertes* , c'est-à-dire dépourvues de toute espèce de spontanéité. Elles peuvent être mues, déplacées, arrêtées, par des causes extérieures étrangères à elles-mêmes , mais jamais, nous n'y pouvons découvrir aucune trace d'une volonté propre et libre. Si la bille qui roule sur le tapis d'un billard , en vertu de l'impulsion qu'on lui a donnée , rallentit peu à peu la vitesse de son mouvement et enfin s'arrête, c'est uniquement l'effet de la continuelle résistance que lui opposent les aspérités du drap sur lequel elle frotte , et les molécules de l'air à travers lequel elle se meut. Rendez le drap plus doux , la même impulsion fera mouvoir plus long-temps la bille ; substituez-y un plan de marbre poli , et des bandes formées par des fils métalliques tendus dont l'élasticité soit plus parfaite, la durée du mouvement deviendra incomparablement plus grande , ce qui indique qu'elle serait indéfinie, si les obstacles étaient tout-à-fait ôtés. La pierre que nous lançons du haut d'une tour , et qui, sollicitée en même temps par cette impulsion, et par la pesanteur , va tomber à une certaine distance , use de même progressivement sa vitesse horizontale en la partageant avec les molécules d'air qu'elle choque , et les refoulant les unes sur les autres ; mais concevez que cet air n'existât point , et que la force de l'impulsion fût assez énergique pour éloigner la pierre de la terre par son mouvement tangentiel autant que la pesanteur tend à la faire descendre à chaque instant, la pierre alors , décrirait un cercle autour de la terre , et comme rien ne l'arrêterait dans son cours, elle circulerait ainsi éternellement. C'est là en effet ce qui arrive à la lune , que nous savons se mouvoir dans le vide autour de la terre , et nous voyons également se perpétuer les mouvemens des autres corps planétaires qui parcourent de même un espace dépourvu de toute matière résistante. Tout nous porte donc à croire que la matière ne peut par elle-même se donner ni s'ôter le mouvement ou le repos, et qu'une fois dans l'un ou l'autre de ces états , elle y persévèrerait éternellement, si aucune cause étrangère ne venait agir sur elle. Cette indifférence , ce défaut de spontanéité, a reçu le nom d'*inertie*. Une seule classe de corps semble y faire exception , ce sont ceux des êtres que l'on appelle animés , qui se meuvent ou s'arrêtent par l'effet d'une volonté intérieure ; mais dans ceux-là encore , les molécules matérielles qui composent leurs parties, et leurs parties mêmes sont absolument inertes. C'est leur ensemble qui possède la qualité d'être animé ; séparées, elles ne vivent plus , et rentrent dans les lois ordinaires de tous les autres corps. Nous sommes dans une obscurité absolue sur la cause de cette différence , et nous ignorons complettement ce qui détermine l'état de vie ; mais voyant dans toutes les autres circonstances la matière dépourvue de spontanéité, et reconnaissant que , même dans les êtres vivans , elle perd encore cette faculté par la mort et par le sommeil , nous sommes conduits à la regarder comme étrangère à son essence, et ramenant ce cas aux lois ordinaires , nous concevons la volonté des êtres animés comme l'acte d'un principe intérieur et immatériel qui réside en eux. A la vérité, nous ne pouvons pas dire dans quelle de leurs parties ce principe réside , ni en quoi il consiste , encore moins comment, immatériel, il peut agir sur la matière ; mais pour peu que nous ayons réfléchi sur nous-mêmes, et que nous ayons observé avec quelque attention les œuvres de la nature , ces obscurités malheureusement trop ordinaires où nous laisse l'imperfection de nos connaissances ne doivent jamais être pour nous le fondement d'une objection contre l'essence des choses que nous sommes toujours réduits à ignorer. Ainsi nous agissons philosophiquement dans cette circonstance comme dans toute autre, en nous rapprochant des analogies , et en faisant dépendre le mouvement des corps

TOME I.   *

animés d'une cause étrangère à leur matière, puisque nous trouvons la manière inerte dans tous les autres cas où nous pouvons l'éprouver. On apporte encore, dans les écoles de philosophie, une autre raison pour attribuer la spontanéité à un principe immatériel : c'est que la volonté, par la nature même de ses actes, ne peut émaner que d'un être simple, et par conséquent, ne peut pas appartenir à un être essentiellement composé ou au moins divisible et décomposable comme la matière; mais ce motif métaphysique sortant de nos considérations ordinaires, nous nous bornerons à l'énoncer; pour toutes les recherches expérimentales, il nous suffira d'admettre l'immatérialité du principe de la volonté comme une distinction fondée sur l'analogie, et *l'inertie* de la matière comme une propriété générale dans l'état actuel de l'univers.

L'expérience fait découvrir encore dans la matière plusieurs autres propriétés également accidentelles, c'est-à-dire, qui semblent n'être pas absolument indispensables pour que les corps matériels se manifestent à nos sens, mais dont cependant la simultanéité avec les conditions primitives de la matérialité est très-importante à connaître, parce qu'elle supplée à celle-ci dans un grand nombre de circonstances où elles deviennent impossibles à observer. Telle est, par exemple, *la pesanteur*. Parmi les corps naturels, que l'on peut voir et toucher, on n'en trouve absolument aucun qui ne soit pesant, c'est-à-dire, qui ne tende à tomber vers le centre de la terre, quand on l'abandonne à lui-même. Puis donc que ces propriétés s'accompagnent toujours, la présence de l'une nous suffit pour juger par induction que les autres existent. Ainsi, quoique nous ne puissions ni voir ni toucher l'air, comme nous voyons et touchons les autres corps, cependant nous jugeons que c'est une substance matérielle, parce qu'il est pesant, coërcible dans des vases, et qu'il produit beaucoup d'autres phénomènes, tous pareils à ceux qu'un fluide pesant doit produire. L'examen approfondi de ces propriétés nous apprend ensuite qu'il existe des airs d'espèces très-diverses, qui sont tous au-

tant de substances essentiellement distinctes les unes des autres par les actions qu'ils font éprouver aux autres corps, et
par celles que ceux-ci exercent sur eux.

L'attraction est encore une de ces propriétés contingentes
qui supplée aux témoignages immédiats des sens. J'ai dit plus
haut que les particules de tous les corps connus agissaient les
unes sur les autres par des forces attractives et répulsives ;
réciproquement, quand on peut démontrer l'existence ou
l'action de ces forces dans un principe inconnu, on en conclut
que ce principe est matériel. Ainsi, *la lumière* n'est pas tangible ; on ne peut y reconnaître l'étendue ; elle n'est point
pondérable, du moins à nos balances ; elle est si subtile
qu'elle échappe à tous les moyens par lesquels nos sens pourraient la saisir. Mais en lui faisant traverser des corps transparens, nous trouvons qu'elle se plie et se courbe dans son
trajet à travers ces corps, précisément comme si elle était
repoussée par une force émanée de leur surface, et attirée,
au contraire, dans leur intérieur par les molécules qui les
composent. Nous savons aussi qu'elle emploie un certain
temps, très-petit, mais mesurable, à se transmettre des
corps lumineux jusqu'à nous. Enfin, en soumettant ses rayons
à certaines épreuves, nous trouvons que les corps transparens les attirent et les repoussent autrement par certains côtés
que par d'autres. Cet ensemble de propriétés nous porte à conclure que la lumière est une substance matérielle, composée
de particules extrêmement petites, dont la forme est symétrique par certaines faces qui sont susceptibles d'attraction
et de répulsions particulières, et enfin qui se meuvent dans
le vide ou dans les corps transparens avec une vitesse donnée
et déterminable.

Il est encore d'autres principes qui agissent sur les corps
matériels, sans être ni visibles, ni tangibles, ni pondérables
à aucune balance, qui même, jusqu'à présent, n'offrent pas,
à beaucoup près, autant de caractères matériels que la lumière, et que l'on a cependant lieu de croire aussi des corps.
Tels sont les principes inconnus des deux *électricités* que l'on
appelle résineuse et vitrée. Rien jusqu'ici d'absolument ma-

tériel n'a été démontré dans ces principes, rien du moins qui ne soit explicable sans matérialité. A la vérité, ils s'attirent et se repoussent mutuellement, mais c'est entre eux-mêmes uniquement que cette action s'exerce : les autres corps n'exercent sur eux aucune espèce de force, ni attractive, ni répulsive. Néanmoins dans leur distribution sur ces corps, et dans leurs irruptions de l'un à l'autre à travers les obstacles qui les séparent, ces principes se comportent d'une manière si exactement conforme aux lois ordinaires de la mécanique des fluides, qu'on peut, en les leur appliquant, calculer d'avance, avec la dernière précision, les moindres détails des phénomènes. De là il devient très-vraisemblable qu'ils consistent réellement dans de pareils fluides, et qu'ils sont par conséquent matériels. Les mêmes probabilités s'appliquent aussi aux deux principes *magnétiques*, que l'on peut développer dans divers métaux.

On a moins de données encore sur la matérialité du principe de *la chaleur*. Non-seulement il manque, comme les précédens, des propriétés sensibles qui caractérisent la matière, mais encore les lois de son mouvement, de son équilibre n'étant point complètement connues, on ne peut pas même lui appliquer de semblables probabilités. En le suivant par les expériences, on le voit se répandre dans les corps, passer de l'un à l'autre, s'y fixer, s'en dégager, modifier la disposition, les distances, les propriétés attractives de leurs particules. Mais rien de tout cela ne démontre invinciblement que ce principe soit lui-même un corps. Le plus fort indice que nous en ayons peut-être, consiste dans quelques analogies récemment découvertes entre les propriétés rayonnantes de la chaleur et de la lumière, qui tendent à faire croire que l'un de ces principes peut graduellement se changer dans l'autre, c'est-à-dire, acquérir ou perdre successivement les modifications avec lesquelles ils produisent en nous la sensation de la vision ou de la chaleur. Le développement de ces analogies est un objet de recherche des plus importans.

Ce sont là les seuls principes actifs qui nous paraissent déterminer les phénomènes naturels; mais il est fort possible qu'il en existe beaucoup d'autres dont la subtilité échappe à nos procédés actuels d'expérience. C'est en perfectionnant ces procédés, en leur donnant plus de précision, en cherchant et inventant des indicateurs plus sensibles, que nous parviendrons à étendre notre pouvoir sur les agens naturels, ou à découvrir ceux qui nous ont pu être jusqu'à présent cachés.

L'objet principal de la physique est de constater par des expériences exactes, et de représenter par des lois générales, les modifications accidentelles et passagères qui peuvent être produites dans les corps matériels par les divers principes que nous venons de désigner; car ces modifications, sans dénaturer les corps qu'elles affectent, changeant néanmoins presque toujours les actions qu'ils peuvent exercer entre eux et sur les autres substances, il faut nécessairement les déterminer et les mesurer avant de porter ses regards sur les phénomènes de composition et de décomposition auxquels l'action réciproque des corps peut donner lieu. C'est ainsi que l'étude de la physique est utile à la chimie, à la médecine, à la physiologie, soit végétale, soit animale, et doit nécessairement les précéder.

CHAPITRE II.

Notions fondamentales : espace, repos, mouvement, force.

On vient de voir dans le précédent chapitre que tous les corps d'une étendue sensible, dont la matérialité peut être immédiatement constatée, consistent dans le groupement d'une multitude de particules matérielles extrêmement petites, dont le seul mode d'agrégation divers, fait que le corps est solide, liquide, ou gazeux. Nous avons aussi exposé les motifs qui doivent nous faire considérer ces particules comme des masses inertes, incapables de se modifier spontanément elles-mêmes, et susceptibles seulement *d'obéir* aux causes extérieures qui peuvent les solliciter ; soit qu'en effet, comme les observations l'indiquent, le défaut de volonté et de spontanéité forme un caractère général et essentiel de la matière, soit que par une abstraction de notre esprit, nous lui ôtions ces propriétés si quelquefois elles sont unies avec elles, pour considérer isolément l'ensemble de celles qui lui restent après qu'elle en est dépouillée. Or, les molécules matérielles étant ainsi envisagées dans l'état inerte, il en résulte dans les phénomènes que leur agrégation présente, certaines conditions nécessaires qui s'appliquent à tous les corps, indépendamment de la nature chimique de leurs parties constituantes, comme étant de simples conséquences de leur matérialité. Telles sont les *lois générales de l'équilibre et du mouvement* que l'on déduit en effet mathématiquement de la seule propriété de l'inertie. Quoique cette déduction ne puisse être démontrée ici, étant fondée toute entière sur le calcul, nous devons néanmoins en énoncer les résultats principaux. Car, d'après ce qui vient d'être dit, on sent qu'ils doivent être d'une application constante et universelle dans l'étude des phénomènes naturels.

Mais pour cet énoncé, si simple qu'il puisse être, il nous faut arrêter avec précision certaines idées fondamentales telles que celles de repos, mouvement, force ; nous avons à la vérité déjà employé ces expressions, comme faisant partie de l'usage ordinaire, il devient à présent nécessaire de leur donner pour toujours un sens fixe et assuré. Commençons par définir le lieu où les phénomènes se produisent. Pour cela, concevons un espace sans bornes, immatériel, immuable, et dont toutes les parties semblables entre elles, soient librement pénétrables à la matière. Qu'il existe ou non dans la nature un pareil espace, peu nous importe ; il figure seulement pour nous l'étendue abstraite. Plaçons-y les molécules, élémens matériels des corps, et considérons d'abord en elles le seul fait de leur existence. Ce simple fait sera susceptible de deux modifications distinctes ; il se pourra que la même molécule persiste invariablement dans son lieu actuel, ou que, par l'influence de causes extérieures, elle le quitte pour passer dans quelque autre partie de l'espace. Le premier de ces deux états constitue le *repos absolu*, le second, le *mouvement*.

Mais nous pouvons concevoir encore que deux ou plusieurs molécules soient déplacées simultanément d'un mouvement commun, en gardant l'une à l'égard de l'autre, leurs positions respectives. Alors, si on les considère dans leurs rapports avec l'espace immuable, elles seront réellement en mouvement absolu ; mais si on les considère uniquement dans leurs rapports mutuels, ceux-ci resteront les mêmes que si le grouppe entier était demeuré en repos ; et s'il existait sur une d'elles un être intelligent qui observât toutes les autres, il ne pourrait, d'après cette observation seule, décider si le système total se meut ou ne se meut pas. Cette permanence de relations au milieu d'un mouvement commun, s'exprime par la dénomination de *repos relatif*. Tel serait le cas de plusieurs corps que l'on concevrait posés dans un bateau abandonné au cours d'une rivière tranquille. Tel est encore le cas de tous les corps terrestres lorsqu'ils restent invariablement fixés au même point du sol. Ils sont en repos entre eux ; mais la terre, qui tourne journellement sur elle-même, leur imprime une rotation commune, et en même temps, elle les emporte tous ensemble dans son orbite autour du soleil, lequel peut-être emporte à son tour la terre et tout le cortége des planètes vers quelque constellation éloignée. Le repos relatif est donc vraisemblablement le seul qui existe en effet dans ce système. C'est du moins le seul que nous puissions être assurés d'y observer.

Ceci nous conduit à faire une spécification analogue pour le mouvement, et à distinguer les *mouvemens absolus* des corps, considérés relativement à l'espace immuable, d'avec les changemens de position relative qui peuvent survenir entre eux. Ces derniers se nommeront donc des *mouvemens relatifs* ; soit que celui des corps du système auquel on les rapporte se trouve lui-même en mouvement ou en repos. Par exemple les variations de position des astres telles que nous les apercevons de la surface terrestre, ne sont pas des mouvemens absolus, mais relatifs, parce que la terre à laquelle nous les rapportons comme à un centre fixe, a réellement un mouvement de rotation diurne, et un mouvement annuel de circulation autour du soleil. Même lorsque par le calcul, nous avons conclu de ces observations les mouvemens réels des astres tels qu'on les verrait du centre du soleil, nous ne saurions encore affirmer que ce soient là les mouvemens absolus, parce qu'il se peut que le soleil et tout notre système planétaire se déplacent ensemble dans l'espace.

D'après l'idée que l'expérience nous a donnée de l'inertie, nous devons envisager l'état de mouvement et celui de repos comme de simples accidens de la matière, qu'elle ne peut pas se donner à elle-même, et qu'elle ne peut pas changer une fois qu'elle les a reçus. Conséquemment, lorsque nous la voyons passer d'un de ces états à l'autre, nous devons concevoir ce changement comme produit et déterminé par l'action de causes extérieures. Ces causes, quelles qu'elles puissent être, se désignent généralement par le nom de *forces*. La nature nous en offre une infinité qui sont, au moins en apparence, de différentes espèces. Telles sont les forces produites par les muscles et les organes des animaux vivans, dont l'exercice dépend, pour la plupart, uniquement de leur volonté. Telles sont encore celles que produisent les agens physiques, comme l'expansion des corps par la chaleur, leur condensation par le refroidissement, etc. Il y en a d'autres qui semblent inhérentes à certains corps, telles que l'attraction de l'aimant pour le fer et celle qui s'exerce entre les corps électrisés. Ce sont encore des forces du même genre qui produisent la chûte des corps vers le centre de la terre, les affinités chimiques et la circulation des planètes autour du soleil. On ignore absolument la nature intime de ce genre de forces, et l'on ne saurait décider si elles sont étrangères à la matière ou propres et attachées à son essence ; néanmoins il est utile et philosophique de les en séparer par la pensée, afin de n'avoir plus à considérer dans la nature physique que des masses inertes sollicitées par des causes de mouvemens.

On caractérise et on définit chaque force d'après les circons-

tances particulières à son mode d'action. Il faut d'abord assigner le point matériel auquel elle est appliquée, et la *direction*
suivant laquelle elle s'exerce. Il faut ensuite faire connaître
son énergie, ou suivant l'expression technique, son *intensité*.
A cet effet, on choisit arbitrairement une certaine force dont
on prend l'intensité pour unité, et on exprime par 1 celle de
de toute force *égale* à celle-là, c'est-à-dire, qui, étant appliquée en sens contraire au même point matériel, détruirait
exactement l'effort de la première. On conçoit ensuite deux
ou plusieurs forces pareilles agissant ensemble et dans un même
sens sur un même point matériel, et l'on dit que la force
composée qui en résulte a une intensité double, triple, quadruple ou, en général, multiple de la première, selon le nombre de ces forces dont elle est formée, de sorte que les intensités se trouvent exprimées par ce nombre ; ou si l'on
veut, on peut aussi les représenter par des lignes droites de
diverses grandeurs, suivant les rapports que les nombres indiquent. Il est vrai que pour réaliser ces comparaisons, il faut
savoir déterminer, pour chaque force, le rapport de son intensité avec l'énergie des mouvemens qu'elle est capable d'imprimer à un même corps. Nous considérerons plus tard cette
nouvelle question ; mais en attendant, la seule définition du
rapport des forces et de leurs intensités relatives, suffit pour
fixer plusieurs lois générales qui s'observent constamment
dans leur concours.

Enfin, pour achever de définir une force, il faut faire
connaître si son action est subite et instantanée comme un
simple choc qui ne se répète point, ou si elle est réitérée et
durable comme la pesanteur qui, ainsi qu'on le verra par la
suite, continue d'agir sur le corps qui tombe avec autant
d'énergie que lorsqu'il commence à se mouvoir. Ce second
mode d'action peut évidemment se ramener au premier, en
substituant à la continuité de la force une succession d'actions séparées les unes des autres par des intervalles de temps
insensibles, et toutes égales entre elles, si l'énergie de la
force qu'il faut représenter est constante, ou progressivement variable d'intensité, si celle de cette force varie. Par

cet artifice , qui n'ôte rien à la rigueur des conséquences , on n'a plus à considérer que l'effet d'impulsions subites imprimées à des molécules matérielles absolument inertes , soit en repos , soit en mouvement.

CHAPITRE III.

De l'équilibre produit par la composition de plusieurs forces appliquées à un même point matériel.

Lorsqu'une seule force est appliquée à un point matériel libre, il est évident que ce point, en vertu de son inertie , doit se mouvoir suivant la direction de la force et sur son prolongement. Mais lorsque plusieurs forces agiront simultanément sur un même point matériel , ou sur un système de pareils points , il se présente deux cas qu'il est nécessaire de distinguer. Il est possible que l'ensemble des forces agissantes , communique des mouvemens au système , mais il peut arriver aussi que leurs efforts s'entredétruisent , et alors le système restera en repos. Le repos produit ainsi par la compensation de plusieurs forces actives , se désigne par le nom d'*équilibre* , pour le distinguer du repos inerte produit par l'absence de toute force motrice , quoique l'un et l'autre ne diffèrent en rien quant aux apparences.

Le cas le plus simple de l'équilibre est celui de deux forces égales et appliquées dans des directions opposées à un même point matériel. Ce point se trouvant ainsi poussé avec une énergie égale en deux sens contraires , restera évidemment en repos. Mais si les deux forces sont inégales en intensité , il se mouvra dans le sens de la plus énergique , comme s'il était uniquement sollicité par leur différence.

Le cas de l'opposition directe est le seul où deux forces , même égales , puissent se faire mutuellement équilibre. Dès que leurs directions font entre elles un certain angle , leurs efforts conspirent en partie , et le point materiel qu'elles sollicitent se met en mouvement dans un certain sens qu'il s'agit de déterminer. Pour cela, commençons par le cas simple où les deux forces combinées auraient des intensités égales. Supposons que M, *fig.* 1, représente le point sur lequel elles agissent, et que les droites indéfinies M A, M B, désignent leurs directions, de M vers A et de M vers B. Prenons sur ces droites deux portions égales M F, MF', pour représenter les intensités des deux forces, conformément au mode d'évaluation expliqué plus haut. Il est évident que leur effort commun tendra à tirer le point M suivant une direction MC, moyenne et intermédiaire entre elles ; car puisqu'elles agissent symétriquement et avec une énergie égale de part et d'autre de cette ligne, il n'y a aucune raison pour qu'elles écartent le point de l'un ou de l'autre côté. Il reste maintenant à savoir quelle sera l'énergie de cet effort résultant de l'action simultanée des deux forces. Voici à cet égard la règle que le calcul démontre. Par l'extrémité F, F' de chaque force, c'est-à-dire de la portion de droite qui la représente, menez une ligne droite parallèle à l'autre. Ces deux lignes couperont MC en un même point R, et la longueur MR représentera la *résultante* des deux forces M F, M F' ; c'est-à-dire que leur action simultanée sur le point M sera exactement égale à celle que produirait une seule force MR dirigée suivant MC. Conséquemment si, sur le prolongement de MC, on applique une nouvelle force MR' égale et opposée à cette résultante, l'action de celle-ci sera détruite, et le point M sera tenu en équilibre entre l'action simultanée des trois forces MF, MF', MR' ainsi déterminées.

Dans le cas général où deux forces inégales agissent sur un même point matériel, la direction et la grandeur de leur résultante s'obtient encore de la même manière. Soient, comme tout-à-l'heure, MA, MB, *fig.* 2, les directions de ces forces, et M le point qu'elles sollicitent. Prenons, sur l'une et sur l'autre, des portions de droite MF, M F' proportionnelles à leurs intensités, et qui, par conséquent, seront inégales comme elles. Par les extrémités F, F', de chaque force, menons une droite parallèle à l'autre ; prolongeons ces droites jusqu'à ce qu'elles se coupent en un point R ; M R sera la longueur et la direction de la résultante cherchée ; et si on la porte sur le prolongement de MC en sens contraire , elle fera équilibre à l'action simultanée des deux forces MF, MF'. Cette construction est connue en statique sous le nom de *parallélogramme des forces*, et elle est, dans la physique, d'un usage continuel.

De même que l'on peut, par cette règle, *composer* deux forces en une résultante unique, on peut aussi , en considérant une force donnée comme résultante , la *décomposer* en deux autres , dont les directions soient assignées , c'est-à-dire trouver deux autres forces qui, agissant ensemble suivant ces directions, produisent un effet égal. Car soit, *fig.* 3, MA la direction de la force donnée , appliquée au point M, et dont l'intensité soit représentée par la longueur MF; soient MC', MD les deux directions suivant lesquelles on demande de la décomposer : vous n'avez qu'à mener par le point F les droites Ff, Ff', parallèles à ces directions , et les longueurs Mf, Mf' représenteront les intensités des composantes demandées.

Si nous appliquons cette construction à chacune des deux forces MF, MF' de la fig. 2 , en prenant pour directions des nouvelles composantes celle de la résultante MR et d'une ligne perpendiculaire, comme le représente la fig. 4, on trouve d'abord, suivant MR, les deux forces Mf, $M\varphi$, qui, agissant dans le même sens, s'ajoutent en une seule égale à MR, et l'on a ensuite dans l'autre sens les deux forces Mf, $M\varphi$, qui s'entre-détruisent comme étant égales et dirigées en sens opposés. Il n'en résulte donc aucun effort pour déranger le point M de la direction MR, et voilà pourquoi cette direction se trouve être la résultante des deux forces MF, MF'.

Quel que soit le nombre et la direction des forces qui agissent sur un point matériel, on pourra , au moyen de la règle précédente , les composer toujours en une seule résultante , dont on trouvera la direction et l'intensité. Car d'abord, deux des composantes données étant considérées à part, pourront être composées en une résultante unique; cette résultante, à son tour, pourra être composée de même avec une des forces restantes, et ainsi de suite, jusqu'à ce qu'il ne reste plus de forces à composer. Alors la dernière résultante à laquelle on parviendra sera celle de toutes les forces proposées , et en l'appliquant au point matériel dans un sens contraire à celui que la construction lui assigne , elle fera équilibre à toutes ces forces. Réciproquement, une force étant donnée , on pourra la considérer comme la résultante d'autant de forces que l'on voudra , dirigées dans des sens donnés ; et en reprenant la construction en sens inverse , on la décomposera suivant toutes ces directions.

La résultante de deux forces qui concourent jouit d'une propriété qu'il importe de connaître, parce qu'elle a des applications extrêmement fécondes. Si d'un point quelconque C, *fig.* 5, pris partout où l'on voudra sur sa direction, l'on mène des lignes CP CP', perpendiculaires aux directions des deux forces composantes, les longueurs de ces perpendiculaires sont toujours en raison inverse de l'intensité des forces vers lesquelles elles se dirigent. C'est-à-dire que si la force MF par exemple, a une intensité représentée par 9, et que celle de MF' soit représentée par 5, CP sera à CP' comme 5 est à 9, étant moindre du côté de la plus grande force. Ceci se démontre aisément par la géométrie, et c'est une conséquence de la construction du parallélogramme par lequel la direction de la résultante se détermine. Il résulte de ce rapport , que si l'on multiplie l'expression numérique de chaque force par la longueur de la perpendiculaire qui lui correspond, exprimée en parties de l'unité linéaire , ces deux produits sont les mêmes pour les deux forces. Par exemple, dans la figure 5 où l'on a supposé la plus grande force MF représentée par 9, et la plus petite MF' par 5 , la longueur CP est de 5 millimètres et celle de CP' est de 9 ; de sorte qu'en multipliant MF par CP, on a pour produit 45 , de même qu'en multipliant MF' par CP'. En général , le produit d'une force MF par la longueur de la perpendiculaire abaissée d'un point quelconque C sur sa direction , s'appelle *le moment statique* de la force, par rapport à ce point-là. On verra plus tard que ce produit exprime l'énergie avec laquelle la force tendrait à faire tourner autour du point, supposé fixe, une verge rigide CP perpendiculaire à sa direction. C'est pour cela que l'évaluation des *momens* a une si grande importance.

CHAPITRE IV.

De l'équilibre produit par la composition de plusieurs forces appliquées à divers points matériels liés entre eux invariablement.

Tous les corps que la nature nous présente étant composés de parties d'une étendue sensible, nous ne pouvons pas y vérifier par une application immédiate, les lois que nous venons de découvrir pour un seul point matériel, qui serait isolé dans l'espace. Mais il était indispensable de passer par cette abstraction, avant d'arriver aux phénomènes plus composés que présentent plusieurs points liés entre eux par une dépendance mutuelle, tels que ceux qui composent réellement les corps.

Dans ce cas, les forces appliquées à chacun des points du système ne bornent pas leur action à ce point. Elles la transmettent à toute la masse, en vertu des conditions qui rendent ses parties dépendantes les unes des autres, dans les positions qu'elles peuvent prendre et les déplacemens qu'elles peuvent éprouver. Par exemple, s'agit-il d'un corps solide ? le caractère mathématique d'un pareil corps sera que toutes ses parties soient liées invariablement les unes aux autres, de manière à ne jamais se désunir ; et quoique, à la rigueur, il n'existe probablement aucun corps naturel qui jouisse de cette invariabilité dans un degré tout-à-fait invincible, on peut néanmoins les considérer comme tels, lorsque leur contexture résiste à l'action des forces auxquelles on les soumet. Or, la rigidité qui caractérise un pareil système exigera évidemment que ses parties se transmettent mutuellement l'impression des forces qui sollicitent quelques-unes d'entre elles, puisqu'une quelconque étant poussée entraîne toutes les autres dans son mouvement. S'agit-il d'un corps liquide ? alors, l'impénétrabilité des diverses parties qui se touchent, est la seule condition qui gêne leurs mouvemens, et qui règle la répartition des forces appliquées à chaque point de la masse entière. En général, toutes les conditions de liaison imaginables entre les parties d'un système matériel se réduiront toujours à ce que quelques-uns de ses points seront contraints de rester sur des surfaces ou sur des lignes données, ou dépendront les uns des autres dans leurs mouvemens, de manière qu'une des parties ne pourra changer de position suivant un sens, sans qu'une ou plusieurs autres n'éprouvent aussitôt des déplacemens qui y correspondent. Tout cela pourrait s'imiter artificiellement, si l'on considérait le système comme composé de points matériels primitivement isolés et libres, puis secondairement liés entre eux par des cordons plus ou moins extensibles et flexibles, conformément à la nature des mouvemens qui leur sont permis. Alors, la liaison qui les rend dépendants se réduira toujours à des pressions ou des tractions exercées suivant ces cordons-là ; dès-lors, le mouvement ou l'équilibre de chaque point du système se déterminera exactement comme s'il était libre, mais sollicité par l'ensemble de toutes ces forces ; et la condition générale de l'équilibre ou du mouvement du système entier consistera en ce que toutes ces conditions individuelles puissent être remplies simultanément sans contradiction.

Appliquons ceci, par exemple, à l'équilibre d'un système rigoureusement solide, c'est-à-dire dont toutes les parties seraient liées invariablement ; et pour nous borner à un cas simple, considérons celui où un pareil système se trouverait sollicité seulement par deux forces, situées dans un même plan et appliquées à deux de ses points ; désignons ceux-ci par m, m', *fig.* 6, et représentons par $m\,F$, $m'F'$, les directions et les grandeurs des deux forces proposées. Il est clair que la question serait résolue, si nous pouvions les ramener à avoir un même point d'application, car alors, leur composition s'effectuerait par notre règle générale du parallélogramme des forces. Or, nous arriverons là en considérant que le point d'application d'une force peut se transporter arbitrairement en un point quelconque de sa direction, pourvu qu'on suppose ce nouveau point lié au premier par une verge rigide et inflexible qui transmette l'impression de la force de l'un à l'autre, en vertu de l'impénétrabilité de ses particules. Selon ce principe, prolongeons les directions des deux forces, m F, m' F', jusqu'à ce qu'elles se rencontrent en un même point M, ce qui arrivera toujours, puisque nous les avons supposées comprises dans un même plan ; puis supposant le point M lié fixement au système, transportons-y nos deux forces M F, M F' et achevons le parallélogramme : la diagonale M R sera la grandeur et la direction de la résultante cherchée. Prolongeons celle-ci à son tour à travers le corps solide, et celui-ci sera sollicité exactement comme si elle lui était appliquée seule, en un quelconque des points situés sur sa direction.

Un cas semble échapper à notre solution ; c'est celui où les directions des deux forces m F, m' F' seraient exactement parallèles, *fig* 7. Mais comme la règle qui nous a servi est encore légitimement applicable à tous les degrés de petitesse de l'angle des deux forces, pourvu qu'on ne le suppose pas absolument nul, il s'ensuit, d'après la loi ordinaire de continuité des déterminations mathématiques, qu'elle subsiste encore à cette limite, et qu'il faut seulement, parmi ses résultats, choisir ceux qui, dans ce cas même, ne s'évanouissent point. Or, en reprenant les forces qui concourent, nous avons dit plus haut que si, d'un point quelconque C, *fig.* 8, pris sur la direction de la résultante CR, on mène des perpendiculaires CP, CP' sur les directions des deux composantes, les longueurs de ces perpendiculaires sont inverses de celles de la force vers laquelle elles se dirigent ; de sorte que si la force MF' par exemple, est représentée par 9, tandis que M F' sera représentée par 5, CP sera à CP' comme 5 est à 9. Maintenant, ce résultat est indépendant de l'angle plus ou moins aigu que forment les directions des deux forces. Ainsi, on peut l'appliquer au cas même où elles seraient parallèles. Il détermine la position d'un point quelconque C, *fig.* 7, de leur résultante, puisque les distances CP, CP' de cette ligne aux deux forces, doivent être réciproques à leurs intensités. En outre, la grandeur ou l'intensité de la résultante est égale à la somme des deux forces composantes M F, M F', comme on pouvait le prévoir par la construction dont nous avons fait usage dans la *fig* 4, puisqu'ici les composantes M f', M φ perpendiculaires à la direction de la résultante sont ici nulles absolument.

Connaissant ainsi, *fig.* 7, le point d'application C de la résultante, sa direction parallèle aux forces composantes, et sa grandeur égale à leur somme, il n'y a qu'à placer au même point C, une force CR' égale et dirigée en sens contraire ; cette force anéantira l'effort de la résultante CR ; par conséquent, elle détruira celui des deux composantes dont elle dérive, et elle maintiendra le solide en équilibre contre leur effort combiné.

Nous avons supposé dans la figure 7 , que les deux forces M F, M F', agissaient dans le même sens. Mais il se pourrait qu'elles fussent dirigées dans des sens contraires, comme le représente la figure 9. Alors la résultante C R devient égale à la différence des deux forces proposées, elle agit dans le sens de la plus énergique, et elle a son point d'application C du côté de cette force, hors de l'espace que les deux composantes comprennent, de manière que la loi générale des perpendiculaires CP, C P', soit toujours observée. Ce résultat était facile à prévoir. En effet, ayant mené arbitrairement une droite P P', perpendiculaire aux directions des deux forces, considérons-les comme appliquées aux points P, P', où cette droite les rencontre, ce qui ne change rien à leur effet ; puis désignons pour abréger leurs intensités m F, m' F', par les lettres F F'. Cela posé, si la première F, par exemple, est la plus énergique, décomposons-là en deux autres agissant dans le même sens, dont l'une appliquée au point P' soit égale à F' même, et dont l'autre égale à la différence F — F' sera nécessairement placée quelque part de l'autre côté du point P. La première de ces composantes détruira complettement l'effet de F' et il ne restera en définitif que l'action de la seconde F — F', qui sera par conséquent la résultante cherchée. En l'opposant en sens contraire aux deux forces proposées F, F', elle détruira leur effet, et déterminera ainsi l'équilibre du système.

Cette résultante, toujours égale à la différence des deux forces, s'éloigne de plus en plus de P à mesure que sa valeur devient moindre. Enfin , lorsque les deux forces sont absolument égales , elle devient nulle et s'éloigne à l'infini. Comme il serait impossible de réaliser cette condition , il en faut conclure que , dans ce cas, il n'y a pas de résultante ; c'est aussi ce que la seule considération de symétrie indique ; car si les deux forces sont rigoureusement égales et opposées, comme la *fig.* 10 le représente , il n'y a aucune raison pour que la résultante soit dirigée dans le sens de l'une plutôt que dans le sens de l'autre , et comme elle ne peut pourtant l'être dans les deux à la fois , il s'ensuit qu'elle n'existera point. On ne pourra donc plus alors tenir le système en équilibre avec une seule force, et il faudra détruire séparément l'effet de chacune des composantes , par l'opposition directe d'une force égale. Une nécessité pareille aurait lieu si l'on appliquait à un corps solide deux forces dont les directions ne seraient pas comprises dans un même plan : car alors ces directions , quelque loin qu'on les prolonge , ne pouvant jamais concourir , on ne pourrait pas réunir les deux points d'application en un seul, ni par conséquent composer les deux forces en une résultante unique ; et il faudrait pour l'équilibre détruire individuellement leurs efforts.

Sachant composer ensemble deux forces appliquées à deux points différens d'un corps solide , lorsque cette opération est praticable , nous pouvons en composer de même une infinité ; il suffit d'opérer progressivement la composition des résultantes successives avec les forces qui restent , comme nous l'avons expliqué dans le cas d'un seul point. Par exemple si toutes les forces proposées sont parallèles entre elles et dirigées dans un même sens , on parviendra ainsi à une résultante définitive, égale à la somme de ces forces, parallèle à leur direction commune , et qui traversera le corps , suivant une certaine ligne droite, que la construction déterminera. Mais si les forces, quoique parallèles, agissent les unes dans un sens, et les autres dans le sens opposé , on cherchera la résultante particulière de chaque groupe et son point d'application ; puis , tout étant réduit à ces deux résultantes, on examinera si elles tombent dans le cas d'exception remarqué plus haut ; c'est-à-dire , si elles sont exactement égales entre elles. Alors il ne sera pas possible d'en déduire une résultante commune ; et il faudra , pour tenir le corps en équilibre , détruire séparément l'effort de chacune d'elles par l'application immédiate d'une force égale et opposée. Mais si cette égalité parfaite n'a pas lieu, on pourra composer les deux résultantes en une seule , égale à leur différence , et dont le point d'application se calculera par la règle générale que nous avons expliquée plus haut. Alors, on pourra maintenir le système en équilibre à l'aide d'une seule force , égale , et directement contraire , à cette résultante universelle.

Bornons nous à ce cas ; et la résultante étant connue, concevons que toutes les forces composantes , sans changer de grandeur, et restant toujours parallèles entre elles , viennent à prendre simultanément une autre direction , *fig.* 11. Elles auront encore une résultante qui conservera la même grandeur que dans la disposition précédente ; seulement sa direction dans l'espace sera changée, puisqu'elle doit toujours être parallèle aux composantes ; et ainsi elle traversera le corps , suivant une autre droite que précédemment. Or , par une propriété que le calcul démontre, toutes les droites ainsi déterminées concourent en un seul et même point M , que l'on nomme par cette raison , *le centre des forces parallèles*. Ce centre étant commun à toutes les résultantes , lorsque les forces composantes restent les mêmes , et appliquées aux mêmes points , on voit que si on le fixe , l'effet de ces forces sera toujours détruit par sa résistance dans quelque sens qu'on tourne le corps relativement à leur direction. Mais si l'on ne donne au corps qu'une seule position , il ne sera pas même nécessaire que le centre des forces soit fixé pour qu'il y ait équilibre , il suffira qu'il soit soutenu dans la direction actuelle de la résultante.

Ces résultats sont vrais , quelque soit le nombre des forces parallèles appliquées aux divers points d'un corps solide. Ils subsisteraient donc dans le cas même où ce nombre serait infini. Ceci nous conduit à une application importante.

On sait que tous les corps qui se trouvent sur la terre sont *pesans*, c'est-à-dire qu'abandonnés librement à eux-mêmes, ils tombent aussitôt vers la surface terrestre ; et même lorsqu'ils sont soutenus par quelque obstacle fixe, leur tendance à tomber se fait sentir encore par la pression qu'ils exercent contre cet obstacle, et que l'on appelle leur poids. La *pesanteur* qui les tire ainsi vers la terre est une force qui pénètre leur masse, et sollicite leurs moindres particules. En effet, chacune de ces particules, si petite qu'on la suppose, étant détachée, et abandonnée librement à elle-même dans le vide, tombe comme le corps entier, et l'effort qu'elle fait pour cela est exactement le même qu'elle faisait avant d'être détachée ; car des expériences journalières prouvent que le poids d'un corps ne change pas, après qu'on l'a divisé.

La direction suivant laquelle la pesanteur s'exerce est indiquée par celle de la chûte libre des corps. En chaque lieu de la terre, elle est perpendiculaire à la surface des eaux tranquilles ; et comme cette surface suit partout la convexité du globe, il s'ensuit que la direction de la pesanteur, s'inclinant avec elle, doit être différente d'un lieu à un autre. Mais, par cela même, on conçoit que son changement ne doit devenir sensible qu'à de grandes distances, qui surpassent incomparablement les dimensions de tous les corps que nous pouvons avoir besoin de considérer ; ainsi, pour chaque corps en particulier, la pesanteur qui sollicite ses diverses parties peut être censée agir suivant des directions parallèles entre elles, et *verticales*, c'est-à-dire normales à la surface plane des eaux dans le lieu de l'observation. D'après cela nous pouvons appliquer à ce cas tout ce que nous avons démontré plus haut en général, relativement à l'application des forces parallèles. Les efforts partiels de la pesanteur sur divers points d'un même corps se composeront en une résultante unique, qui sera son poids, et dont la direction passera toujours par un certain même point de sa masse dans quelque sens qu'on le tourne relativement à la verticale. Ce point ou centre des forces prend alors le nom de *centre de gravité*, et on peut le déterminer par les règles de la géométrie, en partant des principes expliqués plus haut.

Supposons-le connu. Si on le fixe d'une manière invariable, on pourra tourner le corps comme on voudra autour de lui, il restera en équilibre dans toutes les positions où on le placera. Si ce n'est pas le centre de gravité qui est fixé, mais un autre point faisant partie du corps solide, alors il est nécessaire et il suffit pour l'équilibre, que la droite qui joint ce point et le centre de gravité soit verticale, ce centre pouvant d'ailleurs se trouver au-dessus du point ou au-dessous. Car le poids du corps étant une force verticale, dont la direction passe par son centre de gravité, et peut lui être censée appliquée, cette direction, dans le cas supposé, passera aussi par le point fixe, et son effort, transmis par les molécules rigides du corps jusqu'à ce point, sera détruit par sa résistance. Si le centre de gravité est plus haut que le point fixe, le corps sera *supporté*, s'il est plus bas il sera *suspendu*.

Par la même raison, si l'on considère un corps solide pesant, M, *fig.* 12, suspendu par un de ses points à l'une des extrémités d'un fil CM, dont l'autre soit attachée à un point fixe C, il est évident que, dans le cas de l'équilibre, le fil sera vertical, et que son prolongement passera par le centre de gravité du corps M. Car il n'y a que cette position unique, où la résultante, qui forme le poids du corps, puisse se transmettre à travers le fil jusqu'au point fixe, et être détruite par sa résistance. Un semblable appareil se nomme un *fil à-plomb*, et il sert pour reconnaître en chaque lieu la direction de la verticale, ce qui est nécessaire pour une infinité d'usages. On peut l'employer aussi pour déterminer la position du centre de gravité d'un corps, en suspendant successivement celui-ci par deux de ses points, et traçant dans chaque cas, effectivement ou idéalement, la prolongation du fil de suspension à travers le corps, lorsque l'équilibre est parfaitement établi; car ces deux directions se coupent nécessairement en un point, qui est le centre de gravité.

La position de ce centre, dans chaque corps, ne dépend pas seulement de sa figure, mais encore de la manière dont la matière pesante s'y trouve répartie. Il y a des corps où cette distribution est partout uniforme ; ce sont ceux que l'on nomme *homogènes*, c'est-à-dire, dont toutes les parties sont identiquement semblables. Alors il suffit de connaître la forme du corps pour déterminer la position de son centre de gravité ; et si on le divise en portions de diverses formes, le poids de ces portions sera toujours le même, à volume égal. Mais on peut concevoir, et il existe en effet des corps dans lesquels la matière n'est pas répartie uniformement, de sorte qu'il y en a plus dans certaines parties, et moins dans d'autres. Alors ces diverses parties, considérées à égal volume, n'ont pas les mêmes poids. Les corps dont il s'agit sont appelés *hétérogènes* par opposition aux autres. La détermination de leur centre de gravité exige que l'on connaisse la manière dont la matière pesante y est répartie. De là naît la nécessité d'un nouveau caractère que l'on nomme *la densité*, appelant *plus denses* les corps, ou les parties des corps, qui contiennent plus de matière pesante sous le même volume, et moins denses ceux qui en contiennent moins. Lorsque les corps que l'on veut ainsi comparer sont de même nature, il est évident que leurs densités sont entre elles comme leurs poids à volume égal ; car le poids d'un corps n'est que l'effort total qu'il fait pour tomber vers la terre en vertu de la pesanteur qui sollicite toutes ses parties ; et, dans ceux que l'on suppose être de même nature, cet effort doit être proportionnel au nombre total des particules qu'ils contiennent, lesquelles pour être plus ou moins rapprochées les unes des autres, n'en sont pas moins sollicitées également par la pesanteur. Ainsi, quand on saura apprécier exactement les poids des corps, on pourra vérifier la constance de la densité dans un corps homogène en le divisant en parcelles plus petites, dont on déterminera séparément les densités propres ; et le même procédé, appliqué aux corps hétérogènes fera connaître les variations de la densité dans leurs diverses parties, d'où l'on pourra déduire ensuite, par le calcul, la situation de leur centre de gravité.

On a étendu ce mode de comparaison aux corps mêmes dont la nature chimique est différente , et l'on suppose aussi leurs densités proportionnelles à leurs poids à volume égal. Cependant on ne saurait dire *à priori* si les portions de ces différens corps qui pèsent également, renferment réellement la même quantité de matière inerte; mais heureusement cette incertitude n'a aucun inconvénient pour les expériences, parce que chaque substance se comporte toujours de la même manière sous l'influence de toutes les forces motrices qu'on peut lui appliquer. Ainsi quand on aura comparé les énergies de leurs efforts sous l'influence d'une même force , telle que la pesanteur , le rapport de ces énergies sera encore le même sous l'influence de toute autre force, qui, comme elle, pénétrerait toutes leurs parties. Les opérations pratiques par lesquelles les poids et les densités s'obtiennent, sont évidemment du ressort de la physique expérimentale , et nous chercherons plus tard les moyens les plus précis de les effectuer ; mais les considérations abstraites qui les font naître , et la fixation des termes qui les expriment , appartiennent à la Physique rationnelle. C'est pourquoi nous avons dû les établir dès à présent.

La doctrine des centres de gravité est d'une application continuelle dans les recherches expérimentales , et même dans toutes les actions de la vie physique. Nous allons en indiquer ici quelques-unes des conséquences les plus évidentes.

Lorsqu'un corps solide est posé sur un plan horisontal , qu'il touche en un certain nombre de points, il ne peut être soutenu à moins que tout son poids ne soit détruit par la résistance du plan ; et comme son poids agit suivant la verticale qui passe par son centre de gravité, il faut que cette verticale se trouve dirigée de manière à rencontrer le plan dans un des points par lesquels le corps pose, ou dans l'espace que ces points comprennent. Ainsi une table est soutenue quand la verticale menée par son centre de gravité passe entre ses quatre pieds. Le corps d'un homme qui se tient droit , ne peut se soutenir si la verticale analogue sort de l'espace quadrangulaire compris entre les contours extérieurs de ses deux pieds. Or, en lui supposant les bras pendans et les jambes parallèles, son centre de gravité se trouve à peu près entre les deux hanches : la condition d'équilibre est donc non-seulement satisfaite dans cette position , mais elle le serait encore dans une infinité d'autres qui s'écarteraient notablement de celle-là. Aussi est-elle la plus assurée où le corps puisse se placer. La stabilité serait beaucoup moindre si les jambes étaient placées non à côté , mais l'une derrière l'autre , avec les pieds bout à bout sur une même ligne : aussi est-il difficile de se tenir en équilibre dans cette situation ; et au contraire quand on veut s'affermir sur ses pieds, on les écarte parallèlement l'un à l'autre pour agrandir l'espace qu'ils embrassent. De là dépendent aussi tous les mouvemens que l'on fait pour se redresser quand on est prêt à tomber ; ils tendent toujours à ramener la verticale du centre de gravité, dans l'espace où l'équilibre peut avoir lieu. L'art périlleux des danseurs de corde se rapporte encore à la même théorie.

CHAPITRE V.

De l'équilibre dans les machines simples.

Les principes que nous venons d'exposer sur la composition des forces , suffisent pour expliquer et pour calculer l'usage de plusieurs machines employées à chaque instant dans les arts et dans les recherches d'expérience. Nous ne considérerons ici que les plus simples, dont toutes les autres ne sont que des combinaisons.

Du Levier.

On appelle en général *levier*, une barre inflexible, droite ou courbe, telle que $m\,m'$ *fig.* 13 , dont un des points C est fixe et offre un *point d'appui*, autour duquel le levier peut tourner librement. On conçoit que des forces $m\,F$, $m'F'$, appliquées aux deux extrémités opposées du levier, peuvent réagir l'une sur l'autre par le moyen de sa rigidité , et se combattre mutuellement en l'appuyant contre le point d'appúi. Lorsque le levier est droit, *fig.* 14 , et que les directions des forces lui sont perpendiculaires , les distances C*m*, C*m'*, comprises entre le *point d'appui* et le point d'application de chaque force, se nomment le *bras de levier* de cette force-là. Dans le levier, et en général dans toute machine , on a pour objet d'employer une certaine force dont on dispose, et que l'on appelle, par cette raison , la *puissance*, pour équilibrer ou pour vaincre une autre force dont on n'est pas le maître, et que l'on nomme la *résistance.* On fait agir ces deux forces l'une sur l'autre par les corps intermédiaires dont la machine se compose , et le calcul de celle-ci consiste à déterminer le rapport qu'il faut établir entre la puissance et la résistance, pour qu'elles s'équilibrent mutuellement. L'avantage consiste à pouvoir obtenir ainsi l'équilibre avec une puissance inférieure à la résistance qu'on doit vaincre, en disposant les choses de manière que la résultante de ces deux forces , sans être nulle , vienne se diriger et s'anéantir contre les points fixes de l'appareil.

En appliquant cette considération à la *fig.* 13 qui représente le cas le plus général du levier , on voit tout de suite que l'équilibre ne pourra jamais avoir lieu entre la puissance *m* F et la résistance *m'* F' , si les actions de ces deux forces ne sont pas dirigées dans un même plan ; car pour qu'elles puissent avoir une résultante unique , il faut nécessairement qu'elles concourent , ce qui n'aura pas lieu si elles sont dans des plans différens. Dans ce cas, le levier sollicité par l'action des deux forces, tournera autour de son point d'appui C.

Maintenant si les deux forces sont dans un même plan , prolongez leurs directions jusqu'à ce qu'elles se rencontrent en un point M. Alors leur résultante partira nécessairement de ce point ; il ne restera plus pour l'équilibre qu'à faire en sorte qu'elle passe par le point d'appui C. Donc si l'on mène de ce point aux directions des forces des perpendiculaires CP, CP', il faudra que les longueurs de ces perpendiculaires aient entre elles le rapport que nous avons reconnu page 19, pour caractériser la résultante de deux forces, c'est-à-dire qu'elles devront être en raison inverse de ces forces mêmes; et ainsi chaque force multipliée par la perpendiculaire menée sur sa direction, devra donner le même produit. Cette condition, jointe à celle du concours des forces dans un même plan, suffira donc pour que le levier sóit en équilibre.

Lorsque les deux forces sont parallèles entre elles, comme dans la *fig.* 14, la condition du plan est remplie d'elle-même : si de plus le levier est droit, la seconde se réduit à ce que les grandeurs des forces soient en raison inverse de leurs bras de levier ; ou, ce qui revient au même, que le produit de chaque force par son bras de levier, soit constant. Nous avons déjà dit plus haut que ce produit se nomme le *moment statique* de la force. C'est donc sa valeur qui détermine l'équilibre; et comme on peut l'accroître indéfiniment en augmentant la longueur du bras de levier qui est un de ses facteurs, on voit comment une petite force , agissant ainsi au bout d'un bras plus long, peut faire équilibre à une résistance beaucoup plus grande qu'elle.

Dans les deux figures, nous avons supposé le point d'appui placé entre les deux forces ; mais il pourrait tomber au dehors de l'espace qu'elles embrassent comme dans les *fig.* 15 et 16. Alors il faut encore pour l'équilibre, que les momens statiques des deux forces relativement au point d'appui C soient égaux entre eux.

On appelle quelquefois levier du *premier genre*, celui dans lequel le point d'appui tombe entre les deux forces comme dans les *fig.* 13 et 14 ; levier du *second genre*, celui de la *fig.* 15 où le point d'appui tombe hors de la direction des deux forces, en supposant la puissance plus éloignée du point d'appui que la résistance; et enfin levier du *troisième genre*, la même disposition de point d'appui , *fig.* 16, , en supposant la résistance plus distante que la puissance. Il est évident que celui-ci n'est d'aucun avantage, puisque l'effet de la puissance s'y affaiblit par son rapprochement du point d'appui. Ces dénominations sont maintenant peu usitées.

De la Poulie.

La poulie est un cercle solide, ordinairement de bois ou de métal, *fig.* 17, creusé en gorge sur sa circonférence, et traversé à son centre C par un axe perpendiculaire au plan de ses surfaces. Si cet axe est fixe, la poulie ne peut que tourner autour de lui, et elle prend le nom de *poulie fixe.* Mais il y a aussi des cas où l'axe n'est point fixé; alors la poulie peut se mouvoir dans l'espace en même temps qu'elle tourne autour de son axe, et on la nomme *poulie mobile.* Commençons par le premier cas : supposons qu'une corde parfaitement flexible soit passée dans la gorge de la poulie, et s'enroule autour de sa circonférence ; tirons d'un côté cette corde par une puissance MF, de l'autre par la résistance M' F'. Il est clair que cette machine n'est autre chose qu'un levier, dont les bras sont les rayons CM, CM', menés du centre du cercle aux points de tangence des deux cordons. Ces bras étant égaux, il faut, pour l'équilibre, que la puissance et la résistance soient égales. Alors la résultante commune de ces deux forces passe par le centre de la poulie, et est détruite par la résistance de l'axe; conséquemment si ces forces sont parallèles, *fig.* 18, l'axe a leur somme à supporter.

Considérons maintenant, *fig.* 19, une poulie CMM' entièrement libre, autour de laquelle soit enroulé un cordon C' M' MF, ayant sa première extrémité fixée en C', à un obstacle invincible, et l'autre F tirée par une puissance M F. Si l'on attache à l'axe C de la poulie un poids, ou en général une résistance dirigée suivant CR, il est clair que cette résistance pourra être équilibrée par l'action combinée de la force MF et de la résistance du point fixe. Pour évaluer les effets de cette combinaison, il faut concevoir que la traction exercée sur le cordon par la force MF, se transmettant jusqu'au point fixe qui lui résiste, fera que tout le cordon sera tendu également avec une force double, précisément comme si l'obstacle C' était remplacé par une force égale à MF. Cette disposition sera donc absolument pareille à celle de la *fig.* 17, si ce n'est que tout sera renversé ; et comme alors la résultante des deux tractions exercées sur les cordons était supportée par la résistance de l'axe fixe, de même ici elle le sera par la résistance CR. Si celle-ci est verticale ainsi que la force MF , *fig.* 20 , le cordon M' C' deviendra aussi vertical, et dans le cas de l'équilibre la traction suivant MF devra être moitié du poids CR. Si elle est plus énergique elle montera ce poids , en supposant toutefois la corde parfaitement flexible , et qu'il n'y ait d'ailleurs dans l'appareil aucun autre obstacle physique qui s'oppose au mouvement.

En combinant ainsi les unes au-dessus des autres plusieurs poulies , dont chacune est successivement considérée comme le support fixe de celle qui lui est immédiatement inférieure , on forme des appareils que l'on nomme *moufles* , et qui sont très-utiles pour soulever de grands fardeaux avec de très-petites forces. On en voit un à six poulies dans la *fig.* 21. Ces appareils permettraient même d'atténuer indéfiniment la puissance, si la roideur des cordes et le frottement qu'elles éprouvent dans les gorges des poulies n'apportaient de nouveaux obstacles au mouvement.

Le treuil représenté , *fig.* 22 , et qui sert aussi à élever de lourds fardeaux , peut être considéré comme une machine formée de deux poulies d'inégale grandeur , montées sur un axe commun , dont la plus grande sert pour faire agir la puissance , et la plus petite la résistance qu'on lui donne à surmonter. Il faut donc pour l'équilibre que ces deux forces soient entre elles inversement comme les rayons des poulies par lesquelles elles agissent, puisque ces rayons sont leurs bras de levier.

Du Plan incliné.

Lorsqu'un corps pesant libre doit être soutenu tout entier par une force , il faut qu'elle soit égale à son poids. Mais si le corps peut déposer une partie de ce poids sur un obstacle fixe, il est clair qu'on peut achever de le soutenir avec une force moindre. Tel est l'effet du plan incliné , représenté *fig.* 23.

Soit AD ce plan , incliné en effet à l'horison , de façon

que AB soit sa base et BD sa hauteur. Supposez qu'on ait placé dessus un corps solide *abcd*, qui, reposant ainsi sur sa base *ab*, puisse encore glisser librement le long du plan par l'effet de sa pesanteur. Si vous voulez calculer la force nécessaire pour le retenir, menez, par son centre de gravité G, une ligne verticale GR, pour représenter tout l'effort de la pesanteur, qui peut être considéré comme appliqué à ce point. Puis, au moyen du parallélogramme des forces, dé-composez cette résultante en deux composantes, l'une GF, perpendiculaire au plan fixe, l'autre GF′ parallèle à sa sur-face. Il est visible que la première sera entièrement dé-truite par la résistance que cette surface lui oppose. Le corps ne tendra donc à glisser, qu'en vertu de la force GF′, et conséquemment, il suffira de faire équilibre à cette force, pour le retenir. Ainsi la puissance qu'il faudra appliquer, sera au poids total du corps, comme le côté GF′, est à la diagonale GR, ou comme la hauteur du plan est à sa lon-gueur ; elle sera donc d'autant moindre, que la pente du plan sera plus douce.

Ceci fournit un moyen d'élever un poids à une hauteur quelconque, à l'aide d'une force moindre que lui, en le fai-sant monter jusqu'à cette hauteur, le long d'un plan incliné ; et pour que, dans ce mouvement, le poids ne s'écarte pas horisontalement, à une distance considérable, il n'y a qu'à faire tourner le plan autour d'un axe vertical, comme les chemins qui s'élèvent en serpentant sur les montagnes. Telle est précisément la construction de la *vis*, qui n'est qu'un plan incliné, taillé dans un cylindre vertical, *fig.* 24. Pour s'en servir, on construit un conduit EE, que l'on nomme un *écrou*, lequel est exactement taillé sur les dimensions de la vis, avec cette différence qu'il a en creux tout ce qu'elle porte en saillie. On adapte cet écrou à un obstacle fixe ; et, en tournant la vis, au moyen d'un levier qui la traverse per-pendiculairement à son axe, on produit dans le sens lon-gitudinal de cet axe, de très-grands effets. On peut ainsi pousser ou tirer avec beaucoup de force. On emploie en-core cet appareil pour serrer ensemble très-fortement des pièces séparées, *fig.* 25. Alors on fait dans l'une des pièces AB un trou assez large, pour que le corps de la vis y passe librement, mais trop petit pour y laisser passer sa tête, que l'on a élargie à dessein. L'autre pièce A'B' est percée d'un écrou, dans lequel on fait marcher la vis. Lorsque sa tête a atteint la première pièce, elle la pousse devant elle, et la serre contre l'écrou avec toute la force que l'on emploie à la faire tourner. Il semble que ce serrage ne devrait subsister qu'autant que l'on continue à presser sur la vis ; mais si l'écrou est très-juste, ce que l'on a toujours soin de faire, le contact de ses surfaces intérieures avec celles des filets de la vis, établit un frottement et une adhérence qui ne permettent plus le retour de la vis sur elle-même, même quand on la renverse, et qui empêchent ainsi les pièces réunies de se relâcher.

En général toutes les conditions d'équilibre que nous venons d'établir, sont calculées dans la supposition mathématique, que la transmission de la force se fait librement à travers toutes les pièces dont chaque machine est composée, sans avoir à vaincre aucune autre résistance, que celle que nous avons considérée spécialement. Mais quand on en vient à vouloir appliquer pratiquement ces résultats, on rencontre divers obstacles qui tiennent à la constitution physique des corps dont on fait usage, et qui introduisent dans les conditions du mouvement et de l'équilibre des élémens nouveaux. Ainsi les cordes que nous supposions parfaitement flexibles, acquièrent de la roideur, et ne se plient plus avec une parfaite liberté ; les verges que nous avons supposées parfaitement rigides fléchissent plus ou moins ; les surfaces qui se touchent, et que nous supposions glisser sans obstacle les unes sur les autres, contractent une certaine adhérence, qu'il faut vaincre avant qu'elles se désunissent, et lorsque le mouvement est établi, il se développe entre elles un frottement plus ou moins énergique, qui le rallentit ou même l'éteint. Alors les leviers ne tournent plus tout-à-fait librement autour de leur point d'appui, ni les cordes dans les gorges des poulies, ni les vis dans leurs écrous ; et pour obtenir les conditions

réelles du mouvement ou de l'équilibre, il faut avoir égard à
toutes ces causes. Mais comme elles tiennent à la constitution physique des corps, et non pas à la mécanique abstraite,
c'est à l'expérience à les étudier, et à fournir l'évaluation
de leur influence, pour qu'on puisse les faire entrer en considération dans le calcul. Ce sont donc là autant de points qui
devront occuper nos recherches dans le cours de cet ouvrage.

CHAPITRE VI. .

De l'équilibre des liquides incompressibles.

De même que pour imiter les corps solides que la nature
nous présente, nous avons imaginé des systèmes matériels
composés de molécules invariablement liées les unes aux
autres, de même pour figurer les corps liquides nous con-
cevrons des systèmes dont les molécules seront parfaitement
libres et mobiles entre elles, sans pouvoir être condensées
par aucune pression. Cette mobilité est en effet le caractère
le plus évident que nous offrent les liquides naturels non vis-
queux, tels que l'eau, l'alcool, le mercure, etc. Quant à leur
incompressibilité, quoiqu'elle ne soit peut-être pas tout-à-fait
absolue, elle est cependant telle, qu'aucune pression connue
ne peut les réduire sensiblement dans un plus petit espace.
Ainsi, en développant l'influence que ces propriétés doivent
avoir sur l'équilibre de pareils systèmes, nous préparerons
sans doute des lois que l'expérience devra confirmer.

La première, qui dérive immédiatement de cet énoncé
même, c'est qu'une molécule liquide, placée à la surface ou
dans l'intérieur de la masse entière, doit céder à la plus petite
force qui la sollicite et se mouvoir suivant sa direction, à
moins qu'elle ne soit arrêtée par une force contraire ou par
un obstacle invincible? De là il ne faut pas conclure qu'un
liquide ne puisse être en équilibre à moins que la résultante
des forces qui sollicitent ses diverses parties ne soit individuellement nulle pour chacune d'elles. Car si le liquide est
renfermé dans un vase dont les parois soient solides, les
molécules, s'appuyant les unes sur les autres, peuvent

en vertu de leur impénétrabilité et de leur incompressibilité naturelles , transmettre jusqu'à ces parois les forces qui les sollicitent , et demeurer ainsi en équilibre en vertu de leur résistance. Si au contraire le liquide est libre de toutes parts , comme le serait une planète fluide isolée dans l'espace , l'équilibre peut encore être produit par des pressions et des attractions exercées de dehors en dedans sur les molécules de la surface , lesquelles se transmettant de même aux particules de l'intérieur iront détruire les forces qui les sollicitent. Au reste , quel que soit le mode en vertu duquel l'équilibre existe dans une masse liquide , si nous considérons une quelconque des molécules qui la composent , l'équilibre de cette particule ne sera point troublé si l'on substitue à une ou plusieurs de celles qui l'environnent autant de points solides soutenus fixement dans le liquide , et contre lesquels les pressions que la première molécule éprouve viendront de même s'anéantir. Il serait également indifférent que ces points fixes fussent indépendans les uns des autres ou liés entre eux d'une manière quelconque ; et leur substitution peut être introduite à volonté dans toutes les parties du liquide. De là résulte cette conséquence importante : lorsqu'une masse liquide est en équilibre , si l'on conçoit dans son intérieur un canal de figure quelconque, limité par des parois solides , et fermé à ses extrémités , ou rentrant sur lui-même , les molécules liquides contenues dans ce canal devront être aussi en équilibre à part , en vertu des forces qui agissent sur elles et des réactions qu'elles éprouvent de la part de ses parois. Si la masse fluide en équilibre est limitée en quelque endroit par une surface nue , on devra supposer le canal idéal percé aux endroits où il aboutit à cette surface , puisqu'il n'y a plus au-delà d'elles aucune résistance à représenter : ce principe , fondé , comme on voit , sur la seule considération de l'indépendance des parties constituantes des liquides , a l'avantage de réduire la recherche des conditions de l'équilibre d'une masse entière , au cas plus simple de l'équilibre d'un filet liquide, contenu dans un canal infiniment étroit.

Cela posé, cherchons à déterminer ces conditions pour un
filet pareil, supposé pesant, homogène, et contenu dans un
tube cylindrique ABCD, *fig.* 26, dont la branche inférieure BC serait horisontale, les deux autres, BA, CD,
étant toutes deux verticales, et ouvertes à leurs extrémités
supérieures. Il est évident, par la seule raison de symétric,
que dans cet état de choses il faudra pour l'équilibre que
le liquide se tienne dans les deux branches à d'égales hauteurs. Mais on peut en outre concevoir comment l'équilibre
résulte de cette égalité, si l'on considère que lorsqu'elle a
lieu, la portion horisontale BC du liquide est pressée à ses
deux bouts par deux forces égales, qui sont les poids des
deux colonnes liquides d'égale hauteur, de sorte qu'elle ne
tend à prendre aucun mouvement ni à droite ni à gauche.
Il n'en serait plus de même si l'on versait de nouveau liquide dans l'une des deux branches ; car alors la pression de
ce côté devenant prépondérante, la portion de liquide précédemment horizontale serait poussée du côté opposé, et
l'on pourrait s'apercevoir de ce mouvement si elle était
d'une nature différente du reste du liquide et non susceptible d'être mêlée avec lui, par exemple, de mercure, si les
colonnes verticales étoient d'eau. Mais en revenant au cas
de l'équilibre produit par l'égalité de pression des deux colonnes de même nature, on pourrait suppléer à l'une de ces
pressions, en substituant à la colonne liquide qui l'exerce,
la résistance d'un fond solide, vertical, ou incliné, qui ter-
minerait le tube en B ; *fig.* 27 et 28. Alors la pression de
l'autre colonne se transmettrait toute entière jusqu'à ce fond,
par l'intermédiaire des molécules liquides, et en vertu de
leur impénétrabilité : de sorte que, s'il était vertical, il
supporterait tout le poids de cette colonne CD, comme si
elle était placée immédiatement au-dessus de lui ; et s'il
avoit toute autre direction inclinée à l'horison d'une manière quelconque, la pression qu'il éprouverait serait égale
au poids d'une colonne liquide qui aurait sa surface pour
base et CD pour hauteur. Cette transmission de la pression,
et son intensité pour chaque obliquité du fond B, peuvent

se vérifier par l'expérience en substituant à ce fond un piston mobile, et mesurant la force nécessaire pour l'empêcher d'être chassé au dehors. Mais la loi qui en résulte n'a pas lieu seulement pour le poids de la colonne C D; elle s'étend à toute autre force comprimante que l'on voudrait supposer appliquée perpendiculairement en D, sur la surface libre de la colonne. La pression produite par cette force se transmettrait de même, sans altération, par l'intermédiaire des molécules fluides à toutes les surfaces solides qui limitent cette masse; et si chaque centimètre carré de la surface libre était pressé, par exemple, par un poids d'un kilogramme, chaque centimètre carré du fond B et des parois du canal, éprouverait aussi une pression d'un kilogramme perpendiculairement à sa superficie; c'est en cela que consiste le principe général d'hydrostatique connu sous le nom d'*égalité de pression*; et il peut se vérifier, comme nous l'avons dit tout-à-l'heure, par des expériences certaines. On en a même fait une application ingénieuse à la construction d'une machine fort usitée en Angleterre, et dans laquelle la pression exercée par le moyen d'un levier sur la surface supérieure d'un filet fluide, se transmet avec toute son énergie à tous les points d'une large surface. En joignant ce principe à celui que nous avons tiré d'abord de l'indépendance des molécules dans les liquides, on peut découvrir toutes les conditions de l'équilibre de leur masse.

Considérons par exemple les parties de cette masse qui sont limitées par une surface libre et sans parois. Isolons-les de toutes les autres par un canal infiniment mince AB A'B', *fig.* 29, qui suive les contours de la surface libre, et se termine par deux fonds solides A A', BB'. L'équilibre devra exister dans ce canal comme dans tout autre. Mais la nudité de la surface exige que la paroi extérieure A B ne supporte aucune pression de dedans en dehors. Il faudra donc que les points de la surface libre, ou ne soient pas pressés du tout, ou le soient seulement de dehors en dedans, et tous avec une énergie égale. Il faudra, en outre, que la résultante de toutes les forces qui sollicitent les particules liquides à cette surface, soit dirigée de manière à ne pas les faire glisser dans le sens de la longueur du canal , et cette condition ne peut être remplie généralement, quelleque soit sa longueur, à moins que la résultante dont il s'agit ne soit perpendiculaire à la surface libre. Par exemple , si le liquide est uniquement sollicité par une force de pesanteur tendante vers un centre , et également intense de tous les côtés de l'espace , la surface libre devra prendre la forme d'une sphère concentrique à ce point. Ce serait le cas de la mer, en supposant que la terre qu'elle recouvre ne tournât point sur elle-même; mais si le centre de pesanteur est assez éloigné comparativement à l'étendue de la surface libre , pour que les directions de la pesanteur à ses divers points puissent être censées parallèles, la forme de la surface sera un plan perpendiculaire à cette commune direction. C'est le cas des liquides pesans , contenus dans des vases limités; et l'on observe, en effet, que la portion libre de leur surface est plane et horizontale. En outre s'ils sont placés dans le vide, la pression à cette surface est nulle, car les particules qui y sont situées n'ayant rien au-dessus d'elles, ne sont sollicitées que par leur propre pesanteur , qui est égale pour toutes. Mais si le liquide est placé dans l'atmosphère , la masse d'air située au-dessus de lui étant pesante , comme nous le verrons par la suite , la surface libre du fluide en supporte tout le poids. Alors quand cette surface est horizontale, la pression y est constante et l'équilibre a encore lieu.

Pour plus de simplicité reprenons le cas du vide, où le fluide n'est sollicité que par sa pesanteur propre , et supposant qu'il soit contenu par les parois solides d'un vase , pénétrons dans son intérieur. Alors si l'on isole une quelconque des particules qui y sont situées, par exemple M , *fig.* 3o , il est évident que cette particule peut être considérée comme située au fond d'un canal vertical , aboutissant à la surface libre; elle supporte donc tout le poids de la colonne située ainsi au-dessus d'elle, et elle transmet cette pression dans tous les sens à toutes les particules qui l'entourent, lesquelles lui résistent avec une force égale en vertu de la réaction des parois.

L'égalité de pression en tous sens se trouve ainsi satisfaite ; mais l'intensité absolue de la pression augmente proportionnellement à la profondeur. Il en est de même de celle qui s'exerce sur les parois du vase. Pour nous en former une idée précise choisissons un petit élément BB de leur surface, situé à une certaine profondeur. Nous pouvons par ce point mener un petit canal horizontal BC, qui se recourbant ensuite verticalement, vienne aboutir en D à la surface libre. Alors l'élément BB, considéré comme le fond de ce canal, supportera une pression normale égale au poids d'une colonne d'eau qui aurait sa surface BB pour base et CD pour hauteur, et s'il ne peut pas résister à une pareille force, il crevera.

Si la direction de la surface en BB n'est pas absolument horizontale, la pression normale étant décomposée horizontalement donnera naissance à une force qui tendra à imprimer au vase un mouvement de translation dans le sens CB. Cependant aucun mouvement pareil ne se manifeste dans les vases en partie remplis de liquide et librement suspendus. C'est qu'il y a toujours un élément opposé B'B', situé à la même hauteur que BB, et qui éprouve une égale tendance en sens contraire, de sorte que tous ces efforts opposés dans le contour du vase, se compensent mutuellement. Mais si l'on perçait la paroi en un de ses points, tel que BB ou B'B', alors la pression en ce point n'étant plus supportée par les parois du vase, la pression opposée à celle-là agirait seule, et par son effort pousserait le vase et le liquide dans le sens qui lui est propre. C'est aussi ce que l'expérience confirme, et Daniel Bernoulli avait même proposé ce moyen pour faire avancer des bateaux.

Si des parois latérales du vase nous arrivons à son fond, la pression qui s'y exerce s'évaluera de la même manière, et, pour chaque point, elle dépendra uniquement de sa profondeur au-dessous de la surface libre. Donc si le fond est horizontal, tous ses points seront pressés également, et la pression totale qu'il supportera sera égale au poids d'une colonne liquide, ayant pour base sa superficie et pour hauteur sa distance à la surface libre. La configuration des

parois latérales n'entre pour rien dans cette évaluation , et
ainsi elle est la même , soit que le vase soit cylindrique, comme
le représente la *fig.* 3o , ou évasé par le haut comme dans la
fig. 31, ou enfin rétréci comme dans la *fig.* 32. Dans tous ces
cas si l'étendue du fond , et la hauteur ainsi que la nature
du liquide sont les mêmes, la pression totale sur le fond
sera la même aussi.

De là résulte cette conséquence en apparence très-paradoxale,
que, dans un vase rétréci par le haut , la pression sur le fond
surpasse toujours le poids total du fluide que le vase renferme,
et peut même le surpasser dans une proportion énorme , en
élevant sur une large base un simple filet fluide , comme le
représente la *fig.* 33. Cependant , si l'on pèse un pareil vase
avec le liquide qu'il renferme , le poids de l'un et de l'autre
est la seule chose qui se fasse sentir; et la pression éprouvée
par le fond , quelque grande qu'elle puisse être , n'y ajoute
absolument rien. C'est qu'elle est en partie contrebalancée ,
dans le système total, par les pressions exercées en sens contraire sur d'autres portions des parois. Par exemple , dans
le vase A C D , *fig.* 34 , qui va en s'élargissant horizontalement vers le bas , considérons deux élémens des parois tels que B et B' situés sur une même verticale,
égaux en surface , et se regardant mutuellement. Puis
menons à partir de chacun d'eux un petit canal qui , d'a-
bord horizontal , se recourbe ensuite verticalement jusqu'à
la surface libre du liquide. Chacun de ces élémens éprouvera
toute la pression exercée par la colonne liquide contenue
dans la branche verticale du petit canal; mais , en vertu de
leur disposition contraire , l'un B en sera poussé de haut en
bas , et l'autre B' en sera soulevé de bas en haut. Il ne restera
donc pour mouvoir le vase, que la différence de ces deux efforts , c'est-à-dire le poids de la colonne liquide B B' , comprise entre les deux élémens , et que l'on retrouve en effet en
pesant le système. Pour plus de simplicité , nous avons considéré ici des parois planes et directement opposées l'une à
l'autre , mais la même compensation s'opérerait pour des parois courbes, ainsi que le calcul le fait voir ; et cela est tout-

à-fait analogue à la destruction mutuelle des pressions hori-zontales. Cette démonstration explique, comme on voit, tout ce qu'il y avait de singulier au premier coup-d'œil, dans cette disproportion entre le poids des liquides et la pression qu'ils exercent sur le fond des vases où ils sont renfermés. C'est que cette pression et le poids absolu sont des choses très-différentes. On s'est servi de cette propriété dans quelques machines pour presser également et fortement de grandes surfaces, par la simple élévation d'un filet liquide.

Il importe de remarquer que cette pression variable avec la profondeur, dépend ici de la pesanteur qui agit sur les cou-ches liquides; et généralement, dans un liquide dont toutes les molécules sont sollicitées par des forces motrices quelcon-ques, il n'y a de pression variable que celle qui provient de ces forces. Car s'il existe en outre des pressions imprimées à quelques parties de la surface libre du liquide, celles-ci se transmettent également à tous les points de l'intérieur et des parois, de sorte que la pression totale se compose de cette portion constante et de la première qui est variable. Tel est, par exemple, le mode d'équilibre d'une masse fluide qui, outre sa pesanteur propre, est pressée par le poids de l'atmosphère.

Nous avons jusqu'ici supposé que toutes les parties de la masse liquide en équilibre avaient des densités égales. Main-tenant, si nous voulons considérer divers liquides renfermés dans des vases qui se communiquent, et d'ailleurs de nature à ne point se mêler, il n'y aura qu'à donner aux colonnes ver-ticales qui devrontse faire équilibre des longueurs réciproques aux densités, et toutes les conditions de l'équilibre seront en-core satisfaites, comme dans le cas d'un seul fluide. Il suit de là, par exemple, que si deux liquides se font ainsi équilibre dans les deux branches d'un syphon recourbé tel que A B C D, *fig.* 35 les hauteurs verticales des deux colonnes suivront le rapport que nous venons d'assigner.

Dans toutes ces applications, nous avons considéré les molécules liquides comme uniquement sollicitées par la pesanteur. Mais si d'autres forces venaient se joindre à celle-là pour agir sur elles, il est évident que les phénomènes changeraient, et qu'il y aurait de nouvelles conditions d'équilibre appropriées à ces nouvelles suppositions ; cela a lieu en effet ainsi près des parois des vases, à cause de l'affinité que les matières qui les composent exercent souvent sur les molécules du liquide, et toujours à cause de celle que ces molécules elles-mêmes exercent les unes sur les autres. Telle est, comme nous le verrons plus tard, la cause du défaut d'horizontalité des surfaces liquides près de leurs bords, leur ascension et leur dépression hors du niveau dans des tubes très-fins ; et beaucoup d'autres phénomènes analogues auxquels on a donné le nom de *capillaires*. Nous exposerons plus tard ce que l'expérience et le calcul réunis ont fait connaître de leurs lois générales.

CHAPITRE VII.

De l'équilibre des fluides aériformes.

LES fluides aériformes, tels que l'air et les autres gaz que la nature nous présente, différent des liquides par deux caractères, l'expansibilité et la compressibilité. Ils sont expansibles, c'est-à-dire qu'ils tendent sans cesse à s'étendre dans les espaces libres ou limités où ils se trouvent, comme s'il existait entre leurs parties un principe répulsif qui les déterminât à se fuir mutuellement ; ils sont compressibles, c'est-à-dire que la même masse peut, sans cesser d'être gazeuse, être condensée en un volume moindre, au moyen de pressions extérieures, suffisantes pour surmonter sa tendance actuelle à l'expansion, tendance qui, pour le même gaz, change avec sa densité, ainsi qu'avec les degrés de froid ou de chaud qu'il éprouve et que l'on appelle *sa température*. La possibilité de ce rapprochement n'est sans doute pas indéfinie, car elle cesserait nécessairement, lorsque les particules gazeuses seraient rapprochées jusqu'au contact ; mais l'expérience prouve que les pressions que nous pouvons produire, sont loin de pouvoir amener les choses jusqu'à ce terme ; il n'existe pas même de gaz que nous puissions ainsi réduire par la pression à l'état liquide, état dans lequel les molécules sont vraisemblablement encore fort écartées. Outre les particularités précédentes, les gaz comme toutes les autres substances matérielles sont soumis à la pesanteur. Il faut donc, dans la la recherche des lois de leur équilibre, avoir égard à toutes ces propriétés.

Cela posé, considérons une masse gazeuse ainsi constituée, contenue de toutes parts dans un vase à parois solides, et abandonnée en repos à ses propres efforts. Ils est évident d'abord qu'elle s'étendra de tous côtés dans ce vase, le remplira entièrement, et pressera les parois de dedans en dehors, avec la force d'expansion qui convient à son volume, à sa densité et en général à son état actuel. En outre les couches inférieures supportant le poids des supérieures se comprimeront sous leur pression, et il s'établira ainsi un décroissement de densité de bas en haut dans toute la hauteur du vase; ce qui fera varier la pression contre ses parois, tant celle qui provient de la pesanteur du gaz, que celle qui dépend de son ressort, puisque le ressort varie avec la densité.

Néanmoins dans une petite masse de gaz, cette variation de la pression sera très-faible, et ordinairement insensible, à cause de la petitesse du poids comparativement à la force d'expansibilité. Alors si l'on perce les parois à un endroit quelconque, et qu'on applique à l'ouverture un piston mobile, une soupape ou telle autre mécanique propre à mesurer la pression de dedans en dehors, on trouvera qu'elle est sensiblement la même dans toute l'étendue des parois, c'est-à-dire, que chaque unité de surface, chaque millimètre carré par exemple, en éprouve un effort égal ; de plus si l'on dispose ainsi plusieurs pistons qui, en pénétrant dans la masse gazeuse la compriment avec une certaine force, la pression produite ainsi par l'un quelconque d'entre eux se transmettra sans altération à tous les autres par l'intermédiaire de la substance gazeuse, comme nous avons vu que cela se faisait dans les liquides, de sorte que cette propriété qui constitue le principe de l'égalité de pression, a lieu aussi dans les gaz.

Maintenant si nous revenons à considérer en général l'équilibre d'une masse gazeuse, expansible, compressible et pesante, nous pouvons apporter à cette recherche la même simplification qui nous a servi pour les liquides, c'est-à-dire, faire dépendre l'équilibre de la masse entière de celui d'un canal de forme quelconque, rentrant sur lui-même ou fermé à ses extrémités. Car la résistance qu'offrait alors l'incompressibilité du liquide, est ici remplacée par la réaction élastique des particules, et l'on peut sans troubler l'équilibre substituer, à l'une comme à l'autre, la résistance de points fixes ou de parois solides, que l'on devra de même supposer sans force aux endroits où la masse gazeuse sera limitée par une surface libre. De là on déduira que, dans l'équilibre des gaz comme dans celui des liquides, la pression à la surface libre doit être nulle ou constante et dirigée de l'extérieur à l'intérieur; et qu'en outre la forme de cette surface doit être partout normale à la résultante des forces qui sollicitent les particules qui y sont situées. La première condition ne pourrait être remplie dans les substances gazeuses que nous offre la nature, si les lois de leur expansibilité indéfinie étaient rigoureusement et invariablement telles qu'elles s'offrent à nous dans les limites de condensation, de raréfaction et de températures auxquelles nos expériences peuvent s'étendre. Car nous trouvons ainsi, que le ressort d'un gaz ne devient jamais absolument nul, quelque faible qu'on suppose sa densité. Mais il faut pourtant qu'il y ait des circonstances inconnues par lesquelles cette expansibilité indéfinie puisse être restreinte, puisque l'atmosphère terrestre, par exemple, quoique isolée dans le vide des cieux, ne se dissipe pas, et accompagne la terre dans son cours en partageant tous ses mouvemens. Peut-être le froid excessif qui existe, comme nous le verrons plus tard dans les hautes régions de l'atmosphère, change-t-il assez la constitution de ses dernières couches pour anéantir leur tendance à l'expansion ? car si la gravité seule retenait les dernières particules atmosphériques, en faisant équilibre à leur ressort simplement affaibli, elles devraient se mouvoir autour de la terre comme autant de satellites, au lieu de tourner avec elle, en 24 heures, comme lui étant adhérentes.

Si de la surface, libre ou non libre, nous passons aux couches intérieures, les conditions de leur équilibre seront les mêmes que celles d'une simple colonne gazeuse, qui s'étendrait de haut en bas dans toute la masse. Si pour plus de simplicité nous supposons ce canal bouché à son extrémité inférieure, les couches superposées, se comprimeront comme nous le disions tout-à-l'heure, en vertu de leur propre poids; et la variation de leur densité dépendra de la manière dont leur ressort croît à mesure qu'elles se compriment. Il faudra en outre avoir égard à toutes les causes qui peuvent modifier l'énergie de ce ressort, comme le froid, la chaleur et la nature des vapeurs qui peuvent y être mêlées. La complication de tant de causes, dont nous ne pouvons même pas bien connaître toujours l'influence précise, fait que les conditions réelles de l'équilibre des couches atmosphériques sont très-difficiles à fixer, et qu'on ne peut les obtenir qu'approximativement, en supposant des modes de constitutions suffisammens réguliers pour être soumis au calcul, et suffisamment approchés de la réalité pour que leurs conséquences, dans les parties que nous en pouvons vérifier, soient conformes aux observations. C'est à quoi l'on parvient, surtout par les indications des deux instrumens précieux appeles le baromètre et le thermomètre. Nous les ferons connaître plus tard.

CHAPITRE VIII.

Conditions de l'équilibre des corps solides. plongés dans des fluides pesans.

Lorsqu'un corps solide plonge, en tout ou en partie, dans un liquide ou dans un gaz pesant, la portion plongée de sa surface doit être considérée comme une paroi par laquelle le fluide est limité; et qui, conséquemment, supporte les mêmes pressions que supportaient auparavant les molécules liquides dont elle occupe la place. Or, ces pressions réuniestenaient alors en équilibre la masse fluide actuellement remplacée par le corps plongé. Elles avaient donc, et elles ont encore, une résultante égale au poids de cette masse, passant par son centre de gravité, et dirigée de bas en haut. Le poids du corps plongé est aussi une force égale au poids de ce corps, appliquée à son centre de gravité et dirigée de haut en bas. Pour l'équilibre, il faut que ces deux forces soient égales et opposées en direction. De là découlent généralement toutes les lois de l'équilibre des corps solides, plongés dans des milieux fluides, ou flottans à leur surface ; mais ici nous nous bornerons à considérer les milieux d'une densité uniforme, ce qui comprend les liquides incompressibles, et peut même être appliqué aux masses gazeuses contenues dans des vases de peu d'étendue.

Si le corps solide est entièrement plongé, et qu'il soit d'ailleurs homogène, son centre de gravité coïncide nécessairement avec celui de la masse fluide dont il occupe la place. La condition de l'opposition des forces est donc satisfaite; il ne faut plus pour l'équilibre, que leur égalité. Si le corps pèse autant que le fluide, il s'y maintiendra partout en équilibre. S'il est plus lourd, il tombera au fond en vertu de son excès de poids ; enfin s'il est moins lourd, il remontera à la surface supérieure, et si elle est libre, il sortira en partie. Dans tous les cas, il perdra une portion de son poids égale à celui du volume de fluide qu'il remplace.

Si le corps n'est pas homogène, son centre de gravité ne coïncidera pas en général avec celui de la masse fluide : alors la condition de l'opposition des forces exigera que ces deux centres soient situés dans la même verticale ; et ainsi, il faudra, pour l'équilibre, que le corps plongé soit placé de façon à y satisfaire. Dans toute autre position, ce corps culbutera nécessairement, son centre de gravité n'étant pas soutenu.

Si le corps solide n'est qu'en partie plongé, il n'est toujours soulevé que par le poids de la quantité de fluide qu'il déplace. Il l'est donc moins que s'il plongeait entièrement. Pour qu'il se tienne en équilibre, il faudra que ce poids soit égal au sien, et que le centre de gravité de la masse fluide déplacée soit situé dans la même verticale que le centre de gravité du corps entier. Tel est le cas des corps qui flottent librement sur un liquide. Lorsqu'on les y jette, ils s'arrangent naturellement de manière que ces conditions soient remplies; mais ils oscillent d'abord pendant un certain tems, jusqu'à ce qu'ils soient arrivés à cet état , et qu'ils aient pu s'y fixer.

La perte de poids que les corps font dans les liquides où ils plongent , peut aisément se vérifier en comparant les efforts qu'il faut faire pour soutenir un même corps lorsqu'il est plongé dans l'eau et lorsqu'il en est retiré; car bien que ce corps perde encore, dans l'air , une partie de son poids, égale au volume de ce fluide qu'il déplace, cela devient à peine sensible à cause du peu de densité de l'air. L'expérience se fait avec plus de rigueur en mesurant le poids effectif des corps dans ces différens cas, comme nous apprendrons par la suite à le faire. Alors on peut apprécier la perte de poids , même dans l'air.

CHAPITRE IX.

Notions générales sur les diverses espèces de mouvemens, sur le tems, la vitesse et la masse.

Nous avons appelé *mouvement* le transport des points matériels d'un lieu à l'autre de l'espace. Concevons deux de ces points, M.M', *fig.* 36, qui, d'abord immobiles, partent pour se mouvoir dans des directions exactement parallèles, et perpendiculaires à la ligne droite qui unissait leurs directions primitives. Il se pourra que leur départ soit simultané ; il se pourra qu'il soit successif. Dans ce dernier cas, l'un des deux points, M, par exemple, partira *avant* l'autre , et celui-ci partira *après* le premier. Ces phénomènes d'*avant* et d'*après* déterminent ainsi en nous l'idée abstraite *du tems*, résultante de la comparaison de l'état successif à l'état de co-existence. Quant au sentiment de ces deux états, c'est la mémoire qui nous le donne , en retraçant à notre esprit l'ordre et la succession des impressions physiques et morales, que nous avons éprouvées , long-temps après que les événemens qui les avaient produites ont cessé d'être.

Revenons maintenant à considérer nos deux points matériels, et supposons qu'ils partent simultanément; il pourra arriver deux choses : ou ces deux points co-existeront toujours à des distances égales de leur point de départ, *fig.* 37 , ou ils parviendront simultanément à des distances différentes, et l'un précédera l'autre , *fig.* 38. Dans le premier cas ils auront des mouvemens égaux , dans le second ils en auront d'inégaux. Celui qui précédera l'autre sera plus rapide , celui qui demeurera en arrière sera plus lent. Il y a donc sous ce rapport des degrés de plus et de moins qui peuvent être comparés. C'est en cela que consiste la *vitesse.*

Pour faire cette comparaison avec exactitude , concevons un mouvement d'une telle nature que nous puissions à volonté le reproduire identiquement , et qu'il en résulte une série de phénomènes qui ait un commencement et une fin bien déterminés ; alors les vitesses pourront être comparées entre elles d'après les espaces parcourus pendant que cette série de phénomènes s'accomplit. Une pareille série s'obtiendrait, par exemple, et même avec beaucoup d'exactitude , au moyen d'un vase doublement conique ABCD , *fig.* 39, que l'on rempliroit d'eau ou de mercure par son sommet A , et qu'on laisserait ensuite se vider par un petit trou C percé à son fond. Car l'écoulement total de cette eau ou de ce mercure serait un phénomène qui se reproduirait identiquement le même toutes les fois qu'on ferait l'expérience ; et ainsi son accomplissement occuperait une portion fixe de tems. Plusieurs vases pareils se vidant ainsi les uns après les autres , reproduiroient autant de ces périodes , toutes égales entre elles ; et leur succession plus ou moins nombreuse composerait des intervalles de tems d'une durée de plus en plus grande. Cette période fondamentale pourrait se subdiviser de même en intervalles d'une durée moindre , à l'aide de vases semblables d'une plus petite dimension ; et quand on serait ainsi parvenu à fixer les moindres intervalles dont l'observation fût possible , il est évident qu'on pourrait désigner tous les intervalles de tems imaginables au moyen de ces unités et de leurs subdivisions ; on aurait donc ainsi *une mesure exacte du tems*, dont on pourrait se servir pour comparer les vitesses.

Ce moyen chronométique a été long-temps le seul dont on fit usage. Pour éviter de multiplier les vases coniques, on en avait deux, à fond fermé, l'un au-dessous de l'autre, communiquant par un trou commun et fort petit, *fig.* 40. On remplissait un de ces cônes d'eau ou de sable, et lorsqu'il s'était vidé dans l'autre, on retournoit rapidement celui-ci, dans un intervalle de temps que l'on regardait comme insensible ; puis on le laissait s'écouler de nouveau, après quoi on le retournait encore. Ces instrumens se nommaient des *clepsydres*. Aujourd'hui nous mesurons le temps par des procédés incomparablement plus exacts, et dont les résultats se notent d'eux-mêmes sans exiger la présence continuelle d'un observateur : ce sont les montres à ressort et les horloges à pendule. Nous donnerons plus tard une idée de leur mécanisme. Ici, il nous suffira de dire qu'ils consistent, comme les clepsydres, dans la répétition d'un mouvement périodique toujours le même, de sorte que le mode par lequel ils mesurent le temps est le même aussi. Dans l'usage le plus ordinaire, la plus petite fraction de temps employée s'appelle une *seconde*. La succession de soixante secondes forme une *minute*, soixante minutes forment une *heure*, et vingt-quatre heures, ou 86400 secondes, égalent l'intervalle de temps qui s'écoule entre deux retours consécutifs du soleil au méridien. Comme le mouvement diurne du soleil est inégal dans les diverses époques de l'année, l'intervalle de ses retours au méridien varie, et ainsi *la seconde*, qui en dérive par une subdivision fixe, varie de même ; mais cette altération peut être négligée dans les usages habituels de la vie, parce qu'elle est fort petite et qu'elle oscille tantôt en plus tantôt en moins dans des limites fort étroites. Néanmoins les astronomes la corrigent, parce qu'ils ont besoin d'une précision beaucoup plus grande ; et ils règlent leurs secondes, leurs minutes et leurs heures sur la marche constante d'un soleil fictif, dont le mouvement serait une moyenne entre la marche, tantôt plus lente, et tantôt plus rapide du vrai soleil.

La mesure du temps nous fournit le moyen de comparer non-seulement la vitesse des divers mouvemens, mais encore leur nature, déterminée par le mode suivant lequel ils s'accomplissent. Le plus simple des mouvemens est celui que l'on appelle *uniforme*, parce que le mobile s'y trouve à chaque instant dans le même état qu'au moment de son départ. Tel est, par exemple, celui qui résulterait, dans le vide, de l'impulsion subite produite par une force instantanée. Car le mobile qui aurait reçu cette impulsion, ne pouvant qu'y obéir en vertu de son inertie, persisterait à chaque instant dans le mouvement qu'il en aurait reçu d'abord. Il parcourrait donc, en temps égaux, des espaces égaux, quel que fût le temps écoulé depuis son départ ; et en conséquence les espaces entiers parcourus depuis cette époque seraient proportionnels aux temps employés à les parcourir. Tel est le caractère expérimental auquel on reconnaît les mouvemens uniformes. La vitesse de ces mouvemens s'évalue d'après l'espace qu'ils font parcourir au même mobile, dans un temps donné, par exemple dans une seconde, en caractérisant chaque vitesse par le nombre de mètres parcourus.

Mais il y a d'autres mouvemens dans lesquels le mobile est sollicité sans cesse par l'impression de la force motrice, qui continue d'agir sur lui après son départ. Alors le mode et la rapidité de la translation *varie* sans cesse, et c'est pourquoi ce genre de mouvement a reçu la dénomination de *varié*. Il peut l'être de deux manières, *accéléré*, ou *retardé*, selon que l'action continue de la force, ou des forces, qui sollicitent le mobile tend à l'accélérer ou à le ralentir. Nous avons un exemple vulgaire du mouvement accéléré, dans la chute des corps pesans qui tombent librement de haut en bas ; et du mouvement retardé dans l'ascension des mêmes corps, lorsqu'ils sont lancés de bas en haut par une impulsion primitive.

Lorsqu'un corps éprouve ainsi un mouvement varié, produit par l'action continuée d'une force *accélératrice*, si cette force cessait tout-à-coup de le solliciter, il est évident qu'il continuerait à se mouvoir uniquement en vertu des impressions qu'il en aurait reçues précédemment, et de même que s'il se trouvait actuellement lancé par la somme de toutes ces impulsions : son mouvement deviendrait donc uniforme. Or, la vitesse plus ou moins grande de ce mouvement virtuel exprime précisément l'état où se trouve le mobile à l'époque où il est disposé à s'établir, et ainsi son évaluation est très-propre à fixer nettement toutes les phases que l'accélération ou le retardement peuvent parcourir. On l'obtient par le calcul, quand on connaît la loi du mouvement que l'on considère, c'est-à-dire, la relation générale des tems aux espaces parcourus pour une époque quelconque ; et l'on s'en sert en effet pour comparer les diverses phases d'un même mouvement à diverses époques, ou les phases semblables de plusieurs mouvemens différens. C'est ce que l'on nomme leur *vitesse*. Il est évident que cette dénomination ainsi généralisée, s'applique aussi au mouvement uniforme. Toute la différence de ce mouvement aux autres, c'est que la vitesse y est constante, au lieu que dans ceux-ci elle est variable à des époques diverses : mais la constance est un cas particulier de la variabilité, puisque c'est celui où l'étendue de la variation est nulle.

L'exemple le plus simple de l'action des forces accélératrices s'offre à nous dans la chute libre des corps. Quoique, à la rigueur, on découvre que la pesanteur diminue à mesure que l'on s'éloigne de la terre, néanmoins, dans le très-grand nombre des expériences, cette variation peut être négligée ; car ce n'est qu'avec des appareils d'une délicatesse extrême qu'elle devient appréciable, dans les petites hauteurs où nous pouvons nous élever au-dessus de la surface terrestre ; et, à cela près, on trouve que, dans chaque lieu, les corps tombent toujours également vite, soit qu'ils partent d'un peu plus haut ou d'un peu plus bas. La pesanteur agit donc alors constamment sur chaque corps pendant sa chute, et, à chaque instant, avec une énergie sensiblement égale, qui redouble les premières impressions qu'elle avait exercées. Ce mode d'action étant défini, le calcul dé-

termine l'espèce particulière de mouvement qui en résulte,
en supposant le mobile partant du repos et abandonné
librement à lui-même. La solution de ce problême découvre les lois suivantes.

*L'espace total parcouru par le corps qui tombe, est propor-
tionnel au carré du tems écoulé depuis l'instant de son départ.*
C'est-à-dire que, si cet espace est représenté généralement par
1 après la 1re seconde, il sera 4 après la 2e, 9 après la 3e,
16 après la 4e, et ainsi de suite, en multipliant toujours le
nombre de secondes par lui-même. Cette longueur 1 est de
4^m,9044 à la latitude de Paris.

*Si, à une époque quelconque de la chute, on conçoit l'action
de la pesanteur suspendue, le corps continuera à tomber d'un
mouvement uniforme ; et sa vitesse, devenue alors constante,
sera telle que, dans un tems égal à celui qui est déjà écoulé
depuis sa chute, il parcourra un espace double de celui qu'il
avait d'abord parcouru.* Cette loi est une conséquence de la
précédente. En effet, lorsque le mobile est tombé pendant
deux secondes, l'espace total qu'il a décrit, se compose,
1°. des 4^m,9044 parcourus dans la 1re seconde, en vertu de la
seule action de la pesanteur ; 2°. d'un espace égal décrit en
vertu de la même action renouvellée pendant la seconde
suivante ; 3°. enfin de l'effet inconnu que la vitesse acquise
à la fin de la première seconde a dû produire dans la seconde
suivante. Il faudra donc que cet effet égale deux fois 4^m,9044,
ou 9^m,8088, puisque l'espace total décrit à la fin de la 2^e
seconde doit être quadruple de 4^m,9094. De même après deux
secondes de chute, le corps étant tombé de 19^m,6176, deviendra capable de décrire le double de cet espace en 2 secondes,
par le seul effort de sa vitesse acquise, et conséquemment
en 1″ cet espace lui-même, c'est-à-dire, le double de
9^m,8088. En calculant ainsi la suite des vitesses acquises
après 1, 2, 3, 4, secondes de chute, et réduisant leurs effets
à ce qu'ils seraient en 1″, on les trouve exprimées par 2,4,6,8,
1 représentant toujours l'espace fondamental parcouru pendant la première seconde de la chute libre. *Ces vitesses
croissent donc proportionnellement au tems.*

Nous avons supposé le mobile partant du repos, mais il se pourrait qu'à son départ, il fût lancé par une impulsion primitive. Supposons cette impulsion verticale : si elle agissait seule et dans le vide, elle donnerait au mobile un mouvement uniforme et une vitesse constante. Combinée avec la pesanteur, sa puissance est encore la même. Mais l'effet total est différent. La vitesse variable produite par la pesanteur se joint à celle de l'impulsion primitive et la modifie. Elle s'y ajoute, si cette impulsion est dirigée de haut en bas, et s'en retranche, si elle est dirigée de bas en haut. Dans ce dernier cas, la vitesse croissante, due à la continuité de la pesanteur, détruit peu à peu la vitesse limitée que l'impulsion avait produite ; et lorsqu'elle l'a complètement anéantie, elle entraîne le mobile dans le sens qui lui est propre. C'est ce qu'on observe en effet dans les corps pesans lancés verticalement de bas en haut ; ils montent d'abord avec un mouvement retardé jusqu'à une certaine élevation à laquelle ils deviennent un moment stationnaires, après quoi ils retombent en chute libre. D'après la manière dont la vitesse constante et la vitesse variable se combattent dans cette circonstance, il devient évident que, *pour lancer un corps à une hauteur donnée, dans le vide, il faut lui imprimer une vitesse d'impulsion exactement égale à celle qu'il acquerroit en tombant librement de cette hauteur.*

Galilée, qui, le premier, découvrit les lois précédentes du mouvement des graves, les confirma par l'expérience, en faisant tomber des corps d'une grande hauteur, et observant les diverses circonstances de leur mouvement. Mais ce mode d'expérience est sujet à quelques incorrections à cause de la résistance que l'air oppose au mouvement des corps, résistance qui provient, 1°. de l'inertie de ses particules, laquelle leur fait prendre une partie de la force du corps qui les choque, 2°. de leur réaction élastique, qui fait qu'elles résistent à la compression qu'il exerce sur elles, en les poussant les unes sur les autres. Aussi Galilée eut-il soin d'atténuer l'influence de ces causes en choisissant des corps qui eussent beaucoup de masse sous peu de volume, tels que des boules de plomb et d'autres

métaux ; car la résistance de l'air dépendant de l'étendue de la
surface choquée , et la somme des forces motrices dépendant
de la quantité de matière pesante , cette disposition était évidemment la plus favorable pour atténuer la diminution de vitesse due à la résistance de l'air. Aujourd'hui nous pouvons
supprimer cet obstacle en faisant tomber les corps dans des tubes
vides d'air , et en effet , on observe alors que les plus rares et
les plus denses, la plume et le plomb par exemple , tombent
avec d'égales vitesses ; mais la parfaite égalité du tems de leur
chute est la seule chose que l'on puisse observer par ce procédé , car les tubes dont on peut faire usage sont toujours
beaucoup trop courts pour qu'on puisse y reconnaître, encore
moins y mesurer, l'accélération du mouvement. Mais on peut
arriver au même but à l'aide d'un appareil ingénieux imaginé par Atwood.

Pour en comprendre l'esprit , il faut d'abord savoir que la
résistance des milieux aériformes croît plus rapidement que
la vitesse des corps qui s'y meuvent. Elle est presque exactement quadruple pour une vitesse double, nonuple pour une
triple , et ainsi de suite, selon la loi des carrés. Il suit de là
que, si l'on pouvait observer la chute des corps avec une pesanteur beaucoup moindre que la véritable , l'influence de la
résistance de l'air pourrait devenir assez faible pour être négligée, sans qu'il y eut d'ailleurs rien de changé aux lois de
l'accélération, si ce n'est qu'elle serait moins rapide, et qu'en
conséquence, on pourrait très-bien la reconnaître et la mesurer avec des hauteurs de chute fort petites. Ce sont précisément tous ces avantages que procure l'appareil d'Atwood.
Pour le réduire à son plus grand degré de simplicité , concevez une poulie dont l'axe soit fixe, et sur laquelle passe un fil
de soie très-fin , tiré à ses deux bouts par deux poids parfaitement égaux entre eux , et assez gros, tels par exemple qu'un
demi ou un quart de kilogramme. Je supposerai d'abord que
le fil n'a aucun poids sensible , et que son mouvement sur la
poulie, ainsi que la rotation de celle-ci autour de son axe sont
parfaitement libres et exempts de tout frottement : cela posé,
il est clair que les deux poids se feront parfaitement équilibre

dans quelque position qu'on les place, l'effort de la pesanteur sur l'un et sur l'autre étant exactement le même. De plus, à cause de la parfaite liberté de la poulie et du fil, la plus petite impulsion imprimée verticalement à l'un des poids ou à l'autre suffira pour les mettre en mouvement; et puisque toute l'action de la gravité est compensée par leur réaction mutuelle, ce mouvement sera uniforme, c'est-à-dire que des hauteurs égales seront parcourues par chacun des poids en temps égaux. Ce premier résultat est facile à vérifier en plaçant une horloge tout près de l'appareil, et mesurant avec exactitude les battemens écoulés pendant que chaque poids arrive ainsi à des marques fixes tracées sur une échelle verticale à diverses hauteurs, comme le représente la *fig.* 42.

Maintenant je suppose que l'on ajoute, sur une des masses égales, une petite rondelle métallique très-mince équivalente à une très-petite fraction de son poids, par exemple, à $\frac{1}{500}$. Ce petit corps, s'il était libre et abandonné à lui-même, tomberait naturellement vers la terre en vertu de sa pesanteur, et avec l'accélération ordinaire imprimée par cette force. Mais lorsqu'il est dans l'appareil, lié avec l'une et l'autre masse, il ne peut descendre sans que celles-ci participent à son mouvement; il est donc obligé de partager avec elles la force que la pesanteur lui imprime, et il en résulte le même effet que si cette force était uniformément répartie entre toutes les parcelles de matière qui composent le système total de trois masses, ce qui atténue l'énergie de son action individuelle suivant la même proportion. Par exemple, si les deux grosses masses pèsent ensemble 499 grammes, et que la petite en pèse 1, l'effort ordinaire de la pesanteur sur ce gramme se distribuera également entre les 500 qui composent le système; et ainsi tous les effets de l'accélération seront réduits dans le même rapport, c'est-à-dire, à $\frac{1}{500}$ de leur valeur naturelle. On pourra donc les observer dans l'air aussi bien que dans le vide, à cause du peu de résistance qu'ils exciteront; et une hauteur de deux mètres suffira pour en mettre en évidence toutes les particularités. Si l'on emploie successivement des masses additionnelles dont les poids soient divers, on verra

si les valeurs absolues des résultats croissent dans le rapport que
la répartition des forces indique, et en effet cette relation se
vérifie avec d'autant plus d'exactitude, qu'on atténue
davantage les causes accidentelles qui s'opposent à la simplicité et à la régularité des mouvemens.

Il sera également facile de vérifier la progression d'intensité des vitesses acquises à diverses époques de la chute. Pour
cela, il n'y a qu'à donner à la masse additionnelle la forme d'une
lame oblongue LL, *fig.* 41 , qui se pose sur les grosses masses,
en les débordant un peu de tous cotés : puis, ayant disposé
un anneau mobile AA le long des montans de l'appareil, on placera cet anneau à telle distance que l'on voudra du point de
départ où le mouvement commence. Lorsque la masse additionnelle sera descendue au niveau de l'anneau, elle sera arrêtée par lui et demeurera posée dessus. Il ne restera donc plus
que les grosses masses , qui , se faisant mutuellement équilibre,
et étant par conséquent comme insensibles à l'action de la
gravité , ne continueront à se mouvoir qu'en vertu de la vitesse précédemment acquise. On pourra donc connaître par-
là si cette vitesse suit réellement, pour diverses hauteurs de
chute, les proportions que nous lui avons assignées. Or, l'expérience ainsi faite confirme exactement ces rapports.

Pour plus de simplicité, j'ai supposé un fil absolument sans
pesanteur et une poulie tout-à-fait sans frottement. On approche
autant qu'on le peut de ces conditions idéales, en employant
un fil très-fin , très-flexible, et suspendant l'axe de la poulie sur
d'autres poulies qui sont elles-mêmes très-mobiles , comme le
représente la *fig.* 42 , où l'appareil est complettement dessiné.
Malgré toutes ces précautions, il reste toujours quelques traces
des mouvemens que l'on voulait éviter ; mais ils sont tellement
affaiblis , que leur effet peut être regardé comme insensible,
et ne met plus d'obstacle notable à l'observation des grandes
lois de mouvemens que l'on se proposait de constater.

En étudiant les conditions de l'équilibre , nous avons
remarqué que lorsqu'un corps solide pesant est posé sur un
plan incliné, l'effort que la pesanteur exerce sur lui est en
partie détruit par la résistance du plan ; de sorte qu'en vertu

de cette résistance, il se trouve sollicité, dans le sens du plan, par une force moindre que la pesanteur réelle. Ceci fournit donc un nouveau moyen d'atténuer l'énergie de la pesanteur, et de la rendre assez faible pour que l'on puisse observer, sur des hauteurs médiocres, les lois d'accélération qui en résultent. Ce moyen a été en effet employé avec succès par Galilée avec toutes les précautions imaginables pour y atténuer les effets du frottement, qui sont beaucoup plus sensibles que dans la machine d'Atwood. On obtient ainsi les résultats suivans qui sont d'un grand intérêt, en ce qu'ils servent à découvrir les rapports qui existent entre les diverses intensités des forces, et les vitesses qu'elles produisent.

Lorsqu'un corps pesant est parvenu en chute oblique à l'extrémité inférieure d'un plan incliné, il a précisément la même vitesse qu'il aurait acquise s'il fût tombé verticalement de toute la hauteur de ce plan : d'où il suit que, si plusieurs mobiles partant ensemble d'un même point A, *fig.* 43, parcourent autant de plans diversement inclinés, mais d'égale hauteur A B, A B′, A B″, ils se trouveront, à la fin de leur chute, avoir acquis des vitesses égales. En outre, dans un cercle A B D, *fig.* 44, toutes les cordes telles que A B, A B′, A B″, A D, partant de l'extrémité A, d'un même diamètre, et terminées à la circonférence du cercle, sont parcourues en temps égaux.

Ces résultats étant analysés par le calcul, prouvent que, sur le plan incliné, les effets de l'accélération s'affaiblissent dans la même proportion que la pesanteur qui les produit; en sorte qu'une pesanteur réduite à moitié de son intensité donne, en temps égal, une vitesse moitié moindre, et ainsi du reste. Ceci ne pouvait se découvrir que par l'expérience. En effet, lorsque nous ajoutons plusieurs forces ensemble, ou que nous diminuons une même force en la réduisant à la moitié, au tiers ou au quart de son intensité, rien ne prouve, *à priori*, que la vitesse qui en résultera sera réduite dans le même rapport; il se pourrait que la chose fût autrement, par exemple, que la vitesse variât comme le carré de la force, ou comme toute autre puissance. Mais les faits que nous venons de citer, prouvent qu'il n'en est pas ainsi dans l'ordre de la nature, et que la vitesse y est proportionnelle à la force. C'est une grande loi, que la mécanique est obligée d'emprunter à l'expérience, mais ce principe et celui de l'inertie sont les seules vérités conditionnelles sur lesquelles cette science soit appuyée.

Il faut encore remarquer dans l'usage de la machine d'Atwood, la répartition de l'effort du poids additionel entre toutes les parties mobiles de l'appareil. C'est une conséquence de l'inertie. En général, cette propriété fait que la même force produit d'inégales vitesses selon les quantités de matière auxquelles on l'applique. Si une certaine force imprime à une particule matérielle un certain mouvement, pour donner ce même mouvement à deux ou à trois particules semblables, il faudra doubler ou tripler la force, et en général, l'accroître proportionnellement à leur nombre. Si ensuite on réunit toutes ces particules en un seul groupe, elles formeront un corps sensible, dont le mouvement sera encore le même que celui de chacune d'elles, quoiqu'il y ait une plus grande somme de forces employée à le produire. On voit donc que, pour établir les rapports du mouvement et de la force motrice, il faut tenir compte de la quantité de matière mue. Cette quantité ainsi considérée se nomme la *masse* des corps ; elle devient sensible pour nous par le résultat même que nous venons d'énoncer tout à l'heure ; si nous essayons de mouvoir différens corps de même nature, mais de volumes inégaux, posés sur un même plan horisontal, le plus uni qu'il soit possible, nous sentons bientôt qu'il faut exercer sur eux des efforts inégaux pour leur imprimer les mêmes mouvemens.

D'après cela, pour reconnaître l'égalité de masses entre de pareils corps, toujours supposés de même nature, il faudrait appliquer à toutes leurs particules des forces ou des vitesses égales, et opposer leurs efforts pour voir s'ils s'équilibrent mutuellement. On y parviendrait, par exemple, en suspendant ces deux corps aux deux extrémités d'un levier inflexible dont les bras seraient identiquement égaux. Dans ce cas la pesanteur serait la force constante qui solliciterait également

chacune de leurs particules et tendrait à leur imprimer d'é-
gales vitesses. C'est ce que l'on fait à l'aide des instrumens
appelés *balances*, quand on s'en sert pour *peser* un corps
avec des poids de même nature que lui.

Mais, en supposant l'équilibre ainsi établi entre des corps
de nature différente, peut-on en conclure l'égalité de leurs
masses? Pour cela il faudrait savoir si la même force appliquée à des quantités de matière égales, mais de différente nature, leur imprimerait les mêmes mouvemens. C'est
ce que nous ne pouvons affirmer *à priori*; mais, dans toutes
les expériences que nous pouvons faire, cette question nous
est absolument indifférente, car il n'y a qu'à toujours employer, sinon comme égales, du moins comme équivalentes,
les masses qui, animées de vitesses égales, se font mutuellement équilibre quand on oppose leurs mouvemens. Alors
cette équivalence pourra, pour tous ces corps, se mesurer
de même par l'égalité des poids, puisque la pesanteur imprime à tous les corps d'égales vitesses dans le vide ; et généralement, les poids seront proportionnels aux masses, de
sorte qu'ils pourront servir à les comparer. Cela revient à
faire abstraction, dans la mécanique, de la différente nature
des corps, et à n'y considérer que des quantités diverses de
matière inerte, également susceptibles d'être mises en mouvement. Cette remarque explique et confirme la règle donnée
page 29 pour évaluer les densités des corps d'après l'observation de leurs poids, sous des volumes égaux:

Ayant démontré par les expériences précédentes que les
forces sont proportionnelles aux vitesses, nous pouvons, en
général, mesurer les unes par les autres, composer les vitesses comme nous avons appris à composer les forces, et
mesurer les intensités comparatives, tant des impulsions
que des forces accélératrices constantes, d'après les vitesses qu'elles impriment en un temps donné à des masses
égales, ou équivalentes abandonnées librement à leur action.

On peut même, comme nous l'avons fait dans la machine
d'Atwood, se dispenser de cette égalité, pourvu qu'on tienne
compte du rapport des masses sur lesquelles on fait agir les

forces. En effet, prenons pour unité la masse d'un certain corps, par exemple, celle du gramme d'eau distillée : si l'on a observé, et mesuré en mètres, les vitesses imprimées par certaines forces à d'autres masses différentes de celle-là, il n'y aura qu'à multiplier ces vitesses par le nombre de grammes que contiennent les masses, et le produit exprimera, aussi en mètres, les vitesses que la même force ou la même somme de forces aurait imprimées à un seul gramme. En général, le produit de la masse mue par la vitesse imprimée s'appelle la *quantité de mouvement*, et d'après ce que nous venons de dire, on voit que ce produit est la véritable mesure des forces motrices.

Les forces accélératrices constantes sont celles que l'on a le plus souvent occasion d'observer dans la nature ; mais on peut aussi concevoir des forces dont les impressions successives auraient des intensités variables à diverses époques. Pour avoir une mesure comparable de leur intensité, on considère que leur variation quelle qu'elle puisse être, si elle était subitement interrompue, les transformerait en forces accélératrices constantes, dont l'intensité serait variable à diverses époques des mouvemens. Or, quand on connaît la relation générale des espaces aux temps, dans un mouvement donné, on peut en déduire par le calcul cette valeur idéale de la force accélératrice constante qui s'établirait ainsi à chaque époque ; et on se sert de ce résultat, soit pour définir les forces accélératrices, soit pour les comparer entre elles, comme on compare les mouvemens variés d'après la vitesse uniforme qui s'établirait si la variation qui produit la continuité d'action de la force, cessait tout-à-coup d'avoir lieu.

CHAPITRE X.

Du mouvement curviligne : forces centrales : force centrifuge.

LORSQU'UN point matériel libre a reçu l'impulsion d'une force instantanée, nous ayons vu qu'en vertu de son iner-

tie , il doit se mouvoir invariablement sur la direction
rectiligne où cette force l'a lancé. Concevons maintenant
qu'après avoir ainsi parcouru un certain espace , il vienne à
éprouver une nouvelle impulsion dans une direction différente : il est évident que son mouvement changera de direction et de vitesse ; mais en quoi consistera ce changement,
et quel sera le nouveau mouvement qui s'établira ? Voilà la
première question qu'il nous faut résoudre pour arriver
aux mouvemens curvilignes.

La solution en est facile, d'après le principe que les forces
sont proportionnelles aux vitesses. En effet, soit F M , *fig.* 45 ,
le sens de la première impulsion , F' M celui de la seconde
qui atteint le point matériel en M : prolongez ces directions ;
et , sur chacune d'elles , prenez une longueur égale à l'espace
que décrirait le point matériel dans l'unité de temps s'il était
sollicité uniquement par chacune des deux forces ainsi dirigées : cela fait, composez ces vitesses comme vous compo-
seriez des forces en achevant le parallélogramme MFF'R
dont elles sont les côtés ; et la diagonale MR de ce parallélogramme exprimera la grandeur et la direction de la vitesse résultante; de sorte que le point matériel décrira réellement cette diagonale et se trouvera arrivé en R à la fin de
l'unité de temps.

Le résultat de cette construction est absolument le même
que si le corps continuait à se mouvoir seulement avec la
première force , dans un canal rectiligne M F que l'on
transporterait dans l'unité de temps de MF en F'R, parallèlement à lui-même. Ainsi, dans le mouvement composé ,
chacun des mouvemens partiels s'exécute comme s'il était
seul. Ce mode de composition est vérifié par une infinité
d'expériences journalières. Placez une montre dans un
bateau abandonné au courant paisible d'une rivière , elle
marchera exactement comme si elle était à terre, et les
mouvemens si variés des pièces qui la composent ne seront
nullement dérangés par ce mouvement commun. C'est encore pour cela que nous ne sentons point le mouvement de
la terre, qui nous entraîne pourtant dans l'espace avec une

grande rapidité ; et la manière égale dont il se compose avec tous ceux que nous pouvons produire , fait que nous ne l'apercevons point.

De même que nous venons de trouver le mouvement résultant de deux impulsions successives , nous pouvons calculer celui qui résulte d'un plus grand nombre, imprimées à des époques et dans des directions quelconques. Or , à moins que ces impulsions nouvelles ne coïncident toutes en direction , le point matériel qui les éprouvera sera successivement dévié , de manière à décrire un polygone rectiligne. Rapprochez les époques de ces impulsions successives , elles représenteront l'effet continu d'une ou de plusieurs forces accélératrices ; et le polygone se changera en une courbe, qui sera la *trajectoire curviligne* du mobile soumis à ces forces-là.

L'exemple le plus simple d'un pareil mouvement est celui d'un corps pesant, sollicité , à la fois , par la pesanteur et par une impulsion primitive oblique à la verticale ; et on en peut trouver les résultats de la même manière. Au point M, *fig.* 46, où je suppose que ce corps se trouve au moment de son départ, menez une ligne verticale A Z , sur laquelle vous prendrez d'abord la longueur M 1 , égale à celle que les corps pesans parcourent librement dans la première seconde de leur chute, lorsqu'ils partent du repos. Puis, sur la même verticale AZ, marquez de même les points 4 , 9 , 16 , 25, où le même corps arriverait à la fin de la 2ᵉ , 3ᵉ , 4ᵉ , 5ᵉ , seconde, et ainsi de suite. Pareillement ; sur la ligne MF, direction de l'impulsion primitive , prenez des distances A 1' , 1' 2' , toutes égales entre elles et à l'espace que cette impulsion , agissant seule , serait capable de faire parcourir au mobile en l'unité de temps. Les points 1' , 2' , 3' , seront ceux où le mobile se trouverait réellement à la fin de chaque seconde, si cette impulsion agissait seule sur lui. Maintenant, pour avoir l'effet simultané des deux forces, achevez, pour chaque époque, le parallélogramme des vitesses ; et vous aurez autant de points M, M' , M'' , où le mobile se trouvera successivement aux instans prescrits. La

suite de ces points forme une ligne courbe , qui, dans le langage des géomètres , s'appelle une parabole. On a un exemple
de ce mouvement dans les bombes et les autres projectiles
lancés par la force explosive de la poudre. Cette force est alors
l'impulsion primitive. Le point le plus élevé S , de la parabole,
fig. 47 , s'appelle la hauteur du jet, et la distance M N , à laquelle le projectile revient au niveau de son point de départ ,
s'appelle l'amplitude du jet. C'est, toutefois, seulement par une
approximation très-imparfaite que le mouvement réel des
projectiles peut être considéré comme parabolique ; car la
résistance de l'air, dont nous n'avons pas tenu compte, le
change considérablement.

L'exemple que nous venons de rapporter, suffit pour faire
comprendre que tout mouvement curviligne exige , au moins,
la combinaison de deux forces , agissant simultanément suivant des directions diverses ; et qu'en variant, d'une manière
convenable , la direction et le mode d'action de ces forces, on
peut faire décrire à un point matériel toutes sortes de courbes
quelconques , avec telle espèce de vitesse que l'on voudra.
Parmi cette diversité infinie de mouvemens , il en est un
qui mérite une considération particulière. C'est celui dans
lequel une des deux forces est constamment dirigée vers un
centre fixe , l'autre étant une simple impulsion instantanée.
Ce cas est celui des corps célestes , et il offre en outre des
résultats applicables dans une infinité d'expériences.

Supposons d'abord le corps en M , *fig.* 48, au moment de son
départ. Soit O , le centre fixe vers lequel il est attiré. Dans les
mouvemens célestes, cette attraction est réciproque au carré
de la distance , c'est-à-dire qu'en représentant son énergie
par 1 , à la distance 1 , elle n'est plus que $\frac{1}{4}$ à la distance 2 , $\frac{1}{9}$ à
la distance 3 , $\frac{1}{16}$ à la distance 4 , et ainsi du reste. Mais
ici , où nous voulons considérer la chose en général , nous
ne fixerons aucune loi en particulier , et nous supposerons
seulement qu'il existe une force centrale quelconque, dont
le mode d'action devra être censé connu. Cela posé, si le mobile M , que je supposerai ici être un simple point matériel ,
était uniquement sollicité par l'action de cette force , il est

clair qu'il se mettrait directement en mouvement vers le centre O, suivant la droite MO, et qu'il y parviendrait avec une
certaine accélération, dépendante de l'intensité de la force, à diverses distances de ce centre. Mais au lieu de cela, concevez
qu'à l'instant de son départ il ait reçu une impulsion instantanée,
dirigée dans un sens différent de MO, par exemple, suivant
MF ; il est clair qu'il prendra un mouvement intermédiaire
entre les directions des deux forces qui le sollicitent, et nous
pourrons déterminer sa route par le principe de la composition des vitesses. Mais comme la force centrale, par sa nature, varie sans cesse de direction à mesure que le mobile
tourne autour du centre, et change d'intensité à mesure qu'il
s'en rapproche ou s'en éloigne, on voit qu'il faudra répéter
la composition des vitesses à des intervalles de temps extrêmement rapprochés, que nous nommerons *instans*, et qui
soient assez courts, pour que, pendant chacun d'eux, la force
centrale puisse être considérée sensiblement comme constante. Concevons donc que, pendant le premier de ces instans, elle put par son action propre amener le mobile de
M en C, si elle agissait seule sur lui durant ce temps-là ; et
soit MF l'espace rectiligne que l'impulsion latérale lui ferait pareillement décrire dans le même instant, si elle était
aussi seule à le solliciter. La vraie route décrite par le mobile
s'obtiendra en construisant le parallélogramme MCFM' sur
ces deux vitesses ; et, à la fin de l'instant supposé, il se trouvera en M'. Alors, si la force centrale cessait tout-à-coup de
le solliciter, il continuerait à se mouvoir seulement en vertu
de la vitesse composée qu'il aurait acquise, et la direction de
ce mouvement serait le prolongement du petit arc MM',
qui, à cause de sa petitesse, peut être considéré comme
sensiblement rectiligne et comme une portion de la tangente
menée en MM', à la trajectoire curviligne rigoureuse. Conséquemment, rien ne nous empêche de recommencer en M' la
composition des nouvelles vitesses ; car d'abord il n'y a qu'à
prendre sur le prolongement de MM', une longueur M'F', égale
à celle que la vitesse acquise, à la fin de MM', feroit décrire seule
au mobile dans le second instant ; et prendre sur M'O la lon-

gueur M'C', égale à celle que la force centrale seule feroit décrire, laquelle pourra et devra en général être différente de MC, à moins que les distances MO, M'O, ne soient égales. En composant ces nouvelles vitesses par le moyen du parallélogramme M'C'F'M", on aura la direction M'M" du mobile pendant le second instant, et sa position M" à la fin de cet instant-là. En répétant la même construction pour tous les autres instans suivans, on déterminera de même tous les points successifs où le mobile arrivera. La suite de ces points formera un polygone, qui approchera d'autant plus de se confondre avec la route curviligne véritable, que la composition des vitesses aura été faite à des instans plus rapprochés les uns des autres ; et la différence disparaîtra tout-à-fait si l'on opére cette composition, non plus par une construction graphique toujours sensible et grossière, mais par le calcul qui pénètre jusqu'aux limites des infinimens petits.

On conçoit par ce qui précède, comment la trajectoire, ainsi décrite, peut varier selon l'action de la force centrale, et suivant son rapport avec la direction et l'intensité de l'impulsion primitive. Dans le mouvement des corps célestes, la force centrale est une attraction réciproque qui sollicite ces corps les uns vers les autres, avec une intensité proportionnelle à leur masse et réciproque au carré de leur distance mutuelle. En introduisant cette loi dans le calcul, et considérant seulement le mouvement de deux corps qui s'attirent ainsi, on trouve que ce mouvement ne peut être qu'une des courbes que les géomètres ont appelées *sections coniques*, parce qu'on les obtient toutes en coupant dans différens sens un cône à base circulaire. Ces courbes se divisent en cinq espèces, qui sont l'ellipse, le cercle, la parabole, l'hyperbole et la ligne droite. L'ellipse est la courbe que décrivent les planètes. Le cercle, qui n'en est qu'une modification légère, paraît être décrit par quelques satellites autour de la planète à laquelle ils appartiennent, et qui devient alors le centre de leurs mouvemens. La parabole est l'orbite que parcourent la très-grande partie des comètes jusqu'à présent observées. Dans tous les cas, le corps qui sert de centre, est placé au point que l'on nomme *le foyer* de la section conique. L'hyperbole et la ligne droite, ne paraissent pas jusqu'ici s'être présentés dans les observations ; mais ces deux genres de mouvement, ayant la propriété d'éloigner sans retour les corps qui les éprouvent, s'il existe dans le système solaire des corps de ce genre, il est possible qu'ils aient passé à leur périhélie où ils nous sont visibles, avant les époques très-récentes où l'on a commencé à observer sur la terre ; et alors on ne devrait pas s'étonner de n'en plus voir aujourd'hui.

D'après la manière dont se composent les vitesses qui produisent le mouvement curviligne, nous avons reconnu que le mobile, à chaque point de sa course, tend à s'échapper suivant la droite qui touche en ce point la courbe qu'il décrit ; et en effet, il continuerait à suivre cette tangente si l'action de la force centrale ne le ramenait vers le centre autour duquel il se meut. Ainsi, tandis que le mobile serait arrivé de M en F, *fig.* 48, en vertu de sa vitesse acquise, la force centrale le rappelle de F en M′ avec une accélération qui, à cause de la petitesse de F M′, peut être censée constante ; de sorte que la tendance du mobile à s'éloigner du centre du mouvement, peut être exprimée et mesurée, par la longueur de F M′, pour des instans égaux. Cette tendance s'appelle la *force centrifuge*. On voit que, dans le mouvement curviligne libre, produit par une force centrale, elle est à chaque instant égale à l'action de cette force et lui est directement opposée.

Lorsque la trajectoire ainsi décrite est un cercle *fig.* 49, et que le mouvement de circulation est uniforme, la ligne F M′, qui mesure la force centrifuge à chaque instant infiniment petit, est proportionnelle au carré de l'arc M M′, divisé par le double du rayon O M′ du cercle. Ainsi, en comparant sa longueur à celle qu'une autre force accélératrice constante, la pesanteur, par exemple, ferait décrire au mobile dans le même temps, le rapport de ces deux longueurs exprimera le rapport des deux forces.

Ce résultat ne s'applique pas seulement aux mouvemens circulaires libres, il a lieu aussi dans le cas où la forme circulaire résulterait d'une condition forcée, telle que l'existence d'un canal solide dans lequel le mobile serait contraint de se mouvoir , ou la traction d'un fil'inextensible qui le retiendrait à une distance fixe du centre de son mouvement. Alors la force centrifuge se produirait encore à chaque point du cercle décrit ; et , en supposant le mouvement de circulation uniforme, elle aurait encore la même mesure que nous lui avons assignée ; mais elle serait détruite par la résistance des parois solides du canal , ou par celle que le fil opposerait à son extension. Ces résistances tiendraient alors lieu de force centrale. C'est ainsi que les cordes d'une fronde se tendent lorsqu'on la fait tourner ; et l'on sent en effet qu'elles se tendent d'autant plus fortement , que l'on rend la circulation plus rapide ; si on abandonne une d'entre elles , ce qui rend le mobile libre , il s'échappe par la tangente et va décrire une parabole en vertu de la combinaison de cette impulsion avec la pesanteur ; mais si on retient les cordes de la fronde en accélérant toujours le mouvement, la force centrifuge peut devenir assez énergique pour les rompre par sa tension ; et alors le mobile s'échappe de même, par la tangente au point de son orbite où il se trouve à l'instant où la rupture a lieu.

Une force pareille se produit également à la surface et dans chaque point de l'intérieur d'un corps solide , que l'on force de tourner autour d'un axe. Les molécules matérielles qui composent ce corps , sont alors comme autant de mobiles qui ont leur force centrifuge particulière , dépendante de la grandeur du cercle qu'elles décrivent et de la vitesse de leur circulation. Or, en vertu de la solidité qui les unit , elles sont obligées de circuler toutes en temps égal , de sorte que leurs vitesses sont comme leur distance à l'axe de rotation , ou comme les rayons des cercles décrits. Donc , si le mouvement de circulation est uniforme , leurs forces centrifuges seront proportionnelles à ces rayons mêmes. Ainsi les molécules feront plus d'effort pour s'éloigner de l'axe à mesure que, par leur position dans le corps, elles s'en trouveront plus distantes. Tous ces efforts doivent être soutenus et contrebalancés par la cohésion des particules pour que le corps ne se divise point ; mais si le mouvement de rotation

devient assez rapide pour qu'il la surmonte , les particules
qui composent ce corps s'en sépareront , s'échapperont par
la tangente et se dissémineront dans l'espace.

La terre tournant sur elle-même dans l'intervalle d'un
jour sidéral, dont la durée est de 86164 secondes moyennes,
toutes ses parties doivent éprouver ainsi des forces centrifuges
résultantes de ce mouvement ; et les corps une fois détachés
de sa masse devraient , s'ils n'étaient sollicités par aucune
autre force , s'échapper par la tangente ; mais la pesanteur
par son énergie prépondérante les rappelle à la surface et
les ferait tomber jusqu'au centre malgré la force centrifuge ,
si l'impénétrabilité du reste de la masse ne s'y opposait. A
l'équateur , par exemple , le rayon de la terre est de 6376466
mètres , dont le double 12752932 ^{m} étant multiplié par $\frac{355}{113}$, rap—
port de la circonférence au diamètre , donne un contour
égal à 40064521 : un corps placé sur ce cercle , le décrit
en un jour composé de 86164 secondes, ce qui fait par
seconde une vitesse de 465 mètres. Le carré de ce nombre
est 216225; en le divisant par 12752932, nombre de mètres contenus dans le double du rayon de la terre , le quotient 0^m,01695 sera la valeur de la force centrifuge à la
surface de l'équateur, exprimée en mètres , c'est-à-dire la
longueur que cette force y fait décrire aux corps en une se—
conde de temps. Or, dans ce même temps , l'excès de la gravité
sur la force centrifuge , y fait tomber les corps de 4^m, 89 ; d'où
il suit qu'en vertu de la gravité seule, ils tomberaient de 4^m,89
+0^m,01695, ou 4^m, 90695. Ce nombre divisé par 0^m,01695,
donne pour quotient 289. Donc a l'équateur la force centrifuge
est $\frac{1}{289}$ de là gravité. Ce rapport se rapprocherait de l'unité si la
rotation de la terre s'accélérait ; et il croîtrait comme le carré
de la vitesse. Donc , puisque 289 est le carré de 17 , on voit
que si la vitesse de circulation devenoit dix-sept fois plus
rapide , la force centrifuge à l'équateur égalerait la gravité ,
et les corps placés en cette partie de la terre cesseraient de
peser sur sa surface. La force centrifuge combat ainsi la
pesanteur dans tous les autres points de la surface de la terre ,
mais moins pourtant qu'à l'équateur ; d'abord parce que les

autres parallèles, étant moins éloignés de l'axe de rotation, la force centrifuge y est moindre ; et, en second lieu, parce que la direction de cette force se trouve alors oblique à la verticale, suivant laquelle la pesanteur est toujours dirigée. En supposant que les corps célestes aient été primitivement fluides, comme un grand nombre de phénomènes portent à le supposer, l'attraction mutuelle de leurs parties leur aurait fait prendre une forme absolument sphérique, si aucune autre force eût agi sur eux. Mais, comme ils sont tous doués d'un mouvement de rotation autour d'un axe, la force centrifuge de ce mouvement a dû rendre les parties situées près de l'équateur moins pesantes; ce qui a dû déterminer, en cet endroit, une plus grande accumulation de matière ; aussi observe-t-on que tous les corps célestes sont renflés à leur équateur, et applatis à leurs pôles de rotation. En général, dans tout mouvement curviligne, il se produit toujours une force centrifuge, puisqu'en chaque point de la trajectoire décrite, le mobile tend toujours à s'échapper par la tangente ; et, tant qu'il continue à suivre la courbe, cette force centrifuge est détruite par les autres forces qui y ramènent le mobile, soit que l'action de ces dernières se dirige vers un centre fixe ou non. Alors l'intensité de la force centrifuge devient, en général, variable dans les différens points de la trajectoire ; mais on peut encore l'évaluer par les mêmes principes, en considérant le mouvement comme se faisant, à chaque instant, sur une circonférence de cercle, qui aurait avec la trajectoire trois élémens communs. Ce cercle que l'on appelle *osculateur*, devra, généralement, être variable de rayon selon les points que l'on considère, mais on peut toujours déterminer la longueur de son rayon par le calcul. On peut évaluer de même la vitesse actuelle du mobile aux points de la trajectoire auxquels il répond ; alors la force centrifuge en ces points, peut être considérée comme commune aux mouvemens qui auraient lieu en vertu de cette vitesse dans le cercle ou sur la courbe, ce qui permet de l'évaluer par la règle rapportée plus haut.

CHAPITRE XI.

Oscillations du pendule.

Il y a encore un autre cas de mouvement curviligne qu'il nous faut particulièrement considérer, à cause de ses applications pratiques. C'est celui d'un corps solide pesant, suspendu par un axe fixe, et qui, tant soit peu écarté de la verticale, et abandonné ensuite à lui-même, va et revient de part et d'autre de cette ligne, par un mouvement que l'on appelle *oscillatoire.* Tout le monde sait que ce sont des verges solides mues de cette manière, et que l'on appelle des pendules, qui règlent le mouvement des horloges par lesquelles on mesure si exactement le temps. Cela suffit pour nous indiquer l'utilité qu'il y a à s'en occuper. Le cas le plus simple d'un pareil mouvement, celui par conséquent qui doit nous occuper d'abord, s'obtiendra en considérant un simple point matériel pesant tel que M, *fig.* 50, suspendu à l'extrémité d'un fil O M, inextensible, inflexible, sans masse, et attaché par son extrémité supérieure O à un obstacle fixe. D'abord, si l'on suppose le fil vertical et le point matériel en repos, il persistera invariablement dans cet état, à moins qu'on ne l'en retire par quelque impression latérale ; car tout l'effort de la pesanteur pour le faire tomber est détruit par la résistance du fil. Mais supposez qu'on écarte ce point de la verticale, en détournant aussi le fil qui le porte, et qu'on l'abandonne ensuite à lui-même, il est évident que la pesanteur tendra à le faire revenir à sa première position ; car la direction du fil lui étant devenue oblique, elle ne sera plus complètement détruite par sa résistance. Pour voir ceci de plus près, supposons que, par la nouvelle position M' du mobile, on mène une verticale M' Z, sur laquelle on prenne une longueur arbitraire M' G pour représenter l'intensité absolue de la pesanteur. Menons ensuite par l'extrémité G deux lignes G P, G F, l'une perpendiculaire, l'autre parallèle à la direction actuelle du fil. Il est clair que la force M' G pourra être considérée comme une résultante dont les composantes seraient M'P, et M'F, de sorte qu'on peut lui substituer celles-ci sans rien changer à l'état de la question. Or la première M'P, se trouvant dirigée dans le prolongement du fil, est détruite par sa résistance ; et il ne reste d'actif que la force M'F, qui, lui étant perpendiculaire, n'en est nullement combattue. Ainsi le mobile tend à tomber en vertu de cette seule force ; et comme rien ne s'oppose à ce qu'il lui obéisse, il se mettra en effet en mouvement suivant sa direction, qui est celle de la tangente au cercle qu'il peut décrire. En répétant la même construction en différens points de l'arc M'M, et représentant toujours la pesanteur par des longueurs égales, on voit que la composante active M'F diminue à mesure que le mobile se rapproche du point le plus bas du cercle, et qu'enfin elle devient nulle en ce point même, où la résistance du fil détruit l'effort total de la gravité. Ainsi le mouvement sera accéléré, puisque le mobile est sollicité par une force continuellement active, mais il ne suivra pas les lois de la chute libre, puisque l'intensité de cette force varie et diminue sans cesse, depuis le plus haut point de sa course jusqu'au point le plus bas.

Arrivé à ce point, le mobile, entièrement soutenu par le fil, se trouvera un instant soustrait à l'action de la pesanteur. Mais, en vertu de son inertie, il continuera à se mouvoir en vertu de la vitesse qu'il a précédemment acquise ; et, comme il est forcé de décrire un cercle, il s'élevera de l'autre côté de la verticale. Dès-lors, la pesanteur n'étant plus tout-à-fait détruite, agira sur lui pour le faire redescendre ; et l'intensité de son action croîtra à mesure qu'il montera davantage dans l'arc qu'il décrit. Le mobile se trouvera donc dans le cas ordinaire d'un corps pesant lancé de bas en haut par une impulsion instantanée, avec cette différence que la pesanteur qui le sollicite ne sera pas constante, mais ira continuellement en croissant d'intensité avec le temps. Il arrivera donc, de même, une époque où la vitesse de la première impulsion sera complétement détruite ; et cela aura évidemment lieu quand le mobile, que nous supposons dans le vide, se sera élevé de ce côté de la verticale , aussi haut que le point S, d'où il a commencé à tomber de l'autre côté. Arrivé à ce terme , il recommencera de nouveau à tomber vers la verticale , en partant du repos comme la première fois. Il montera de même de l'autre côté , redescendra ensuite pour remonter de même; et les *oscillations* se continueront ainsi indéfiniment dans l'arc SMS, pourvu qu'aucun obstacle, aucun frottement, aucune résistance , ne vienne les ralentir ou les arrêter. Ces allées et ces retours étant toujours déterminés par des causes identiquement les mêmes , il est évident que leur durée sera la même aussi ; c'est-à-dire que les oscillations successives seront isochrones entre elles.

La simplicité de ce cas idéal est altérée dans la pratique par diverses causes inévitables. D'abord on ne peut pas réaliser la disposition supposée d'un simple point matériel suspendu à un fil sans masse : il faut nécessairement employer des corps solides d'une dimension et d'un poids sensibles. Mais on supplée à cette nécessité, par le calcul , quand on connaît la forme de ces corps, et la densité de toutes leurs parties. Les géomètres ont des méthodes pour déduire de ces données la longueur du pendule simple idéal , qui ferait ses oscillations dans le même temps que le corps solide dont on s'est servi.

Un appareil de ce genre se nomme un *pendule composé* , et on peut lui donner diverses formes , diverses longueurs , selon les usages auxquels on l'applique. Celle qui sert ordinairement pour les horloges consiste dans une verge , ou un système de verges métalliques CA, *fig.* 51 , au bas desquels on fixe une lentille L , également métallique , que l'on fait fort mince sur ses bords, et très-pesante, pour fendre mieux l'air et en éprouver moins de résistance. Le haut de la verge est traversé par un couteau d'acier fort poli qui y est invariablement fixé, et qui pose sur un plan ou dans une rainure d'acier, poli aussi avec beaucoup de soin. Quand on veut mettre le pendule en oscillation , on l'écarte un peu de la verticale et on le laisse retomber en vertu de son poids.

Pour adapter cet appareil à la mesure du temps , on dispose une suite de roues dentées qui s'engrènent les unes dans

les autres, de manière que toutes marchent quand une seule
est mise en mouvement. On donne aux nombres de dents
de ces roues les rapports qu'ont entre eux les diverses divisions adoptées dans la mesure du temps , c'est-à-dire , les
heures , les minutes , les secondes , et on adapte à leurs axes
des aiguilles qui , en se mouvant sur un cadran , indiquent
chaque pas qu'elles font. On enroule ensuite autour d'un de
ces axes une corde flexible au bas de laquelle on suspend un
poids qui tend à faire tourner toutes les roues , et qui même
les forcerait à tourner précipitamment si on lui permettait
d'agir librement. Mais , pour modérer sa chute, on adapte
à l'appareil un pendule A L , *fig*. 52 , dont le haut de la
verge porte une espèce d'ancre E E , qui s'engrène dans les
dents d'une des roues que le poids tire : cette ancre se
nomme l'échappement. Elle est disposée de telle sorte que
lorsque le pendule est dirigé suivant la verticale , et en repos , sans être sollicité par aucune vitesse , les deux extrémités E E s'interposent entre les dents de la roue et arrêtent
tout mouvement. Mais si l'on écarte un peu le pendule de
part ou d'autre de la verticale, la roue devient libre de
tourner , et elle tourne en effet par l'action du poids qui
l'entraîne , jusqu'à ce que le pendule, en tombant , l'arrête
par l'interposition de son échappement. Si tout est bien disposé , cela arrive quand il se trouve au point le plus bas
de son oscillation. Mais alors il passe de l'autre côté de la
verticale , en vertu de sa vitesse acquise , et de celle que le
choc de la roue en mouvement lui communique ; il échappe
donc de nouveau, entre les dents de cette roue , et la laisse
tourner de nouveau. Puis il vient de nouveau l'arrêter , et
ainsi de suite , aussi long-temps que le poids qui sollicite les
roues continue son action.

Dans les expériences de physique où l'on ne veut qu'observer les oscillations du pendule, sans en faire un régulateur,
on cherche à se rapprocher le plus qu'il est possible de la
disposition du pendule simple , *fig*. 53. On emploie alors une
boule de platine très-lourde, suspendue à un fil de cuivre qui
est seulement assez gros pour la soutenir sans s'allonger : le

fil tient à une petite calotte de cuivre travaillée sur le même
diamètre que la boule , et qui étant posé sur elle avec l'intermède de quelque substance grasse , y adhère avec une
force suffisante pour que la boule ne tombe point. Un couteau très-poli est attaché à l'extrémité supérieure du fil , et
pose sur des plans d'agathe bien polis , afin que son mouvement d'oscillation éprouve le moins d'obstacle possible de la
part du frottement.

Lorsqu'un pareil pendule est mis en mouvement, on s'a-
perçoit bientôt que l'amplitude des arcs qu'il décrit diminue peu à peu ; et il finit par s'arrêter tout-à-fait. Ce ralen-
tissement progressif est causé, en partie, par le frottement
qui s'opère au point de suspension ; mais il l'est beaucoup
plus encore par la résistance que l'air oppose au mouvement
de la boule. Cette résistance , toujours contraire à sa vitesse,
allonge la durée de la demi-oscillation descendante , et
abrége celle de la demi-oscillation montante , à peu près
de la même quantité, de sorte que la somme de ces deux
moitiés reste sensiblement la même que si le mouvement
avait eu lieu dans le vide. Mais les excursions du mobile en
sont successivement diminuées dans leur amplitude. Or ,
l'isochronisme des oscillations circulaires n'a lieu à la rigueur
que lorsqu'elles sont d'une étendue constante ; on voit donc
que , sous ce point de vue, la résistance de l'air doit les
altérer. Heureusement , cette altération est très-peu sensible
lorsque les arcs sont petits ; et il devient alors facile d'en
déterminer l'influence par le calcul. En l'appliquant, comme
une correction, aux oscillations observées, on les réduit toutes
au cas idéal d'une amplitude infiniment petite, ce qui les
rend toutes exactement isochrones.

Maintenant si , après avoir fait cette observation , on
mesure aussi la longueur du pendule dont on s'est servi , et
qu'on le réduise par le calcul au cas idéal du pendule simple ,
on peut, en comparant les durées des oscillations et les longueurs, déterminer plusieurs résultats importans.

Le premier est l'intensité absolue de la pesanteur. En

effet, les oscillations étant produites par son action, elles
doivent être plus ou moins rapides, selon que son intensité
est plus ou moins forte. On conçoit donc que cette intensité
doit pouvoir se déduire du nombre d'oscillations faites en un
temps donné, par un pendule d'une longueur connue. Ces
deux élémens, le nombre et la longueur, peuvent se déterminer avec une exactitude extrême. Ils offrent donc un excellent moyen de calculer l'intensité de la pesanteur. C'est
ainsi qu'on a trouvé, qu'à la latitude de Paris, les corps
décrivent $4^m,9044$, dans la première seconde de leur chute ;
la longueur du pendule simple qui ferait 100000 oscillations
dans un jour moyen, y est de $0^m,741883$ à l'observatoire.

On trouve encore, conformément aux calculs, que, pour
divers pendules simples, de longueurs inégales, animés par
une même pesanteur, les durées des oscillations sont proportionnelles aux racines carrées des longueurs ; de sorte, qu'à
mesure qu'un pendule s'allonge les oscillations deviennent
plus lentes selon ce rapport. Ce résultat sert pour calculer la
longueur qu'il faut donner à un pendule pour en obtenir des
oscillations d'une durée déterminée. A la vérité cette durée
varie par l'impression que le froid et le chaud font sur la verge
du pendule, qu'elles racourcissent ou allongent ; mais on a
trouvé le moyen de remédier à ces variations, comme nous le
dirons plus tard.

Enfin on démontre, par le calcul, que les durées des oscillations d'un même pendule, soumis successivement à des
pesanteurs différentes, varient réciproquement aux racines
carrées de leurs intensités. Cette propriété permet donc de
comparer les intensités de la pesanteur terrestre à différentes
latitudes. L'on a ainsi découvert qu'elles croissent en allant
de l'équateur aux pôles, ce qui est une conséquence de l'apla-
tissement de la terre.

On observe dans la nature un grand nombre de mouvemens, qui, sans suivre les mêmes lois que ceux du pendule,
s'en rapprochent cependant par ce caractère, qu'ils sont, de
même, alternatifs de part et d'autre d'un état de repos. Tel
est, par exemple, celui d'une corde métallique tendue que

l'on retire de sa position naturelle d'équilibre, et qu'on abandonne ensuite à elle-même. Ce mouvement et tous ceux de ce genre, qui sont ordinairement fort rapides, ont reçu le nom de *vibrations*. Nous aurons plus tard l'occasion d'en étudier quelques-uns par l'expérience.

Enfin, pour achever de réunir ici les résultats les plus usuels des mouvemens, nous dirons un mot de celui que peut prendre un corps solide libre, lancé par une impulsion primitive. Si cette impulsion passe par le centre de gravité du corps, et si elle est la seule cause de mouvement qui agisse sur lui, il prend seulement un mouvement de translation suivant la direction que cette impulsion lui imprime, et toutes ses parties se meuvent uniformément dans ce sens, parallèlement les unes aux autres, avec une vitesse commune; mais si l'impulsion ne passe pas par le centre de gravité du corps, il prend un mouvement composé, 1°. d'un mouvement de translation uniforme commun à toutes ses parties; 2°. d'un mouvement de rotation également uniforme autour d'un axe passant par son centre de gravité, mais dont la direction, dans l'intérieur de sa masse, peut être variable ou constante. Dans tous les corps solides on peut mener trois droites rectangulaires entre elles, qui sont autant d'axes de rotation *permanens;* c'est-à-dire que, si la rotation a commencé à se faire autour d'un de ces axes, elle continuera toujours autour de lui, pourvu toutefois que le corps n'éprouve ni résistance, ni choc, qui vienne troubler la liberté que nous avons supposée à ses mouvemens. Tous ces résultats se démontrent par la mécanique mathématique.

CHAPITRE XII.

Du choc des corps.

Jusqu'ici, pour imiter la constitution des corps solides, nous avons imaginé des systèmes de points matériels liés entre eux invariablement; mais cette rigidité absolue ne se rencontre point dans la nature. Tous les corps qu'elle nous

offre, et que nous appelons solides, peuvent être, jusqu'à
un certain point, comprimés sans se désunir, ni changer de
constitution. Ils ne font que céder momentanément sous
l'effort qui les presse; et, quand cet effort cesse, ils reviennent
à leur figure primitive, ou au moins ils s'en rapprochent à
des degrés divers. Cette tendance se désigne par la dénomination d'*élasticité*. Un corps qui, après la compression, repren-
drait exactement sa figure primitive, serait *parfaitement
élastique;* il ne l'est qu'*imparfaitement* s'il ne revient qu'imparfaitement à son premier état. Nous examinerons plus tard,
par l'expérience, le rang que, sous ce rapport, il faut donner
aux diverses classes de corps naturels, et la cause présumable
de leur réaction élastique; mais, pour le moment, fidèles à la
méthode que nous avons adoptée dans ce livre, nous ne voulons que préparer ici des notions abstraites sur les divers
modes possibles de constitution que les systèmes matériels
peuvent recevoir, afin d'en tirer toutes les lois générales qui
sont de simples conséquences de l'inertie, et qui, comme
telles, devront se réaliser aussi dans les corps naturels, quelle
que soit la complication de leurs propriétés accidentelles.

L'absence ou l'existence de l'élasticité, et les divers degrés
où elle peut exister dans un système matériel, ont une grande
influence sur la manière dont ce système reçoit le mouvement ou le communique, quand il choque d'autres systèmes
semblables, ou quand il est choqué par eux. Nous allons examiner ici les cas extrêmes de mollesse ou de ressort qui comprennent tous les autres. Seulement, pour plus de simplicité,
nous supposerons que les systèmes choqués sont des sphères homogènes dont les centres se meuvent uniformément sur une
même ligne droite, et dont tous les points sont simplement
transportés parallèlement à cette droite, sans aucun mouvement de rotation. Quelles que soient les vitesses et les masses de
deux sphères pareilles, elles se choqueront nécessairement, sur
la droite même, d'une manière symétrique relativement à
toutes les parties de leur masse; et ainsi, il ne pourra résulter
de leur rencontre qu'un changement dans leur mouvement de
translation, changement qui les fera avancer ou reculer avec

une certaine vitesse; c'est là le seul élément que nous avons à déterminer.

Supposons d'abord nos deux sphères compressibles, mais absolument dénuées d'élasticité, et lancées comme nous venons de le dire. Alors, quand elles viendront à se joindre, le premier effet de leur choc mutuel sera de les comprimer l'une contre l'autre, jusqu'à ce que l'impulsion qui animait chacune d'elles se soit répartie uniformément dans tout l'ensemble des deux masses; et, quand cela aura lieu, la compression s'arrêtera. Dès-lors, il s'établira une vitesse commune, qui s'obtiendra en divisant la somme des quantités de mouvement des deux corps, avant le choc, par la somme de leurs masses.

Supposons, par exemple, qu'en prenant de certaines quantités connues pour unités de vitesse et de masse, notre première sphère ait 3 parties de masse et 8 de vitesse, ce qui fait une quantité de mouvement exprimée par 24; tandis que la seconde aura seulement 1 partie de masse et 4 de vitesse, ce qui donne 4 pour la quantité de mouvement. Cela posé, si ces vitesses sont dirigées dans un même sens, la somme des quantités de mouvement sera 28; et 4 sera la somme des masses. Ainsi la vitesse commune, après le choc, sera $\frac{28}{4}$ ou 7. Ce serait seulement $\frac{20}{4}$, ou 5, si les vitesses eussent été dirigées en sens contraire, parce qu'il aurait fallu employer les quantités de mouvement comme opposées.

Les résultats seraient encore les mêmes, si les deux sphères, au lieu de se mouvoir en ligne droite, décrivaient l'une et l'autre, la circonférence d'un même cercle. Ceci fournit le moyen de vérifier, par l'expérience, les indications de la théorie, en suspendant des sphères compressibles à des fils très-longs attachés à un même point fixe, comme des pendules, et les écartant plus ou moins de la verticale dans un même plan; puis les laissant retomber ensemble, de manière qu'elles se rencontrent au point le plus bas de leur course, et mesurant la hauteur où elles remontent, après le choc, de l'autre côté de la verticale. Car, ces hauteurs une fois connues, la théorie du mouvement pendulaire donnera la vitesse de projection qu'elles exigent; et de même, d'après l'écart primitif

donné aux deux masses, on connaîtra les vitesses individuelles que chacune d'elles avait en arrivant au point le plus
bas de sa course, par conséquent à l'instant où le choc a eu
lieu. Ces hauteurs se mesurent par le moyen d'une division
circulaire parallèle au plan dans lequel on opère les mouvemens. Il ne reste plus qu'à choisir des corps qui se rapprochent le plus possible de l'état purement compressible et non
élastique que nous avons supposé. On emploie ordinairement
pour cela des boules de terre glaise humectées et bien pétries
qui répondent en effet assez à ces conditions. On pourrait de même y employer, et peut-être avec plus d'avantage,
des boules de farine humide et malaxée, qui sont presque
totalement dénuées de ressort.

Dans ces exemples, la communication du mouvement, et
sa répartition égale dans la masse totale, exigera un certain
temps, lequel sera d'autant moindre que les corps seront
moins compressibles, c'est-à-dire plus *durs*. On peut concevoir, comme limite, un degré de compressibilité si faible
que ce phénomène s'opérerait dans un temps inappréciable.
Ce serait le cas des corps que l'on pourrait appeler *parfaitement durs* et non élastiques. La supposition d'une incompressibilité absolue non-seulement n'est point réalisée dans
la nature, mais n'offrirait aucun moyen de concevoir la
communication du mouvement.

Donnons maintenant à nos deux sphères une compressibilité et une élasticité parfaite; supposons d'abord qu'elles se
choquent mutuellement en sens contraire avec des masses et
des vitesses égales. Dans ce cas, dès qu'elles se toucheront,
elles s'arrêteront l'une l'autre, puisque tout est égal; le point
de leur premier contact sera la limite de leur course, et elles
emploieront leur force à se comprimer mutuellement jusqu'à
ce qu'elle soit tout-à-fait éteinte. Cet effort raccourcira leurs
diamètres dans le sens du choc et allongera les diamètres perpendiculaires, de manière à changer les deux sphères en deux
ellipsoïdes applatis au point de contact; mais une fois toute la
force du choc ainsi usée, chacun de ces ellipsoïdes élastiques se
débandera pour reprendre la forme de sphère, en reprodui-

sant exactement les mêmes efforts qui l'avaient comprimé ;
et, soit que l'on envisage cette restitution comme s'opérant sur
le point de contact supposé fixe, ou comme se transmettant
d'une des sphères à l'autre, il est visible qu'après la restitution
chaque sphère sera repoussée en sens contraire de son mouvement avant le choc, et avec une vitesse égale à celle qu'elle
avait en s'y présentant. Maintenant, si, au lieu de supposer
les deux corps choqués égaux, on leur suppose des masses et
des vitesses quelconques, il est clair qu'ils ne se comprimeront mutuellement que jusqu'à ce qu'ils soient arrivés à une
égale répartition de vitesse, comme cela avait lieu dans les
corps simplement compressibles ; d'où il suit, que chaque
corps n'usera dans la compression que l'excès de sa vitesse
primitive sur la vitesse commune qui s'établirait dans l'état
de compressibilité ; après quoi sa réaction élastique lui rendra
la même différence, en sens contraire. Ainsi il ne lui restera,
en définitif, que l'excès de la vitesse commune sur cette portion de vitesse perdue et restituée.

Pour appliquer ce résultat reprenons l'exemple numérique
que nous avons calculé plus haut pour les corps compressibles,
et supposons les deux vitesses dirigées dans le même sens.
Dans ce cas nous avons vu que la vitesse commune après
le choc est 7 ; donc, si nos sphères sont élastiques, la première,
qui avait pour vitesse 8, usera dans la compression 8—7 ou
1 de vitesse ; et le reprenant en sens contraire après le choc,
il ne lui restera que 6. Calculant de même pour l'autre sphère
qui avait seulement 4 de vitesse, elle usera dans la compression 4—7 ou — 3 ; et les reprenant ensuite en sens contraire,
elle se trouvera avoir pour vitesse définitive 7 + 3 ou 10. De
sorte que les deux sphères se mouvront encore dans le même
sens après le choc, mais l'une plus lentement et l'autre plus vite
qu'auparavant. Le même raisonnement fait voir que, si les deux
corps étaient égaux en masse, et l'un d'eux en repos, l'autre en
mouvement, celui-ci serait ramené au repos après le choc et
l'autre prendrait sa vitesse tout entière. On peut vérifier ces
résultats, au moins par approximation, en substituant,
dans l'appareil pendulaire, aux boules de terre glaise des

boules d'ivoire bien sphériques et homogènes , dont l'élasticité , sans être parfaite , est au moins très-grande. Si plusieurs boules pareilles sont suspendues ainsi en contact sur
une même file , et qu'ayant écarté la première de la verticale , on la laisse retomber sur les autres , la dernière seule
part , et toutes les intermédiaires restent en repos , comme
l'indique encore la théorie.

De même que nous avons considéré le choc de deux
sphères, on pourrait considérer celui de deux corps de forme
quelconque ; les principes seraient les mêmes, mais la complication du problême serait beaucoup plus grande parce qu'il
faudrait déterminer les points de rencontre des corps et la
direction de leur compression. Le seul exemple que nous nous
bornerons à donner , dans ce genre , est celui d'une sphère
qui tombe sur un plan.

D'abord , si l'on suppose le plan horizontal et l'élasticité
des deux corps parfaite , il est évident que la sphère recevra
par la réaction après le choc une vitesse égale à celle qu'elle
avait à l'instant où elle a touché le plan ; et ainsi cette réaction devrait la faire remonter, dans le vide, à la hauteur précise
d'où elle a commencé à tomber. Toutefois, quelles que soient
les substances employées à l'expérience, le retour n'atteint
jamais ce terme, tant à cause de la résistance de l'air, qu'à
cause de l'imparfaite élasticité. Maintenant , si, au lieu de
supposer le plan horizontal, on le suppose incliné, la sphère
doit évidemment, après sa réaction, rejaillir en faisant avec
le plan le même angle qu'avant sa chute, et c'est en effet
ce qu'on observe dans le premier moment ; car bientôt la
pesanteur agissant sur le mobile , le ramène graduellement
vers la terre en lui faisant décrire une parabole. Ceci fournit
même un moyen fort élégant pour démontrer aux yeux les
lois du mouvement des projectiles, en laissant ainsi tomber
une bille d'ivoire sur un petit tambour de parchemin bien
égal, fortement tendu et incliné diversement sur l'horizon.
Car, en suspendant sur la route de la bille , une suite d'anneaux à travers lesquels son mouvement la conduise , la série de ces anneaux rendra la parabole sensible aux yeux.

La loi de communication de mouvement que nous avons développée dans ce chapitre est très-générale : elle ne s'applique pas seulement au choc des corps, mais à la répartition de toutes les forces imaginables, entre les masses sur lesquelles on les fait agir. Ainsi, tout corps qui en tire ou en presse un autre, est pareillement tiré ou pressé par lui. Si l'on presse une pierre avec le doigt, le doigt est pressé aussi par la pierre ; et le cheval qui tire un fardeau par le moyen d'une corde, est tiré également par lui, puisque la corde qui les joint est également tendue dans un sens et dans l'autre, et tend également à les rapprocher par sa force de traction. De même ici, dans le choc des corps, un d'eux ne peut communiquer le mouvement à l'autre sans en perdre lui-même ; l'échange n'est pas entre les vitesses, mais entre les quantités de mouvement. La même réciprocité a lieu, en général, dans toutes les actions que nous présente la nature. L'aimant qui attire le fer, est attiré par lui ; la terre attire la lune et est attirée par elle. La pierre qui tombe est attirée et déplacée par la terre qu'elle attire et *déplace* à son tour, quoique d'une quantité si petite, à cause de son peu de masse, qu'on ne peut l'apercevoir. C'est ce résultat universel que Newton a énoncé comme une loi générale de la nature, en disant que *la réaction est toujours égale et contraire à l'action.*

CHAPITRE XIII.

Des mouvemens des liquides incompressibles.

Les molécules matérielles qui composent les liquides étant considérées isolément les unes des autres, sont soumises aux mêmes lois de mouvement qui régissent les simples points matériels. Mais, lorsqu'une masse liquide est limitée, en certaines parties, par les parois d'un vase susceptible de résistance, les mouvemens des particules sont gênés par cette résistance qui les empêche de passer outre ; et il en résulte plusieurs conditions générales de mouvement qui appartiennent à toute la masse. Néanmoins, dans ce cas même, la mobilité des particules les unes parmi les autres, leur permet de prendre une infinité de mouvemens propres, qui, pouvant être occasionnés par des causes, même très-légères, donnent au calcul général de ces phénomènes une complication inextricable. Aussi les questions que l'on a jusqu'à présent résolues l'ont été, pour la plupart, à l'aide de considérations particulières, qui en limitaient l'énoncé de telle sorte qu'on ait pu les attaquer directement. Nous allons indiquer ici, en abrégé, quelques-uns des résultats que l'on est parvenu ainsi à découvrir.

Les plus importans, par leur utilité, se rapportent au mouvement d'un liquide pesant qui s'écoule d'un vase solide par un orifice d'une forme et d'une grandeur donnée, percé au fond du vase ou dans ses parois. Pour analyser la manière dont ce mouvement s'opère, isolons par la pensée une tranche horizontale très-mince, située à une hauteur quelconque dans la masse liquide, et considérons les forces qui agissent sur elle. D'abord elle est sollicitée de haut en bas par son propre poids; et, si la forme du vase était exactement cylindrique, et que son fond fut entièrement ouvert, elle tomberait librement, en vertu de cette seule force, sans être aucunement influencée, dans sa chute, par les couches supérieures ou inférieures, qui partant du repos, en même temps qu'elle, et étant également sollicitées par la pesanteur, auraient à chaque instant des vitesses exactement égales à la sienne. Mais, lorsque l'ouverture pratiquée dans le vase n'est que partielle, ce qui est le cas ordinaire, cette indépendance de mouvemens n'a plus lieu, parce que les molécules liquides qui composent chaque couche horizontale, étant une fois descendues jusqu'au niveau de l'orifice, ne peuvent pas s'écouler simultanément, ni aussitôt qu'elles y arrivent; et ce retardement réagit sur le mouvement des couches supérieures. Alors chacune de celles-ci, outre sa tendance propre à descendre, est sollicitée par la différence des forces motrices qu'exercent, sur ses deux surfaces, les portions inférieures et supérieures du reste de la masse en mouvement; et c'est la combinaison de toutes ces forces qui détermine le mouvement réel qu'elle peut prendre. En outre, si le vase n'est pas cylindrique dans toute sa hauteur, il faut que chaque tranche horizontale, considérée dans l'ensemble de ses particules, se moule, pour ainsi dire, sur chacune des sections du vase qu'elle traverse, et qu'ainsi, étant incompressible, son épaisseur verticale diminue ou augmente à mesure que le vase s'élargit ou se rétrécit. Cela ne peut pas se faire sans que quelques-unes des particules n'éprouvent des déplacemens dans le sens horizontal. Enfin, elles en éprouvent nécessairement de tels quand elles arrivent près de l'orifice, et l'on peut les rendre sensibles dans un vase transparent, en mêlant à l'eau qui s'écoule, quelques petits corps opaques, à peu près de même densité qu'elle, par exemple, des globules de résine ou de cire à cacheter pilées ; car ces globules, à cause de l'égalité de densité, nageant parmi les molécules de l'eau, presque avec autant de liberté que ces molécules elles-mêmes, les mouvemens qu'ils prennent, et les directions qu'ils suivent, indiquent à l'œil le sens des courans qui se forment, et par lesquels ils sont entraînés. Or, on voit ainsi que de tels courans existent en effet près de l'orifice d'écoulement ; et même si l'orifice est formé par un ajutage rentrant, comme le montre la *fig.* 54, on voit les globules indicateurs remonter aussi du fond du vase pour retourner au point de sortie. En général, même lorsque l'orifice est percé dans une paroi mince, les molécules qui s'en approchent convergent vers lui ; de manière que la *veine fluide*, après sa sortie, va se rétrécissant jusqu'à une certaine distance du vase, *fig.* 55, ce qui, vu l'incompressibilité des particules, ne peut avoir lieu, sans que celles d'une même tranche, ne se quittent. Mais lorsque la forme du vase est à peu près cylindrique, ou lorsque la hauteur de l'eau est très-grande, comparativement à la différence de largeur des tranches horizontales, ce qui accroît la force comprimante, les vitesses horizontales des particules liquides, deviennent très-petites, comparativement à leurs vitesses verticales ; et ces dernières sont, à très-peu de chose près, égales entr'elles pour toutes les molécules d'une même tranche ; de sorte que le cas idéal d'une égalité tout-à-fait complète, doit être comme la limite de ceux que l'expérience réalise, et doit conséquemment, dans les circonstances que nous avons admises, donner des résultats peu éloignés de la vérité. Cette considération particulière, introduite dans le calcul, le simplifie assez pour qu'on puisse en développer toutes les conséquences ; et de là se déduisent les lois suivantes, que, pour simplifier, nous nous bornerons à énoncer pour le cas ordinaire où l'orifice d'écoulement peut être considéré comme très-petit, comparativement aux dimensions de la masse d'eau.

Lorsque l'eau ou un autre liquide parfait s'écoule d'un vase par un très-petit orifice, en vertu de son poids seul, et sans qu'aucune pression étrangère soit appliquée sur sa surface, la vitesse du liquide, à sa sortie, est la même que celle d'un corps pesant qui serait tombé, en chute libre, depuis la surface supérieure jusqu'au niveau de l'orifice. Ce résultat, découvert par Torricelli, est vrai encore, lorsque la surface supérieure et la surface de l'orifice éprouvent des pressions étrangères égales entr'elles.

Pendant l'écoulement, chaque point de la masse fluide et des parois du vase éprouve une pression sensiblement égale au poids de la colonne fluide située au-dessus de son niveau, plus l'excès des forces étrangères qui peuvent être appliquées à la surface supérieure. Cette pression se trouve ainsi à chaque instant la même que si le liquide n'était pas en mouvement. C'est elle qui imprime aux particules effluentes leur vitesse ; mais elle ne la leur donne toute entière que lorsqu'elle a pu agir sur elles pendant un certain temps : car il faudrait que son énergie fût infinie, pour produire une vitesse finie, par une action absolument instantanée. Aussi le mouvement de projection des molécules qui sortent par l'orifice est-il d'abord insensible et comme nul, et il n'acquiert sa vitesse complette qu'après un certain temps très-court, il est vrai, mais pourtant appréciable. C'est ce dont on peut aisément s'assurer en observant l'écoulement de l'eau par un orifice dont la direction ne soit pas absolument verticale, *fig.* 56. Car alors les molécules, après leur sortie, étant sollicitées, à la fois par la pesanteur et par la vitesse de projection qu'elles ont reçue à leur émergence, doivent décrire dans le vide une parabole et dans l'air une courbe balistique ordinaire dont l'*amplitude de jet* variera avec la vitesse de projection; tellement que l'on peut juger de l'une par l'autre. Or, en effet, lorsqu'on répète l'expérience, on voit l'amplitude, d'abord insensible, augmenter peu à peu jusqu'à un maximum qu'elle n'atteint qu'après quelques instans.

Les lois précédentes s'appliquent également au cas où le vase se vide graduellement à mesure que l'eau s'écoule, et au cas où l'on entretient le niveau à une hauteur constante par l'addition continuelle de nouveau liquide. Il est bien facile de les vérifier par l'expérience, surtout dans ce dernier cas. Car la pression exercée sur l'orifice étant alors constante, la vitesse d'écoulement le devient aussi; cette vitesse est donnée d'après la hauteur de l'eau au-dessus de l'orifice, on sait donc combien de pieds, ou de mètres', elle fait parcourir par seconde. En multipliant ce nombre par la surface de l'orifice, on connaîtra le volume du cylindre d'eau qui sort ainsi, en une seconde de temps; et on aura de même le volume qui s'écoulera, en un temps quelconque donné. Il n'y a donc qu'à mesurer la quantité réellement écoulée dans le même temps, et comparer ces deux résultats entre eux. Or, on trouve constamment que ce dernier est le plus foible. La différence tient à la *contraction de la veine fluide*. Si l'on considère le filet qui part du centre de l'orifice comme un axe curviligne et central de la veine, les sections faites dans la veine perpendiculairement à cet axe vont d'abord en diminuant de grandeur depuis l'orifice même jusqu'à un certain terme que l'on appelle la *section contractée*, après quoi la forme de la veine reste quelque temps permanente; et enfin elle s'élargit en gerbe en se mêlant à l'air. Or, le liquide étant incompressible, l'inégalité des sections suppose nécessairement une inégalité de vitesse entre les diverses particules qui composent chacune d'elles, puisque le système général de ces particules ne pourrait jamais se rétrécir simultanément, au lieu qu'il le peut successivement, l'accélération des vitesses faisant passer dans un temps donné une égale quantité de liquide dans un plus petit espace. En effet, c'est ainsi que le phénomène s'opère. Les molécules qui partent des bords de l'orifice ont d'abord une vitesse moindre que celle du centre. Leur mouvement s'accélère à mesure qu'elles s'approchent de la section contractée ; enfin à cette section, la vitesse de tous les points depuis la surface jusqu'à l'axe, est partout la même et sensiblement conforme à celle qui se conclut par le calcul d'après la hauteur, ainsi que M. Hachette l'a soigneusement constaté. On voit donc que, dans les applications, la section contractée est le véritable orifice auquel on peut appliquer avec plus de réalité les lois obtenues par la considération du parallélisme des tranches. C'est aussi ce que l'on fait dans les expériences, et l'usage en peut être légitimé par une épreuve directe ; car si l'on adapte au vase un ajutage exactement égal en grandeur et en forme à la portion de la veine fluide, comprise entre l'orifice et la section contractée, le produit d'écoulement ne change pas, non plus que la contraction, quoique la section contractée soit réellement devenue l'orifice. Cet accord permet de déterminer la contraction de la veine indirectement, mais toutefois avec plus d'exactitude que par la mesure immédiate de la section contractée. Car il n'y a qu'à mesurer la quantité absolue de l'écoulement obtenu en un temps donné, par chaque orifice, sous une pression constante, et la comparer à celle que la loi de Torricelli devrait donner d'après la hauteur du liquide, et l'aire de l'orifice employé. Si l'on divise le premier de ces résultats par le second, on aura une fraction qui exprimera la proportion de l'aire de la section contractée relativement à l'aire de l'orifice ; ou ce que l'on nomme, pour abréger, la *contraction*. L'exactitude de cette méthode vient de ce qu'elle substitue à la mesure immédiate des dimensions de la veine, celles du temps et du produit de l'écoulement qui peuvent s'obtenir avec une précision indéfinie en prolongeant les observations.

L'appareil le plus commode pour ce genre d'expériences est une grande cuve, dans les parois de laquelle on adapte des plaques métalliques très-minces, percées de trous de diverses figures et de différentes grandeurs, qui s'ouvrent et se ferment instantanément, par le mouvement d'une plaque, glissant dans une coulisse sur la paroi même. On remplit cette cuve d'eau, ou, en général, du liquide que l'on veut observer ; puis afin de maintenir la constance du niveau, on fait arriver horizontalement à la hauteur fixée un courant continuel, et l'on fait de l'autre côté de la cuve à la même hauteur, une large ouverture qui donne au liquide une libre issue dès qu'il tend à dépasser le point auquel on veut le maintenir. Afin d'obtenir de la régularité dans les phénomènes, il faut employer des quantités de liquides assez considérables pour que l'uniformité de l'écoulement puisse s'établir et se maintenir avec stabilité. Alors, dit M. Hachette, qui a fait, sur ce sujet, un grand nombre d'expériences, si le liquide qui s'écoule, est diaphane, si c'est de l'eau, par exemple, la portion de la veine qui n'est pas encore désunie par le mélange de l'air, offre absolument l'apparence d'un cristal bien pur, dont les formes géométriques peuvent être définies et mesurées avec la netteté la plus parfaite. Quoique les molécules liquides se succèdent rapidement, comme elles sont continues et homogènes, elles paraissent dans un repos absolu. Quelle que soit la forme de l'orifice, la courbe décrite par le filet central, est toujours la même et ne diffère pas sensiblement de la parabole due à la différence de niveau. Mais tous les autres élémens de la section contractée, varient avec les circonstances particulières de l'expérience, telles que la forme de l'orifice, sa grandeur, la hauteur du liquide, etc. On est loin de savoir embrasser ces modifications dans des lois générales ; toutefois l'influence de chacune d'elles a été étudiée par M. Hachette, et l'on en peut voir le détail dans son Mémoire.

On sait que certains corps plongés dans un liquide s'y mouillent, tandis que d'autres ne s'y mouillent point. Le premier cas indique une adhésion entre les particules du liquide et du corps qu'il mouille. C'est donc là une nouvelle force qui peut influer sur les phénomènes de l'écoulement, tels que les calcule la théorie. Aussi, nous dirons plus loin, un mot de ces effets, quand nous ne considérerons plus les corps d'une manière abstraite et mécanique, mais avec toutes les propriétés dont ils sont doués dans la nature.

Est-ce à cette cause ou à de simples réactions mécaniques, ou tout à la fois à ces deux circonstances que sont dues les variations considérables que l'on observe dans la quantité de l'écoulement par des ajutages de diverses formes? Ayant percé un orifice plan dans une portion de paroi mince et plane, *fig.* 57, et observé la dépense en un temps donné, courbez cette paroi et replacez-la : si elle est devenue concave vers le liquide, *fig.* 58, le produit sera plus grand ; si elle est convexe, *fig.* 59, il sera moindre. Il suffit même, pour produire des changemens considérables, que les bords de l'orifice soient un peu redressés hors de son plan, *fig.* 60, de manière à former une sorte de tuyau pyramidal très-court ABCD, dont la base AB s'adapte exactement à une ouverture percée dans la paroi plane. Si d'abord on place cet ajutage de manière que ses lèvres soient saillantes au dehors du liquide, la dépense en un temps donné, sera, je suppose, comme 100 ; mais si on le retourne sur sa base, de manière que la saillie soit en dedans, la dépense sera réduite à 71 ; et la réduction peut devenir plus forte encore, en employant ainsi des tubes cylindriques d'un calibre très-étroit. M. Hachette a fait sur ce sujet beaucoup de recherches intéressantes et instructives.

Nous avons vu plus haut, que la veine fluide qui sort d'un orifice quelconque, décrit dans l'air une parabole déterminée par la direction et l'ensemble de la pression qui la projette. Cette parabole devient une ligne droite, si l'orifice est horizontal, et le liquide descend ou monte selon que la pression s'y trouve dirigée de haut en bas, ou de bas en haut. Pour réaliser ce dernier cas, concevez un vase vertical ABCD, *fig.* 61, communiquant par sa base à un canal horizontal BC, percé à sa surface supérieure d'un petit trou O de forme quelconque. Si l'on remplit d'eau le vase et le canal, et que l'on débouche ensuite l'orifice O, le liquide jaillira verticalement, et l'on aura le phénomène si connu des *jets d'eau.* La force d'impulsion en O sera égale à la vitesse qu'un corps pesant acquerrait en chute libre s'il tombait depuis la surface supérieure AD du liquide , jusqu'à la hauteur de l'orifice , ou plus exactement jusqu'à celle de la section contractée. Cette force est précisément celle qu'il faut pour faire remonter les molécules liquides jusqu'au niveau de la surface supérieure. Telle serait donc la hauteur du jet dans le vide ; mais sa hauteur réelle dans l'air , est beaucoup moindre à cause de la résistance que ce fluide oppose au mouvement. Selon Mariotte , un jet vertical de 5 pieds de hauteur exige une hauteur de réservoir de 5 pieds 1 pouce ; et pour toute autre hauteur de jet , l'excès d'élévation du réservoir croît à très-peu de chose près comme les carrés de cette hauteur. Par exemple si le jet doit être de 100 pieds , comme 100 contient 5, vingt fois , la différence en pouces sera le carré de 20 , ou 400 pouces , qui font 33 pieds 4 pouces ; ainsi la hauteur du réservoir , d'après cette règle , devra être 133 pieds 4 pouces.

Ce calcul suppose que les ouvertures des orifices sont suffisantes pour que le frottement du liquide , contre leurs bords , ne retarde pas sensiblement la vitesse. Cela exige que l'on fasse l'orifice plus large à mesure que l'on emploie de plus grandes vitesses. Mariotte a donné des règles , pour cet objet, dans son *Traité du mouvement des eaux*. Il faut aussi , pour obtenir toute la hauteur du jet , ne pas lui donner une direction rigoureusement verticale, parce que si les molécules après être parvenues au sommet de la gerbe , retombaient dans le jet même , elles choqueraient les particules ascendantes et diminueraient leur vitesse. On place quelquefois ainsi , par amusement, des corps légers dans le jet , par exemple des œufs vides, et l'impulsion continuelle qu'ils reçoivent les soutient en les faisant tourner sur eux-mêmes avec rapidité. Cette destruction de vitesse par le choc, s'opère même de bas en haut, lorsqu'on place des obstacles solides dans un jet vertical descendant , comme M. Hachette l'a observé ; car la dépense en est diminuée d'une manière notable et d'autant plus, que l'obstacle est placé plus près de l'orifice ; probablement parce que la continuité plus exacte des

particules y rend plus parfaite la communication du choc.
Cette force d'impulsion des jets est employée dans les préparations anatomiques, pour introduire dans les plus petits
vaisseaux, des liquides colorés qui les rendent sensibles en les
distendant. La meilleure disposition de l'appareil me semble
être celle que M. Dumeril a indiquée, et qui est représentée
fig. 62. A A B B, est un tube de verre vertical de deux ou trois
centimètres de diamètre intérieur, destiné à servir de réservoir. Il est ouvert par le haut et fermé en bas par un bouchon
de bois qui y est luté avec de la cire. Ce bouchon est percé à son
centre pour recevoir à frottement un second tube plus petit,
ayant seulement deux ou trois millimètres de diamètre intérieur et une longueur de deux ou trois centimètres. A l'extrémité de ce tube on adapte une tige flexible de gomme élastique, d'une longueur à peu près double et d'une grosseur
égale, que l'on ajuste d'abord par le seul frottement et qu'on
achève de fixer sur le tube, en l'enveloppant par plusieurs re-
plis d'un fil très-serré; enfin à l'autre extrémité de cette tige
flexible, on adapte de même un dernier tube de verre très-
court, dont le bout libre est effilé à la lampe, en forme de
bec très-fin. Cela posé, si l'on fixe verticalement le grand
tube et son appendice, et qu'on le remplisse d'un liquide
quelconque, ce liquide sortira du bec ouvert, avec une force
d'impulsion déterminée par la hauteur de la colonne; et, en
tenant à la main la tige flexible, on donnera au jet telle direction que l'on voudra. En outre on pourra déterminer, à
volonté, l'instant de son départ en serrant entre les doigts la
tige flexible, et la relâchant quand on voudra que l'écoulement ait lieu. On pourra donc ainsi chercher avec toute liberté, les petits vaisseaux que l'on veut injecter, y introduire le bec capillaire avec toutes les précautions que leur
délicatesse exige, et lâcher le jet ou le retenir, ou modérer
sa masse selon que les circonstances l'exigeront.

La mesure de l'écoulement par divers orifices et sous des
pressions diverses, est un élément sans cesse nécessaire pour
la conduite et la distribution des eaux. En conséquence je rapporterai ici les règles usitées dans ces opérations.

L'espèce d'unité qu'on y emploie s'appelle le *pouce d'eau.* C'est la quantité d'eau qui coule en une minute par un orifice circulaire, *fig.* 63, d'un pouce de diamètre, percé dans une paroi verticale très-mince, sous une pression de sept lignes d'eau comptée du centre de l'ouverture, ce qui exige que l'eau se tienne à huit lignes au-dessus de ce centre dans les parties de la surface les plus éloignées de l'endroit de l'écoulement, parce qu'il se fait en cet endroit un abaissement local, qui peut être évalué à une ligne, dans les circonstances assignées. Ces conditions posées, la quantité d'eau qui coule par l'orifice d'un pouce en une minute est 28 livres d'eau ou 14 pintes anciennes mesures de Paris, ce qui équivaut à un cylindre d'eau qui aurait un pouce de diamètre et 880 pouces de longueur.

Cette première mesure se subdivise en parties plus petites comme un demi-pouce, un quart de pouce, etc. qui correspondent aux quantités d'eau écoulées ainsi pendant une minute, par des orifices circulaires en paroi mince, ayant leur centre à 7 lignes au-dessous de la surface de l'eau à l'endroit de l'écoulement, et ayant pour diamètre, la moitié, le quart ou telle autre fraction du pouce. La vitesse d'écoulement dans ces différens cas étant la même, à cause de l'égalité de pression, les volumes d'eau obtenus, en temps égal, sont proportionnels aux aires des orifices circulaires, par conséquent aux carrés de leurs diamètres. Ainsi le demi-pouce d'eau donne le quart du volume du pouce d'eau, ou 7 livres par minute; le quart de pouce, donne le seizième du pouce ou 1 livre $\frac{1}{4}$, et ainsi du reste. On emploie aussi pour mesure les *lignes d'eau* qui donnent $\frac{1}{144}$ du volume du pouce, parce que le pouce linéaire contient douze lignes. La forme de l'ouverture est toujours circulaire, ce qui facilite les comparaisons. D'après cela si l'on veut évaluer le produit d'un ruisseau ou d'une fontaine en pouces ou lignes d'eau, il n'y aura qu'à recevoir et mesurer l'eau qu'il donne en une minute. Autant de fois il y en aura 28 livres, autant il y aura de pouces d'eau. Pour rendre le résultat plus exact il faut prolonger l'expérience pendant plusieurs minutes, et diviser le produit par leur nombre.

On peut aussi avoir besoin de cette évaluation dans des cas

où il serait difficile et quelquefois impossible de recevoir et
jauger immédiatement l'eau écoulée. Alors on y suppléera
par l'observation de sa vitesse. On jettera sur la surface du
courant une petite boule de cire qu'on lestera de manière
qu'elle s'y enfonce presque en totalité; ce qui formera un
système presque de même densité que l'eau. Puis on observera avec une montre à secondes, combien cette boule parcourt de pouces par minute; on divisera ce nombre par 880,
et le quotient exprimera le nombre de *pouces d'eau* que
donnerait une section circulaire d'un pouce de diamètre faite
à l'endroit du courant où l'on a observé. Cette réduction est
nécessaire; car l'observation prouve que la vitesse d'une eau
un peu profonde n'est pas tout-à-fait la même dans l'intérieur et à la surface. Toutes les évaluations précédentes du
pouce d'eau et de ses subdivisions sont prises, en supposant
l'écoulement soumis à une pression de 7 lignes d'eau comptées
depuis le centre de l'ouverture circulaire. Mais si cette hauteur
devait être différente, on pourrait calculer le produit d'a-
vance d'après la règle de Torricelli, proportionnellement
aux racines carrées des hauteurs. C'est-à-dire, par exemple,
que 28 lignes de pression au lieu de 7 donneraient un produit
double, 63 en donneraient un triple, et ainsi du reste.

La dernière question que nous considérerons ici relativement
au mouvement des liquides est celle de la propagation des ondes.
Lorsqu'on choque un point de la surface d'une eau tranquille,
ou lorsque après y avoir plongé l'extrémité d'un corps solide,
on retire subitement ce corps, tout le monde sait qu'il se
forme autour du centre de l'ébranlement de petites vagues,
qui se répandent rapidement de toutes parts. Il est clair que
cette transmission du mouvement imprimé en un point,
doit pouvoir se déduire mécaniquement de la constitution
physique des liquides; c'est ce qu'a fait M. Poisson, pour
le cas où l'ébranlement est produit par le soulèvement
d'un corps plongé; et il est parvenu aux conséquences
suivantes. Il y a toujours deux sortes d'ondes qui se
forment autour du centre d'ébranlement. Les unes sont
indépendantes de son étendue. Elles naissent au même

instant en nombre infini , et se propagent également dans tous les sens avec des vitesses uniformément accélérées comme celles des corps graves ; seulement les intensités de ces vitesses sont inégales pour les différentes ondes ; et les plus rapides sont aussi les plus protubérantes. Mais cette protubérance s'affaiblit, en s'élargissant, à mesure qu'elles s'étendent ; et, tant par cette circonstance, que par la rapidité de leurs vitesses , il est vraisemblable que les ondes de cette espèce ne sont jamais aperçues. Mais il se forme aussi, en même temps, d'autres ondes plus lentes qui dépendent de l'ébranlement primitif, et qui deviennent appréciables parce qu'elles suivent d'autres loix. Celles-ci sont pareillement en nombre infini ; et naissent ensemble au centre de l'ébranlement, d'où elles se propagent avec des vitesses inégales , de sorte que les plus protubérantes sont aussi les plus rapides ; mais elles diffèrent des premières , en ce que leurs vitesses sont constantes, et leur propagation uniforme ; en outre leur protubérance décroît tellement avec leur rapidité que les premières d'entre elles peuvent être seules sensibles à l'observation. La dégradation des vitesses suit la même loi dans toutes les séries d'ondes, mais leur rapidité absolue dépend de l'étendue de l'ébranlement primitif, par exemple de la section à fleur d'eau du corps plongé ; et , si cette section est circulaire , elle est réciproque à la racine carrée de sa largeur. Dans le mouvement d'une même onde, sa hauteur diminue à mesure qu'elle s'éloigne du centre de l'ébranlement primitif ; et ce décroissement suit la raison inverse du temps si le fluide est libre ou sa racine carrée s'il est resserré dans un canal. Par l'effet de l'inégalité des vitesses, les ondes s'écartent graduellement les unes des autres, et l'espace qui les sépare augmente aussi de plus en plus, pendant leur mouvement. Mais en outre chaque onde est elle-même dentelée, en forme de courbe serpentante dont les sommets conservent entre eux des distances invariables qui sont toujours très-petites, et proportionnelles à la largeur de l'ébranlement primitif. Cette circonstance rend les ondes plus saillantes en apparence, et facilite l'observation de leurs mouvemens. Telle est la netteté des indications données par l'analyse mathématique, lorsqu'elle

Tome I.   7 est habilement dirigée. La dépendance indiquée par M. Poisson entre la vitesse de la propagation et l'étendue de la section à fleur d'eau , s'était présentée à moi il y a long-temps, dans une suite d'expériences faites avec des solides de révolution de diverses formes, que je plongeais dans l'eau à diverses profondeurs très-petites, et que je retirais subitement. Or quand ces solides , soit cônes , sphères, ellipsoïdes ou paraboloïdes, étaient plongés à des profondeurs telles que leur section à fleur d'eau devint la même , le temps de la propagation de la première onde sensible était le même aussi ; au lieu qu'il variait si la section à fleur d'eau était différente. Il serait intéressant de vérifier de même par l'expérience les autres indications de la théorie.

CHAPITRE XIV.

Sur les mouvemens des corps solides dans les milieux résistans.

Un corps solide qui se meut dans un fluide matériel, pousse devant lui les molécules qui se rencontrent sur sa route ; il use ainsi une partie de son mouvement ; car en vertu de l'inertie de la matière , la vitesse produite par une force déterminée diminue proportionnellement à la quantité de matière qu'on lui donne à mouvoir. Ainsi, dans le cas actuel , si l'on multiplie chaque molécule du corps et du liquide, par sa vitesse actuelle , la somme de ces produits devra être constante à toutes les époques des mouvemens ; et ainsi, en supposant que le corps solide eut seulement reçu une impulsion primitive de nature à n'être point renouvelée , il la perdrait peu à peu de cette manière. Ce partage de mouvement constitue ce que l'on appelle la résistance des liquides incompressibles.

La loi en serait bien facile à connaître , si les molécules liquides choquées s'éloignaient aussitôt du corps choquant, en emportant sa vitesse, sans revenir circuler autour de lui , et sans exciter dans les molécules voisines aucune agitation qui pût influer sur son mouvement. En effet, dans cette supposition, considérons le mobile à un point quelconque de sa course où il a une vitesse déterminée, et partageons le temps en intervalles assez petits pour que, pendant chacun d'eux, il ne perde qu'une quantité infiniment petite de sa vitesse. Alors, pendant le premier instant qui suivra l'époque que nous considérons, le mobile choquera un certain nombre de particules du milieu résistant, auxquelles il communiquera une certaine vitesse; et puisqu'elles sont supposées s'anéantir pour lui, aussitôt après qu'il les a choquées, il est évident que, s'il avait à cette même époque une vitesse double, il en choquerait dans le même temps un nombre double à chacune desquelles il communiquerait aussi une double vitesse, du moins en faisant abstraction de la quantité infiniment petite dont la sienne est diminuée par leur choc; de sorte que la quantité totale de mouvement communiqué serait quadruple; et le même raisonnement montre qu'en général cette quantité serait proportionnelle au carré de la vitesse du corps. Or, les particules du milieu ne peuvent l'acquérir sans que le corps lui-même la perde, et c'est là ce qui constitue la résistance du milieu : cette résistance serait donc aussi proportionnelle au carré de la vitesse du corps, et il faudrait la faire entrer dans le calcul des phénomènes, comme une force retardatrice qui agirait suivant cette loi. C'est aussi ce que l'expérience confirme dans les circonstances qui, par leur simplicité, se rapprochent de notre supposition, c'est-à-dire, dans lesquelles les molécules choquées ne réagissent plus sensiblement, en aucune manière, sur le mouvement du mobile ; mais en général, quelle que soit la complication de ces circonstances, on peut toujours employer la résistance proportionnelle au carré de la vitesse, comme une approximation qui renferme l'élément principal des résultats.

Pour montrer par un exemple comment l'introduction de cette force modifie les phénomènes, considérons son action sur la chute des corps. Quand un corps pesant tombe librement dans le vide, la pesanteur qui le sollicite toujours avec la même énergie, ajoute à chaque instant un petit accroissement égal à la vitesse qu'il a déjà acquise ; et de là résulte le progrès de son accélération. Mais si le corps tombe dans un fluide résistant, l'action que la pesanteur exerce sur lui est, à chaque instant , combattue et diminuée d'une petite quantité que nous pouvons supposer proportionnelle au carré de sa vitesse acquise. Si le corps part du repos, cette force retardatrice est d'abord nulle , et ainsi le mouvement doit commencer par s'accélérer ; mais bientôt se développant avec la vitesse , elle rallentit l'accélération. Enfin , si le mouvement se poursuit assez long-temps , il arrive un terme où l'énergie retardatrice de la résistance égale l'effort total de la gravité même ; dès-lors le corps continue à se mouvoir, seulement en vertu de sa vitesse acquise, et comme s'il n'avait absolument aucun poids. Son mouvement devient donc uniforme et sa vitesse constante. C'est ce que l'on observe en effet sur tous les corps, qui tombent dans un liquide assez profond pour pouvoir parvenir à cette uniformité. La vitesse constante est proportionnelle à la racine carrée de la densité du corps, et réciproque à la racine carrée de la densité du milieu résistant ; d'où il résulte que, dans le même milieu , les corps les plus denses doivent tomber avec une plus grande vitesse. Un corps plus léger que le liquide où il plonge, se comporte exactement de la même manière , en s'y élevant. Son mouvement est d'abord accéléré ; mais après un certain temps, sa vitesse se fixe , et dès-lors il continue à s'élever uniformément jusqu'à ce qu'il arrive à la surface libre. Les liquides produisent encore une autre sorte de résistance qui provient de l'adhérence de leurs particules, entre elles, et avec les corps qui s'y meuvent. Cette résistance analogue au frottement, est constante pour chaque liquide et indépendante de la vitesse. L'expérience seule peut la déterminer, et nous donnerons plus tard les moyens de l'évaluer ainsi.

Lorsque les corps qui nagent à la surface des liquides sont tant soit peu écartés de leur position naturelle d'équilibre, ils oscillent périodiquement de part et d'autre de cette position , pendant un certain temps dépendant de leur densité et de l'écart qu'on leur a donné. Tel est le cas d'un navire qui, d'abord immobile, est dérangé de cet état par une bouffée de vent, ou par l'impulsion d'une vague. Ces mouvemens sont déterminables par le calcul, et leur théorie indique les règles qu'il faut suivre pour assurer la stabilité des vaisseaux.

CHAPITRE XV.

Des mouvemens des fluides aériformes.

Nous avons appelé fluides aériformes compressibles, ceux dont les particules sont écartées les unes des autres à d'assez grandes distances, et par un pouvoir répulsif assez énergique, pour que, sans violer les lois de l'impénétrabilité, et même sans modifier en rien leur constitution gazeuse, nous puissions leur faire subir de très-grandes condensations. Comme tous les fluides de ce genre réagissent contre les forces qui les compriment, il en résulte que le moindre ébranlement excité dans un seul point de leur masse, se propage de proche en proche à la masse entière. Nous verrons par la suite que ce sont des ébranlemens ainsi propagés dans l'air, qui, venant choquer notre oreille, excitent en nous la sensation du son. Mais cette belle application des lois des mouvemens ne peut être solidement établie qu'après que l'on a déterminé, par l'expérience, les propriétés physiques de l'air et des autres substances gazeuses, ainsi que le mode suivant lequel ces substances résistent à la compression.

Les fluides aériformes opposent aussi au mouvement des corps une résistance qui naît de leur inertie, de leur réaction élastique et de leur viscosité qui, pour petite qu'elle soit, n'est peut-être pas absolument nulle. C'est pourquoi les corps pesans qui y tombent ou qui s'y élèvent, acquièrent après un certain temps une vitesse constante. On en voit l'exemple dans la descente lente et paisible des personnes qui se laissent tomber en parachute, d'une grande hauteur.

LIVRE II.

Exposé des phénomènes généraux et des moyens d'observations communs à toutes les sciences, d'expérience.

DANS les chapitres qu'on vient de lire nous avons établi les conditions abstraites de l'équilibre et du mouvement, pour des systèmes de particules matérielles inertes, assujetties aux divers modes d'aggrégation qui distinguent les corps solides, liquides, aériformes. Nous allons maintenant sortir de ces abstractions pour considérer ces corps eux-mêmes, tels qu'ils existent réellement dans la nature, avec toutes les propriétés, soit générales, soit particulières, dont ils sont doués. Nous chercherons à déterminer, par observation, l'espèce et l'action des forces d'où ces propriétés résultent; et, leur appliquant les lois abstraites que nous avons généralement établies, nous nous efforcerons d'en conclure les phénomènes qui en devront résulter. Cette déduction, lorsqu'elle sera possible, nous fera pénétrer dans l'essence même des phénomènes, dont elle développera tous les rapports; et, quand une complication excessive de données la rendra incomplète, l'enchaînement qu'elle établira, quoique partiel et interrompu en divers points, offrira encore à l'esprit un secours extrêmement utile, en fixant un petit nombre de faits principaux, autour desquels tous les autres devront se grouper. Telle est la marche de la vraie physique, de la seule qui soit solide et durable. L'observation et l'expérience lui fournissent ses matériaux, le raisonnement les ordonne, et le calcul les combine. Ne pouvant faire ici un usage direct de ce puissant instrument, nous en consulterons du moins les résultats comme les indications d'un guide fidèle; et, en les adaptant à nos observations, nous pourrons suivre encore l'enchaînement des conséquences qui en dérivent, aussi loin que peut aller notre faible intelligence, quand elle n'a pas le secours des signes pour faciliter ses opérations.

CHAPITRE PREMIER.

Des procédés qui servent à mesurer l'étendue.

Il n'est point de science d'observation où l'on n'ait besoin perpétuellement de mesurer des longueurs, des largeurs, des épaisseurs, et de diviser des lignes droites ou circulaires en parties égales. Il faut donc avant tout nous instruire des procédés pratiques au moyen desquels on peut exécuter ces diverses opérations.

Les deux instrumens les plus simples qui servent à cet usage sont le compas et la règle, représentés *fig.* 1. La règle sert pour tracer des lignes droites, le compas pour tracer des cercles; et pour diviser leur contour, et celui des lignes droites en parties égales. Ayant donné aux branches du compas une ouverture déterminée, si l'on porte cette ouverture sur les parties consécutives d'une ligne droite ou circulaire, en plaçant successivement chaque pointe au point qu'occupait l'autre dans l'opération précédente, la ligne ainsi parcourue se trouvera divisée en parties égales, dont la grandeur dépendra de l'ouverture arbitraire que l'on aura établie entre les deux branches.

Une première échelle de parties égales étant ainsi tracée, on peut, à l'aide d'une opération pareille, la subdiviser en parties plus petites dans un rapport donné, c'est-à-dire, qui soient, par exemple, la moitié, le dixième ou le vingtième des précédentes; mais il faut alors donner au compas une ouverture qui soit aussi la même fraction de celle que l'on a employée d'abord. C'est à quoi l'on parvient par quelques essais, en choisissant successivement des ouvertures diverses; puis les portant, le nombre de fois convenu, sur la division que l'on veut réduire; et observant si, après cette répétition le dernier pas de l'instrument le porte en avant ou en arrière de la limite prescrite. Suivant que l'un ou l'autre de ces cas a lieu, on resserre ou on ouvre les branches du compas un peu davantage, et l'on se fixe enfin à l'ouverture qui paraît donner le plus exactement la coïncidence.

Mais il existe un procédé ingénieux dû à un géomètre français nommé Vernier, au moyen duquel une échelle de parties égales peut, sans aucun tracé nouveau, être facilement subdivisée en parties plus petites et même d'une petitesse indéfinie. Ce procédé consiste à appliquer contre la division proposée, une autre division dont les parties ont avec les siennes un rapport connu ; et le défaut de coïncidence des traits qui limitent les divisions correspondantes indique la fraction dont elles se dépassent mutuellement. Un exemple rendra ceci sensible. Soit L L, *fig.* 2, une règle divisée en parties égales, 01 , 12 , 23. Si l'on veut se servir de cette règle pour mesurer une longueur donnée plus petite qu'elle, la ligne AB , par exemple, on verra bien , par la simple superposition , que cette ligne contient neuf divisions entières de la règle , plus une petite fraction représentée par l'intervalle bB , dont le point B excède la 9e division de la règle ; mais la grandeur absolue de cette fraction et son rapport à une division entière , resteront inconnus. Pour le déterminer, construisez une autre règle VV *fig.* 3, divisée aussi en parties égales , mais en parties plus petites que les premières , dans une proportion connue ; tellement, par exemple , que 9 divisions de la grande règle en valent 10 de la petite règle ou du *vernier*. Si vous posez le vernier le long de la règle , comme le représente la figure , la première de ses divisions, qui est marquée 0 , coïncidera avec la première de la règle , qui est aussi marquée 0 ; et la division 10 du vernier coïncidera aussi avec la division 9 de la règle ; mais les divisions intermédiaires ne coïncideront pas. La seconde division du vernier sera en arrière de la seconde de la règle d'une quantité égale à la différence des deux divisions, c'est-à-dire, de $\frac{1}{10}$ D , en représentant par la lettre D , l'étendue quelconque d'une division de la grande règle. De même la troisième division du vernier sera de $\frac{2}{10}$ D en arrière de sa correspondante ; et ainsi successivement, l'écart des suivantes sera exprimée par $\frac{3}{10}$ D, $\frac{4}{10}$ D, $\frac{5}{10}$ D, $\frac{6}{10}$ D, $\frac{7}{10}$ D, $\frac{8}{10}$ D, $\frac{9}{10}$ D, enfin $\frac{10}{10}$ D , ou D. Cette dernière différence doit en effet être égale à une division entière D, puisque , par construction , le 11ᵉ. trait du vernier coïncide avec le 10ᵉ de la règle.

Concevons maintenant que l'on pousse doucement le vernier le long de la règle, *fig.* 4, de manière que la coïncidence se fasse sur le second trait, marqué par le chiffre 1 : il est visible que, dans ce mouvement, le second trait du vernier s'est avancé d'une quantité égale à $\frac{1}{10}$ D, puisque c'était là l'expression de sa distance à la première division, dans la position précédente. Chacune des autres divisions du vernier s'est donc avancée aussi d'une égale quantité, puisqu'elles se tiennent toutes à des distances invariables; ainsi leurs écarts sont désormais exprimés par $-\frac{1}{10}$ D, o, $+\frac{1}{10}$ D, $\frac{2}{10}$ D, $\frac{3}{10}$ D, $\frac{4}{10}$ D, $\frac{5}{10}$ D, $\frac{6}{10}$ D, $\frac{7}{10}$ D, $\frac{8}{10}$ D, et enfin $\frac{9}{10}$ D; d'où l'on voit que la division 1 est maintenant la seule qui coïncide avec les divisions de la règle.

Si, dans cette position, le point B tombait précisément à l'extrémité de la 10ᵉ division du vernier, ou sur le onzième trait, on conclurait avec certitude que la petite fraction *b*B est égale à $\frac{1}{10}$ D, de sorte que la longueur totale de la ligne A B serait 9 divisions de la grande règle, et $\frac{1}{10}$.

Mais, si cette coïncidence n'a pas lieu, il n'y a qu'à pousser le vernier d'une division de plus, c'est-à-dire, de manière que sa seconde division coïncide avec celle de la règle *fig.* 5. Par ce mouvement, chaque trait aura encore marché d'une nouvelle quantité égale à $\frac{1}{10}$ D, de sorte que leurs écarts autour des divisions correspondantes de la règle seront $-\frac{2}{10}$ D, $-\frac{1}{10}$ D, o, $+\frac{1}{10}$ D, $\frac{2}{10}$ D, $\frac{3}{10}$ D, $\frac{4}{10}$ D, $\frac{5}{10}$ D, $\frac{6}{10}$ D, $\frac{7}{10}$ D, et enfin $\frac{8}{10}$ D pour le onzième. Si donc, dans cette nouvelle position, le point extrême B répond exactement à la fin de la 10ᵉ division du vernier, ou au onzième trait, on en conclura qu'il dépasse la 9ᵉ division de la règle, d'une quantité égale à $\frac{2}{10}$ D, c'est-à-dire, aux deux dixièmes d'une division; ainsi la longueur de la ligne *b*B contiendra 9 divisions de la règle et $\frac{2}{10}$.

Si, dans cette seconde position, la 10ᵉ division du vernier n'avait pas atteint le point extrême B, on pousserait le vernier d'une division de plus. Si, cette troisième fois, le trait atteignait le point B, la longueur *b*B serait 9 div. $+\frac{3}{10}$, et ainsi de suite. Par conséquent, si l'excès du point sur la 9ᵉ division de la règle est une des fractions $\frac{1}{10}$ D, $\frac{2}{10}$ D, $\frac{3}{10}$ D, $\frac{4}{10}$ D, $\frac{5}{10}$ D, $\frac{6}{10}$ D, $\frac{7}{10}$ D, $\frac{8}{10}$ D, $\frac{9}{10}$ D, on l'évaluera exactement par cette méthode.

Mais, si elle tombe entre deux quelconques de ces valeurs, on ne l'aura pas tout-à-fait exactement. Par exemple, si l'excès bB est plus grand que $\frac{6}{10}$ D, et moindre que $\frac{7}{10}$ D, on trouvera que le point B n'est pas encore atteint en faisant coïncider la 6ᵉ. division du vernier, et qu'il est dépassé en faisant coïncider la 7ᵉ. ; on évaluera donc la différence par estime, en voyant si la coïncidence est plus approchée pour l'une que pour l'autre ; et l'on ajoutera la différence présumée à $\frac{6}{10}$ D, ou on la retranchera de $\frac{7}{10}$ D. Alors, à parler à la rigueur, la mesure ainsi obtenue pour bB ne sera pas absolument exacte, mais l'erreur sera certainement moindre que $\frac{1}{10}$ D, puisque la valeur exacte est comprise entre deux expressions qui ne diffèrent que de cette quantité. Il est évident que l'on pousserait plus loin l'exactitude, si le vernier embrassait un plus grand nombre de divisions de la règle, puisqu'alors les différences de ses divisions à celles de la règle deviendraient moindres; et , par conséquent , sa marche d'une coïncidence à une autre serait plus petite ; mais il y a une limite à cette précision dans la difficulté d'observer exactement sur quelles divisions se fait la coïncidence , difficulté qui augmente à mesure que les différences des parties du vernier et de la règle sont plus petites.

Nous venons de considérer le vernier appliqué à une division rectiligne. On l'applique également aux divisions circulaires , comme sont celles des limbes des cercles métalliques qui servent à observer les angles. Alors on fait les verniers circulaires aussi , et concentriques à la division de l'instrument. Voyez , *fig*. 6. Il est évident que leur propriété n'est point changée par cette modification ; aussi on s'en sert de la même manière , et on évalue leurs indications comme pour les divisions rectilignes.

Dans tous les cas , pour que ces indications soient exactes , il est indispensablement nécessaire que le bord rectiligne ou circulaire du vernier s'applique exactement sur la division dont il doit fractionner les parties ; c'est pourquoi on l'ajuste sur des pièces qui règlent sa marche conformément à cette condition. Il faut, de plus, que son mouvement soit lent et gradué avec assez de délicatesse, pour que l'on puisse l'amener exactement à ses diverses coïncidences ; en conséquence on le fait mouvoir par le moyen d'une vis disposée comme le représente la *fig.* 7. La tige de cette vis n'est taraudée que sur une certaine longueur : dans un des points de sa partie unie, elle porte un petit renflement R par lequel on la retient dans un collet CC, fixé aux parties immobiles de l'appareil, de sorte qu'elle ne peut plus que tourner sur son axe sans aller en avant ni en arrière. Son autre extrémité, qui est taraudée, s'engage dans un écrou attaché à la pièce V V sur laquelle le vernier est tracé ; et cette pièce elle-même peut avancer et reculer, dans une coulisse parallèle à l'axe de la vis. Alors, en prenant la vis par sa tête TT, et la faisant tourner sur son axe, on conçoit qu'elle s'enfonce dans son écrou, ou qu'elle s'en dégage, qu'ainsi elle l'attire ou le repousse, et qu'elle fait, par conséquent, avancer ou reculer le vernier auquel il est attaché.

Ici, la vis n'est employée que comme produisant un mouvement lent et gradué à volonté. Mais, en supposant ses filets espacés avec une régularité parfaite, ce que l'art permet d'atteindre, son mouvement révolutif peut lui-même servir de moyen de subdivision. Car, en conservant la même disposition que tout-à-l'heure, si le collet qui retient la tige l'enveloppe avec exactitude, et si l'écrou attaché à la pièce V V, qu'il faut mouvoir, est travaillé avec justesse, il est clair que, pour chaque tour entier de la vis, cette pièce avancera ou reculera de l'intervalle juste que les filets de la vis comprennent entre eux ; et, pour chaque moitié ou chaque quart de tour, elle marchera de la moitié ou du quart de cet intervalle. On pourra donc déterminer à volonté ces fractions, en traçant sur la tête de la vis une division circulaire de parties égales, et rapportant sa marche à un index fixe FF, lié aux parties immobiles de l'appareil, *fig.* 8. Car, si la division est, par exemple, de 1000 parties, en tournant la vis d'une seule, on fera avancer la pièce qu'elle conduit de $\frac{1}{1000}$ d'un de ses pas. De sorte qu'en supposant le pas d'un millimètre, le déplacement serait de la millième partie de cette quantité. Ce procédé est employé fréquemment dans les recherches de physique et d'astronomie. Il exige seulement, dans le travail des vis, une grande exactitude que l'on obtient par l'opération appelée *le rodage*, laquelle consiste à faire tourner long-temps, sur *un tour*, la vis dans l'écrou qu'on veut lui donner ; en interposant entre deux de l'émeri pour que les surfaces en contact s'usent mutuellement, et deviennent ainsi parfaitement convenantes entre elles. Pour cela on compose l'écrou de deux pièces, qui d'abord n'embrassent pas tout le contour de la vis, mais que l'on serre de plus en plus contre elle, par des vis latérales, à mesure que le corps de la vis s'use et s'amincit par le frottement continuel.

La vis ainsi perfectionnée peut être encore appliquée avec un grand succès à la mesure des épaisseurs des lames ; tel est le but de l'appareil représenté *fig.* 9. Cet appareil, d'abord imaginé par M. Cauchoix, pour mesurer la courbure des verres sphériques, a été nommé par lui *sphéromètre*. Il est essentiellement composé de trois branches d'acier horizontales formant entre elles des angles de 120°. Aux extrémités de ces trois branches, et perpendiculairement à leur direction, se trouvent trois tiges d'acier, dont les bouts amincis en cylindre et tournés avec une précision extrême, sont terminés par trois plans d'une fort petite étendue. Au centre des trois branches est une vis parfaitement travaillée, dont la tête porte un cadran divisé. On conçoit comment on peut vérifier l'égalité de courbure des verres avec un pareil instrument : car si, ayant posé les pointes sur le verre, on tourne la vis jusqu'au contact, le moindre changement de courbure deviendra sensible, dès que la vis ou les pointes ne toucheront plus. Dans le premier cas, la rotation de l'instrument produira un frottement rude, et un son très-différent de celui qu'il rendait d'abord ; et l'instrument n'étant plus soutenu que par son centre, ballottera sur ses trois pieds, d'une façon que l'on ne pourra méconnaître. La précision de ces deux indices est véritablement incroyable ; aucun autre procédé connu des arts ne peut lui être comparé. Pour s'en convaincre, il n'y a qu'à poser le sphéromètre sur un verre plan, puis amener la vis à un contact exact sur sa surface, et ensuite la tourner un peu à droite ou à gauche, jusqu'à ce que le défaut de contact devienne sensible par la rudesse du frottement, ou le bruit du ballottage : alors, en lisant sur l'index de la division le peu de marche que ce désaccord suppose, on en sera certainement étonné.

D'après cela on peut aisément vérifier si la surface d'un verre supposé plan est réellement plane ; car, lorsque la vis du sphéromètre a été amenée jusqu'au contact sur une partie de cette surface, il n'y a qu'à promener l'instrument sur les autres parties du verre sans toucher la vis, et voir si le contact subsiste encore avec la même précision.

Supposons cette condition satisfaite. Si l'on vient à glisser entre le plan de verre et la pointe de la vis une lame à faces parallèles, quelque mince qu'on la suppose, il est clair que le sphéromètre ballottera. La quantité dont il faudra détourner la vis, pour retrouver le contact, déterminera l'épaisseur de la lame interposée. Mais cette opération pourrait briser la lame si elle était très-mince, et en général l'altérer si elle était susceptible d'être rayée ; c'est pourquoi il ne faut pas l'insérer directement sous la vis. Il faut d'abord poser celle-ci sur un morceau de verre plan, à faces parallèles, dont l'égalité d'épaisseur se vérifiera préalablement par le sphéromètre. Ce morceau étant placé sur le grand verre plan, on amenera la vis au contact exact sur sa surface supérieure, les trois autres pointes posant sur le grand verre ; puis on introduira, entre celui-ci et le verre supérieur, la lame que l'on voudra mesurer. Après cette interposition le sphéromètre ballottera, on le ramenera au contact parfait en tournant la vis ; et la marche de celle-ci, marquée par son index, indiquera l'épaisseur cherchée sans que la lame ait couru le moindre risque, quelle que soit sa fragilité et sa minceur.

Enfin, il arrive souvent dans les expériences, que l'on a besoin de comparer exactement les longueurs des deux règles qui doivent servir de mesure, ou en général les dimensions homologues de deux corps, soit pour s'assurer qu'elles sont égales, soit pour mesurer exactement leur différence, si elles en ont une. Il existe pour cela un instrument très-utile que l'on appelle *le comparateur, fig.* 10. Il est essentiellement composé d'une règle métallique T R, qui doit être bien droite et assez forte pour ne point se fléchir sensiblement. Cette règle, à l'une de ses extrémités, porte un talon fixe T, qui sert à appuyer un des bouts des mesures que l'on compare. Un chassis mobile R R parcourt la surface de la règle, et peut se fixer à volonté sur un quelconque de ses points, au moyen de deux fortes vis de pression. Ce chassis forme la partie essentielle du comparateur. Il porte un tourillon fixe c autour duquel tourne le levier coudé bcb', dont les deux branches bc, $b'c$ ont des longueurs inégales, qui sont entre elles, par exemple, comme 1 à 10. Il suit de là que si l'on pousse le sommet b du petit bras d'une quantité quelconque fort petite, le bout du grand bras b' décrit, autour du centre commun c, un arc dix fois plus considérable. Pour mesurer ce mouvement, on applique sur le chassis un arc circulaire D D, divisé, par exemple, en cinquièmes de millimètres, et l'on fixe à l'extrémité du grand bras b' un vernier qui permet d'évaluer les dixièmes de cette division, par conséquent les cinquantièmes de millimètre. Comme les mouvemens du point b' sont décuples de ceux du point b, on voit que chaque partie indiquée par le vernier répond à $\frac{1}{500}$ de millimètre ou $\frac{2}{1000}$.

Maintenant, quand on veut comparer avec cet instrument les longueurs de deux règles B, B' très-peu différentes l'une de l'autre, on place l'une d'elles B, par exemple, sur le comparateur, de manière qu'elle repose librement sur sa surface, et que l'une de ses extrémités soit appuyée contre le talon T ; puis on amène le chassis vers l'autre extremité de B, et on le presse contre cette extrémité jusqu'à ce que le vernier V V réponde à peu près au milieu de la division. Alors on serre les vis de pression du chassis et l'on note exactement la division précise à laquelle répond l'index du vernier. Cela fait, sans toucher davantage au chassis, on enlève la première règle B, on lui substitue la seconde règle B'; le petit bras *b* poussé par un ressort *r*, vient de nouveau s'appliquer exactement contre elle. Alors on lit la division où le vernier s'arrête. Si les longueurs des deux règles sont exactement égales, cette division sera la même que dans l'opération précédente ; mais si elles sont inégales, elle sera différente, et le déplacement de l'index indiquera de combien l'une surpasse l'autre.

Cette expérience, pour être exacte, exige une précaution indispensable, et à laquelle on ne peut donner trop d'attention à cause des erreurs graves auxquelles on s'exposerait, en la négligeant. Tout le monde sait que les dimensions des corps, varient avec les divers degrés de froid et de chaud qu'ils éprouvent. Nous chercherons bientôt la cause et la mesure de ce phénomène ; mais ici nous l'admettons seulement comme un fait dont les preuves sont à chaque instant sous nos yeux. D'après cela, une même barre métallique, par exemple, n'a pas tout-à-fait la même longueur dans les différentes saisons de l'année, ni dans les diverses alternatives de froid et de chaud, où on l'a placée. Ainsi, quand on veut la comparer à une autre, il faut fixer avec soin les circonstances particulières où elle se trouve dans le moment de l'observation ; car ces circonstances déterminent sa longueur actuelle. Nous découvrirons bientôt les procédés nécessaires pour cette fixation ; mais en attendant, je puis dire que l'on doit prendre toutes les précautions possibles afin de rendre ces circonstances égales pour les deux règles comparées. C'est pourquoi il convient d'opérer dans une chambre assez vaste pour que la présence de l'observateur ne la réchauffe pas sensiblement. Il faut que cette chambre ne soit pas exposée à la chaleur immédiate des rayons solaires, ou du moins qu'elle en soit abritée par des volets ; il faut laisser les règles pendant plusieurs heures avant de commencer à les comparer, afin qu'elles se mettent au ton général des corps environnans et du comparateur lui-même. Enfin il faut à chaque comparaison laisser quelque temps sur le comparateur la règle que l'on y a placée, pour qu'elle perde l'excès de chaleur qu'on a pu lui communiquer en la touchant. Avec ces précautions on peut être assuré que les circonstances sensibles de chaleur et de froid sont les mêmes pour les deux règles que l'on compare ; il ne reste donc plus qu'à fixer exactement l'indication de ces circonstances, et de leur état commun ; c'est à quoi sert un instrument appelé le *thermomètre*, et que nous expliquerons plus tard. Le comparateur ne peut s'appliquer qu'à des règles terminées ; mais on peut aussi avoir besoin de comparer des longueurs comprises entre deux traits tracés sur une surface plane. On y parvient par un procédé que nous expliquerons quand nous aurons fait connaître les instrumens d'optique que l'on appelle *microscopes*.

CHAPITRE II.

De la balance et de la manière de s'en servir.

APRÈS la mesure des dimensions des corps, ce qui est le plus nécessaire au physicien, c'est de savoir déterminer les rapports de leurs masses ; car il faut qu'il en tienne compte pour apprécier les intensités des forces, par lesquelles les phénomènes sont produits. Nous avons découvert, page 62, comment ces rapports peuvent se conclure de la comparaison des poids ; enfin nous avons vu que l'égalité de deux poids se constate aisément, en les suspendant aux deux extrémités d'un levier dont le centre est fixe et les bras égaux. Telle est la disposition générale des instrumens appelés *balances*. Je ne parlerai ici que de ceux dont la disposition et la construction sont assez parfaites pour servir aux physiciens et aux chimistes.

Le levier de ces balances, ou ce qu'on appelle communément le *fléau*, est une barre d'acier trempé LL', *fig.* 11, à laquelle on donne une grande force, afin qu'elle n'éprouve point de flexion sensible par les poids qu'on veut lui faire supporter. Soit G son centre de gravité : on s'efforce de faire en sorte que les deux parties GL GL' du fléau, situées de part et d'autre de ce point, aient des longueurs et des figures pareilles ; on les nomme *les bras* de la balance. Aux deux extrémités LL′ de ces bras, on attache des cordons égaux en longueur et en poids, destinés à soutenir des plateaux AA′, qui sont aussi égaux entre eux. Pour rendre sensibles les moindres mouvemens du fléau, on y adapte une aiguille SO perpendiculaire à LL′, et dirigée dans la verticale du centre de gravité G, au-dessus ou au-dessous de ce point. Tout l'appareil est soutenu en un point C, situé aussi dans cette même verticale. Pour que sa mobilité soit plus parfaite, et qu'il ne soit soutenu, pour ainsi dire, que dans ce seul point, on donne, à la pièce de suspension C, la forme d'un couteau que l'on fait en acier très-dur, et dont le tranchant vif posé sur un plan horizontal d'acier poli.

Maintenant il est clair que si l'on avait réussi à établir une égalité parfaite entre toutes les parties de l'appareil situées des deux côtés du point G, l'équilibre aurait lieu naturellement lorsque la barre LL′ se tiendrait dans une situation horizontale ; car le centre de gravité du système serait alors situé dans la verticale du point C ; par conséquent pour connaître quand deux poids seraient égaux, il suffirait de les placer dans les deux plateaux de la balance, et de voir si l'équilibre ne serait point troublé, c'est-à-dire, si le fléau LL′ revient à une situation horizontale comme auparavant.

Mais pour que cette observation soit possible, il y a dans la construction de la balance, une condition esssentielle à observer ; c'est que le point de suspension C se trouve un peu au-dessus du centre de gravité G. Car, si cette condition est remplie, lorsque le fléau aura été tant soit peu écarté de l'horizontalité, il tendra à y revenir par une suite d'oscillations ; mais si le contraire avait lieu, et si le centre de gravité G se trouvait au-dessus du point de suspension, une fois qu'il serait dérangé le moins du monde de la verticale du point C, rien ne pourrait plus l'y ramener, et le fléau tomberait indéfiniment du côté où l'emporterait la pesanteur. Or, cette mobilité indéfinie empêcherait d'obtenir jamais l'équilibre ; car on ne peut espérer d'établir l'égalité des poids d'une manière tout-à-fait rigoureuse, mais seule-

ment approchée , et telle que les erreurs qui peuvent y rester soient assez petites pour pouvoir être considérées comme
nulles dans la comparaison des poids qu'on veut établir , et
dans les conséquences qu'on en peut tirer.

En s'astreignant donc à la condition précédente, et supposant d'ailleurs une égalité parfaite entre toutes les parties
de la balance situées de part et d'autre du centre de suspension , on aurait une balance parfaite. Mais cette égalité est
une chimère. Quelque soin que l'on prenne pour l'établir
dans la construction de la balance, on ne l'obtiendra jamais :
il faut donc savoir s'en passer , et heureusement on peut,
sans nuire en rien à l'exactitude , y suppléer par la méthode
que nous allons exposer.

Peser un corps , c'est déterminer combien de fois le poids
de ce corps contient une autre espèce de poids connue , par
exemple , de grammes et de fractions de grammes. Pour le
savoir, commencez par placer ce corps que j'appellerai M ,
dans un des plateaux de la balance , par exemple , dans le
plateau A ; puis faites-lui équilibre, en plaçant dans l'autre
plateau A' des corps pesans quelconques ; par exemple , des
morceaux de cuivre , des grains de plomb, et enfin des petites feuilles de cuivre battu ou de petits morceaux de papier
que vous ajouterez par parcelles, jusqu'à ce que l'aiguille SO
soit parfaitement verticale, et vous indique ainsi l'horizontalité du fléau LL'. Cela fait , ôtez doucement le poids M , et
substituez à sa place des grammes et des fractions de grammes,
jusqu'à ce que l'aiguille SO soit redevenue verticale : la quantité qu'il faudra mettre de ces poids exprimera précisément
le poids du corps M ; puisque ces nouveaux poids, étant placés dans les mêmes circonstances que le corps M , font de
même que lui, équilibre au plateau A' , chargé des corps que
vous y avez placés.

On voit que cette méthode est indépendante de la longueur
des bras de levier, CL , CL', ainsi que de l'inégalité de poids
qui peut exister entre eux. Pour être parfaitement exacte ,
elle exige seulement deux conditions.

La première , c'est que les points de suspension LL' soient

bien rigoureusement les mêmes dans les deux opérations. En effet, la puissance d'un même poids, pour faire tourner le fléau, est inégale suivant qu'on le place à des distances diverses du centre de suspension ; si donc le point de suspension du plateau A pouvait varier dans les deux pesées consécutives, il s'ensuit que, dans la seconde, il faudra employer réellement un poids différent de celui du corps M, pour faire équilibre au plateau A′, et aux poids dont on l'a chargé ; et comme aucun indice ne vous avertirait de cette inégalité, il s'ensuivrait que l'on pourrait ainsi tomber dans de graves erreurs. Aussi l'artiste doit-il employer tous ses soins pour établir et assurer la constance des points de suspension LL′. Le meilleur moyen d'y parvenir, c'est que cette suspension se fasse aussi par des couteaux d'acier croisés, à tranchant vif, comme le représente la *fig.* 12 ; car alors les points LL′ étant déterminés par le croisement de deux de ces couteaux suspendus l'un à l'autre sur leur tranchant, ils sont aussi fixes, aussi invariables que l'on puisse le désirer, surtout quand on ramène toujours le fléau à la position horizontale ; c'est ainsi que sont disposées les excellentes balances de Fortin.

La seconde condition à remplir, c'est que la balance soit très-sensible, c'est-à-dire, que lorsqu'elle est en équilibre et chargée, le moindre petit poids mis dans un des plateaux ou dans l'autre suffise pour déranger cet équilibre et faire mouvoir l'aiguille SO. Cette sensibilité dépend uniquement de la suspension C ; elle sera d'autant plus parfaite, qu'il y aura moins de frottement dans ce point, entre le couteau C et le plan qui le porte : car le frottement qui résulte de la superposition de deux corps est une force qui s'exerce dans la direction de leurs surfaces, et qui s'oppose aux autres forces qui tendraient à détacher ces surfaces l'une de l'autre ; ainsi le frottement du couteau C, sur son support, doit s'opposer à ce que le fléau LL′ tourne autour du point C. En effet, cette rotation ne peut avoir lieu sans détacher l'une de l'autre les parties du couteau et du support qui se touchent. Il faut une force pour détruire leur adhésion, et par conséquent l'aiguille ne deviendra mobile que lorsque l'on aura ajouté dans l'un des plateaux ou dans l'autre, l'excès de poids nécessaire pour la surmonter.

C'est afin de diminuer cette inertie que l'on fait le couteau à tranchant vif, et qu'on lui donne, ainsi qu'au plan qui le porte, le poli le plus parfait. Pour que ces pièces ne s'altèrent point en pressant continuellement l'une sur l'autre, on dispose sous les bras du fléau deux fourchettes FF', qui, dans les intervalles des expériences, le saisissent et le soutiennent dans une position horizontale, sans le soulever. Ces fourchettes sont mobiles au moyen d'une manivelle. Quand on veut se servir de la balance, on les abaisse; le fléau devient libre, et les branches se mettent en mouvement; cesse-t-on d'observer, on relève les fourchettes, le fléau LL' est ramené à l'horizontalité et au repos. Enfin, pour éviter les mouvemens accidentels produits par les agitations de l'air, on enferme tout l'instrument dans une cage vitrée, où l'on pratique seulement les ouvertures nécessaires pour placer les poids et les corps que l'on veut peser; il est utile de placer dans cette caisse une capsule remplie de chaux vive, de muriate de chaux, ou de quelque autre sorte de sel propre à attirer l'humidité de l'air, et que l'on a soin de renouveler de temps en temps; par ce moyen, l'intérieur de l'instrument est toujours sec, et les pièces d'acier qui le composent ne se rouillent pas.

On voit aussi que pour diminuer son volume, il convient que l'aiguille soit dirigée de haut en bas, comme dans la *fig.* 13, où l'on a représenté tout l'appareil. Cette disposition a encore l'avantage de rendre l'observation de ses mouvemens plus facile. Pour les apprécier exactement, on trace sur le pied de l'instrument, et perpendiculairement à la colonne qui le porte, une division horizontale de parties égales, au-dessus de laquelle l'extrémité inférieure de l'aiguille oscille quand elle est prête à se mettre en équilibre; car cet équilibre ne s'établit qu'après une longue suite d'oscillations très-lentes. Le zéro de la division est placé dans la verticale du point C, et l'on juge que la balance est en

équilibre ou va arriver à l'équilibre lorsque les oscillations
de l'aiguille sont extrêmement petites , et s'étendent de part
et d'autre , à distances égales du zéro de la division. Il n'est
pas même nécessaire alors d'attendre que le mouvement
d'oscillation de la balance ait cessé entièrement ; il suffit
dans la seconde pesée de ramener l'oscillation entre les
mêmes termes. Il faut aussi prendre une précaution toute
particulière pour ne pas donner de secousse à l'instrument ,
quand on ôte le corps M de son plateau , pour le remplacer
par des poids équivalens ; car une pareille secousse pourrait
changer le mode de contact du couteau C sur son support ,
et par conséquent aussi le frottement des deux pièces l'une
sur l'autre , d'où résulterait un changement dans les excès
de poids nécessaires pour vaincre le frottement ; au lieu que
s'il reste le même dans les deux pesées successives , son effet
n'empêche pas ces deux pesées d'être exactement comparables , et par conséquent la masse des poids qui remplace
le corps M est encore exactement égale à la masse même de
ce corps.

Pour passer ainsi avec sûreté d'une pesée à l'autre , il
faut , lorsque la première pesée est faite , élever doucement
les deux fourchettes afin de ramener le fléau à son repos
sans le décharger ; puis avant d'ôter le corps M , on ajoute
dans le plateau où il se trouve , ou mieux encore dans un
second plateau auxiliaire a , un autre corps quelconque dont
le poids soit à peu près la moitié du sien. Cela fait , on ôte le
corps M ; on le remplace approximativement par le nombre
de grammes que l'on présume devoir lui être à peu près
égal ; on ôte alors le corps étranger que l'on avait ajouté et
qui avait seulement servi pour maintenir le même contact
du couteau sur son support et conserver l'inertie du fléau.
Alors on abaisse les fourchettes , le fléau redevient libre
avec le même degré de mobilité que la première fois ; et
toutes les circonstances étant redevenues semblables à celles
de la dernière pesée, on achève l'équilibre de la même
manière.

L'artiste qui construit la balance a soin que le zéro de la

division parcourue par l'aiguille se trouve exactement dans la verticale du centre de suspension ; il faut donc rendre de nouveau cette ligne verticale lorsque l'on monte la balance, ou, ce qui revient au même, il faut rendre horizontale la plaque sur laquelle la division est tracée. Pour cela on se sert d'un niveau à bulle d'air que l'on pose sur cette division, et l'on cale la table qui porte la balance jusqu'à ce que ce niveau indique l'horizontalité. Il faut même que l'horizontalité ait lieu dans tous les sens, afin que le plan qui porte le couteau ne se renverse point en avant ou en arrière, mais soit aussi horizontal. Quand ces conditions sont remplies, la balance a toute sa sensibilité ; elle est en état d'agir ; et, chaque fois qu'on atteint l'équilibre, les oscillations de l'aiguille sont lentes, régulières, et s'étendent à des amplitudes égales de part et d'autre du zéro de la division. Les balances de ce genre, construites par Fortin, sont tellement sensibles, que, chargées, dans chaque plateau, de mille grammes, un seul milligramme suffit pour les faire trébucher.

J'ai dû entrer dans tous ces détails, parce que la détermination précise des poids est un des élémens les plus importans de toute la physique, et qu'on est sans cesse obligé d'y recourir. La méthode des doubles pesées que je viens d'exposer est due à Borda. Elle est facile et sûre ; c'est la seule qui dans la pratique soit réellement indépendante de l'inégalité des bras de la balance et de l'effet du frottement. En l'employant avec les précautions que nous avons expliquées, on obtiendra aussi exactement qu'il est possible les poids des corps au moment où on les aura soumis à cette opération. Mais en répétant l'expérience sur le même corps à différentes époques, on y trouvera quelques différences, sur-tout si son volume est considérable et son poids faible. Cela vient de ce que les pesées sont faites dans l'air, qui est un fluide pesant, comme nous le prouverons bientôt. Nous avons reconnu dans le 1er. livre que les corps plongés dans un fluide y perdent une partie de leur poids égale à celui du volume de fluide qu'ils déplacent. Ainsi lorsque nous pesons des corps dans l'air, ce n'est réellement pas leur poids absolu que nous

observons , mais l'excès de leur poids sur celui d'un pareil
volume d'air. Or , nous prouverons également par l'expérience que l'air pris à la surface de la terre n'a pas toujours
le même poids sous le même volume , parce qu'une infinité
de causes accidentelles le dilatent ou le condensent. Ces variations doivent donc changer la perte de poids des corps
que l'on y pèse ; par conséquent , pour avoir les vrais poids
de ces corps , il faut y ajouter le poids variable du volume
d'air qu'ils déplacent , et les réduire , en un mot , au même
cas que si on les eût pesés dans un espace entièrement vide
d'air et de toute autre matière pesante. C'est en effet ce que
nous ferons par la suite ; mais pour y parvenir il nous faut
acquérir un assez grand nombre de connaissances expérimentales qui nous manquent encore. J'ai voulu seulement indiquer ici , d'après l'expérience , la nécessité de ces réductions pour avoir les poids constans et absolus des corps;
nous apprendrons plus loin , et toujours par l'expérience ,
comment on peut les effectuer.

CHAPITRE III.

*De la construction du Thermomètre , et de la manière
de s'en servir.*

Dès que l'on commence à porter son attention sur l'ensemble des phénomènes physiques et chimiques, on voit que
l'agent le plus puissant, le plus actif et le plus généralement
employé dans la nature et dans les arts, c'est le feu. Nous
sentons à chaque instant les effets qu'il produit sur nos organes, soit lorsqu'il les brûle par une trop grande ardeur, soit
lorsqu'il les réchauffe doucement dans les rigueurs de l'hiver.
Il échauffe toutes les substances; et, s'il ne les embrase, il
les fond , les rend liquides, les fait rougir, bouillir, et les
convertit en vapeurs. Même lorsqu'il semble agir avec moins
d'énergie, il étend les dimensions des corps, il change leur
volume et les modifie sans cesse dans leurs propriétés les plus

cachées. Pour pouvoir observer ces propriétés d'une manière comparable dans différens corps, ou dans le même corps à des époques différentes, il faut nous prémunir contre cette cause perpétuelle de variation ; et, puisque nous ne pouvons l'empêcher d'agir, il faut au moins trouver quelque manière de fixer l'état précis où elle met chaque corps à l'instant où nous l'observons.

Mais d'abord, réduisons cette cause à son expression la plus abstraite. Quoique le mot de feu entraîne avec lui l'idée de flamme et de lumière, cependant il n'est pas difficile de voir que tous les phénomènes que nous venons de décrire peuvent être produits sans le concours de ces deux circonstances ; car si j'ai fait fondre du plomb dans un vase de fer par le moyen du feu, ce plomb, qui ne sera point enflammé et qui ne jetera pas de lumière, deviendra capable à son tour d'échauffer d'autres corps ; il fera fondre la glace, le soufre et l'étain ; il enflammera la cire, il fera bouillir l'eau et tous les autres liquides, il les convertira en vapeur. Puisqu'il agit ainsi sur ces corps sans flamme ni lumière, nous pouvons par la pensée séparer ces deux modifications du principe, quel qu'il soit, qui produit tous ces effets ; et, pour fixer invariablement cette séparation, pour désigner isolément ce principe, nous lui donnerons un nom particulier, nous l'appelerons le *calorique*.

Cette distinction simple et naturelle nous conduit à voir que le mot *chaleur*, dans lequel on enferme ordinairement l'idée vague d'une cause, n'exprime réellement que la sensation que le calorique produit sur nos organes ; et, par extension, celle qu'il produit sur des organes plus résistans, ou même sur des corps non organisés. Désormais nous emploierons toujours le mot chaleur dans cette seule acception, pour exprimer généralement le mode d'action particulier au calorique.

Mais la sensation de la chaleur, lorsque nous l'éprouvons, n'a pas toujours la même énergie ; il y a des degrés entre la douce chaleur que nous éprouvons dans un bain et celle qui nous brûle lorsque nous touchons un fer rouge. La chaleur qu'excite un seul charbon embrasé suffit pour enflammer le soufre; elle ne suffit plus pour fondre le cuivre ou l'argent. Afin de définir les différentes énergies du calorique dans ces diverses circonstances, nous leur donnerons le nom *de températures;* et nous appellerons températures plus ou moins chaudes celles qui produiront ou qui seront capables de produire, sur nous ou sur les autres corps, des sensations plus ou moins vives de chaleur. Nous ne voulons par-là qu'exprimer l'inégalité de ces sensations et de leurs effets, non la mesurer ni la fixer : encore moins prétendons-nous en tirer quelque induction sur la manière dont elles dépendent du calorique qui les produit. Toutes ces choses ne peuvent se déterminer sûrement que par des mesures précises que nous chercherons plus tard; mais auparavant il fallait au moins sentir le besoin de les chercher.

Il arrive souvent dans les sciences que ceux qui introduisent une expression nouvelle pour exprimer la cause inconnue d'un phénomène, se laissent ensuite entraîner à détourner cette définition de son sens abstrait pour la réaliser et lui donner un corps; cela est arrivé, par exemple, pour le calorique. La plus grande partie des physiciens et des chimistes regardent le calorique comme une matière à laquelle ils attribuent plusieurs propriétés analogues à celles que les autres substances matérielles possèdent, telles que l'élasticité, la compressibilité et la faculté d'entrer en combinaison avec d'autres corps. Ces propriétés matérielles ils les lui supposent par analogie; car, comme on ne peut voir le calorique ni le peser, ils sont obligés, tout en le regardant comme une matière, de le dépouiller, au moins pour nos sens, des propriétés les plus apparentes par lesquelles nous puissions nous assurer de l'existence matérielle des corps; je veux dire l'impénétrabilité et la pesanteur. D'autres physiciens, en plus petit nombre, ont regardé le calorique non comme une matière, mais comme un principe de mouvement qui excite dans les particules des corps certaines vibrations très-petites, d'où résulteraient pour nous la sensation et les phénomènes de la chaleur. Enfin, un très-petit nombre de physiciens-géomètres, ne s'attachant ni à l'une ni à l'autre de ces opinions, se sont bornés à admettre les principes qui leur étaient communs. Nous examinerons plus tard, par l'expérience, les probabilités de ces diverses hypothèses ; nous puiserons dans chacune d'elles les analogies sur lesquelles elles se fondent ; et, après les avoir établies par l'expérience, nous en tirerons des lois générales et certaines par lesquelles les phénomènes qu'elles embrassent se trouveront liés. Mais jusqu'à cette époque, et à cette époque même, nous tiendrons scrupuleusement au sens abstrait des dénominations que nous avons adoptées. Le calorique ne sera pour nous que la cause inconnue de la sensation de la chaleur, et le mot de température n'exprimera que les diverses énergies de son action.

Nous nous trouvons ainsi arrêtés toutes les fois que nous voulons remonter aux causes premières des phénomènes ; la fin de notre science est de reculer le doute, et de le faire porter sur les seuls objets que notre raison ne peut, ou n'a pas encore pu, atteindre. L'art des expériences consiste à découvrir dans les phénomènes ceux qui sont les plus généraux, les plus influens. Ces faits bien constatés, exactement reconnus, servent ensuite de principes pour arriver aux autres faits comme conséquences. Alors nos incertitudes ne portent plus sur les phénomènes généraux ni sur leur combinaison, les seules choses qui nous soient réellement utiles ; elles portent uniquement sur la cause première d'un petit nombre de faits ; et, si elles sont inévitables, elles sont du moins réduites à leurs justes bornes. Nous voyons les phénomènes se succéder, comme les générations des hommes, dans un ordre que nous observons, mais sans pouvoir dire ou même concevoir comment il a commencé. Nous suivons les anneaux d'une chaîne infinie ; nous pouvons bien, en ne la quittant pas, remonter d'un anneau à un autre ; mais le point où la chaîne est suspendue n'est pas à la portée de nos faibles mains.

Pour découvrir et fixer les rapports naturels des phénomènes entre eux, il ne suffit pas de les observer vaguement, et de les envelopper dans des hypothèses toujours vacillantes et incertaines ; il faut déterminer d'une manière précise la nature et l'étendue de leurs effets, afin de n'avoir à combiner dans nos raisonnemens que des données rigoureuses; en un mot, il faut les mesurer. Mesurer et peser, voilà les deux grands secrets de la chimie et de la physique; ce sont là les causes de toutes les découvertes qu'elles ont faites dans ces derniers temps.

Or, pour fixer par des mesures précises les divers degrés d'action du calorique, choisirons-nous les effets dévorans et destructifs qu'il exerce sur presque tous les corps de la nature? Non, sans doute, puisque l'altération même qui en résulte dans la constitution de ces corps exclurait toute idée de comparaison. Trouverons-nous des termes plus fixes dans les sensations variables de chaleur et de froid que nous éprouvons? Pas davantage. Il ne faut pas avoir beaucoup réfléchi sur la nature de nos sensations, pour s'apercevoir que les indications qu'elles nous donnent sont purement relatives. La lumière, qui suffit pour nous faire discerner les objets dans une salle de spectacle où nous sommes restés quelque temps, nous semble une obscurité complète quand nos yeux viennent de recevoir la vive lumière du jour. Le même temps de dégel, qui nous paraît d'une douceur extraordinaire lorsqu'il survient tout à coup au milieu des rigueurs de l'hiver, nous semblerait un froid insupportable si nous l'éprouvions subitement au milieu des grandes chaleurs de l'été. C'est par cette raison que la température des souterrains nous semble froide en été et chaude en hiver, quoique, dans la réalité, elle reste constamment la même, comme nous le prouverons par la suite. On conçoit donc, par ces exemples, que les divers degrés d'intensité de nos sensations ne peuvent nous fournir une mesure constante des causes qui les produisent, puisque l'idée qu'elles nous donnent n'est jamais que relative et comparée.

Nous sommes ainsi conduits à chercher parmi les phénomènes, dont le calorique est la cause, ceux qui, s'exerçant sur des substances inorganiques, les modifient momentanément d'une manière reconnaissable, sans néanmoins altérer leur nature ni leur constitution intime; de sorte que la cause étant ôtée, les corps reprennent exactement leur premier état , quel que soit le nombre de ces variations passagères auxquelles on les ait exposés. Or, il existe un phénomène dont le calorique est la cause principale , et qui remplit parfaitement toutes ces conditions , c'est celui que l'on appelle la dilatation et la contraction des corps.

C'est un fait général et facile à constater , que tous les corps que l'on réchauffe , sans changer leur constitution , s'étendent dans tous les sens , de manière à occuper un volume plus considérable que celui qu'ils occupaient d'abord. Cette modification des corps se nomme *dilatation ;* et lorsqu'un corps l'éprouve, on dit qu'il se *dilate.* Tous les corps, quelle que soit leur nature , sont susceptibles d'éprouver cet effet.

La dilatation des corps solides, particulièrement des métaux , est fort petite tant qu'ils sont encore éloignés de l'état où ils se fondent ; cependant les effets en deviennent sensibles dans une infinité d'expériences journalières. Dans les grandes conduites d'eau, où l'on emploie des tuyaux de fonte métallique attachés ensemble par des vis de fer , la différence de la chaleur de l'hiver à l'été fait tellement varier les dimensions de cette longue barre métallique , que l'on est obligé de placer de distance en distance , des tuyaux construits de manière à pouvoir glisser les uns dans les autres , pour se prêter aux effets de ces dilatations et contractions alternatives , sans quoi la colonne se romprait infailliblement. Les appareils de ce genre se nomment des compensateurs. On est aussi obligé d'en mettre dans les constructions des ponts en fer. C'est encore la dilatation des métaux qui fait que les verges des pendules s'allongent dans l'été et se raccourcissent dans l'hiver , de manière à faire tantôt retarder, tantôt avancer leur mouvement , que l'on est obligé, par cette raison , de corriger dans ces deux extrêmes , à moins qu'on n'ait prévenu l'effet de ces variations par un procédé que nous ferons connaître plus loin.

Les dilatations des liquides sont beaucoup plus considérables que celles des corps solides, dans les mêmes circonstances. Un vase, fût-il de bronze , étant rempli d'eau et bien bouché, s'il est exposé ensuite à une forte chaleur, de manière que l'eau ne puisse s'en échapper par aucun interstice, crevera infailliblement avec une grande explosion : ce qui prouve que l'eau renfermée se dilate plus que la matière du vase. Mais pour observer ces effets d'une manière plus facile et moins dangereuse, prenez une fiole de verre mince, dont le corps soit large et le col étroit : remplissez-la entièrement ou presque entièrement d'eau, ou de tout autre liquide : puis approchez-la graduellement du feu : vous verrez bientôt la liqueur se dilater, s'élever dans le col du flacon, le remplir entièrement, et se renverser par-dessus les bords long-temps avant de bouillir. Plus le col est étroit par rapport à la capacité de la fiole, plus l'expérience est prompte et l'effet sensible ; aussi rien ne convient mieux, pour ces expériences, qu'une boule de verre, soufflée à l'extrémité d'un tube, dont l'intérieur est très-étroit. Alors, quand on observe avec attention, on remarque avec surprise que dans le premier moment de l'action du calorique, la liqueur descend dans le tube au lieu de monter. Cela vient de ce que la substance du verre, éprouvant la première la chaleur, se dilate aussi la première, et avant que le liquide ait encore éprouvé la même influence ; mais la chaleur continuant de pénétrer tout l'appareil, le liquide commence bientôt à se dilater, et ne tarde pas à l'emporter sur le verre, par l'excès de sa dilatation.

On peut rendre également sensibles les effets de la dilatation et de la contraction, dans les substances aériformes, c'est-à-dire, dont la constitution est analogue à celle de l'air et des vapeurs. Par exemple, c'est la force élastique de la vapeur de l'eau qui soulève les pistons des pompes à feu. Mais, pour nous borner à des expériences usuelles, tout le monde a éprouvé combien il est quelquefois difficile d'introduire un liquide dans un flacon dont le col est extrêmement étroit, comme le sont, par exemple, ceux des flacons à essence : cela vient de la résistance de l'air intérieur qui, trouvant l'orifice étroit du tube bouché par la petite colonne de liquide qu'on y a introduite, s'oppose invinciblement à son passage. Mais voulez-vous éluder cet obstacle ? chauffez le flacon ; l'air qu'il contient, en s'échauffant aussi, se dilatera plus que le verre ; le volume du flacon ne suffira plus pour le contenir : il en sortira donc une partie ; alors renversez le flacon dans le liquide que vous voulez y introduire, et attendez quelques instans ; l'air resté dans le flacon se refroidira, se contractera, et fera place au liquide qui s'y introduira pour occuper la place vide, obéissant en cela à la pression que l'air extérieur exerce sur tous les corps, comme nous le verrons bientôt.

En mesurant avec soin les dimensions des corps, après les avoir exposés à diverses températures, on trouve généralement que si le feu n'a point altéré leur constitution ou leur nature, ils reviennent exactement aux mêmes dimensions qu'ils avaient d'abord, quel que soit le nombre de fois qu'on les expose à ces changemens alternatifs. Cette propriété s'observe, par exemple, dans les métaux, quand on ne les échauffe pas jusqu'à les fondre ; dans les liquides, quand on ne les échauffe pas jusqu'à les faire bouillir (1). On trouve, à la vérité, que l'argile et quelques autres substances semblent, au contraire, se contracter quand on les expose au feu après les avoir imbibées d'eau : mais alors, elles ne reviennent plus à leurs premières dimensions ; ce qui montre que leur contraction est l'effet du desséchement qu'elles éprouvent, ou d'une combinaison plus intime de leurs élémens, et non pas un effet passager de la chaleur. Ce phénomène se nomme le retrait ; on est obligé d'y avoir égard dans la construction des vases de terre et de porcelaine, sans quoi ils n'auraient pas, en

---

(1) Pour reconnaître cette propriété dans les liquides, il faut les observer dans des tubes fermés de toutes parts, afin que la chaleur n'enlève pas une portion de leur substance en la réduisant en vapeur. Avec cette précaution, on trouve que s'ils ne changent pas de composition interne, c'est-à-dire, s'ils continuent de former la même substance qu'ils formaient d'abord, ils reviennent exactement aux mêmes dimensions quand la température redevient la même.

sortant du fourneau, la forme qu'on veut leur donner; mais on voit, d'après sa cause, qu'il ne fait point une exception aux lois générales de la dilatation des corps.

Cette propriété, que tous les corps possèdent, de se dilater par l'effet de la chaleur, et de revenir aux mêmes dimensions quand on les ramène aux mêmes circonstances, offre un moyen très-simple et très-exact pour mesurer des degrés égaux et inégaux de chaleur. On l'a employée de la manière la plus heureuse dans la construction des instrumens que l'on appelle des thermomètres, c'est-à-dire, *mesureurs de la chaleur*. Tout le monde les connaît et en fait usage; mais on ne connaît pas aussi généralement les principes sur lesquels ils sont fondés, et qui garantissent la certitude de leurs indications.

A la rigueur, tous les corps pourraient être employés à cet usage, puisque tous, comme nous venons de le voir, sont sensibles aux variations de la chaleur; mais pour rendre l'instrument exact et commode, il y a un choix à faire entre eux. Si nous employons un corps solide, par exemple, une barre métallique, ses dilatations et ses contractions seront trop petites pour pouvoir être facilement observées. Si nous voulons les apercevoir, il faudra les agrandir par des rouages et des leviers qui en rendront l'observation très-minutieuse, et même souvent inexacte. Si au contraire nous employons, pour construire notre thermomètre, une substance aériforme, par exemple, l'air ou quelque autre gaz, les dilatations et les contractions seront tellement considérables, qu'il deviendra très-incommode de les mesurer, quand les variations de la chaleur auront quelque étendue. Les variations de volume des liquides, plus grandes que celles des corps solides, et moindres que celles des gaz, offrent un moyen terme exempt de ces inconvéniens opposés, et par conséquent nous sommes conduits à chercher notre thermomètre dans cette classe intermédiaire de corps.

Il en est un parmi eux que ses qualités physiques et chimiques rendent éminemment propre à cet usage; c'est celui que l'on nomme *mercure* ou vif argent, parce qu'en effet il ressemble à de l'argent qui serait rendu coulant par la chaleur. Le mercure supporte, avant de bouillir et de se réduire en vapeur, plus de chaleur que tous les autres fluides, excepté certaines huiles ; et l'on peut aussi, sans qu'il se gèle, l'exposer à des degrés de froid qui solidifieraient tous les autres liquides, excepté certaines liqueurs spiritueuses, comme l'esprit-de-vin ou l'éther. En outre, le mercure a l'avantage d'être plus sensible que tout autre liquide à l'action de la chaleur ; et enfin les variations de son volume, dans l'étendue des phénomènes qu'il est le plus ordinaire d'observer, sont, comme nous le verrons par la suite, parfaitement régulières et proportionnelles à celles que les solides et les gaz éprouvent dans des circonstances semblables. Toutes ces propriétés doivent nous porter à nous servir du mercure dans la construction de nos thermomètres, préférablement à tout autre corps.

Mais pour que tous les thermomètres à mercure aient une marche semblable, et soient comparables les uns aux autres, dans tous les pays du monde, on conçoit qu'il faut que la substance employée soit constamment la même, et qu'elle ait des propriétés constamment semblables. On y parvient en employant le mercure dans son plus grand état de pureté. Le mercure pur est un véritable métal liquide, qui pèse environ treize fois et demi autant que l'eau à volume égal. On ne le trouve presque jamais à cet état de pureté dans le commerce ; il tient ordinairement en dissolution quelques parties d'argent, de plomb, d'étain, ou de cuivre, métaux avec lesquels il se combine facilement. Pour le purifier, il faut d'abord le dégager de la terre, des pierres et des autres saletés qui peuvent s'y trouver grossièrement mêlées. Pour cela, il suffit de le renfermer dans un morceau de peau de chamois, d'en former pour ainsi dire un nouet, et de le serrer fortement entre les doigts. Le mercure pressé s'échappe à travers les pores imperceptibles de la peau, et se tamise en une fine pluie argentée, abandonnant dans cette opération tout ce qui n'était que mélangé, et non pas combiné avec sa substance.

Pour séparer maintenant les métaux qui peuvent être alliés avec lui, on profite de ce que ces métaux sont à peine vaporisables par les plus grands feux que nous puissions produire, tandis que le mercure bout et se réduit en vapeurs, à un degré de chaleur qui n'est pas très-considérable. On chauffe l'alliage dans des vases fermés, disposés de manière à pouvoir condenser par le refroidissement les vapeurs qui s'y forment, et à recueillir le liquide qui en résulte. La chaleur volatilise le mercure, sans pouvoir vaporiser les métaux qui étaient combinés avec lui : il se fait donc une séparation, les métaux restent fixés au fond de l'appareil, et le mercure pur se retrouve dans le réfrigérant.

Lorsqu'on veut appliquer ce procédé à de petites quantités, telles qu'on en a ordinairement besoin dans les usages de la chimie et de la physique, on place le mercure impur dans une petite cornue de verre ou de porcelaine, et l'on reçoit les vapeurs dans un ballon de verre que l'on fait communiquer à la cornue, au moyen d'un tuyau de verre que l'on appelle une allonge. On lute (1) ce tuyau au col de la cornue par un bout, à celui du ballon par l'autre, et l'appareil se trouve complètement fermé. On allume sous la cornue un feu de charbon d'abord très-faible, dont on accroît graduellement l'activité, et l'on plonge, au contraire, le ballon dans de l'eau froide ou dans de la glace pilée, afin de condenser, par le refroidissement, les vapeurs qui se forment. On conçoit que l'allonge est nécessaire pour éloigner la cornue que l'on chauffe, du ballon que l'on refroidit. Il est bon qu'elle soit en verre ou en porcelaine, substances qui transmettent difficilement la chaleur ; et de plus, il est utile que sa direction s'abaisse en allant de la cornue au ballon, afin

---

(1) On appelle *lut*, en chimie, une composition pâteuse qui s'applique aux ouvertures des appareils pour les boucher. Il y en a de diverses espèces appropriées aux différentes circonstances de froid, de chaleur ou d'humidité que les appareils doivent subir. Leur composition et leur emploi sont expliqués dans le quatrième volume du Traité de Chimie de M. Thenard.

que les vapeurs qui s'y condensent puissent s'écouler plus
facilement, sans retomber dans la cornue, où il faudrait les
vaporiser de nouveau.

Lorsqu'on a ainsi obtenu le mercure bien pur, il faut l'enfermer dans un appareil qui rende ses dilatations et ses contractions sensibles, et qui permette de les observer facilement. Pour cela on souffle à la lampe d'émailleur une boule
de verre creuse à l'extrémité d'un tube de verre très-fin. On
remplit de mercure la boule et une partie du tube, par un
procédé que j'indiquerai tout à l'heure. Comme, d'après
cette disposition, la capacité de la boule est très-considérable, relativement au diamètre intérieur du tube, on conçoit qu'une très-petite dilatation, dans le volume du mercure qu'elle renferme, se manifeste dans le tube par un
allongement considérable de la colonne fluide. On peut ainsi
rendre sensibles de très-petites variations de chaleur; mais
l'exécution de cette idée très-simple exige diverses atten-
tions.

D'abord il faut souffler la boule : pour cela on fond l'extrémité du tube à la lampe d'émailleur, on l'arrondit en
bouton en la pétrissant, avec l'extrémité d'une petite tige
de cuivre ou de fer; après quoi, en soufflant avec la bouche
par l'extrémité ouverte du tube, on étend en boule sphérique
cette partie fondue. Mais la dernière partie de l'opération a
l'inconvénient d'introduire dans le tube de l'humidité qu'on
a ensuite bien de la peine à en faire sortir. D'ailleurs il serait
très-difficile de souffler ainsi une boule à l'extrémité d'un
tube très-étroit. Au lieu de cela, introduisez l'extrémité ouverte du tube dans le col d'une petite bouteille de caoutchouc
ou gomme élastique, et liez bien ce col autour d'elle, de
manière qu'il l'enveloppe et la serre exactement. Puis, quand
l'autre extrémité du tube sera fondue, et son bouton formé
et bien arrondi, redressez le tube verticalement, la partie
froide restant en haut, et pressez avec la main la bouteille
de caoutchouc. L'air sec qu'elle contient fera l'effet du souffle;
il forcera le bouton de s'étendre, et l'arrondira en boule sans
aucun des inconvéniens dont nous avons parlé.

Maintenant, pour que le thermomètre soit toujours semblable à lui-même et constant dans ses indications, il faut que le tube soit d'un calibre égal dans toute sa longueur , afin que des dilatations égales dans le mercure de la boule soient marquées par des accroissemens égaux dans la hauteur de la colonne. Quand on veut avoir un bon thermomètre, on choisit parmi un grand nombre de tubes de verre ceux qui approchent le plus de cette égalité. Pour les éprouver, on y introduit une goutte de mercure qui s'allonge en un cylindre, dont on mesure la longueur. On promène ce cylindre dans les différentes parties du tube, et son volume restant toujours le même, il doit, si le tube est partout d'égal diamètre, occuper partout une égale longueur. Comme on ne trouve pas aisément des tubes qui satisfassent à cette condition , et qu'il est même presque impossible qu'ils la remplissent avec toute rigueur , il faut lorsqu'on aspire à la dernière exactitude , corriger les petites inégalités qu'ils peuvent offrir, en les divisant en portions d'égal volume. Cela se fait par un procédé imaginé par M. Gay-Lussac, et que j'ai exposé dans le traité général.

Il y a aussi quelques précautions à prendre pour faire entrer le mercure dans la boule du thermomètre. Comme le tube par lequel on doit l'y introduire est ordinairement très-étroit, on éprouve ici l'espèce de difficulté dont j'ai parlé précédemment, et qui est causée par la résistance de l'air intérieur ; mais on l'évite par le moyen que j'ai indiqué. On chauffe la boule de verre; l'air qu'elle contient se dilate, s'échappe; on profite de cet instant pour plonger l'orifice ouvert du tube dans le mercure qu'on veut y introduire, et ensuite lorsque la boule se refroidit, la pression de l'air extérieur l'y fait monter. Il est bon de chauffer aussi très-fortement le tube avant d'y introduire le mercure, afin de vaporiser l'eau qu'on a pu y introduire en soufflant la boule, si on la fait avec la bouche, et aussi pour chasser la petite couche d'air et d'humidité qui s'attache toujours au verre dans l'état ordinaire de l'air. Même , dans cette opération, il faut commencer par chauffer le tube seul, et non la boule; puis, quand il est très-chaud on le redresse, on chauffe subitement la boule à son tour, et l'air qu'elle renferme se dilatant avec rapidité, chasse devant lui toutes les petites impuretés que le tube pourrait contenir, et qui auraient gêné le mouvement du mercure le long de ses parois.

En opérant comme nous venons de le dire, il arrive parfois que l'on ne fait pas entrer du premier coup dans l'appareil autant de mercure qu'il en faut pour remplir la boule et une partie du tube. Alors on recommence l'opération, en chauffant de nouveau la boule et le mercure qu'elle contient. Quand elle est fortement échauffée, on plonge de même dans un bain de mercure l'orifice du tube qui est resté ouvert, et répétant cette manœuvre un petit nombre de fois, on parvient à faire entrer dans la boule et dans le tube autant de mercure que l'on veut.

Mais quelle est la quantité qu'il faudra ainsi y introduire? Cela dépend de l'usage auquel le thermomètre est destiné. Si vous voulez qu'il puisse servir depuis la température de l'eau bouillante jusqu' aux plus grands froids que l'on puisse éprouver dans nos climats, il faut qu'il y ait entre la capacité de la boule et la longueur du tube, certaines proportions que l'expérience apprend aisément à reconnaître. Si l'on a mis trop de mercure, ou si le tube n'est point d'une longueur suffisante, il arrivera qu'à la température de l'eau bouillante le mercure remplira tout le thermomètre, et s'écoulera par son orifice s'il est ouvert; ou s'il est fermé, ira frapper le sommet du tube, et le brisera. Si, au contraire, on n'a pas mis assez de mercure, il arrivera dans les plus grands froids, qu'il rentrera tout entier dans la boule, et que l'on ne pourra plus observer ses contractions. Quand on essaie, pour la première fois, de faire un thermomètre, ce n'est que par expérience, par exemple, en mettant tour à tour l'appareil dans l'eau bouillante et dans la glace, que l'on apprend à reconnaître à peu près les quantités de mercure qu'il faut admettre; mais quand on connaît les lois de la dilatation du mercure, le calcul donne des moyens directs et sûrs pour éviter ces inconvéniens. C'est ce que l'on peut voir dans le traité général. Ici je me bornerai à supposer qu'on ait réussi, comme je viens de le dire, par des essais.

Ce n'est pas tout encore : quand le mercure est introduit dans le tube et dans la boule, il faut chasser toutes les petites bulles d'air qui ont pu s'entremêler avec lui ; car leurs dilatations, différentes de celle du mercure et leur compressibilité, altéreraient la régularité des mouvemens observés. Le seul moyen de les exclure complètement et avec certitude, c'est de chauffer la boule jusqu'à faire bouillir le mercure avant que le tube soit fermé. Par ce moyen on chasse infailliblement tout l'air. Mais cette opération chasserait aussi du tube une partie du mercure que l'on y a fait entrer et qui est nécessaire pour remplir la boule à des degrés de chaleur moindre. Pour éviter cet inconvénient, il faut que l'extrémité ouverte du tube soit gonflée en forme de petit ballon, comme le montre la *fig.* 14 ; de sorte que le mercure, en se dilatant et sortant du tube par son expansion, ne s'élance point au dehors, mais ne fasse que se répandre dans ce réservoir. Quand l'ébullition aura cessé, et que le mercure se contractera sur lui-même, la pression de l'air extérieur suffira seule pour faire rentrer dans le tube tout ce qui en était sorti.

Cette opération faite, si l'on croit avoir introduit assez de mercure pour les extrêmes de chaleur et de froid auxquels on veut exposer le thermomètre, il faut le fermer hermétiquement, car il ne serait plus comparable à lui-même si une portion de mercure venait à s'en échapper. Il faut même, en le fermant, tâcher d'exclure tout l'air qui pourrait rester dans le tube au-dessus de la colonne, non que cet air puisse s'opposer à la dilatation du mercure qui se fait avec une force irrésistible, mais de peur qu'en agitant le thermomètre quelques petites bulles d'air ne s'introduisent dans la colonne et n'en interrompent la continuité ; car alors il serait fort difficile de les faire partir, surtout si le tube était très-étroit. Pour chasser entièrement cet air, voici comment on opère. On commence par effiler à la lampe l'extrémité ouverte du tube que l'on avait précédemment gonflée en réservoir ; on chauffe ensuite la boule du thermomètre jusqu'à ce que le mercure dilaté par la chaleur arrive presque à cette extrémité; quand il y est parvenu, on fond brusquement le bout du tube à la flamme d'une bougie, que l'on allonge en un trait de feu en la soufflant avec un chalumeau. Ce tube se trouve ainsi fermé; et l'air n'y peut plus rentrer, quand le mercure se contracte de nouveau en se refroidissant. Alors on arrondit à la lampe le bout que l'on vient de sceller, de peur qu'il ne se brise trop facilement.

On peut aisément reconnaître si un thermomètre a été fait avec cette précaution : il suffit de le renverser de manière que la boule vienne en haut. S'il est purgé d'air, et si l'intérieur du tube n'est point d'une finesse extrême, le mercure, que rien ne soutient, tombe librement et remplit tout le tube ; mais si tout l'air n'a pas été chassé, la colonne ne tombe point jusqu'au fond du tube, parce que l'air qui s'y trouve résiste en vertu de sa force élastique et l'empêche d'y arriver.

Quand on porte des thermomètres en voyage, il arrive souvent que la colonne de mercure se sépare ainsi en plusieurs parties, et pour peu qu'il reste de l'air dans le tube, ces diverses parties ne se rejoignent pas facilement. Il faut alors attacher le sommet du tube à une corde longue de un ou deux mètres, et le faire tourner ainsi au bout de cette corde, comme une fronde, aussi rapidement qu'il est possible. La force centrifuge s'exerçant avec plus d'énergie sur le mercure que sur l'air, à cause de l'excès de sa masse, suffit ordinairement pour réunir les colonnes séparées. Il serait mieux de pratiquer un petit renflement au haut du tube; et quand il y aurait quelque séparation dans la colonne, on chaufferait fortement la boule du thermomètre jusqu'à faire monter le mercure dans ce renflement; après quoi, le laissant refroidir avec lenteur, il rentrerait dans le tube en une seule masse continue. Je recommande cette précaution aux praticiens.

Voilà donc notre thermomètre fait; il faut maintenant l'employer aux expériences.

Supposons d'abord que nous le plongions dans un vase plein de neige ou de glace fondante, nous verrons aussitôt le mercure du tube descendre et s'arrêter à un certain terme fixe, après lequel il ne variera plus, du moins tant que la neige ou la glace ne sera pas fondue entièrement. Cependant, si l'air extérieur est plus chaud que l'eau qui résulte de cette fusion, il est clair qu'il communique continuellement à celle-ci de la chaleur. Puisque le mercure du thermomètre n'indique point cette communication, c'est une preuve que cette chaleur ne lui parvient pas. Elle est donc employée toute entière à fondre la glace ou la neige que l'eau contient; et la disparition de la chaleur a lieu ainsi jusqu'à ce que le mélange renfermé dans le vase soit entièrement liquide. Alors, et seulement alors, la chaleur communiquée à l'eau se transmet au thermomètre, et le mercure commence à monter dans le tube.

Nous voyons par-là que la glace ou la neige qui fondent, amènent le volume du mercure à un état constant et déterminé; autant de fois on répétera l'expérience, autant de fois le mercure reviendra à ce volume, et l'extrémité de la colonne comprise dans le tube s'arrêtera au même point. Marquons donc ce point fixe sur le tube de notre thermomètre, il nous indiquera la *température de la glace fondante*.

Si nous plongeons de même notre thermomètre dans d'autres substances plus ou moins chaudes, le mercure qu'il renferme prendra des volumes différens, et nous verrons la colonne comprise dans le tube s'arrêter à autant de points qui seront pour nous la marque d'autant de températures diverses. Nous fixerons pour nous l'idée de chacune de ces températures, en marquant sur notre tube le point qui lui correspond.

Les distances de ces points entre eux seront en général différentes pour chaque thermomètre que l'on construira. Leur position dépendra des rapports de capacité de la boule et du tube, ainsi que de la quantité plus ou moins grande de mercure qu'on y aura introduite. Par conséquent, si l'on se borne à ce que nous avons fait jusqu'à présent, chaque observateur ne pourra retrouver les mêmes températures qu'en se servant du même thermomètre qui les lui aura une fois indiquées. S'il le brise , toutes ses expériences sont perdues ; il ne pourra jamais fixer , pour les autres observateurs, les termes dont il a voulu parler. Afin d'éviter cet inconvénient, on cherche dans les expériences mêmes un autre point de température constante différent de la glace fondante ; on regarde l'intervalle qui sépare ces deux termes comme une unité commune aux observateurs de tous les pays ; on la divise ensuite en un certain nombre convenu de parties égales ou de degrés égaux ; et alors les valeurs de ces degrés deviennent , comme le calcul le prouve , tout-à-fait indépendantes des dimensions du thermomètre. Ce second point fixe , adopté généralement , est la température de l'eau distillée bouillante.

En effet , lorsqu'on plonge le thermomètre dans un vase rempli d'eau bouillante , le mercure monte rapidement jusqu'à un certain terme, et s'y fixe. Quelque chaleur que l'on applique ensuite au vase , et à quelque feu qu'on le pousse, tant que toute l'eau ne sera pas vaporisée , le thermomètre ne variera plus ; ici donc , toute la chaleur introduite dans l'eau est employée à la vaporiser , de même que dans notre première expérience sur la glace fondante , toute la chaleur introduite était employée à fondre la glace. Ce phénomène est général dans la théorie de la chaleur ; tous les termes de fusion et de vaporisation des corps sont fixes pour chacun d'eux, quoique différens pour les différentes substances. Le thermomètre le prouve par son immobilité quand on le plonge dans ces corps, lorsqu'ils changent ainsi d'état.

Puisque nous convenons de choisir pour second point fixe la chaleur de l'eau bouillante, marquons ce point sur le tube. De là , jusqu'au point de la glace fondante, il y a sur chaque thermomètre un certain intervalle; divisons cet intervalle en un certain nombre de parties égales , par exemple, en cent parties , que nous nommons degrés ; et marquons-les sur le tube , en écrivant o à côté du terme de la glace fondante , et 100° à côté du terme de l'eau bouillante : cette convention une fois faite , tous les thermomètres , construits sur la même

division , seront exactement comparables, c'est-à-dire, qu'é-
tant exposés aux mêmes températures , l'extrémité de la colonne de mercure s'arrêtera au même nombre de degrés.

C'est ce que prouve l'expérience , et l'on peut démontrer
par le calcul qu'il en doit être ainsi. D'après cela, lorsqu'un
physicien de Paris , par exemple , écrira qu'il a observé tel
phénomène à une température de dix degrés centésimaux
au-dessus de o° ou du terme de la glace fondante , le physicien de Londres ou de Pétersbourg saura précisément de
quelle température il veut parler , et pourra la reproduire
dans son laboratoire, s'il veut répéter les mêmes expériences.
On prolonge ordinairement la division au-dessous du terme
de la glace fondante , car le mercure ne se gèle que fort au-
dessous de ce terme; et l'on peut aussi la prolonger au-dessus
du terme de l'ébullition de l'eau, car le mercure est encore
bien loin de bouillir à cette limite. Il faut seulement, quand
on désigne une température en degrés du thermomètre ,
avoir soin de dire si ces degrés sont comptés au-dessus ou au-
dessous du terme de la glace fondante , qui est toujours représenté par o.

Ce qui rend en général comparables tous les thermomètres
construits avec la même division et le même fluide , c'est l'é-
galité absolue des dilatations qui s'y produisent quand on les
expose à la même température. Mais cet accord n'aurait plus
lieu en général entre deux thermomètres qui seraient construits avec des fluides différens , à moins que les dilatations
de ces deux fluides pour chaque degré ne fussent proportionnelles l'une à l'autre.

Comme la division centésimale est la plus commode pour
le calcul, nous en avons parlé d'abord ; cependant elle n'est
pas la seule qui soit usitée. On a employé pendant long-
temps, et beaucoup de physiciens emploient encore, une
division en 8o parties, que l'on appelle de Réaumur, parce
qu'on suppose que ce savant célèbre l'a le premier adoptée.
D'après ce que nous avons démontré en général sur les rapports des thermomètres, on conçoit que le choix de la division ne les empêche pas d'être comparables entre eux et avec

les thermomètres centésimaux. Il suffit de se rappeler que 80° de Réaumur valent 100° de l'échelle centésimale, ou, ce qui revient au même, que chacun des premiers vaut $\frac{10}{8}$ des autres. Alors, pour traduire un nombre de degrés de Réaumur dans le nombre correspondant de degrés centésimaux, il suffit de le multiplier par $\frac{10}{8}$; réciproquement un nombre de degrés centésimaux étant donné, si on le multiplie par $\frac{8}{10}$, on le convertira en degrés de Réaumur.

Les Anglais se servent d'une autre division, imaginée et employée d'abord par Farenheit, physicien de Dantzig, qui a beaucoup contribué au perfectionnement des thermomètres. Dans cette division, le terme de la glace fondante est marqué 32, le terme de l'eau bouillante 212; l'intervalle de ces deux termes se trouve donc divisé en 180 parties, au lieu de 100 que l'on emploie dans notre échelle centésimale. Ainsi, chaque degré du thermomètre de Farenheit vaut $\frac{10}{18}$ ou $\frac{5}{9}$ de degré centésimal, et il vaut $\frac{8}{18}$ ou $\frac{4}{9}$ de degrés de Réaumur. Cela suffit pour comparer les indications données par l'un ou l'autre de ces instrumens. On conçoit, d'ailleurs, que le commencement des divisions, adopté dans ces différens systèmes, est tout-à-fait arbitraire : il suffit qu'il soit convenu, et que la division toute entière soit réglée d'après deux termes fixes.

La première invention des thermomètres date de la fin du seizième siècle. Les uns l'attribuent à Sanctorius, d'autres à Galilée, d'autres à un paysan hollandais, nommé Drebbel. L'idée de manifester ainsi les changemens de température par la dilatation des corps est sans doute ingénieuse ; mais pour qu'elle devînt utile à la physique, il fallait en tirer une mesure précise et comparable, telle que la donne le choix d'un échelle composée d'un nombre déterminé de degrés, et comprise entre deux températures fixes. Cette modification importante qui, seule, constitue réellement le thermomètre, me paraît due à Newton. Ce grand homme ne pouvait toucher à un sujet d'expériences sans y porter l'exactitude qui lui était propre, et qui était un de ses principaux moyens de découvertes. Il avait bien senti la nécessité d'un intervalle fixe, et dès 1701, il avait pris pour températures fixes la glace foudante et l'eau bouillante, comme nous le faisons encore aujourd'hui. Il employait pour liquide, l'huile de lin. Le zéro de sa division était la glace fondante, et au terme de l'eau bouillante, il marquait 34° : ainsi 34° du thermomètre de Newton, en valent 100 de l'échelle centésimale, de sorte que chacun de ses degrés réduits aux nôtres, vaut $\frac{100}{34}$. Newton observa, avec son thermomètre, les degrés de fusion d'un grand nombre de substances; et il reconnut que toutes ces températures étaient constantes; ce qui était un fait capital pour la théorie de la chaleur.

Plusieurs physiciens ont aussi employé des thermomètres construits avec d'autres substances. On se sert encore fréquemment de thermomètres à alcool. Mais comme ce liquide à l'air libre, bout à une température moindre que 100°, on ne fait pas aller l'échelle jusqu'à ce terme, et on la règle par comparaison avec quelque thermomètre à mercure, déjà construit précédemment. C'est une très-mauvaise méthode; rien n'est si aisé que de faire aller les thermomètres d'alcool jusqu'à la température de l'eau bouillante et au-delà. Il ne faut que les fermer avec les mêmes précautions que nous avons prescrites pour le thermomètre à mercure, c'est-à-dire, de manière qu'il ne reste point du tout d'air dans l'intérieur du tube; car alors, par une propriété que nous ferons plus tard connaître, la seule vapeur d'alcool qui se développera naturellement par l'effet de l'accroissement de la chaleur, empêchera l'alcool, encore liquide, d'entrer en ébullition; et l'accroissement de sa température n'étant plus limité par ce phénomène, il continuera de se dilater indéfiniment. C'est pourquoi, en construisant un pareil thermomètre, il faudra laisser au-dessus du liquide un espace assez considérable destiné à cette dilatation. Pour en exclure l'air, il suffira de faire bouillir fortement l'alcool dans la boule et dans le tube, et de fermer celui-ci subitement par un trait de feu du chalumeau pendant l'ébullition; car les vapeurs de l'alcool développées dans le tube, et qui en sortiront avec violence, auront, en peu d'instans, entraîné tout l'air qui s'y trouvait. La marche d'un pareil thermomètre, comparée à celle du thermomètre à mercure, n'est pas uniforme dans les températures élevées ; mais elle le devient graduellement de plus en plus, à mesure que l'alcool se réfroidit, et enfin elle l'est toutà-fait dans les températures très-basses.

Les températures de la glace fondante et de l'eau bouillante étant les fondemens de nos thermomètres, il est extrêmement important d'examiner avec soin si elles sont parfaitement constantes, ou si quelques causes accidentelles peuvent les faire varier.

D'abord, en commençant par la température de la glace ou de la neige fondante, je ferai remarquer qu'il ne faut pas la confondre avec celle de l'eau qui commence à se geler ; car on verra plus loin que l'eau, dans certaines circonstances, peut devenir très-sensiblement plus froide que la glace fondante, et abaisser le thermomètre au-dessous de zéro, sans cesser d'être liquide ; par conséquent la température à laquelle elle se gèle ne peut pas être regardée comme fixe.

Il n'en est pas ainsi de la température à laquelle la glace et la neige se fondent ; celle-ci est constamment la même, pourvu que l'eau qui a donné cette neige ou cette glace soit pure ; car l'eau chargée de sels se gèle à des températures beaucoup plus basses, et par conséquent elle devient liquide à des degrés différens. L'eau de pluie gelée, ou la neige non souillée d'impuretés, donneront, en se fondant, le terme inférieur de notre échelle thermométrique, sans qu'on ait à y redouter aucune erreur.

Il y a beaucoup plus de variations dans le terme de l'ébullition de l'eau. D'abord il faut exclure l'eau chargée de sels ; car elle bout à des températures différentes de l'eau pure, et communément plus hautes ; mais même en se servant de celleci, on n'obtient pas l'ébullition au même point du thermomètre à différens jours et dans différens lieux. Nous verrons dans le chapitre suivant, que ces variations qui, dans un même lieu, peuvent aller au plus à 1 ou 2°, sont dues aux changemens de la pression exercée par l'atmosphère sur la surface de l'eau chaude, comme sur celle de tous les autres corps. Pour que l'eau bouille, il faut que la force élastique de sa va

peur surmonte cette pression, et ainsi le degré de l'ébullition
doit varier quand la pression varie; mais la cause de ces inégalités étant connue par l'expérience, nous donnerons le
moyen de les évaluer, et de ramener toutes les observations
à la pression moyenne qui a lieu au niveau des mers, terme
adopté généralement pour fixer la température de 100°. On
pourrait y suppléer dès à présent, en réglant le terme le plus
élevé du thermomètre sur la fusion de quelque corps; par
exemple, d'un alliage de deux parties de plomb, trois d'étain
et cinq de bismuth; car Newton a reconnu qu'un pareil alliage
se fond à la température de 100°; mais il est plus simple et
plus commode d'observer la température de l'eau bouillante,
et d'y faire, selon les circonstances où l'on opère, la petite
correction nécessaire pour la ramener précisément à 100°.

Il y a aussi quelques différences dans le degré de l'ébullition
selon la nature des vases que l'on emploie, et selon celle des
substances qui se trouvent mêlées à l'eau, même quand elle
ne peut les dissoudre. Ce phénomène a été remarqué par
M. Gay Lussac. La même eau, qui, mise dans un vase
de métal, bout à 100° d'un thermomètre donné, ne bout qu'à
101 ¼ dans un vase de verre, et elle revient à 100° dans un
pareil vase si l'on y jette une pincée de limaille de fer. D'a-
près cela on voit que, pour assigner à la température de l'é-
bullition des circonstances parfaitement fixes, il faut définir
la nature du vase où elle a lieu. C'est pourquoi nous adopterons pour cette température, celle qui s'obtient quand l'eau
bout dans un vase de métal.

Ce n'est pas tout d'avoir déterminé des températures parfaitement fixes, il faut encore les bien observer; or, il y a
pour cela deux conditions essentielles, et qui ont été négli-
gées trop souvent.

La première est commune à l'observation de la glace fondante et à celle de l'eau bouillante. Il faut que le thermomètre y soit entièrement plongé dans toute la partie de sa
capacité qui contient du mercure; car si l'on se borne, par
exemple, à y plonger la boule seule, comme on le fait trop
ordinairement, on conçoit que le cylindre de mercure qui

se trouve élevé dans le tube au-dessus de cette boule ne prend pas la même température ; et par conséquent il ne prend pas non plus le volume qu'il aurait s'il y était aussi plongé. A la vérité, on peut remédier à cette erreur par le calcul, quand on connaît les lois de la dilatation du mercure, la longueur de la partie non plongée et sa température. Mais comme cette température n'est jamais bien connue, et qu'on est réduit à la supposer égale à celle de l'air environnant, ce qui peut ne pas être tout-à-fait exact, on voit qu'il sera toujours plus avantageux d'éviter une pareille incertitude, en plongeant entièrement le mercure dans la température à laquelle on veut l'assujettir.

Il y a de plus une autre attention à avoir dans la manière d'observer la température de l'eau bouillante. Si le vase dont on se sert est profond de quelques décimètres, on s'apercevra aisément, par la dilatation du mercure, que, pendant l'ébullition, l'eau est un peu plus chaude au fond qu'à la surface. Cela vient de ce que la vapeur aqueuse, lorsqu'on l'empêche de s'échapper, peut acquérir une température beaucoup plus élevée que celle de l'eau bouillante, et c'est ce dont on a la preuve, en faisant bouillir de l'eau dans un appareil fermé de toutes parts, que l'on nomme digesteur de Papin, du nom du physicien qui l'a imaginé. Dans cet appareil, la vapeur aqueuse et l'eau même acquièrent une température énorme. Réduisons maintenant ce résultat aux circonstances de notre expérience. On voit que la vapeur aqueuse, qui se forme au fond du vase, sera moins libre que celle de la surface, puisqu'elle sera pressée par le poids de la colonne d'eau qui est au-dessus d'elle : elle devra donc s'échauffer davantage, avant de s'échapper. Elle devra même communiquer à l'eau cet excès de chaleur, et par cette double cause, la partie du thermomètre plongée dans les couches inférieures, sera plus échauffée qu'à la surface.

Mais, d'un autre côté, nous avons vu que le thermomètre doit être plongé entièrement dans la température que l'on veut lui donner ; par conséquent, si nous voulons le mettre à la température de l'ébullition de la surface, il faudra l'y coucher horizontalement, ce qui augmente beaucoup la difficulté de l'observation.

Heureusement on a trouvé le moyen d'y suppléer d'après une remarque bien facile à faire, c'est que la température de l'eau bouillante à la surface est exactement la même que celle de la vapeur qui s'en échappe. Pour vérifier ce fait, prenez un vase métallique dont le col soit long et étroit, tel que le représente la *fig.* 15 ; versez dans ce vase de l'eau jusqu'à une hauteur connue, par exemple, en HH ; puis faites chauffer cette eau en mettant le vase sur le feu ; et, lorsqu'elle sera en ébullition complète, plongez-y un thermomètre MB à une très-petite profondeur, et observez le point M où le mercure s'arrête dans le tube. L'ébullition continuant toujours, je suppose que vous ayez employé une quantité d'eau telle que le point M vienne justement tout auprès de l'orifice GG. Alors sortez un peu votre thermomètre de l'eau HH, de manière que sa boule et son tube se trouvent uniquement plongés dans la vapeur ; vous n'y apercevrez pas la plus légère différence, et le mercure se tiendra précisément au même point qu'auparavant. Il est donc indifférent que la boule soit plongée dans l'eau, à une profondeur très-petite, ou dans la vapeur, et par conséquent les températures de cette eau et de la vapeur qui s'en échappe sont les mêmes aussi.

Ceci nous donne un moyen très-simple de régler nos thermomètres, mais on peut encore le perfectionner. Il ne faut pas que la vapeur aqueuse sorte par le même orifice qui sert à introduire le thermomètre, car elle empêcherait de voir exactement le point où la colonne de mercure se termine. Il ne faut pas cependant que cette vapeur soit enfermée, car elle s'échaufferait au-dessus du terme de l'ébullition ; ainsi nous devons lui laisser un libre passage pour s'échapper dans l'air. On remplit toutes ces conditions au moyen d'un vase à deux ouvertures, tel que le représente la *fig.* 16 ; l'une M, fermée par un bouchon de liége *bb*, sert à introduire les thermomètres que l'on veut régler ; et l'autre *oo* tout-à-fait ouverte, sert pour laisser échapper la vapeur. On fait monter et descendre à volonté les tubes à travers le bouchon *bb*,

selon leur longueur. Quand on veut observer l'extrémité M
de la colonne de mercure, pour y marquer le point de l'é-
bullition, l'on ne fait que les tirer un moment jusqu'à ce
point, et on le marque aussitôt avec de l'encre de Chine
ou quelque autre substance. Cela fait, on les redescend pendant quelques instans, et on les retire de nouveau pour répéter l'expérience, et voir si l'extrémité de la colonne de
mercure reste bien au même point. De cette manière on peut
régler plusieurs thermomètres à la fois en peu de temps et
avec une extrême précision.

J'ai supposé que les tubes de tous les thermomètres étaient
exactement cylindriques, ou qu'on avait suppléé à leurs petites irrégularités en y traçant des divisions d'égal volume, par
le procédé de M. Gay-Lussac. Voici pour les gros tubes un
autre procédé fort simple et assez usuel pour qu'il soit nécessaire d'en parler ici. On souffle à la lampe une ampoule de
verre AA, *fig.* 17, dont la capacité soit assez petite pour servir
d'unité de volume, et dont les extrémités AA soient amincies
en tube d'un petit diamètre. En plongeant cette ampoule dans
un bain de mercure, elle se remplit; et si on la retire en bouchant ses deux extrémités avec les doigts, elle contiendra
toujours le même volume de mercure, pourvu que la température soit constante. On versera ce volume dans le tube
ou dans les vases que l'on veut graduer, et l'on marquera
sur leur surface le point où le mercure se terminera à chaque
quantité que l'on verse. Il faut seulement avoir soin que
toute l'opération soit faite à une température parfaitement
constante, pour que l'ampoule ait toujours exactement la
même capacité, et que les quantités successives de mercure
que l'on verse, dans le tube ou dans le vase que l'on gradue,
conservent aussi le même volume qu'elles avaient en y arrivant.

Un appareil assez volumineux pour être fait de cette manière aurait nécessairement moins de sensibilité qu'un petit
thermomètre; c'est-à-dire qu'à cause de sa masse il serait
moins rapidement affecté par les variations de la chaleur;
mais il serait très-commode pour déterminer la quantité ab-

solue dont le mercure se dilate en passant de la température
de la glace fondante à celle de l'eau bouillante; ce qui suffirait ensuite pour prévoir les longueurs qu'il faudrait donner
aux tubes de thermomètres lorsque la capacité de leur boule
serait connue. Car supposez que l'on suive comparativement
la marche du mercure dans le gros tube et dans un thermomètre centésimal ordinaire, en les exposant tous deux à la
même température, par exemple, en les plongeant tous deux
dans la même eau. On verra ainsi de combien de parties le
volume du mercure se dilate pour chaque degré. A la vérité
ce résultat ne sera pas tout-à-fait exact, parce que le verre
se dilate aussi en même temps que le mercure qu'il renferme;
et qu'ainsi la dilatation observée pour ce liquide ne sera réellement que l'excès de sa dilatation véritable sur celle du verre;
mais c'est précisément cette différence de dilatation qu'il nous
est nécessaire de connaître pour prévoir avec sûreté les longueurs que nous devrons donner aux tubes de nos thermomètres, selon les capacités de leur boule, et selon les intervalles de températures auxquels nous voudrons les faire
servir.

En opérant de cette manière, on trouve que la dilatation
apparente du mercure, depuis le terme de la glace fondante
jusqu'à celui de l'eau bouillante, est exactement $\frac{1}{63}$ du volume qu'il occupe à la première de ces deux températures;
et l'on trouve de plus que la marche de cette dilatation est
constante pour chaque degré du thermomètre compris dans
cet intervalle, c'est-à-dire qu'elle est de $\frac{1}{6300}$ par chaque degré de la division en 100 parties. Ceci est une conséquence de
ce que les deux thermomètres sont faits avec le même liquide.

C'est là, comme nous l'avons dit, la dilatation apparente;
car quand nous aurons mesuré directement la dilatation du
verre, et que nous pourrons en tenir compte dans cette expérience, nous trouverons que la dilatation vraie du mercure
entre les termes de la glace fondante et de l'eau bouillante
est $\frac{100}{5412}$ de son volume à 0°, ce qui fait $\frac{1}{5412}$ par chaque degré du thermomètre centésimal. Elle est plus forte que la di-

latation apparente, comme cela doit être , puisque celle-ci n'est réellement que l'excès de la dilatation propre du mercure sur celle du verre.

Il est très-important de remarquer que les indications du thermomètre sont tout-à-fait indépendantes de la quantité absolue de cette dilatation ; si elle était , par exemple , double ou triple de ce que nous venons de rapporter , pourvu qu'elle suivît la même proportion dans toutes les températures , les nombres de degrés indiqués par le thermomètre seraient encore les mêmes dans les mêmes circonstances; seulement avec les mêmes dimensions initiales dans la température de la glace fondante , les dilatations jusqu'à l'eau bouillante seraient doubles ou triples ; et les degrés, qui sont la centième partie de cet intervalle, seraient aussi deux ou trois fois plus grands. Cette remarque prouve que les différentes espèces de verre dont on peut se servir pour fabriquer les thermomètres, ne les empêchent nullement d'être comparables; car nous prouverons plus loin , par l'expérience, que, dans toute l'étendue de l'échelle thermométrique, c'est-à-dire de o à 100°, les dilatations du mercure sont exactement proportionnelles à celles du verre et de tous les autres corps solides qui ne fondent qu'à de hautes températures ; d'où il suit que l'inégale dilatabilité des différentes espèces de verre altère proportionnellement les longueurs absolues de l'intervalle fondamental et celles de tous les degrés ; de sorte que ces degrés correspondent encore exactement aux mêmes températures , quoique dans les différens thermomètres ils puissent être inégaux en longueur. Il n'y a de changé que la valeur absolue de la dilatation apparente du mercure, et ce changement n'empêche pas les thermomètres d'être comparables; de même qu'ils le seraient encore si on les construisait avec différens liquides , dont les dilatations , quoique très-inégales , seraient constamment proportionnelles entre elles dans tout l'intervalle où l'on voudrait les employer.

Les thermomètres à liquide , lorsque leur tube est bien purgé d'air , peuvent, comme je l'ai déjà annoncé , être employés à des températures qui dépassent beaucoup le terme

de l'ébullition à l'air libre de la substance qu'ils renferment.
Avec cette précaution, leur usage s'étend fort au-delà de ce
que l'on suppose communément. Toutefois, pour des températures très-élevées, telles que celle où le fer devient
rouge, et celles où la plupart des métaux fondent, il faut
nécessairement recourir à d'autres procédés que je ferai
connaître quand nous étudierons spécialement les propriétés
et les lois du calorique.

Par tout ce qui vient d'être dit dans ce chapitre, on voit
qu'un grand nombre de physiciens distingués ont travaillé
depuis long-temps pour donner au thermomètre toute l'exactitude et toute la sensibilité dont il est susceptible. Tant de
recherches employées à fabriquer un petit instrument de
verre peuvent paraître minutieuses, si l'on n'y voit qu'un
objet de pure curiosité ; elles sont de la plus haute importance, si l'on fait attention aux conséquences qui en dérivent, et aux connaissances que nous en tirons sur les phénomènes de la nature. Les applications du thermomètre dans
la physique, la chimie et les autres sciences naturelles sont
innombrables. Les indications qu'il nous donne sont la base
de toute la théorie de la chaleur ; il est le régulateur de
toutes les opérations chimiques ; l'astronomie le consulte à
chaque instant dans ses observations, pour calculer les dé-
viations que les rayons lumineux émanés des astres éprouvent en traversant l'atmosphère, qui les brise et les courbe
plus ou moins, selon sa température. C'est encore au thermomètre que nous devons toutes les connaissances que nous
avons sur la chaleur animale, produite et entretenue par la
respiration. C'est lui qui fixe dans chaque lieu la température moyenne de la terre et du climat ; qui nous montre la
chaleur terrestre constante dans chaque lieu, mais diminuant d'intensité depuis l'équateur, jusqu'aux pôles constamment glacés ; c'est encore lui qui nous apprend que la
chaleur décroît à mesure que l'on s'élève dans l'atmosphère,
vers la région des neiges éternelles, ou qu'on s'enfonce dans
les abîmes des mers, d'où résultent les changemens progressifs de la végétation à diverses hauteurs. Lorsqu'on voit

tant de résultats obtenus par le seul secours d'un peu de mercure enfermé dans un tube de verre , et qu'on songe qu'un petit morceau de fer , suspendu sur un pivot , a fait découvrir le Nouveau-Monde , on conçoit que rien de ce qui peut agrandir et perfectionner les sens de l'homme , ne doit être d'une légère considération ; et ce motif me servira d'excuse à moi-même pour la multiplicité des détails dans lesquels je viens d'entrer.

CHAPITRE IV.

Sur les destructions et les reproductions de chaleur qui s'observent pendant le changement d'état des corps.

LE thermomètre nous a fait découvrir que la température de chaque corps reste constante , pendant que ce corps se fond ou se vaporise. Si on continue à le chauffer pendant la durée de ces phénomènes , toute la chaleur que l'on produit se détruit , elle n'a d'autres effets que de continuer à fondre le corps ou à le vaporiser.

Cette destruction de chaleur est un fait si remarquable qu'il nous faut y insister particulièrement.

On en peut observer les effets dans une infinité de circonstances , autrement que par l'immobilité du thermomètre. Prenez une certaine quantité d'eau, par exemple, un poids de dix kilogrammes , et chauffez-la jusqu'à la température de 75 degrés centésimaux. Alors mêlez-y 10 kilogrammes d'eau liquide, à la température de la glace fondante, et provenant de la fusion de la glace ; vous aurez ainsi 20 kilogrammes d'eau à une température d'environ 37,5 , c'est-à-dire, exactement ou presque exactement intermédiaire entre celle des masses égales que vous avez mêlées. Mais si au lieu de ces 10 kilogrammes d'eau froide encore liquide, vous employez 10 kilogrammes de neige ou de glace fondante, par conséquent à la même température , avec cette seule différence d'être encore

solide, la température du mélange, après la fusion de cette
glace ou de cette neige, sera précisément de o degrés; ainsi,
l'eau liquide à zéro, en se mêlant avec l'eau chaude, la refroidit
beaucoup moins que ne fait le même poids de glace ou de
neige à la même température, qui s'y réchauffe et s'y fond
tout à la fois.

Cette destruction de chaleur paraît une condition nécessaire
de la liquéfaction; car elle a lieu également à toute autre
température chaque fois que la liquéfaction a lieu. En voici
des exemples. Il existe des acides qui sont si avides d'eau,
qu'ils dissolvent même la neige et la glace, c'est-à-dire, qu'ils
la rendent liquide comme eux pour la combiner avec leur
propre substance. Il existe aussi des sels qui, lorsqu'on les
mêle avec la neige ou la glace pilée, se combinent pareillement avec elles et forment un tout liquide. Pour que ces
combinaisons se fassent, il n'est pas nécessaire que la température de ces substances soit plus élevée que celle de la
neige; car elles exercent encore leur pouvoir dissolvant à la
température de la neige fondante, et même bien au-dessous.
Alors la destruction de chaleur qui doit avoir lieu pour que
la neige ou la glace deviennent liquides, se produit encore;
mais se produit aux dépens de la température même du mélange, de sorte que celle-ci s'abaisse considérablement. C'est
ce qui arrive, par exemple, quand on mêle des poids égaux
de neige et de muriate de soude solide; si ces substances sont
à la température de la glace fondante, et si le mélange est
fait d'une manière rapide, la température descend jusqu'à 18
degrés au-dessous de o. Si l'on fait refroidir séparément, dans
cette température, deux parties de muriate de chaux et une
de neige, et qu'on les mêle ensuite, la température du mélange descendra jusqu'à 54 degrés au-dessous de o; enfin,
si l'on fait refroidir encore dans cette dernière température
quatre parties de neige et cinq d'acide sulfurique étendu d'eau,
et qu'on les mêle ensuite, la température s'abaissera jusqu'à
68 degrés au-dessous de zéro. Tous ces phénomènes nous
prouvent que la destruction de chaleur indiquée par le thermomètre, dans la fusion de la glace et des autres corps solides

qui se fondent à des températures plus élevées, ne tient pas à l'élévation de ces températures. C'est un phénomène général, lié à l'acte même de la liquéfaction ; et la preuve évidente que cet acte est la véritable cause de l'abaissement de température, c'est que si les substances que l'on mêle sont préalablement refroidies au-dessous de la température, que peut soutenir le liquide qui en résulte, c'est-à-dire, de manière à pouvoir geler ce liquide, le mélange ne produit plus aucun refroidissement.

Voici maintenant un autre phénomène qui est pour ainsi dire l'inverse de ceux que nous venons d'examiner. Toute cette chaleur que les corps avaient détruite en se fondant ou se vaporisant, se reproduit, et reparaît quand ils repassent par des états contraires, c'est-à-dire quand ils se transforment de vapeur en liquides, ou de liquides en solides. Si vous mêlez 10 kilogrammes d'eau bouillante avec 10 kilogrammes d'eau liquide à o degrés, vous aurez 20 kilogrammes d'eau à une température exactement ou presque exactement intermédiaire, c'est-à-dire, de 5o degrés. Mais si, au lieu d'eau bouillante, vous employez 10 kilogrammes de vapeur à la même température, la chaleur qui en résultera sera bien plus considérable, car elle suffira pour faire bouillir, non plus 10, mais 57 kilogrammes d'eau à o°. Ainsi cette vapeur, en se condensant et redevenant liquide, reproduit et restitue la chaleur qu'elle avait détruite en se formant.

Nous chercherons plus loin à mesurer ces effets avec exactitude ; avant de le tenter, il faut que nous nous formions beaucoup de moyens d'observation qui nous manquent, et que nous acquérions plus de connaissance sur la constitution des corps ; mais il était dès à présent nécessaire d'insister sur ces phénomènes remarquables, pour pouvoir y rapporter plusieurs autres faits analogues qui se présenteront bientôt à nous dans le cours des expériences, et dont, sans cela, l'observation directe nous aurait entièrement échappé.

Ces disparitions et ces réapparitions de chaleur ont servi de base au système des chimistes qui regardent le calorique comme une matière. Ils en ont conclu que le calorique pouvait exister dans deux états différens, ou combiné ou libre. Combiné avec la substance des corps, il disparaît à nos sens, et n'agit plus sur le thermomètre; ils l'appellent alors *chaleur latente*, c'est-à-dire cachée. Dégagé de cette combinaison, ils lui donnent le nom de *chaleur libre*; alors il agit sur le thermomètre et sur nos organes, il dilate les corps, les fond, les vaporise, et produit tous les phénomènes sensibles. On voit que ce système est parfaitement approprié aux circonstances qui s'observent quand les corps changent d'état. Il est, pour ainsi dire, moulé sur eux; mais satisfait-il également aux autres faits qui ne lui ont pas servi de base, par exemple, à la propagation de la chaleur dans l'air et à travers les corps? Ce sont des questions que nous examinerons par l'expérience, quand nous étudierons spécialement les propriétés du calorique.

Au contraire, les physiciens, qui regardent la chaleur comme l'effet d'un mouvement de vibration excité dans les particules des corps, assimilent les effets que nous venons d'examiner à la loi connue en mécanique sous le nom de conservation des forces vives. On appelle ainsi, dans un système de corps, la somme des produits de leurs masses par les carrés de leurs vitesses, et l'on démontre que cette somme est constante lorsque le mouvement du système n'est dû qu'aux attractions réciproques des corps qui le composent. Ainsi, en regardant la chaleur comme un effet produit par la force vive des corps, résultante du mouvement de vibration de leurs particules, on voit que sa quantité totale doit rester constante dans tous les différens états par lesquels ils peuvent passer; et l'on conçoit alors pourquoi après s'être augmentée, par exemple, dans le corps qui se vaporise aux dépens de celui qui l'échauffe, elle y diminue de nouveau, et est restituée quand ce corps revient à l'état de liquidité. Mais on voit aussi que cette hypothèse est, de même que la précédente, spécialement établie sur les phénomènes qui se passent dans les changemens d'état des corps, et par conséquent il faudra la soumettre encore à d'autres épreuves indépendantes de ces premiers principes, pour pouvoir apprécier sa probabilité par l'étendue de ses applications.

Les partisans de la matérialité du calorique se sont beaucoup occupés de savoir si les degrés du thermomètre étaient
ou non proportionnels aux quantités de calorique introduites dans les corps. Mais en réduisant, comme nous l'avons
fait, l'idée de température à sa signification véritable, qui
n'exprime qu'un état apparent et sensible, où les corps se
trouvent amenés par l'action que le calorique exerce sur
eux, on voit que le thermomètre, pour indiquer cet état,
n'a pas besoin d'avoir une marche proportionnelle à l'intensité d'action que le calorique exerce sur lui ; il suffit que ses
indications soient toujours semblables et constantes, c'est-à-
dire, que, quand l'action sensible du calorique redevient la
même, le degré de température indiqué par le thermomètre
soit le même aussi. Or, cette constance se vérifie parfaitement toutes les fois qu'on en réitère l'épreuve, en exposant
le thermomètre à des circonstances semblables, par exemple,
quand on le plonge dans un même corps échauffé jusqu'au
degré de fusion. Seulement pour que cette observation soit
exacte et comparable à elle-même, quoique faite avec différens thermomètres, il faut que leur influence propre sur la
température des corps où ils sont plongés puisse être regardée comme nulle, afin que leur introduction dans ce corps
ne la change pas sensiblement. Voilà à quoi se réduit l'indication du thermomètre : vouloir proportionner sa marche à
la quantité ou à l'intensité du calorique qui agit sur les
corps, c'est vouloir lier une hypothèse à un fait certain, et
compliquer un instrument simple par une application qui
lui est étrangère. Pour nous, fidèles à nos définitions, nous
continuerons de regarder le calorique comme un principe
dont nous ignorons la nature. La chaleur sera pour nous
l'effet de ce principe sur nos organes et sur les corps, et la
température sera l'énergie plus ou moins vive de ces effets.
Le thermomètre, en fixant les températures par ses indications, apprend que l'action sensible du calorique est plus
grande, ou égale ou moindre ; il nous indique donc des différences et non des rapports.

CHAPITRE V.

De la pression atmosphérique et du Baromètre.

Avant que la physique fût devenue une science d'expérience, c'est-à-dire, jusqu'au temps de Galilée, on s'imaginait qu'aucune partie de l'espace ne pouvait être vide de matière, et l'on exprimait cette impossibilité en disant que la nature a horreur du vide. Ainsi, lorsqu'on voyait l'eau monter dans des pompes à l'instant où on élevait le piston, on disait que le piston en s'élevant tendait à faire un vide dans les tuyaux de la pompe ; mais que la nature, qui avait horreur du vide, s'empressait d'y faire monter l'eau pour le remplir. Personne ne s'avisait de demander comment la nature, qui n'est que l'ensemble des phénomènes, pouvait ainsi se personnifier et se transformer en un être susceptible de passions. A cette époque le doute n'était pas inventé. Un jour des fonteniers de Florence ayant construit une pompe très-longue dans le dessein d'élever de l'eau à une hauteur plus grande qu'ils n'avaient coutume de faire, ils trouvèrent qu'elle montait dans le corps de pompe jusqu'à trente-deux pieds environ, mais qu'elle ne *voulait* pas absolument monter plus haut, quoique l'on continuât de faire marcher le piston. Fort étonnés de cet accident, ils allèrent consulter Galilée, qui leur dit, en se moquant d'eux, qu'apparemment la nature n'avait horreur du vide que jusqu'à la hauteur de trente-deux pieds. Déjà ce philosophe avait entrevu que ce phénomène, et d'autres semblables, étaient de simples résultats mécaniques produits par la pesanteur de l'air ; mais il n'avait probablement pas arrêté ses idées sur un sujet si nouveau ; et il aima mieux donner aux fonteniers cette défaite que de hasarder son secret. Il mourut sans l'avoir fait connaître ; et ce fut Torricelli, son disciple, qui, par une expérience extrêmement frappante et ingénieuse, mit cette découverte dans tout son jour. Il remplit de mercure un tube de verre long de trois pieds, et fermé par un de ses

bouts; puis, bouchant l'autre bout avec le doigt, il ren-
versa le tube et le plongea par cette extrémité dans un vase
ouvert où il y avait aussi du mercure; alors, retirant le
doigt, il cessa de soutenir la colonne de mercure contenue
dans le tube. Aussitôt on la vit tomber, laissant le haut du
tube vide, mais elle s'arrêta bientôt; et, après plusieurs
oscillations, elle resta suspendue en équilibre, n'ayant plus
qu'environ vingt-huit pouces de longueur, ce qui, dans nos
divisions métriques, répond à peu près à $0^m,76$.

D'après cela, il était évident que si, dans les pompes, la
nature n'avait horreur du vide que jusqu'à trente-deux pieds,
elle n'en avait horreur, dans les tubes pleins de mercure,
que jusqu'à la hauteur de vingt-huit pouces. Cette conclusion était si ridicule, qu'il fallut bien enfin douter du principe, et renoncer à ce grand axiome : *non datur vacuum in
rerum naturâ.*

La cause réelle de ces phénomènes est simple et facile à
découvrir; mais il faut la déduire des propriétés mécaniques de l'air, c'est-à-dire qu'après avoir établi les propriétés de ce fluide, telles que l'expérience nous les fait connaître,
il faut montrer que les phénomènes dont nous venons de
parler en sont des conséquences inévitables. Voilà la marche
de la bonne physique.

Le fluide rare et transparent qui nous environne de toutes
parts, et que nous nommons l'air, est un corps qui jouit,
comme tous les autres, des propriétés générales de la matière; il est résistant, il est pesant; sa résistance se fait sentir lorsque nous le pressons dans un espace fermé, dans une
vessie, par exemple. Il est si bien un corps, que son choc
mécanique met en mouvement une infinité de machines :
c'est lui qui pousse les ailes des moulins et qui gonfle les
voiles des vaisseaux. On peut même s'assurer de son poids
en le pesant à la balance; car si on l'extrait de l'intérieur
d'un ballon de verre, comme on peut le faire par un procédé
que nous ferons bientôt connaître, ce ballon fermé ensuite
et pesé se trouve plus léger qu'auparavant. D'après cela,
quand la surface d'un liquide, tel que l'eau ou le mercure,

se trouve librement exposée à l'air , elle est réellement pressée par tout le poids de la colonne d'air qui repose sur elle. Comme cette pression est égale sur tous les points de la surface liquide, elle n'y produit aucun mouvement; mais , supposez qu'ayant plongé dans le liquide l'extrémité inférieure d'un tuyau de pompe , on vienne à tirer en haut le piston, ou , pour prendre un exemple encore plus simple , supposez qu'ayant plongé ainsi le bout inférieur d'un chalumeau de paille , on aspire par l'autre bout l'air qu'il contient : dans l'un et l'autre cas les molécules de la surface liquide , qui se trouvent dans l'intérieur du tube, sont évidemment déchargées d'une partie du poids de l'air qui pesait sur elles, tandis que les parties de la surface qui sont hors du tube sont encore pressées aussi fort qu'auparavant; alors le liquide doit nécessairement céder par le côté où la pression est moindre, c'est-à-dire qu'il doit monter dans le tube jusqu'à ce que le poids de la colonne de liquide élevée, joint à l'élasticité de l'air qui y était resté , forme une pression égale à celle de l'air extérieur. Quand cette égalité a lieu , tous les points situés à la surface du liquide sont pressés également; il n'y a pas de raison pour qu'ils se mettent en mouvement d'un côté ou d'un autre, et , par conséquent, l'équilibre doit subsister.

On voit donc que s'il était possible d'ôter tout l'air contenu dans l'intérieur d'un tube , le liquide monterait jusqu'à ce que son poids seul fît équilibre avec le poids de l'atmosphère. C'est le cas de l'eau dans les pompes, c'est le cas de l'expérience de Torricelli.

Quoique cette conclusion soit de toute évidence , nous avons un moyen de la vérifier , et il ne faut pas le négliger ; car c'est en marchant ainsi des faits à leurs conséquences , et des conséquences à de nouveaux faits , que l'on avance avec sûreté dans l'étude de la nature. Je dis donc que si l'ascension de l'eau et du mercure est réellement déterminée par la pression de l'air, il faut que le poids de la colonne d'eau de trente-deux pieds , élevée dans les pompes , soit égal à celui celui de la colonne de mercure de vingt-huit pouces , qui se soutient dans le túbe de Torricelli, en supposant toutefois que les bases de ces deux colonnes soient égales. Or, il est bien aisé de voir si cela est vrai ou non. En effet, en pesant, dans des balances très-exactes, des volumes égaux d'eau et de mercure, à des températures égales, par exemple, des ballons de verre remplis successivement de ces deux liquides, on trouve que le mercure pèse, à fort peu de chose près, treize fois et demi autant que l'eau. Ainsi, selon notre raisonnement, la colonne de mercure, élevée dans le tube de Torricelli, doit être treize fois et demi moins longue que la colonne d'eau des fonteniers. Or, celle-ci était de trente-deux pieds, qui font trois cent quatre-vingt-quatre pouces ; si vous divisez ce nombre par treize et demi, vous trouverez pour quotient vingt-huit pouces : c'est en effet la longueur qu'a réellement la colonne de mercure dans l'expérience de Torricelli ; et l'accord est si juste, qu'on aurait pu prévoir cette longueur, par notre calcul, tout aussi exactement qu'on la détermine par l'expérience même. Cette possibilité de prédire les phénomènes est le caractère de la certitude. Admettons donc que l'air est pesant, et que la pression de l'atmosphère est la véritable cause des phénomènes que nous venons d'examiner ; mais cherchons à soumettre encore notre conclusion à d'autres épreuves ; examinons tous les autres effets que cette pression peut produire, et voyons si l'expérience les confirme.

La pression de l'air, comme celle de tous les autres fluides pesans, ne doit pas s'exercer seulement de haut en bas ; elle doit comprimer dans tous les sens les surfaces des corps que l'air touche. C'est ainsi, par exemple, qu'un navire qui flotte sur l'eau est soutenu et soulevé de bas en haut par la pression de l'eau qui l'environne. De là, il résulte que, lorsqu'un corps est exposé à l'air, chaque point de sa surface est pressé par cet air, comme il le serait par le poids d'une colonne d'eau qui aurait trente-deux pieds de hauteur, ou par une colonne de mercure haute de vingt-huit pouces. On a calculé à quoi pouvait monter la totalité de cette pression sur toute la surface du corps d'un homme de moyenne grandeur, et on a trouvé qu'elle surpassait trente-trois milliers de livres, ou environ seize mille kilogrammes.

On trouvera peut-être ce résultat bien incroyable, et l'on pensera qu'une pression si considérable devrait gêner beaucoup, ou même empêcher tout-à-fait nos mouvemens ; mais en général, dans les sciences il faut raisonner avant de juger, et ne point se hâter de rejeter un résultat comme absurde, uniquement parce qu'il nous étonne. Voici un autre exemple bien plus fort. Il y a dans la mer des poissons qui vivent habituellement à de très-grandes profondeurs. Les pêcheurs en prennent quelquefois à deux ou trois mille pieds au-dessous de la surface de l'eau. Ces poissons se trouvent donc chargés pendant toute leur vie, du poids d'une colonne d'eau de deux ou trois mille pieds, c'est-à-dire, soixante-dix-huit ou quatre-vingts fois plus lourde que le poids de l'atmosphère ; cependant ils ne sont point écrasés par cet énorme poids. Non-seulement ils vivent, mais ils se meuvent en tous sens avec la plus grande agilité. Cela est encore bien plus extraordinaire que de nous voir supporter si aisément la pression de l'air. Mais tout le merveilleux disparaît si l'on fait attention que les poissons dont nous venons de parler, sont intérieurement remplis et pénétrés de liquides qui résistent à la pression de l'eau extérieure, en vertu de leur impénétrabilité ; de sorte que les membranes de l'animal n'en sont pas plus altérées que ne le serait la pellicule la plus mince, que l'on descendrait à une pareille profondeur. Quant à la facilité des mouvemens, elle tient à ce que le corps du poisson est également pressé par-dessus et par-dessous, à droite et à gauche, de sorte que la pression se contre-balance d'elle-même ; et ainsi il lui est aussi aisé de se déplacer que s'il nageait à la surface même de l'eau. Semblablement, pour nous qui supportons le poids de l'atmosphère, l'intérieur de notre corps et nos os mêmes sont remplis, ou de liquides incompressibles, capables de supporter toutes les pressions, ou d'air aussi élastique que l'air du dehors, et qui contre-balance son poids : voilà pourquoi nous n'en sommes pas incommodés ; et nous n'éprouvons non plus aucune difficulté à nous mouvoir, parce que la pression de l'air se contre-balance de toutes parts sur les diverses parties de notre corps, comme celle de l'eau sur le corps des poissons. Nous ne pourrions être écrasés par l'air extérieur, que si on détruisait en nous l'air intérieur qui lui fait équilibre, et au contraire nous souffririons beaucoup si l'on nous déchargeait tout à coup de cette pression, en nous plaçant dans le vide ; car alors l'air intérieur n'ayant plus rien qui lui résistât, se dilaterait, nous gonflerait et nous ferait périr infailliblement. Cela arrive à un grand nombre de poissons, quand on les retire du fond des abîmes de la mer, et même seulement d'une profondeur de vingt ou trente mètres. La plupart d'entre eux ont, dans l'intérieur de leur corps, une vessie remplie d'air, non pas d'air atmosphérique, mais d'une espèce particulière de gaz qui se trouve produite et sécrétée par un résultat de leur organisation. Tant que ces animaux restent à la profondeur où ils vivent d'ordinaire, l'air contenu dans leur vessie a le degré de compression et d'élasticité nécessaire pour supporter le poids de l'eau qui pèse sur eux ; mais si tout à coup on les tire hors de l'eau, comme ils n'ont pas tous des conduits assez larges pour chasser promptement le superflu de cet air, et comme quelques-uns même n'en ont pas du tout, il arrive que leur vessie se gonfle, se crève, et l'air qu'elle contenait, occupant un volume quatre-vingts ou cent fois plus considérable, remplit leur corps, renverse leur estomac en dehors, le force même à sortir par la gueule et les fait périr. Alors on peut les laisser sur l'eau, ils ne vont pas à fond, leur corps flotte sur la surface, soutenu par cet estomac rempli d'air, comme par un ballon.

En général la connaissance de la pression de l'air donne la clef d'une foule de résultats physiques qui se répètent sans cesse sous nos yeux. L'emploi de cette pression comme moteur s'applique à une infinité d'usages. L'un des plus simples et des plus utiles aux physiciens, c'est l'usage qu'on en fait pour produire des courans constans d'eau, d'air ou de difflé-

réns gaz dans les appareils appelés *gazomètres*. Voy. le Traité
.général.

L'appareil de Torricelli a reçu des physiciens le nom de *baromètre*, qui signifie mesure de la pesanteur, parce qu'en effet
il mesure la pression exercée par l'atmosphère dans le lieu où
il est placé. Son usage est indispensable dans une infinité
d'expériences; et l'on peut aisément prévoir cette nécessité.
Car la pression exercée par l'atmosphère étant une force
comprimante qui se combine presque toujours avec les autres
forces dont nous pouvons disposer, on conçoit qu'il faut y
avoir égard pour obtenir des résultats exacts. Je dois donc,
avant d'aller plus loin, expliquer en détail toutes les précautions qu'il faut prendre pour rendre le baromètre aussi parfait,
aussi exact qu'on puisse le désirer.

La première condition pour y réussir, c'est d'exclure exactement l'air de l'intérieur du tube de verre où le mercure doit
rester suspendu. Or, c'est une chose qui demande quelques
précautions. Pour exposer le procédé dans sa plus grande
simplicité, je me suis d'abord contenté de supposer que l'on
versait du mercure dans le tube, et qu'on le renversait ensuite
en posant le doigt sur l'extrémité ouverte, pour empêcher le
mercure de tomber; mais si l'on bornait là ses soins, on n'aurait jamais qu'un baromètre fort imparfait. D'abord le mercure, comme tous les autres liquides, absorbe de l'air, s'en
pénètre, le mêle, le combine avec sa propre substance. Cet
air s'y trouve donc engagé par deux causes; l'attraction du
mercure pour lui, et la pression de l'atmosphère qui s'oppose
au développement de son élasticité; mais une fois placé dans
le vide barométrique, la pression de l'atmosphère étant supprimée, il fait les plus grands efforts pour se dégager, et il
s'échappe en effet en bulles qui traversent le mercure et
viennent crever à sa surface. Alors, se répandant à l'intérieur
du tube barométrique, il s'oppose à la pression exercée par
l'air du dehors, la contre-balance en partie, en vertu de sa
propre élasticité, et par conséquent oblige la colonne de
mercure à descendre plus bas qu'elle ne descendrait si l'inté-

rieur du tube était parfaitement vide ; de sorte que la hauteur observée de cette colonne n'exprime plus la véritable pression de l'atmosphère, mais seulement l'excès de la pression du dehors sur celle du dedans. On voit donc que, pour connaître la pression véritable, il faut commencer par chasser tout l'air qui est ainsi engagé entre les particules du mercure ; on y parvient en chauffant le mercure jusqu'à le faire bouillir ; la chaleur, déterminant une augmentation d'élasticité de l'air combiné, le force à se séparer, et une fois dégagé des liens de l'affinité qui le retenaient, il s'échappe en bulles à travers le liquide ; on ferme alors avec soin le vase qui contient celui-ci ; on le laisse refroidir, et on le garde pour s'en servir au besoin.

Ce n'est pas tout, l'expérience prouve que les molécules de l'eau et de l'air adhèrent très-fortement à la surface du verre ; et comme il y a toujours de l'eau en vapeur répandue dans l'atmosphère, il arrive qu'une petite couche d'eau et d'air s'attache aux parois intérieures des tubes de verre, et y adhère très-fortement. Si donc on emploie un pareil tube sans préparation pour faire un baromètre, et qu'on y verse du mercure, lorsqu'on aura rempli le tube, qu'on l'aura renversé, et que la colonne de mercure sera descendue comme à l'ordinaire, la petite couche d'eau et d'air qui adhérait aux parois du tube ne se trouvera plus comprimée par l'atmosphère qui pesait auparavant sur elle. Il lui arrivera donc la même chose qu'aux particules d'air qui étaient combinées avec le mercure avant qu'on l'eût fait bouillir ; c'est-à-dire qu'une portion de cette couche échappera à l'attraction du verre, se réduira en vapeur élastique dans l'intérieur du tube, et contre-balancera, en partie, par son élasticité, la pression extérieure de l'atmosphère ; de sorte que, par l'action de cette seconde cause, la colonne de mercure du baromètre se tiendra encore trop bas. La seule ressource que l'on ait pour chasser cette petite couche d'humidité, c'est de chauffer si fortement le tube, qu'on l'oblige à se dégager ; et même il faut que cette opération se fasse après que le mercure a été introduit dans le tube ; car, sans cela, l'eau et l'air y rentreraient pendant qu'on s'occuperait de le remplir, et s'attacheraient de nouveau à ses parois. Le meilleur moyen, le plus sûr pour dissiper toutes ces causes d'erreur, c'est de verser peu à peu le mercure dans le tube, et de chauffer, à chaque fois, celui-ci, assez fortement pour l'y faire bouillir.

Il est vrai que cette opération paraît très-difficile au premier abord; car le verre étant une substance si fragile, qui se casse si vite par l'effet subit de la chaleur, on doit craindre que les tubes ne se brisent dans cette tentative, et qu'il n'arrive perpétuellement des accidens: cependant la chose devient très-facile en s'y prenant avec précaution, et surtout en se conduisant d'après les remarques que nous avons déjà faites sur la dilatation. Quand un corps que l'on chauffe se brise, sa rupture n'est pas occasionée par l'action seule de la chaleur; car cette action devrait fondre le corps, et non le briser. Sa rupture ne vient que de l'action inégale de la chaleur qui, s'exerçant différemment sur ses diverses parties, les dilate ainsi d'une manière inégale. Si la dilatation est lente et graduelle, le corps, cédant peu à peu, éprouve l'effet du feu sans se briser; mais lorsque des parties voisines sont subitement dilatées dans des proportions très-différentes, elles ne peuvent plus obéir ensemble à des forces aussi inégales; si l'effort qu'elles font devient assez énergique pour vaincre la force de cohésion qui les retenait unies les unes aux autres, elles se séparent et le corps se brise : ainsi, pour éviter sa rupture, il ne faut que le chauffer graduellement; c'est ce que l'expérience confirme. En s'y prenant avec précaution et d'une manière convenable, on peut faire aisément bouillir de l'eau et du mercure dans des vaisseaux de verre; la chose est même d'autant plus facile, que ces vaisseaux sont plus minces, parce qu'alors la chaleur s'y propage plus aisément, et pénètre toute leur masse avec plus de facilité.

Cela posé, voici comment on opère : on prend un petit fourneau de terre, échancré par un bord; on y met du charbon allumé, que l'on dispose cependant de manière à ne pas former de flamme, car la flamme briserait infailliblement le tube si elle le touchait immédiatement. Puis on présente le tube vide sur ce feu, de loin d'abord, puis d'un peu plus près, puis de plus près encore, jusqu'à ce qu'enfin on l'échauffe très-fortement. En même temps on le fait tourner sur lui-même, entre les doigts, pour qu'il s'échauffe de tous les côtés, et on le promène sur le feu dans toute sa longueur. Cette première opération a pour objet de chasser les petites gouttes d'eau qui pourraient se trouver par hasard dans le tube; car si on attendait pour cela qu'on eût versé le mercure, la vapeur qu'elles produiraient le chasserait dehors par son expansion; ou du moins elle occasionerait des secousses qui pourraient briser l'appareil. Le tube étant ainsi bien séché, on y verse du mercure déjà bouilli, non pas assez pour le remplir tout entier, mais seulement assez pour y occuper une longueur de cinq ou six centimètres; puis on présente de nouveau le tube sur le feu, mais encore avec plus de précaution qu'auparavant: on le chauffe graduellement, de plus en plus, jusqu'à ce que le mercure se mette à bouillir. Après quelques instans d'ébullition, l'on retire le tube, on le ferme avec un bouchon, de peur que l'humidité ne s'y introduise, et on le laisse refroidir. Cette opération doit se faire dans une chambre dont les fenêtres soient ouvertes, ou du moins dont l'étendue soit assez grande pour que les vapeurs, qui s'exhalent du mercure bouillant, n'incommodent pas celui qui opère. Quand le tube est refroidi, on le reprend; on y verse une nouvelle quantité de mercure à peu près égale à la première; on l'y fait de nouveau bouillir, et l'on répète ainsi l'expérience jusqu'à ce que le tube soit presque tout plein. On ajoute alors la petite portion de mercure qui manque; mais on ne la fait pas bouillir dans le tube, parce que l'ébullition la chasserait dehors; cela fait, on pose le doigt sur l'orifice ouvert du tube, en prenant bien garde de ne pas laisser d'air entre deux; on le renverse, et on le plonge dans sa cuvette comme à l'ordinaire : la colonne s'abaisse; et, comme il n'y a pas du tout d'air ni de vapeur élastique au-dessus d'elle, sa longueur mesure exactement la pression de l'atmosphère.

Il me reste à parler des moyens que l'on emploie pour connaître avec précision la longueur de cette colonne. Une

des dispositions les plus commodes est celle qui est représentée dans la *fig*. 18. C'est la construction des baromètres de
Fortin. Le tube de verre est enfermé dans un tube de cuivre
qui le protége, et qui est fendu dans sa longueur, afin que l'on
puisse apercevoir la colonne de mercure. Ce système est attaché, par le haut, à une suspension mobile dans deux sens
rectangulaires, de sorte qu'il se tient toujours vertical par
l'effet de son propre poids. La cuvette, dans laquelle le tube
plonge, a un fond mobile qui s'élève et s'abaisse à volonté,
par le moyen d'une vis V, ce qui fait monter ou descendre le
niveau intérieur du mercure dans la cuvette. Quand on veut
observer la hauteur du baromètre, on se sert de ce mouvement pour amener la surface du mercure de la cuvette parfaitement en contact avec l'extrémité d'une pointe d'ivoire très-
fine P, qui est fixée verticalement dans l'intérieur de l'appareil.
Le tube de cuivre porte des divisions, dont l'origine répond
très-exactement à l'extrémité inférieure de cette pointe. Il ne
reste donc plus qu'à voir à quel point de ces divisions répond
l'extrémité supérieure de la colonne de mercure. Pour que
cette observation puisse se faire avec plus d'exactitude, le
tube de cuivre porte un curseur C, muni d'un vernier, qui
permet d'apprécier jusques aux dixièmes de millimètres.
On y adapte inférieurement deux petits plans de cuivre verticaux, dont les extrémités déterminent un plan de mire
parfaitement perpendiculaire à la longueur du tube. Quand
on veut faire l'observation, l'on fait mouvoir le vernier
jusqu'à ce que le plan de mire devienne exactement tangent
à la convexité supérieure du mercure. Alors la division
tracée sur le tube vous indique précisément la distance
comprise, entre le plan de mire du curseur, et l'extrémité
inférieure P de la pointe d'ivoire. Cette distance est la longueur de la colonne barométrique, élevée au-dessus du
niveau intérieur de la cuvette. C'est par conséquent cette
longueur qui mesure la pression de l'atmosphère au moment
où l'on a observé. Il est presque inutile de dire que, pendant
toute l'opération, l'instrument doit être maintenu dans une
situation parfaitement verticale.

Pour rendre toutes les observations de ce genre comparables entre elles, il est nécessaire de déterminer la température du mercure qui compose la colonne barométrique ; car le mercure, comme tous les autres corps , se dilate par la chaleur; et nous avons même déjà annoncé que , pour chaque degré du thermomètre centésimal, la dilatation de son volume est égale à $\frac{1}{5412}$ du volume primitif , que la même masse occupait à 0°. Il suit de là qu'une même masse de mercure, moulée en un cylindre d'un rayon constant , occupera plus de longueur , à mesure que sa température s'élevera davantage; et son allongement sera proportionnel à la dilatation de son volume. Conséquemment pour juger de la masse par la longueur, il faudra ramener toutes les observations à une même température , par exemple à celle de 0°, ce qui se fera, en retranchant de la colonne observée $\frac{1}{5412}$ de sa longueur si la température est élevée de 1° au-dessus de 0°, $\frac{2}{5412}$ si elle est élevée de 2°, $\frac{3}{5412}$ si elle est élevée de 3°, et ainsi de suite.

Pour connaître exactement la température de la colonne barométrique , on enchâsse un petit thermomètre très-sensible dans la monture même de l'instrument, et on note le degré que ce thermomètre indique. Il est visible , en effet, que la température de l'appareil ne peut pas changer sans que le thermomètre , qui fait corps avec lui , ne se ressente de ces variations. Cette température peut être assez différente de celle de l'air extérieur , non-seulement quand le baromètre est placé dans un appartement fermé , mais même quand il est exposé à l'air libre. Car les variations de la température affectent bien plus rapidement un fluide rare et léger comme l'air , qu'une masse solide , comme celle du mercure et du cuivre , dont le baromètre est formé.

Cependant on doit aussi observer la température de l'air. Cela se fait avec un thermomètre fort sensible, exposé à l'air libre et à l'ombre , mais loin des murailles et de tous les autres corps qui pourraient lui renvoyer de la chaleur. La connaissance de cette température est utile pour déterminer complétement les circonstances dans lesquelles l'atmosphère

se trouve au moment de l'observation. C'est une donnée
nécessaire pour le calcul des réfractions astronomiques et
pour la détermination des différences de niveau, par le moyen
des observations barométriques, application importante dont
nous parlerons plus loin.

Lorsque l'on veut transporter le baromètre que nous venons de décrire, on tourne la vis inférieure qui élève le niveau de la cuvette, de manière que sa capacité diminuant,
le mercure la remplisse en totalité, et remonte ensuite, par
son excès de volume, jusqu'au sommet du tube. Alors on
renverse l'instrument où l'air ne peut plus rentrer ; on le
met dans un étui convenablement préparé, et on le transporte. Lorsqu'on veut observer de nouveau, on commence
par remettre l'appareil dans une situation verticale ; on
abaisse le fond mobile, le mercure descend, et on le laisse
ainsi descendre jusqu'à ce que son niveau dans la cuvette
affleure l'extrémité inférieure de la tige d'ivoire ; puis on
achève l'observation comme nous l'avons dit plus haut.

La longueur de la colonne barométrique ainsi observée,
au même instant, dans le même lieu, avec des baromètres
également purgés d'air et construits avec une perfection
égale, n'est pas exactement la même. Elle est d'autant
moindre, que les tubes sont plus étroits ; et la preuve que
cette variété du diamètre intérieur est la seule cause qui
la modifie, c'est que la différence cesse d'être sensible au-
delà d'une certaine largeur du tube, que l'on pourrait fixer,
par exemple, à deux centimètres. Nous ferons connaître plus
loin la cause physique de ce phénomène. Pour le moment,
il nous suffira de dire que c'est la même qui fait que l'eau
s'élève au-dessus de son niveau, et que le mercure s'abaisse
au-dessous, dans les tubes extrêmement étroits, que l'on
appelle *capillaires*, parce que leur diamètre intérieur approche
de la finesse d'un cheveu. On conçoit, sans autre explication, qu'un effet analogue doit avoir lieu dans nos tubes barométriques ; mais la connaissance de la cause qui le produit permet de calculer les corrections qu'il exige, et on les
trouvera dans le Traité général.

On évite complètement l'effet que nous venons d'expliquer, en opposant à elle-même la cause qui le produit , comme on le voit dans l'appareil représenté *fig.* 19, et que l'on nomme le *baromètre à siphon.* Ce baromètre n'a pas de cuvette , ou plutôt le tube lui-même en sert. Il est recourbé par le bas, comme le montre la figure , et forme par conséquent deux branches parallèles CS et CN. On a d'abord introduit le mercure dans la grande branche CS , qui alors était droite. On l'y a fait bouillir comme à l'ordinaire, pour en chasser l'air; après quoi on a recourbé à la lampe la branche CN , puis on a redressé verticalement la branche CS. La colonne de mercure , qui remplissait cette branche, étant plus longue que la colonne barométrique ordinaire , et par conséquent plus pesante que la pression atmosphérique , est tombée par l'excès de son poids, et a passé en partie dans la branche la plus courte CN. Cela posé, si le point N est le sommet de la convexité du mercure dans la branche la plus courte , et que le point S soit le sommet de sa convexité dans la branche la plus longue , il est évident que la différence de niveau de ces deux points est précisément la longueur de la colonne de mercure , qui est soutenue par la pression que l'atmosphère exerce sur la surface N de la branche la plus courte , dans laquelle l'air pénètre librement; et, pour que cette différence de niveau soit indépendante de l'effet de la capillarité que nous avons reconnue dans les tubes simples , il suffit que les deux branches du tube, vers les deux extrémités N et S de la colonne, aient des diamètres intérieurs à peu près égaux ; car alors les tendances à la dépression étant égales de part et d'autre , se contre-balanceront mutuellement.

Il ne reste donc plus qu'à mesurer la différence de niveau des deux points N et S : pour cela on trace une division AH, verticale et parallèle aux branches du tube. Un curseur horizontal H S , pareil à celui des baromètres simples , se meut parallèlement à lui-même le long de cette division. On rend d'abord le plan de mire tangent à une des extrémités de la colonne, par exemple , au sommet de la convexité supérieure S , et l'on note le point correspondant de la division , qui sera par exemple H. Puis on descend le curseur sur l'autre extrémité de la colonne en N, et l'on y répète la même observation. Supposons que le point correspondant de la division soit h, la distance Hh, que la division indique, sera la différence de niveau des deux points N et S, et par conséquent la longueur de la colonne barométrique.

On rend l'observation plus exacte encore, en adaptant au curseur une petite lunette dans l'intérieur de laquelle on a tendu horizontalement un fil très-fin. On observe alors, avec la plus grande précision, l'instant où ce fil vient affleurer la surface du mercure dans chacune des deux extrémités de la colonne.

M. Gay-Lussac a fait au baromètre à siphon une modification qui le rend portatif et d'un usage infiniment commode pour les voyageurs. Lorsque le baromètre est fait, on ferme à la lampe d'émailleur l'extrémité de la branche la plus courte, désignée par Y, *fig*. 20. Dans cet état, le baromètre, complètement fermé, serait inaccessible à l'air extérieur, et conséquemment ne pourrait pas indiquer les changemens de pression que cet air éprouve; mais, pour rétablir la communication, on pratique intérieurement, vers le milieu de la branche Y, une petite saillie, terminée par un trou extrêmement fin et capillaire T. Ce trou permet bien à l'air d'entrer dans la branche CY; mais il ne permet pas au mercure d'en sortir, à cause de la force avec laquelle il le repousse, en vertu de sa capillarité. Ainsi, quand on a observé la différence de niveau des deux extrémités S, N, de la colonne, si l'on renverse doucement le tube, une partie du mercure rentre dans sa longue branche CX, comme le montre la *fig*. 21, et achève de la remplir; le reste tombe dans la branche la plus courte CY, mais ne peut s'échapper à cause de la petitesse du trou latéral T. On peut donc transporter l'appareil dans cette position; il sera toujours ouvert pour l'air et fermé pour le mercure. Seulement il faut que le tube soit rétréci en C, à son coude, afin que l'effort de la capillarité maintienne ce coude toujours rempli, même après le renversement.

Pour rendre l'appareil transportable, on entoure le tube d'une enveloppe solide dans laquelle on le lute. On peut même, et ceci est un très-grand avantage, envelopper entièrement la plus longue branche, et se borner à observer les variations du mercure dans la plus courte. Il suffit pour cela que les diamètres de ces deux branches soient exactement les mêmes dans les parties N et S, que les extrémités des deux colonnes pourront parcourir. Car alors, si la pression atmosphérique vient à varier, le mercure baissera autant dans une des branches qu'il s'élèvera dans l'autre; ainsi pour connaître la variation totale que la longueur de la colonne barométrique éprouve, il suffira de mesurer son changement dans une des branches, par exemple, dans la plus courte, et d'en prendre le double. Afin d'obtenir cette égalité, on choisit un tube de verre qui soit, à peu de chose près, cylindrique; on le coupe en deux parties environ au milieu de sa longueur, et l'on se sert de ces deux moitiés pour former les deux extrémités de la colonne, en les soudant à d'autres tubes de verre d'un diamètre quelconque. On peut encore atteindre le même but avec un tube qui ne serait pas d'un égal diamètre dans toute sa longueur. Il faudrait alors le diviser en parties de capacité égales, par le procédé que nous avons enseigné, en parlant de la construction des thermomètres. Connaissant ainsi le rapport de capacité des deux branches, on pourrait calculer l'élévation du mercure dans l'une, d'après son abaissement observé dans l'autre; mais cela serait moins commode que l'égalité de capacité des deux branches, à laquelle il est facile d'arriver.

Le baromètre portatif que nous venons de décrire, d'après M. Gay-Lussac, peut être enfermé dans une canne, et transporté partout avec la plus grande facilité. On y adapte, comme aux autres, un petit thermomètre enchâssé dans la monture même, et qui sert à mesurer la température du mercure. Enfin, pour que les mouvemens brusques que la colonne de mercure peut recevoir en voyage ne la portent pas avec trop de force contre les extrémités du tube de verre, ce qui pourrait le briser, on gêne ces mouvemens en effilant le tube tout près de ses extrémités X Y, de manière que son diamètre intérieur dans ces points soit beaucoup moindre. Par ce moyen, lorsque la colonne de mercure est chassée avec force vers un des sommets du tube, son mouvement se ralentit nécessairement en passant par cet orifice étroit, et elle arrive à l'extrémité même, avec une trop petite vitesse pour pouvoir la briser. Il faut prendre le tube assez long et faire le rétrécissement assez près de ses bouts, pour que le sommet S de la colonne ne s'élève jamais jusque-là dans les observations; car si cela arrivait, le tube devenant très-étroit dans ces points, la dépression produite par la capillarité deviendrait très-considérable, et pourrait occasioner de grandes erreurs dans les hauteurs observées. Ce rétrécissement du tube, à son extrémité, est une précaution que l'on a soin d'employer dans tous les baromètres destinés à être portés en voyage.

En employant des instrumens tels que ceux que je viens de décrire, et s'en servant avec toutes les précautions que j'ai recommandées, on fera des observations barométriques qui ne laisseront rien à désirer du côté de l'exactitude. J'ai dû entrer dans tous ces détails, en parlant d'un instrument qui est d'un usage continuel dans la physique, la chimie, l'astronomie et la géographie. On verra la preuve de cette grande utilité dans les expériences délicates pour lesquelles il va bientôt nous servir; mais auparavant, je crois devoir faire connaître quelques-unes de ses applications générales.

En observant pendant long-temps dans un même lieu la longueur de la colonne barométrique, ou ce qu'on appelle ordinairement la *hauteur du baromètre*, on s'aperçoit qu'elle ne reste pas constamment la même. Dans les premiers temps qui suivirent l'invention du baromètre, on croyait que le mercure se tient plus haut quand le temps est à la pluie, et qu'au contraire il baisse par le beau temps (1);

---

(1) C'était l'opinion de Pascal. Voyez son Traité de l'équilibre des liqueurs.

et l'on trouvait même des raisonnemens pour appuyer cette prétendue observation. Car , disait—on , lorsqu'il doit pleuvoir , l'air est chargé d'eau ; par conséquent le poids de l'atmosphère est plus considérable , et au contraire , ce poids doit être moindre dans les beaux temps , parce qu'alors l'atmosphère s'est déchargée de l'humidité qu'elle contenait. Malheureusement pour ce système , on a trouvé , depuis , que la quantité d'eau que l'air peut contenir augmente à mesure qu'on l'échauffe , de sorte qu'en été , par exemple , il contient généralement beaucoup plus d'eau qu'en hiver , quoique cependant il fasse moins beau en hiver qu'en été : on a trouvé aussi que la vapeur d'eau est plus légère que l'air à volume égal , lorsqu'elle devient capable d'exercer la même force élastique ; c'est-à-dire , par exemple , que , si l'on remplaçait un centimètre cube d'air pris à une certaine hauteur dans l'atmosphère par un centimètre cube de vapeur d'eau à la même température et ayant la même élasticité , cette vapeur peserait moins que le volume d'air qu'elle remplacerait , et par conséquent elle produirait sur le baromètre une moindre pression : de là on a conclu le contraire de ce qu'on avait pensé d'abord , c'est-à-dire que , lorsque le baromètre s'élève , il doit faire beau temps , et qu'au contraire lorsqu'il s'abaisse , il doit pleuvoir. C'est en effet ce que l'expérience indique dans les cas les plus ordinaires ; mais , à dire vrai , la raison que l'on en donne ne vaut guère mieux que celle que l'on a abandonnée : j'indiquerai une cause qui me paraît plus vraisemblable , lorsque nous aurons étudié le mode suivant lequel les vapeurs aqueuses existent dans l'air ; en attendant , bornons-nous à considérer ces variations accidentelles comme liées d'une manière quelconque à l'état de l'atmosphère , et observons-en les détails.

Leur étendue n'est pas partout égale ; elles sont presque nulles sur les hautes montagnes , et entre les tropiques ; dans les zônes tempérées même , elles ne sont jamais très-considérables par les temps calmes ; mais presque toujours le baromètre descend rapidement avant les tempêtes , et il éprouve de grandes oscillations en quelques heures , quand elles ont lieu ; ce qui en fait un instrument très-utile , à la mer, pour les navigateurs instruits. La hauteur moyenne du mercure dans le baromètre, au niveau des mers, est partout, à fort peu près, la même : cependant on croit avoir reconnu qu'elle est un peu moindre dans l'hémisphère austral. Au niveau de l'Océan , cette hauteur moyenne est de $0^m,7629$ (28 pouces 2 l. $\frac{2}{10}$), la température étant à $12°,8$ du thermomètre centigrade ; à Paris, au niveau de la Seine , elle est de $0^m,76$ (28 p. 0 l. $\frac{9}{10}$) , et suivant les observations de Rohault , continuées pendant quinze années consécutives , elle varie , dans cette ville, entre $0^m,766981$ (28 p. 4 l.) et $0^m,749610$ (26 p. 7 l.) , la température moyenne y est de 12°.

Le tracé graphique est la manière la plus commode pour rassembler comparativement de longues suites d'observations barométriques. On se sert pour cela d'une longue bande de papier, au milieu de laquelle on trace une ligne droite qui la traverse d'un bout à l'autre ; cette ligne est destinée à représenter la hauteur moyenne du baromètre dans le lieu de l'observation. On la divise en un certain nombre de parties égales , qui sont destinées à représenter des jours ; puis , parallèlement à cette ligne , et tant au-dessus d'elle qu'au-dessous , on en trace plusieurs autres à des distances égales , comme , par exemple , d'un millimètre : cela fait , lorsqu'on a observé le baromètre un tel jour, si la hauteur est la moyenne , on marque d'un trait le point de la ligne principale qui correspond à ce jour-là ; s'il est plus haut d'un millimètre , on porte l'observation sur la première parallèle , au-dessus de la ligne moyenne ; s'il est plus bas , on porte l'observation au-dessous de la ligne , sur la parallèle qui lui correspond : on porte ainsi successivement les observations de tous les jours, chacune au rang et à la hauteur qui leur convient ; on peut même , et cela est plus exact, répéter les observations plusieurs fois par jour, et les porter de même chacune à leur place , en divisant en parties égales l'intervalle qui correspond à un jour ; et si , par tous les points ainsi déterminés , on fait passer une ligne qui les unisse , et qui en suive toutes les irrégularités , cette ligne , par ses ondulations, représentera fidèlement l'état du baromètre dans les époques successives où l'on aura observé. Or , à l'inspection d'un pareil tableau, on voit que , dans le plus grand nombre des cas, lorsque le baromètre a baissé, il est tombé de la pluie ; et au contraire, lorsqu'il s'est élevé , le temps est devenu serein. On aperçoit, par intervalles, des exceptions à cette règle, mais elles sont beaucoup moins nombreuses que les cas dans lesquels elle se vérifie.

En comparant ainsi la série des hauteurs du baromètre observées dans deux lieux différens , même aussi éloignés l'un de l'autre que Paris et Clermont, ou Londres et Genève , on découvre dans les variations de la colonne de mercure une correspondance remarquable , qui suppose, dans le mouvement des couches atmosphériques, une sorte de simultanéité qu'on aurait eu peine à soupçonner.

En comparant aussi entre elles une longue suite d'observations faites dans un même lieu , on s'aperçoit qu'à travers toutes les irrégularités accidentelles de leur marche , elles ont cependant une tendance générale qui les fait périodiquement monter ou descendre à différentes heures du jour. Par une longue suite d'observations de ce genre , M. Ramond a reconnu , qu'en France , le baromètre a son maximum de hauteur vers neuf heures du matin ; après quoi il descend jusque vers quatre heures du soir , où il atteint son minimum ; de là il monte de nouveau jusqu'à onze heures du soir , où il atteint de nouveau son maximum ; après quoi il redescend jusque vers quatre heures du matin , pour revenir à son maximum vers neuf heures. Cette marche est souvent dérangée dans nos climats d'Europe , où l'état de l'atmosphère est si variable ; mais sous les tropiques, où les causes qui agissent sur l'atmosphère sont plus constantes, la période l'est aussi, et à un tel degré que , suivant M. de Humboldt, on parviendrait presque à prédire l'heure à chaque instant du jour et de la nuit , d'après la seule observation de la hauteur du baromètre ; et , ce qui est extrê-

mement remarquable , comme l'a également constaté le
même voyageur , c'est qu'aucune circonstance atmosphérique , ni la pluie , ni le beau temps , ni le vent , ni les tempêtes , n'altèrent la parfaite régularité de cette oscillation ,
qui se maintient la même en tout temps et dans toutes les
saisons.

En transportant un même baromètre à diverses hauteurs
au-dessus du niveau des mers , on voit le mercure s'abaisser dans le tube à mesure qu'on s'élève. Ainsi , la longueur
moyenne de la colonne barométrique, que nous avons vu
être de 76 centimètres , ou de 28 pouces au niveau de la
mer , n'est plus guère que de 38 centimètres , ou 14 pouces ,
au sommet du Grand-Saint-Bernard : elle est plus petite au
sommet du Mont-Blanc , parce qu'il est plus élevé , et on
l'observe moindre encore quand on s'élève à des hauteurs
plus grandes dans les voyages aériens. Cela vient de ce que,
à mesure qu'on s'élève , le baromètre se trouve déchargé du
poids des couches d'air inférieures. La surface libre du mercure de la cuvette , ne supportant plus que le poids des
couches d'air qui sont au-dessus d'elle , se trouve moins pressée qu'auparavant ; par conséquent le mercure qui contre-
balance cette pression dans le tube vide du baromètre , doit
s'y élever à une moindre hauteur. Si la densité de l'air était
la même à toutes les élévations , c'est-à-dire , si l'air contenait toujours , sous le même volume , la même quantité de
matière pesante , il serait facile de calculer la loi suivant
laquelle la colonne de mercure devrait diminuer à mesure
qu'on s'élève. Car lorsque le baromètre est à $0^m,760$, et la
température de l'air à $0°$, on trouve par expérience qu'il
faut s'élever de $10^m,5$ pour faire baisser le mercure de 1 millimètre ; de sorte que, dans ces circonstances , un cylindre
de mercure d'un millimètre de hauteur pèse autant qu'un
cylindre d'air de même base , et dont la hauteur serait $10^m,5$
ou 10500 millimètres ; c'est en effet ce que l'on confirme en
pesant comparativement des volumes égaux d'air et de mercure , comme nous le verrons plus loin. Par conséquent , si
les mêmes circonstances régnaient dans l'atmosphère à toutes

les élévations, chaque millimètre, contenu dans la colonne barométrique o^m,76o, répondrait à une hauteur d'air de 1o^m,5; et la hauteur totale de l'atmosphère serait égale à 760 fois 1o^m,5 ou 798o^m, environ 4ooo toises; mais cette élévation est fort au-dessous de la réalité. Car il y a sur la terre des montagnes presque aussi hautes que cette limite, par exemple, le Chimboraço en Amérique, et il s'en faut bien qu'elles atteignent les confins de l'atmosphère, puisque l'on voit souvent des nuages et même des oiseaux s'élever bien au-dessus de leurs sommets. L'erreur de notre calcul vient de ce que nous n'avons pas eu égard à une des propriétés physiques de l'air, qui est sa compressibilité. L'air est compressible, c'est-à-dire, qu'en pressant une masse d'air, on lui fait occuper des espaces successivement moindres; de plus, il est élastique, c'est-à-dire, qu'il tend à reprendre son volume primitif lorsqu'il a été comprimé. La constitution de l'atmosphère est un résultat nécessaire de ces propriétés physiques, et il est aisé de l'en conclure. Puisque l'air est pesant, les couches inférieures sont plus comprimées que les supérieures dont elles supportent le poids. Mais, en vertu de leur élasticité, elles doivent résister à cette pression, et faire effort pour s'étendre. De là il résulte que la densité des couches inférieures de l'atmosphère doit surpasser de beaucoup celle des couches supérieures. Cela devient sensible sur les hautes montagnes, et lorsqu'on s'élève en aérostat à de grandes hauteurs; l'air devient si rare, que l'on a beaucoup de peine à respirer. Aussi, pour faire baisser le mercure d'un millimètre, il ne suffit plus alors de s'élever de 1o^m,5; il faut une différence de niveau bien plus considérable, parce qu'un cylindre d'air de cette hauteur a réellement alors beaucoup moins de masse qu'il n'en aurait pris de la surface de la terre. On a d'abord employé l'observation directe pour reconnaître la loi suivant laquelle s'opérait cette variation de poids. En portant successivemeut un même baromètre à des élévations connues, on a pu en tirer une règle assez sûre pour conclure, d'après les seules observations du baromètre et du thermomètre, la différence de niveau de deux stations. Mais

ce résultat, très-utile à la géographie et à l'histoire naturelle, n'a pu être établi avec certitude que lorsqu'on a connu
par l'expérience toutes les causes physiques qui peuvent influer sur la pression de l'air à diverses hauteurs, et qu'on a
pu les soumettre au calcul. C'est ce que M. Laplace a fait ; et
l'on peut voir, dans le Traité général, la formule à laquelle
il est parvenu.

CHAPITRE VI.

Rapports du Baromètre et du Thermomètre.

JE viens de faire connaître les deux instrumens les plus
utiles de la physique et de la chimie. J'ai expliqué leur construction, leur usage et leurs applications immédiates, c'est-
à-dire les indications qu'ils nous donnent sur la température
et sur la pression de l'air, soit dans un même lieu à des hauteurs diverses, soit à une même hauteur dans les différens
climats. Nous allons maintenant les faire servir à l'examen
rigoureux, et à la mesure précise de plusieurs phénomènes
remarquables que nous n'avons fait qu'entrevoir.

J'ai dit qu'en plongeant un thermomètre dans un vase
rempli d'eau pure, et faisant bouillir cette eau par le moyen
du feu, le mercure du thermomètre se tenait toujours au
même degré pendant tout le temps de l'ébullition. Il est facile
d'en faire l'épreuve, et ce phénomène nous a donné un terme
fixe de notre échelle thermométrique. Mais si l'on répète
l'expérience à différens jours, lorsque le baromètre indique
des pressions de l'air sensiblement différentes, on trouve que
ce terme n'est pas tout-à-fait le même ; il est plus haut quand
la pression atmosphérique est plus forte, et plus bas quand
elle est plus faible. D'après cela, on doit s'attendre que, si la
pression diminuait davantage, le degré de l'ébullition baisse-
rait aussi de plus en plus. On peut vérifier cette induction en
s'élevant sur des montagnes, et y faisant bouillir de l'eau à
diverses hauteurs ; car nous avons vu que le baromètre baisse
à mesure que l'on s'élève ainsi : or, en faisant cette expérience,
on trouve que la chose se passe réellement comme nous l'avions

prévu. Si nous avons marqué par le nombre 100, le terme de l'eau bouillante à la surface de la terre, dans un moment où le baromètre marquait 0^m,76, ce qui est la pression moyenne de l'atmosphère au niveau des mers, lorsqu'ensuite nous nous serons assez élevés pour que le baromètre ne marque plus que 75 centimètres, l'eau commencera à bouillir quand le thermomètre marquera moins de 100 degrés, et généralement il y aura une correspondance constante entre l'abaissement de ce degré et l'indication du baromètre. On peut déterminer le rapport de ces deux phénomènes, par des expériences faites ainsi à diverses hauteurs; et alors on prédit le degré de l'eau bouillante d'après l'élévation du baromètre, ou réciproquement l'élévation du baromètre d'après le degré où se fait l'ébullition de l'eau. On arrive à des résultats plus précis encore, et beaucoup plus généraux, par un autre procédé que j'indiquerai bientôt, et qui n'exige aucun déplacement. Pour le moment, je me bornerai à donner un résultat, que l'on peut regarder comme fondé uniquement sur l'expérience, et que l'on peut vérifier par elle, mais qui suffit pour régler complétement tous les thermomètres dans les lieux qui ne sont pas élevés de plus de quatre cents mètres (200 toises) au-dessus du niveau de la mer. Ce résultat consiste en ce que, quand la pression barométrique ne diffère pas beaucoup de 28 pouces de l'ancienne division, ou de 0^m,76 de la division métrique, une augmentation ou une diminution d'un pouce dans cette pression, répond exactement à 1° de la division centésimale dans la température de l'ébullition de l'eau; c'est-à-dire, par exemple, que si la pression, au lieu d'être de 28 pouces, est de 27, le terme de l'ébullition, au lieu d'être à 100°, répondra à 99°; de manière que si l'on veut régler un thermomètre dans cette circonstance, et qu'on y ait marqué le point de l'ébullition, ainsi que celui de la glace fondante, il faudra diviser l'intervalle en 99 parties pour avoir des degrés centésimaux, ou pour que le thermomètre marque 100° dans l'eau bouillante, quand le baromètre sera à 28 pouces. Le contraire arriverait si le baromètre était à 29 pouces; alors le terme de l'ébullition serait à 101°; il faudrait donc diviser en 101 partie l'intervalle compris entre ce point et le terme de la glace fondante.

On ne peut trop rappeler que, pour faire ces expériences avec exactitude, il faut se servir d'eau distillée ou d'eau de pluie, ou d'eau de neige, parfaitement pures; car presque toutes les eaux de rivière ou de fontaine contiennent en dissolution des sels qui, par leur combinaison avec elles, retardent leur ébullition.

Quand on fait bouillir de l'eau sur les montagnes, il se passe encore un autre phénomène dont il est bon d'être prévenu; c'est que, à mesure que l'on s'élève, il devient plus difficile de faire bouillir l'eau, quoiqu'elle bouille cependant à des degrés du thermomètre plus bas qu'à la surface de la terre : cela tient à la difficulté qu'il y a d'entretenir le feu qui sert à la faire bouillir. L'air, à mesure qu'on s'élève, devient *plus rare*, c'est-à-dire, qu'il a moins de masse sous le même volume. Or, un des principes constituans de l'air que l'on nomme l'*oxygène*, est l'aliment unique et essentiel de la combustion, ou plutôt le phénomène que nous appelons *combustion*, n'est autre chose que la combinaison qui se fait de ce principe avec les corps combustibles; c'est ce que les chimistes prouvent d'une manière non douteuse. Lorsque nous soufflons le feu, nous ne faisons autre chose que diriger, sur les corps combustibles, une plus grande masse de cet oxygène contenu dans l'air. Venons maintenant à l'application : puisqu'en s'élevant dans l'atmosphère, l'air devient de plus en plus rare, il faut en souffler, en amener un plus grand volume sur le même point, pour qu'il y ait réellement la même masse d'oxygène; par conséquent, à volume égal, il doit fournir au feu un aliment moins actif, et la difficulté de l'entretenir doit augmenter avec la hauteur.

D'après ce que nous venons de dire sur la variabilité de la température nécessaire à l'ébullition de l'eau, on pourrait, par analogie, penser que le terme de la glace fondante, qui forme l'autre extrémité de l'échelle, doit pareillement changer avec la pression barométrique; mais les expériences les plus précises n'y font pas apercevoir la plus légère variation, même sur les plus hautes montagnes, même dans un espace entièrement vide d'air. Il faut seulement distinguer, comme nous l'avons dit, le terme de la glace fondante qui est fixe, d'avec celui de la congélation qui ne l'est pas constamment.

CHAPITRE VII.

Lois de la condensation et de la dilatation de l'Air et des Gaz, sous les pressions diverses, à une même température.

Les expériences que nous venons de faire nous ont apppris que les couches d'air situées à la surface de la terre sont pressées par tout le poids des couches supérieures. Ce poids, sur chaque unité de surface, peut être regardé comme équivalent à celui d'une colonne de mercure qui aurait cette surface pour base, et dont la hauteur moyenne au niveau des mers serait $0^m,76$. Maintenant qu'arriverait-il à une masse d'air, si elle était pressée par un poids plus considérable? D'après ce que nous avons reconnu de la compressibilité de l'air, nous devons nous attendre qu'elle se condenserait et se retirerait sur elle-même, de manière qu'elle occuperait un espace moindre qu'auparavant; mais quelle serait la loi de ces condensations, et quel rapport existe-t-il entre le volume d'une masse d'air, et la pression qui pèse sur elle? C'est une question bien importante et dont les applications reviennent sans cesse, comme nous le verrons dans tout le cours de cet ouvrage; il nous faut donc recourir à l'expérience pour la décider.

On y parvient aisément de la manière suivante, qui est due à Mariotte: prenez un tuyau de verre cylindrique et recourbé ABC, *fig.* 22, fermé par le bout C, et ouvert par l'autre; versez-y un peu de mercure, jusqu'à la ligne horizontale DE, afin que l'air, enfermé dans la branche la plus courte CE, ne soit ni plus ni moins pressé que celui qui est dans la longue branche AD, qui communique avec l'atmosphère. Il faut d'ailleurs que celle-ci soit beaucoup plus longue que l'autre. Le mercure étant donc ainsi, de part et d'autre, à la même hauteur DE, et la communication entre les deux branches étant interrompue, versez par le bout A, avec un petit entonnoir de verre, une nouvelle quantité de mercure, en prenant garde de ne point faire entrer de nouvel air dans l'espace CE. Vous remarquerez alors que le mercure montera peu à peu vers C, et condensera ainsi l'air qui était en CE; mais il montera beaucoup moins dans cette branche que dans la branche ouverte. Si la longueur de EC est, par exemple, de 32 centimètres, et que l'air s'y trouve réduit à n'occuper plus que la moitié de cet espace, c'est-à-dire, 16 centimètres, ce qui élevera la surface du mercure jusqu'en F, menez une ligne horizontale FG: vous trouverez que le mercure, dans l'autre branche, est monté au-dessus de cette ligne d'une quantité GH, précisément égale à la hauteur du mercure dans le baromètre au moment de l'observation; en sorte que l'air contenu dans l'espace CF est pressé par le poids de l'atmosphère qui pèse sur H, et par le poids d'une autre atmosphère représentée par la colonne de mercure HG; car il ne faut compter pour rien les deux colonnes égales GD, FE, qui, par cela même qu'elles sont égales, se font mutuellement équilibre. Cette double pression, qui s'exerce en G, réduit donc l'air CE à la moitié de son volume. Si l'on ajoute de nouveau du mercure dans la longue branche, l'air contenu dans la plus petite se condensera encore davantage, et quand il sera réduit au tiers de son volume, ce qui amènera la surface du mercure dans cette branche à la hauteur F', si l'on mène la ligne horizontale F'G', on trouvera que le mercure, dans la longue branche, est élevé au-dessus de cette ligne d'une quantité G'H', double de GH, c'est-à-dire, égale au poids de deux atmosphères; ce qui joint avec le poids de l'atmosphère extérieure qui pèse sur H', forme en tout un poids égal à celui de trois atmosphères qui pèsent sur l'air CF'; et cette triple pression réduit, comme on voit, l'air CE au tiers du volume qu'il occupait d'abord. En général, quelque loin que l'on pousse l'expérience, on trouvera toujours que le volume auquel se réduit l'air contenu dans la plus petite branche est inversement proportionnel au poids dont il est chargé. Ainsi en partant de son volume initial, quand il ne supporte que le poids de l'atmosphère marqué par la hauteur actuelle du mercure dans le baromètre, on pourra prévoir d'avance à quoi ce volume devra se réduire pour toute autre pression donnée, qni sera mesurée de même par la somme totale des colonnes de mercure comprimantes.

On doit maintenant sentir pourquoi nous avons recommandé que la branche CE fût cylindrique. C'était afin que des longueurs égales, comptées sur cette branche, répondissent à des volumes d'air égaux entre eux, ce qui rend la loi plus évidente et l'expérience plus facile à exposer. Mais comme il est difficile de trouver des tubes qui satisfassent exactement à cette condition, il faut savoir y suppléer. On y parvient en divisant d'abord la branche CE, en parties de capacité égales, selon la méthode qui a été expliquée pag. 144. Alors on trace, sur le tube même, des divisions correspondantes à ces capacités, et l'on évalue le volume de l'air dans toutes les périodes de l'expérience, d'après le nombre qu'il occupe de ces divisions. Il est inutile de faire la même chose pour la longue branche, et il n'est pas même nécessaire de chercher à ce qu'elle soit cylindrique, parce que la pression verticale d'un fluide pesant ne dépend pas de la largeur du vase qui le renferme, mais seulement de la hauteur verticale de la colonne fluide. Ainsi, après avoir divisé CE en parties de capacités égales, on n'a plus besoin que d'appliquer à l'appareil une division verticale, qui permette de mesurer exactement la différence de niveau du mercure dans ses deux branches. Pour cela, rien n'est plus simple que d'attacher le tube recourbé ABC sur une planche divisée en millimètres, et munie d'un curseur vertical.

Afin que l'expérience soit tout-à-fait rigoureuse, et que la réciprocité des volumes aux pressions soit exactement telle que nous l'avons annoncée, il faut encore observer une condition essentielle ; c'est que l'air renfermé dans CE soit parfaitement sec, et que le tube CE lui-même soit exactement desséché. Car la vapeur aqueuse, qui pourrait se trou-

ver mêlée à cet air, ou qui s'exhalerait des parois du tube,
ne se comprime pas par la pression suivant les même lois
que l'air, comme nous le verrons par la suite ; et par conséquent son mélange altérerait l'exactitude des effets qui
conviennent à l'air seul. Afin d'exclure cette cause d'erreur,
il faut d'abord chauffer fortement le tube pour le dessécher ;
puis on le fera communiquer, pendant plusieurs jours,
comme le représente la *fig.* 23, avec l'intérieur d'un récipient RR, que l'on posera sur du mercure bien sec, et sous
lequel on mettra du muriate de chaux ou d'autres sels susceptibles d'attirer l'humidité. Quand on pensera que l'air
contenu dans le récipient et le tube est suffisamment desséché, on retirera ces sels ; on fermera l'orifice inférieur du
récipient avec une plaque de verre plane et dépolie, que l'on
glissera sous le mercure ; puis en retournant l'appareil, le
peu de mercure qui sera resté sous la cloche tombera dans
le tube, et empêchera toute communication entre les deux
branches A D, C E, de sorte que l'air sec contenu dans la
plus courte ne pourra plus s'humecter. Cela fait, on séparera le tube de la cloche. On mesurera la différence primitive du
mercure dans les deux branches, et on continuera l'expérience
comme précédemment. Avec ces précautions, l'on trouvera
que la loi énoncée par Mariotte est rigoureusement exacte.

En introduisant ainsi le mercure, il pourra se trouver
quelquefois un peu plus haut dans la longue branche que
dans la plus courte, par exemple, en D' dans la première,
et en E' dans la seconde, *fig.* 24. Alors on menera la ligne
horizontale $E'd'$, et on mesurera la différence de niveau $D'd'$,
ou ce qui revient au même, on la lira sur la division de l'instrument. Ajoutez cette différence à la hauteur actuelle du mercure dans le baromètre, la somme exprimera la pression
totale que supporte l'air enfermé en $C'E'$. Ainsi, on pourra
conclure le volume que ce même air aurait dû occuper sous
la pression atmosphérique seule, en augmentant $C'E'$ proportionnellement au rapport des deux pressions. Ce volume
initial une fois connu, l'expérience pour tous les autres
cas s'achèvera comme précédemment.

Le même appareil servirait également pour éprouver tous les autres gaz ; il suffirait de remplir le récipient avec ces gaz , au lieu de le remplir d'air (1). A la vérité, l'air atmosphérique, qui resterait encore dans le tube, se mêlerait avec le gaz ; mais on en affaiblira l'influence en employant un récipient dont le volume soit considérable relativement à celui du tube ; et même, sans cette précaution, il n'en résultera absolument aucune erreur ; car en faisant l'expérience, on trouvera que le mélange d'air et d'un gaz sec se condense, par la pression, absolument comme l'air seul ; ce qui prouve incontestablement que la loi observée n'est pas particulière à l'air, mais qu'elle est la même pour tous les gaz secs.

L'expérience précédente ne nous fait connaître cette loi que pour des pressions plus fortes que celles de l'atmosphère ; mais subsisterait-elle encore pour des pressions moindres ? Afin de l'éprouver, prenez un tube de verre dont le diamètre n'excède pas deux millimètres ; et, après l'avoir divisé en parties de capacités égales , introduisez-y une petite colonne de mercure. Cette colonne, à cause du peu de largeur du tube , ne se séparera pas pour laisser échapper l'air renfermé ; et si vous relevez verticalement le tube, de ma-

---

(1) Le procédé que l'on emploie pour remplir un récipient de gaz , est connu de tous ceux qui ont vu un laboratoire de chimie. L'on remplit d'abord le récipient d'eau ou de mercure. Il faut que ce soit de mercure quand on veut que le gaz soit sec. Cela fait, on bouche son orifice, on le renverse comme un tube de baromètre ; et on le plonge par cet orifice dans une cuve remplie du même liquide. La pression de l'air extérieur soutient le liquide introduit dans le récipient, comme elle soutient le mercure dans le baromètre ; et il ne s'y fait pas de vide, quand le récipient n'a pas plus de 76 centimètres de hauteur. On prend alors un flacon rempli de gaz, on le plonge dans le mercure avant de l'ouvrir ; on l'ouvre en tenant son orifice en bas. On approche cet orifice sous celui du récipient où l'on veut introduire le gaz ; on incline le flacon , et le gaz s'élevant à travers le liquide , va remplacer celui dont le récipient était rempli. C'est, comme on voit, une application de l'expérience de Torricelli.

nière qu'elle se trouve au-dessus de cet air, elle le comprimera par son poids. Au contraire, si vous renversez le tube, en tenant en bas la partie ouverte, la colonne de mercure descendra ; mais si vous l'avez bien proportionnée, elle ne sortira pas du tube, et elle s'arrêtera à un certain terme. Par-là, vous verrez que l'air intérieur a perdu de son ressort en se dilatant ; car puisque la colonne de mercure s'arrête dans sa chute, c'est que son poids, plus le ressort de l'air intérieur, font alors équilibre au poids de l'atmosphère. Vous pourrez donc ainsi évaluer ce ressort, en observant les divisions où la colonne de mercure s'arrête dans les deux positions opposées du tube, lorsqu'elle pèse sur l'atmosphère ou sur l'air intérieur ; et vous verrez ainsi que le volume de l'air, contenu dans le petit tube, est toujours réciproquement proportionnel aux poids dont il est chargé ; de même que nous l'avions trouvé pour les pressions plus fortes que le poids de l'atmosphère.

Si l'on voulait comparer ces volumes à celui que la même masse d'air occuperait, en la supposant pressée par le seul poids de l'atmosphère, la chose serait bien facile ; il suffirait pour cela de mettre le tube dans une situation horizontale. Alors la colonne de mercure qu'on y aurait introduite serait uniquement supportée par les parois du tube ; elle ne peserait plus ni sur l'air intérieur ni sur l'atmosphère ; ainsi la pression atmosphérique seule, déterminerait le volume de l'air intérieur. En réduisant ce volume proportionnellement aux pressions, pour les deux premiers cas dans lesquels la petite colonne de mercure pèse en dedans ou en dehors, on retrouverait les espaces occupés par l'air intérieur dans ces deux suppositions. Cette manière simple de faire l'expérience sur l'air dilaté est de M. Dalton. Pour que la loi à laquelle elle conduit s'observe avec rigueur, il faut ici, comme dans les premières expériences, que le tube et l'air intérieur soient l'un et l'autre parfaitement desséchés. On peut imaginer pour cela divers moyens analogues à celui que nous venons d'indiquer tout à l'heure, et nous en exposerons bientôt un très-simple en traitant de la dilatation des gaz. J'insiste sur cette précaution,

parce qu'il faut se faire une loi de ne négliger jamais aucune
des circonstances qui peuvent rendre les expériences plus
précises ; car si l'on répétait celles que nous venons de décrire,
avec de l'air ordinaire, sans aucune préparation , on n'y trouverait que des erreurs qui paraîtraient sans doute peu considérables, et que l'on serait tenté d'attribuer aux incertitudes
mêmes des observations; c'est ce qui est arrivé à Boyle et à
Mariotte, qui firent les premiers ces expériences; et les différences occasionées par l'humidité de l'air , qui dûrent nécessairement se présenter à eux, ne les empêchèrent pas de reconnaître la loi générale qui unissait les résultats. Cependant
ils se seraient aperçus de quelques écarts dans cette loi, s'ils
eussent opéré d'une manière plus exacte; et ces écarts disparaissent pour nous qui les connaissons, parce que nous en
connaissons aussi la cause, et que nous savons les corriger.

Pour ne rien omettre, je dois dire encore que les expériences sur la compression et la dilatation de l'air ne seraient pas
tout-à-fait exactes si on les faisait succéder les unes aux autres
avec une grande rapidité; car, en comprimant l'air, il se développe de la chaleur ; en le dilatant il se produit du froid ; et
cette chaleur ou ce froid augmente ou diminue son volume
sous la même pression. Ces causes accidentelles influeraient
donc sur le volume de l'air d'une manière étrangère aux phénomènes que l'on considère, si on ne leur laissait pas le temps
de se dissiper ; et il suffit pour cela de quelques instans.

On peut encore rendre sensible la loi de Mariotte sur l'air
dilaté, au moyen de l'expérience suivante, qui est due à ce
physicien, et dont les résultats sont d'une application très-
fréquente. Prenez un tube de baromètre, divisé en parties de
capacités égales; remplissez-le, dans une certaine portion de
sa longueur, de mercure que vous y ferez bouillir comme si
vous vouliez faire un baromètre ; puis redressez-le verticalement, le bout fermé en bas, et observez combien l'air qui
reste au-dessus du mercure occupe de divisions. Observez en
même temps la hauteur du baromètre, qui indique la pression
de l'atmosphère. Alors bouchez votre tube avec le doigt ou
avec un verre dépoli ; renversez-le et plongez-le par le bout

ouvert dans un vase rempli de mercure. Dans ce mouvement, l'air montera au sommet du tube, et lorsque vous ôterez le doigt qui s'opposait à son ressort, il se dilatera et abaissera la colonne de mercure intérieure, au-dessous de ce qu'elle serait dans un tube barométrique dont le sommet serait vide d'air. Enfin, après plusieurs oscillations, la colonne intérieure s'arrêtera, et s'arrêtera en un point tel que le ressort de l'air intérieur, affaibli par sa dilatation, plus le poids de la colonne de mercure qui reste encore dans le tube, fassent équilibre au poids de l'atmosphère. D'après cette condition et la loi de Mariotte, il est facile de calculer la hauteur à laquelle la colonne de mercure doit s'arrêter, et l'observation y est tout-à-fait conforme.

Aujourd'hui que la loi de Mariotte est bien prouvée par l'expérience, on n'a plus besoin de la vérifier ainsi, et on l'emploie comme un fait, soit pour calculer les volumes que doit prendre une même masse d'air, successivement exposée à des pressions diverses, soit pour réduire à une pression constante des volumes d'air observés sous diverses pressions. Ces réductions sont nécessaires dans une infinité d'expériences. Si l'on a, par exemple, recueilli sous un tube barométrique un certain volume CH d'un gaz, *fig.* 25, on ne peut pas se borner à dire que ce gaz occupait le volume CH; il faut encore dire à quelle pression il était alors soumis. Cela se peut faire d'abord le plus souvent par l'expérience, et il suffit pour cela d'enfoncer le tube dans le mercure, jusqu'à ce que le niveau intérieur H égale le niveau extérieur AB. Alors l'air intérieur ne se trouve plus comprimé que par la pression extérieure de l'atmosphère; et le volume qu'il occupe dans le tube, sera exactement défini, pourvu que l'on indique en même temps sa température, et la hauteur BP du mercure dans le baromètre au même instant; ou bien encore on pourra le réduire, par le calcul, à une pression constante, par exemple, à celle de 0^m,76. en le multipliant par le rapport de la pression atmosphérique actuelle à 0^m,76. Cette réduction servira pour ramener à des circonstances pareilles tous les volumes observés.

Mais il peut se présenter des cas où il est impossible de

ramener ainsi, par expérience, le volume intérieur jusqu'au cas de l'égalité de niveau. Cela aura lieu, par exemple, si la cuve dans laquelle le tube plonge n'est pas suffisamment profonde. Dans ce cas, le calcul vient à notre aide; car alors on peut observer l'espace CH occupé par le gaz, la hauteur AH du mercure intérieur au-dessus du niveau de la cuvette, et enfin la pression atmosphérique actuelle, mesurée par la hauteur BP du mercure dans le baromètre. Retranchant AH de cette hauteur, la différence BP — AH exprime la pression véritable, à laquelle l'air intérieur fait réellement équilibre. Ainsi, ayant mesuré son volume actuel CH, on pourra le ramener, par le calcul, à toute autre pression, par exemple, à la pression constante de $0^m,76$, ce qui rendra toutes les observations de ce genre comparables. Remarquons bien que, dans ces expériences, il n'est nullement nécessaire que le tube CH soit cylindrique, il suffit qu'il soit divisé sur sa longueur en parties de capacités égales et que l'on mesure la hauteur AH, avec une règle divisée, ou mieux encore par une échelle de parties égales tracée sur ses parois extérieures.

Ce que nous venons de dire, pour le mercure, s'applique également à l'eau; mais comme l'eau est environ treize fois et demie moins pesante que le mercure, il faut diviser la hauteur AH par 13,5, pour la comparer à la colonne barométrique. Mais ordinairement quand on opère sur une cuve pleine d'eau, on peut établir le niveau par expérience, et cela évite toute réduction.

Dans tous les calculs que nous venons de faire sur les divers volumes que peut prendre une même masse d'air ou de gaz, nous avons supposé qu'elle restait toujours à la même température. Cette condition était nécessaire; car la seule variation de température d'un gaz fait varier son volume, la pression restant constante. Nous examinerons plus tard, par l'expérience, les lois de la dilatation dues aux seules variations de la température, et en les combinant avec les résultats que nous venons d'obtenir, nous en conclurons ce qui doit arriver quand la pression et la température varient à la fois; mais il nous manque encore beaucoup de données avant de pouvoir tenter la solution de ce problème. Ici nous nous bornerons à dire que, *quelle que soit la température, pourvu qu'elle soit constante, si l'on soumet une même masse d'air ou de gaz secs à des pressions diverses et successives, les volumes qu'elle occupe sont toujours réciproques à ces pressions.* Ce résultat est d'un continuel usage en physique et en chimie.

CHAPITRE VIII.

Des Pompes à liquides et à gaz.

QUOIQUE le calcul des pompes appartienne à la mécanique, cependant comme leurs propriétés dépendent du ressort de l'air, et sont d'un fréquent usage, je vais en donner ici une idée succincte.

L'espèce de pompe, que l'on appelle aspirante, est composée d'un petit canal AH, *fig.* 26, joint à un autre canal plus gros appelé corps de pompe, et représenté par AB. Au-dedans de celui-ci, par le moyen de la verge MV, on fait monter et descendre un piston P, qui est ordinairement un cylindre de bois arrondi au Tour, revêtu d'étoupes, et qui remplit exactement la capacité intérieure du corps de pompe AB. Il y a une soupape S à la jonction des deux tuyaux AB, AH, et une autre S' dans le piston P. La disposition de ces soupapes est telle que celle qui est marquée de la lettre S s'ouvre naturellement et facilement pour donner passage à tout ce qui tend à entrer dans le corps de pompe AB; mais du moment où elle cesse d'être ainsi soulevée, elle retombe par son propre poids et se ferme exactement; de sorte que si quelque chose tend à sortir du corps de pompe, elle lui bouche absolument le passage. L'autre soupape qui est marquée de la lettre S' s'ouvre dans le même sens et de la même manière que la précédente, pour donner passage à tout ce qu'il y a dans le corps de pompe sous le piston P, et qui tend à passer au-dessus; mais cette même soupape se referme si exactement d'elle-même par son poids, qu'elle bouche absolument le passage à tout ce qu'il y a dans le corps de pompe au-dessus du piston P, et qui tendrait à revenir au-dessous.

Concevons maintenant qu'ayant abaissé le piston P jusqu'au

fond du corps de pompe A B, on enfonce dans l'eau la partie inférieure du tuyau A H. Alors, si l'on élève le piston dans le corps de pompe, par exemple, jusqu'en B, il se fera un vide sous ce piston. L'air intérieur au tuyau A H se dilatera pour le remplir, et sa force élastique diminuée par cette dilatation, se trouvant moindre que la pression extérieure de l'atmosphère, celle-ci fera monter dans le tuyau A H, et peut-être même dans le corps de pompe, une colonne d'eau dont le poids compensera cet affaiblissement. Supposons que ce dernier cas ait lieu, et qu'il entre réellement une certaine quantité d'eau dans le tuyau A B. Cette eau, une fois entrée, n'en pourra plus sortir; car la soupape S lui interdira le retour, en se fermant par son propre poids. Donc, si l'on redescend le piston P jusque dans cette eau, elle soulevera la soupape S', et passera au-dessus du piston; mais une fois arrivée là, elle ne pourra plus redescendre, parce que la soupape S', en se fermant, lui interdira le passage. Si donc on élève le piston de nouveau, on soulevera cette eau qui a passé au-dessus de lui; mais en même temps il se fera de nouveau un vide au-dessous. Une nouvelle quantité d'eau montera donc dans le corps de pompe A B, et s'y trouvera de même renfermée par le jeu de la soupape S. Cette quantité d'eau s'élevera ensuite au-dessus du piston P quand celui-ci sera abaissé; et, par l'effet de ce jeu alternatif, la quantité d'eau ainsi élevée au-dessus du piston augmentant toujours, finira par arriver jusqu'à l'orifice O, percé latéralement dans le corps de pompe, par lequel elle s'écoulera.

On conçoit que, dans ces sortes de pompes, il ne faut pas que la hauteur de la soupape S au-dessus du niveau de l'eau qui entoure le tuyau A H, surpasse $10^m,4$, environ 32 pieds; car au-delà de cette limite, on aurait beau faire le vide en S dans le corps de pompe, en élevant le piston, l'eau ne pourrait jamais arriver jusque-là, puisque la pression ordinaire de l'atmosphère ne peut l'élever que jusqu'à $10^m,4$, environ 32 pieds de hauteur. Mais ce cas excepté, si une fois l'eau arrive au-dessus de la soupape S, et passe par-dessus le piston P, en quelque petite quantité que ce puisse être, on pourra ensuite la faire monter à telle hauteur que l'on voudra en élevant le piston qui la porte.

La pompe que l'on appelle foulante, est composée d'un tuyau ou corps de pompe AB, *fig.* 27, percé de plusieurs petits trous dans sa partie inférieure. Ce tuyau communique avec le canal ACS', au dedans duquel se trouve une soupape S', qui s'ouvre pour donner passage à tout ce qui tend à sortir du corps de pompe AB, mais qui, lorsqu'elle cesse d'être soulevée, se ferme très-exactement par son poids, et ferme le passage à tout ce qui tend à sortir du tuyau OS', pour rentrer dans le corps de pompe. La base AA de ce dernier est toujours plongée dans l'eau, à une certaine profondeur. C'est pourquoi, quand on tire le piston P qui remplit exactement la capacité intérieure de cette base, l'eau s'y introduit par les petits trous *t*; mais en abaissant le piston et pressant cette eau, plus vite qu'elle ne peut fuir, elle est contrainte de monter en partie dans le canal ACS', en soulevant la soupape S', laquelle, se refermant aussitôt, l'empêche ensuite de redescendre dans le corps de pompe AB; ainsi, à force d'élever et d'abaisser le piston, il entre toujours de nouvelle eau dans le corps de pompe, et il en monte toujours de nouvelle dans le canal ACS'; de sorte qu'enfin l'eau se trouve assez élevée pour s'écouler par l'orifice O pratiqué dans ce canal, à telle hauteur que l'on voudra.

La troisième espèce de pompe est composée d'un petit tuyau AH, *fig.* 28, joint au corps de pompe AB. Celui-ci communique avec le canal DS'O, au dedans duquel il y a une soupape S', qui s'ouvre pour donner passage à tout ce qui tend à sortir du tuyau AB, et se ferme pour boucher le passage à tout ce qui tend à y rentrer. Il y a encore une autre soupape S, à la jonction du petit tuyau AH avec le corps de pompe; celle-ci s'ouvre pour donner passage à tout ce qui tend à entrer dans le corps de pompe, et se ferme pour boucher le passage à tout ce qui tend à en sortir.

Cette troisième espèce de pompe est appelée composée, parce qu'elle réunit les effets des deux précédentes. Lorsqu'on élève le piston P, il se fait un vide au-dessous de lui, comme dans la pompe aspirante ; et l'eau et l'air du tuyau AH entrent dans le corps de pompe AB , en soulevant la soupape S ; mais dès que l'on cesse d'élever le piston , cette soupape se ferme et empêche l'eau de redescendre dans le tuyau AH. Alors, si l'on abaisse le piston, et qu'on le presse sur cette eau, comme dans la pompe foulante, il la contraint de monter, toute entière, dans le canal D S' O, en soulevant la soupape S' ; celle-ci, bientôt après, se fermant par son propre poids, quand la force qui pressait le piston s'arrête, empêche l'eau élevée au-dessus de S' de rentrer dans le corps de pompe AB. Alors , en élevant de nouveau le piston , une nouvelle quantité d'eau entre dans le corps de pompe , puis passe dans le canal D S' O, et s'élève au-dessus de S' quand on abaisse le piston ; de sorte qu'en continuant ce jeu alternatif , on peut enfin élever l'eau , dans ce canal , jusqu'à la hauteur de l'orifice O , par lequel elle doit s'écouler.

Les idées que nous venons d'exposer feront aisément concevoir ce que nous avons à dire sur le mécanisme des pompes à air , que l'on nomme *machines pneumatiques*. Pour faire monter l'eau dans les corps de pompe , nous avons employé une force extérieure , qui était la pression de l'atmosphère ; pour faire sortir l'air d'un récipient fermé de toutes parts , nous nous servirons de la force intérieure par laquelle cet air lui-même tend à se dilater , lorsqu'on lui ouvre une communication avec un espace vide.

Supposons que le récipient B , *fig.* 29, dont nous voulons épuiser l'air ou tout autre gaz , soit muni d'un robinet R , qui puisse s'ouvrir et se fermer à volonté , de manière à permettre ou à empêcher la communication de l'air extérieur avec l'intérieur du récipient. Vissons celui-ci à un cylindre AB, qui sera un véritable corps de pompe , dans lequel un piston très-juste P pourra monter et descendre au moyen de la tige T. A l'extrémité de ce corps de pompe , qui communique au récipient, ajustons un second robinet R' , pareil au premier , travaillé avec le même soin, et qui puisse également , selon qu'il s'ouvre ou se ferme , permettre ou empêcher la communication de l'intérieur du corps de pompe avec l'air extérieur. Les choses étant ainsi disposées, et le robinet R étant fermé, ouvrons le robinet R', et abaissons le piston P jusqu'en AB. L'air contenu dans la capacité de ce cylindre sortira par le robinet R'; fermons alors ce robinet et ouvrons au contraire celui du récipient. Maintenant, si nous élevons de nouveau le piston P, il se formera un vide au-dessous de lui, puisque tout accès est interdit à l'air extérieur. Par conséquent le gaz, contenu dans le ballon B, se dilatera pour remplir ce vide, et passera en partie dans le corps de pompe : alors fermons le robinet R. Cette portion de gaz ne pourra plus rentrer dans le ballon. Pour la chasser aussi du corps de pompe, nous n'avons qu'à de nouveau ouvrir le robinet R', et abaisser le piston jusqu'en AB. Cela fait, nous fermerons R' de nouveau, et nous nous trouverons précisément dans les mêmes conditions qu'au commencement de l'expérience, avec cette différence unique, mais importante, que le récipient B aura déjà été vidé d'une partie du gaz qu'il contenait. En opérant donc une seconde fois de la même manière, on extraira une nouvelle portion de ce gaz ; et en réitérant de nouveau la même manœuvre un grand nombre de fois, on devra l'épuiser presque entièrement.

La nécessité de fermer et d'ouvrir successivement les deux robinets RR' rendrait cette opération assez pénible ; mais le principe étant ainsi trouvé, il est bien facile de le perfectionner. D'abord, nous pouvons remplacer le robinet R' par une soupape S, placée dans l'intérieur du piston P lui-même, et tellement ajustée qu'elle s'ouvre lorsque l'air intérieur la soulève pour sortir du corps de pompe, et qu'elle se ferme par son propre poids, ou par l'action d'un petit ressort dès que cet air cesse de la soulever, *fig.* 30. Cela fait, quand on voudra commencer l'expérience, le robinet R étant fermé, on commencera par abaisser le piston dans le corps de pompe ; l'air intérieur, comprimé par lui, soulèvera la soupape S, et il sera exclu entièrement quand le piston sera descendu jusqu'en AB. Alors, si l'on ouvre le robinet R, et qu'on soulève le piston, il se fera un vide au-dessous de lui, comme dans l'expérience précédente ; et le gaz contenu dans le récipient B se dilatera pour le remplir. Mais ce gaz ne pourra soulever la soupape S , parce que, étant dilaté, sa force élastique est moindre que la pression extérieure de l'atmosphère qui pèse sur cette même soupape de dehors en dedans. Ainsi, en fermant le robinet R , et abaissant de nouveau le piston jusqu'en A B, on chassera tout le gaz qui s'était répandu dans le corps de pompe ; et par une suite d'opérations semblables , on finira par épuiser presque entièrement le gaz que le récipient renfermait.

Il faut maintenant nous exempter du robinet R : on emploie pour cela divers moyens ; mais en voici un imaginé par Fortin, et qui est aujourd'hui le plus généralement adopté. Il est représenté *fig.* 31 : le piston est traversé par une tige de cuivre tt', le long de laquelle il monte et descend, avec un frottement assez ferme pour ne pas laisser de passage à l'air. Lorsque le piston descend vers A B, cette tige descend d'abord avec lui, et elle porte à son extrémité inférieure un bouchon b, qu'elle va justement appliquer à l'orifice o , par lequel le corps de pompe communique avec le récipient. Arrivée à ce point , elle s'arrête par la résistance du plan A B , et le piston surmontant le frottement qu'elle lui oppose , continue à descendre comme à l'ordinaire. Maintenant, quand on relève le piston , il enlève aussi la tige tt' et le bouchon b, et il l'éleverait ainsi avec lui indéfiniment ; mais après qu'il l'a déplacé seulement de la quantité nécessaire pour déboucher l'orifice o, l'autre bout de la tige t' rencontre la partie supérieure A'B' du corps de pompe , et par conséquent s'arrête : alors le piston continue à monter à frottement le long de la tige , et le bouchon b reste toujours très-près de l'orifice o, comme nous l'avions supposé d'abord. Au moyen de cette disposition , on peut laisser le robinet R du récipient constamment ouvert, aussi long-temps que l'on fait jouer la pompe ; l'orifice o sera toujours ouvert quand on élevera le piston dans le corps de pompe, ce qui y fera le vide , et il se trouvera constamment fermé quand le piston s'abaissera. C'est précisément l'effet alternatif que nous obtenions en fermant et ouvrant successivement le robinet R du récipient qui coutient le gaz. L'opération terminée, on fermera ce robinet, et on enlèvera le récipient. Je profite de cette occasion pour faire remarquer que, dans toutes les machines, de quelque nature qu'elles puissent être, il faut toujours faire en sorte que tous les mouvemens secondaires, qui se répètent souvent, soient ainsi conduits et dirigés par le moteur principal.

Nous avons supposé jusqu'ici que le récipient où nous voulions faire le vide avoit un col très-étroit; mais il arrive souvent que l'on a besoin d'effectuer le vide dans un espace assez large, pour que l'on puisse y introduire commodément différens corps. A cet effet, on adapte au corps de pompe un tuyau recourbé C, *fig.* 32, terminé par un plan de glace horizontal G G, dressé avec beaucoup de soin; on pose sur cette glace une cloche R, dont les bords ont été usés à l'émeri. Si la glace a été bien dressée, et si elle est dépolie, un peu d'huile ou quelque autre corps gras, inséré entre elle et les bords de la cloche, suffira pour maintenir le contact, de manière qu'en faisant jouer le piston P, on fera le vide dans la capacité R. Toutefois il est bon de tenir la cloche pressée contre la glace pendant les premiers instans de l'opération : mais après quelques coups de piston cette pression devient inutile, parce que celle de l'atmosphère y supplée, n'étant plus contre-balancée comme auparavant par le ressort de l'air intérieur. Lorsqu'on veut éprouver l'effet du vide sur certaines substances, on commence par les placer sur le plateau de glace GG, on les recouvre avec la cloche R, et on fait le vide. Cependant, comme on peut aussi avoir besoin de faire le vide dans des récipiens à col étroit, on termine le tuyau C par une vis V qui s'élève un peu au-dessus du plateau de glace, et l'on y visse les ballons dans lesquels on veut faire le vide, au lieu de les appliquer immédiatement à l'orifice o, comme nous l'avions d'abord supposé.

On peut remarquer qu'à mesure que l'air intérieur au récipient se raréfie, on doit avoir plus de peine à soulever le piston P, puisque cet air raréfié le presse par-dessous beaucoup moins fortement que l'air extérieur ne le presse par-dessus : c'est en effet ce qui a lieu. Mais, par la même raison, lorsqu'on fait descendre ce piston, pour chasser l'air dilaté qui a passé dans le corps de pompe, il n'y faut employer aucune force ; et le poids de l'atmosphère, qui pèse sur lui, suffit pour cela. On a heureusement imaginé d'employer cette seconde puissance pour aider l'autre, et l'on y est parvenu en faisant mouvoir à la fois, par une même roue dentée, les tiges parallèles de deux pistons, dont l'un monte, tandis que l'autre descend, *fig.* 33. Ces deux pistons appartiennent chacun à un corps de pompe particulier, qui communique au récipient où l'on fait le vide. Ainsi, lorsqu'on tourne la manivelle M M pour faire monter l'un d'eux, le poids de l'atmosphère, qui tend à faire descendre l'autre, vous aide, et vous aide avec une puissance justement égale à celle qu'elle vous oppose sur le premier piston ; de sorte que, par cette disposition, quelque loin que vous poussiez le vide, vous n'avez jamais d'effort à faire que ce qu'il en faut pour surmonter les frottemens des pistons dans les corps de pompe où ils sont en mouvement.

Ce n'est pas tout que d'avoir ainsi un moyen de diminuer considérablement la densité de l'air dans un récipient, il faut encore savoir jusqu'à quel point va cette raréfaction. Pour le connoître, on adapte à la machine un tube barométrique vide H H, *fig.* 34, qui, par sa partie supérieure, communique au récipient où l'on fait le vide, et, par sa partie inférieure, plonge dans un vase rempli de mercure. A mesure que l'on fait le vide dans le récipient, le mercure s'élève dans le tube H H. Une division verticale permet de juger à chaque instant de combien il s'est ainsi élevé au-dessus de son niveau, et par conséquent permet d'évaluer le degré de dilatation de l'air que le récipient contient encore. En effet, la force élastique actuelle de cet air a pour mesure l'excès de la pression barométrique totale sur celle qu'indique le baromètre de la machine ; ainsi la pression totale divisée par cet excès donnera le rapport des forces élastiques, par conséquent celui des dilatations. Par exemple si le baromètre extérieur marque 0^m,760 et celui de la machine 0^m,758, la différence sera 2^{mm}; et la dilatation de l'air intérieur sera exprimée par $\frac{760}{2}$ ou 380 ; c'est-à-dire que la quantité d'air qui remplit maintenant tout le récipient, si elle était soumise à la pression totale $0^m,760$, occuperait un volume 380 fois moindre; et par conséquent ne remplirait que $\frac{1}{380}$ du récipient entier.

Quelquefois, au lieu de l'appareil que nous venons de décrire, on se contente de celui qui est représenté *fig*. 35, et que l'on nomme une *éprouvette*. C'est un tube recourbé ABC, rempli en partie de mercure que l'on y a fait bouillir ; une de ses branches BA, est fermée; l'autre BC est ouverte ; et tout l'appareil se place dans l'intérieur du récipient où l'on fait le vide. Tant que la force de ressort de l'air restant est plus que suffisante pour soutenir une colonne de mercure égale à la différence de niveau AH, la branche AB reste pleine. Mais si cet air devient plus rare, le mercure de cette branche s'abaisse ; et l'excès de son niveau sur celui de l'autre branche, indiqué par une double division tracée sur l'appareil, donne la mesure de la pression que l'air intérieur soutient encore. Un pareil instrument est donc un véritable baromètre, mais qui ne peut servir que pour une atmosphère très-dilatée. Quand on a ainsi observé la différence de niveau du mercure dans les deux branches de l'éprouvette, on peut facilement en conclure le degré de dilatation de l'air intérieur. Car cette différence exprime immédiatement la valeur de sa force élastique. Ainsi, en cherchant combien de fois elle est contenue dans la pression barométrique totale, on aura le rapport des dilatations. Par exemple, si la pression barométrique est $0^m,760$ et que l'éprouvette marque seulement 2^{mm}, la dilatation de l'air sous le récipient sera $\frac{760}{1}$ ou 380, comme dans l'exemple précédent.

La pompe à air, perfectionnée comme nous venons de le dire, est généralement désignée sous le nom de *machine pneumatique*. On a cherché à calculer suivant quelle proportion elle épuise l'air. A considérer la chose d'une manière abstraite, ce calcul est très-facile : car, si au premier coup de piston elle enlève $\frac{1}{10}$ de l'air contenu dans le récipient, elle y laissera par conséquent $\frac{9}{10}$; au second coup elle enlevera encore $\frac{1}{10}$ de ces $\frac{9}{10}$ ou $\frac{9}{100}$, et elle y laissera $\frac{9}{10}$ — $\frac{9}{100}$ ou $\frac{81}{100}$; au troisième coup elle enlevera encore $\frac{1}{10}$ de ces $\frac{81}{100}$ ou $\frac{81}{1000}$; et elle y laissera $\frac{81}{100}$ — $\frac{81}{1000}$ ou $\frac{729}{1000}$; d'où l'on voit qu'en général les restes seront exprimés par les puissances successives de la fraction primitive $\frac{9}{10}$. Ces restes diminuant ainsi continuellement, il semble que l'on devrait enfin parvenir à faire un vide tel que la pression indiquée par l'éprouvette fût tout-à-fait insensible, et c'est cependant ce qui n'arrive jamais, même avec les machines les mieux exécutées. Cela tient à plusieurs causes physiques dont nous n'avons pas tenu compte dans notre calcul. En premier lieu, il faut mettre les vapeurs aqueuses qui se développent dans l'appareil même, et qui émanent des parois du récipient et des corps de pompe à mesure que l'on y raréfie l'air. Il faut y ajouter le frottement des soupapes, l'effort qu'il faut que l'air dilaté fasse pour les soulever, leur jonction qui ne peut pas être parfaite. Toutes ces causes sont autant d'obstacles qui limitent l'effet de la machine, lorsque l'élasticité de l'air intérieur n'est plus suffisante pour les surmonter. Heureusement un vide parfait n'est jamais nécessaire. Il suffit que la machine raréfie l'air à un haut degré; le baromètre qu'elle porte vous indique la quantité d'air qu'elle ne peut extraire, et vous achevez de la rendre parfaite en corrigeant, par le calcul, l'erreur qui pourrait en résulter.

On peut, d'une manière fort simple, prouver par l'expérience ce que nous venons de dire sur le développement des vapeurs aqueuses qui s'exhalent des parois du récipient et des corps de pompe, à mesure que l'on en extrait l'air. Il faut pour cela employer, comme récipient, un ballon à col étroit, susceptible d'être vissé sur la platine de la machine pneumatique, et muni d'un robinet bien travaillé, qui puisse à volonté se fermer et s'ouvrir. On extrait l'air de ce ballon aussi exactement qu'il est possible; et, pour rendre cette extraction plus parfaite, vers la fin de l'opération, l'on multiplie les coups de piston avec rapidité. On observe alors la tension intérieure. Si la pompe est en bon état, elle doit être fort petite, par exemple, de un ou deux millimètres. Fermez alors le robinet de votre ballon, de manière à intercepter

toute communication entre sa capacité intérieure et celle
des corps de pompe. Laissez l'appareil dans cet état pendant
quelque temps, par exemple, pendant une heure ; puis faites
le vide de nouveau dans les corps de pompe, ce qui n'exigera que quelques coups de piston ; et lorsque vous verrez,
par le tube barométrique, que la pression intérieure est redevenue presque nulle, ouvrez le robinet de votre ballon,
pour rétablir la communication entre sa capacité intérieure
et celle des corps de pompe. Vous verrez aussitôt le mercure
du tube barométrique baisser d'une quantité très-notable,
qui pourra aller, par exemple, à douze ou quinze millimètres, si la température est de 16 ou 17 degrés. Cependant
votre ballon, étant resté vissé sur la machine pneumatique,
ne peut pas avoir repris d'air. Il faut donc qu'il se soit développé dans son intérieur une nouvelle quantité de fluide élastique qui n'y existait point dans le premier moment où l'on
venait d'y faire le vide ; ce fluide n'est autre chose que la vapeur aqueuse qui s'est exhalée des parois du ballon pendant
le temps qu'il est resté fermé ; et si l'effet n'en était pas sensible pendant que l'on faisait le vide, c'est qu'on la pompait
plus vite qu'elle ne se développait. La preuve la plus sûre
que ce fluide élastique est réellement de la vapeur aqueuse,
c'est qu'il ne se formera point, si vous mettez dans le ballon
quelque sec dessiccatif, comme du muriate de chaux, de
l'alkali caustique, etc. ; ou, pour parler plus exactement, il
se formera encore, mais ces sels l'absorberont ; et de cette
manière, votre récipient, ouvert sur la machine pneumatique au bout d'un temps quelconque, par exemple, après
une année entière, vous donnera précisément la même tension que vous aviez observée au premier instant, comme je
l'ai moi-même éprouvé par expérience. Mais, pour que le
récipient garde si long-temps le vide, il faut que les robinets
soient parfaitement travaillés ; et comme cette perfection est
d'une nécessité indispensable dans une infinité d'expériences,
je vais entrer dans quelque détail sur leur construction.

Je ne puis pas donner une idée plus juste de ces pièces et
de leur usage, qu'en disant que ce sont des cônes solides qui

pénètrent à angles droits un autre cône creux d'égal diamètre. Soit, *fig.* 36, TT un cylindre métallique solide, luté hermétiquement au col du récipient R. Ce cylindre est percé dans toute sa longueur par un canal étroit qui permet d'introduire, dans le récipient, de l'air, des gaz ou des liquides. Il s'agit d'intercepter à volonté cette communication : pour cela on perce dans la masse du cylindre TT, perpendiculairement à sa longueur, un cône creux AB A'B', et l'on remplit cet espace par un cône solide semblable R'R', fait d'une autre pièce de même métal. On conçoit que, d'abord, ces deux cônes ne peuvent être taillés qu'approximativement l'un sur l'autre, et qu'ainsi ils ne joignent pas parfaitement dans tous leurs points. Mais, pour rendre cette jonction parfaite, on use le cône solide R'R' dans le cône creux, en l'y faisant tourner rapidement un grand nombre de fois, au moyen de la machine que les ouvriers appellent *un tour*; et pour rendre cette opération plus facile, on met entre les deux pièces que l'on frotte ainsi l'une sur l'autre, une poussière très-dure, que l'on nomme *du tripoli*, et que l'on choisit de plus en plus fine à mesure que le travail avance. On y met aussi de l'huile pour faciliter le mouvement de rotation ; et en même temps on presse la partie épaisse du cône R'R' vers la partie la plus étroite du cône creux, comme si on voulait l'y faire entrer. Par cette opération, qui s'appelle dans les arts *un rodage*, on finit par user et mouler les deux pièces l'une dans l'autre, avec une telle justesse, qu'elles adhèrent ensemble comme si elles ne formaient qu'un seul corps continu ; et l'on peut ensuite faire tourner le cône solide R'R' sur lui-même autour de son axe, sans que, ni liquides, ni gaz, quelque subtils qu'ils soient, puissent s'échapper du récipient R, ou y rentrer. Alors on retire le cône R'R', on perce un petit canal *oo* dans son milieu, et perpendiculairement à sa longueur, puis on le remet en place. Quand on tourne ensuite ce cône sur lui-même, tantôt le petit canal *oo* coïncide avec le canal intérieur du grand cylindre TT, et alors la communication de l'intérieur du récipient à l'extérieur est libre ; tantôt le petit canal *oo* se trouve perpendiculaire à

celui du grand cylindre , et alors cette communication est
fermée par les parties solides du cône R'R'. Tel est le jeu de
cet appareil qui est, dans les expériences de physique, d'un
usage continuel. On fait de pareils robinets, même en verre ;
et cela est nécessaire quand on veut renfermer dans les appareils des substances qui, par elles-mêmes ou par les vapeurs qu'elles exhalent, pourraient corroder les métaux ou
se combiner avec les luts.

J'ai expliqué plus haut, *fig.* 31 , comment on parvient à
ouvrir et à fermer tour à tour la communication du récipient
avec les corps de pompe, au moyen du bouchon b, que le
piston lui-même pose et enlève dans son mouvement. Mais
cette méthode , quoique très-bonne , n'est pas encore la plus
sûre que l'on puisse employer ; car le peu de largeur du
bouchon est un obstacle à ce qu'il ferme l'orifice o, avec la
dernière justesse ; et le plus léger défaut, à cet égard, deviendra surtout sensible quand le vide étant presque fait sous
le récipient, l'air comprimé dans les corps de pompe fera effort pour s'y introduire. C'est pourquoi, dans les machines où
l'on recherche une perfection extrême , M. Fortin emploie un
autre mécanisme que j'ai décrit dans le Traité général.

Après avoir expliqué en détail la construction et l'usage de
la machine pneumatique, on comprendra facilement le mécanisme d'une autre espèce de pompe, qui sert pour condenser l'air. Soit R , *fig.* 37 , le récipient dans lequel il s'agit
d'opérer cette condensation. Pour cela , on le visse à un
corps de pompe AB, dans lequel marche le piston P qui est
entièrement solide , et qui doit être construit avec beaucoup de justesse ; la communication du récipient , au corps
de pompe , se fait par le canal SO, terminé en S par une
soupape tellement ajustée qu'elle se lève dans le sens SO ,
pour laisser passer ce qui tend à entrer dans le récipient ;
mais qu'elle ferme le passage à tout ce qui voudrait en sortir : au contraire, il y a en S' une autre soupape qui, étant
soulevée, permet à l'air extérieur d'entrer dans le corps de
pompe , mais qui ne lui permet pas d'en sortir. Cela posé ,
concevons le piston P abaissé sur le fond AB de la pompe.

Si on vient à l'élever, il se formera un vide au-dessous de lui ; l'air contenu dans le récipient ne peut pas en sortir pour venir remplir ce vide, parce que la soupape S l'en empêche ; mais l'air extérieur le remplira, parce que la soupape S' lui permet d'entrer dans le corps de pompe. Maintenant abaissons de nouveau le piston, cet air se trouvera comprimé. Il ne pourra pas sortir par la soupape S' qui lui ferme le passage ; mais il entrera dans le récipient en forçant la soupape S qui, bientôt après se fermant d'elle-même, quand le piston sera descendu en AB, retiendra cet air et s'opposera à son retour. Alors, en élevant de nouveau le piston, on introduira de nouveau dans le corps de pompe une quantité d'air égale à la première ; de là elle passera dans le récipient, et par une suite d'alternatives semblables, on finira par introduire dans ce dernier autant de volumes d'air égaux entre eux, qu'on aura de fois répété ce mouvement.

Pour rendre cet appareil plus commode, et pouvoir soumettre différens corps à la pression de l'air, on le dispose comme dans la *fig.* 38. Alors le récipient est un cylindre de verre très-épais, fermé à ses deux bouts par deux plans de cuivre MMGG qui y sont scellés, et qui sont attachés l'un à l'autre par des tringles métalliques, serrées avec de fortes vis, pour que la compression intérieure ne les sépare pas. Le récipient communique au corps de pompe par un canal C. Il est muni en R d'un robinet qui sert à le fermer quand on y a condensé l'air ; et enfin, il est enveloppé d'un grillage en fer, pour prévenir les accidens qui pourraient arriver s'il venait à éclater par l'effet de la condensation. On emploie ordinairement deux corps de pompe, mais c'est uniquement pour rendre le jeu de la machine continu ; car les pressions exercées sur les deux pistons ne peuvent plus se contre-balancer ici comme dans la machine pneumatique, et il faut une force extérieure pour faire entrer l'air dans le récipient. Mais on rend l'effort moins pénible, en donnant aux corps de pompes de très-petits diamètres.

Pour juger du degré de la condensation, on place dans le récipient une éprouvette représentée *fig.* 39. Elle est composée d'un tube de verre recourbé ABC, dont l'une des branches AB est fermée en A, tandis que l'autre est ouverte en C. Le sommet de la première est occupé par un certain volume d'air sec, lequel s'y trouve emprisonné par une colonne de mercure HBh, qui se recourbe dans l'autre branche. A mesure que l'on condense l'air dans le récipient, cet air qui presse sur la surface du mercure en h, tend à faire monter le liquide dans l'autre branche BA; mais l'air contenu dans cette dernière résiste à cet effort par son élasticité; et, à mesure que la condensation augmente, il résiste davantage en se contractant toujours, de manière que son volume soit, d'après la loi de Mariotte, réciproquement proportionnel au poids dont il est chargé. Ainsi, en comparant ce volume à lui-même, au commencement de l'expérience, et après qu'on a donné un certain nombre de coups de piston, on peut facilement calculer dans quel rapport on a condensé l'air dont le récipient est rempli.

Avec les appareils que nous venons de décrire, on peut faire une infinité d'expériences instructives. Par exemple, en mettant des animaux vivans sous le récipient de la machine pneumatique, et y faisant le vide, on les voit haleter et bientôt mourir; ce qui prouve que l'air qu'ils respirent est nécessaire à leur existence. Il se produit encore en eux un autre effet : toutes les substances aériformes renfermées dans l'intérieur de leur corps, et dont le ressort était contre-balancé par la pression de l'air extérieur, se trouvant déchargées de cette pression, se dilatent et brisent les vaisseaux qui les renfermaient. Cette dilatation excessive rend même sensible aux yeux la petite couche d'air qui adhère comme une enveloppe à la surface de presque tous les corps; car si l'on met, dans un vase plein d'eau, des morceaux de verre ou de métal, du sable, des plumes ou des poussières, et qu'après avoir placé ce vase sous le récipient de la machine pneumatique, on commence à pomper l'air qui presse la surface de l'eau, on voit aussitôt les surfaces de tous les corps plongés dans ce liquide se couvrir d'une infinité de petites bulles d'air qui s'en détachent à mesure que l'on fait le vide, et qui

viennent crever à la surface. L'eau elle-même laisse échapper de pareilles bulles provenant d'une certaine quantité
d'air qu'elle peut absorber, et qui devient invisible pour nous
tant qu'il est combiné avec sa substance, mais qu'on peut lui
enlever, comme nous venons de le dire, en la délivrant du
poids de l'air extérieur, de même que l'on y parvient encore
en augmentant sa force élastique par la chaleur. De plus, si
l'eau que l'on place ainsi sous le récipient de la machine
pneumatique a été préalablement chauffée jusqu'à 20 ou 30
degrés, on la voit bientôt bouillir dès que l'on a donné quelques coups de piston, quoique cette température soit bien
au-dessous de celle qui détermine l'ébullition sous la pression
ordinaire de l'atmosphère. Cela s'accorde avec ce que nous
avons vu précédemment que la température de l'ébullition
de l'eau s'abaisse à mesure que la pression atmosphérique diminue; mais nous ne faisons que montrer ici ce phénomène
dont nous expliquerons plus tard les lois.

Lorsque les substances que l'on place ainsi dans le vide
produisent des vapeurs, il faut prendre garde que ces vapeurs
ne soient pas de nature à altérer les pistons de la pompe, en
corrodant les matières dont ils sont formés. Si l'on veut
introduire de pareilles substances dans le vide, il faut employer un instrument que l'on appelle un *manomètre*, et
que nous décrirons plus loin.

On peut aussi se servir de la machine pneumatique pour
prouver l'égalité de chute de tous les corps dans le vide,
comme nous l'avons indiqué page 57.

Enfin, on produit encore plusieurs autres phénomènes
curieux, en disposant l'air dans des appareils fermés, de manière à augmenter son ressort par sa condensation, ou par la
diminution de la pression extérieure. On emploie ce ressort
pour élever l'eau dans des tubes, ou la lancer en jets d'eau
dans l'air. Ce sont là des jeux de physique que l'on comprendra
sans peine au moyen de ce qui précède, dès que l'on aura vu
les appareils.

Mais une des applications les plus utiles de la machine

pneumatique , c'est la faculté qu'elle nous donne de peser l'air
et les gaz. Je ne parlerai ici que de l'air atmosphérique. Supposons que l'on prenne un ballon de verre muni d'un robinet
travaillé comme nous l'avons dit, pag. 198, et que l'on pèse
d'abord ce ballon ouvert et dans l'air libre. Le poids P, que
l'on trouvera , sera égal au poids de l'enveloppe de verre ,
moins le poids de l'air que cette enveloppe déplace. Faites le
vide dans ce ballon, fermez-le; et, dans cet état, pesez-le de
nouveau. Son poids P' sera alors égal à celui de l'enveloppe
de verre , moins le poids du volume total d'air qu'il déplace ,
et qui est plus grand que la première fois d'une quantité
égale à toute la capacité intérieure. Par conséquent, si la
température et la pression atmosphérique sont restées exacte-
tement les mêmes dans les deux expériences, si , de plus ,
vous avez fait parfaitement le vide , vous n'aurez qu'à re-
trancher, du premier poids P, le poids plus petit P', et la différence P—P' sera le poids de l'air que votre ballon contenait, dans les circonstances où vous avez opéré. On trouve
ainsi, qu'à la température de la glace fondante , et sous la
pression de $0^m,76$, un litre d'air atmosphérique sec pèse
$1^{gr},300$; mais quoique ce résultat soit très-exact , comme on
le verra par la suite, je ne le donne ici que comme une approximation telle qu'on pourrait se la procurer par le procédé
que je viens de décrire ; car il arrivera bien rarement que
l'on puisse opérer précisément dans les circonstances que j'ai
indiquées. Il arrivera plus rarement encore que la température
et la pression restent tout-à-fait constantes pendant le cours
des expériences ; enfin, la vapeur aqueuse qui est toujours
mêlée à l'air , en quantité plus ou moins considérable , fait encore varier son poids. Il faut savoir calculer l'influence de
toutes ces causes, et en corriger l'effet, pour pouvoir réduire
toutes les pesées à un même terme , tel que celui que je
viens de donner ; mais quoiqu'il nous reste encore beaucoup
de connaissances à acquérir avant d'arriver jusques-là, j'ai
jugé utile de donner , dès à présent, l'approximation précédente pour le poids de l'air, parce que cette connaissance
approchée nous suffira pour donner tout de suite la dernière

précision à plusieurs résultats importans que nous découvrirons bientôt.

CHAPITRE IX.

Mesure de la dilatation des corps solides.

MAINTENANT que nous avons complètement réglé la marche du thermomètre, que nous avons donné à cet instrument toute la précision nécessaire pour qu'il fût parfaitement comparable à lui-même dans toutes ses indications, il faut nous en servir pour fixer avec exactitude l'étendue des mouvemens que les variations de la chaleur peuvent produire dans les corps ; car, puisque nous avons reconnu que tous les corps se dilatent quand la température s'élève, et se condensent quand elle s'abaisse, il est évident que ces changemens de dimension doivent faire varier leur masse, et par suite leur poids, sous un volume donné ; or, dans presque toutes les expériences physiques ou chimiques auxquelles nous soumettons les corps, la proportion de leur masse, sous un volume donné, est un des élémens qu'il nous importe le plus de connaître, et par conséquent il nous faut mesurer les variations apparentes que la chaleur y peut produire, avant de chercher à étudier l'influence des autres causes qui pourraient agir sur eux.

Nous nous occuperons d'abord de la dilatation des corps solides ; il est naturel de commencer par eux, car ils forment la matière de tous les vases et de la plupart des instrumens que nous employons. Il semble au premier coup d'œil que cette détermination n'offre aucune difficulté. Former une barre d'une longueur connue, avec le corps solide que l'on veut éprouver ; exposer successivement cette barre à deux températures connues et différentes l'une de l'autre ; puis mesurer sa longueur dans les deux états : voilà à quoi se réduit toute la recherche de sa dilatation ; mais cette opération, qui paraît si simple, est beaucoup plus difficile à exécuter avec exactitude, qu'elle ne le paraît au premier coup d'œil.

Les dilatations des corps solides sont généralement très-petites ; il faut donc employer des moyens très-précis pour les mesurer avec exactitude. Le premier qui se présente à l'esprit, c'est d'agrandir les effets de la dilatation par des leviers et par des roues dentées qui agissent les unes sur les autres. Il est très-vrai que, mathématiquement parlant, les plus petits changemens de longueur peuvent être multipliés, par ce procédé, dans une proportion indéfinie, de manière à devenir sensibles aux observations les plus grossières ; mais s'il est facile de prouver ainsi que les corps se dilatent par les différences de températures qu'on leur fait éprouver, il est beaucoup moins facile de mesurer exactement l'étendue de cette dilatation ; et les causes d'erreurs augmentent à mesure que l'on multiplie le nombre des leviers et des rouages qui réagissent les uns sur les autres ; car, avec quelque perfection que toutes ces pièces soient construites et ajustées ensemble, la machine qu'elles composent sera d'autant plus exposée à être irrégulière qu'elle sera plus compliquée. En outre, et ceci est un des plus grands obstacles que l'on ait à vaincre, il sera très-difficile que les pièces qui doivent être en communication, et même en contact, avec la barre que l'on échauffe, ne participent pas plus ou moins à ses variations de température. Voilà donc une nouvelle cause de variation dans le jeu des rouages ; la négliger, ce serait s'exposer à de grandes erreurs, et en apprécier l'effet est une chose presqu'impossible, pour peu que la machine soit compliquée. Aussi, tous les appareils de ce genre que l'on voit dans les cabinets de physique, et que l'on nomme des *pyromètres*, ne sont propres qu'à prouver la dilatation des corps solides par la chaleur, mais ne peuvent servir à la mesurer ; or, c'est là réellement la question importante, car les effets de la dilatation se manifestent journellement à nos yeux par un si grand nombre de phénomènes, qu'on n'a pas besoin de construire une machine particulière pour en démontrer l'existence.

Supposons donc que l'on se borne à la forme d'appareil qui semble la plus simple. La barre métallique BB', *fig.* 40, s'appuiera par une de ses extrémités sur un obstacle fixe F F ; par l'autre bout elle poussera l'extrémité L d'un levier coudé LCL' mobile autour du centre fixe C, et dont la branche CL' sera beaucoup plus longue que CL ; par exemple, dans le rapport de 100 à 1. Nous placerons, à l'extrémité du bras CL', une division circulaire DD. Alors, si la barre se dilate d'une certaine quantité, par exemple, d'un millimètre, elle fera marcher de cette quantité le bout du levier L; et, par suite, l'extrémité de l'aiguille L' parcourra 100 millimètres ou un décimètre sur la division ; en général le mouvement de la barre transporté à l'extrémité de l'aiguille L' sera centuplé ; par conséquent si l'on admet que l'on puisse apprécier, sur la division, un déplacement de l'aiguille égal à un demi-millimètre, ce qui est extrêmement facile, cette quantité transportée à l'extrémité de la plus petite branche L deviendra $\frac{1}{100}$ de millimètre, ou $\frac{1}{400}$ de ligne ; on pourra donc répondre sur le mouvement de la barre de cette quantité.

Tels sont à peu près les pyromètres que M. Brongniart emploie à la manufacture de porcelaine de Sèvres, pour déterminer des termes fixes dans les hautes températures de ses fourneaux. En effet il est évident que si le même pyromètre est exposé à la chaleur de la même manière, et au même degré de chaleur, l'aiguille L' reviendra toujours à la même division, pourvu toutefois que la dilatabilité de la barre métallique BB reste la même, et que la construction de l'appareil ne s'altère pas.

Mais si cette machine, employée comme nous venons de le dire, est propre à indiquer des termes constans de température, elle ne peut pas, au moins sans être modifiée, mesurer les dilatations absolues des corps. En effet, pour que l'extrémité de l'aiguille L' indique réellement la dilatation absolue de la barre BB', il faut que le point C et l'obstacle F soient parfaitement fixes, ou du moins que leurs distances soient rigoureusement invariables parmi tous les changemens de température que la barre doit éprouver. Or, comment satisfaire à cette condition? Si le point C et l'obstacle F font partie d'un même support, quelle que soit la matière dont ce support soit composé, s'il peut participer à la température de la barre, il se dilatera et se contractera en même temps qu'elle, quoique dans des proportions différentes, et par conséquent la dilatation indiquée par l'aiguille L' ne sera pas celle de la barre BB', mais seulement l'excès de la dilatation de cette barre sur celle du support.

Le moyen le plus simple, le seul même qui semble se présenter pour éviter cet inconvénient, c'est de faire en sorte que les variations de température, si elles agissent sur le point C et sur l'obstacle F, ne puissent pas les écarter l'un de l'autre dans le sens CF, d'une quantité sensible. On y parviendrait, par exemple, si l'obstacle F était un plan de verre bien dressé, perpendiculaire à la longueur de la barre BB', et que le point C fût, de même, déterminé par un long cylindre également perpendiculaire à cette barre ; en ajoutant de plus à cette condition, que le plan et le cylindre fussent soutenus par des supports assez éloignés de la barre, et en même temps assez massifs pour ne participer nullement aux changemens de température qu'elle pourrait éprouver. Telle est à peu près la condition fondamentale de l'appareil employé par MM. Lavoisier et Laplace. Leur barre BB', *fig.* 41, était horizontale, et soutenue dans cette position par des rouleaux de verre sur lesquels elle pouvait librement glisser ; l'obstacle FF était aussi une règle de verre verticale, fixée perpendiculairement à une autre règle horizontale TT, dont les extrémités étaient scellées dans deux énormes piliers de pierre, enfoncés dans le sol à une grande distance de la barre échauffée ; le petit bras CL du levier était également vertical ; et l'axe de rotation C, appuyé de même sur deux autres piliers de pierre, ne pouvait pas non plus être affecté par les changemens de température que l'on faisait subir à la barre ; mais l'extrémité du long bras CL', au lieu de décrire une division, faisait mouvoir une lunette dirigée sur une mire placée à une grande distance. On voit

que cet appareil est tout-à-fait exempt des erreurs occasionées par le déplacement des points que l'on suppose fixes
dans les autres pyromètres.

Ce n'est pas tout encore : pour que ces observations soient
exactes, il faut que la barre soumise à l'expérience ait une
température connue et uniforme, dans toute sa longueur.
Le seul moyen d'y parvenir, est de la plonger dans un fluide
dont toutes les parties se trouvent à cette température.
Mais pour cela, il est absolument nécessaire que la barre
soit horizontale; car en plongeant des thermomètres, à diverses profondeurs, dans un vase rempli de liquide, et chauffé à
un certain degré au-dessus de la température de l'air, on trouve
que ses différentes couches sont inégalement chaudes, et
nous verrons bientôt que, d'après la constitution même
des liquides, il n'en saurait être autrement. De là il
résulte qu'une barre solide, plongée verticalement dans un
fluide échauffé, a, dans ses différens points, une température
inégale, ce qui rend l'évaluation de sa température moyenne
très-difficile. On évite cet inconvénient en plongeant la
barre horizontalement, parce que, dans un liquide qui
n'est point agité, la température est constante dans toute
l'étendue d'une même couche horizontale. Enfin, pour que
les thermomètres placés près de la barre indiquent immédiatement sa température, il faut, comme nous l'a-
vons vu en parlant du thermomètre, qu'ils soient environ-
nés de liquide dans toute l'étendue occupée par la colonne de
mercure; pour cela il faut qu'ils soient couchés horizontalement, ou presque horizontalement le long de la barre.
Cependant on pourrait encore les tenir dans une situation
verticale en ayant égard, par le calcul, à la différence de
dilatation de la partie de la colonne qui serait située hors
du liquide; mais cela serait moins commode, et peut-être
moins exact. Au moyen de ces procédés, MM. Lavoisier et
Laplace ont obtenu les résultats contenus dans le tableau
suivant.

DÉNOMINATIONS des SUBSTANCES par ordre alphabétique.	DILATATION Pour une Règle dont la longueur est 1, à la température de la glace fondante.	
	De 0° à 100°	Pour 1° cen.
Acier non trempé.............	0,00107915	$\frac{1}{92664}$
Acier trempé jaune, recuit à 65 degrés	0,00123956	$\frac{1}{80674}$
Argent de coupelle...........	0,00190974	$\frac{1}{52563}$
Argent au titre de Paris	0,00190868	$\frac{1}{52392}$
Cuivre......	0,00171735	$\frac{1}{58231}$
Cuivre jaune ou laiton	0,00187821	$\frac{1}{53215}$
Étain des Indes ou de Mélac....	0,00193765	$\frac{1}{51609}$
Étain de Falmouth............	0,00217298	$\frac{1}{46161}$
Fer doux forgé...............	0,00122045	$\frac{1}{81937}$
Fer rond passé à la filière.....	0,00123504	$\frac{1}{81157}$
Flint-glass anglais	0,00081166	$\frac{1}{124834}$
Mercure...................	0,00615915	$\frac{1}{16236}$
Or de départ................	0,00146606	$\frac{1}{68202}$
Or au titre de Paris, non recuit.	0,00155155	$\frac{1}{64452}$
Or au titre de Paris, recuit....	0,00151361	$\frac{1}{66067}$
Platine (selon Borda).........	0,00085655	$\frac{1}{116748}$
Plomb....................	0,00284836	$\frac{1}{35108}$
Verre de France avec plomb ...	0,00087199	$\frac{1}{114680}$
Verre sans plomb (en tube)....	0,00087572	$\frac{1}{114191}$
Verre de St.-Gobin (glace)....	0,00089089	$\frac{1}{112247}$

Examen de diverses questions dépendantes de la dilatation des corps solides.

La connaissance de la dilatation des corps solides, particulièrement des métaux, est extrêmement utile dans une infinité de circonstances qui intéressent les sciences et les arts. Nous avons indiqué déjà quelques-unes de ces dernières, parce qu'elles frappent plus aisément les yeux; mais mainte-

Tome I. 14

nant que nous sommes arrivés à des résultats plus précis, nous pouvons entrer dans des applications plus fines et plus délicates.

Par exemple, toutes les fois que le physicien veut soumettre à ses expériences des liquides ou des gaz, il se sert, pour les contenir, de vaisseaux de verre ou de métal; mais si ces vases sont successivement exposés à des températures diverses, la matière dont ils sont formés s'allonge ou se resserre, conformément aux lois de sa dilatation; et comme ces changemens se font à la fois dans les trois dimensions de cette matière, il en résulte que le volume du vase augmente ou diminue; en sorte qu'il faut d'abord avoir égard à ces effets, et les corriger par le calcul, pour pouvoir juger isolément de ce qu'a éprouvé le liquide ou le gaz contenu dans l'appareil. C'est ce qui est très-facile quand on connaît la dilatation du vase, suivant une seule de ses dimensions. Car on prouve à l'aide du calcul que *la dilatation cubique, lorsqu'elle est fort petite, est triple de la dilatation linéaire, pour les mêmes variations de température*; c'est-à-dire que, si une simple règle s'allonge ou se raccourcit, par exemple, de $\frac{1}{1000}$ de sa longueur, le volume de cette règle ou de tout autre corps composé de la même substance, variera dans les mêmes circonstances de $\frac{3}{1000}$. On peut voir la démonstration de ce théorême dans le traité général.

Dans les corps solides, tant que la température est comprise entre la glace fondante et l'eau bouillante, la dilatation linéaire paraît être proportionnelle au nombre des degrés du thermomètre, comptés depuis zéro. Il en sera donc de même pour la dilatation du volume. D'après cela, si l'on connaît le volume d'un corps à 0°, et que l'on connaisse aussi la dilatation cubique de la substance qui le compose, on trouvera facilement le volume de ce corps à toute autre température; ou, réciproquement, étant donné le volume à une température quelconque, on en déduira celui qui convient à la température de 0°. Par exemple, la dilatation cubique du mercure pour 1° est, $\frac{1}{5412}$. Donc un volume de mercure qui serait de 3 centimètres cubes à 0°, deviendrait à 1°, $3 + \frac{3}{5412}$; à 2°, $3 + \frac{6}{5412}$; à 3°, $3 + \frac{9}{5412}$; et ainsi de suite, pour un nombre de degrés quelconque, tant que la dilatation peut être censée constante.

La mesure de la dilatation des métaux devient très-utile pour évaluer, dans certains cas, les changemens de dimension qu'éprouvent les instrumens d'astronomie ; on s'en sert aussi pour ramener à une même température les régles de métal qui servent à mesurer les bases des opérations géodesiques. Enfin on l'emploie pour corriger les variations de longueur, que pourraient prendre les verges des horloges à pendule ; comme cette dernière application est très-importante je l'expliquerai avec quelque détail.

Dans ces instrumens le mouvement est imprimé et réglé par un pendule composé d'une tige métallique, terminée inférieurement par une lentille très-pesante, construite pareillement en métal. Cet appareil, suspendu par l'extrémité libre de la verge, oscille autour de la verticale, et fait marcher d'un pas l'aiguille de l'horloge, à chacune de ses oscillations. Quelles que soient sa forme et les matières dont il est composé, on peut toujours assimiler son mouvement à celui d'un point matériel pesant, qui serait suspendu au bas d'un fil inflexible et sans masse. Cet appareil idéal se nomme un pendule simple ; chaque pendule réel et composé a ainsi son pendule simple auquel il se rapporte, qui marcherait exactement comme lui ; et les durées des oscillations de divers pendules composés, quelles que soient leurs formes, sont proportionnelles aux racines carrées des longueurs de leurs pendules simples. Si donc, sur chacun d'eux, à partir de son axe de suspension, l'on prend une distance égale à cette longueur, l'extrémité de cette distance marquera la position du point pesant qui pourrait être substitué à toute la masse du pendule composé ; c'est ce que l'on nomme le *centre d'oscillation*. D'après cela, il est facile de concevoir que les variations de la température, en altérant la configuration et la longueur du pendule composé doivent changer aussi la position de ce centre, et par conséquent les durées des oscillations. En effet, si elle s'élève, la verge métallique s'allonge, le centre commun d'oscillation de cette

verge et de la lentille descend. Le pendule simple correspon‑
dant devient donc plus long , et les oscillations sont plus lentes.
Au contraire , si la température s'abaisse , le centre d'oscillation
se rapproche du point de suspension , et les oscillations s'accé‑
lèrent. De là naîtraient , dans la marche de l'horloge , des
variations continuelles , si l'on n'avait trouvé le moyen de
corriger cet inconvénient. C'est à quoi l'on réussit par di‑
vers mécanismes que l'on applique à la verge du pendule ,
et qui se réduisent tous , en dernière analyse , à reporter en
haut une partie du poids du système , lorsque la verge s'al‑
longe , et à la reporter en bas lorsqu'elle se raccourcit , de
telle sorte et en telle proportion , que ces effets contraires
se compensent exactement. Ces appareils se nomment des
compensateurs.

Le plus usité est représenté *fig.* 42. ABCD est un châssis
de fer , suspendu par une tige de fer au point S; la verge
de l'horloge , désignée par TL , est aussi en fer; mais elle
n'est pas immédiatement attachée à ce châssis; elle est
fixée au point T , à un châssis plus petit *abcd* , formé par des
tringles de cuivre qui reposent en *cd* sur le grand châssis ,
et y sont fixées en ces points. Pour concevoir le jeu de cet ap‑
pareil , il faut toujours se rappeler que le cuivre se dilate
plus que le fer , par les mêmes changemens de température ,
et les quantités de leur dilatation , pour des longueurs égales ,
sont à peu près entre elles comme 5 à 3. Cela posé , si la
température s'élève , le châssis de fer ABCD et la tige de
fer SF vont s'allonger , ainsi que la verge de fer TL qui porte
la lentille ; mais en même temps les règles *acbd* du châssis
de cuivre intérieur vont aussi se dilater , et d'une quantité
plus grande que les tiges de fer ACBD. En vertu de cet ex‑
cès de dilatation , elles remonteront le point de suspension
T , plus que la dilatation du châssis de fer ne l'a fait descen‑
dre , et elles compenseront donc ainsi , en tout ou en partie ,
l'allongement total des pièces de fer de l'appareil.

En soumettant cet arrangement au calcul on trouve qu'on
ne peut pas obtenir la compensation avec un seul assemblage
de deux châssis; et cela tient , à ce qu'il n'y a pas assez de

différence entre les dilatations des deux métaux employés. Mais on peut y parvenir en multipliant ces assemblages, et les combinant de manière que leurs effets s'ajoutent. Pour cela, supposons que le châssis de cuivre *abcd* ne porte pas immédiatement la verge T L de l'horloge, mais soutienne seulement un autre châssis A'B'C'D', *fig.* 43, composé comme ABCD, c'est-à-dire dont les deux montans A'C', B'D' soient en fer, et dont la traverse inférieure porte un châssis *a'b'c'd'*, dont les deux montans soient de cuivre. Attachons la verge T L à ce second châssis intérieur, et calculons la distance du point G au centre de suspension S. Il est évident que les mouvemens de compensation qui agiront sur ce centre deviendront plus considérables. Aussi trouve-t-on que son immobilité devient possible ; et il suffit pour l'obtenir que la somme de toutes les tringles de cuivre employées dans l'appareil soit triple de la distance du centre de gravité de la lentille à l'axe de suspension S. On peut donc, au moyen de cette règle très-simple, varier à volonté les longueurs des règles et leur nombre de la manière qui semble la plus élégante ou la plus commode. Ordinairement les horlogers se bornent à employer quatre châssis, comme nous l'avons supposé dans la figure.

J'ai vu un horloger, nommé Martin, employer avec succès, pour les horloges à pendule, un compensateur plus simple encore ; et je l'expliquerai d'autant plus volontiers, que c'est précisément le même appareil qui sert pour la compensation des montres qui doivent marcher avec une régularité parfaite, et que l'on nomme par cette raison *chronomètres* ou *garde-temps*. Concevez deux lames métalliques ABCD, *fig.* 44, d'égale longueur, l'une de fer, l'autre de cuivre ; supposez qu'on les place l'une sur l'autre, et qu'on les fixe ainsi invariablement au moyen d'un grand nombre de petites vis qui les traverseront toutes deux en autant de points de leur longueur. Admettons que l'opération soit faite à la température de dix degrés : le système des deux lames sera alors rectiligne ; mais si la température change, cette rectitude cessera. Si elle s'élève, les deux lames se dilateront, et se dilateront inégalement, la lame de cuivre plus que la lame de fer ; alors le système se courbera dans la forme que représente la figure 45, de manière que la lame de fer soit en dedans de la concavité, et celle de cuivre en dehors, pour compenser ainsi, par l'augmentation de son amplitude, l'excès de sa dilatation. Le contraire arrivera si la température s'abaisse au-dessous du terme de dix degrés, que nous avons pris pour point de départ ; le système se courbera encore, mais en sens opposé ; le cuivre, plus contracté, se trouvera en dedans de la concavité, le fer en dehors, *fig.* 46. Pour appliquer ceci à la compensation d'une horloge, *fig.* 47, fixons, en un point quelconque O de sa verge S L, deux systèmes de lames semblables, perpendiculaires à sa direction, et terminés à leurs extrémités par des masses M M, susceptibles d'être rapprochées ou éloignées de la verge SL en se vissant sur deux vis V V. Supposons maintenant que ces lames soient l'une et l'autre rectilignes à une certaine température, à dix degrés, par exemple ; elles feront alors partie du pendule composé qui conduit l'horloge. Mais si la température change, elles se courberont et remonteront ou descendront les masses elles-mêmes. Par exemple, si la température s'élève, la tige S L va s'allonger, et le point L va descendre, ainsi que le point O ; mais en même temps les deux systèmes de lames vont se courber ; et si l'on a mis les lames de fer en dessus, elles se courberont, comme le représente la *fig.* 48, de manière à reporter en haut les deux masses M M, ce qui combattra l'effet que la dilatation de la verge avait produit sur le système. Au contraire, si la température s'abaisse au-dessous du terme pris pour point de départ, la verge S L se contractera et remontera la lentille L ainsi que le point O ; mais en même temps les lames, se courbant, comme dans la *fig.* 49, reporteront en bas les masses M M, et ces effets se combattront encore. D'après la dilatation connue des métaux, on peut calculer les dimensions des diverses parties de l'appareil, de manière que la compensation soit à peu près exacte ; puis on achève de la rendre telle en comparant la marche de la pendule à celle des étoiles, et approchant ou éloignant les masses M M de la verge S L jusqu'à ce que les variations de la tem-

pérature n'altèrent plus le mouvement. Pour faire en peu de
temps cette épreuve, de la manière la plus sûre , on échauffe
l'intérieur de la caisse de l'horloge avec du charbon allumé ,
et on règle les masses de manière que l'horloge marche de
même à ces températures élevées et au degré de chaleur que
se trouve alors avoir l'atmosphère. C'est aussi de cette manière que l'on achève de régler parfaitement les autres compensateurs. Celui que je viens de décrire a l'avantage de pouvoir
s'appliquer , presque sans frais , à toutes les horloges à pendule , et je puis assurer par expérience qu'il est très-exact.

C'est, comme je l'ai dit tout-à-l'heure , un compensateur
de ce genre que l'on applique aux garde-temps pour les
rendre insensibles aux changemens de la température. Il n'est
personne qui ne sache que le régulateur du mouvement ,
dans les montres en général, est un balancier BC, *fig.* 5o ,
mu par un ressort spiral S qui , en se resserrant et se déban-
dant tour à tour , force le balancier à tourner alternativc-
ment sur lui-même , ce qui produit les battemens de la
montre. Mais si la température vient à varier, les dimensions du balancier et du spiral varieront, aussi bien que la
force de ressort , et par suite la durée des vibrations. Pour
détruire cet inconvénient, on fixe au balancier des lames
compensatrices CM, CM, construites en cuivre et en fer ,
comme nous l'avons dit tout-à-l'heure , mais primitivement arquées , afin de ne pas agrandir démesurément la
place que le balancier occupe dans la boîte. Les extrémités
libres de ces lames , sont de même terminées par de petites
vis , et portent de petites masses d'or que l'on peut ainsi
approcher ou éloigner du point d'attache C. Maintenant ,
si la température change , la courbure des lames compensatrices changera aussi, et elles porteront les petites masses MM
plus loin ou plus près du centre O de rotation. Dans le premier cas , les masses agissant sur le centre O par un levier
plus court , il faudra moins de force dans le spiral pour les
faire tourner. Au contraire, quand elles s'éloigneront du
point O , elles agiront sur lui par un levier plus long, et
leur rotation , pour être la même , exigera un plus grand

effort de la part du spiral. On pourra donc disposer les lames de manière que les variations de ces forces correspondent à celles que le spiral éprouve par l'effet des changemens de température ; alors la marche de la montre en deviendra plus régulière ; et on la rendra tout-à-fait régulière à force d'essais, en la plaçant successivement dans des températures artificielles voisines de la glace et de l'eau bouillante, et approchant ou éloignant les petites masses d'or des lames compensatrices jusqu'à ce que la marche de l'horloge, comparée aux étoiles ou à une excellente pendule, n'éprouve plus du tout de variations.

M. Breguet s'est servi des lames compensatrices pour former des thermomètres d'une sensibilité prodigieuse. Il les compose de trois couches, argent, or, platine, unies ensemble par pression, à une haute température, et réduites, par le laminage, à une épaisseur de $\frac{1}{100}$ de ligne. Ce systême est ensuite roulé en spire, et fixé dans cet état par un recuit modéré. Alors on le suspend par le haut à un support fixe, et l'on attache au bas une aiguille métallique horisontale pour servir d'index, *fig.* 51. Si cet appareil est placé dans un air d'une température constante, il prendra le degré d'allongement et de courbure qui convient alors aux lames superposées; mais, pour peu que la température vienne à varier, les spires se tordront davantage au se détordront, et aussitôt l'index marchera. Si l'on compare ces mouvemens aux variations de température observées avec un bon thermomètre, on en déduira la marche de l'instrument. Quand il sera ainsi réglé, sa grande surface et son peu de masse le rendront propre à indiquer subitement les plus petites variations de température. Par exemple, si on le met sous un récipient de machine pneumatique, et qu'on fasse le vide un peu rapidement, ou le verra marcher aussitôt au froid, et indiquer un abaissement de température de quinze ou vingt degrés. Bientôt l'équilibre de température se rétablissant, il reviendra à son état primitif. Alors rendez l'air, et le mouvement de l'index indiquera une élévation de température aussi subite et aussi grande que l'avait été l'abaissement.

Cette chaleur est dégagée par le gaz raréfié resté dans l'intérieur du récipient, et qui est d'abord condensé par celui du
dehors qui s'y précipite.

Après avoir parlé de toutes les espèces de compensations,
je ne dois pas négliger de dire que l'on peut assez bien y suppléer, pour les pendules, en formant leur tige de bois séché
au four, bouilli dans l'huile et verni. Il paraît qu'alors les
dilatations causées par les variations de température sont
presque insensibles.

CHAPITRE X.

Mesure de la dilatation des Gaz par la chaleur.

LES expériences de MM. Lavoisier et Laplace, sur la dilatation des corps solides, nous ont appris qu'entre les termes
de la glace fondante et de l'eau bouillante, la dilatation des
métaux solides est sensiblement proportionnelle à celle du
mercure. La même proportionnalité subsiste encore, dans
ces limites, entre les dilatations du mercure et celles des gaz
secs. Ce résultat important a été parfaitement établi par
M. Gay-Lussac.

Pour mesurer exactement la dilatation des substances gazeuses, il faut d'abord les introduire, en quantité connue,
dans des tubes exactement gradués en parties de capacités
égales, et terminés par une boule dont le volume soit considérable comparativement à leur diamètre. Il faut ensuite
les y contenir sous une pression connue, les exposer à des
températures diverses, et observer les quantités dont ils se
dilatent ou se condensent dans ces divers changemens; en un
mot, il faut former un véritable thermomètre à gaz. Mais
cette opération, pour être exacte, exige plusieurs précautions indispensables.

D'abord pour graduer les tubes on se sert d'un procédé
imaginé par M. Gay-Lussac, et que j'ai décrit dans le traité
général, en parlant des thermomètres. Pour connaître la capacité de la boule et celle du tube, on les remplit succes-

sivement de mercure, et on détermine par la balance l'excès
de poids qu'ils acquièrent, car on sait qu'un millimètre cube
de mercure à 0° pèse, en milligrammes, 13,59719, comme
nous le verrons plus loin. Il faut ensuite que les tubes,
avant d'y renfermer les gaz, soient parfaitement desséchés; car nous avons déjà dit que les tubes de verre qui
sont restés ouverts et exposés à l'atmosphère, se couvrent
intérieurement d'une petite couche d'eau imperceptible,
que la chaleur en détache en la réduisant en vapeur.
Si l'on ne commence pas par enlever cette petite couche
d'eau, la vapeur qui s'en exhalera, dans les températures
diverses, se mêlera au gaz introduit dans le tube, et augmentera son volume; et, comme la quantité de vapeurs ainsi
formée, croîtra avec la température, jusqu'à ce que la petite
couche d'eau soit complètement épuisée, on voit que cette
cause étrangère augmentera continuellement la dilatation
propre du gaz à mesure que la température sera plus élevée :
telle est l'erreur dans laquelle sont tombés plusieurs physiciens.

Le seul moyen d'éviter cet inconvénient, c'est de chasser
d'abord cette petite couche d'eau, en chauffant le tube jusqu'à
la réduire en vapeurs; mais, afin que l'air ne l'y réintroduise
plus, par son contact, il faut remplir le tube avec du mercure,
que l'on y fera bouillir comme dans un thermomètre ; et, ce
qu'il est est important de remarquer, soit que cette ébullition
enlève ou non toute la couche d'eau adhérente au verre, du
moins il ne pourra plus s'en rien exhaler quand le tube
sera exposé à des températures moindres que celles où le
mercure peut bouillir : telle est la première précaution que
M. Gay-Lussac a prise.

Ensuite, pour n'introduire dans ses tubes que de l'air ou des
gaz secs, il lute à leur extrémité ouverte, un autre tube
plus large T T, *fig.* 52, que l'on peut regarder comme une
sorte de récipient destiné à contenir le gaz. Ce tube est rempli en partie de fragmens de muriate de chaux, ou de tous
autres sels susceptibles d'absorber l'humidité. On peut même
supposer que l'on y fait le vide, afin d'y introduire le gaz
sans qu'il se mêle avec l'air. Maintenant, pour en faire en-

trer une certaine quantité dans le tube TG, M. Gay-Lussac emploie un petit fil de fer très-fin préalablement introduit dans ce tube; il incline celui-ci ou le renverse verticalement, et il fait sortir ainsi une grande partie du mercure qu'il contient, lequel est remplacé par un certain volume de gaz représenté par G G, *fig.* 53. Avec quelques précautions, on parvient à n'avoir plus dans le tube qu'une petite colonne de mercure M, qui sert de piston; et tout l'espace G G, depuis ce point jusqu'à la boule du tube, est occupé par le gaz sec qu'on y introduit. S'il s'agit d'air atmosphérique, on n'a pas besoin de faire le vide dans le récipient TT, il ne faut que laisser l'air y séjourner quelque temps sur les sels, après quoi on l'introduit dans le tube T G, comme nous l'avons dit.

Le gaz étant introduit, il ne reste plus qu'à lui faire éprouver successivement diverses températures connues; pour cela, M. Gay-Lussac emploie un vase métallique A B, *fig.* 53, en forme de parallélipipède, dont le fond est placé sur un fourneau de même grandeur. On verse de l'eau dans ce vase, et on l'échauffe à divers degrés. Un thermomètre V, plongé verticalement dans cette eau, et dont la tige sort au-dessus du couvercle du vase, sert pour indiquer à peu près sa température, et pour montrer s'il est nécessaire d'augmenter ou de diminuer le feu.

Mais il ne faut pas que le tube TG, qui contient le gaz, soit plongé dans l'eau de cette manière; car nous avons déjà fait remarquer, par l'expérience, que les diverses couches horizontales d'un liquide qu'on échauffe par son fond, n'ont pas les mêmes degrés de température. Ainsi, pour pouvoir connaître exactement celle qui agit sur le gaz, il faut placer le tube qui le contient, dans une situation horizontale, comme le représente la figure; alors sa température pourra être parfaitement indiquée par un excellent thermomètre *tt* placé vis-à-vis de lui dans la même couche, et disposé aussi horizontalement.

Mais nous avons dit que le vase était métallique; comment donc observer à travers ses parois les degrés du thermomètre *tt*, et le point variable G du tube gradué auquel s'arrête à chaque instant le volume du gaz? On ne peut pas tenir ce point G et la tige *t* du thermomètre continuellement hors du bain d'eau chaude; car alors ces diverses parties n'étant plus à la température du bain, jeteraient de l'erreur sur les observations. Mais on peut, sans inconvénient, sortir ainsi les tubes de temps en temps, pendant le court intervalle nécessaire pour les observer; c'est ce que fait M. Gay-Lussac d'une manière fort simple. Les orifices *oo'*, par lesquels les tubes entrent dans le vase, sont fermés avec des bouchons de liége percés à leurs centres d'un trou, dans lequel chaque tube peut glisser à frottement. Veut-on observer l'état du gaz GG? On fait sortir le tube TG jusqu'à ce que l'extrémité M de la petite colonne de mercure vienne se montrer à l'orifice *o*. On voit alors à quelle division du tube elle répond, et l'on connaît ainsi le volume du gaz à cet instant. Veut-on observer de même le thermomètre? On fait également sortir sa tige en dehors jusqu'à ce que l'extrémité *t* de la colonne de mercure vienne se montrer à l'orifice *o'*; et la division du thermomètre auquel elle répond, indique, au même instant, la température de la couche horizontale où le gaz se trouve placé.

On connaît donc, à chaque instant, de la manière la plus exacte, la température de ce gaz. Ainsi, en mettant d'abord dans le vase de l'eau à zéro; puis élevant successivement la température de l'eau jusqu'à l'ébullition, ou réciproquement la ramenant depuis l'ébullition jusqu'au terme de la glace fondante, on pourra comparer avec précision la marche du gaz et celle du thermomètre; c'est-à-dire, que l'on connaîtra, à chaque instant, par les divisions tracées sur les deux tubes, le volume apparent du mercure et le volume apparent du gaz. En retranchant de ces résultats les effets dus à la dilatation du verre dont sont fait les tubes, on aura les volumes absolus; enfin si la pression atmosphérique a varié dans le cours des expériences, ce qui est le cas le plus ordinaire, on corrigera l'effet de ces variations d'après la loi de Mariotte. On connaîtra donc ainsi très-exactement les volumes que la même masse de gaz aurait occupés à des températures diverses, en la supposant toujours exposée à une même pression barométrique, par exemple, à $0^m,76$. Cela posé il ne restera plus qu'à comparer ces volumes entre eux, pour savoir si la dilatation est uniforme ou variable; car, si elle est uniforme, les accroissemens successifs du même volume, seront proportionnels aux accroissemens des températures auxquelles le gaz aura été soumis; mais si la dilatation est croissante ou décroissante, cette proportionnalité n'aura plus lieu. En faisant l'expérience de cette manière, avec toutes les précautions que nous avons décrites, en la répétant un grand nombre de fois, soit pour l'air atmosphérique, soit pour les différens gaz à l'état de dessiccation parfaite, M. Gay-Lussac est parvenu aux résultats suivans.

Tous les gaz permanens, exposés à des températures égales, sous la même pression, se dilatent exactement de la même quantité. L'étendue de leur dilatation commune, depuis la température de la glace fondante jusqu'à celle de 100 degrés du thermomètre centésimal, est égale à 0,375 de leur volume primitif à 0°, la pression étant supposée constante. Entre ces deux limites, la dilatation des gaz est exactement proportionnelle à la dilatation du mercure; d'où il résulte que, pour chaque degré du thermomètre centésimal, et sous une même pression, tous les gaz se dilatent d'une quantité égale à 0,00375 du volume qu'ils occupaient à la température de la glace fondante.

Ces résultats avaient été obtenus presque en même temps par M. Dalton, habile physicien de Manchester; ils ont encore été récemment confirmés par de nouvelles expériences que MM. Dulong et Petit, ont faites avec un appareil semblable à celui de M. Gay-Lussac. Seulement ces physiciens, ayant employé un bain d'huile fixe au lieu d'eau, pour élever les températures, ils ont pu étendre plus loin les comparaisons des dilatations; ils ont trouvé ainsi qu'au dessus de 100°, le mercure se dilate plus rapidement que les gaz, et d'autant plus, qu'il s'approche davantage du terme de son ébullition; résultat qui lui est commun avec tous les autres liquides, comme on le verra plus loin. Ils ont reconnu également que le verre, le cuivre, le platine et le fer suivent, à ces degrés élevés, une marche de dilatation croissante, relativement aux gaz; et même, relativement au *thermomètre* à mercure; parce que la dilatation de l'enveloppe de verre croît dans une proportion telle, qu'elle dissimule en partie l'accélération de celle du mercure, et produit ainsi une dilatation apparente, plus rapprochée de l'uniformité.

M. Gay-Lussac s'est également assuré que les substances aériformes, produites par la vaporisation des liquides, se dilatent absolument comme les gaz, tant qu'elles ne reprennent point la liquidité. Pour s'en assurer, il a ôté les sels dessiccatifs du récipient TT; il a introduit dans le tube TG des gaz non desséchés, et par conséquent chargés de l'humidité qui peut s'y vaporiser naturellement; humidité que les sels caustiques enlèvent en augmentant de poids. Par ce moyen, l'espace GG s'est trouvé rempli d'un mélange de gaz et de vapeurs aqueuses; et ce mélange, porté successivement à diverses températures plus élevées, s'est dilaté absolument comme aurait fait un égal volume de gaz sec. Mais il ne faudrait pas chercher la même loi en abaissant la température au-dessous du degré où elle se trouvait quand le gaz a été introduit; car nous prouverons plus loin, par l'expérience, qu'un même volume de gaz, à une température donnée, ne peut contenir qu'une certaine quantité limitée d'eau en vapeurs; d'où il suit que, s'il est ainsi saturé de vapeurs aqueuses à un certain degré du thermomètre, et que la température vienne à s'abaisser, une partie de cette vapeur se précipitera à l'état liquide. Cette portion, qui se liquéfie, occupant un volume beaucoup moindre, diminuera le volume absolu du gaz, changera sa force élastique, et, par l'effet de cette double cause, fera varier les lois de sa dilatation apparente.

M. Gay-Lussac a également essayé la dilatation de la vapeur de l'éther; il l'a trouvée la même que celle des gaz, ce qui porte à croire que le résultat est général pour toutes les espèces de vapeurs, tant qu'elles restent dans l'état aériforme.

Au moyen des résultats que nous venons d'exposer, on peut résoudre exactement toutes les questions physiques, que l'on peut se proposer sur les volumes d'une même masse de gaz , exposée successivement à diverses pressions et à diverses températures.

Supposons par exemple, qu'à la température de la glace fondante et sous la pression de $0^m,76$, le volume de cette masse soit exactement d'un litre. On demande ce qu'il deviendra à la température de 10°, la pression restant la même. Pour cela , il n'y a qu'à l'augmenter de dix fois $0,00375$, qui représente la dilatation pour un degré relativement à un volume primitif exprimé par 1 : cela lui ajoutera $0^l,0375$; ainsi le volume dilaté sera $1^l,0375$, à la nouvelle température.

Voulons-nous maintenant faire varier aussi la pression , et la rendre, par exemple, égale à $0^m,38$ au lieu de $0^m,76$; il faudra , d'après la loi de Mariotte, diviser notre volume $1^l,0375$ par la nouvelle pression $0^m,38$, à laquelle on veut le soumettre, et le multiplier par la même pression $0^m,76$ qu'il était censé supporter d'abord; car, à température égale, les volumes d'une même masse de gaz sont réciproques aux pressions. L'opération revient à multiplier notre volume par le rapport $\dfrac{0^m,76}{0^m,38}$ lequel est égal à 2. Le volume cherché sera donc $2^l,0750$, double de ce qu'il était avant qu'on eut fait changer la pression.

Réciproquement si ce volume $2^l,0750$ était donné , avec la pression $0^m,38$ et la température 10° , on le ramenerait aisément au volume primitif qu'il doit occuper à 0° de température, et sous la pression $0^m,76$. L'opération serait précisément inverse de la précédente. Car d'abord, en le multipliant par $\dfrac{0^m,38}{0^m,76}$, ce qui donnerait $1^l,0375$, ou le ramenerait à la nouvelle pression $0^m,76$; et ensuite, en le divisant par $1,0375$ expression d'un volume dilaté, de 0 à 10° on aurait pour quotient 1^l, qui exprimerait son volume primitif à 0° et sous la pression de $0^m,76$. Ce mode de réduction s'appliquerait de même à tout autre exemple , et il sert à chaque instant pour ramener les expériences à des circonstances comparables.

CHAPITRE XI.

De la dilatation des Liquides par la chaleur.

En étudiant les dilatations des gaz et des corps solides, et les comparant, soit entre elles, soit à celles du mercure, depuis le terme de la glace fondante jusqu'à celui de l'ébullition de l'eau, nous avons vu que toutes ces dilatations suivaient une marche uniforme, c'est-à-dire, que les volumes de ces divers corps, mesurés à divers degrés du thermomètre compris dans cet intervalle, étaient toujours proportionnels entre eux. Cette uniformité n'a plus lieu dans les dilatations des liquides, surtout lorsqu'ils approchent du point de l'ébullition ou de la congélation; et l'analogie porte à penser que des inégalités semblables se montreraient aussi dans les dilatations des corps solides, si on les échauffait jusqu'à les fondre, et dans celles des gaz, si on pouvait les refroidir jusqu'à les liquéfier. Ces curieuses propriétés, qui semblent tenir à la constitution même des corps et à la disposition des particules qui les composent, méritent d'être étudiées avec le plus grand soin.

Pour les liquides on peut y parvenir de diverses manières. La plus simple est celle que nous avons employée pour les gaz. Elle consiste à se servir d'un tube de verre exactement calibré, et terminé par une boule dont la capacité soit considérable par rapport à celle du tube. On mesure cette capacité, en la remplissant de mercure, comme nous l'avons expliqué, page 218, et l'on divise aussi le tube en parties de la même mesure, par le même procédé; enfin on remplit la boule et une partie du tube avec le liquide que l'on veut étudier; on l'y fait bouillir pour le purger d'air, et lorsqu'il s'est dilaté jusqu'à remplir le tube, on scelle celui-ci à la lampe, en un mot on en fait un véritable thermomètre. Ensuite on place cet appareil dans un bain liquide, que l'on porte successivement à diverses températures, avec toutes les précautions que nous avons expliquées pour le gaz. En observant, à chaque fois, les divisions du tube auxquelles la colonne s'arrête, on connaît exactement le volume qu'elle occupe, et l'on peut mesurer sa dilatation. Quand on la connaît, on recommence, ou on continue l'expérience pour un intervalle double, triple; et en comparant les diverses valeurs de la dilatation entre elles, on sait si sa marche, comparée à celle du mercure, est uniforme ou variable. Si elle est uniforme, les accroissemens successifs seront proportionnels aux différences de température; mais si la dilatation est croissante ou décroissante, cette proportionnalité n'aura plus lieu.

Deluc a construit ainsi un grand nombre de thermomètres avec lesquels il a fait des expériences très-exactes sur les dilatations des liquides. On en peut voir le tableau dans le traité général. Il employait toujours des liquides purgés d'air, et cette préparation leur donnait la faculté de supporter, sans bouillir, des températures bien supérieures à celles de leur ébullition à l'air libre. C'est ainsi, par exemple, que l'alcool très-rectifié, qui bout à l'air libre à une température d'environ 81° cent. ou 65° R, étant purgé d'air et enfermé dans le vide, soutient, sans bouillir, la température de 100°, tout en continuant de s'échauffer et de se dilater par la chaleur. Nous connaîtrons la cause de ce phénomène quand nous aurons établi la théorie de la formation des vapeurs dans le vide et dans les gaz.

On peut encore déterminer la dilatation des liquides en y pesant à diverses températures un même corps métallique dont on connaît la dilatation. Cette méthode a été employée dans la détermination du gramme, comme nous le verrons plus loin.

De tous les liquides connus, l'eau est celui dont on a le plus étudié les dilatations. En lui appliquant successivement les diverses méthodes que nous venons d'exposer, on arrive également à ce résultat remarquable, savoir que l'eau, en se refroidissant, ne se contracte pas d'une manière constante. Sa contraction diminue, pour chaque degré, à mesure que la température descend vers le 4ᵉ degré du thermomètre centésimal. Au-delà de cette limite, si la température baisse

davantage , le volume de l'eau reste quelque temps constant, après quoi il se dilate au lieu de se contracter. Il y a
donc un point auquel le volume de l'eau est plus petit qu'à
toute autre température; c'est alors que sa *densité* est la plus
grande, c'est-à-dire qu'elle a le plus de masse sous le même
volume. L'ensemble des expériences que l'on a faites sur la
détermination de ce maximum le place entre $+ 3°,43$ et
$+ 4°,44$; l'accroissement du volume de l'eau pour des températures inférieures à ce terme, s'étend même au delà de $0°$.
Car , suivant une remarque de M. Blagden, l'eau maintenue
tranquille et abritée du contact de l'air, peut se refroidir considérablement au-dessous de la température de la glace fondante sans prendre l'état solide, quoiqu'elle se gèle tout-à-
coup si on l'agite , ou si on y jette un petit cristal de glace.
Ce phénomène paraît tenir à ce que les molecules de l'eau
ainsi refroidies avec lenteur, se tournent graduellement les
unes vers les autres, dans les positions où leur attraction
mutuelle est la plus énergique, et par conséquent la plus
favorable à l'état de solidité. Lorsqu'on y plonge un cristal
déjà ainsi disposé, les molécules qui le composent ne font pour
ainsi dire qu'appeler à cette position les molécules liquides.
L'agitation produit le même effet, lorsqu'elle amène un
nombre suffisant de particules dans les circonstances analogues. Selon cette manière de voir, l'expansion éprouvée
alors par le système serait un phénomène secondaire, dépendant de la constitution individuelle des particules.

Le point du maximum de condensation de l'eau est celui
que les savans français ont adopté pour établir l'unité de
poids dans le système des mesures métriques ; cette unité de
poids, que l'on nomme *gramme* , est égale au poids d'un
centimètre cube d'eau distillée amenée à la température du
maximum de condensation.

Il suit de là que, si l'on connaît le nombre de centimètres
cubes que contient le volume d'un vase , on saura , par cela
même, le nombre de grammes d'eau qu'il contiendrait à la
température du maximum de condensation ; ou , réciproquement , si l'on détermine , par la balance , le poids de l'eau

contenue dans le vase à cette même température, on aura tout de suite son volume en comptant chaque gramme pour un centimètre cube. Il n'est pas même nécessaire que la pesée soit faite précisément à la température du maximum de condensation, pourvu qu'on l'y ramène d'après les lois de la dilatation de ce liquide que j'ai exposées dans le Traité général.

En étudiant les dilatations des autres liquides près des points de leur congélation et de leur ébullition, l'on y découvre des singularités analogues à celle que l'eau vient de nous offrir. Il y a des substances qui se dilatent en se gelant comme l'eau; tels sont le fer fondu, le bismuth, l'antimoine et le soufre. D'autres, au contraire, se contractent subitement lorsqu'elles se gèlent, et le mercure est dans ce cas; sa contraction est même très-considérable. Il se gèle vers 39° au-dessous de o. Ces phénomènes peuvent nous donner quelques indications sur l'arrangement que les particules des corps prennent en passant de l'état liquide à l'état solide ou à l'état aériforme, et par suite, sur les conditions physiques qui constituent ces états divers. Mais pour pouvoir nous livrer à ces considérations, il faut d'abord réduire les phénomènes de l'expansion des liquides à des lois générales qui permettent de les embrasser dans leur ensemble. C'est ce que j'ai fait dans le traité général. Ici je me bornerai à dire que la dilatation absolue de l'eau déterminée de cette manière depuis $0°$ jusqu'à $100°$, est 0,04660, c'est-à-dire environ 466 dix millièmes de son volume primitif à $0°$. Celle de l'alcool bien rectifié est, entre les mêmes limites, 0,12548; elle varie avec son degré de rectification. Enfin celle du mercure est $\frac{100}{5412}$, d'après MM. Lavoisier et Laplace.

La manière dont les corps propagent la chaleur, selon qu'ils sont gazeux ou solides, ou liquides, est encore une conséquence de leur constitution dans ces trois états. Si le corps est solide, les particules, qui sont les premières échauffées, ne pouvant se déplacer, communiquent leur excès de température à celles qui les environnent; et c'est seulement de cette manière, et de proche en proche, que l'excès de leur température se transmet aux molécules plus éloignées. On peut en avoir la preuve, en plongeant l'extrémité d'une barre métallique dans une source de chaleur constante; par exemple, dans du plomb fondant, que l'on entretient constamment au degré de fusion. Car si l'on applique à cette barre, en plusieurs points, des thermomètres dont les boules soient logées dans sa substance, et environnées de mercure pour rendre le contact plus intime, on voit ces thermomètres monter successivement, et d'autant plus tôt qu'ils sont plus près de l'extrémité échauffée de la barre. Dans les gaz, au contraire, dont les particules sont si éloignées les unes des autres, que leur action réciproque n'est pas sensible, celles qui sont les premières échauffées se dilatent tout-à-coup, et devenues ainsi plus légères que le reste du fluide dans lequel elles nagent, elles s'envolent par l'excès de leur légèreté. On a une preuve sensible de cet effet dans les chambres très-échauffées; car des thermomètres, placés à diverses hauteurs, y montrent des températures successivement croissantes, et quelquefois tellement différentes, que des animaux peuvent vivre dans la partie inférieure, qui mourraient dans la partie supérieure de cette atmosphère. On en peut encore avoir un exemple frappant, pendant l'hiver, dans nos appartemens échauffés; car si l'on ouvre une porte donnant sur le dehors, l'air plus froid, qui entre par le bas de l'ouverture, et l'air plus échauffé, qui sort par le haut, forment deux courans contraires, dont la direction devient sensible, lorsqu'on y expose la flamme d'une bougie. Enfin le courant ascendant, qui se produit le long des tuyaux des poêles, et en général des surfaces échauffées et verticales, est encore un effet du même genre; il peut aller quelquefois jusqu'à enlever de petits corps légers qu'on expose sur sa direction.

Les molécules des liquides étant indépendantes les unes des autres, comme celles des gaz, on conçoit que la chaleur doit y produire des mouvemens du même genre. Mais aussi, comme elles sont beaucoup plus rapprochées les unes des autres, une partie de la chaleur pourrait s'y propager immédiatement de molécule à molécule, ainsi que dans les corps solides. Si, même, ce dernier effet était beaucoup plus rapide que l'autre, il pourrait le détruire en partie ou en totalité. Comme nous ne pouvons pas prévoir *à priori* lequel de ces deux cas a lieu, c'est à l'expérience à en décider. Or, elle prouve que, dans tous les liquides jusqu'à présent connus, la propagation de la chaleur, par communication immédiate, est extrêmement faible, et comme insensible, comparativement à la communication par les courans ascendans.

Pour mettre ce résultat en évidence, il faut faire en sorte d'isoler ces deux modes de communication. C'est à quoi l'on parvient en échauffant une masse liquide par sa partie supérieure, ou en la refroidissant par sa partie inférieure. Dans le premier cas, les particules que l'on échauffe, devenant plus légères, ne peuvent pas descendre ; dans l'autre, les particules refroidies, devenant plus lourdes, ne peuvent pas monter. Pour mettre ces phénomènes en évidence, il faut prendre un vase de verre, ou de toute autre matière, qui propage lentement la chaleur. Assujettissez un thermomètre de manière que sa boule réponde au fond du vase, et disposez de même un autre thermomètre qui réponde à la partie supérieure ; ou mieux encore, que le vase soit percé latéralement de deux trous, pour laisser passer les deux instrumens, *fig.* 54. Versez alors un liquide froid, de l'eau, par exemple, dans la partie inférieure du vase, de manière que la boule du thermomètre, qui s'y trouve, soit entièrement recouverte ; puis, faisant flotter sur cette eau quelques corps légers d'une large surface, par exemple, une petite plaque de bois très-mince, versez-y doucement de l'eau bouillante, que vous y ferez descendre sans mouvement brusque, par le moyen d'un siphon : vous aurez ainsi deux couches fluides superposées, et de températures très-inégales. Cependant le thermomètre inférieur ne s'échauffera pas sensiblement, au moins dans les premiers instans de l'expérience ; réciproquement, si vous assujétissez au fond du vase un plateau de glace, et que vous versiez de l'eau par-dessus, cette glace ne refroidira pas l'eau, ni l'eau ne fondra la glace, si ce n'est très-lentement. En variant les applications de ce procédé, on produit une foule de phénomènes curieux que confirment les lois de la dilatation des liquides, et que l'on a particulièrement employés à la détermination du maximum de densité de l'eau. On peut les voir dans le Traité général.

CHAPITRE XII.

Des Vapeurs en général, et d'abord de leur formation et de leur force élastique dans le vide.

Nous avons déjà eu plusieurs fois l'occasion de voir que les liquides, lorsqu'ils sont échauffés jusqu'au point de l'ébullition, dans un vase ouvert et exposé à l'air libre, se convertissent en vapeurs qui se dissipent dans l'atmosphère. Nous avons remarqué que cet effet n'a pas seulement lieu à la température de l'ébullition, puisqu'il s'exhale aussi des vapeurs aqueuses des parois humides d'un ballon de verre dans lequel on fait le vide ; et nous avons pu observer que ces vapeurs ont une force de ressort comme les gaz, puisqu'elles dépriment le mercure dans le tube barométrique, adapté à la machine pneumatique. Ce n'est pas uniquement dans le vide que ces vapeurs se développent ainsi à toutes températures, il est seulement plus aisé de les y remarquer. Mais pour en avoir l'effet dans l'air même, prenez un ballon de verre, dans lequel vous mettrez une éprouvette AR, *fig.* 55, pareille à celle de la pompe à condenser ; puis après avoir mouillé les parois intérieures de ce ballon, en le laissant communiquer librement avec l'atmosphère, fermez-le, et observez la tension intérieure que l'éprouvette indique. Cela fait, plongez ce ballon dans de l'eau chaude, à une température connue ; l'air intérieur se dilatera et fera monter l'éprouvette ; mais la pression qu'il exercera ainsi, sera plus forte qu'elle ne devrait l'être, d'après la loi de la dilatation des gaz secs. Il se forme donc, dans ce cas, des vapeurs aqueuses élastiques qui se mêlent à l'air, et augmentent sa force de ressort.

Ces phénomènes ont également lieu dans tous les autres gaz ; par conséquent il nous devient nécessaire de les étudier spécialement pour pouvoir connaître avec exactitude ce qui tient à l'élasticité du gaz , ce qui tient à l'élasticité de la vapeur ; et comme nous avons déjà complètement déterminé ce qui concerne les gaz secs , on voit qu'il nous faut maintenant examiner par l'expérience les propriétés de la vapeur prise isolément. Pour cela , il nous suffira de suivre pas à pas un travail excellent donné sur cette matière par M. Dalton , dans les Mémoires de Manchester , pour l'année 1805.

Cet habile physicien commence par étudier les effets des vapeurs dans le vide. Le procédé qu'il emploie pour cela est extrêmement simple. On prend un tube de baromètre , divisé sur sa longueur en parties égales , gradué par exemple en centimètres et millimètres : ensuite on y verse du mer-cure récemment bouilli , de manière à le remplir presque entièrement, et on achève de le remplir tout-à-fait , en recouvrant le mercure avec une très-petite couche d'eau, ou du liquide , quel qu'il soit , dont on veut essayer les vapeurs. Alors bouchant ce tube avec le doigt , on le renverse , et l'on promène à plusieurs reprises le liquide dans toute sa longueur, afin de détacher les petites bulles d'air adhé-rentes à ses parois. On redresse de nouveau le tube , en te-nant son ouverture en haut. On ôte le doigt ; l'excédant du liquide, qui n'est point resté attaché aux parois du tube, monte vers l'ouverture , entraînant avec lui quelques bulles d'air. On laisse dégager cet air , et on achève de remplir le tube avec du mercure, puis on le bouche de nouveau avec le doigt, et on le renverse dans une cuvette remplie de ce même métal, comme on ferait pour avoir un baromètre or-dinaire. C'est même réellement un baromètre , dont les pa-rois intérieures sont mouillées avec le liquide dont on a fait usage ; mais le mercure s'abaisse dans ce baromètre à li-quide , plus qu'il ne le fait au même instant dans un baro-mètre où l'on a fait bouillir le mercure , parce que les vapeurs qui s'exhalent des parois humectées du tube , exer-cent intérieurement une force élastique qui déprime la co-lonne de mercure. Pour observer complètement ces effets, il faut attendre quelques instans , afin que la couche humide qui mouille les parois du tube ait eu le temps de s'en détacher peu à peu, et de venir se réunir, au moins en partie, à la surface du mercure où elle forme une petite couche de 1 ou 2 millimètres d'épaisseur. Alors, en comparant la hauteur de la colonne de mercure élevée dans le tube, à celle que le poids de l'atmosphère élève au même instant dans un baromètre purgé d'air, l'excès de la seconde sur la première, fait connaître *la force élastique de la vapeur*, ou ce que l'on nomme sa tension. Par exemple, si la température est de 18°,75, et que le liquide employé soit de l'eau bien pure, le mercure dans le baromètre à liquide se tiendra plus bas d'environ 14 millimètres que dans le baromètre purgé d'air. Si le liquide est de l'éther, et que les circonstances soient les mêmes, la force élastique de la vapeur, ou sa tension, sera beaucoup plus grande.

Avant d'aller plus loin, il faut examiner diverses propriétés qui distinguent essentiellement les vapeurs d'avec les gaz. L'élasticité d'un gaz, ou sa force de ressort, augmente quand on diminue l'espace où il est renfermé ; le gaz alors se comprime sur lui-même en résistant toujours davantage, et sa force de ressort est inversement proportionnelle à l'espace qu'on lui fait occuper. Rien de tout cela n'arrive avec les vapeurs, du moins quand l'espace où elles se trouvent en contient toute la quantité qui s'y élève naturellement à la température où l'on opère. Alors, si l'on plonge le tube qui les renferme dans un vase cylindrique, profond et rempli de mercure, *fig.* 56, à mesure que l'on y descend le tube, on voit l'espace CH occupé par la vapeur, diminuer de plus en plus, sans que la longueur AH de la colonne de mercure intérieure éprouve la plus légère variation. Donc, à mesure que vous resserrez l'espace où la vapeur existe, une portion de cette vapeur perd son élasticité et repasse à l'état liquide. En enfonçant ainsi le tube dans le mercure, on peut liquéfier toute la vapeur ; et cela arrive quand la portion CA du tube, élevée au-dessus du niveau extérieur du mercure, égale la hauteur AH de la colonne intérieure, plus l'épaisseur que la petite couche liquide , et la vapeur réduite aussi en liquide , peuvent occuper.

Une autre différence entre les vapeurs et les gaz , qui peut être regardée comme une conséquence de la précédente , c'est que si vous augmentez dans un espace donné , la quantité de matière gazeuse, ou la quantité de matière susceptible d'y développer un gaz , vous augmentez en même temps la force élastique que ce gaz exerce; mais en augmentant , dans un espace donné , la quantité de liquide non vaporisée , vous n'y changez nullement la tension de la vapeur. Ainsi cette tension sera la même dans le tube barométrique de l'expérience précédente, quelle que soit l'épaisseur de la couche liquide amassée au-dessus de la colonne de mercure, pourvu toutefois que , dans le calcul , on ait égard au poids de cette petite couche , qui fait partie de la colonne élevée intérieurement.

Le caractère essentiel des vapeurs est donc que , pour chaque température, il n'en peut exister qu'une quantité limitée dans un espace donné , de sorte qu'en diminuant graduellement l'espace, tout l'excès se réduit par la pression , sans que la force élastique augmente ; tandis que les gaz, résistant à la pression, peuvent être condensés indéfiniment, sans se réduire à l'état de liquide par aucune pression connue. C'est pourquoi on donne souvent à ces derniers le nom de *gaz permanens*, afin de les distinguer des *vapeurs*.

L'accroissement de la force élastique par la chaleur est aussi très-différent dans ces deux espèces de fluides aériformes, du moins lorsque l'on fournit à l'espace toute la quantité de vapeurs qu'il peut contenir. Les forces élastiques des gaz secs à la température de l'eau bouillante et à celle de la glace fondante , sont entre elles comme 1,375 à 1 : celles de la vapeur aqueuse entre les mêmes termes, dans dans un espace saturé , sont entre elles comme 150 à 1.

Après avoir ainsi constaté les propriétés caractéristiques des vapeurs , le premier objet de nos recherches doit être de mesurer leurs forces élastiques à diverses températures. L'appareil que nous avons employé , d'après M. Dalton , est encore extrêmement propre pour cet objet ; il ne faut qu'entourer notre tube par un autre plus large , fermé à sa base avec un long bouchon de liége que le premier tube traverse , *fig.* 57. En remplissant l'intervalle des deux tubes avec de l'eau portée successivement à diverses températures , on communique cette température à la vapeur ; ensuite pour connaître exactement sa force élastique , on mesure la hauteur de la colonne de mercure AH qui se trouve soutenue dans le tube au-dessus du niveau ; et, après l'avoir réduite à la température extérieure de l'atmosphère , on la retranche de celle que l'on observe au même instant dans un baromètre purgé d'air par l'ébullition. Seulement pour que l'expérience soit exacte , il faut mesurer la température de l'enveloppe d'eau chaude avec un thermomètre à reservoir cylindrique qui s'étende dans toute sa longueur , afin d'avoir la température moyenne de toutes ses couches.

Le plus que l'on puisse faire descendre le mercure dans le tube, par le procédé que nous venons de décrire , c'est de l'amener jusqu'au niveau ; car on ne pourrait plus observer le point où la vapeur s'arrête , si elle faisait descendre le mercure au-dessous de ce terme , et par conséquent la plus grande force élastique que l'on puisse observer avec cet appareil , est égale à la pression de l'atmosphère. Pour aller plus loin , M. Dalton s'est servi d'un tube recourbé en forme de siphon , *fig.* 58. Il le remplissait en partie de mercure avec les précautions que nous avons d'abord décrites , et il faisait passer ensuite dans la branche la plus courte le liquide qu'il voulait vaporiser. La longueur de cette branche était telle que l'espace occupé par la vapeur y fut nul ou peu considérable à la température ordinaire de l'atmosphère. En redressant l'appareil, on observait si la vaporisation avait lieu ; et, dans tous les cas, on marquait sur la longue branche , la hauteur du mercure dans la petite, ce qui fixait la différence de niveau. Alors, pour élever la température du liquide , M. Dalton employait deux enveloppes de métal , cylindriques et concentriques l'une à l'autre , *fig.* 59, dont l'intérieure s'ajustait avec des bouchons autour de la branche du tube qui contenait le liquide. Ensuite on versait , entre les deux enveloppes, de l'eau à une température déterminée , aussi chaude qu'on le désirait. La force élastique de la vapeur , augmentant par la chaleur, abaissait le mercure dans la branche la plus courte , et l'élevait dans la branche la plus longue : en mesurant cette élévation , la doublant, et ajoutant la différence primitive de niveau , l'on avait la hauteur totale de la colonne de mercure élevée dans la longue branche au-dessus du niveau de ce liquide dans la plus petite , niveau que l'enveloppe métallique empêchait d'apercevoir. Ajoutant donc cette hauteur à celle que la pression atmosphérique soutenait au même instant , dans un baromètre purgé d'air , la somme exprimait la pression totale que la vapeur soulevait à cette température : c'était par conséquent la mesure de sa force élastique.

Conjointement avec les méthodes précédentes , M. Dalton en a employé une autre pour connaître ou plutôt pour vérifier la tension de la vapeur aqueuse entre les températures de 0 et de 100 degrés. Il y emploie ce principe simple : lorsqu'un liquide bout sous une certaine pression de l'atmosphère , sa force élastique est égale à la pression que cette atmosphère exerce sur sa surface. Or , pour exposer ainsi un liquide à des pressions atmosphériques différentes et moindres que la pression ordinaire de l'atmosphère , il n'y a qu'à le mettre sous le récipient d'une machine pneumatique , à l'aide de laquelle on raréfiera l'air lentement et par degrés. Le baromètre adapté à la machine s'élève pendant cette opération ; et sa hauteur , retranchée de celle qui s'observe au même instant dans le baromètre extérieur , donne la mesure de la pression exercée par l'air contenu dans le récipient. Si donc l'eau que vous y placez se trouve échauffée à un degré tel qu'elle commence à bouillir sous cette pression , vous connaîtrez par cela même que sa force élastique est égale à celle de l'air renfermé , et par conséquent vous pourrez l'exprimer par la longueur de la colonne de mercure que cet air soutient. Ainsi tout se réduit à mettre d'avance un thermomètre dans cette eau pour connaître sa température au moment où elle commence à bouillir. Cette seconde méthode employée par M. Dalton lui a donné des résultats qui s'accordaient très-bien avec les observations faites dans des tubes vides d'air.

On verra plus loin que la vapeur, en se mêlant à l'air dans un espace fermé, ajoute sa force élastique à celle que cet air avait déjà. D'après cela, on pourrait penser que, dans l'expérience précédente, la force élastique de l'eau, qui entre en ébullition, devrait s'ajouter à celle de l'air contenu dans le récipient, et par conséquent la doubler; ce qui est tout-à-fait contraire à l'expérience, car lorsque l'ébullition a lieu, l'éprouvette n'en est nullement affectée. Mais il faut faire attention que la masse d'eau liquide possède seule cette température élevée qui la fait bouillir. L'air renfermé dans le récipient se trouve à une température toute différente, et il la conserve par le contact des parois du récipient même et du plateau de glace de la machine, qui sont à la même température que lui. Or, tant que la température reste la même dans cet espace, il ne peut admettre qu'une certaine quantité déterminée de vapeur. Cette quantité se forme dès que le vase qui contient le liquide est placé sous le récipient; ainsi, quand l'eau vient à bouillir, les vapeurs qui s'en exhalent avec plus de rapidité ne font que compenser celles qui se condensent au même instant sur les parois du récipient, et dans l'air lui-même, sans qu'il en résulte le moindre accroissement dans la force élastique commune du mélange d'eau et de vapeurs, comme le prouve en effet l'observation. L'exacte vérité de ces considérations sera parfaitement sentie quand nous aurons examiné les phénomènes qui résultent du mélange des vapeurs et des gaz; nous nous bornons ici à les indiquer.

En employant les divers procédés que je viens d'exposer, M. Dalton a d'abord mesuré les forces élastiques de la vapeur aqueuse pour diverses températures comprises entre o et 100 degrés du thermomètre centésimal, et en interpolant ses résultats, j'en ai déduit la table suivante qui exprime la force élastique de la vapeur en millimètres, depuis 20° au-dessous de zéro jusqu'à 130° au-dessus. On peut aisément vérifier d'après cette table, la règle que nous avons énoncée pag. 176.

degrés	tension.	degrés	tension.	degrés	tension.	degrés	tension.
—20	1,533	18	15,353	56	119,39	94	611,18
—19	1,429	19	16,288	57	125,31	95	634,27
—18	1,551	20	17,314	58	131,50	96	658,05
—17	1,638	21	18,317	59	137,94	97	682,59
—16	1,755	22	19,417	60	144,66	98	707,65
—15	1,879	23	20,577	61	151,70	99	733,46
—14	2,011	24	21,805	62	158,96	100	760,00
—13	2,152	25	23,090	63	166,56	101	787,27
—12	2,302	26	24,452	64	174,47	102	815,26
—11	2,461	27	25,881	65	182,71	103	843,98
—10	2,631	28	27,390	66	191,27	104	873,44
— 9	2,812	29	29,045	67	200,18	105	903,64
— 8	3,005	30	30,643	68	209,44	106	934,81
— 7	3,210	31	32,410	69	219,06	107	966,31
— 6	3,428	32	34,261	70	229,07	108	994,79
— 5	3,660	33	36,188	71	239,45	109	1032,04
— 4	3,907	34	38,254	72	250,23	110	1066,06
— 3	4,170	35	40,404	73	261,43	111	1100,87
— 2	4,448	36	42,743	74	273,03	112	1136,43
— 1	4,745	37	45,038	75	285,07	113	1172,78
0	5,059	38	47,579	76	297,57	114	1209,90
1	5,393	39	50,147	77	310,49	115	1247,81
2	5,748	40	52,998	78	323,89	116	1286,51
3	6,123	41	55,772	79	337,76	117	1325,98
4	6,523	42	58,792	80	352,08	118	1366,22
5	6,947	43	61,958	81	367,00	119	1407,24
6	7,396	44	65,627	82	382,58	120	1448,85
7	7,871	45	68,751	83	398,28	121	1491,58
8	8,375	46	72,393	84	414,73	122	1534,89
9	8,909	47	76,205	85	431,71	123	1578,96
10	9,475	48	80,195	86	449,26	124	1625,67
11	10,074	49	84,370	87	467,58	125	1669,31
12	10,707	50	88,742	88	480,09	126	1715,58
13	11,378	51	93,501	89	505,38	127	1762,56
14	12,087	52	98,075	90	525,28	128	1810,25
15	12,837	53	103,06	91	545,80	129	1858,63
16	13,630	54	108,27	92	566,95	130	1907,67
17	14,468	55	113,71	93	588,74		

La force élastique de la vapeur étant ainsi connue pour toutes les températures où l'on peut avoir occasion de l'observer, M. Dalton a cherché à déterminer de la même manière celle des vapeurs des autres liquides; et, par des expériences ainsi faites sur l'éther sulfurique, l'alcool, l'ammoniac liquide, une dissolution de muriate de chaux, l'acide sulfurique et le mercure, il a découvert cette loi générale : que la variation de la force élastique de la vapeur, pour un même nombre n de degrés du thermomètre, est exactement la même pour tous les liquides, en partant de la température où les forces élastiques sont égales. Ainsi, en supposant, par exemple, de l'eau et de l'éther liquides, soumis l'un et l'autre à une même pression de $0^m,76$, on trouve, par expérience, que l'eau bout à 100 degrés du thermomètre, tandis que l'éther bout à 39^n. A ces températures, les forces élastiques des deux vapeurs sont par conséquent égales entre elles, et soutiennent également une pression de $0^m,76$. Maintenant, si l'on diminue chaque température de 10 degrés, ce qui amenera celle de l'eau à 90, et celle de l'éther à 29, on trouve que les forces élastiques des deux vapeurs sont encore égales, et qu'elles sont l'une et l'autre diminuées de $0^m,23472$; c'est-à-dire, qu'elles ne soutiennent plus que $0^m,52528$, ainsi que notre table l'indique pour la vapeur d'eau, $10°$ au-dessous de son ébullition.

Autre exemple. L'éther, dont se servait M. Dalton, bouillait à $38°,888$ sous une pression barométrique égale à $0^m,75565$. Il mouilla, avec cet éther, un tube barométrique rempli de mercure, en prenant toutes les précautions décrites plus haut. L'ayant ensuite renversé, et placé dans la cuvette, une petite couche d'éther s'éleva en peu de minutes sur le sommet de la colonne de mercure, et la hauteur de cette colonne devint enfin stationnaire à $0^m,4318$. La température de l'air de la chambre était alors à $16°,666$, et le baromètre, au même instant, marquait $0^m,75565$. On avait donc pour cet éther :

	Température.	Force élastique.
1re. Expérience.......	$38°,888.$	$0^m,75565.$
2e. Expérience.......	$16,666$	$0^m,75565 — 0^m,4318 = 0,32385.$
Différ. des températures.	$22,222.$	

Pour comparer ces résultats à ceux que donne la vapeur

aqueuse , il faut d'abord chercher la température à laquelle
celle-ci soutient 0,75565 ; et d'après notre table , on trouve
que cela a lieu à la température de 99°,836. Ainsi , à cette
température , la force élastique de la vapeur aqueuse éga-
lait celle de l'éther dans la première expérience. La seconde
expérience est faite à une température plus basse de 22°222 ;
abaissons donc aussi de cette quantité la température 99,836,
nous aurons 77,614. Si la loi est vraie , la force élastique des
deux vapeurs, à cette dernière température , est encore
égale. En effet , d'après notre table , celle de la vapeur
aqueuse est alors exactement de 0^m,31871 au lieu de 0^m,32385
que l'observation de l'éther a donnés. L'erreur est de 0^m,00514.

M. Dalton essaya de même cette loi pour diverses autres
températures , soit au-dessous de l'ébullition, soit au-dessus,
et il la trouva toujours exacte. Mais , comme la force élastique de l'éther devient très-considérable à de hautes températures , parce qu'elle est déjà très-forte à des températu-
tures basses , on conçoit qu'il fut obligé d'employer un baromètre à siphon , *fig.* 59. Cela lui donna même l'avantage
de pouvoir vérifier la loi des forces élastiques de la vapeur
aqueuse à des températures plus élevées qu'il n'avait pu le
faire par l'expérience directe. Par exemple , en essayant ainsi
la vapeur de l'éther à la température de 63°,888 , il trouva
qu'elle soutenait une colonne de mercure égale à 0^m,889, outre
la pression atmosphérique qui était alors de 0^m,75565 ; la
force élastique de cette vapeur était donc alors 1644^{mm},65.
Pour la comparer à celle de la vapeur aqueuse , il faut partir
de la température où cette dernière égale 0^m,75565 ; c'est
99°,836 , comme nous l'avons vu tout-à-l'heure. Il faut y
ajouter l'augmentation de température éprouvée par la vapeur de l'éther depuis l'ébullition, c'est-à-dire 63°,888—38°888
ou 25° ; ce qui donne 124°,836; cherchant donc , dans notre
table , la force élastique de la vapeur de l'eau pour cette
température , on la trouve égale à 1661^{mm},82 ; au lieu de
1644^{mm},65 que donne l'observation de l'éther. La différence
n'est que de 17^{mm},17 ; et elle paraîtra bien petite , comparativement à la grande intensité de la force absolue

si l'on songe à toutes les sources d'erreurs que comportent nécessairement de pareilles observations. Les expériences que fit M. Dalton sur l'alcool, l'ammoniac et la dissolution de muriate de chaux, confirmèrent également la loi précédente. Comme la méthode est la même, il est inutile d'entrer à cet égard dans aucun détail.

De là, il résulte que les liquides, qui bouillent à de très-hautes températures, doivent donner des vapeurs dont la force élastique est excessivement petite dans les températures ordinaires. Prenons pour exemple de l'acide sulfurique, qui soit tel, que sous une pression de 0^m,76 il bouille à la température de 300 degrés. Si l'on élève sa température jusqu'à 200 degrés, c'est-à-dire à 100 degrés au-dessous de son ébullition, sa vapeur aura la même tension que celle de l'eau à zéro, c'est-à-dire qu'elle sera de 5 millimètres. Mais si l'on ne porte cet acide qu'à la température de 100 degrés, la tension de sa vapeur sera la même que celle de la vapeur aqueuse à 100 degrés au-dessous de 0, c'est-à-dire qu'elle sera absolument inappréciable. Les mêmes considérations s'appliquent également aux vapeurs du mercure qui ne bout qu'à la température de 349 degrés, et il en résulte que la tension de ces vapeurs, dans les températures ordinaires, doit aussi être excessivement petite. Elles ne peuvent donc produire dans le vide des tubes barométriques aucune élasticité sensible ni par conséquent aucune dépression dont il faille tenir compte. Les corps solides, qui ne se fondent, et qui ne bouillent qu'à des températures excessivement élevées, doivent par la même raison ne point produire de vapeurs sensibles dans le vide barométrique ; aussi n'y exercent-ils aucune dépression. Cependant quelques-uns de ces corps, par exemple, l'étain, le plomb et le cuivre, exhalent des odeurs qui sont sensibles pour nos organes. Le camphre exhale aussi une odeur excessivement pénétrante ; cependant il ne produit qu'une tension insensible dans le vide à la température ordinaire. Mais si on le chauffe en approchant du tube un charbon ardent, ou l'environnant d'une enveloppe de tôle échauffée, sa vaporisation devient sensible, et la colonne de mercure s'abaisse d'une quantité très-notable. Dès que l'on retire la cause échauffante, on voit presque aussitôt le mercure remonter dans le tube ; et la vapeur du camphre, reprenant l'état solide, se dépose sur les parois intérieures du tube sous la forme d'une fine poussière blanche.

Les affinités que les solides exercent sur certains liquides, se manifestent dans le vide en diminuant la tension de leurs vapeurs. Par exemple, l'eau dans laquelle on a fait dissoudre de la soude ou de la potasse, bout à une température plus élevée que l'eau pure. Ainsi, la vapeur de cette dissolution doit avoir dans le vide une tension moindre que celle de l'eau commune, à température égale ; c'est aussi ce qui a lieu. Mais cette diminution de tension se fait même sentir sur la vapeur déjà formée. Lorsque l'on a introduit de l'eau pure sous un tube barométrique, et que l'on a bien exactement observé sa tension, si l'on y fait passer un petit morceau de soude, qui s'élève dans le mercure par sa seule légèreté, et va gagner la petite couche liquide dans laquelle il reste plongé entièrement, on voit presque aussitôt la tension de la vapeur décroître ; et, au bout de quelques instans, elle se trouve réduite au degré qui convient à une eau chargée de soude. Cependant, il n'y a pas un atome de cette soude qui entre dans la vapeur ; et les molécules de vapeurs élevées dans le haut du tube ne sont pas en contact avec elle directement. Quelle espèce de modification peuvent-elles donc éprouver, qui puisse diminuer ainsi leur force élastique ?

On peut faire une réflexion semblable sur toutes les dissolutions salines. Presque toutes ces dissolutions bouillent à des températures plus élevées que l'eau pure ; aussi, à température égale, la force élastique de leurs vapeurs est-elle moindre que celle de l'eau. Néanmoins, dans un cas comme dans l'autre, la vapeur qui s'élève n'est réellement que de la vapeur aqueuse, sans aucun atome de sels. Car si l'on poussait la vaporisation de ces dissolutions jusqu'à faire entièrement évaporer le liquide, les vapeurs se condenseraient toutes en eau distillée, et tout le poids du sel se retrouverait dans le résidu solide. Comment donc cette vapeur aqueuse, étant toujours la même, peut-elle, à la même température, avoir des forces élastiques inégales?

Il faut nécessairement que cette inégalité tienne à la différence même des liquides sur lesquels elle repose, et à l'affinité inégale qu'ils exercent sur elle; car ces circonstances sont les seules qui ne soient pas les mêmes dans les différens cas que nous examinons. Ceci nous conduit donc à regarder les différentes couches qui composent la vapeur, comme s'appuyant mutuellement les unes sur les autres, en vertu de leur élasticité, jusqu'à la dernière, qui repose immédiatement sur le liquide. Celle-ci a nécessairement pour force élastique celle avec laquelle le liquide tend à émettre des vapeurs, quelle que soit d'ailleurs la cause qui lui donne cette tendance et cette faculté. Si donc ce liquide est d'abord de l'eau pure, et qu'il vienne à changer dans sa constitution, de manière que sa tension s'affaiblisse, alors les couches de vapeurs qui reposent immédiatement sur sa surface, ou tout près de cette surface, seront plus comprimées par l'élasticité des couches supérieures, qu'elles ne seront soutenues par la tension du liquide. Elles devront donc se précipiter dans celui-ci, qui les réduira aussi en liquide par son affinité. Il en sera de même ensuite des couches qui seront au-dessus des premières, lorsqu'elles viendront à leur tour se mettre en contact avec le liquide, jusqu'à ce qu'enfin l'élasticité de la vapeur raréfiée soit devenue précisément égale à *la tension* du liquide, c'est-à-dire à la force avec laquelle il tend à émettre des vapeurs.

Ces considérations expliquent l'effet d'un appareil très-ingénieux, imaginé par M. Gay-Lussac, pour mesurer la tension de la vapeur aqueuse à des températures très-basses, et même fort inférieures au degré de la congélation. Il est composé d'un tube barométrique, dont l'extrémité supérieure est recourbée un peu au-dessous de l'horizontale, comme on le voit *fig.* 60. Une petite quantité d'eau, introduite avant de renverser ce tube, se vaporise en partie quand il est redressé; et abaisse le mercure d'une quantité déterminée par sa tension à la température extérieure. Il faut maintenant amener cette vapeur aux températures assignées. Pour cela,

M. Gay-Lussac introduit l'extrémité supérieure C du tube dans une allonge remplie d'un mélange réfrigérant, au centre duquel est un thermomètre ; et il abaisse ainsi la température de cette partie. La vapeur qui s'y trouve perd de sa force élastique, se précipite, est aussitôt remplacée par une autre portion de vapeur qui se précipite de même, et ainsi de suite jusqu'à ce que toute l'eau, qui était restée liquide en H, se soit vaporisée complètement, et soit venue se déposer en C. Alors la portion qui conserve l'état de vapeur n'a plus que le degré de tension qui convient à la température de C ; et en appliquant ici le raisonnement dont nous faisions tout-à-l'heure usage , on voit qu'en général, dans un tube ainsi échauffé inégalement , le degré de tension auquel la vapeur peut se soutenir est déterminé par la température la plus faible. Il ne reste donc plus qu'à observer cette tension, en comparant la hauteur du mercure, dans le tube qui contient la vapeur, avec sa hauteur au même instant dans un baromètre parfaitement purgé d'air. Pour que ces mesures soient plus exactes, M. Gay-Lussac emploie une petite lunette horizontale, mobile verticalement, comme un curseur, sur une échelle graduée , et munie intérieurement d'un micromètre , dont il rend les fils tangens à la surface du mercure dans les deux tubes, *fig.* 61. Il a trouvé ainsi qu'à — 19°,59 du thermomètre centésimal la tension de la vapeur aqueuse est encore 1^{mm},353. Or, en la calculant par notre table , on la trouve égale à 1^{mm},3723 , c'est-à-dire, presque exactement la même; d'où l'on voit que la loi conclue des expériences de M. Dalton sur l'eau à l'état liquide, s'applique encore , même à des températures beaucoup plus basses que celles de la congélation ; et ainsi la solidification de l'eau n'a absolument aucune influence sur la tension de sa vapeur ; phénomène remarquable, et qui n'est pas une des moindres découvertes de l'ingénieux physicien que j'ai tout-à-l'heure cité.

J'indiquerai encore une autre disposition d'appareil très-élégante et très-commode , que M. Gay-Lussac a pareillement imaginée, pour observer comparativement les tensions de différens liquides à des températures parfaitement égales. Cet appareil est représenté *fig.* 62 ; il est composé d'un certain nombre de tubes barométriques, élevés sur la même cuvette, et rangés circulairement autour d'un même axe vertical. Une colonne divisée en millimètres, et munie d'un curseur C, s'élève parallèlement à leur direction. Un de ces tubes est un baromètre purgé d'air. Dans chacun des autres on introduit une petite quantité de liquides de nature différente, dont les tensions diverses abaissent les colonnes de mercure à diverses hauteurs. En faisant tourner ces tubes autour de la colonne verticale, on les amène successivement devant la division ; et, au moyen du curseur, on fixe la hauteur de la colonne de mercure qui s'y trouve renfermée. En faisant la même opération pour le tube vide d'air, on connaît la pression de l'atmosphère au même instant ; et l'excès de la seconde mesure sur la première exprime la force élastique du liquide.

La tension des vapeurs peut encore s'observer commodément à toutes les températures, au moyen de l'appareil représenté *fig.* 63. C'est un ballon de verre, dont le col est fermé par une plaque munie d'un ou de plusieurs robinets, et traversée par le tube d'un baromètre à syphon, dont la branche ouverte se trouve ainsi exposée à la tension de l'air ou du gaz intérieur. On commence par faire le vide dans ce ballon, aussi bien qu'il est possible ; et l'on note la petite tension d'un ou deux millimètres, exercée sur le baromètre par l'air qu'on ne peut enlever ; puis on ferme la communication avec la machine, en tournant le robinet T, et l'on introduit le liquide. Pour cela, on se sert d'un double robinet désigné par R R' dans la figure. On ouvre d'abord R', R étant fermé : on verse le liquide dans l'espace R R' ; puis on ferme R', et on ouvre R. Alors le liquide se précipite dans le vide, et y produit *instantanément* la quantité de vapeurs qui convient à la température actuelle. La force élastique de cette vapeur se mesure, par l'élévation qu'elle produit dans le baromètre intérieur, et elle peut être variée à volonté, en plongeant le ballon dans un bain liquide plus ou moins échauffé.

Cet appareil se nomme un *manomètre*. On y emploie quelquefois des ballons d'un volume assez considérable, pour pouvoir y introduire des animaux, des plantes, ou en général les substances dont on veut observer les modifications et recueillir les produits. L'élévation ou la dépression du baromètre intérieur indique si les gaz contenus dans l'appareil ont augmenté ou diminué d'élasticité. Mais si outre cela, vous voulez connaître leur nature, vous n'avez qu'à remplacer le robinet R' par un autre R'', semblable, mais surmonté d'un tube T, que l'on remplit entièrement de mercure, en le renversant d'abord. On visse ce tube sur le robinet R, après avoir rempli de mercure l'intervalle qui les sépare. Cela fait, on ouvre R''; le mercure tombe par son poids dans le manomètre; il est remplacé par une quantité égale du mélange gazeux intérieur; il ne reste plus qu'à fermer R'', et à enlever le tube T, pour pouvoir soumettre ce mélange à toutes les expériences chimiques et physiques que l'on voudra se proposer.

La théorie de la formation et du ressort des vapeurs est, dans les arts, d'une application très-fréquente, et l'on en peut voir des exemples dans le Traité général. Elle est, pour les recherches physiques, d'un usage continuel.

CHAPITRE XIII.

Mesure du poids des Vapeurs sous un volume donné à une pression et une température déterminées.

En faisant les expériences rapportées dans le précédent chapitre, on peut aisément s'apercevoir qu'une très-petite quantité de liquide suffit pour donner un volume considérable de vapeur. Une foule de recherches de physique et de chimie demandaient que l'on connût la mesure de cette expansion; c'est-à-dire, par exemple, que l'on sût déterminer le volume de la vapeur qui pouvait être produite par un poids ou par un volume donné de chaque liquide. Mais cette détermination semblait assez difficile, parce que l'expansion de la vapeur étant fort considérable, il n'est guère possible de réu-

nir exactement en une seule masse le liquide qui a servi à
la former. M. Gay-Lussac a heureusement éludé cette difficulté en la renversant, c'est-à-dire, en déterminant le volume de vapeur qui peut être produit par un volume donné
de liquide.

Pour connaître d'abord, d'une manière parfaitement certaine, la quantité du liquide employé, ce qui constitue réellement la difficulté du problème, M. Gay-Lussac souffle à la
lampe de petites bulles de verre qui sont représentées par
BB, *fig.* 63. Elles sont presque sphériques; mais, par un de
leurs côtés, elles s'allongent en un bec très-fin. On commence par peser une de ces petites bulles lorsqu'elle n'est
remplie que d'air; ensuite on y introduit le liquide, comme
on ferait dans un tube de thermomètre, en la plongeant dans
ce liquide après l'avoir chauffée pour en chasser en partie l'air.
Quand la petite bulle est presque totalement remplie, on scelle
le bec à la flamme d'une bougie, que l'on dirige dessus au
moyen d'un chalumeau. Cette opération n'ôte rien au verre
dont la bulle était faite; elle lui donne seulement une autre
forme. Alors on pèse de nouveau la bulle ainsi remplie; et
retranchant de son poids celui de l'enveloppe, trouvé par la
pesée précédente, on a le poids du liquide qu'elle contient.
Nous verrons bientôt comment on en peut déduire son volume. Pour réduire maintenant toute cette quantité de liquide en vapeur, M. Gay-Lussac se sert d'un appareil analogue à celui dont M. Dalton a fait usage pour observer la
tension des vapeurs dans le vide. Il emploie une cloche de
verre longue et étroite VV, *fig.* 64, divisée en parties de capacités égales, et dont la capacité totale est d'environ un litre
et demi. Il la remplit de mercure, et la renverse dans un bain
de même métal, après quoi il y introduit la petite bulle de
verre B, remplie de liquide. Celle-ci gagne le haut du tube,
et y porte avec elle tout le liquide qu'elle contient; il ne reste
plus qu'à vaporiser celui-ci. Pour cela, M. Gay-Lussac enveloppe sa cloche avec un manchon de verre MM plus long
qu'elle, et qui plonge dans le mercure par sa partie inférieure.
Il remplit d'eau ce cylindre, et la cloche s'en trouve cou-

verte ; puis il place tout l'appareil sur un fourneau FF, où l'on allume du feu. L'eau et le mercure, en s'échauffant, échauffent aussi le liquide contenu dans la petite bulle de verre. Celui-ci se dilate, brise son enveloppe, se répand au sommet de la cloche, et bientôt s'y réduit en vapeur, dont on élève la température jusqu'à ce que l'eau du cylindre soit entrée en ébullition. Alors on mesure la hauteur de la colonne de mercure qui reste dans la cloche au-dessus du niveau extérieur. Pour le faire avec certitude, voici comment M. Gay Lussac opère. Les bords du vase de fonte *vv*, qui sert de cuvette, sont bien dressés, et placés horizontalement au moyen d'un niveau : il pose sur ces bords une règle de cuivre CC, traversée par une tige verticale graduée TT, terminée en bas par une pointe que l'on fait descendre jusqu'à ce qu'elle affleure la surface extérieure du mercure. Un curseur H, qui monte et descend le long de cette tige verticale, est amené par un mouvement de vis jusqu'à la hauteur où le mercure reste dans la cloche, et alors la distance de ce curseur à l'extrémité inférieure de la tige, mesurée par une division sur la tige même, indique la hauteur de la colonne de mercure qui se trouve élevée dans la cloche au-dessus du niveau extérieur. On retranche cette hauteur de celle du mercure dans le baromètre au même instant, après les avoir réduites l'une et l'autre à la même température, et l'excès de la seconde sur la première exprime précisément la force élastique de la vapeur contenue dans la cloche, c'est-à-dire, la pression qu'elle soutient. On connaît d'ailleurs le volume de cette vapeur par le nombre de divisions qu'elle occupe dans la cloche ; avec ces données, on peut calculer les rapports des volumes du liquide et de la vapeur à une température et sous une pression déterminées.

Mais avant d'entrer dans ce calcul, il faut prévenir une difficulté qui pourrait se présenter à l'esprit ; on pourrait se demander si l'on est bien sûr que tout le liquide introduit sous le mercure a été réellement vaporisé. En effet, s'il ne l'était pas, on commettrait de grandes erreurs ; et cela pourrait arriver si l'on introduisait dans les petites bulles de verre plus

de liquide qu'il n'en faut pour être vaporisé dans la cloche à
la température où on l'expose. Mais il y a toujours un moyen
facile et sûr de savoir si ces circonstances ont lieu. En effet,
les tensions des liquides sur lesquels on opère sont connues par
les expériences du chapitre précédent; et l'on peut calculer,
par la loi de M. Dalton, quelle doit être, pour chacun d'eux,
la force élastique totale de sa vapeur à la température de 100
degrés. S'il reste un excès de liquide sous la cloche, la pression exercée intérieurement par la vapeur devra être égale à
cette limite. Il suffit donc de la mesurer, comme nous l'avons
expliqué tout-à-l'heure, d'après la hauteur de la colonne de
mercure qui reste élevée dans la cloche au-dessus du niveau.
Si on la trouve égale à la force élastique totale que le liquide
peut avoir à la température de 100 degrés, on pourra craindre que tout le liquide introduit n'ait pas été vaporisé, et
alors il faudra employer des bulles qui en contiennent des volumes moindres. Mais du moment où, à force de diminuer ce
volume, on arrivera à avoir une force élastique moindre que
la force élastique totale, on aura la certitude que le liquide
introduit a été vaporisé complètement; car alors ce liquide
n'aura pas même suffi pour développer sous la cloche toute la
vapeur qui convenait à cette température; de sorte que celle
qui s'y trouve est réellement une vapeur dilatée, dilatée à la
manière des gaz, et qui, tant qu'elle n'aura pas atteint sa
force élastique totale, se condenserait comme eux, sans se liquéfier, si l'on diminuait l'espace qu'elle occupe en enfonçant davantage la cloche dans le bain du mercure où elle
plonge. Cette dernière réflexion nous apprend qu'il faut réduire tous les résultats à une même pression, pour qu'ils deviennent comparables entre eux; elle nous indique ce qui
nous reste à faire pour y parvenir : mais au lieu d'effectuer
cette correction mécaniquement et par l'expérience, il est
incomparablement plus commode et plus simple de la faire
par le calcul, d'après les lois connues de la condensation des
substances aériformes sous diverses pressions : cette opération
se trouve expliquée en détail dans le Traité général.

En opérant ainsi M. Gay-Lussac a trouvé qu'un gramme

d'eau distillée liquide donne un volume de vapeur égal à $1^l,6964$, cette vapeur étant mesurée à la température de 100° et sous la pression $0^m,76$. Or, un gramme d'eau, pris à la température du maximum de condensation, occupe précisément un centimètre cube, dont le litre contient mille. Ainsi le centimètre cube d'eau, partant de cette température, et réduit en vapeur dans les circonstances précédentes, remplit un espace égal à 1696,4 centimètres cubes. Il en résulte aussi que 1000 centimètres cubes, ou un litre, de cette vapeur pèse en grammes, $\dfrac{1^g}{1,6_96}$.

On verra dans un des chapitres suivans, qu'un litre d'air atmosphérique sec, pris aussi à la température de 100°, et sous la press on 0.1 $0^m,76$, pèse $\dfrac{1^g}{_{,.}1,0577}$. Ainsi, dans ces circonstances semblables, le poids de la vapeur aqueuse est à celui de l'air, à volume égal, comme 10577 est à 16964, ou comme 1000 à 1604, c'est-à-dire à très-peu de chose près, comme 10 à 16. D'après l'égalité de dilatation des vapeurs et des gaz, ce même rapport de $\dfrac{10}{16}$, subsistera toujours lorsque l'air et la vapeur aqueuse seront l'un et l'autre soumis à une même température et à une même pression quelconque.

Par une expérience semblable faite sur l'éther sulfurique, M. Gay-Lussac a trouvé qu'un gramme de cet éther, réduit en vapeurs, occupait $0^l,44313$, c'est-à-dire environ le quart de l'espace qu'occupe un gramme de vapeur aqueuse; d'où l'on voit, qu'à force élastique et à température égale, la vapeur d'éther sulfurique est beaucoup plus lourde que la vapeur d'eau. D'après ce résultat, on pourrait être tenté de croire que les liquides qui sont les plus évaporables sont aussi ceux qui ont les vapeurs les plus lourdes. L'alcool favoriserait cette conjecture; car son degré d'ébullition est plus élevé que celui de l'éther, et moindre que celui de l'eau; et aussi ses vapeurs sont plus pesantes que celles de l'eau, et plus légères que celles de l'éther. Mais M. Gay-Lussac s'est assuré que cette loi n'est pas générale; car le carbure de soufre bout à une plus haute température que l'éther , et pourtant ses vapeurs sont plus pesantes. M. Gay-Lussac a aussi examiné le poids des vapeurs formées par des mélanges d'eau et d'alcool à diverses proportions : il a trouvé qu'à la température de 100°, où il opérait ce poids, était exactement le même que si les vapeurs de chacun des deux liquides eussent été isolées. Or elles le sont en effet dans ces expériences , car M. Gay-Lussac s'est assuré que la combinaison se défait par la vaporisation. La même loi s'applique aux mélanges d'alcool et d'éther , et probablement à toutes les combinaisons assez faibles pour se désunir à la température de 100°. Serait-ce la même chose dans des températures plus basses? il serait important de s'en assurer. On saurait alors si la séparation des deux liquides, dans de telles circonstances , tient à l'élévation de température ou à l'acte même de la vaporisation.

Connaissant le volume qu'occupe un poids donné de vapeur à la température de 100°, et sous la pression de $0^m,76$, on peut en déduire le volume que cette même masse occuperait sous une autre pression et sous une autre température quelconque. Il ne faut que condenser ou dilater par le calcul le volume primitif, selon les mêmes lois que celui d'un gaz permanent. Car nous avons dit plus haut , que les vapeurs , tant qu'elles persistent , se dilatent et se contractent comme les gaz. Mais pour que le résultat abstrait, obtenu par cette réduction , puisse effectivement se réaliser , il faudra encore que la vapeur à laquelle il s'applique, puisse physiquement subsister à l'état aériforme , dans les circonstances auxquelles le calcul la suppose ramenée.

CHAPITRE XIV.

Du mélange des Vapeurs avec les Gaz.

C'est encore M. Dalton qui va nous servir de guide dans cette matière; mais avant de faire connaître ses expériences et les lois auxquelles elles conduisent , il est utile de rappeler ce qui se passe dans le mélange des gaz secs entre eux. En examinant la loi des condensations de l'air , et des gaz secs sous des pressions diverses, la température restant la même, nous avons vu que la force élastique d'un même gaz est réciproque au volume qu'il occupe ; en sorte, par exemple, que si l'on a 2 décimètres cubes d'air qui soutiennent ensemble une pression de $0^m,76$, et qu'on réduise ces deux décimètres en un seul, ils soutiendront alors une pression double, c'est-à-dire de $1^m,52$. Or, qu'avons-nous fait dans cette opération, sinon de forcer les deux gaz à se mêler dans un espace donné ? Nous voyons donc qu'en se mêlant, leurs forces élastiques s'ajoutent, précisément comme cela arriverait si chacun des volumes pris à part pouvait se répandre librement, et tout entier dans l'espace où on le force d'entrer. Cette règle est générale dans le mélange des gaz secs ; car elle n'est, comme on voit, qu'un résultat de la loi de Mariotte. Mais de plus elle s'étend aussi aux mélanges des vapeurs, soit entre elles, soit avec les gaz secs, comme on le verra tout à l'heure par l'expérience : en sorte que, de là, résulte cette loi générale, pour le mélange des fluides élastiques de nature quelconque : étant donné un nombre quelconque de fluides élastiques qui soutiennent les pressions $p\ p'\ p''$... et qui ne sont pas de nature à se combiner les uns avec les autres à la température où l'on opère, si l'on prend un même volume V de chacun de ces fluides, et qu'on réduise tous ces volumes à un seul, qui soit aussi égal à V, la force élastique du mélange sera égale à la somme des forces élastiques partielles, c'est-à-dire à $p + p' + p''$... Cette loi est déjà prouvée pour les gaz secs, il ne reste plus qu'à la démontrer pour leur mélange avec les vapeurs.

Pour le faire avec rigueur dans les températures ordinaires, rien n'est plus commode que l'appareil suivant, employé par M. Gay-Lussac dans ses cours de physique, *fig.* 65. On prend un tube de verre cylindrique AB, divisé en parties de capacités égales, et muni à ses deux extrémités de deux robinets en fer RR'. Un peu au-dessus du robinet inférieur, on adapte un autre tube de verre recourbé TT', d'un plus petit diamètre que le cylindre AB, et qui communique à son intérieur en T. On sèche bien tout cet appareil en le chauffant ; après quoi , ouvrant le robinet R', on verse du mercure bien sec et bouilli dans le cylindre, de manière à le remplir en totalité. En même temps le mercure monte dans le petit tube, et s'y met au même niveau. Cela fait, on visse en R' un ballon plein du gaz que l'on veut éprouver , et que nous supposons amené à un état complet de dessiccation. En ouvrant le robinet r du ballon et le robinet R', la communication se trouve établie entre l'intérieur du cylindre AB et la capacité du ballon. Mais si le gaz contenu dans ce dernier a été introduit à la pression ordinaire de l'atmosphère , comme cela arrive ordinairement , il ne déprimerait pas le mercure dans le cylindre AB, puisqu'il faudrait pour cela qu'il l'élevât au-dessus du niveau dans le tube TT'. C'est ici que le robinet inférieur R devient utile ; car en l'ouvrant , le mercure s'écoule par son poids , et fait place au gaz qui se répand du ballon dans le cylindre AB. Quand on croit en avoir introduit une quantité suffisante , on ferme le robinet R , et l'expansion du gaz s'arrête ; on ferme aussi R' , et le gaz sec , introduit dans le cylindre AB, ne peut plus désormais s'en échapper.

Il faut remarquer que ce gaz est un gaz dilaté, dont la force élastique est moindre que celle de l'atmosphère ; par conséquent, lorsque le mercure s'est écoulé par le robinet R , il a dû arriver que le niveau intérieur, que je suppose H , s'est moins abaissé que le niveau intérieur du petit tube TT'. Admettons que celui-ci soit descendu en h. Alors on verse du mercure dans ce petit tube , jusqu'à ce que le niveau, dans les deux branches , soit remonté au même point. Quand cette égalité a lieu , on est sûr que le gaz introduit dans le cylindre se trouve précisément à la pression extérieure de l'atmosphère. On connaît cette pression , en observant la hauteur du mercure dans le baromètre ; et l'on connaît aussi le volume du gaz , en observant le nombre de divisions qu'il occupe dans le cylindre gradué.

Maintenant pour introduire dans ce gaz le liquide que l'on veut réduire en vapeur, on met sur le robinet R' un autre robinet R'', surmonté d'un très-petit vase métallique V, dans lequel on place le liquide. Le robinet R'' n'est pas percé à son centre d'un canal cylindrique comme les robinets ordinaires ; il y a seulement sur la surface du cône intérieur, une très-petite échancrure hémisphérique O, qui peut contenir seulement une goutte de liquide. Quand le cône R''O est tourné de manière que cette échancrure réponde au fond du vase V, elle se remplit de liquide. Si ensuite on tourne le cône R''O d'un demi-tour, cette goutte est amenée dans l'intérieur de l'appareil AB. On peut donc ainsi, en tournant le robinet R'' à plusieurs reprises, amener autant de gouttes que l'on veut dans l'appareil, et observer l'effet graduel de leur vaporisation sur le volume du gaz ; mais avant de commencer à introduire ainsi le liquide, il faut, après avoir vissé R'' sur R', ouvrir celui-ci, afin d'établir la communication entre le petit espace R'' R' et le gaz contenu dans AB.

La première goutte de liquide introduite dans le gaz sec augmente sa force élastique et fait monter le mercure dans le tube latéral TT'. Cet effet est prompt, mais non pas instantané, comme il le serait si le liquide était introduit dans le vide ; d'où l'on voit déjà que la pression du gaz, sur le liquide, oppose une résistance à la vaporisation. Si une seule goutte de liquide ne suffit pas pour former toute la quantité de vapeurs nécessaire à cet espace et à la température où l'on opère, on s'en aperçoit, parce que l'introduction d'une seconde goutte augmente encore la force élastique du gaz. Mais enfin, après l'introduction d'un certain nombre de gouttes, l'addition d'une quantité plus grande ne produit plus aucun effet ; et l'excès du liquide reste au-dessus de la surface du mercure sans se vaporiser. Je suppose que l'on en ait ainsi introduit quelques gouttes en excès. Selon ce que nous venons de dire, la tension du gaz s'est accrue par l'effet de la vapeur, et l'on pourrait calculer cette augmentation d'après la différence de niveau du mercure dans les deux branches ; mais l'appareil lui-même fournit un moyen bien plus simple de la mesurer. Car, il n'y a qu'à ouvrir le robinet inférieur R, et laisser couler le mercure jusqu'à ce

qu'il se retrouve au même niveau dans les deux branches(1).
Fermons alors le robinet R , et mesurons le nombre de divisions du tube occupées par le mélange du gaz et de la
vapeur. La force élastique du mélange se trouve maintenant égale à la pression de l'atmosphère comme au commencement de l'expérience ; mais alors le gaz occupait un autre
nombre de divisions. Ainsi , sa force élastique propre a
changé en raison inverse des espaces où il s'est étendu ; de sorte
qu'on peut , d'après cette proportion connue , déterminer
son intensité actuelle. On sait aussi quelle serait la force élastique de la vapeur employée , si l'on opérait dans le vide
à la température de l'expérience. Si donc cette force est
encore la même dans le mélange , il n'y a qu'à l'ajouter à
celle du gaz que nous venons de calculer ; et la somme de
ces deux forces devra se trouver égale à la pression actuelle
de l'atmosphère , telle que la mesure la colonne barométrique. C'est en effet ce que l'on trouve très-exactement. Par
conséquent , la vapeur , en se mêlant au gaz , conserve la
tension qui lui est propre ; et ainsi se confirme la loi énoncée
précédemment , savoir que , dans le simple mélange des gaz
avec les vapeurs , chacune des parties du mélange conserve
la force élastique qui convient à sa température actuelle
et au volume qu'on lui fait occuper.

Cette loi étant connue et constatée , on peut s'en servir
pour prévoir d'avance le nombre de divisions que devra
occuper le mélange , sous la pression actuelle de l'atmosphère , en supposant que le gaz sec ait préalablement occupé
un nombre connu de divisions sous cette même pression.
Car il n'y a qu'à calculer le volume de ce gaz comme s'il
était déchargé d'une portion de la pression égale à la force
élastique de la vapeur. Par exemple , supposons celle-ci
égale à $0^m,63427$, telle qu'elle est en effet pour la vapeur

---

(1) Je suppose que l'on ait introduit un excès de liquide suffisant
pour fournir l'excès de vapeur exigé par l'augmentation de l'espace, afin
que la force élastique de cette vapeur reste constante.

aqueuse à la température de 95°. Supposons aussi la pression atmosphérique égale à 0^m,7600 : alors, après l'introduction de la vapeur, le gaz intérieur se trouvera déchargé de 0^m,63427, c'est-à-dire, qu'il n'aura plus à supporter que 0^m,7600 — 0^m,63427 ou 0^m,12573 ; et ainsi, d'après la loi de Mariotte, il se dilatera dans le rapport de 0^m,7600 à 0^m,1257, ou presque de 6 à 1 ; c'est-à-dire que lorsqu'on aura rétabli le niveau dans les deux branches, en ouvrant le robinet R, le volume du gaz sera sextuplé. On voit par cette manière d'opérer, que ce volume deviendrait tout-à-fait illimité si la force élastique de la vapeur était exactement égale à la pression de l'atmosphère ; et en effet si cela avait lieu, l'air mêlé avec la vapeur ne supporterait plus aucune pression ; il devrait donc se dilater librement comme il le ferait dans le vide, pourvu toutefois qu'à mesure qu'il se dilate, la vapeur continue à se former et à se répandre avec lui.

Dans toutes les expériences précédentes, nous avons supposé que l'on introduisait d'assez grandes quatités de liquide pour fournir toute la quantité de vapeur admissible dans l'espace occupé par le gaz ; si l'on en introduit moins, elle s'étend dans tout cet espace à la manière des gaz, et sa force élastique diminue dans la même proportion.

Ces lois s'observent encore à de hautes températures, et elles peuvent se vérifier en chauffant les appareils qui contiennent le mélange de la vapeur et du gaz. Toutefois pour qu'elles subsistent, il faut que les gaz ne se combinent pas avec les vapeurs auxquelles on les mêle. Cette exception est nécessaire ; car, à toute température, il y a certains gaz qui ont pour l'eau une affinité telle qu'ils s'emparent des vapeurs aqueuses, et les amènent à l'état liquide ou à l'état solide. Tels sont, par exemple, le gaz ammoniac et le gaz hydrochlorique ; mais il est évident qu'on ne peut pas se proposer de déterminer le volume d'un pareil mélange, puisqu'il ne peut pas subsister à l'état aériforme. Cependant on peut encore vérifier la loi de M. Dalton, dans ces gaz mêmes, en les mêlant avec des vapeurs pour lesquelles ils n'ont pas une pareille affinité. Telles seraient, par exemple, pour le gaz ammoniac, les vapeurs d'éther ; et s'il existait un gaz qui réduisît, au contraire, les vapeurs d'éther à l'état liquide, sans produire le même effet sur les vapeurs aqueuses, il faudrait observer la loi avec les dernières, et ne pas la chercher avec les autres.

On ne trouve pas jusqu'ici de milieu entre ces deux extrêmes. Ou le gaz et la vapeur que l'on mêle perdent tout-à-fait l'état aériforme, ou ils le gardent sans aucune contraction ni dilatation particulière qui dépendent de leur nature, et alors les lois précédentes sont observées. Dans ce dernier cas, la quantité de vapeurs qui peut subsister à l'état aériforme, dans un volume de gaz, est toujours exactement la même qu'elle serait dans le vide à température égale. Si l'on dilate le mélange, ou si on le comprime, la température restant constante, la force élastique du gaz varie selon la loi de Mariotte, réciproquement au volume qu'on lui fait occuper ; mais celle de la vapeur demeure constante quel que soit l'espace, tant qu'il reste du liquide à vaporiser ; et alors elle est la même que dans le vide. Si la vaporisation n'est pas complette, la force élastique de la vapeur augmente avec la pression comme celle d'un gaz, jusqu'à ce que la vapeur soit assez condensée pour que la liquéfaction ait lieu. Dans tous les cas, les forces élastiques de la vapeur et du gaz s'ajoutent pour former la force élastique totale du mélange. Ces phénomènes sont les mêmes pour tous les gaz, et aussi ils se passent exactement comme s'il n'y avait aucune affinité sensible entre les gaz et les vapeurs qui constituent un mélange aériforme. L'unique effet qui résulte de l'interposition du gaz parmi les molécules de vapeur, c'est de les empêcher de céder à la pression extérieure, et de se réunir en gouttes liquides comme elles feraient si elles étaient soumises seules à la même pression.

La théorie de M. Dalton, que nous venons d'exposer, permet de résoudre d'une manière certaine, et par des lois fondées sur l'expérience, tous les problèmes que l'on peut se proposer relativement aux vapeurs enfermées dans un espace

vide , ou rempli d'un gaz quelconque , qui permette à la vapeur de conserver son état aériforme. Par exemple, on peut, à
l'aide de ces principes , analyser tous les phénomènes qui se
passent dans un manomètre où la pression et la température
viennent à changer à la fois. Comme cette question est d'une
application fréquente dans les recherches de chimie et de physique , j'en ai donné la solution dans le traité général. J'ajouterai seulement que Deluc me paraît être le premier physicien qui se soit formé une idée nette de la formation des
vapeurs et de leur constitution , dans l'état d'isolement ou de
mélange. De Saussure avait aussi prouvé , avant M. Dalton,
que le maximum de vapeur qui peut s'élever dans un espace
donné ne dépend que de la température , et est le même
dans l'air que dans le vide , à température égale.

CHAPITRE XV.

De l'Évaporation.

Lorsqu'un liquide est exposé à l'air libre , il se dissipe graduellement , et cet effet se nomme l'*évaporation*.

Un assez grand nombre de physiciens ont supposé que ce
phénomène était produit par une affinité chimique de l'air
pour l'eau. Mais les expériences de Saussure, de Deluc et de
M. Dalton, permettent de représenter tous les résultats sans
recourir à cette affinité; et par conséquent, il n'y a aucune
raison de l'admettre, puisqu'il n'y a rien dans les expériences
qui l'annonce. Nous avons vu qu'un liquide introduit dans
un espace vide , ou rempli d'air sec , y produit également
des vapeurs dont la quantité, dans cet espace , ne dépend
absolument que de la température. Si l'air renfermé contient
déjà des vapeurs pareilles, mais en quantité moindre que le
maximum qui convient à cette température, le liquide introduit ne fait que compléter la quantité de vapeur nécessaire
pour que ce maximum s'établisse. Dans tout cela, il n'y a de
différence entre l'air et le vide, que par la rapidité de la vaporisation , qui se fait instantanément dans le vide, et lentement dans

l'air ou dans les gaz ; comme si les particules de ces gaz s'opposaient mécaniquement, et par leur inertie, à la diffusion des vapeurs.

En appliquant ces lois à l'atmosphère , nous en verrons naître tous les phénomènes de l'évaporation. Dans ce cas, l'étendue de l'atmosphère elle-même peut être considérée comme la masse d'air enfermée dans le manomètre, et le liquide qu'on expose à l'air libre dans un vase, est la goutte d'eau que l'on y fait vaporiser. Supposons d'abord la température uniforme dans toute cette étendue. S'il s'y trouve déjà toute la quantité de vapeur qui convient à cette température, l'eau du vase ne se vaporisera pas. Mais pour peu que la quantité de vapeur soit au-dessous de ce maximum, la vaporisation aura lieu , et le vase n'étant qu'un point relativement à l'étendue de l'atmosphère, toute l'eau qu'il contient se dissipera entièrement, sans y accroître sensiblement la tension de la vapeur. La quantité de vapeurs, préalablement existante , n'aura d'autre effet que de ralentir plus ou moins l'évaporation , qui sera d'autant plus rapide que l'air sera plus près de la sécheresse extrême.

Établissons maintenant, dans les couches de l'atmosphère, une inégalité de température quelconque. Alors ces différentes couches pourront admettre au même instant des quantités de vapeur aqueuse très-différentes , qu'elles seront peut-être très-loin de posséder ; et cette inégalité devra même quelquefois se maintenir plus long-temps que la différence de température, à cause de la résistance que l'air oppose au mouvement et au partage des vapeurs. De là il résultera encore que l'eau se vaporisera plus ou moins vite dans ces divers espaces, selon qu'ils seront plus près de l'extrême sécheresse.

Ainsi, le problème le plus général que l'on puisse se proposer , relativement à l'évaporation , c'est de déterminer la rapidité avec laquelle elle se fait dans chaque couche d'air supposée infinie, lorsque l'on connaît la quantité de vapeur qui se trouve déjà dans cette couche, et la quantité totale qu'elle en peut admettre d'après sa température.

M. Dalton a résolu ce problème avec la même sagacité qu'il a apportée dans le reste de son travail sur les vapeurs. Il a d'abord cherché à mesurer la vitesse de l'évaporation de l'eau dans une atmosphère calme et sèche, et il a trouvé qu'elle était proportionnelle à la force élastique de la vapeur qui se forme. D'après cela l'évaporation d'un même liquide s'accélère à mesure que sa température devient plus haute; et, à température égale, elle est plus rapide pour les liquides dont la tension est la plus grande. Cette loi de proportionnalité se soutient même dans une atmosphère où il existe déjà des vapeurs de même nature que celles qu'on y élève; seulement il faut calculer la vitesse de l'évaporation avec la différence des forces élastiques. Ces résultats de M. Dalton rendent raison d'une foule de phénomènes qui auparavant étaient inexplicables. On y voit clairement, par exemple, pourquoi Deluc, en chassant tout l'air de *l'intérieur* de ses thermomètres à liquides, a pu en former avec l'eau et l'alcool, dont les indications se soutenaient jusqu'à 100° et au delà ? C'est que ces liquides, se trouvant ainsi dans le vide, émettaient librement et instantanément par leurs surfaces, c'est-à-dire, par l'extrémité de la colonne élevée dans le tube, toute la quantité de vapeur que pouvait admettre l'espace ouvert au-dessus d'eux ; et comme la vapeur pouvait s'exhaler de cette surface sans aucun effort, puisqu'elle se répandait dans le vide ou dans la vapeur déjà existante, il n'y avait pas de raison pour qu'il se développât aussi de la vapeur dans l'intérieur même du liquide. Celui-ci pouvait donc continuer à s'échauffer et à se dilater, sans agitation.

Nous avons déjà remarqué dans les premiers chapitres de cet ouvrage, que lorsqu'une substance liquide passe à l'état de vapeur par l'ébullition, toute la chaleur qu'on lui communique se détruit, et reparaît de nouveau quand la vapeur repasse à l'état liquide. Maintenant les expériences viennent de nous apprendre que la vapeur se forme à toute température, et que la température, plus froide ou plus chaude, change seulement le degré de son élasticité. D'après cette analogie, nous devons prévoir qu'il se fera aussi, à toute température, une destruction de chaleur lorsque la vapeur se formera ; c'est ce que confirme l'observation.

Pour s'en assurer, il faut isoler la masse liquide sur laquelle on opère, afin qu'elle soit obligée de tirer d'elle-même, sinon la totalité, du moins la plus grande partie de la chaleur que l'évaporation doit lui ôter, ce qui produira nécessairement un abaissement de sa température. Tel est précisément l'effet des vases spongieux, appelés *alcarazas*, et qui sont en usage dans l'Orient pour rafraîchir l'eau destinée aux repas. On remplit ces vases d'eau, et on les suspend dans un endroit où l'on sait qu'il se fait un courant d'air ; par exemple, entre deux portes ouvertes. La nature spongieuse du vase permet à la masse d'eau qu'il renferme de se vaporiser par tous les points de sa surface. Cet effet est encore favorisé par le courant d'air, qui enlève la vapeur à mesure qu'elle se forme. De là résulte une vaporisation abondante qui exige une destruction correspondante de chaleur ; mais le vase étant isolé, cette destruction ne peut se faire qu'aux dépens de l'eau elle-même, déduction faite de ce que l'air ambiant lui communique. Aussi sa température s'abaisse-t-elle de plusieurs degrés.

On peut produire un effet pareil en plongeant la boule d'un thermomètre dans une éponge mouillée, que l'on expose ensuite au soleil ; car si l'on observe le degré que ce thermomètre, ainsi enveloppé, marque, quand il est placé à l'ombre, lorsqu'on l'expose ensuite au soleil, on le voit considérablement s'abaisser. Les liquides qui s'évaporent le plus rapidement, sont ceux dont l'évaporation produit le refroidissement le plus sensible ; et l'on conçoit que cela doit être, puisque cette rapidité les force de se prendre à eux-mêmes plus de chaleur dans un temps donné. Aussi le thermomètre baisse-t-il de plusieurs degrés dans l'éther, lorsque ce liquide s'évapore ; et de là vient également la vive impression de froid que l'on éprouve lorsqu'on en verse quelques gouttes sur une partie découverte du corps. L'effet devient plus rapide sous le récipient de la machine pneumatique, en pompant rapidement les vapeurs à mesure qu'elles se forment ; et si l'expérience se fait sur une petite boule de thermomètre enveloppée

d'une éponge mouillée de carbure de souffre, substance très
évaporable, le mercure gèle en peu d'instans. On peut suppléer au jeu des pompes, en plaçant sous le récipient une
substance capable d'absorber la vapeur à mesure qu'elle se développe ; par exemple, en y mettant à côté d'un vase rempli
d'eau liquide ,une large capsule remplie d'acide sulfurique
concentré. Alors, en effet, du moment où l'on a extrait l'air
pour que l'évaporation soit libre , les vapeurs aqueuses sont
absorbées aussitôt que formées; et cette absorption leur donnant lieu de se renouveler sans cesse, l'eau de laquelle elles
s'exhalent, se gèle en quelques instans. Cette curieuse expérience est de M. Leslie.

CHAPITRE XVI.

De l'Hygrométrie.

Il est très-souvent nécessaire , dans les expériences de
chimie et de physique , de connaître exactement la quantité d'eau qui se trouve actuellement vaporisée dans l'air
atmosphérique ou dans un gaz. Si l'on était sûr que cette
quantité fût portée jusqu'au point de saturation , il serait
alors bien facile de l'évaluer, puisque , la température étant
donnée , on calculerait sa force élastique par la théorie de
M. Dalton, et son poids par les expériences de M. Gay-
Lussac. Mais , quand on ignore dans quel état se trouve
l'atmosphère ou le gaz que l'on emploie , on est obligé de
chercher d'autres moyens pour évaluer la quantité d'eau
qui s'y trouve en vapeur. Tel est le but de la partie de la
physique que l'on nomme *l'hygrométrie ;* la quantité plus
ou moins grande des vapeurs aqueuses que les gaz contiennent, constitue ce qu'on appelle leur *état hygrométrique;*
et les appareils propres à faire connaître cet état, s'appellent
des *hygromètres* ou des *hygroscopes.*

Presque tous les hygromètres sont fondés sur les variations de volume que les substances organiques éprouvent
par l'introduction ou le dégagement des vapeurs. Tout le

monde connaît la différence d'élasticité qui existe entre un morceau de parchemin humide, et un morceau de parchemin sec ; les cordes à boyaux employées dans les instrumens de musique changent de tension et de ton, suivant l'humidité qui s'y introduit. Elles se détordent et deviennent plus courtes, parce qu'elles augmentent de grosseur. Les barbes de plusieurs plantes éprouvent cet effet d'une manière si marquée, que si l'on fixe une d'elles perpendiculairement à un morceau de carton par sa base, et que l'on colle perpendiculairement à son autre extrémité, une petite bande de papier perpendiculaire à sa longueur, la torsion que la petite barbe éprouve, par les variations d'humidité et de sécheresse, est assez considérable pour faire décrire à l'aiguille de papier de très-grands arcs. C'est sur ce principe, appliqué aux cordes à boyaux, que sont fondées les constructions de ces petites figures qui indiquent, par leurs mouvemens, la sécheresse et la pluie.

Parmi les substances qui jouissent de ces propriétés hygrométriques, il n'y en a point de plus sensible, de plus constante dans ses propriétés, que les cheveux lessivés dans une faible dissolution de potasse, qui leur enlève la graisse dont ils sont enduits dans l'état naturel. Le cheveu, après cette préparation, se raccourcit par la sécheresse et s'allonge par l'humidité, ce qui ne l'empêche pas de s'allonger aussi par la chaleur et de se raccourcir par le refroidissement comme tous les autres corps, mais dans une proportion beaucoup moindre. De Saussure s'est servi du cheveu ainsi préparé, pour construire l'hygromètre qui porte son nom, et qui a introduit dans les recherches de ce genre une exactitude jusqu'alors inconnue. Cet hygromètre est représenté *fig.* 66 : l'extrémité supérieure du cheveu est fixée en S par une pince qui le retient ; le bout inférieur est attaché de la même manière à la circonférence d'une poulie très-mobile, qui est tirée de bas en haut par le cheveu, et de haut en bas par un petit poids ; quand le cheveu se raccourcit, il fait tourner la poulie dans un sens ; s'il s'allonge, le petit poids la fait tourner dans le sens opposé. La poulie à son tour fait mar-

cher une longue aiguille, qui, par ses mouvemens sur un arc
de cercle gradué, indique les raccourcissemens ou les allon-
gemens que le cheveu subit par suite des variations d'humidité de l'air qui l'environne.

Si l'on enferme cet hygromètre dans un manomètre rempli d'air ou d'un gaz quelconque, et dont les parois sont
mouillées d'eau, on voit bientôt l'aiguille marcher sur la division, de manière à annoncer un allongement du cheveu ;
enfin, elle s'arrête à un certain terme. Alors si l'on transporte
l'instrument dans un autre manomètre, où l'air est enfermé
depuis quelques jours avec des substances dessiccatives, on
voit bientôt l'aiguille rétrograder, comme le suppose un raccourcissement progressif du cheveu ; après quoi elle s'arrête
encore. Quelle que soit la température à laquelle on opère,
pourvu que le manomètre soit saturé de vapeurs aqueuses,
ou qu'il en soit complètement privé par la dessiccation, ces
points extrêmes où s'arrête l'aiguille, sont toujours les mêmes.
De Saussure appelle l'un d'eux, le terme de la sécheresse
extrême, et il le marque par o; il nomme l'autre le terme
de l'humidité extrême, et il le marque par le nombre
100 : puis divisant l'arc qu'ils comprennent, sur le limbe
en 100 parties égales, chacune de ces parties lui fournit autant de degrés intermédiaires d'humidité.

Jusqu'ici cet instrument n'est qu'un indicateur commode
et sensible. Si l'on se rappelle ce que nous avons dit en parlant du thermomètre, on verra facilement que, pour que
l'hygromètre devienne aussi un instrument comparable, il
lui faut encore d'autres qualités. Il faut, 1°. qu'il soit constant dans ses indications ; 2°. qu'étant toujours construit sur
les mêmes principes, mais avec des cheveux différens, il
donne toujours les mêmes résultats, dans des circonstances
pareilles. Enfin, avec ces qualités mêmes, il ne ferait encore
que fixer l'état hygrométrique d'une manière reconnaissable, sans mesurer la quantité absolue d'eau contenue dans
l'air ; de même que le thermomètre fixe et détermine la
température, mais ne fait pas connaître l'intensité absolue
du calorique qui la produit. Donc, pour que l'hygromètre

fournisse au physicien toutes les données qu'il a besoin de connaître, il faut encore déterminer, par expérience ou par théorie, les rapports de ses degrés avec les quantités absolues de vapeur qui existent réellement dans l'air. De Saussure a parfaitement résolu les deux premières questions; il a prouvé, par des expériences délicates, que les indications du cheveu sont promptes, sûres, et constamment comparables entre elles, lorsqu'il est convenablement préparé. Il a vu que certains cheveux étaient quelquefois irréguliers, et il a donné le moyen de les reconnaître pour les exclure. Il a cherché les préparations qu'il fallait faire subir aux autres pour qu'ils eussent des marches comparables; enfin il a déterminé ces préparations, dont on peut voir les détails dans son ouvrage; mais il a été moins heureux dans la recherche des rapports de l'hygromètre avec les quantités absolues d'eau vaporisées dans l'air, et la théorie des vapeurs n'était pas alors assez avancée pour qu'il pût les obtenir.

Sachant aujourd'hui, comment et sous quelles conditions les vapeurs existent, cherchons à nous faire une idée de l'action du cheveu sur elles. Mais pour simplifier le problême, nous pouvons imaginer que le cheveu agit dans le vide, car ses indications pour des tensions de vapeurs égales, y sont les mêmes que dans l'air, avec la seule différence qu'elles s'y établissent instantanément. Cela posé, l'action du cheveu sur les vapeurs est tout-à-fait semblable à celle des substances dessiccatives que l'on introduit dans le vide. Comme elles, il absorbe ces vapeurs jusqu'à ce que son affinité cesse de pouvoir les précipiter. Mais si, dans un manomètre qui contiendrait un mètre cube d'air humide, on introduisait un milligramme de potasse ou de muriate de chaux, ce petit corps, en se saturant d'humidité, absorberait une quantité de vapeur si faible, que ni son poids ne serait sensible à la balance, ni le vide produit par sa condensation ne paraîtrait sensible au baromètre. Tel est précisément le cas du cheveu, à cause du peu d'eau dont il se charge, de sorte qu'on peut aussi le considérer comme ne produisant aucune altération sensible dans l'état hygrométrique de l'air , sur lequel il agit.

Etudions maintenant les différens degrés d'absorption que son affinité opère : d'abord, si l'on place l'hygromètre dans un espace complètement saturé de vapeurs , quelle que soit d'ailleurs la température, on observe que l'aiguille s'arrête toujours au même point fixe. Ainsi, le cheveu s'allonge de la même quantité dans ces diverses circonstances , et par conséquent il absorbe la même quantité d'eau. Cependant la masse des vapeurs existantes dans l'espace saturé , est très-différente selon la température ; mais elles ont toujours cela de commun , qu'à ce point de saturation , la plus petite force suffit pour les réduire en eau. L'affinité du cheveu pour elles est une force de ce genre , qui produit par conséquent son effet accoutumé ; et comme l'absorption qui en résulte est si petite qu'elle n'abaisse pas sensiblement la tension de la vapeur qui reste dans l'appareil, il s'ensuit que le cheveu doit continuer à précipiter de cette vapeur tant que son affinité pour l'eau n'est pas complètement et entièrement satisfaite ; ce qui fait voir pourquoi il doit toujours en absorber la même quantité dans tout espace saturé , quelle que soit la température, en faisant toutefois abstraction des changemens que la chaleur peut produire dans son affinité pour l'eau ; changemens qui , d'après l'expérience , paraissent tout-à-fait insensibles , dans l'étendue de l'échelle thermométrique ; du moins, tant que la constitution même du cheveu n'est point altérée.

Maintenant plaçons l'hygromètre dans un espace qui ne soit pas complètement saturé d'eau ; alors une force infiniment petite ne suffira plus pour précipiter les vapeurs élevées dans cet espace ; car elles résistent à un certain degré de pression , et à un certain degré de refroidissement. Par conséquent , l'effet du cheveu sur elles s'arrêtera avant qu'il en soit complètement saturé ; car c'est une loi générale dans les phénomènes chimiques , que l'affinité d'une substance pour une autre augmente à mesure qu'on l'en prive , et diminue à mesure qu'on l'en sature. Lorsque le cheveu parfaitement sec est introduit dans le manomètre, il exerce d'abord sur les vapeurs aqueuses une affinité trop puissante pour qu'elles y résistent. Une partie d'entre elles se précipite donc à l'état liquide, et est absorbée par le cheveu qu'elle allonge ; mais cette absorption même diminue son avidité ; et enfin il arrive un terme où l'action qu'il exerce sur les vapeurs est justement égale, pour l'effet, au degré de pression ou de froid qu'elles peuvent subir sans devenir liquides ; alors elles résistent à son action, et l'allongement du cheveu s'arrête. Il indique ainsi le degré de saturation de l'espace, d'après le terme variable auquel son affinité pour les vapeurs cesse de pouvoir les précipiter. Cette limite dépend donc de la loi suivant laquelle l'affinité du cheveu pour l'eau diminue à mesure qu'on le sature. Voilà ce qu'il faudrait connaître pour pouvoir déterminer théoriquement le rapport de son allongement avec les quantités d'eau réellement vaporisées. Mais comme on n'a aucune notion sur cette loi de décroissement, non plus que sur celle d'aucune autre affinité chimique, on est réduit à recourir sur ce point à l'expérience, c'est-à-dire, à multiplier les observations de l'hygromètre dans des circonstances connues, pour en déduire empiriquement la loi de ses indications. C'est à quoi M. Gay-Lussac est parvenu par un procédé aussi simple que sûr et ingénieux. S'étant procuré un hygromètre dont la marche soit bien constante, c'est-à-dire qui, placé dans les mêmes circonstances, revienne toujours au même degré de son échelle, il le suspend dans un grand vase de verre, en partie rempli d'eau ou d'une dissolution saline connue, et dont il a préalablement mesuré la tension, dans le vide, à une température donnée. La suspension de l'hygromètre s'opère en l'attachant intérieurement au couvercle même du vase, qui est un disque de verre plan. On lute hermétiquement ce disque aux bords du vase, et on laisse l'expérience se continuer pendant quelque temps. Le liquide répandu sur toutes les parois du vase, ne tarde pas à saturer l'espace intérieur de vapeurs aqueuses, jusqu'au terme que sa propre

tension comporte ; et l'hygromètre , après s'être mis en
équilibre avec elles , finit par s'arrêter à un certain degré de
sa propre division. On apprend donc ainsi que ce degré correspond à la tension observée du liquide ; et en répétant sa
même épreuve à la même température , pour diverses tensions connues, comprises entre la sécheresse extrême et la
saturation complète de l'espace par les vapeurs émanées de
l'eau pure , on peut obtenir autant de termes de cette correspondance , aussi rapprochés que l'on voudra.

Ce procédé peut, comme on voit, s'appliquer , avec un
égal succès , à toutes sortes d'hygromètres ; il offre par conséquent un excellent moyen de les comparer. Mais M. Gay-
Lussac ne l'a jusqu'ici appliqué qu'à l'hygromètre à cheveu,
qui, en effet , étant le plus sensible , et peut-être le plus
exact, du moins si l'on s'en rapporte à l'opinion de De
Saussure , méritait d'être le premier objet de ses déterminations. En l'étudiant ainsi à la température de dix degrés
de la division centésimale , il a obtenu une série de résultats
qui, étant interpolés , m'ont donné les tables suivantes, où
les tensions de la vapeur aqueuse inférieures au maximum
sont exprimées en centièmes de la tension totale. On peut
même , sans une grande erreur, étendre l'usage de ces tables
à toute autre température , depuis o jusqu'à 100e, en prenant
pour tension totale celle qui convient à chacune de ces températures. Cependant le résultat de cette proportionnalité
indiquera une quantité de vapeurs un peu trop faible au-
dessus de la température de 10°, et un peu trop forte au-
dessous.

TENSIONS de la vapeur.	DEGRÉS de l'hygromètre à cheveu.	TENSIONS de la vapeur.	DEGRÉS de l'hygromètre à cheveu.	TENSIONS de la vapeur.	DEGRÉS de l'hygromètre à cheveu.
0	0,00	41	64,63	82	91,55
1	2,19	42	65,53	83	92,05
2	4,37	43	66,43	84	92,54
3	6,56	44	67,34	85	93,04
4	8,75	45	68,24	86	93,52
5	10,94	46	69,03	87	94,00
6	12,93	47	69,83	88	94,48
7	14,92	48	70,62	89	94,95
8	16,92	49	71,42	90	95,43
9	18,91	50	72,21	91	95,90
10	20,91	51	72,94	92	96,36
11	22,81	52	73,68	93	96,82
12	24,71	53	74,41	94	97,29
13	26,61	54	75,14	95	97,75
14	28,51	55	75,87	96	98,20
15	30,41	56	76,54	97	98,69
16	32,08	57	77,21	98	99,10
17	33 76	58	77,88	99	99,55
18	35 43	59	78,55	100	100,00
19	37 11	60	79,22		
20	38'78	61	79,84		
21	40 27	62	80,46		
22	41,76	63	81,08		
23	43,26	64	81,70		
24	44,75	65	82,32		
25	46,24	66	82,90		
26	47,55	67	83,48		
27	48,86	68	84,06		
28	50,18	69	84,64		
29	51,49	70	85,22		
30	52,81	71	85,77		
31	53,96	72	86,31		
32	55,11	73	86,86		
33	56,27	74	87,41		
34	57,42	75	87,95		
35	58,58	76	88,47		
36	59,61	77	88,99		
37	60,64	78	89,51		
38	61,66	79	90,03		
39	62,69	80	90,55		
40	63,72	81	91,05		

Cette table est construite pour donner le degré de l'hygrom. à cheveu, quand on connaît la tension de la vapeur aqueuse actuellement existante dans l'air. La tension de la vapeur aqueuse, pour l'état de la saturation complète, y est représentée par le nombre 100, et les autres tensions plus petites sont exprimées en parties centésimales de cette unité-là. Par conséquent, si on les suppose observées sous une autre forme, par exemple en millimètres, il faudra les multiplier par 100, et les diviser par 9^{mm},475, qui exprime la tension totale de la vapeur en millimètres à la température de 10^{q} centésimaux.

DEGRÉS de l'hygromètre à cheveu.	TENSIONS de la vapeur.	DEGRÉS de l'hygromètre à cheveu.	TENSIONS de la vapeur.	DEGRÉS de l'hygromètre à cheveu.	TENSIONS de la vapeur.
0	0,00	41	21,45	82	64,57
1	0,45	42	22,12	83	66,24
2	0,90	43	22,79	84	67,92
3	1,35	44	23,46	85	69,59
4	1,80	45	24,13	86	71,49
5	2,25	46	24,86	87	73,39
6	2,71	47	25,59	88	75,29
7	3,18	48	26,32	89	77,19
8	3,64	49	27,06	90	79,09
9	4,10	50	27,79	91	81,09
10	4,57	51	28,58	92	83,08
11	5,05	52	29,38	93	85,08
12	5,52	53	30,17	94	87,07
13	6,00	54	30,97	95	89,06
14	6,48	55	31,76	96	91,25
15	6,96	56	32,66	97	93,44
16	7,46	57	33,57	98	95,63
17	7,95	58	34,47	99	97,81
18	8,45	59	35,37	100	100,00
19	8,95	60	36,28		
20	9,45	61	37,31		
21	9,97	62	38,34		
22	10,49	63	39,36		
23	11,01	64	40,39		
24	11,53	65	41,42		
25	12,05	66	42,58		
26	12,59	67	43,73		
27	13,14	68	44,89		
28	13,69	69	46,04		
29	14,23	70	47,19		
30	14,78	71	48,51		
31	15,36	72	49,82		
32	15,94	73	51,14		
33	16,52	74	52,45		
34	17,10	75	53,76		
35	17,68	76	55,25		
36	18,30	77	56,74		
37	18,92	78	58,24		
38	19,54	79	59,73		
39	20,16	80	61,22		
40	20,78	81	62,89		

Cette table est construite pour donner les tensions de la vapeur correspondantes aux degrés de l'hygromètre. Ces tensions y sont, comme dans la table précédente, exprimées en parties centésimales de la tension totale.

Lorsque l'on porte un même hygromètre successivement dans les diverses couches atmosphériques, comme on peut le faire en s'élevant en aérostat, ou le voir marcher successivement au sec à mesure qu'on s'éloigne de la terre; et si l'on va jusqu'à de très-grandes hauteurs, comme l'a fait M. Gay-Lussac, la sécheresse devient telle qu'elle tord et déforme le bois, le parchemin et tous les corps qui renferment le moindre vestige d'humidité. Ce phénomène est d'autant plus digne de remarque, que la température va aussi en diminuant à mesure qu'on s'élève, de sorte qu'elle devient très-basse dans les hautes régions de l'air, et qu'ainsi la quantité de vapeurs que l'espace y peut admettre est fort petite On comprend assez bien le décroissement de la température quand on considère que l'air en se dilatant absorbe de la chaleur, de sorte qu'une même masse d'air transportée des couches inférieures dans les supérieures, se réfroidit nécessairement, en se prenant à elle-même le calorique caché qui est nécessaire à son état croissant de dilatation; et l'on verra plus tard, en traitant de la rosée, que l'aspect même du ciel serein doit aussi contribuer puissamment à refroidir les couches élevées de l'atmosphère; mais le décroissement rapide de l'humidité hygrométrique paraît beaucoup moins facile à concevoir.

Toutefois, en admettant ce décroissement comme un fait, il me semble expliquer d'une manière assez plausible pourquoi ordinairement, dans nos climats d'Europe, le temps devient beau quand le baromètre monte. C'est qu'alors les nuages qui auraient pu se résoudre en pluie, sont portés dans des régions plus hautes, où la sécheresse est plus grande, et où par conséquent ils peuvent se dissiper avec plus de facilité. Au contraire, si le baromètre baisse, les nuages baissent aussi; et, en se rapprochant de la terre, ils arrivent à des hauteurs où l'espace est moins éloigné du degré de saturation, ce qui doit y rendre la précipitation des vapeurs, plus facile. Suivant cette manière de voir, la descente du baromètre doit être un pronostic plus sûr que son mouvement de hausse; car ce mouvement et l'ascension correspondante des nuages, ne contribueront point à les vaporiser

si, par l'effet d'un vent élevé, continu et humide, l'espace
est rempli de vapeur aqueuse à une grande hauteur. Il arrivera donc alors que le baromètre pourra monter sans que le
temps cesse d'être à la pluie ; c'est en effet ce qui arrive quelquefois dans nos climats ; et c'est encore ainsi que sous les
tropiques, quand la saison des pluies est arrivée, il peut
continuellement pleuvoir sans que le baromètre indique un
abaissement permanent au-dessous de son degré moyen.

CHAPITRE XVIII.

De la Pesanteur spécifique des Corps.

Nous avons eu déjà plusieurs fois besoin, dans nos expériences, de connaître le poids de certains corps sous un volume donné ; par exemple, le poids d'un litre d'air ou le
poids d'un centimètre cube de mercure. L'utilité de ces résultats, et leur fréquente application dans la chimie et dans
la physique, exigent que nous nous fassions des méthodes
générales et précises pour les déterminer.

Le moyen le plus simple d'y parvenir, c'est de mesurer
comparativement le poids d'un volume quelconque, mais
égal, d'eau et de la substance donnée. En effet, supposons
d'abord ces deux pesées faites l'une et l'autre à la température du maximum de condensation de l'eau. On saura qu'a-
lors la substance employée est deux fois ou trois fois, ou n
fois aussi pesante que l'eau à égal volume. Or, d'après la
définition des mesures métriques, chaque gramme d'eau,
à cette température, a pour volume un centimètre cubique.
Par conséquent, on saura que chaque centimètre cubique
de la substance donnée pèse deux grammes ou trois grammes,
ou n grammes, ce qui est précisément la chose que l'on voulait savoir. Il n'est pas même nécessaire que les pesées soient
faites à la température précise du maximum de condensation
de l'eau ; mais alors il faut avoir égard aux dilatations de
ce liquide et de la substance qu'on lui compare. C'est pourquoi nous ne pouvions pas nous occuper de cette recherche

d'une manière générale avant d'avoir mesuré , et réduit en formules , les dilatations des corps.

Ce nombre n , qui exprime combien de fois la substance donnée pèse autant que l'eau à volume égal, s'appelle *la pesanteur spécifique*, ou plus exactement *le poids spécifique du corps*. Nous le rapporterons généralement , comme nous venons de le faire , à la température du maximum de condensation de l'eau; et alors le nombre n , qui exprimera le poids spécifique d'un corps , exprimera aussi le nombre de grammes que pèse un centimètre cube de ce corps.

Lorsque nous avons établi dans le premier livre les principes de l'équilibre et du mouvement , nous avons appelé *densité* d'un corps, la quantité relative de matière inerte qu'il renfermait sous un volume donné, et nous avons vu que cette quantité pouvait , *pour toutes les applications de mécanique*, s'évaluer proportionnellement au poids; en sorte qu'un corps doit être dit deux fois ou trois fois, ou n fois plus dense qu'un autre, selon qu'il pèse deux, ou trois, ou n fois autant , à volume égal , que celui auquel on l'a comparé. Ainsi, en prenant la densité du premier corps pour l'unité des densités, celle du second et de tout autre corps sera aussi représentée par le nombre n. Dans notre système de mesures, l'unité de densité la plus convenable est celle de l'eau à la température du maximum de condensation. Alors *la densité de tout autre corps est égale à sa pesanteur spécifique*. Nous adopterons généralement cette convention.

Concevons maintenant une masse d'eau qui , réduite à son maximum de condensation , renferme un nombre V de centimètres cubiques. V exprimera aussi son poids en grammes. Mais cette expression ne sera rigoureusement exacte que pour le parallèle terrestre relativement auquel le gramme est déterminé. Car l'énergie de la pesanteur étant inégale à diverses latitudes, la même masse d'eau prise successivement sur différens parallèles , a des poids absolus différens; et, si l'on veut toujours rapporter ces poids au gramme primitif, considéré comme invariable , leur expression changera proportionnellement aux intensités de la gravité dans les deux lieux. Représentons donc par 1 cette intensité dans le lieu où l'on a déterminé le gramme, à Paris, par exemple : sa valeur pour tout autre point de la terre se trouvera exprimée par un autre nombre plus grand ou moindre, que les observations du pendule, font connaître, comme nous l'avons expliqué dans le premier livre, et dont j'ai donné l'expression analytique dans le Traité général. Multipliant le volume primitif V par ce nombre, le produit exprimera le poids de la même masse d'eau en grammes à une latitude quelconque, le poids de chaque gramme étant toujours identiquement conforme à la première détermination.

Si l'on veut exprimer de même le poids P d'un égal volume de tout autre·corps, il faut multiplier le poids précédent de la masse d'eau par la pesanteur spécifique de ce corps. Dans ce sens, on dit que le *poids d'un corps est égal au produit de sa densité et de son volume par la pesanteur ;* mais il ne faut pas oublier que, dans cet énoncé, le poids, la pesanteur, le volume et la densité n'expriment pas des quantités absolues. Ce sont des nombres abstraits rapportés chacun à leur unité propre.

Ces principes généraux étant établis, nous allons entrer dans le détail des expériences propres à déterminer le nombre n dans les divers états des corps.

CHAPITRE XVIII.

Sur la manière d'obtenir la Pesanteur spécifique des Gaz.

LES densités des substances gazeuses étant toutes fort petites, il convient pour rendre leurs différences plus sensibles, de les rapporter d'abord à quelqu'une d'entre elles; nous choisirons pour cela l'air atmosphérique, qui, d'après l'observation générale des physiciens et des chimistes, est de même nature dans tous les climats de la terre et dans toutes les saisons.

Pour mesurer le poids d'un même volume d'air et de gaz,

on prend un ballon de verre dont la capacité doit être au moins de cinq à six litres, afin que les erreurs des pesées n'aient pas trop d'influence sur les résultats; ce qui arriverait si l'on opérait sur de trop petits volumes. Ce ballon doit être fermé par un robinet assez bien travaillé pour intercepter toute communication entre l'intérieur du ballon et l'air extérieur. On tient d'abord le robinet ouvert, et après avoir vissé le ballon sur le plateau d'une bonne machine pneumatique, on y fait le vide aussi exactement qu'il est possible. Pour plus de simplicité, supposons d'abord que ce vide soit tout-à-fait exact, en sorte que tout l'air ait été extrait de l'intérieur du ballon. On ferme alors le robinet, on dévisse le ballon, et on le pèse dans cet état avec des balances très-exactes (1); soit P son poids ainsi observé.

Cette opération faite, on ouvre doucement le robinet, sans détacher le ballon de la balance. L'air extérieur y rentre, le remplit. Alors on le pèse de nouveau, le robinet restant ouvert : on trouve constamment qu'il pèse davantage. Soit P'' son poids dans cette nouvelle circonstance.

Il est évident que l'augmentation de poids du ballon est due à l'air qui s'y est introduit, et est précisément égale au poids de cet air. Ainsi l'excès de la seconde pesée sur la première, ou $P'' - P$, exprimera le poids du volume d'air atmosphérique que le ballon contient, dans les circonstances où l'on a opéré.

On s'y prend précisément de la même manière pour connaître le poids du même volume de tout autre gaz. On commence de même par peser le ballon vide. Soit π son poids, qui peut être différent de P à cause du changement de den-

----

(1) Pour faire cette opération, l'on ne pose pas le ballon dans les plateaux de la balance, ce qui serait très-incommode, parce qu'il faudrait leur donner de très-grandes dimensions. Mais on accroche le ballon à la balance par le moyen d'un fil de cuivre, dont les extrémités sont contournées en anneaux. L'une se fixe à la partie inférieure d'un des plateaux de la balance, et l'autre s'adapte à un crochet qui termine la partie supérieure du robinet du ballon. *Fig.* 67.

sité de l'air qu'il déplace. Cette observation faite, on le remplit aussitôt de gaz que, l'on y introduit avec toutes les précautions nécessaires pour en assurer la pureté. Puis on le ferme ; on le pèse de nouveau, et on le trouve plus lourd qu'auparavant. Soit π'' son poids ainsi observé.

Il est évident que la différence $\pi'' - \pi$ est le poids du gaz que l'on y a introduit ; et le rapport $\dfrac{\pi'' - \pi}{p'' - p}$ est la pesanteur de ce gaz, comparée à celle de l'air atmosphérique, dans les circonstances où l'expérience a été faite.

Mais, en opérant ainsi à différens jours sur le même air, sur le même gaz, avec le même ballon, la même machine pneumatique et les mêmes balances, on trouve des résultats continuellement différens ; ce qui prouve que ces observations, quoique exactes, ne sont point comparables entre elles, et doivent, pour le devenir, subir plusieurs corrections que nous allons exposer.

D'abord nous savons que la pression atmosphérique n'est pas constamment la même. Or elle agit sur l'air atmosphérique contenu dans le ballon, quand on le pèse plein et ouvert ; la densité de cet air variera donc ainsi que son poids, selon que la pression sera plus ou moins considérable. Voilà une première cause de variations qu'il nous faudra corriger.

La température produit aussi un effet pareil ; car, soit qu'elle s'élève ou qu'elle s'abaisse, elle dilate l'air ou le condense, la pression restant la même. Il faudra donc pareillement l'observer et en tenir compte dans les résultats.

Ces mêmes causes influeront également sur les poids de tous les autres gaz, lorsqu'on les introduira dans le ballon après y avoir fait le vide. Il faudra donc aussi tenir compte de la pression et de la température à laquelle on les introduit.

Le ballon lui-même n'a pas toujours une égale capacité ; car le verre dont il est formé se dilate et se resserre, selon que la température s'élève ou s'abaisse, et alors son volume augmente ou diminue ; il faudra donc aussi avoir égard à ces changemens.

Enfin, nous avons vu que l'air et tous les autres gaz peuvent contenir une certaine quantité de vapeurs aqueuses, qui varie avec la température et avec le desséchement plus ou moins considérable que le gaz a éprouvé. Ainsi, un même volume d'un même gaz aura des poids différens, selon qu'il contiendra une quantité plus ou moins grande de cette vapeur, qui se trouve substituée à une certaine portion de sa masse. Il faudra donc, pour rendre les résultats comparables, connaître la quantité de vapeurs aqueuses qui entrent dans les gaz, ainsi que dans l'air atmosphérique que l'on pèse, et en tenir compte dans les résultats, ou bien il faudra la détruire en l'absorbant par des alcalis.

Toutes les causes que nous venons d'examiner influeront encore sur les expériences d'une autre manière, en modifiant la densité de l'air atmosphérique extérieur au ballon, et dans lequel celui-ci est plongé lorsqu'on le pèse. Car un corps plongé dans un fluide pesant, y perd toujours une partie de son poids, égale à celui du volume de fluide qu'il déplace. La perte de poids du ballon soit plein, soit vide, lorsqu'on le pesera dans l'air, variera donc avec le volume du ballon, avec la pression atmosphérique, la température et l'état hygrométrique de l'air extérieur.

Nous avons supposé que la machine pneumatique que l'on emploie pouvait opérer un vide parfait. Mais cela n'est jamais ainsi ; et quelque soin que l'on prenne pour épuiser l'air dans l'intérieur du ballon, il y reste toujours une petite quantité de fluides élastiques dont l'existence se manifeste par la pression qu'ils exercent sur le baromètre qui communique à l'intérieur de la machine pneumatique. Il faudra donc mesurer cette pression, et savoir si elle est produite par un petit reste d'air ou de vapeurs aqueuses, ou par un certain mélange de ces deux substances.

Avec ces diverses données, on peut calculer les poids d'air atmosphérique et de gaz qui seraient contenus dans le ballon à la température de la glace fondante et sous la pression de $0^m,76$; l'air et le gaz étant parfaitement privés de vapeurs aqueuses. Si de plus le volume du ballon est connu, en litres et parties du litre, on pourra en conclure ce que pèse un litre de chaque gaz. On trouvera dans le Traité général toutes les formules nécessaires pour effectuer complètement ces réductions, ainsi que l'indication de tous les procédés qui peuvent rendre les expériences précises. Ne pouvant exposer ici ces détails, je me bornerai à en rapporter, comme conséquence, une règle très-simple et très-exacte, dont les résultats sont même indépendans de l'état hygrométrique de l'air extérieur. Seulement elle exige que, dans les diverses pesées du vide, de l'air et du gaz, le ballon dont on fait usage soit séché intérieurement par communication avec des sels alkalins.

Dans cette supposition, observez la petite tension θ que marque l'éprouvette de votre machine pneumatique, lorsque vous faites le vide sec le plus exact qu'il vous est possible dans votre ballon. Pesez-le ensuite dans cet état; appelez P son poids apparent. Cela fait, introduisez-y le gaz, et observez la pression intérieure p' au moment où vous tournez le robinet du ballon pour le renfermer. $p'-\theta$ sera la portion de cette pression que le gaz supporte réellement. Soit t' sa température. Observez de nouveau le poids apparent P'' du ballon ainsi rempli; puis faites-y de nouveau le vide sec jusqu'à la même tension θ que vous y avez laissée précédemment, et prenez de nouveau son poids P'''; cela posé, $P''-\frac{1}{2}(P+P''')$ *sera le poids exact du gaz sec,* dans les circonstances de son introduction, c'est-à-dire à la température t', sous la pression $p'-\theta$, et pour le volume actuel de votre ballon; il ne restera plus, pour rendre les résultats comparables, que de les réduire à une pression et une température constante; par exemple, à $0°$ et à $0^m,76$, comme nous l'avons expliqué page 223. Mais si l'on veut atteindre la dernière rigueur, il faudra encore réduire le volume actuel du ballon à un terme fixe, en tenant compte de la dilatation du verre. C'est au moyen d'opérations semblables ou équivalentes que la table suivante a été formée :

TABLEAU de la pesanteur spécifique des gaz et de quelques vapeurs, comparée à celle de l'air, prise pour unité.

SUBSTANCES.	DENSITÉS déterminées par l'expérience.		DENSITÉS calculées d'après la proportion des élémens et la contraction du volume.	
Air atmosphériq.	1,00000.			
Gaz oxigène....	1,10359.			
Gaz azote.......	0,96913.			
Gaz hydrogène...	0,07321.	BIOT et ARAGO.		
Gaz acide carb...	1,51961.			
Gaz ammoniaque.	0,59669.	....	0,59438.	{ 3 hyd. et 1 az. contr. ½ du vol. total. des comp.
Gaz hydrochloriq.	1,24740.			
Chlore	2,470.	GAY et THENARD.	2,421.	{ Supp. que 1 de chl. et 1 d'hyd. font 2 gaz hydrochlor.
Gaz oxide de carb.	0,9569.	CRUIKSHANKS....	0,96782.	{ Supp. que 1 d'acide carb., moins ½ ox., font 1 de ce gaz.
Protoxide d'azote.	1,5204.	COLIN..........	1,52092.	{ Contr. égale au vol. de l'oxigène.
Deutoxide d'azote.	1,0388.	BÉRARD........	1,03636.	Contr. nulle.
Gaz hydrogén. sul.	1,1912.	} GAY et THENARD.		
Gaz acide sulfur.	2,1904.			
Gaz olefiant.....	0,97804.	TH. DE SAUSSURE.		
Gaz fluoborique..	2,3709.	} JOHN DAVY.		
Gaz fluosilicique.	3,5737.			
Gaz chlorocarbon.	....		3,3888.	D'après J. DAVY.
Gaz euchlorine...	....		2,3782.	{ Supp. 4 de chl. et 2 d'ox. condens. de ⅙.
Gaz hydriodique.	4,443	GAY..........	4,4288.	
Vapeur { d'eau......	0,62349.	....	0,624.	{ Supp. que 2 d'hyd. et 1 d'ox. donnent 2 de vapeur.
d'alcool absolu......	1,6133.			
d'éther sulfurique...	2,5860.			
d'éther hydriodique.	3,4749.	} GAY.		
d'essence de térébenth.	3,0130.			
de carbure de soufre.	2,6447.			
d'iode.....	......		8,6195.	
d'éther hydrochlor..	2,219.	THENARD.		

Je joins ici le tableau des poids absolus de quelques-uns de
ces gaz supposés complètement desséchés.

NATURE DES GAZ.	Poids d'un centimètre cube en grammes, à la température de la glace fondante et sous la pression $0^{m}76$, observée à la latitude de 45°.
Air atmosphérique......	$0^{g},0012990075$
Oxigène..............	$0, 0014535530$
Azote...............	$0, 001258972$
Hydrogène..........	$0, 0000951053$
Gaz acide carbonique...	$0, 001974083$
Gaz hydrochlorique.....	$0, 001619943$
Gaz ammoniaque.......	$0, 000775145$
Vapeur d'eau..........	$0, 000810249$

Si l'on voulait avoir le poids d'un litre de ces mêmes gaz ,
il faudrait multiplier par 1000 le nombre qui lui correspond,
puisque le litre contient 1000 centimètres cubes. Le poids de
la vapeur aqueuse rapporté dans ce tableau répond à une circonstance mathématique, puisque cette vapeur ne pourrait
pas subsister à l'état aériforme, à la température de la glace
fondante, et sous la pression $0^{m},76$; mais cette donnée est utile
pour les calculs, parce qu'on peut partir de là comme d'un
terme fixe pour calculer le poids d'un centimètre cube de cette
vapeur à toute autre température et sous toute autre pression donnée, et réellement observée. Le calcul est absolument
le même que pour un gaz sec , comme nous l'avons déjà fait
remarquer pages 222 , 250 , 254.

Les tableaux ci-dessus montrent que beaucoup de substances aériformes sont moins pesantes que l'air atmosphérique à volume égal. Si l'on imagine un volume donné d'une
de ces substances, par exemple, de gaz hydrogène, enfermé
dans une enveloppe sans pesanteur, et abandonné à lui-même
dans l'atmosphère , il tendra à descendre par son propre
poids , mais il sera poussé en haut par une force égale au

poids du volume d'air qu'il déplace. Ainsi ce volume de gaz s'élevera dans l'air jusqu'à ce qu'il arrive dans des couches dont la densité soit moindre que la sienne. On pourra même, en lui donnant de grandes dimensions, rendre sa force ascensionnelle assez grande pour enlever une enveloppe pesante, et même une nacelle et des hommes. Tel est le principe des ballons aérostatiques, dont l'invention, l'une des plus belles du dix-huitième siècle, est due à Montgolfier.

Le premier ballon fut lancé par Montgolfier et son frère, à Annonay, en 1782. Il était sphérique, et avait 110 pieds de circonférence. L'enveloppe était de papier, et la substance aériforme employée était l'air atmosphérique lui-même, dilaté par la chaleur d'un fourneau placé sous l'orifice inférieur du ballon. Il s'éleva à la hauteur de mille toises.

Bientôt l'expérience fut répétée à Paris; des hommes hardis osèrent monter dans une frêle nacelle, et entretenir eux-mêmes le feu qui servait à les élever. Jusque-là le ballon était retenu par des cordes. Enfin Pilatre Desrosiers et Darlandes partirent à ballon perdu, et parcoururent en dix-sept minutes une distance de quatre mille toises.

Ce genre de ballon, appelé Montgolfière, du nom de son inventeur, était d'un maniement dangereux et difficile; dangereux, parce que le feu entretenu dans la nacelle pouvait se communiquer à la nacelle elle-même, ou aux parois du ballon; difficile, par la nécessité d'augmenter le feu quand on voulait s'élever, de le diminuer quand on voulait descendre, opérations qui, par leur nature, ne peuvent pas être réglées exactement.

M. Charles eut l'heureuse idée d'employer pour substance aériforme le gaz hydrogène, dont la densité, n'étant qu'environ $\frac{1}{13}$ de celle de l'air atmosphérique, devait donner une force ascensionnelle considérable, et toujours constante, sans qu'il fût besoin d'aucun travail pour l'entretenir. La difficulté était de trouver une enveloppe qui fût peu pesante, et pourtant imperméable à ce gaz. Après diverses expériences, M. Charles choisit le taffetas enduit d'un vernis fait avec la gomme élastique dissoute à chaud dans l'huile de térébenthine. Ce procédé réussit parfaitement ; MM. Charles et Robert s'élevèrent ainsi les premiers aux Tuileries dans un aérostat de vingt-six pieds de diamètre, et parcoururent en peu de minutes un espace de neuf lieues. Alors Robert descendit, et M. Charles, resté seul dans la nacelle, s'éleva de nouveau dans les airs avec la rapidité d'une flèche, jusqu'à la hauteur de dix-sept cent cinquante toises.

Dans les ballons à gaz hydrogène, le voyageur modère à son gré sa hauteur. Pour cela, il emporte avec lui quelques sacs remplis de sable. Veut-il s'élever, il jette une partie de ce sable, et devient plus léger. Veut-il descendre, il laisse échapper une petite quantité du gaz que son aérostat renferme, et il devient plus lourd. Pour faciliter cette manœuvre, le sommet du ballon est muni d'une soupape qui s'ouvre par le moyen d'une corde, dont l'extrémité pend dans la nacelle. Cette corde est le salut du voyageur ; car s'il ne pouvait ouvrir sa soupape, il serait le jouet de son ballon, et courrait le danger de le voir s'élever à des hauteurs où il creverait par la dilatation du gaz. Il faut donc s'assurer soi-même que cette corde est forte, bien attachée à la soupape, et qu'elle l'ouvre et la ferme facilement. Il est même prudent, pour plus de sûreté, d'avoir deux cordes pareilles, attachées à la même soupape.

De plus, à quelque hauteur que l'on désire s'élever, il ne faut jamais se défaire de tout son lest ; car lorsqu'on a ouvert la soupape pour redescendre, le ballon, devenu plus lourd, descend en effet par l'excès de son poids, et descend comme un corps pesant. Il n'est retardé dans sa chute que par la résistance de l'air. Si on l'abandonne à lui-même, il acquiert ainsi une vitesse qui devient très-dangereuse quand on arrive à heurter la terre. C'est ce choc qu'il faut prévenir en jetant d'avance et peu à peu le lest que l'on a conservé. La diminution successive de poids compense alors en partie l'accélération de la pesanteur, et vous amène doucement vers la terre, ou même vous permet de vous arrêter à une petite distance de sa surface, si le lieu où l'aérostat descend vous semble offrir quelque danger.

Au moment où l'on part, il est inutile et même dangereux d'enfler entièrement l'aérostat ; car à mesure que l'on s'élève dans l'atmosphère, on arrive dans des couches d'air où la pression est moindre qu'à la surface de la terre. En conséquence, le gaz contenu dans l'aérostat se dilate ; et si le ballon en était gonflé d'abord, il serait nécessaire de le faire sortir. Au lieu de cela, supposez que le ballon, à la surface de la terre, ne soit qu'à moitié rempli, et que cependant il ait une force ascensionnelle suffisante pour vous enlever avec votre nacelle et tout ce qu'elle contient. A mesure que vous vous éleverez, le gaz intérieur se dilatera pour se mettre à la même pression que l'air extérieur. Celui-ci devient à la vérité moins lourd ; mais le volume de votre ballon augmente précisément dans le même rapport, et compense ainsi cette diminution ; par conséquent votre force ascensionnelle dans cet air raréfié est encore la même qu'à l'instant du départ. Elle ne sera pas non plus altérée par la diminution de température qui se fait sentir à mesure qu'on s'élève, puisque tous les gaz se dilatent également, et qu'ainsi l'effet sera le même sur le gaz contenu dans le ballon et sur l'air atmosphérique qui l'environne, en supposant leur température la même.

Cette remarque, sur l'inutilité de gonfler les ballons en partant, a été faite pour la première fois par M. Charles, et nous en avons profité dans le voyage aérostatique que nous avons fait, M. Gay-Lussac et moi, pour des recherches de physique dont je parlerai plus tard. Notre force ascensionnelle, au moment du départ, était très-faible ; seulement celle qu'il fallait pour nous enlever avec nos instrumens. On la mesurait par le moyen d'une romaine placée sous la nacelle, et attachée à terre. Nous prîmes du lest ce qu'il en fallait pour l'amener d'abord au degré que nous avions projeté, et qui était, je crois, d'un kilogramme. Alors nous nous abandonnâmes à cette force qui nous éleva lentement jusqu'à 4000 mètres de hauteur. Une seconde ascension, faite avec le même ballon, par M. Gay-Lussac seul, l'éleva à la hauteur de 7000 mètres, la plus grande à laquelle l'homme soit jamais parvenu.

L'aérostat à gaz hydrogène est aujourd'hui le seul en usage. Quelques modifications que l'on a essayé d'y faire, n'ont pas été heureuses. Pilatre Desrosiers voulut, on ne sait pourquoi, combiner ce moyen avec celui de l'air dilaté par le feu. Il employait deux ballons placés l'un au-dessus de l'autre, dont le supérieur était rempli de gaz hydrogène, et l'inférieur d'air atmosphérique échauffé. C'était établir un fourneau sous un magasin à poudre. Pilatre Desrosiers a péri victime de son invention. Un autre physicien italien, Zambeccari, est mort aussi après plusieurs tentatives constamment malheureuses. Malgré ces funestes exemples, on peut être assuré qu'en observant soigneusement le petit nombre de précautions que j'ai tout-à-l'heure expliquées, les voyages aérostatiques n'offrent plus absolument aucun danger aujourd'hui.

CHAPITRE XIX.

Mesure de la Pesanteur spécifique des Liquides.

Pour déterminer le poids spécifique des liquides, de même que celui de tous les autres corps, il faut peser deux volumes égaux d'eau et de liquide, réduire ces poids, au vide, à la température du maximum de condensation de l'eau, et les diviser l'un par l'autre.

Pour obtenir l'égalité des volumes, on se sert d'un flacon bouché à l'émeri, et on le remplit successivement d'eau et de liquide. On commence par déterminer exactement le poids du flacon vide, par la méthode des doubles pesées. Ensuite, on le pèse de même plein d'eau distillée, prise à une température connue ; et, retranchant le premier poids du second, on a le poids apparent E de l'eau que le flacon contient à cette température. Alors on le remplit du liquide que l'on veut examiner, et dont on observe aussi exactement la température. On détermine de la même manière le poids apparent L du volume de ce liquide qui est renfermé dans le flacon. Avec ces données et les lois de la dilatation du liquide observé, on peut calculer son poids spécifique.

D'abord rien ne serait plus facile à faire, si l'on voulait négliger toutes les réductions ; c'est-à-dire, si l'on voulait employer directement les deux pesées, comme si elles étaient faites dans le vide et à la température du maximum de condensation ; car alors le rapport $\frac{L}{E}$ serait la pesanteur spécifique. Ainsi en supposant, par exemple, que le liquide observé fût de l'éther, et que le flacon en contînt 39g,184, tandis qu'il contiendrait 50g,3 d'eau, la pesanteur spécifique de cet éther serait $\frac{39,184}{50,3}$ ou 0,779. C'est ce que l'on fait ordinairement. Mais il est évident que cette manière d'opérer n'est qu'une approximation, qui ne saurait être employée dans des recherches délicates.

Pour parvenir à la véritable pesanteur spécifique, par la voie la plus simple et la plus directe, il faut regarder la pesée de l'eau, faite dans le flacon, comme servant uniquement à calculer sa capacité ; après quoi la seconde pesée donnera le poids d'un centimètre cube du liquide pour une température quelconque. Si l'on veut en conclure sa pesanteur spécifique, il n'y aura qu'à réduire ce poids, par le calcul, la température du maximum de condensation de l'eau. J'ai donné dans le Traité général toutes les formules nécessaires pour ces réductions. En les appliquant à des pesées très-exactes de l'eau, du mercure et de l'air atmosphérique, j'en ai déduit les résultats suivans qui sont d'une application fréquente.

Poids d'un centimètre cube de mercure à 0° . . . 13g,597190

Rapport des poids du mercure et de l'eau à
    volume égal, et à la température de 0°. . . . 13,598207

Rapport du poids du mercure à celui de l'air
    atmosphérique sec, sous la pression de $0^m,76$ et
    à la température de 0°. 10466,82

Si l'on voulait obtenir les poids d'un centimètre cube des mêmes substances pour une autre température que 0°, il faudrait réduire ces évaluations proportionnellement aux dilatations de chaque substance. Nous avons déjà donné celles de l'air et du mercure qui sont sensiblement constantes dans l'étude de l'échelle thermométrique. Celle de l'eau qui est très-sensiblement variable, se trouvera dans la table suivante, où les températures sont indiquées, en degrés de Réaumur.

Température de l'eau	VOLUMES.	DENSITÉS.	Température de l'eau.	VOLUMES.	DENSITÉS.
0	1,00000000	1,0000000	40	1,01229496	0,9878544
1	0,99995525	1,0000447	41	1,01292812	0,9872370
2	0,99993058	1,0000694	42	1,01357490	0,9866069
2,756	0,99992521	1,0000746	43	1,01423514	0,9859646
3	0,99992589	1,0000739	44	1,01490866	0,9853103
4	0,99994099	1,0000593	45	1,01559531	0,9846441
5	0,99997571	1,0000241	46	1,01629494	0,9839665
6	1,00002990	0,9999700	47	1,01700756	0,9832771
7	1,00010340	0,9998966	48	1,01773243	0,9825766
8	1,00019604	0,9998041	49	1,01846998	0,9818648
9	1,00030766	0,9996925	50	1,01921984	0,9811425
10	1,00043809	0,9995620	51	1,01998187	0,9804094
11	1,00058718	0,9994131	52	1,02075589	0,9796660
12	1,00075476	0,9992457	53	1,02154173	0,9789124
13	1,00094067	0,9990600	54	1,02233925	0,9781425
14	1,00114474	0,9988564	55	1,02314826	0,9773754
15	1,00136682	0,9986350	56	1,02396862	0,9765923
16	1,00160674	0,9983938	57	1,02480016	0,9758003
17	1,00186435	0,9981390	58	1,02564272	0,9749982
18	1,00213946	0,9978650	59	1,02649613	0,9741877
19	1,00243194	0,9975739	60	1,02736024	0,9733683
20	1,00274116	0,9972663	61	1,02823487	0,9725403
21	1,00306829	0,9969411	62	1,02911988	0,9717040
22	1,00341185	0,9965997	63	1,03001508	0,9708595
23	1,00377212	0,9962419	64	1,03092034	0,9700071
24	1,00414893	0,9958681	65	1,03183547	0,9691467
25	1,00454211	0,9954785	66	1,03276031	0,9682788
26	1,00495152	0,9950729	67	1,03369472	0,9674035
27	1,00537698	0,9946517	68	1,03463853	0,9665212
28	1,00581832	0,9942154	69	1,03559156	0,9656317
29	1,00627540	0,9937637	70	1,03655366	0,9647353
30	1,00674805	0,9932970	71	1,03752464	0,9638326
31	1,00723610	0,9928159	72	1,03850440	0,9629252
32	1,00773939	0,9923200	73	1,03949272	0,9620076
33	1,00825777	0,9918098	74	1,04048948	0,9610860
34	1,00879106	0,9912856	75	1,04149451	0,9601585
35	1,00933910	0,9907473	76	1,04250755	0,9592256
36	1,00990174	0,9901952	77	1,04352856	0,9582872
37	1,01047881	0,9896298	78	1,04455740	0,9573433
38	1,01107014	0,9890512	79	1,04559357	0,9563945
39	1,01167558	0,9884592	80	1,04663760	0,9554406

De l'Aréométrie.

Lorsqu'on n'a pas besoin d'une précision extrême, on peut déterminer la pesanteur spécifique des liquides par le moyen d'un instrument assez commode, inventé par Farenheit, qui lui a donné le nom d'*aréomètre* ; il est représenté *fig.* 68. Cet instrument est construit en verre ; il est renflé par le bas, et au contraire effilé par le haut, en un tube cylindrique d'un petit diamètre. Une petite quantité de mercure enfermée dans la boule B, fait que le centre de gravité de l'instrument est situé beaucoup plus bas que celui de son volume ; d'où il résulte que, lorsqu'il est plongé dans un fluide pesant, il s'y tient debout dans un équilibre stable, sans jamais se renverser. Un trait extrêmement fin T est marqué sur le col CC, précisément au point où l'instrument s'enfonce dans le plus léger des liquides dont on veut éprouver la pesanteur, par exemple, dans l'éther. Alors si on le plonge dans un liquide plus lourd, dans l'eau, par exemple, il ne s'y enfoncera pas jusqu'au trait T ; et, pour l'amener à ce point, ce que l'on appelle l'*affleurer*, il faudra ajouter des poids sur le chapeau F. Or, quand l'instrument flotte ainsi, la force qui le soutient est d'après les premières lois de l'hydrostatique, égale au poids du volume de liquide qu'il déplace. Ce volume est constant dans toutes les expériences, puisque la tige est toujours enfoncée jusqu'au trait T ; mais le poids en est variable, selon la nature du liquide, et il est égal au poids propre de l'instrument que l'on est censé connaître, plus les poids additionnels dont il a fallu le charger pour l'affleurer. On a donc, par cette observation, les poids d'un même volume des différens liquides sur lesquels on opère, et on en déduit leurs pesanteurs spécifiques, en les divisant par le poids aussi observé du même volume d'eau.

Pour rendre ces comparaisons tout-à-fait rigoureuses, il faut que les expériences soient faites précisément à la température du maximum de densité de l'eau, ou qu'on les y ait ramenées par le calcul d'après les dilatations connues des

liquides observés. J'ai donné dans le Traité général toutes
les formules nécessaires pour cet objet.

Au lieu de faire enfoncer l'aréomètre jusqu'à une marque
fixe T, à l'aide de poids additionnels, on peut conclure les
densités des liquides par l'observation des volumes variables
qu'il déplace dans chacun d'eux, quand on le laisse s'enfoncer *uniquement* par son propre poids. Car, connaissant
le poids et le volume de la partie plongée, on en conclura
aussitôt, par une simple proportion, le poids d'un même
volume fixe. Par exemple, si le volume ainsi submergé
est, dans un liquide 16 centimètres cubiques, et dans un autre
32, il est clair que 32 centimètres cubes de celui-ci pèsent
autant que 16 de l'autre. En général, dans cette manière d'opérer *sous des poids égaux*, les densités seront réciproquement
proportionnelles aux volumes deplacés par l'aréomètre. Reste
donc à le graduer de manière qu'on puisse connaître ces volumes. Pour cela donnez-lui une tige bien cylindrique,
pesez-le, et marquez exactement le point T de la tige auquel
il s'affleure quand il s'enfonce par son propre poids dans
l'eau, à la température du maximum de condensation.
Alors son poids exprimé en grammes vous donnera le volume
de la partie plongée exprimée en centimètres cubiques. Cela
fait, ajoutez des poids sur le chapeau ou sur le haut de la
tige, de sorte que l'instrument enfonce davantage et s'affleure
à un autre point que vous marquerez également. Le poids
additionnel ajouté au poids propre de l'instrument vous
donnera encore le volume de la partie plongée, dans cette
nouvelle circonstance; et, en le retranchant du premier, vous
connaîtrez le volume de la portion de la tige comprise entre
les deux points d'affleurement. Conséquemment, si elle peut
être censée cylindrique, vous n'aurez qu'à diviser cet intervalle en un nombre quelconque de parties égales qui ré-
pondront à autant de portions d'égale volume dont vous
connaîtrez la proportion au volume primitif pris pour point de
départ. Supposons, par exemple, que chaque division en
soit $\frac{1}{1000}$; alors si vous représentez par 1000 le volume de la partie qui plonge quand l'instrument s'enfonce, par son propre

poids, jusqu'au trait T, dans l'eau distillée, lorsqu'ensuite dans un autre liquide il s'enfoncera jusqu'au second trait T', ou au troisième T'', ou au quatrième T''', vous saurez que les volumes déplacés sont : 1001, 1002 ou 1003, et ainsi du reste ; d'où vous conclurez que la densité du liquide, comparativement à l'eau, est en raison inverse, c'est-à-dire $\frac{1000}{1001}$, ou $\frac{1000}{1002}$, ou $\frac{1000}{1003}$. Vous pourriez même, par un artifice fort simple, vous épargner la réduction définitive de ces fractions, et trouver tout de suite la densité en millièmes. Pour cela il faudra faire les divisions de la tige inégales, marquer la première T', à une distance de T, qui comprenne non pas $\frac{1}{1000}$, mais $\frac{1}{999}$ du volume primitif, la seconde T'' à $\frac{2}{998}$, la troisième T''' à $\frac{3}{997}$, et ainsi de suite, toujours en partant du point de départ T ; puis vous écrirez à côté de chacune le nombre 999, 998, 997, qui a servi de diviseur pour la tracer. Car, par ce moyen, à quelque point T', T'', T''' de la tige que l'aréomètre s'enfonce, le volume total de la partie plongée se trouvera exprimé exactement par 1000 ; et le volume primitif, borné au trait T, le sera par le nombre marqué au point d'affleurement ; ainsi la densité sera exprimée par $\frac{999}{1000}$, $\frac{998}{1000}$, $\frac{997}{1000}$, toujours avec un dénominateur égal à 1000. On peut faire ainsi des collections d'aréomètre dont les divisions se suivent depuis les densités les plus petites jusqu'aux plus grandes que l'on ait occasion d'observer.

CHAPITRE XX.

Pesanteur spécifique des Corps solides.

LE procédé que nous avons employé pour trouver la pesanteur spécifique des liquides, peut également servir pour trouver celle des corps solides qui ne se dissolvent pas dans l'eau. Pour cela, il suffit que le corps puisse être introduit dans un flacon ou dans toute autre vase susceptible d'être fermé exactement ; mais il n'est pas nécessaire qu'il soit d'un sau morceau : il peut même être en poussière fine. La manière la plus simple de faire l'expérience est la suivante.

On commence par déterminer exactement le poids apparent S du corps dans l'air ; et, au moment de la pesée, on note le
baromètre et le thermomètre ; ensuite on remplit le flacon
ou le vase, d'eau distillée prise à une température connue.
On place le corps avec le flacon ainsi rempli dans un des
plateaux de la balance, et on tare le tout, en mettant dans
l'autre plateau les poids nécessaires pour établir l'équilibre.
Cela fait, on ouvre le flacon, on y introduit le corps qui
chasse une partie de l'eau ; on le ferme ensuite, en ayant
soin de ne pas laisser de bulles d'air dans son intérieur. On
l'essuie exactement, et on le replace dans le même plateau
de la balance ; alors ce plateau se trouve plus léger de tout
le poids de l'eau chassée par le corps. On y ajoute les poids
nécessaires pour établir l'équilibre, et l'on connaît ainsi le
poids E de cette eau ; on connaît aussi le poids apparent S du
corps. Avec ces données et les lois de la dilatation de ce
corps, on peut calculer son poids spécifique.

D'abord ici, comme pour les liquides, le résultat se présente de lui-même quand on consent à négliger toutes les
réductions, c'est-à-dire lorsqu'on emploie directement les
deux pesées comme si elles étaient faites dans le vide et à
la température du maximum de condensation de l'eau. Car
alors S et E étant les poids du corps et de l'eau à volume
égal, $\frac{S}{E}$ sera le poids spécifique. Par exemple, si le corps
pèse dans l'air 523 grammes, et l'eau déplacée 84 grammes,
le poids spécifique du corps ainsi calculé sera $\frac{523}{84}$, ou 6,226.

On peut encore déterminer E en suspendant le corps à un
crin très-fin, attaché d'avance au plateau de la balance, et
pesant successivement ce corps ainsi attaché, d'abord dans
l'air, ensuite dans l'eau. La première opération donnera le
poids S ; la seconde fera connaître le poids du corps dans
l'eau. En le retranchant de S, on connaîtra la perte de
poids que ce corps fait dans l'eau : ce sera E.

Il y a des corps qui s'imbibent d'eau sans se dissoudre ni

se décomposer. Pour ceux-ci, la question de la recherche du poids spécifique présente une espèce d'équivoque. Veut-on connaître le poids spécifique d'un grès, par exemple, en faisant abstraction des interstices qui s'y trouvent, et en examinant seulement quel serait le poids spécifique d'un corps qui aurait un même volume extérieur et un même poids que ce grès, mais qui serait sans interstices ? ou bien, veut-on connaître le poids spécifique de la matière imperméable que ce corps contient ? Dans les deux cas, on peut trouver le poids spécifique de la manière suivante. On détermine d'abord, comme précédemment, le poids du corps sec dans l'air. Supposons qu'il pèse 1000 grammes ; ensuite on le plonge dans l'eau jusqu'à ce qu'il soit parfaitement imbibé, alors on voit combien son poids s'est augmenté. Admettons que cette augmentation soit de 50 grammes, on introduit alors le corps dans le flacon, et l'on voit combien il déplace d'eau. Supposons que ce soit 240 grammes. Maintenant, si l'on veut déterminer le poids spécifique du corps, sous son volume extérieur, il faut regarder les 50 grammes d'eau qu'il a absorbés comme employés uniquement à boucher ses interstices. Alors le volume extérieur du corps a réellement déplacé 240 grammes d'eau. On divise donc 1000 par 240, et le poids spécifique apparent est 4,167.

Si l'on veut, au contraire, savoir le poids spécifique de la matière imperméable du corps, on doit considérer que cette matière n'a pas déplacé 240 grammes d'eau, mais 240—50 ou 190 grammes ; son poids spécifique est donc $\frac{1000}{190}$ ou 5,263.

Quand on veut savoir le poids spécifique d'un sel ou d'un corps quelconque, qui se dissout dans l'eau, on choisit un autre liquide, comme l'alcool, ou quelque huile, où il ne se dissolve pas. On détermine d'abord le poids spécifique de ce liquide, relativement à l'eau, selon la méthode enseignée dans le précédent chapitre. Supposons qu'il soit de 0,886. On évalue ensuite le poids spécifique du corps proposé, relativement à ce liquide, comme on le ferait relativement à l'eau. Supposons qu'on le trouve de 3,278 ; on multiplie

alors ces deux nombres l'un par l'autre , et leur produit
2,904308 exprime le poids spécifique du corps comparé à
l'eau. La légitimité de cette méthode est évidente , puisque
des rapports de densités ne sont que des rapports de poids,
sous des volumes égaux.

Il faut maintenant compléter ces méthodes , en y introduisant toutes les corrections que les observations exigent
pour être ramenées à des termes comparables. Tel est l'objet
des formules que j'ai données dans le Traité général.

On peut aussi déterminer les pesanteurs spécifiques des
corps solides par le moyen de l'aréomètre. On a imaginé pour
cela diverses modifications de cet instrument. Je me bornerai
à décrire celui que M. Charles emploie depuis plus de vingt
ans dans ses cours, et qu'il nomme *aréomètre-balance*. C'est
le même qu'on connaît dans les cabinets de physique , sous le
nom *d'aréomètre de Nicholson*.

Cet appareil représenté *fig.* 69, est un véritable aréomètre
de Farenheit, au bas duquel on a seulement ajouté un petit
seau d'argent H H, percé à jour, et qui sert à contenir le corps
solide S , quand on veut le peser dans l'eau. La boule de verre
B, remplie de mercure ,et qui sert de lest, s'accroche à ce seau.
Maintenant veut-on peser un corps solide? On met d'abord
l'aréomètre dans un large vase rempli d'eau distillée dont la
température est connue, et l'on ajoute sur son chapeau les
poids nécessaires pour le faire enfoncer jusqu'au trait fixe
T, marqué sur son col. Je suppose qu'il faille pour cela 26
grammes, à la température où l'on opère. Alors on ôte ces
poids, on leur substitue le corps , qu'on place sur le chapeau
F F. S'il pèse plus de 26 grammes, il fait enfoncer l'aréomètre au-dessus du trait T, et on ne peut pas le peser avec
cet aréomètre-là. Mais s'il pèse moins de 26 grammes, il faudra
ajouter une certaine quantité de grammes pour achever l'affleurement ; et la différence de ces poids à 26 grammes donnera le poids apparent du corps dans l'air ; c'est-à-dire,
que s'il a fallu ajouter n grammes, ce poids sera 26 — n.

Maintenant ôtez le corps de dessus le chapeau F F , et
placez-le dans le seau d'argent H H. S'il est plus lourd que

l'eau, à volume égal, il fera enfoncer l'aréomètre, mais d'une quantité moindre que quand il était dans l'air. Alors il faudra ajouter sur le chapeau plus de n grammes, pour que l'instrument s'enfonce jusqu'au trait T. Soit ce nombre n'; dans ce cas, $26 - n'$ sera le poids du corps dans l'eau. Si l'on retranche ce poids de celui du corps dans l'air, on aura le poids apparent, dans l'air, d'un volume d'eau égal à celui du corps. Le résultat sera donc la différence des poids additionnels, ou $n' - n$. En divisant $26 - n$ par ce nombre, le quotient exprimera la pesanteur spécifique du corps relativement à l'eau, dans les circonstances ou l'on a opéré.

Par exemple, dans l'*aréomètre-balance de M. Charles*, la valeur exacte du poids constant additionnel est $26^g,200$ quand la température est $12°, 5$. Supposons qu'à cette température, ayant placé isolément sur le chapeau le corps que l'on veut peser, on trouve qu'il faut y ajouter $14^g,100$ pour faire enfoncer l'instrument jusqu'à la marque. Alors le poids du corps dans l'air sera $26^g,200 - 14^g,100$, ou $12^g,100$. On transporte ce corps dans le seau d'argent : supposons qu'alors il faille ajouter sur le chapeau $4^g,500$ aux $14^g,100$ qui s'y trouvaient déjà, ce qui fera en tout $18^g,600$. Ces $4^g,500$ ajoutés seront la perte de poids que le corps fait dans l'eau ; ce sera donc aussi le poids du volume d'eau qu'il déplace. Conséquemment sa pesanteur spécifique apparente sera $\frac{12,100}{4,500}$ ou $2,6889$.

Si le corps était plus léger que l'eau, et qu'on le mît dans le seau d'argent, il ne peserait pas sur lui, et par conséquent l'opération ne pourrait pas avoir lieu. Dans ce cas, M. Charles renverse le seau comme le représente la figure 70, et le corps placé au-dessous soulève l'aréomètre. Mais comme déjà l'instrument seul exige l'addition d'un certain poids pour s'enfoncer jusqu'à la marque, il faut employer ici un poids plus grand ; toutefois si l'on compte, comme tout-à-l'heure, ce qu'il faut ajouter au premier poids additionnel pour l'affleurer, cette différence exprimera encore la perte de poids que le corps fait dans l'eau. Ainsi en divisant son poids dans l'air, par cette perte, qui est le poids du volume d'eau qu'il déplace, le quotient sera encore sa pesanteur spécifique, comme dans le cas précédent.

CHAPITRE XXI.

Des Phénomènes capillaires.

Nous avons déjà plusieurs fois remarqué que les phénomènes les plus curieux de la physique, sont ceux qui nous donnent quelques lumières sur la constitution même des corps et sur les actions réciproques de leurs particules. Nous allons considérer une classe entière de phénomènes de ce genre trèsétendue et très-variée, et qu'il est d'autant plus important de connaître, qu'elle offre le grand avantage de pouvoir être soumise à un calcul rigoureux.

Si l'on suspend horizontalement des plaques de verre, de marbre, de métal, etc., à l'un des plateaux d'une balance; et après les avoir mises en équilibre avec des poids, si on les fait toucher à la surface d'un liquide, on voit qu'elles y adhèrent avec une certaine force; car elles ne peuvent plus en être séparées qu'en ajoutant de nouveaux poids dans l'autre plateau. Cette adhésion n'est pas produite par la pression de l'air, car elle a lieu de même dans le vide. On voit donc qu'ici ce sont les molécules même du corps solide qui s'attachent aux particules du liquide, en vertu d'une force d'affinité. Mais, ce qu'il y a de bien remarquable, il en résulte aussi qu'il s'exerce une action de ce genre entre les particules du liquide luimême. En effet, lorsque le disque est susceptible d'être mouillé par le liquide, comme cela a lieu, par exemple, dans le cas d'un disque de verre posé sur l'eau ou sur l'alcool, ce disque, lorsqu'on le retire, emporte avec lui une petite couche liquide qui y reste adhérente. Ce n'est donc pas alors, à proprement parler, le corps solide qui s'est détaché du liquide, c'est cette petite couche qui s'est séparée des molécules liquides qui étaient au-dessous d'elle. Or, la force qu'il faut employer pour l'en détacher ainsi, est incomparablement plus considérable que son propre poids, et par conséquent cet excès de force prouve nécessairement l'existence d'une adhésion intérieure au liquide, qui retenait la petite couche unie au reste de la masse liquide, indépendamment de la pesanteur.

D'après les notions que nous avons déjà acquises sur les attractions réciproques des molécules des corps, nous devons pressentir que la force qui s'exerce ici est de même nature que ces attractions, et qu'elle n'aura d'effet sensible qu'à des distances très-petites. C'est aussi ce que l'expérience démontre. Quelque épaisseur que l'on donne à la matière du disque, si la nature et le contour de sa surface est la même, la force qu'il faudra employer pour le détacher d'un liquide donné sera la même aussi. Par conséquent, une fois que le disque a une certaine épaisseur, probablement plus petite que toutes celles que l'art pourrait lui donner, les nouvelles couches matérielles qu'on y ajoute n'exercent plus sur le liquide d'action appréciable. D'où l'on voit que cette action n'est capable de produire des effets sensibles que dans les distances très-petites. Mais, ce qui le prouve mieux encore, c'est que tous les disques de même largeur, quelle que soit leur nature, lorsqu'ils sont susceptibles d'être mouillés par le liquide, exigent absolument la même force pour en être détachés. Ainsi, dans ce cas, la petite couche d'eau infiniment mince qui s'attache à leur surface, met entre eux et le reste du liquide une distance assez grande, quoique si petite, pour que celui-ci n'en éprouve aucune action sensible; et alors la force qu'il faut employer pour détacher tous les disques de même largeur est égale, parce que c'est celle qui est nécessaire pour détacher le liquide de lui-même.

Des phénomènes produits par la même cause, mais différens en apparence, s'observent encore quand on plonge dans un liquide des tubes creux dont le calibre intérieur est fort petit. Alors, si le liquide est de nature à mouiller le tube, on le voit s'élancer dans son intérieur, et s'y maintenir élevé au-dessus du niveau naturel, d'autant plus que le tube est plus étroit. C'est ce qui a lieu, par exemple, quand on plonge des tubes de verre dans l'eau ou dans l'alcool. Dans ce cas, l'extrémité supérieure de la colonne est terminée par un ménisque concave vers l'air. Mais si le liquide n'est pas de nature à mouiller le tube, comme cela a lieu, par exemple,

quand on plonge des tubes de verre humides dans du mercure, ou des tubes graissés dans l'eau, on voit le liquide
s'abaisser au-dessous du niveau, au lieu de s'élever; et alors
l'extrémité supérieure de la colonne se termine par un ménisque convexe. Dans tous les cas, l'élévation ou l'abaissement sont d'autant plus considérables, que le tube est plus
étroit. Tels sont les phénomènes que les physiciens ont appelés *capillaires*, pour exprimer que le diamètre des tubes
qui servaient à les produire, devait approcher de la finesse
des cheveux.

Ces effets sont les mêmes dans le vide que dans l'air; ils ne
tiennent donc pas à la pression de ce fluide. Mais ils dépendent, comme les précédens, des attractions à petites distances
exercées par le tube sur le liquide, et par le liquide sur lui-
même. Aussi lorsqu'on fait varier l'épaisseur du verre dont
sont formés les tubes, sans changer leur diamètre intérieur,
les élévations ou les abaissemens du liquide y demeurent absolument les mêmes qu'auparavant, ce qui prouve qu'au-
delà d'une certaine limite d'épaisseur, probablement trop
petite pour que nous pussions l'atteindre, toutes les couches
que l'on peut ajouter à la matière du tube ne produisent plus
d'effets appréciables. Par une conséquence de cette loi, lorsque des tubes de même diamètre sont mouillés complètement
pas le liquide, dans toute leur étendue, son élévation est la
même dans tous, quelle que soit leur nature; ce qui prouve
que déjà la petite couche qui s'attache à leur surface intérieure éloigne assez leurs particules du reste des colonnes liquides, pour que leur attraction sur elles devienne insensible. Alors l'ascension est égale dans tous les tubes, parce
qu'elle est égale à ce qu'elle serait dans un tube d'égal diamètre formé par le liquide lui-même. Cette égalité tient,
comme on voit, à une cause pareille à celle que nous avons
observée dans l'adhésion des disques sur un liquide qui les
mouillait. Mais pour qu'elle s'observe dans les tubes, il faut
qu'ils soient complètement mouillés; car sans cela le frottement du liquide contre leurs parois sèches, faisant varier la
direction des premiers élémens de la surface libre, la cour-

bure de toute cette surface change, ainsi que la différence de niveau.

En général, le caractère le plus frappant de ces phénomènes, c'est la liaison constante qui existe entre l'élévation ou l'abaissement de la colonne fluide, et la forme concave ou convexe à l'extérieur, par laquelle elle se trouve terminée. C'est aussi dans ce rapprochement que l'on trouve le secret du phénomène, comme M. Laplace l'a fait voir.

Lorsqu'un liquide en repos prend naturellement une surface horizontale, on doit concevoir que ce liquide exerce sur lui-même une action propre, indépendante de la pesanteur terrestre, action qui tend à faire entrer les molécules de la surface dans l'intérieur du fluide, et qui produirait réellement cet effet, sans la résistance qui résulte de l'impénétrabilité. Maintenant si, par une cause quelconque, cette surface devient concave ou convexe, comme cela a lieu dans les tubes capillaires, le calcul montre que l'attraction propre du fluide sur lui-même, est différente de ce qu'elle était dans l'état plan ; elle est plus forte si la surface devient convexe à l'extérieur; plus faible si elle devient concave. Le premier cas est celui du mercure qui s'abaisse dans des tubes de verre, le second convient à l'eau qui s'y élève. Pour une colonne circulaire contenue dans un tube très-fin, la variation de la force attractive est presque exactement réciproque au diamètre intérieur du tube ; et son expression analytique se réduit juste à moitié, si le tube se change en deux plans parallèles, dont l'intervalle soit le même que son diamètre intérieur.

En partant de ces données mathématiques, rien n'est plus facile que d'expliquer la raison physique qui détermine l'élévation ou l'abaissement des liquides dans les tubes capillaires. En effet, commençant par le premier cas, qui suppose un ménisque concave, *fig.* 71, imaginons un canal infiniment étroit et de figure quelconque, qui, partant du point le plus bas S du ménisque, traverse le tube et se replie par-dessous, de manière à venir se terminer en H à la surface libre du fluide. Pour que celui-ci soit en équilibre, il faut qu'il y ait équilibre dans le petit canal. Or, ce dernier est pressé à ses deux orifices S et H par deux forces inégales; l'une, en H, est l'action d'un corps terminé par une surface plane; l'autre en S, dans l'intérieur du tube capillaire, est celle du même corps terminé par une surface concave : cette dernière est par conséquent plus faible. Il est donc impossible que l'équilibre subsiste dans cet état, et il faut nécessairement, pour qu'il ait lieu, que le liquide s'élève dans le tube capillaire, jusqu'à ce que le poids de la petite colonne soulevée compense ce qui manque à l'action attractive par l'effet de la concavité de la surface. La différence de ces actions est en raison inverse du diamètre du tube; la hauteur de la petite colonne suivra donc aussi le même rapport, ce qui est conforme à l'observation.

Si l'extrémité de la colonne liquide était convexe au lieu d'être concave, les résultats seraient contraires. Dans ce cas, l'action qu'elle exercerait sur sa propre surface, serait plus forte que celle du plan, toujours dans le rapport inverse du diamètre du tube. Par conséquent, si l'on suppose qu'un liquide affecte cette forme dans un tube capillaire, en reprenant tous les raisonnemens que nous venons de faire, avec cette seule modification, on verrait que le petit canal curviligne est encore pressé à ses deux orifices d'une manière inégale, plus fortement du côté de la surface convexe, que du côté de la surface horizontale. D'où il suit que, pour l'équilibre, le fluide devra s'abaisser dans le tube où l'action est la plus forte, afin que cette dépression produise une différence de niveau qui puisse compenser la faiblesse de la force opposée. L'abaissement du fluide sera donc comme la différence des deux forces, c'est-à-dire, réciproque au diamètre du tube. c'est ce qui arrive, en effet, lorsque le fluide ne peut pas mouiller le tube et s'attacher à ses parois.

Le caractère distinctif de cette théorie, c'est de faire tout dépendre de la forme de la surface. La nature du corps solide et celle du fluide ne font que déterminer la direction des premiers élémens, de ceux où le fluide touche

le corps solide ; car c'est là seulement que s'exerce sensiblement leur mutuelle affinité. Ces directions une fois données, sont toujours les mêmes pour le même fluide et pour
la même matière solide, quelle que soit la figure des corps
qui en sont faits, par exemple, pour des tubes et pour des
plans ; mais au-delà de ces premiers élémens, et hors de la
sphère d'activité sensible du corps solide, la direction des
autres élémens et la forme de la surface sont uniquement
déterminées par l'action du fluide sur lui-même.

Toutes les causes qui, en agissant sur la surface intérieure
du tube, peuvent changer la direction des premiers élémens, doivent donc aussi changer la courbure de la surface
liquide, et par suite l'élévation du fluide. Ceci explique
l'abaissement de l'eau dans les tubes enduits de graisse à
l'intérieur, l'élévation du mercure dans les tubes secs, et
son abaissement dans les tubes humides. Le frottement peut
aussi produire des effets analogues, et M. Laplace en cite
des exemples : ces effets se conçoivent très-bien d'après sa
théorie ; et, au lieu d'être irréguliers et bizarres comme ils
paraissent d'abord, ils sont au contraire assujettis à des
lois certaines, et peuvent se prévoir exactement.

Cette théorie explique également, et avec la même simplicité, tous les autres phénomènes capillaires sans exception. Ainsi l'ascension de l'eau dans des cylindres concentriques, ou dans les tubes coniques, ou entre des plans, la
courbure qu'elle affecte lorsqu'elle adhère à un plan de
verre, la forme sphérique que prennent naturellement les
gouttes de liquides, la marche d'une goutte de fluide entre
deux glaces peu inclinées, la force qui pousse les uns vers
les autres les corps flottans sur la surface des liquides,
l'adhésion des disques plans avec cette même surface,
adhésion quelquefois si forte, qu'il faut un poids très-
notable pour les détacher, etc. ; tous ces effets si variés se
déduisent de la même formule, non d'une manière vague
et conjecturale, mais calculés avec leurs valeurs numériques,
et ils acquièrent ainsi des rapports qu'on n'y sonpçonnait
pas. On peut voir dans le Traité général l'exposition éten-

due de ces résultats. On y trouvera aussi le détail des procédés extrêmement précis ; par lesquels M. Gay-Lussac est parvenu à mesurer toutes les particularités des phénomènes, et à offrir ainsi à la théorie analytique tous les élémens possibles de vérification.

Cette force attractive , sensible seulement à de petites distances , et d'où dérivent les phénomènes capillaires, est la véritable source des affinités chimiques. Seulement, dans les phénomènes capillaires , elle ne se montre point dans toute son étendue ; elle n'y paraît que par ses différences , et en raison des variations que produit sur elle la différente courbure des surfaces par lesquelles les corps sont terminés ; au lieu que dans les affinités chimiques , c'est l'attraction propre, et en quelque sorte individuelle des molécules , qui agit pleinement avec toute son énergie. Les phénomènes capillaires peuvent donc nous donner des lumières importantes, sinon sur l'intensité absolue de cette attraction, au moins sur ses caractères. Déjà les variations qu'ils éprouvent à diverses températures paraissent indiquer que l'intensité de l'action exercée par un même système de particules matérielles , ne croît pas proportionnellement à sa condensation , mais dans un rapport moindre , ce qui est d'une grande conséquence relativement à l'action des corps sur la lumière, où cette diminution s'observe aussi.

CHAPITRE XXII.

De l'Élasticité.

LES expériences que nous avons jusqu'à présent faites , nous ont montré les corps comme des assemblages de molécules matérielles extrêmement petites , maintenues en équilibre entre deux forces , savoir une affinité mutuelle qui tend à les réunir, et un principe répulsif, qui est probablement le même que celui de la chaleur, et qui tend à les écarter. Quoique ces molécules soient si petites que nous ne puissions absolu-

ment pas observer leur forme, nous avons cependant découvert qu'étant placées à de certaines distances les unes des
autres, elles exercent des attractions diverses selon les côtés
par lesquels elles se présentent. Ces différences sont surtout
devenues sensibles lorsque les corps liquides s'approchaient
de l'état solide, et on en voit aussi l'effet dans les cristaux
où les molécules s'arrangent et s'adaptent les unes aux autres
d'une manière particulière, toujours constante pour chaque
substance, lorsque leur rapprochement s'est opéré librement
et avec lenteur. Comme nous avions d'ailleurs remarqué que
les forces attractives, qui produisent l'affinité, ne sont sensibles qu'à des distances très-petites, circonstance que la théorie des phénomènes capillaires a mise dans l'évidence la plus
parfaite, nous avons été conduits, en généralisant ces idées,
à considérer les divers états d'un même corps comme des
passages successifs, déterminés par les rapports qui existent
entre l'intensité du principe répulsif qui écarte ses particules,
et celle de l'affinité qui les retient. Si les molécules du corps
se trouvent placées à des distances telles que l'affinité réciproque des particules soit insensible, le principe répulsif agit
seul sans être contre-balancé. Alors les molécules font effort
pour se fuir les unes les autres. Elles se fuient en effet quand
elles ne sont pas retenues par des obstacles extérieurs; ou,
si elles sont retenues par de pareils obstacles, elles font effort
pour les repousser. C'est le cas des substances aériformes.
Maintenant rapprochons ces particules à des distances
beaucoup plus petites les unes des autres, à des distances
telles que l'affinité qui les attire soit en équilibre avec le
principe répulsif qui les écarte, nous aurons un autre état
des corps. Cet état peut être tel que l'affinité des particules s'exerce sans que les modifications de cette affinité,
qui dépendent de la figure des particules, soient encore
sensibles; car nous avons dit que quelle que soit la loi
de l'affinité, l'effet de ces modifications doit s'affaiblir avec
la distance beaucoup plus rapidement que la force principale.
Alors les molécules s'attireront de la même manière, quelle
que soit leur position relative autour de leur centre de gra-

vité. Les caractères permanens de cet état doivent donc être une mobilité parfaite des particules, résultante de leurs attractions toujours semblables, et une grande résistance à la compression produite par l'effort du principe répulsif, devenu beaucoup plus considérable que dans les gaz. C'est le cas des corps liquides. Enfin, si l'on conçoit les particules amenées à des distances plus petites encore, non-seulement leur force principale d'affinité, mais encore les modifications de cette force, dépendantes de leur figure, pourront devenir sensibles. Alors, si les molécules sont amenées graduellement à ces distances, en conservant la liberté de se mouvoir, elles se tourneront, et se disposeront de manière à se joindre, ou plutôt à s'approcher les unes des autres par les côtés où elles s'attirent davantage, du moins lorsqu'elles auront de pareils côtés, et par cette disposition générale et régulière, elles formeront un corps solide cristallisé. Mais ces positions d'équilibre pourront n'être pas les seules qui constitueront la solidité. Car si des circonstances étrangères, par exemple, l'agitation des particules ou un refroidissement rapide, les empêchent de prendre exactement les dispositions favorables au maximum de leur attraction, elles seront forcées de s'approcher par d'autres côtés, de se présenter les unes aux autres dans d'autres situations où l'influence de leur figure pourra encore être sensible, quoique différente de ce qu'elle était dans le cas d'un arrangement libre et spontané; ce sera donc l'état des substances solides non cristallisées.

Mais, par une conséquence de cet arrangement, et par cela même que la disposition des particules qui peut produire un pareil équilibre n'est pas unique, il s'ensuit qu'en soumettant le corps solide à des forces mécaniques telles que des pressions, des chocs brusques, on pourra, du moins dans certaines substances, forcer les particules à se présenter les unes aux autres par des côtés différens, sans détruire pour cela leur état de solidité. On peut même concevoir cette action extérieure tellement irrégulière, qu'elle agisse diversement sur les particules diverses d'un même corps, qu'elle les tourne dans des sens différens, et qu'elle aille enfin jusqu'à séparer tout-à-fait quelques-unes d'entre elles, sans déplacer sensiblement les autres. Tel est le cas des corps solides que l'on frappe, que l'on brise avec un marteau, ou que l'on broie avec un pilon. Mais si les forces qui agissent de cette manière sont conduites avec intelligence, et si la nature de la substance permet à ses particules divers états d'équilibre solide, le corps pourra acquérir ainsi des formes et des propriétés nouvelles; il pourra s'étendre en lames, se tirer en fils, s'arrondir en vase. Il pourra acquérir à sa surface plus de dureté. Tel est le cas de certains métaux qui peuvent s'aplatir au laminoir, s'allonger à la filière, se modeler ou se durcir sous le marteau. Dans ces cas divers, on sent que pour forcer les particules à changer leurs positions d'équilibre, il faut nécessairement une certaine force. Les expériences montrent que cette force, pour produire un effet sensible et permanent, doit excéder pour chaque substance, et pour chaque état de cette substance, une limite déterminée; en sorte que si la force est moindre que cette limite, la particule sur laquelle elle agit ne change pas sa position d'équilibre. Elle s'en écarte seulement un peu, tandis que la force agit sur elle; mais dès qu'elle est abandonnée à elle-même, elle revient à son premier état d'équilibre et à sa position primitive, par une suite d'oscillations. Cette propriété constitue ce que l'on appelle l'*élasticité des corps*. Elle serait parfaite dans un corps dont les particules résisteraient ainsi au déplacement, quelle que fût la force qui agit sur elles, et reviendraient toujours à leur première position d'équilibre, après en avoir été écartées momentanément. C'est le cas d'une lame de verre qui, après avoir été pliée, revient absolument sur elle-même jusqu'à un certain degré de courbure où elle se rompt. Ainsi, tant qu'on ne va pas jusqu'à lui donner cette courbure, les particules qui la composent ne changent pas leurs points d'adhésion, et l'élasticité est parfaite. Mais l'élasticité sera imparfaite, si les particules, en même temps qu'elles oscillent, ne sont pas ramenées par leurs oscillations, précisément à la même position d'équilibre qu'elles avaient d'abord. C'est le cas d'une lame de fer qui, après avoir été courbée, ne revient pas tout-à-fait à la même direction.

Enfin, l'élasticité sera nulle ou insensible, si les molécules, déplacées par la plus petite force, ne montrent aucune tendance
pour revenir à leur première position; c'est le cas d'une lame
mince de plomb, qui, étant pliée, reste dans la position qu'on
lui donne. Dans tous les cas, on voit que l'élasticité doit être
absolument distinguée de la cohésion, puisque celle-ci est la
force absolue avec laquelle les particules adhèrent les unes
aux autres, au lieu que l'élasticité est la tendance qu'elles
ont, dans certains cas, pour revenir à leur position primitive,
lorsqu'une impulsion extérieure et passagère les en a momentanément écartées d'une quantité extrêmement petite, et
moindre que la distance à laquelle leur figure aurait une influence différente sur le mode ou l'intensité de leur agrégation.

Ces considérations indiquées par l'ensemble des observations
que nous avons déjà faites, peuvent se vérifier par l'expérience, en tirant des fils métalliques par des poids connus, et
les laissant revenir sur eux-mêmes, ou en les tordant d'un
certain nombre de tours et les laissant se détordre librement.
Car ces retours à l'état primitif se font toujours par une série
d'oscillations d'égales durées, et la force qui ramène le corps
est toujours proportionnelle à l'écart qu'on lui a donné.
Ainsi, dans les fils tendus, la force de rétraction est proportionnelle à la quantité dont ils ont été momentanément
allongés. Et dans les fils tordus la réaction de torsion est
exactement proportionnelle à l'angle de torsion. On peut
voir dans le Traité général les preuves de ce résultat tirées
de deux belles suites de recherches, l'une faite par s'Grave-
sande et l'autre par Coulomb.

L'élasticité qui ramène les particules à leurs positions primitives, lorsqu'elles en ont été tant soit peu écartées, existe
non-seulement dans les métaux, mais dans tous les corps de
la nature, lorsqu'ils sont réduits en fibres très-minces. Elle
existe même dans les fils d'une finesse extrême qui sortent du
corps du ver à soie, et on l'y rend sensible en les réunissant en
grand nombre. La toile de l'araignée, plus fine encore, est
encore élastique, puisqu'elle cède à la pression sans se

rompre, et qu'elle revient sur elle-même quand la force qui la tire est supprimée.

En voyant que plusieurs propriétés physiques des corps, telles que l'élasticité, la dureté, etc., sont modifiées si puissamment par l'opération de l'écrouissage, du recuit et de la trempe, il est naturel de chercher à découvrir en quoi cette influence consiste, et comment elle agit. D'abord, il paraît que l'écrouissage, en rapprochant par force les particules, donne au métal une augmentation de densité, et que le recuit la lui ôte. Cela suffit pour concevoir ces deux opérations. Quant à celui de la trempe, il est beaucoup moins facile à expliquer. Pour s'en faire une idée, il faut partir d'un fait général; c'est que l'acier, après avoir été trempé, ne revient pas aux mêmes dimensions qu'il avait auparavant. A égalité de température, il occupe toujours un volume plus considérable; de sorte que la trempe le tient en quelque sorte dans un état forcé de dilatation. On en a la preuve dans une foule de procédés des arts. Si des coins cylindriques d'acier sont rodés exactement de manière à entrer justes dans un cylindre creux de même diamètre, et qu'on les trempe sans tremper le cylindre, ils ne peuvent plus y entrer ensuite. Si on les trempe en place, et que la matière du cylindre ne soit pas susceptible de trempe, en sorte qu'après le refroidissement elle revienne seule à ses dimensions primitives, les coins, en se dilatant, la refoulent de tous côtés sur elle-même, comme si on les eût chassés violemment dans un trou beaucoup moindre que leur diamètre; et ils sont ainsi retenus dans le trou sans autre appareil avec une force inexprimable. M. Fortin, qui a fait sur ce sujet diverses expériences, a trouvé que la dilatation par la trempe est incontestable, mais son étendue a varié selon les dimensions des pièces trempées, quoiqu'elles fussent toutes du même acier, et qu'on les eût exposées à des températures exactement pareilles. Toutefois, le seul fait de cette dilatation jette quelque jour sur le phénomène de la trempe. Il paraît qu'à l'instant où l'acier fortement échauffé est précipité subitement dans une température

très-basse , le refroidissement qui saisit les couches extérieures de la masse plus aisément que le centre , les force de
se mouler pour ainsi dire sur ce centre échauffé et dilaté ;
ce qui leur fait prendre des dimensions plus grandes qu'elles
n'auraient eues si elles avaient été abandonnées graduellement à elles-mêmes. Bientôt les molécules placées plus près
du centre se refroidissent à leur tour ; mais les couches
extérieures , déjà parvenues à un état fixe , les retiennent
par leur attraction , déterminent le volume qu'elles doivent
remplir , et les empêchent ainsi de se rapprocher autant
qu'elles l'auraient pu faire si elles eussent été abandonnées
librement à un refroidissement graduel.

D'après cette manière de voir , l'état de trempe de l'acier
est un état forcé, où les particules sont disposées autrement
qu'elles ne le seraient si elles eussent été librement abandonnées au seul effet de leurs attractions mutuelles. Il ne
faut donc pas s'étonner si la dureté, l'élasticité , et les autres propriétés physiques qui dépendent de l'arrangement
des particules , en sont modifiées si fortement. Mais pourquoi la promptitude du refroidissement produit-elle ces effets
sur l'acier, tandis qu'elle n'occasionne aucun changement sensible dans l'or , l'étain , le cuivre et les autres métaux simples ?
Pourquoi cette même cause produit-elle des résultats inverses
sur l'alliage qui sert à faire les *tamtams* et les cymbales,
comme M. Darcet l'a observé , et comme je l'ai vérifié
d'après lui ? Car cet alliage, composé de 78 parties de
cuivre et 22 d'étain , est cassant et non malléable , lorsqu'après l'avoir chauffé jusqu'au rouge , on le laisse refroidir
lentement dans l'air ; tandis qu'au contraire il est flexible
et malléable, quand après l'avoir ainsi chauffé , on le plonge
subitement dans l'eau froide. Dans le premier cas, son grain
est d'un blanc brillant comme l'étain ; dans le second , il
est jaune , de la couleur du cuivre. Nous avons vu plus
haut que ces opérations déterminent aussi dans le grain de
l'acier des différences considérables. Il est difficile de ne pas
soupçonner dans ces phénomènes un changement de combinaison entre les particules de nature différente , dont l'acier

et l'alliage sont composés. Néanmoins cette composition ne paraît pas être une condition essentielle pour que l'état d'agrégation d'une substance puisse être changé d'une manière durable. Le fer et le cuivre, exposés pendant quelques minutes à un courant de gaz ammoniac, y deviennent cassans et friables, sans rien absorber de sensible à la balance ; et en même temps ils décomposent complètement ce gaz, comme M. Thénard l'a le premier observé. Suivant le même chimiste, le phosphore pur, étant chauffé jusqu'à 60° centésimaux, et refroidi lentement dans l'air, est blanc et transparent ; tandis que, si on le refroidit brusquement, en le jetant dans l'eau froide, il devient noir et opaque comme du charbon ; et on peut le faire passer à volonté autant de fois qu'on veut, d'un de ces états à l'autre. Tous ces effets si variés, produits par le mode de refroidissement, sont impossibles à prévoir autrement que par l'expérience. Ce sont autant d'états d'équilibres possibles entre toutes les forces dont les particules sont animées ; mais ces forces sont trop inconnues et trop nombreuses pour que l'on puisse calculer d'avance le résultat de leur combinaison, d'après les circonstances où on les place.

Le verre trempé se durcit comme l'acier, et devient excessivement fragile. On peut l'éprouver, en laissant tomber dans l'eau froide de petites larmes de verre en fusion. Par l'effet de ce refroidissement subit, elles prennent un état d'agrégation nouveau ; et, si on brise la moindre partie de l'espèce de voûte qu'elles forment, toutes les particules se séparent en une fine poussière. C'est ainsi que sont faites ces larmes bataviques dont les enfans s'amusent, et qui peuvent servir également aux méditations des physiciens. Les effets qu'elles produisent, indiquent évidemment un état forcé des particules, et un mode d'agrégation déterminé, dépendant de la cause de refroidissement qui a agi sur elles. Mais ce qui le prouve encore avec plus d'évidence, c'est qu'on leur ôte ces propriétés en les chauffant de nouveau jusqu'à rougir, et les laissant refroidir avec lenteur.

De la Balance de torsion.

Après avoir analysé avec un grand soin les effets de la torsion des fils métalliques, Coulomb en a fait une application très-heureuse à la construction d'un instrument qui peut servir à mesurer en général toutes les petites forces. Cet instrument est essentiellement formé d'un fil métallique vertical, dont le bout supérieur est attaché à un point fixe, et dont le bout inférieur, tendu par un petit poids, porte une aiguille horizontale. Quand on veut apprécier de très-petites forces, on les fait agir sur l'extrémité de cette aiguille, et l'on mesure leur intensité par l'angle dont elles l'écartent de son point de repos. En un mot, on *balance* ces forces par la torsion, et c'est pourquoi Coulomb a donné le nom de *balance de torsion* à cet appareil.

Pour que l'agitation de l'air n'altère pas le mouvement de l'aiguille, elle est renfermée dans une cage cylindrique de verre, et le fil est aussi enfermé dans un cylindre de verre creux, au haut duquel on adapte un cadran divisé, qui peut tourner à frottement dur autour du cylindre. La pince qui retient le fil porte une aiguille horizontale qui marche sur ce cadran, et qui sert d'indicateur, quand on veut tordre le fil d'un nombre de degrés déterminé. Enfin une division circulaire appliquée horizontalement autour de la cage de verre, mesure la marche de l'aiguille : tout l'appareil est représenté *fig.* 72.

On donne au fil et à l'aiguille des longueurs et des grosseurs diverses, selon l'objet que l'on a en vue. Si l'on veut éprouver de très-petites forces, et donner une grande sensibilité à l'appareil, il faut employer des fils longs et fins ; car la force de torsion est inversement proportionnelle aux longueurs des fils, et directement proportionnelle aux quatrièmes puissances de leurs épaisseurs. Les longs fils ont encore cet avantage qu'on peut les tordre d'un plus grand nombre de degrés, sans que leur élasticité soit altérée. Il faut en outre employer les matières dont l'élasticité est la moins imparfaite. A cet égard, on peut consulter, dans le Traité général, les indications données par Coulomb.

La balance de torsion peut servir pour rendre sensible l'at-traction que tous les corps de la nature exercent les uns sur les autres, proportionnellement à leur masse et réciproquement au carré de leur distance; attraction qui, pour la masse de la terre, produit la pesanteur en vertu de laquelle tous les corps tendent vers son centre. Concevons en effet, que le fil étant au point de repos, on descende verticalement devant les extrémités de l'aiguille et en sens opposés, deux sphères d'une matière quelconque. Si elles exercent réellement une attraction à distance sur les molécules de l'aiguille sus-pendue, et si elles sont à leur tour attirées par elle, l'aiguille doit se déranger de sa position naturelle, et s'avancer vers les sphères qui l'attirent, jusqu'à ce que la force de torsion, augmentée par ce déplacement, fasse équilibre à l'attraction. Même, à cet instant d'équilibre, l'aiguille marchera encore, non pas, à la vérité, en vertu de l'attraction seule, puisque la force de torsion l'emporte alors sur elle, mais en vertu de sa vitesse précédemment acquise. Elle s'avancera ainsi jusqu'à ce qu'enfin la force de torsion toujours croissante ayant détruit cette vitesse, commence à ramener l'aiguille vers son point de repos, le lui fasse même dépasser jusqu'à une certaine dis-tance, d'où elle recommencera de nouveau à se mouvoir vers les sphères, et ainsi de suite, en faisant une série d'oscil-lations. On pourra même rendre l'effet plus sensible en por-tant une plus grande partie de la masse de l'aiguille vers ses extrémités, ce qui se fera en la rendant très-mince, et la terminant à ses bouts par deux sphères. Cela aura encore l'avantage de faciliter le calcul de l'expérience; car, dans la loi de l'attraction proportionnelle au carré des distances, on démontre qu'une sphère attire un point extérieur, comme si toute sa masse était réunie à son centre; et quoique la masse de l'aiguille ne puisse jamais être rendue tout-à-fait nulle, on conçoit que, si elle est fort petite comparativement à la masse des sphères, elle n'aura sur les oscillations qu'une in-fluence pareillement très-faible, dont il sera facile de tenir compte par le calcul; on saura donc ainsi quelles masses doi-vent avoir les deux sphères, pour faire osciller le bras de la balance avec cette vitesse. En comparant la durée de ces oscillations à celle d'un pendule ordinaire de même longueur, mais que la pesanteur terrestre ferait seule mouvoir , on connaîtra le rapport de cette force à celle que les sphères exercent. De là on déduit par le calcul le rapport des masses des sphères à la masse de la terre; et comme les volumes de ces corps sont aussi connus, on en tire les rapports de leurs densités. Cavendish, qui a fait cette belle expérience, a trouvé ainsi que la densité moyenne de la terre est égale à 5,5, celle de l'eau étant 1.

Coulomb a aussi employé la balance de torsion pour mesurer les intensités des forces électriques et magnétiques , comme nous l'expliquerons plus loin. Il s'en est servi pour apprécier l'adhérence des fluides sur eux-mêmes , d'après les oscillations d'un disque plan et horizontal qu'il mettait en mouvement par la torsion.

CHAPITRE XXIV.

Du Frottement.

Lorsque deux corps sont posés l'un sur l'autre par des faces planes, il naît de leur contact une force qui les retient ensemble avec une certaine énergie , et qui s'oppose à ce qu'ils puissent glisser librement sur les surfaces par lesquelles ils se touchent ; cette force se nomme le *Frottement.*

Ce phénomène semble au premier coup d'œil devoir être produit par l'entrelacement des aspérités des deux corps , mais en y réfléchissant, on trouve qu'il est difficile de l'attribuer à cette seule cause. Le frottement est à la verité très-énergique pour les corps rudes, mais il existe même pour les corps les mieux polis, où il est difficile de croire que les aspérités se pénètrent. En outre on n'aperçoit pas qu'il se fasse, sur ces corps, aucune destruction des parties de leurs surfaces lorsqu'on les force à glisser , ce qui devrait pourtant arriver , du moins à ce qu'il semble, si leurs aspérités s'entredéchiraient en se séparant. Au reste le vrai moyen de décider cette question , si elle peut l'être, c'est d'étudier le frottement par l'expérience. On y parvient en choisissant, pour un des corps, un plan incliné auquel on puisse donner successivement plusieurs inclinaisons graduelles et mesurables par le moyen d'un mouvement circulaire divisé *fig.* 73. On pose sur ce plan un des corps que l'on veut éprouver et auquel on a fait préalablement une surface plane. Puis on élève ce plan jusqu'à ce que le corps se détache du plan incliné par le seul effort de la pesanteur. Il est évident qu'un instant avant que cela arrive, l'énergie du frottement est égale au poids du corps décomposé parallèlement au plan incliné, c'est-à-dire multiplié par le sinus de l'angle que le plan fait avec l'horison. On aura donc ainsi une mesure du frottement exacte et comparable.

Par des expériences de ce genre on trouve les résultats suivans : toutes choses égales d'ailleurs, le frottement diminue à mesure que les surfaces sont mieux polies ; il est plus grand entre des corps de même matière qu'entre des corps de matière différente. Il n'atteint pas son maximum d'énergie au moment du contact, mais après un certain temps, pendant lequel il s'accroît de plus en plus, jusqu'à un certain terme qu'il ne dépasse point. Enfin son énergie est proportionnelle à la pression, indépendamment de l'étendue des surfaces ; de sorte, par exemple, qu'un polyèdre dont les faces sont également polies, frotte également, quelle que soit celle de ses surfaces sur laquelle on le pose. Ceci semble bien contraire à l'idée d'une pénétration de parties. On observe aussi que le frottement est plus grand quand les mêmes parties d'un des corps parcourent successivement les diverses parties de l'autre, comme dans la chute sur le plan incliné, qu'il ne l'est lorsque les diverses parties du premier corps touchent successivement les diverses parties de l'autre, comme lorsqu'une bille roule sur le tapis d'un billard. On désigne le premier de ces frottemens par le nom de *frottement de la première espèce*, et l'autre s'appelle *frottement de la seconde espèce*. Celui-ci ne serait-il pas plus faible que l'autre, parce que les particules seraient moins de temps en contact ?

LIVRE III.

De l'Acoustique.

CHAPITRE PREMIER.

De la production et de la propagation du Son.

Nous avons vu dans les chapitres précédens que les particules des corps élastiques, lorsqu'elles étaient tirées momentanément de leur position naturelle, y revenaient par une suite d'oscillations isochrones. Ces vibrations se communiquant à l'air, qui est aussi un corps compressible et élastique, y produisent des condensations et des dilatations alternatives qui sont d'abord excitées dans les couches de ce fluide les plus voisines des corps mis en mouvement, mais qui de là se propagent au loin dans toute la masse de l'air, de même que les ondes formées sur une eau tranquille par une pierre que l'on y jette, se propagent circulairement tout autour du centre de l'ébranlement. Quand ces dilatations et contractions se succèdent avec assez de rapidité, elles excitent dans l'organe de l'ouïe la sensation de ce qu'on appelle un son, et la rapidité plus ou moins grande de leur succession forme toute la différence des tons aigus ou graves par lesquels les sons se distinguent les uns des autres. Conformément à la marche que nous avons toujours suivie dans le cours de cet ouvrage, nous allons établir d'une manière expérimentale les différentes propriétés que nous venons d'énoncer, quoiqu'à dire le vrai, la plupart d'entre elles soient déjà des conséquences nécessaires de ce que nous avons trouvé, par l'expérience, sur les vibrations des corps élastiques et sur la nature physique de l'air.

D'abord, il est bien facile de prouver qu'en effet les corps solides, lorsqu'ils sont ébranlés de manière à produire un son, distinct, vibrent avec beaucoup de rapidité ; car si on les touche alors légèrement avec le doigt ou avec le tranchant d'une petite lame métallique, on sent très-distinctement une multitude de pulsations ou de battemens qui se succèdent avec une extrême rapidité. Par exemple, l'on peut faire aisément cette épreuve sur une cloche que l'on vient de frapper, ou sur une corde métallique tendue que l'on a pincée de manière à produire un son.

Pour prouver que le son est réellement l'effet de ces vibrations portées à un certain degré de rapidité, il n'y a qu'à d'abord les rendre très-lentes, comme on peut le faire en tendant la corde par un poids très-faible ; on pourra alors compter ses excursions, mais elle ne produira pas de son sensible. Pour qu'elle en produise, il faudra augmenter successivement le poids tendant ; et, plus il sera fort, la longueur restant la même, plus les sons seront aigus : en même temps le nombre des vibrations de la corde s'accroîtra au point qu'elles ne pourront plus être suivies par l'œil. Mais le calcul y suppléera ; car il détermine cette rapidité quand on connaît la longueur de la corde, son poids, et le poids qui la tend. On trouve ainsi que les sons rendus par la corde cessent d'être distinctement appréciables, même pour l'oreille la plus délicate, lorsqu'elle exécute moins de 32 vibrations par seconde, auquel cas elle fait entendre le même son qu'un tuyau d'orgue ouvert à son extrémité, et de la longueur de 32 pieds. Cette limite des sons appréciables, c'est-à-dire susceptibles d'être musicalement comparés les uns aux autres, n'est au reste qu'une indication approchée qui n'est point susceptible de rigueur.

Après avoir prouvé que le son est excité par les vibrations rapides des corps élastiques, il faut prouver que sa transmission se fait par le moyen de l'air, du moins lorsqu'il n'y a que ce fluide entre le corps sonore et l'organe de l'ouïe. Or, cela est très-facile : il suffit de suspendre une petite cloche dans un récipient de verre, au moyen de quelques fils de chanvre non tordus. Tant que le ballon est rempli d'air, si on le secoue, on entend le son de la cloche ; mais si on ôte l'air,

au moyen de la machine pneumatique , on a beau secouer le
ballon , et faire vibrer la cloche , on n'entend plus rien ; au
lieu que le son renaît dès qu'on laisse rentrer un peu d'air :
il est d'abord très-faible , et augmente progressivement d'intensité à mesure que l'air rentre. Tous les autres fluides élastiques peuvent servir à propager le son aussi bien que l'air,
comme on peut s'en assurer en les introduisant tour à tour
dans le ballon après y avoir fait le vide. Les vapeurs mêmes,
d'eau, d'éther , d'alcool , transmettent le son , comme je
m'en suis assuré en introduisant dans le ballon les liquides
propres à les produire ; ce qui se faisait aisément par le moyen
d'un double robinet adapté au ballon , comme la fig. 1 le
représente. C'est pourquoi lorsqu'on veut prouver avec
rigueur que le son ne se produit point dans le vide , il faut
mettre dans le ballon quelques morceaux de potasse caustique , afin d'absorber les vapeurs aqueuses qui pourraient y
rester , et qui transmettraient encore le son d'une manière
perceptible , quoique très-faible , à cause de leur peu de
densité.

Les fluides élastiques ne sont pas les seuls corps qui transmettent le son ; il se propage aussi par le moyen des corps
fluides. Car si l'on choque deux pierres ensemble sous l'eau ,
dans un étang , on entend le bruit de ce choc , même à de
grandes distances , lorsqu'on a la tête plongée dans l'eau.
Du moins , Franklin assure avoir ainsi entendu le son sous
l'eau à la distance d'un demi-mille.

Enfin le son se transmet aussi à travers les corps solides. Le
mineur , en creusant sa galerie , entend les coups du mineur
qu'on lui oppose, et juge ainsi de sa direction. Si l'on se place
à l'une des extrémités d'une longue file de tuyaux métalliques ,
comme on peut le faire dans les aqueducs , on entend très-
distinctement les coups de marteau frappés à l'autre extrémité , et même on entend ainsi distinctement deux sons , l'un
plus rapide , transmis par le métal , l'autre plus lent , transmis par l'air. Nous comparerons plus loin les vitesses de ces
deux sortes de propagations.

Maintenant il nous faut considérer de plus près comment

les ébranlemens, produits par les vibrations des corps sonores dans les molécules d'air qui les avoisinent, peuvent
être propagés de là progressivement jusqu'à l'organe de
l'ouïe ; et, puisque la continuité des vibrations ne fait autre
chose que rendre cette transmission continuelle et durable, on voit que pour considérer le phénomène dans sa
plus grande simplicité, il faut examiner d'abord comment
se propage un ébranlement instantané ; par exemple, l'explosion subite d'un canon ou d'un pistolet.

Pour fixer les idées, supposons que l'explosion se fasse
dans une masse sphérique d'air. Au moment où elle aura
lieu, les molécules comprises dans cette sphère seront chas-
sées et poussées fortement sur celles qui les avoisinent. Mais
celles-ci leur opposant une résistance qu'il faut vaincre, il
s'ensuit que les premières se compriment en même temps
qu'elles se déplacent. Celles qui les environnent, cédant en
partie à leur effort, se déplacent aussi et se compriment,
mais dans une proportion moindre, jusqu'à ce qu'enfin la
compression et le mouvement deviennent insensibles à une
certaine distance du centre de l'explosion. Voilà ce qui a
lieu au premier instant ; mais la cause de l'explosion ayant
cessé, les molécules qui avaient été comprimées se dilatent
en tous sens par l'effet de leur élasticité naturelle, et repoussent de toutes parts les obstacles qui s'opposent à ce
mouvement. Elles repoussent donc aussi les molécules voisines, qui n'avaient pas été ébranlées dans le premier instant, et les compriment à leur tour. L'effet devient alors
le même pour celles-ci qu'il avait été d'abord pour les premières ; et, par ces condensations et dilatations alternatives,
l'ondulation se propage successivement dans toute l'étendue
de la masse d'air, comme un choc instantané à travers une
file de billes élastiques en contact les unes avec les autres.

Pour déterminer avec exactitude les diverses particularités de cette propagation, il faut exciter, en un point de
l'atmosphère, une explosion subite, et mesurer les intervalles de temps après lesquels le bruit en parvient à diverses
distances dans une même couche horizontale. Cela sera fa-

cile si l'explosion produit en même temps une lumière qui soit visible du lieu où l'observateur est placé ; car la transmission de la sensation que les corps lumineux excitent dans nos organes est si rapide, que, dans toutes les distances où nous pouvons opérer sur la terre, elle paraît absolument instantanée. Ainsi, l'instant physique où nous verrons la lumière, pourra être pris pour celui auquel l'explosion a eu lieu. Il ne restera plus qu'à mesurer, avec une montre à secondes, l'intervalle de temps écoulé entre l'apparition de la lumière et le moment où l'on entend le son.

C'est ainsi qu'en 1738, les membres de l'Académie des sciences déterminèrent la vitesse de la propagation du son, entre Montlhéry et Montmartre, sur une longueur d'environ 29000^{m}. Le signal se faisait par des coups de canon. Ils trouvèrent ainsi que la vitesse de propagation était uniforme. La valeur absolue de cette vitesse, conclue d'un grand nombre d'expériences, se trouva de 337^{m},18 par seconde. Elle était sensiblement la même, soit que le temps fût couvert ou serein, clair ou brumeux, pourvu que l'air fût tranquille. Mais s'il était agité par le vent, la vitesse du vent, décomposée suivant la direction de la ligne sonore, augmentait ou diminuait de toute sa valeur la vitesse de propagation du son, selon qu'elle lui était favorable ou contraire.

D'après cette analyse physique du phénomène, on voit que le mouvement et les condensations qui existent à chaque instant dans la masse d'air, ne sont réellement que la répercussion du mouvement et des condensations imprimées aux premières particules sur lesquelles l'explosion a agi directement ; et comme, dans un air libre, à mesure que l'ondulation s'étend, elle se communique à la fois à un plus grand nombre de particules, il faut qu'alors les agitations et les changemens momentanés de densité aillent toujours en s'affaiblissant à mesure que l'on s'éloigne du centre de l'explosion. C'est aussi ce que l'on observe dans l'atmosphère, car le son paraît d'autant plus faible qu'on est plus éloigné du lieu où il s'est produit. Mais si la masse d'air, dans laquelle

le mouvement se propage , était cylindrique , on ne voit
pas que la force du son dût s'affaiblir avec la distance , si ce
n'est peut-être par le frottement de l'air contre les parois
des tuyaux. C'est aussi ce que j'ai éprouvé , par expérience,
dans les tuyaux des aquéducs de Paris, sur une colonne d'air
cylindrique de 951 mètres de longueur. La voix la plus basse
était entendue à cette distance , de manière à distinguer parfaitement les paroles , et à établir une conversation suivie.
Je voulus déterminer le ton auquel la voix cessait d'être
sensible, je ne pus y parvenir. Les mots dits aussi bas que
quand on parle à l'oreille , étaient reçus et appréciés ; de
sorte que, pour ne pas s'entendre , il n'y aurait eu absolument qu'un moyen , celui de ne pas parler du tout. Entre
une demande et une réponse faite de cette manière , il s'é-
coulait $5'',58$ sex. ; c'était donc là le temps que le son mettait à parcourir deux fois la longueur de la colonne d'air ,
c'est-à-dire 1902 mètres. Pour savoir si les sons graves ou
aigus, forts ou faibles, se propageaient avec une égale vitesse, ou s'il y avait entre eux, sous ce rapport , quelque
différence, je fis jouer des airs de flûte à une des extrémités
du tuyau. On sait qu'en général un chant musical est assu-
jetti à une certaine mesure qui règle très-exactement l'intervalle des sons successifs. Par conséquent si quelques-uns
des sons s'étaient propagés plus rapidement ou plus lentement que les autres, lorsqu'ils seraient parvenus à mon
oreille , ils se seraient trouvés confondus avec ceux qui les
précédaient ou qui les suivaient dans l'ordre du chant, et
le chant ainsi entendu aurait paru tout-à-fait altéré.
Au lieu de cela , il était parfaitement régulier, et conforme à sa mesure naturelle ; d'où il résulte que tous les
sons se propagent avec une vitesse égale. Cette remarque
avait déjà été faite en 1738 par les membres de l'Académie
des sciences ; j'ignore au moyen de quel procédé. Pour faire
avec succès les expériences que je viens de rapporter , il est
absolument nécessaire de choisir les instans de la nuit les
plus calmes , comme de une heure à deux heures du matin.
Dans le jour , mille bruits confus agitent l'air extérieur ,

font résonner les tuyaux, et empêchent de distinguer, ou même détruisent les faibles ébranlemens produits par une voix basse à l'extrémité de la colonne d'air. Aussi, dans ces circonstances, les cris les plus forts ne sont quelquefois pas entendus.

Enfin, on peut aisément rendre sensible dans les tuyaux le double effet des vitesses et des condensations transmises en même temps aux particules d'air, à mesure que l'ondulation sonore les atteint. Dans la colonne cylindrique sur laquelle je faisais mes expériences, des coups de pistolet tirés à une des extrémités, occasionaient encore à l'autre une explosion considérable, lorsque l'ébranlement y arrivait. L'air était chassé du dernier tuyau avec assez de force pour produire sur la main un vent impétueux, pour lancer à plus d'un demi-mètre de distance des corps légers que l'on plaçait sur sa direction, et pour éteindre des bougies allumées ; quoique l'on fût à 951 mètres de distance du lieu où le coup était parti deux secondes et demie auparavant.

Tous ces phénomènes étant de simples conséquences des propriétés physiques de l'air, on conçoit qu'ils doivent pouvoir se calculer et se prédire rigoureusement d'après les lois de la mécanique. C'est aussi ce qui a lieu. Pour les en déduire, il faut d'abord définir le milieu où ils se produisent. On conçoit donc un fluide aériforme homogène, d'une densité et d'une température constante, dont la force de ressort est connue et mesurée par la pression d'une colonne de mercure d'une hauteur déterminée. Puis on suppose qu'une petite portion de ce fluide, pour ainsi dire une seule particule, soit subitement ébranlée d'une manière quelconque, par exemple, soit poussée, pressée, ou dilatée, ou reçoive à la fois toutes ces modifications, et l'on demande au calcul comment cet ébranlement doit se répandre dans toute la masse. On trouve ainsi qu'il s'y propage successivement, c'est-à-dire qu'il n'atteint chaque particule qu'à une époque déterminée selon sa distance, qu'il l'agite un instant, et l'abandonne ensuite à son état primitif de repos. La vitesse de cette propagation est uniforme. Son expression analytique

Tome I.   *

montre que son carré est proportionnel à la force de ressort du milieu fluide, et réciproque à sa densité ; d'où il suit que, pour un même gaz, elle est constante, quelque compression ou quelque dilatation qu'on lui fasse subir, pourvu que sa température ne change pas ; car, d'après la loi de Mariotte, le ressort d'un gaz, qui ne s'échauffe ni ne se refroidit, varie proportionnellement à la densité qu'on lui donne. Par cette raison la vitesse du son, dans une couche horizontale de l'atmosphère, serait la même à toute hauteur, si la température n'allait pas en diminuant à mesure qu'on s'élève ; mais le refroidissement des régions supérieures fait que le son s'y propage plus lentement. Son intensité y est aussi plus faible pour un ébranlement égal, parce que le nombre des molécules ébranlées est moindre dans un même rayon. On conçoit de même qu'un bruit excité dans les hautes régions de l'atmosphère, doit s'affaiblir et s'éteindre en se propageant vers les couches inférieures, plus rapidement que dans la transmission horizontale ; parce que ces couches étant plus denses, le mouvement primitif s'y répartit entre un plus grand nombre de particules, au lieu que l'affaiblissement doit être moindre à distances égales, si le son primitivement excité dans les parties inférieures de l'atmosphère, se propage dans les hautes régions.

D'après ces calculs, la vitesse absolue du son dans l'air atmosphérique à la température de la glace fondante, devrait lui faire parcourir par seconde 279^m,29 ; et, à la température de six degrés où les académiciens français ont fait leurs expériences, elle devrait être 282^m,42. L'observation a donné 337^m,18, résultat plus fort de $\frac{1}{6}$. Cette différence, comme l'a remarqué M. Laplace, vient de ce que, dans le calcul de l'élasticité de l'air, on ne tient pas compte de la chaleur qui se dégage et qui s'absorbe dans les contractions et les dilatations successives par lesquelles le son est produit. Ces variations, quoique momentanées, produisent des alternatives correspondantes dans la température des molécules d'air ébranlées, et il en résulte que leur ressort varie plus rapidement que ne le supposerait la loi de Mariotte pour une température constante. On conçoit donc que cette cause doit accélérer la vitesse du son conformément à l'expérience ; et, en la soumettant au calcul, on en déduit la véritable vitesse en fonction de l'élévation de température qu'une masse d'air peut se communiquer à elle-même par le dégagement de sa propre chaleur, quand elle est subitement comprimée dans un rapport connu. Malheureusement cet élément paraît bien difficile à déterminer avec exactitude par expérience, à cause de la proportion énorme de chaleur qu'absorbent les vases dans lesquels nous sommes obligés d'enfermer l'air pour agir sur lui. C'est pourquoi on renverse le problème ; et, partant de la vitesse du son déterminée par expérience, on en déduit la quantité de chaleur dégagée. On trouve ainsi qu'une masse d'air, comprimée de $\frac{1}{116}$ de son volume, peut élever sa propre température de $1°$ centésimal.

La réalité de cette explication peut se prouver par une remarque décisive, c'est que le son se produit et se transmet dans les vapeurs aussi bien que dans les gaz permanens. Or, d'après la constitution des vapeurs, cela ne saurait absolument avoir lieu, si les condensations et les expansions alternatives produites par les vibrations du corps sonore, n'y déterminaient des dégagemens instantanés de chaleur capables de maintenir l'élasticité du fluide en élevant sa température, puisque, sans cela, les parties comprimées par ces excursions, ne feraient que céder à la force comprimante, et se condenseraient en liquide, sans propager l'ébranlement à d'autres particules plus éloignées ; ce qui est précisément le mode essentiel, par lequel le son est formé et transmis.

Jusqu'ici nous n'avons considéré qu'un seul centre d'ébranlement primitif réduit à un point mathématique : mais s'il y en a plusieurs, ce qui est le cas le plus ordinaire, il faudra considérer chacun d'eux comme le centre d'une ondulation qui se répandra sphériquement dans l'espace ; et si les vitesses et les variations de densité initiales imprimées aux particules aériennes sont toutes fort petites, comme on le suppose pour simplifier le calcul du phénomène, les molécules éloignées de l'espace où naissent les agitations primitives, auront un mouvement composé de la somme des agitations produites

par les centres partiels. La durée de ce mouvement dépendra
du temps que les agitations emploieront à se succéder selon la
distance des points d'où elles partent. Par exemple, si la
masse d'air primitivement ébranlée est une sphère d'un rayon
C A, *fig.* 2, et que l'on considère une particule éloignée telle
que M, cette particule commencera à être agitée quand elle recevra l'ondulation partie du point le plus voisin A de la sphère,
et elle cessera de l'être quand elle recevra l'ondulation partie
du centre C ; de sorte que son mouvement durera autant de
tems que le son en met à parcourir le rayon C A de la sphère.
Les molécules, placées au-delà du centre C, ne produisent
point en M d'agitation sensible, étant contrariées par les mouvemens contraires, émanées de C A ; mais elles en produiraient sur une molécule M', situées de l'autre côté de la
sphère ; c'est un résultat important que l'analyse démontre.

Jusqu'ici nous avons considéré la propagation du son dans
une masse d'air homogène et indéfinie. Supposons maintenant cette masse terminée par une surface de position fixe ;
alors il faudra que les molécules d'air, immédiatement adja-
centes à cette surface, ne puissent pas s'en détacher ; car, si
cela arrivait, il se produirait un vide sur la surface, et les
molécules d'air qui l'auraient un instant quittée seraient
aussitôt forcées d'y revenir. Elles ne pourront donc que glisser
dans le sens du plan tangent. D'ailleurs, jusqu'à ce que l'ondulation sonore soit parvenue à la surface fixe, elle doit se
propager comme dans l'air libre, puisque pendant tout ce
trajet la densité de l'air est la même que si l'obstacle n'existait pas. Ces conditions, introduites dans les formules analy-
tiques, montrent, lorsqu'on sait y satisfaire, comment l'ondulation sonore doit se continuer. On prouve de cette manière
qu'à la rencontre d'une surface plane le son doit se réfléchir
comme la lumière, en faisant l'angle de réflexion égal à l'angle
d'incidence ; et si l'on suppose que l'ondulation directe émane
d'un seul point ébranlé, l'ondulation réfléchie sera aussi
la même que si elle émanait d'un point situé à même distance de l'autre côté du plan réflecteur. Ces résultats expliquent le phénomène de l'écho. Si la surface de l'obstacle

est un ellipsoïde, et que le centre de l'ondulation directe soit
placé à un des foyers, le son se réfléchira par une autre onde
sphérique, dont le centre sera à l'autre foyer; et son intensité
croîtra, après la réflexion, à mesure qu'elle se concentrera et
convergera vers ce point. Tels sont, jusqu'à présent, les seuls
cas de réflexion du son que l'on ait su tirer de la théorie, en
ayant égard aux trois dimensions de la masse d'air.

En remplissant un même ballon avec différens fluides
aériformes, ou même avec des vapeurs, on peut mesurer
l'intensité du son qui s'y produit, d'après la distance à laquelle
il est entendu; mais il faut alors employer, dans l'intérieur
du ballon, un corps sonore dont les vibrations se fassent
toujours avec une force égale, tel que serait, par exemple,
un petit timbre d'horlogerie. En opérant de cette manière,
on trouve que l'intensité du son croît avec la densité du
fluide aériforme que le ballon renferme.

La vitesse de la transmission du son à travers les corps
solides, se calcule comme à travers l'air, d'après la réaction
élastique du milieu. M. Lagrange en a donné la formule
pour le cas de la propagation suivant une fibre solide, et
M. Laplace a calculé la réaction d'une pareille fibre, d'après
l'allongement, ou la contraction qu'elle éprouve sous l'influence d'une force donnée. Il a trouvé ainsi qu'en appelant 1
la vitesse de transmission du son dans l'air, cette vitesse
devenait dans le laiton $10\frac{1}{2}$, dans l'eau de pluie $4\frac{1}{2}$, dans
l'eau de mer $4\frac{7}{10}$, toutes beaucoup plus rapides que par l'air.
Ces résultats peuvent se vérifier dans un genre d'expériences
que nous expliquerons bientôt. On pourrait les confirmer
aussi directement sur de longues colonnes. J'ai fait moi-
même des observations de ce genre sur un assemblage de 376
tuyaux de fonte qui formait une longueur de 951 mètres $\frac{1}{4}$.
On adaptait à l'un des orifices de ce canal, un anneau de fer
de même diamètre que lui, portant à son centre un timbre,
et un marteau que l'on pouvait laisser tomber à volonté. Le
marteau, en frappant sur le timbre, frappait aussi le tuyau,
avec lequel il était en communication par le contact de l'anneau de fer. Ainsi, en se plaçant à l'autre extrémité de la

ligne, on devait entendre deux sons, l'un transmis par le métal du tuyau, l'autre par l'air. En effet, on les entendait fort distinctement en appliquant l'oreille contre les tuyaux, et même sans l'y appliquer. Le premier son, plus rapide, était transmis par le corps des tuyaux; le second par l'air. Des coups de marteau frappés sur le dernier tuyau produisaient aussi cette double transmission. On observait soigneusement, avec des chronomètres à demi-secondes, l'intervalle de deux sons transmis. J'ai trouvé par ces expériences que le son se transmettait 10 fois $\frac{1}{2}$ aussi vite par le métal que par l'air.

CHAPITRE II.

De la perception et de la comparaison des Sons continués.

MAINTENANT que nous savons comment une agitation subite, produite dans quelques points d'un fluide élastique, se propage à toute sa masse, il nous sera bien facile de comprendre comment les vibrations des corps peuvent être transmises par l'air jusqu'à l'organe de l'ouïe, et y faire entendre un son continu. Car, à mesure que les particules d'un corps vibrant vont et reviennent dans leurs excursions alternatives elles agissent mécaniquement sur les molécules d'air qui les environnent; et si, en allant, elles les poussent et les compriment, en revenant elles leur ouvrent un vide où elles peuvent se dilater. C'est pourquoi les particules d'air contiguës au corps sonore iront aussi, et reviendront tour à tour, comme lui, par des vibrations pareilles; elles agiteront donc à leur tour les molécules d'air qui les avoisinent, celles-ci en agiteront d'autres, et ainsi de suite à l'infini.

Pour nous faire une idée nette de cette transmission, considérons-la d'abord dans une colonne d'air cylindrique, de densité uniforme et isolée de toutes parts, telle que A O, *fig.* 3. Supposons que le corps sonore soit une surface plane qui vibre perpendiculairement à cette colonne, en sorte que C C, C'C', représentent les limites de ses excursions; et désignons par T le temps très-court qu'elle met à passer d'une de ces positions à l'autre. Pour ramener l'effet de ces vibrations à celui des ébranlemens instantanés , que nous avons traité d'abord , divisons par la pensée leur étendue totale A A' en une infinité de petites lames d'air que nous supposerons être ébranlées les unes après les autres , mais chacune en un instant infiniment petit. Alors , la surface vibrante partant du point A, le premier ébranlement sera produit en A; et, si elle s'arrêtait tout court après ce premier choc, il en résulterait une onde sonore d'une longueur insensible, qui se propagerait dans toute la masse d'air avec la vitesse ordinaire du son. En outre, à cause de la petitesse de la lame d'air primitivement soumise à l'impulsion du corps sonore , l'ébranlement propagé ne durerait, en chaque point, qu'un instant infiniment petit. Maintenant , avant de transporter la surface vibrante à une seconde lame d'air, il faut admettre , ce qui sera prouvé dans peu par l'expérience , que , dans tous les sons appréciables par l'organe de l'ouïe, la vitesse absolue du corps sonore est toujours très-petite comparativement à la vitesse de transmission du son. D'après cela, quand la surface vibrante atteindra la seconde lame d'air , l'agitation excitée en elle par la première onde sonore sera déjà passée , et elle se trouvera revenue à l'état de repos. La surface l'ébranlera donc par son choc, comme elle avait ébranlé la première lame , ce qui produira une seconde ondulation qui se propagera dans toute la ligne d'air, à la suite de la première. Enfin, lorsqu'après le temps total T, la surface vibrante sera arrivée en A', limite de son excursion dans ce sens, la dernière ondulation partira de ce point. Il y aura ainsi , à chaque instant, sur la ligne d'air une suite de points consécutifs qui seront simultanément agités par l'une de ces ondulations successivement parties de l'intervalle A A', et l'ensemble de ces points formera *l'onde sonore* , laquelle sera constamment comprise entre les ondulations extrêmes parties de A et de A'. *La longueur de cette onde* sera donc égale à la distance des points de départ des deux ondulations, c'est-à-dire à l'amplitude totale de l'excursion du corps sonore , plus à l'espace que la première ondulation a dû parcourir pendant le temps T, dont son départ à précédé le départ de la dernière. Dans tous les sons réguliers et appréciables à nos organes, cette dernière portion de la longueur de l'onde est la seule dont il faille tenir compte, parce que l'étendue des excursions du corps sonore est assez petite pour pouvoir être négligée comparativement à elle; ainsi, pour ce cas, le seul qui nous intéresse, *la longueur des ondes sonores est sensiblement égale à l'espace que le son peut parcourir pendant le temps T que durent les excursions du corps vibrant, par lequel le son est produit.*

D'après cela, si le corps faisait une vibration par seconde, la température étant supposée celle de la glace fondante, l'onde sonore qui en résulterait, aurait une longueur égale à $333^m,44$ ou $1026^p,4$ qui est l'espace que le son parcourt, dans ces circonstances, en une seconde de temps; et, pour toute autre durée supposée de vibration, la longueur de l'onde varierait proportionnellement à cette durée. De là nous déduirons le tableau suivant qui nous sera fréquemment utile.

Nombre des vibrations infiniment petites du corps sonore en une seconde de temps.	Longueur des ondes sonores qui en résultent (1).	
1	1024 pieds.	
2	512	
4	256	
Commencement des sons appréciables. 32	32	Les sons compris entre les limites que l'accolade embrasse, sont les mêmes que rendrait un tuyau d'orgue ouvert à ses deux bouts, et dont la longueur serait égale à celle de l'ondulation aérienne.
64	16	
128	8	
256	4	
512	2	
1024	1	
2048	6 pouces.	
4096	5 pouces.	
Fin des sons appréciab. 8192	18 lignes.	

(1) Je donne ici ces mesures en pieds, parce que leur principale application a pour objet les tuyaux d'orgue dont les longueurs sont calculées en pieds, pouces et lignes anciennes; pour éviter les fractions, j'ai pris la vitesse du son par seconde égale à 1024 pieds, au lieu de 1,026, parce que 1024 étant une puissance exacte de 2, se prête, sans reste, à la division soudouble.

Nous verrons par la suite que l'expérience confirme ces résultats de la manière la plus exacte.

Nous n'avons encore considéré qu'une seule des vibrations du corps sonore, de A en A'. Quand il reviendra de A' en A, il excitera une autre série d'ondulations pareilles, dont l'ensemble formera une onde totale qui aura encore la même longueur. Celle-ci suivra immédiatement la première, comme se suivent les mouvemens du corps sonore qui les excite. Mais, si l'une a poussé les particules d'air dans le sens AA', en les condensant, la seconde les attirera dans le sens A'A, en les raréfiant; de sorte que, si leur densité initiale D est devenue successivement D, D $+d$, D, par l'effet de la première onde, elle deviendra D, D $-d$, D, par l'effet de la deuxième. Toutes les particules aériennes successivement ébranlées éprouveront graduellement ces états divers; et, dans le passage d'une onde à la suivante, elles se retrouveront dans leur état initial de situation et de densité. Car les positions CC, C'C', étant supposées les limites des vibrations naturelles du corps sonore, limites fixées par la seule élasticité de ses parties, son mouvement ne doit pas y cesser brusquement, mais il doit devenir graduellement insensible à mesure qu'il s'en approche; de sorte que les dernières impulsions qu'il produit alors, sur l'air, sont très-faibles et finissent par être nulles, ce qui permet aux molécules ébranlées de revenir graduellement à leur premier état. Cela aura lieu ainsi indéfiniment, quel que soit le nombre des ondes alternatives qui se succèdent; de sorte qu'après un nombre n de vibrations du corps sonore, il y aura sur la ligne d'air un nombre n d'ondes égales, courant à la suite les unes des autres, *fig.* 4, qui occuperont ensemble une longueur totale égale à leur somme. Si donc il existe sur la ligne d'air un organe propre à être ébranlé par ces ondulations, l'observateur qui en sera doué aura la sensation du son produit par un corps sonore. La périodicité des ondes, leur durée, leur force, seront autant de circonstances qui lui serviront à apprécier la qualité des sons, et à les distinguer les uns des autres. Nous avons déjà remarqué que *l'acuité* plus ou moins grande du son est liée avec la rapidité des vibrations ; *l'intensité* dépendra de l'étendue des excursions des particules successivement agitées, de l'énergie des condensations et des dilatations passagèresque chaque onde produira en elles ; enfin du nombre plus ou moins grand de celles qui éprouveront ces effets et les transmettront à l'organe auditif.

D'après ces considérations, on conçoit que le commencement et la fin des ondes sonores doivent produire peu d'impression sur l'organe, puisqu'alors les déplacemens des particules et leurs variations de densité sont très-faibles. Néanmoins, comme les sensations durent et subsistent toujours un certain temps, même après que la cause qui les produisait a cessé, il doit arriver et il arrive en effet, quand les vibrations sont fort rapides, que l'impression causée par le milieu des ondes sonores couvre la faiblesse de leurs extrémités, et produit une sensation continue. Mais, si leur succession devient assez lente pour que l'oreille puisse y saisir des périodes d'intensité, et distinguer leurs intervalles, on doit, au lieu d'un son continu, entendre une suite de bruits ou de battemens périodiquement réglés. C'est aussi ce que l'expérience confirme, et nous en aurons bientôt des preuves multipliées.

CHAPITRE III.

Vibrations des Cordes élastiques.

MAINTENANT que nous avons analysé les circonstances physiques dont l'ensemble caractérise chaque son, il nous faut chercher quelque moyen facile et sûr pour produire une série continue de sons dont le nombre de vibrations par seconde puisse être à chaque instant connu. Car alors, un son quelconque étant entendu, si nous le rapportons, dans la série, à son *unisson*, c'est-à-dire, à celui qui nous donne exactement la même sensation d'aigu ou de grave, nous saurons, par cela même, quel est le nombre de vibrations par seconde nécessaire pour le produire ; et, il se trouvera conséquemment défini par ce nombre avec d'autant plus d'exactitude que l'oreille lorsqu'elle est exercée, est, comme l'expérience le prouve, un juge excessivement délicat de cette comparaison. Parmi les divers corps sonores dont les vibrations peuvent ainsi nous fournir un type universellement comparable, il n'en est point de plus commode que les cordes élastiques tendues fortement, principalement lorsqu'elles consistent en un simple fil de métal tiré à la filière. La forme exactement cylindrique d'un pareil fil, son homogénéité, l'égale élasticité de toutes ses parties, enfin la facilité qu'on a pour le reproduire exactement le même, quand on connaît sa grosseur et la nature de sa substance, sont autant de qualités qui le rendent éminemment propre à des expériences toujours comparables. Pour en tirer des vibrations sonores, il faut le tendre fortement entre deux points fixes comme les cordes des instrumens de musique, ou l'attacher fixement par un seul bout et le tendre verticalement par un poids, comme le représente la *fig.* 5; ou bien encore on peut le diriger horizontalement, en le faisant passer sur une poulie placée à la hauteur du point fixe, comme le représente la *fig.* 6. Dans ces deux derniers cas, pour isoler la portion du fil que l'on veut faire vibrer, il faut, après la tension établie, la limiter en serrant le fil par des pinces, ou des *chevalets*, qui empêchent les points extrêmes de se déplacer pendant le mouvement. Les appareils de ce genre sont appelés *monocordes* ou *sonomètres*. Le sonomètre vertical *fig.* 5 est de beaucoup plus exact et plus parfait que l'horizontal, parce que, dans ce dernier, la tension que le poids devrait produire est toujours modifiée plus ou moins par le frottement que la poulie éprouve autour de son axe, frottement d'autant plus rude qu'elle se trouve pressée sur cet axe par l'action du poids; et cela fait qu'avec le même poids, appliqué au même fil, on n'a pas toujours la même tension. Par ce motif il faut employer le sonomètre vertical pour les recherches précises, et réserver l'autre pour un petit nombre d'expériences où l'horizontalité est nécessaire, comme on le verra plus tard. Enfin, comme les sons d'une simple corde, isolée de tout autre corps, seraient très-faibles et à peine durables, on a soin, dans la pratique, d'attacher tous les points fixes des sonomètres à une caisse vide dont les parois sont faites de planchettes de bois, sèches, élastiques et minces, comme celles qui forment *l'âme* des violons, des basses et des autres instrumens de musique. L'expérience prouve que ces planches, partageant le mouvement vibratoire de la corde, résonnent comme elles et renforcent le son qu'elle produit, sans l'altérer en aucune manière. Nous essaierons plus loin d'étudier comment s'opère cette correspondance de mouvemens. Pour le moment nous l'emploierons comme un fait. Lorsqu'une corde métallique ainsi tendue par un poids constant, est écartée tant soit peu de sa direction rectiligne, et ensuite abandonnée, la force de traction, qui tend à l'y ramener, lui fait faire de part et d'autre un grand nombre d'oscillations que l'on peut apercevoir à la vue simple, quoiqu'elles soient ordinairement trop rapides pour pouvoir être comptées. L'étendue de ces oscillations va continuellement en diminuant; mais, si elles sont fort petites, la variation de leur amplitude, n'altérant pas sensiblement la tension primitive, ne change pas non plus le ton du son qui en résulte, c'est-à-dire l'espèce de sensation d'aigu ou de grave qu'il fait éprouver; et, par une conséquence du même principe, ce son demeure aussi le même de quelque façon que la corde soit écartée de son état d'équilibre, soit qu'on la pince ou qu'on la fasse vibrer avec un archet. Dans ce phénomène, on peut considérer chaque élément infiniment petit de la corde comme une petite masse dont la tension est le moteur; de façon que si l'on connaît la longueur de la corde, son poids et la force de tension qui la tire, ce doit être un simple problême de mécanique que de déterminer la durée de ses oscillations infiniment petites. En effet, en partant de ces seules données, le calcul démontre les résultats suivans.

Lorsque deux cordes de même grosseur et de même matière, sont tendues également, et diffèrent seulement par la longueur, les nombres de vibrations dans un temps donné sont réciproques aux longueurs.

Mais si, la nature de la corde et sa longueur restant les mêmes, on fait varier seulement le poids qui la tend, les nombres des oscillations en un temps donné , sont directement proportionnels aux racines carrées de ces poids. On peut aisément éprouver sur le monocorde l'effet de ces deux genres de variation.

D'abord, pour faire varier la longueur toute seule, on peut employer un petit chevalet mobile , de forme triangulaire , que l'on place sous la corde en tel point de sa longueur que l'on veut. Ce chevalet, représenté par H, *fig.* 7 , doit avoir une hauteur telle , qu'étant placé entre la tablette de la caisse et la corde elle-même, celle-ci presse dessus assez fortement pour être fixée en ce point. On peut encore, avec plus de sûreté et d'exactitude , serrer la corde entre les lèvres d'une pince métallique P, *fig.* 5 , portée par un curseur qui s'ajuste aux côtés de la caisse , et parcoure une division de parties égales, tracée sur ses côtés , de sorte qu'on peut l'amener et le fixer à tel point de la longueur totale que l'on veut choisir.

Tout étant ainsi disposé , supposons d'abord que l'on relâche la pince , ou que l'on ôte le chevalet afin de faire d'abord vibrer la corde entière. Le nombre de ses oscillations par seconde sera déterminé et pourra se calculer par les formules de la mécanique , d'après le poids de la corde , sa longueur et le poids tendant (1). Quel que soit ce nombre , pour le désigner d'une manière abrégée , représentons-le par la lettre n. Puis, afin de fixer la sensation du son qui en résulte, servons-nous d'un orgue, d'un piano , ou de tout autre instrument à sons fixes, que nous aurons à notre disposition , et cherchons, sur ses diverses touches, le son qui nous paraîtra identique pour le degré d'aigu ou de grave , à celui que le

---

(1) Pour que le son, ainsi obtenu, soit pur et d'une intensité sensiblement égale dans les expériences successives , il faut que le mode d'ébranlement soit constant, instantané, et de nature à ne gêner en rien la liberté des vibrations. Rien ne remplit mieux ces conditions que de tirer un peu la corde de son état d'équilibre , non avec le doigt, mais avec une petite languette de peau de buffle , et de l'abandonner ensuite à elle-même.

sonomètre nous a donné. Si cet unisson ne se rencontre pas
avec toute l'exactitude que l'oreille exige, arrêtons-nous au
son le plus voisin, et modifions la tension de la corde ou
la longueur du tuyau qui le donne, jusqu'à ce que nous
parvenions à obtenir l'unisson tout-à-fait rigoureux. Alors,
en frappant la touche ainsi accordée, nous serons assurés de
reproduire identiquement, et à volonté, le son produit par
la vibration de la corde entière du sonomètre ; ce son sera
donc ainsi fixé pour toujours.

Maintenant, sans changer le poids tendant du sonomètre,
plaçons le chevalet ou la pince précisément au milieu de la
corde entière, *fig.* 8, et faisons vibrer séparément chacune
de ses moitiés. Elles seront à l'unisson entre elles, si la
corde est bien égale et homogène dans toute sa longueur ;
mais le son de chaque moitié différera du premier son rendu
par la corde totale : il en sera, ce que l'on appelle en musique l'*octave aiguë* ; et comme ce rapport se vérifie toujours, quelle que soit la longueur, la grosseur et la tension
de la corde que l'on divise, il faut en conclure que lorsqu'un son est l'octave aiguë d'un autre, il répond à un
nombre de vibrations deux fois plus rapides ; de sorte que
si l'on veut *désigner* chaque son par le nombre de vibrations qui lui appartient, le premier sera 1 et le second 2, et
si l'on veut appeler le son fondamental ut_1 et son octave ut_2,
conformément aux dénominations usitées en France, on
aura

$$\text{Le son fondamental}\dots\dots\dots\dots\ ut_1 = 1$$
$$\text{L'octave aiguë}\dots\dots\dots\dots\dots\ ut_2 = 2.$$

Néanmoins, en faisant usage de ces expressions, il faudra
toujours se souvenir qu'elles *désignent* seulement les sons, et
les *classent* d'après un de leurs caractères essentiels ; mais
qu'elles ne *mesurent ni n'expriment* les *sensations* mêmes que
ces sons excitent en nous.

Plaçons maintenant le chevalet ou la pince du sonomètre
au tiers de la corde, comme le représente la *fig.* 9, et faisons vibrer sa plus petite partie ; alors, d'après la théorie, le

nombre de vibrations de cette partie sera triple de celui qui convient à la corde entière, c'est-à-dire égal à $3n$; aussi le son qu'elle produira sera beaucoup plus aigu que le son fondamental ut_1. Pour rapprocher le nouveau son de ce type primitif, prenons son octave grave, qui sera donnée par les deux autres tiers de la corde, comme les expériences précédentes le prouvent, et comme l'observation directe le montre aussi. Le nombre des vibrations de cette partie sera alors deux fois moindre, ou $\frac{3}{2} n$, c'est-à-dire qu'il sera $\frac{3}{2}$ du nombre de vibrations donné par la corde entière; et le son qui en proviendra sera par rapport au premier ut, ce que l'on appelle en musique sa *quinte aiguë*; laquelle s'exprime en français par *sol*. Ainsi, comme nous avons désigné ut_1, par 1, nous aurons selon la même notation $sol_1 = \frac{3}{2}$; par conséquent l'octave aiguë de sol_1, qui était d'abord donnée par le tiers de la corde, devra être exprimé par sol_2, et nous aurons de même $sol_2 = 3$.

Continuant toujours à subdiviser la corde de notre sonomètre, plaçons le chevalet au quart de sa longueur, *fig.* 10, et faisons vibrer ce quart isolément. Le nombre de ses vibrations sera quadruple de celui de la corde entière; le son qui en résultera sera donc l'*octave* de ut_2 ou la *double octave* de ut_1 que nous désignerons par ut_3; et, puisque, selon notre notation précédente, ut_1 est 1, nous aurons $ut_3 = 4$. L'autre portion de la corde, qui comprend les $\frac{3}{4}$ de sa longueur, étant mise aussi en vibration à son tour fera par seconde un nombre de vibrations égal aux $\frac{4}{3}$ de ut_1; le son qui en résultera sera par rapport à ut_1, ce que l'on appelle en musique la *quarte* aiguë, que l'on exprime par *fa*: nous aurons donc encore selon notre notation $fa_1 = \frac{4}{3}$.

En continuant à subdiviser ainsi la corde en un nombre croissant de parties égales, on pourra trouver successivement tous les sons employés dans la musique. Mais, en nous bornant ici à ceux qui composent la série des sons que l'on nomme la *gamme*, on aura les valeurs suivantes dans lesquelles on a pris pour unité le nombre de vibrations qui appartient au son fondamental ut_1.

Désignation des sons en allemand et en anglais (1).................	C	D	E	F	G	A	B	C.
Noms français....................	*ut*	*ré*	*mi*	*fa*	*sol*	*la*	*si*	*ut.*
Nomb. des vibr. dans un même tems.	I	$\frac{9}{8}$	$\frac{5}{4}$	$\frac{4}{3}$	$\frac{3}{2}$	$\frac{5}{3}$	$\frac{15}{8}$	2
Longueur des cordes qui les donnent.	I	$\frac{8}{9}$	$\frac{4}{5}$	$\frac{3}{4}$	$\frac{2}{3}$	$\frac{3}{5}$	$\frac{8}{15}$	$\frac{1}{2}$.

Si l'on assemble , à côté les unes des autres, sur une même
table sonore, huit cordes de même nature, de même grosseur,
tendues par des poids égaux , et dont les longueurs soient
en raisons renversées des nombres d'oscillations qui appartiennent à chaque son , ces cordes , lorsqu'on les fera vibrer , rendront les sept sons de la gamme , comme on peut
aisément le vérifier par l'expérience ; et , si l'on emploie un
plus grand nombre de cordes, dont les longueurs soient
sucessivement doubles , quadruples , octuples des précédentes, on aura autant de nouvelles gammes , dont les
sons seront l'octave ou la double octave , ou la triple octave
de la première. Dans les instrumens de musique , tels que
le piano et le clavecin , on ébranle les cordes des diverses
octaves par des marteaux qui sont mis en mouvement
au moyen de petits leviers de bois sur lesquels on pose les
doigts, et que l'on nomme *touches*. Les touches qui appartiennent à une même gamme, sont placées à côté les unes des
autres. Ainsi la touche qui donne re_1 est la seconde après ut_1,
celle qui donne mi_1 est la troisième , celle qui donne fa_1 est la
quatrième, celle qui donne sol_1 est la cinquième ; et ainsi de
suite. On a pris de là l'usage de désigner les notes d'après le
rang où elles se trouvent placées à la suite d'*ut*. Ainsi on dit
que mi_1 est la tierce d'ut_1 ; fa_1 , la quarte ; sol_1 , la quinte ;

---

(1) Les indications par lettres sont celles qui sont employées dans
les orgues, et que l'on inscrit sur les tuyaux. Pour se rappeler aisément leur correspondance avec la notation française , il suffit de se
souvenir que le LA, dont le nom finit par un A, est désigné aussi par
cette lettre, après quoi les sons , énoncés dans l'ordre de la gamme,
suivent la série des lettres consécutives de l'alphabet , comme on le
voit ici :

la si ut ré mi fa sol.
A B C D E F G.

la_1, la sixte ; si_1, la septième, et ainsi de suite ; de sorte que si l'on énonce, par exemple, la dix–septième majeure au–dessus de ut_1 cela veut dire la dix-septième touche en partant de ut_1 ; ce qui répond par conséquent à la double octave de mi_1 ou à mi_3.

Jusqu'ici nous n'avons fait varier que la longueur de la corde ; mais, en faisant varier la tension seule, qui est représentée par le poids P, nous pourrons aussi doubler et tripler le nombre des vibrations, ou en général le multiplier dans tel rapport qu'il nous plaira. Alors, quand le calcul nous indiquera quelqu'un des nombres d'oscillations donnés par les expériences précédentes nous devrons aussi retrouver le même son, s'il est vrai que pour la même espèce de corde, le son ne dépende que du nombre de vibrations. C'est en effet ce qui se vérifie avec exactitude. Si la corde tendue par le poids P donne le son ut_1, tendue par le poids 4P elle donnera ut_2, tendue par le poids $\frac{9}{4}$ P elle donnera sol_1, avec le poids $\frac{25}{16}$ P elle donnera mi_1, et ainsi de suite. En général les nombres de vibrations, à longueur égale, sont comme les racines carrées des poids.

Jusqu'ici nous n'avons considéré que le son principal donné par chaque corde, selon sa longueur et le poids qui la tend. Mais, en écoutant avec attention le son produit par une corde métallique, on peut facilement y reconnaître le mélange de plusieurs autres sons plus aigus que le son fondamental; par exemple, si celui-ci est représenté par ut_1, on entend très-distinctement, par exemple, sol_2 et mi_3, c'est-à-dire l'octave de sa quinte, et la double octave de sa tierce, lesquelles sont respectivement représentées par les nombres 3 et 5, le son fondamental étant 1. Une oreille exercée apprécie encore l'octave de ut_1, qui est représentée par le son 2, et la double octave dont la valeur est 4. En sorte qu'en généralisant ce résultat, on conçoit que la même corde fait entendre à la fois, mais avec une intensité continuellement décroissante, les sons 1, 2, 3, 4, 5....etc., c'est-à-dire tous ceux qu'elle peut donner en se subdivisant dans un nombre entier de parties. Cela a fait donner à ces sons le nom d'*harmoniques*, parce que le mot d'harmonie désigne la résonnance simultanée de plusieurs sons dont l'ensemble flatte l'oreille, et qu'il n'en est point de plus flatteuse pour elle, que celle des sons qui forment la série des nombres naturels 1, 2, 3, 4, 5..... Afin que leur coexistence dans la corde vibrante soit plus facile à reconnaître, il faut faire l'expérience avec une corde assez grosse et assez longue pour que le son principal ut_1 soit grave et intense. On réussit très-bien avec les grosses cordes d'une basse. Lorsqu'on ébranle fortement une pareille corde par un coup d'archet bien soutenu et qu'on l'abandonne ensuite à elle-même, l'oreille la moins exercée entend distinctement les premiers termes de la série des harmoniques ; mais quand on se sera habitué à distinguer ainsi les sons simultanés, ils deviendront ensuite sensibles avec toutes les cordes des instrumens de musique.

Dans tous ces cas la tension étant constante, la production simultanée de tous ces sons ne peut avoir lieu que par une division spontanée de la corde qui s'arrange de manière à les donner tous à la fois. C'est en effet ce qui a lieu; et ces sons ne se troublent point les uns les autres, parce que c'est un principe général de mécanique que l'air, l'eau, et en général un fluide matériel quelconque, peut recevoir à la fois plusieurs mouvemens très-petits, sans que leurs effets se confondent. C'est ce que l'on nomme le principe de la co-existence des petites oscillations. Quant au détail de son application au cas actuel, voyez le Traité général.

Cette co-existence de mouvemens dans une même corde, peut se rendre sensible par l'expérience. Par exemple, si on veut produire une simple division en deux parties, *fig.* 11, il n'y a qu'à placer en N, au milieu de la corde, un obstacle léger, tel que le contact du doigt, ou un chevalet de carton, qui empêche ce point de s'écarter de l'axe, sans toutefois arrêter la transmission du mouvement d'une des moitiés à l'autre. Alors, si l'on passe un archet sur la première moitié A N, de manière à la faire vibrer toute entière, elle rendra le son qui convient à sa longueur ; ce sera par conséquent l'*octave aiguë* du son fondamental que donnerait toute la corde.

Mais en même temps l'autre moitié se mettra aussi en mouvement par communication , et oscillera de la même manière que la première. Pour rendre ce mouvement visible , il suffira de poser , sur cette seconde partie , de très-petits morceaux de papier pliés , qui soient comme à cheval sur elle ; car , aussitôt que la première moitié de la corde entrera en vibration par l'agitation qu'on lui imprime immédiatement, les petits morceaux de papier, posés sur l'autre partie , s'agiteront vivement et pourront même être lancés au loin. On peut répéter cette épreuve en divisant la corde en un nombre quelconque de parties égales , *fig.* 12 , et plaçant des papiers de deux couleurs , les uns aux milieux des parties vibrantes, les autres à leurs limites. L'ébranlement propagé fait tomber les premiers seulement , et les autres restent. Cette jolie expérience est de Sauveur. Elle réussit surtout très-bien avec les cordes à boyau que l'on appelle *filées*, parce qu'on a enroulé autour un fil de métal très-fin pour leur donner plus de masse.

On peut encore exciter la division d'une corde , en faisant vibrer près d'elle une autre corde dont la vitesse de vibration soit à la sienne dans le rapport de l'unité à un nombre entier. Si , par exemple, cette seconde corde donne ut_2 , et la première ut_1 , lorsqu'on lui fera résonner ut_2 , l'autre se mettra aussi en mouvement et se divisera naturellement en deux parties égales , séparées par un nœud de vibration. C'est ce que l'on pourra reconnaître , soit en écoutant avec attention le son de cette corde , soit en la touchant et la sentant frémir, soit enfin en posant de petits morceaux de papier sur les ventres qui doivent se mouvoir , et sur le nœud qui doit rester immobile. Ici la transmission du mouvement se fait vraisemblablement par l'intermède de l'air qui, agité par la première corde, agite l'autre à son tour , et lui communique l'espèce de vibrations qu'il exécute lui-même. Ce phénomène se présente sans cesse dans la musique. Lorsqu'on passe un archet sur la corde ut_1 d'une basse, laquelle fait entendre en même tems ses harmoniques ut_2 et sol_2 , la corde sol_1 de cet instrument se divise visiblement en deux parties égales , dont chacune vibre à l'unisson de ce sol_2. Une

Tome I.   *

verge élastique qui vibre , fait vibrer aussi les cordes métalliques tendues qui sont à l'unisson avec elle. Un violon dont on joue juste , fait vibrer les cordes analogues d'une guitare : une flûte le fait également , même lorsque la guitare est posée sur un corps mou. Dans tous ces cas, le son se transmet par l'air. Mais , pour qu'il s'établisse un mouvement sensible par l'effet d'ondulations si faibles , il faut que les ébranlemens successifs que la seconde corde éprouve conspirent tous à la faire mouvoir. Il faut donc qu'elle puisse prendre un mouvement de vibration qui s'accorde périodiquement avec le retour des ondulations de l'air qui la frappe. C'est ce qui a lieu lorsque sa longueur est un multiple exact de la première corde mise en vibration. Mais la condition serait encore satisfaite si elle en était un sous-multiple , c'est-à-dire $\frac{1}{2}, \frac{1}{3}, \frac{1}{4}, \frac{1}{5}$... Alors le son de la première corde étant exprimé par $ut_1 = 1$, celui de la seconde corde serait toujours un de ses harmoniques 2, 3, 4, 5...; et comme tous ces harmoniques résonnent à la fois dans la première corde , chacun d'eux doit mettre en mouvement la corde isolée qui lui correspond.

Mais on peut aussi exciter, et pour ainsi dire créer de nouveaux sons par le seul concours de plusieurs autres , sans aucune communication de mouvement quelconque; et même, ce qui paraîtra plus extraordinaire , sans employer aucun corps qui donne immédiatement ces sons. Pour vérifier cette espèce de paradoxe , il faut se former l'idée la plus étendue de ce qui constitue pour nous le son. En général , toutes les fois que l'oreille reçoit l'impression soutenue d'une suite de battemens suffisamment rapides, elle éprouve la sensation distincte d'un son, et elle détermine la nature de ce son d'après la rapidité avec laquelle ses vibrations se succèdent. Supposons maintenant , que l'on fasse résonner à la fois par deux cordes placées près l'une de l'autre, les deux sons ut_2 et sol_2 d'une même octave. Les nombres des vibrations de ces sons dans un même temps sont 2 et 3 ; il y aura donc des époques où elles arriveront ensemble à l'oreille, et d'autres où elles y arriveront séparées. Pour les distinguer, représen-

tons les instans qui répondent aux milieux des vibrations,
par des points également espacés sur une même ligne.

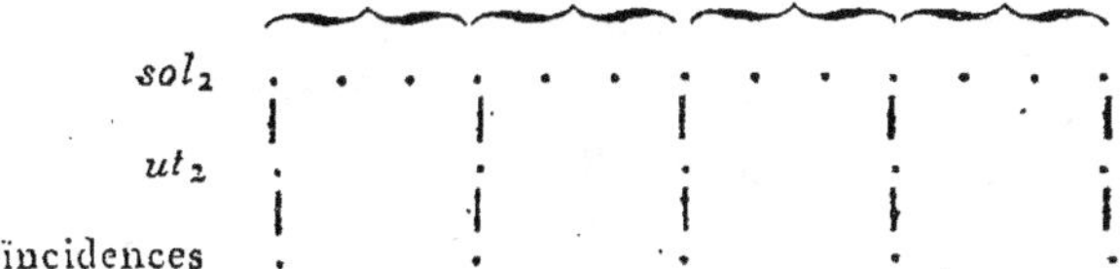

Les époques des coïncidences sont évidentes; les intervalles
qui les séparent sont doubles de ceux qui séparent les vibrations de ut_2. L'oreille sera donc affectée par leur retour périodique, comme elle le serait par un son ut_1, plus grave
d'une octave que ut_2. C'est en effet ce qui arrive, et la découverte de ce beau phénomène est attribuée au célèbre musicien
Tartini. Pour l'observer il faut que les deux sons soient parfaitement justes, et soutenus quelque temps sans aucune
altération. Autrement, le retour de leurs coïncidences n'étant
plus régulier, ne pourrait plus produire l'effet d'un son appréciable. Cette expérience s'exécute avec la plus grande
facilité sur l'orgue, dont les sons joignent à une justesse mécanique l'avantage de pouvoir être prolongés indéfiniment.
Elle offre même une épreuve sûre, et depuis long-temps usitée,
pour reconnaître si cet instrument est exactement d'accord.
En effet on peut, par un calcul fort simple, déterminer dans
tous les cas quel doit être le son résultant, lorsque les deux
sons composans sont donnés. Cette production de sons résul-
tans a de nombreuses applications dans les effets de l'harmonie.

Lorsque les deux sons, que l'on produit ainsi ensemble,
sont assez rapprochés l'un de l'autre pour que les rencontres
de leurs vibrations soient fort rares, ou lorsque, quoique
distans, ils sont pris dans des octaves si graves que leur rencontre ait lieu moins de trente-deux fois par seconde, le son
résultant se change en battemens distincts séparés par des
intervalles sensibles. C'est ce que l'on peut aisément éprouver
sur l'orgue, le trochléon, et en général sur tous les instrumens à sons fixes. Dans l'orgue, par exemple, si l'on choisit
des touches correspondantes aux octaves les plus graves, la

série des battemens ressemble aux roulemens d'un tambour, dont les coups sont plus ou moins précipités. Ce résultat confirme bien ce que nous avons déjà dit au commencement de ce livre, qu'un son soutenu et uniforme n'est autre chose qu'une suite de battemens, qui se succèdent à intervalles égaux, avec une suffisante rapidité.

Jusqu'ici nous n'avons considéré que les vibrations transversales des cordes élastiques; mais une pareille corde peut encore vibrer d'une autre manière; savoir, en s'étendant et se contractant tour à tour dans le sens de sa longueur. Car, en traitant de l'élasticité des cordes tirées par des poids, nous avons vu qu'elles tendent à revenir sur elles-mêmes, et que lorsque la force qui les tirait est affaiblie ou supprimée, elles reviennent en effet à leurs dimensions primitives par une suite d'oscillations. On peut donc concevoir que, si une corde, déjà tendue par une force quelconque entre deux point fixes, est frottée dans le sens de sa longueur, on devra y exciter de semblables vibrations. Le mode le plus simple de ces mouvemens est celui que représente la *fig.* 13. La corde entière a un mouvement alternatif vers l'une et l'autre extrémité. Quand elle va de A vers B, elle se contracte en B et s'allonge en A; c'est le contraire, quand elle revient de B vers A dans l'oscillation suivante. Dans l'un et l'autre cas, le milieu de la corde n'éprouve ni condensations, ni dilatations; mais c'est là que le mouvement de translation des particules est le plus rapide. Au contraire, ce mouvement est nul aux deux extrémités fixes. Le second mode de vibrations longitudinales est celui que représente la *fig.* 14. La corde se divise en deux parties égales et consonnantes entre elles, qui ont des mouvemens alternatifs, constamment opposés en direction, et séparés par un nœud de vibration N qui reste immobile. Enfin, on peut concevoir d'autres modes de vibrations où la corde se partagerait en trois parties, comme dans la *fig.* 15, ou en un plus grand nombre. Pour produire ces sons, il faut frotter la corde longitudinalement, avec un archet de violon très-incliné sur la direction de sa longueur, et que l'on applique sur des parties qui doivent se mettre en mouvement; ou bien

on peut la frotter ainsi avec le doigt , ou avec quelque autre
corps flexible enduit de poudre de colophane. Pour produire
les divisions en parties aliquotes, il faut toucher en même
temps un nœud de vibration. Les sons obtenus de cette manière
ont entre eux les mêmes rapports que ceux des vibrations
transversales ; c'est-à-dire que , pour des cordes de même
nature , également tendues, ils sont réciproquement proportionnels aux longueurs des parties vibrantes , et par conséquent si la corde se divise successivement en 1, 2, 3 ... n
parties , ils suivent la série des nombres naturels 1, 2, 3 ... n.
Mais ils sont excessivement plus aigus que ceux des oscillations
transversales, parce que l'élasticité propre de la matière,
qui tend à ramener les particules à leur position primitive
d'équilibre, est beaucoup plus puissante que ne l'est, dans
les vibrations transversales, la tension produite par un poids.
C'est pourquoi il faut employer des cordes très-longues, pour
abaisser les sons à un degré de gravité tel qu'on puisse les apprécier exactement.

Ces vibrations longitudinales des cordes ont une analogie
évidente avec les contractions et dilatations alternatives dont
nous avons reconnu l'existence dans les ondes aériennes par
lesquelles le son est transmis ; et, comme nous le verrons
bientôt, elles offrent une représentation exacte de la manière
suivant laquelle les colonnes d'air vibrent dans les instrumens
à vent.

Ce genre de vibrations n'a , je crois, encore été étudié que
par Chladni ; il y a employé des cordes qui avaient jusqu'à
48 pieds de longueur.

CHAPITRE IV.

*Approximations usitées en musique pour exprimer les
intervalles des sons. Nécessité d'altérer la justesse
de ces intervalles dans les instrumens à sons fixes ;
règles de ce tempérament.*

LES besoins de la musique ont fait insérer entre les intervalles de la gamme un certain nombre de divisions plus pe-

tites, qu'il est nécessaire au physicien de connaître, parce que sans cela, il ne pourrait ni évaluer ni énoncer d'une manière intelligible les diverses espèces de sons très-multipliées que présentent les vibrations des corps.

Rappelons d'abord les sons qui composent la gamme, et joignons-y leurs valeurs exprimées par les nombres de vibrations qui les donnent.

Noms des sons	ut_1	$ré_1$	mi_1	fa_1	sol_1	la_1	si_1	ut_2
Longueurs des cordes qui les donnent	1	$\frac{8}{9}$	$\frac{4}{5}$	$\frac{3}{4}$	$\frac{2}{3}$	$\frac{3}{5}$	$\frac{8}{15}$	$\frac{1}{2}$.
Nombre de leurs vibrations en temps égal	1	$\frac{9}{8}$	$\frac{5}{4}$	$\frac{4}{3}$	$\frac{3}{2}$	$\frac{5}{3}$	$\frac{15}{8}$	2.
Valeur des mêmes nombres en décimales	1	1,125	1,25	1,333	1,5	1,667	1,875	2.

Les sept sons d'une même gamme étant ainsi définis, si l'on multiplie, ou si l'on divise, successivement par 2, 4, 8, 16, etc. les nombres de vibrations qui les donnent, on définira de même les sons de toutes les autres gammes comprises dans les octaves plus aiguës ou plus graves. On aura ainsi une série indéfinie, dans laquelle on pourra se proposer de placer tout son quelconque, dont le nombre de vibrations sera donné.

Soit par exemple le son 18, c'est-à-dire celui dont la corde fait 18 vibrations pendant que ut_1 en fait une; comme ce nombre est plus grand que 2, il appartient à quelqu'une des octaves supérieures; je le divise donc successivement par 2, autant de fois qu'il le faut pour qu'il rentre dans la première octave, c'est-à-dire, pour qu'il s'abaisse entre 1 et 2; une première division le réduit ainsi à 9, une seconde à $\frac{9}{2}$, une troisième à $\frac{9}{4}$, qui est encore plus grand que 2, enfin une quatrième l'amène à $\frac{9}{8}$ qui est compris entre 1 et 2, et se trouve justement égal à re; j'en conclus que le son 18 est égal à $\frac{9}{8}$, multiplié par la quatrième puissance de 2 et qu'ainsi il est le re de la quatrième octave au-dessus de celle que nous prenons pour point de départ, c'est-à-dire re_5.

Si le nombre donné de vibrations était moindre que 1, il répondrait à un son compris dans les octaves plus graves que la première; et, pour le ramener à celle-ci par le calcul, il faudrait le multiplier par 2 une ou plusieurs fois de suite, jusqu'à ce qu'il revînt entre 1 et 2. Prenons pour exemple le son dont le nombre de vibrations est $\frac{1}{12}$; multiplié par 2, une fois, il devient $\frac{1}{6}$; deux fois il devient $\frac{1}{3}$; une troisième il devient $\frac{2}{3}$, qui est encore au dessous de 1; enfin multiplié une quatrième fois il devient $\frac{4}{3}$, qui est justement égal à *fa*; j'en conclus que le son proposé est le *fa* de la quatrième octave grave au-dessous de celle que nous prenons pour terme de départ, et en conséquence nous le représenterons par fa_{-4}.

Mais il n'arrivera pas toujours que le nombre proposé tombe ainsi exactement sur quelqu'un des termes de la série. Alors le son qu'il désigne sera intermédiaire entre les deux termes dont il approche le plus. Considérons, par exemple, le son dont le nombre de vibrations serait $\frac{6}{5}$ ou 1,2. Ce nombre étant compris entre 1 et 2, on voit qu'il est compris dans la première octave; mais il ne coïncide rigoureusement avec aucun des sons de la gamme; seulement sa valeur exprimée en décimales montre qu'il est un peu plus grave que mi_1.

La multiplicité des cas semblables a fait insérer, entre les sons primitifs de la gamme, des subdivisions, sinon suffisantes pour représenter en rigueur tous les sons possibles, ce qui exigerait qu'elles fussent infiniment multipliées, du moins assez rapprochées pour que les sons intercalés entre elles, ne s'en écartent plus que d'un intervalle assez petit pour pouvoir être, en général, négligé dans la pratique ordinaire. Ces subdivisions se nomment des *dièses* et des *bémols*.

On dit qu'une note est *dièsée* quand sa valeur primitive dans la gamme est multipliée par $\frac{25}{24}$, ce qui la rend un peu plus aiguë; et l'on dit qu'elle est *bémolisée*, quand elle est rendue plus grave dans la même proportion, au moyen du facteur inverse $\frac{24}{25}$. Par exemple, ut_1 étant exprimé par 1, ut_1 dièse sera $\frac{25}{24}$; et ut_1 bémol sera $\frac{24}{25}$. De même, mi_1 étant exprimé par $\frac{5}{4}$, mi_1 dièse sera $\frac{125}{96}$ et mi_1 bémol sera $\frac{120}{100}$ ou $\frac{6}{5}$; c'est précisément le son que nous nous étions proposé de placer, dans notre dernier exemple, et que sa valeur 1,2 réduite en décimales indiquait être un peu plus grave que mi_1. On indique le dièse par le signe ✳, et le bémol par le signe ♭. Dans les morceaux de musique ces signes se placent sur la ligne où s'écrit la note à laquelle ils s'appliquent. Mais, lors-qu'on les employe en physique pour modifier des notes isolées, on les place à la droite de la note, et un peu au-dessus d'elle, comme un exposant. Ainsi on dira :

$$ut_1\sharp = \tfrac{25}{24}; \quad ut_1\flat = \tfrac{24}{25}; \quad mi_1\sharp = \tfrac{125}{96}; \quad mi_1\flat = \tfrac{6}{5}.$$

Si l'on veut réaliser les sons ainsi indiqués, il faudra, comme nous l'avons fait pour les notes naturelles, prendre sur la corde sonore des longueurs réciproques aux nombres de leurs vibrations. Ainsi, cette longueur étant supposée 1 pour le son ut, elle sera $\tfrac{24}{25}$ ou $0{,}96$ pour $ut\sharp$, $\tfrac{5}{6}$ ou $0{,}8333$ pour $mi\flat$, et ainsi du reste. La tension et la nature de la corde sont toujours censées constantes dans les comparaisons.

Le tableau suivant offre l'indication de tous les sons qui composent une même gamme ainsi subdivisée :

NOMBRE des vibrations en temps égal.	RÉDUCTIONS de ces nombres en décimales.	DÉNOMINATIONS USITÉES pour désigner le rapport de chaque son avec le premier son ut.
$ut_1 = 1$	1,00000	ut-ut unisson.
$ut\sharp = \frac{25}{24}$	1,04166	ut-$ut\sharp$ semi-ton mineur.
$ré\flat = \frac{27}{25}$	1,08000	ut $ré\flat$ semi-ton majeur.
$ré = \frac{9}{8}$	1,12500	ut $ré$ seconde majeure.
$ré\sharp = \frac{75}{64}$	1,17187	ut $ré\sharp$ seconde superflue.
$mi\flat = \frac{6}{5}$	1,20000	ut $mi\flat$ tierce mineure.
$mi = \frac{5}{4}$	1,25000	ut mi tierce majeure.
$mi\sharp = \frac{125}{96}$	1,30208	ut $mi\sharp$
$fa\flat = \frac{32}{25}$	1,28000	ut $fa\flat$ quarte diminuée.
$fa = \frac{4}{3}$	1,33333	ut fa quarte.
$fa\sharp = \frac{25}{18}$	,38889	ut $fa\sharp$ quarte superflue.
$sol\flat = \frac{36}{25}$	1,44000	ut $sol\flat$ quinte diminuée.
$sol = \frac{3}{2}$	1,50000	ut sol quinte.
$sol\sharp = \frac{25}{16}$	1,56250	ut $sol\sharp$ quinte superflue.
$la\flat = \frac{8}{5}$	1,60000	ut $la\flat$ sixte mineure.
$la = \frac{5}{3}$	1,66667	ut la sixte majeure.
$la\sharp = \frac{125}{72}$	1,73611	ut $la\sharp$ sixte superflue.
$si\flat = \frac{9}{5}$	1,80000	ut $si\flat$ septième mineure.
$si = \frac{15}{8}$	1,87500	ut si septième majeure.
$si\sharp = \frac{125}{64}$	1,95313	ut $si\sharp$
$ut\flat = \frac{48}{25}$	1,92000	ut $ut\flat$ octave diminuée.
$ut = 2$	2,00000	ut_1-ut_2 octave.

Au moyen de ces intercallations, un son quelconque, dont le nombre de vibrations sera donné relativement à ut_1, pourra être placé, soit dans l'octave primitive, soit dans quelqu'une des octaves plus aiguës ou plus graves, avec une erreur toujours moindre que l'intervalle compris, entre un des sons principaux de la gamme, et son dièse ou son bémol.

Pour donner un exemple de ce classement, imaginons que le son proposé soit celui dont le nombre de vibration est $\frac{125}{3}$, ou $41{,}66667$; en comparant ce nombre aux termes de la série $1, 2, 4, 8, 16, 32, 64\ldots$, qui exprime la suite des ut_1, ut_2, u_3, des diverses octaves, nous voyons qu'il tombe entre 32 et 64, par conséquent dans la sixième. Pour le rapporter à l'ut de cette octave, il faut le diviser par 32, ce qui donne pour quotient $1{,}30208$. En comparant ce résultat à notre tableau, nous voyons qu'il est précisément égal à mi dièse : ainsi le son proposé est le mi dièse de la sixième octave au-dessus de ut_1, c'est-à-dire $mi\text{*}_6$. Si nous avions trouvé un quotient un peu plus fort ou un peu plus faible, mais néanmoins trop peu différent de $mi\text{*}$, pour pouvoir être ramené, avec plus d'exactitude, à la division subséquente, nous aurions pu indiquer encore cette circonstance par le moyen du signe $+$ ou du signe $-$, placé à côté de $mi\text{*}$, de cette manière, $mi\text{*}_6 +$; $mi_6\text{*} -$. Cette indication est souvent nécessaire dans les recherches d'acoustique.

Réciproquement on voit qu'un son énoncé de cette manière peut aisément se traduire en nombres; car, si l'on nous donne par exemple $si^\flat_{-3}$; nous voyons d'abord par le signe $si^\flat$ que le nombre des vibrations de ce son est $\frac{9}{5}$ relativement à l'ut de l'octave dont il fait partie. Ensuite, l'indice inférieur -3 montre que cette octave est la troisième au dessous de ut_1 pour laquelle $ut_{-3} = \frac{1}{8}$. Le nombre de vibrations du son proposé sera donc $\frac{9}{40}$.

Ayant ainsi fixé, dans la série indéfinie des sons, un certain nombre de termes entre lesquels nous pouvons classer par intercallation tous les sons possibles, il nous faut examiner à quoi les intervalles de ces termes répondent dans la série de nos sensations. Ceci nous conduit à expliquer ce que l'on appelle en général les *intervalles musicaux*.

Nous avons dit plus haut, que lorsqu'un son, sol_1 par exemple, faisait $\frac{3}{2}$ vibrations pendant qu'un autre ut_1 en faisait une seule, sol_1 s'appelait la *quinte aiguë* de ut_1 ; il n'y a là qu'une définition, et un énoncé de caractère précis, mais sans aucun rapport avec la sensation même que ces sons excitent. Néanmoins on conçoit que cette sensation n'est pas identique dans les deux cas, puisque nous distinguons les deux sons. La différence que nous trouvons entre eux, et que prouve l'acte même qu'il nous faut faire pour passer de l'un à l'autre, constitue ce que l'on pourrait appeler l'*intervalle sensible* des deux sons ; et il est évidemment plus grand ou moindre, selon que le rapport des nombres de vibrations qui les donnent s'éloigne plus ou moins de l'égalité. Aussi, lorsque ces nombres sont égaux pour deux sons, quelle que soit d'ailleurs la rapidité absolue des vibrations qui les produisent, notre oreille reconnaît l'unisson exact. Si, au lieu d'être égaux, ces deux nombres sont dans le rapport de 2 à 1, nous avons la sensation de l'octave ; si leur rapport est de $\frac{3}{2}$ à 1, ou de 3 à 2, nous avons la sensation de la quinte ; et cela quelle que soit l'acuité ou la gravité absolue de l'octave où l'on prend les deux sons. Ces expériences prouvent que l'*intervalle sensible* des sons, dépend *uniquement du rapport* des nombres de vibrations qui les donnent. Ainsi on peut, sinon le *mesurer*, du moins le *définir* par ce rapport, avec la certitude que lorsque celui-ci se trouvera le même, l'intervalle sensible sera le même aussi.

J'ai indiqué de cette manière, dans le tableau de la page 342, les intervalles compris entre les sons successifs de la gamme et le premier son ut_1. Voici maintenant la valeur et les dénominations des intervalles consécutifs que ces sons forment entre eux.

INTERVALLES compris entre les sons de la gamme comparés consécutivement.	RAPPORTS qui les caractérisent.	Leurs DÉNOMINATIONS usitées.
ré —ut	$\frac{9}{8}$	ton majeur.
mi ré	$\frac{10}{9}$	ton mineur.
fa mi	$\frac{16}{15}$	semi–ton majeur.
sol fa	$\frac{9}{8}$	ton majeur.
la sol	$\frac{10}{9}$	ton mineur.
si la	$\frac{9}{8}$	ton majeur.
ut —si	$\frac{16}{15}$	semi-ton majeur.

Les dénominations rapportées ici, de même que celles que nous avons indiquées plus haut pour les autres intervalles, ne doivent pas être considérées comme exprimant des rapports de sensations, mais seulement des différences indicatives de plus grand et de moindre. Ainsi l'intervalle *ré ut* étant caractérisé par $\frac{9}{8}$ tandis que l'intervalle *mi ré* l'est par $\frac{10}{9}$ qui est une fraction moins différente de 1, on peut dire, avec certitude, que le premier est plus grand que l'autre, ce qui justifie les dénominations de *ton majeur* et *ton mineur* qu'on leur a données. Mais il ne faut pas du tout conclure de là, que le rapport de ces intervalles soit égal au rapport des fractions qui les expriment, car il n'y a rien dans les considérations précédentes qui nous autorise à tirer cette conclusion ; et nous ne tarderons pas à voir qu'elle serait inexacte. Pareillement, de ce que le rapport *fa mi* ou $\frac{16}{15}$ est appelé en musique un semi–ton majeur, nous n'en devons pas conclure qu'il est physiquement la moitié de l'intervalle *ré ut*, ce qui serait également faux. Nous voyons seulement, par son expression numérique, qu'il est moindre que la totalité de cet intervalle. Mais ceci nous conduit naturellement à chercher s'il ne serait pas possible d'effectuer avec rigueur cette comparaison.

On peut d'abord former et assigner des intervalles sensibles qui soient exactement doubles, triples, ou en général multiples d'un premier intervalle donné. Il suffit, à cet effet, de multiplier une, deux, ou plusieurs fois par lui-même, le rapport numérique par lequel cet intervalle est défini. Par exemple, nous savons que le son sol_1 est désigné par $\frac{1}{2}$, quand ut_1 l'est par 1; et il est en même temps la quinte d'ut_1. Si l'on veut doubler cet intervalle, il n'y a qu'à former la quinte de sol_1, qui sera $\frac{1}{2}$ de $\frac{1}{2}$, ou $\frac{2}{4}$; et ce produit caractérisera le double intervalle cherché. Cet intervalle est réalisé dans la série des sons par ut_1 et $ré_2$, puisque ut_1 étant 1, $ré_2$ est $\frac{2}{4}$.

Si l'on voulait obtenir un triple intervalle de quinte, il faudrait multiplier encore une fois $\frac{2}{4}$ par $\frac{1}{2}$, ce qui donnerait $\frac{27}{8}$ ou $\frac{10}{3} \cdot \frac{81}{80}$. Ce résultat est presque égal à l'intervalle $ut_1 \; la_2$, dont la valeur est $\frac{10}{3}$. Il est toutefois plus grand, à cause du facteur $\frac{81}{80}$ qui surpasse l'unité, mais la différence est petite parce que $\frac{81}{80}$ diffère très-peu de 1. Ce facteur $\frac{81}{80}$ s'appelle en musique *un comma majeur*; et l'on dit qu'une note est haussée ou baissée d'un tel comma, quand la valeur du son primitif qu'elle exprime est multipliée ou divisée par $\frac{81}{80}$.

Sachant ainsi opérer la répétition des intervalles égaux, par la multiplication successive des fractions qui les expriment, concevons un intervalle tel, qu'étant répété douze fois de suite, il embrasse exactement l'octave entière. Cela exigera que la fraction caractéristique de cet intervalle, étant multipliée douze fois de suite par elle-même, donne pour résultat 2, valeur de l'intervalle d'octave, et soit, par conséquent, la racine douzième de 2. Un tel intervalle donnera, dans l'octave, autant de subdivisions que l'on en emploie dans la musique pratique, où l'on compte chaque ton majeur ou mineur comme valant deux semi-tons de son espèce, ce qui compose l'octave de douze semi-tons tant majeurs que mineurs, et conséquemment inégaux entre eux. Mais toute cette inégalité disparaîtra dans notre subdivision nouvelle, où le douzième d'octave formera un vrai *semi-ton moyen*, dont la répétition successive, comparée aux intervalles vrais de la gamme, nous indiquera leurs inégalités. Le calcul de ce semi-ton s'effectue aisément à l'aide des tables de logarithmes, en partant de la condition énoncée tout-à-l'heure, et on le trouve exprimé par le nombre 1,059463; c'est-à-dire que le son qui le donne fait 1 vibration et $\frac{59463}{1000000}$ pendant que le son ut_1 en fait une; d'où il suit que, si ce son ut_1 est donné par une corde d'une longueur 1; notre douzième d'octave le sera par une longueur égale à $\frac{1}{1,059463}$ ou 0,943874, en raison inverse du nombre absolu des vibrations en temps égal; ce qui montre comment le son correspondant à cet intervalle peut être effectivement réalisé. On peut évaluer de même, par les logarithmes, les valeurs successives de ses diverses puissances, correspondantes aux intervalles doubles, triples, qui résultent de sa répétition; et l'on pourra également en déduire les longueurs des cordes qui donneraient les divers sons que désignent ces intervalles répétés. Comme ces résultats sont fréquemment applicables, je les ai exposés dans le tableau suivant.

NOMBRE DES VIBRATIONS des différens sons qui composent la gamme moyenne, divisée en douze semi-tons moyens.		LONGUEURS DES CORDES qui donneraient ces sons.
$ut_1 =$	1,000000	1,000000
ut^* ou $ré^b =$	1,059463	0,943874
$ré =$	1,122462	0,890899
$ré^*$ ou $mi^b =$	1,189207	0,840896
$mi =$	1,125992	0,793701
$fa =$	1,334840	0,749154
fa^* ou $sol^* =$	1,414213	0,707107
$sol =$	1,498306	0,667420
sol^* ou $la^b =$	1,587400	0,629961
$la =$	1,681793	0,594604
la^* ou $si^b =$	1,781796	0,561230
$si =$	1,887745	0,529730
$ut =$	2,000000	0,500000

En comparant les valeurs des intervalles moyens contenus dans ce tableau et celles des intervalles correspondans rapportés dans le tableau de la page 342, on découvre aussitôt les différences qui les distinguent. Par exemple, on trouve bien que l'intervalle vrai $ut_1\ ré_1$, exprimé par $\frac{9}{8}$ ou $1,125$, excède l'intervalle moyen $ut_1\ ré_1$, exprimé par $1,122$, tandis qu'au contraire la quarte vraie $ut_1\ fa_1 = 1,3333$ est un peu moindre que la quarte moyenne $ut_1\ fa_1 = 1,33484$. Mais c'est à ce plus ou à ce moins , que se borne la comparaison que nous pouvons établir d'après ces nombres. Pour aller plus loin, il faudrait savoir déterminer combien chaque intervalle vrai , contient précisément d'intervalles moyens ; ou , plus généralement , étant donné le rapport de vibrations qui caractérisent un intervalle quelconque , il faut apprendre à l'exprimer en intervalles moyens. Ce problême peut se résoudre en toute rigueur dans le cas où l'intervalle proposé est une répétition exacte de l'intervalle moyen , car alors le nombre qui l'exprime doit être une puissance exacte de $1,059463$; tel est par exemple l'octave 2 , qui en est en effet la douzième puissance ; mais , hors ce cas nécessairement trèsparticulier , la question ne peut être résolue que par approximation (1) ; ce calcul s'effectue encore très-aisément au moyen des tables de logarithme , et c'est ainsi que sont obtenus les résultats contenus dans le tableau suivant, où les intervalles des sons de la gamme sont exprimés par les nombres de semi-tons moyens qu'ils contiennent.

---

(1) Ce problême revient en général à ceci ; connaissant le nombre qui exprime un intervalle musical donné , trouver la puissance parfaite ou imparfaite à laquelle il faut élever $1,059463$ pour produire ce nombre. L'indice de la puissance exprimera le nombre de semitons moyens que contient l'intervalle proposé. Pour l'obtenir , il faut diviser le logarithme du rapport qui exprime cet intervalle par le logarithme de $1,059463$, lequel est égal à $0,0250858$, dans les tables ordinaires.

Exemple : la valeur de la quarte $ut\ fa$ est $\frac{4}{3}$, et le logarithme de $\frac{4}{3}$ est $0,1249587$; divisant ce logarithme par $0,0250858$, le quotient sera $4,980456$. C'est le nombre de semi-tons moyens contenus dans la quarte vraie $ut\ fa$.

Intervalles vrais.	NOMBRE de semi-tons moyens qu'ils contiennent	Intervalles vrais.	NOMBRE de semi-tons moyens qu'ils contiennent.
ut - ut	0,000000	ré ut	2,039100 ton majeur.
ut ré	2,039100	mi ré	1,824037 ton mineur.
ut mi	3,863145	fa mi	1,117313 demi-ton maj.
ut fa	4,980456	sol fa	2,039100 ton majeur.
ut sol	7,019550	la sol	1,824037 ton mineur.
ut la	8,843587	si la	2,039100 ton majeur.
ut si	10,882710	ut si	1,117313 demi-ton maj.
ut$_1$ ut$_2$	12,000000	Somme totale	12,000000

Dièse ut ut* $+$0,706724

Bémol ut ut♭ $-$0,706724

Si l'on forme une gamme complette, ayant outre ses notes naturelles, leurs dièses et leurs bémols, et que cette gamme se trouve répétée toute entière dans plusieurs octaves consécutives plus aiguës et plus graves, on aura sans doute une série nombreuse, et dont les termes seront assez rapprochés pour qu'on puisse trouver à y placer beaucoup de sons; néanmoins, dans le moindre morceau de musique, la succession des intervalles par lesquels le chant passe, la conduira presque toujours à des sons qui ne pourront ni être exactement placés dans la série, ni être rapportés à aucun de ces termes d'assez près pour que l'erreur puisse être tolérée. Cet inconvénient devient inévitable si l'on veut rapporter à la même série les sons contenus dans des morceaux de musique différens, qui partent de notes fondamentales différentes. Dans ce cas, si l'on ne veut pas multiplier à l'infini les subdivisions de la série à laquelle on veut rapporter tous les sons, il faut au moins en espacer les termes de manière qu'un son quelconque, amené par la mélodie, s'y place avec une erreur aussi faible que possible. Pour cela le parti le plus simple, c'est d'accorder toute la série par semi-tons moyens, conformément aux rapports que nous avons assignés plus haut et de rapporter chaque son proposé à celui de ces semi-tons qui diffère le moins de sa valeur. C'est aussi ce que l'on fait dans tous les instrumens à sons fixes, tels que le piano, l'orgue, la harpe. Ces instrumens n'ont d'ordinaire que douze touches par octave, dont sept résonnent les notes principales de la gamme, et les cinq autres, distribuées entre celles de ces notes qui diffèrent d'un ton entier, produisent une sorte de semi-ton neutre qui sert de dièse à celle qui précède, et de bémol à celle qui suit. Or, quand ces instrumens sont accordés par les meilleurs accordeurs, d'après les seules lumières que donne la pratique journalière, et le besoin d'obtenir une exécution à-peu-près tolérable pour tous les morceaux que l'on peut jouer, si l'on compare un à un leurs sons avec le monocorde vertical à poids constant, on trouve que la série de leurs sons est précisément espacée par semi-tons moyens, et cela avec une justesse dont on croirait à peine qu'un simple organe des sens puisse être capable. Cette répartition d'erreur se nomme en musique *le tempérament*. Il y a diverses manières de l'opérer qui ont toutes leurs partisans : mais l'expérience que je viens de rapporter prouve que *le tempérament égal* est celui qui convient le mieux à des instrumens que l'on veut disposer pour pouvoir jouer indifféremment toutes sortes de morceaux : on voit aussi par ce qui précède que le tempérament est propre aux instrumens qui n'ont qu'un nombre limité de sons ; car pour ceux qui, comme le violon et la voix, en peuvent réunir une infinité, ils peuvent toujours reproduire exactement les sons sans les altérer, et ainsi ils n'ont pas besoin de tempérer lorsqu'ils jouent seuls ou avec des instrumens de même nature qu'eux. Mais il n'en est plus de même lorsqu'ils accompagnent des instrumens à sons fixes, et alors pour ne pas faire par leur justesse une discordance désagréable, ils sont obligés de parler comme eux.

CHAPITRE V.

Vibrations des verges élastiques, droites ou courbes.

LES verges élastiques *droites*, par exemple les tiges d'acier ou de verre, peuvent vibrer comme les cordes transversalement et longitudinalement : mais les lois de leurs vibrations diffèrent beaucoup de celles des cordes, parce que dans ces dernières, la tension n'agit que dans le sens de la longueur, tandis que, dans les lames élastiques, et en général dans les surfaces élastiques rigides, la force de ressort agit sur la courbure même. En outre cette force suffisant ici pour tenir la lame tendue, il n'est plus nécessaire qu'elle soit fixée invariablement à ses deux bouts. L'un de ces bouts peut être fixé et l'autre libre, ou bien l'un peut être simplement appuyé contre un plan solide, l'autre étant fixé ou libre, etc. Toutes ces combinaisons de circonstances que l'on est maître de faire varier à volonté, donnent lieu à autant de sortes diverses de mouvement, que l'analyse calcule et qui sont parfaitement réalisés par l'observation.

Pour faire les expériences, il faut se servir de verges droites, cylindriques ou planes, mais homogènes et uniformément épaisses. Quand un des bouts doit être fixé, on le serre entre les mâchoires d'un étau. S'il doit être simplement appuyé contre un obstacle, on le presse contre un plan solide. Pour mettre la verge en vibration , on la frotte transversalement avec un archet légèrement enduit de colophane : et si l'on veut y produire des nœuds de vibrations comme dans les cordes, on les détermine en pressant légèrement avec le doigt un des points que l'on veut réduire à l'immobilité.

Chacune des dispositions précédentes peut , comme dans les cordes vibrantes, donner lieu à plusieurs espèces de vibrations, selon que la lame ne forme qu'une seule courbure vers l'axe rectiligne, ou le coupe en plusieurs points, *fig.* 16-20. Mais le rapport des sons avec le nombre des courbures est autre que dans les cordes vibrantes, à cause de l'action différente de la force élastique : et les sons haussent beaucoup plus rapidement à mesure que la verge se subdivise. La théorie détermine ces rapports, et l'expérience s'y accorde exactement. On peut voir le détail de cette comparaison dans le Traité général ; je me bornerai ici à énoncer les résultats principaux. Lorsque l'on compare entre elles des verges de même matière et dont l'épaisseur seule et la longueur soient différentes, le nombre des vibrations, dans des modes semblables, est proportionnel aux épaisseurs des lames et réciproque aux carrés de leurs longueurs. Si les longueurs sont égales, la proportion de l'épaisseur reste seule, et il en résulte que les lames les plus épaisses rendent les sons les plus aigus, ce qui est tout simple; puisque plus elles sont épaisses, plus aussi leur force de ressort agit avec énergie pour les redresser; ce qui doit accélérer leurs vibrations. Dans les verges de matière et de figure semblables, l'épaisseur et la longueur étant dans le même rapport, les sons seront en raison renversée des dimensions homologues; par conséquent en raison renversée des racines cubiques des poids, car alors les poids sont comme les cubes des dimensions. Enfin quand les lames sont mises en vibration transversalement comme nous l'avons supposé, et par les procédés que nous avons décrits, leur largeur n'influe pas sur le son qu'elles rendent.

Les verges élastiques *droites* peuvent encore, comme les cordes, vibrer dans le sens de leur longueur; elles peuvent de même, ou avoir un mouvement général, dirigé alternativement vers leurs deux extrémités, ou se diviser en plusieurs parties, animées par des mouvemens contraires, et séparées les unes des autres par des nœuds de vibrations immobiles. Les figures que nous avons données pour les vibrations longitudinales des cordes, serviront encore ici toutes les fois que la verge aura une épaisseur égale dans toute sa longueur; car alors sa grosseur absolue n'aura aucune influence sur ce genre de vibrations, puisqu'on peut considérer de pareilles verges comme des assemblages de cylindres de même nature et de même longueur, disposés parallèlement à côté les uns des autres, et dont les couches transversales vibrent d'un mouvement simultané. Pour produire ce genre de vibrations, lorsque la verge est de bois ou de métal, il faut la frotter dans sa longueur avec un petit morceau de drap sur lequel on a mis de la poudre de colophane; mais si c'est un tube de verre, il vaut mieux mouiller le drap et étendre sur sa surface un peu de sable très-fin, ou de poudre de pierre ponce. Pour produire les divisions en partie aliquotes, il faut, comme dans toutes les expériences précédentes , toucher un ou plusieurs nœuds, et mettre en mouvement une des parties qu'on veut faire vibrer. Les valeurs des sons, de même que pour les cordes , sont réciproquement proportionnelles aux longueurs, et excessivement aiguës, lorsqu'on les compare à celles que produisent les vibrations transversales. C'est pourquoi il faut employer des verges très-longues pour pouvoir les apprécier. Du reste, les circonstances du mouvement initial peuvent être variées de la même manière. Le son fondamental le plus grave , s'obtient en fixant la verge dans un étau par une de ses extrémités, et la frottant dans toute sa longueur pour y produire le plus simple des mouvemens de vibration. Ce mouvement et tous les autres sont exactement pareils à ceux des cordes que nous avons décrits plus haut , page 339.

L'analogie de ces vibrations des verges cylindriques avec celles des colonnes cylindriques d'air contenues dans les tuyaux des instrumens à vent a permis de déduire des sons qu'elles rendent la vitesse que le son emploie à se propager dans toute leur longueur à travers la substance dont elles sont formées. M. Chladni a déterminé ainsi la vitesse du son dans un grand nombre de substances solides. Ses résultats sont tout-à-fait conformes à ceux que M. Laplace a tirés de la théorie. Cet accord prouve que dans la composition des corps solides , il se dégage beaucoup moins de chaleur, à masse égale, que dans la compression de l'air.

Enfin les verges *droites* sont encore susceptibles d'un autre mode de vibrations , que Chladni a nommées *tournantes*. Lorsque nous avons exposé les effets de la torsion sur les fils élastiques, nous avons vu que si l'on tord un pareil fil d'un certain nombre de degrés, il tend à revenir à sa position primitive, et qu'il y revient en effet par une suite d'oscillations, dès qu'on l'abandonne à lui-même. De plus , nous avons trouvé que, pour des tensions et des longueurs égales , les vitesses des oscillations croissent comme les carrés des diamètres des fils. Si donc, au lieu d'un fil très-mince, nous prenons une verge cylindrique assez grosse et assez roide pour se soutenir d'elle-même quand elle sera arrêtée par un de ses points , les oscillations résultantes de la torsion pourront devenir assez rapides pour produire un son. C'est ainsi que se produisent les vibrations circulaires des verges.

Nous n'avons jusqu'ici considéré que les verges élastiques droites. Mais si l'on veut en employer de courbes , on conçoit que leur forme influera sur la nature des mouvemens dont elles sont susceptibles, et par suite sur les sons qu'elles feront entendre. C'est aussi ce que l'on peut voir dans le Traité général. Je me bornerai ici à un seul exemple, celui des verges courbes, nommées *diapasons*, qui servent à régler le ton des instrumens de musique. On en voit la forme *fig.* 21. Les deux branches AC, BC, sont un peu plus écartées, à leur base C, qu'elles ne le sont à leurs extrémités A et B. On introduit entre elles un cylindre métallique FF , qui peut entrer librement en C , mais qui ne peut sortir en AB qu'en forçant les deux extrémités libres de la fourche à s'écarter l'une de l'autre. Lorsqu'il est sorti, elles reviennent sur elles-mêmes avec vitesse et se mettent ainsi en vibration sonore. Quand on les ébranle toujours de la même manière , le son qu'elles rendent est le même aussi , et fournit par conséquent un type invariable sur lequel on peut régler le ton d'un instrument quelconque , en accordant à son unisson celle des touches ou des notes de l'instrument qui doit tenir la même place dans les octaves. Les fourches destinées à cet usage ont à leur base un prolongement M qui forme une sorte de pied sur lequel elles peuvent se tenir droites , et cela permet lorsqu'on les a mises en vibration , de les poser sur la caisse de l'instrument, ou en général sur une table sonore qui en renforce le son par ses vibrations correspondantes. Dans ce cas, lorsque le pied de la fourche est un peu large , on la voit sautiller sur la table sonore par la réaction de ses mouvemens , et lorsque ces chocs réitérés se succèdent avec assez de vitesse, ce qui dépend du ton que le diapason exprime , il en résulte un son secondaire appréciable , toujours plus grave que le son principal. Le diapason simple ne peut donner qu'une note , mais on forme des diapasons composés de plusieurs fourches montées à côté les unes des autres sur une même table sonore, et graduées de manière à donner les douze demi tons qui doivent composant une octave entière, selon le système de tempérament dont on veut faire choix. Alors quand on veut accorder un instrument, on commence par mettre à l'unisson du diapason tous les sons de l'octave qui doit y correspondre, après quoi, toutes les autres notes se dérivent de celles là par l'accord d'octave qui est extrêmement facile à saisir. De cette manière, on évite toute la peine qu'il faudrait prendre pour réaliser immédiatement le tempérament sur l'instrument qu'on veut accorder. Il est vrai que cette peine est bien réduite lorsqu'on veut se servir d'un monocorde vertical, où l'on peut prendre de même chaque ton exactement d'après une échelle graduée ; mais les amateurs de musique ne sont pas tous en état de calculer les nombres de cette échelle pour chaque système de tempérament, au lieu que rien ne leur est si facile que de répéter les sons donnés par le diapason. Il est digne de remarque que ces appareils, lorsqu'ils sont construits par les accordeurs les plus habiles, sont exactement réglés sur le tempérament égal, comme on peut s'en assurer par le monocorde. En les employant, il faut avoir soin de faire vibrer chaque fourche isolément, et d'arrêter ses vibrations en la touchant quand on a accordé la note qu'elle représente ; car les vibrations simultanées de plusieurs notes voisines produiraient d'horribles discordances, et occasionneraient des battemens par leur coincïdence accidentelle, comme nous l'avons expliqué page 337. Le diapason composé offre même un moyen très-simple de vérifier ce phénomène.

On a fait un bel usage de la vibration des verges élastiques pour la construction d'un instrument de musique appelé le le Trochléon. Je l'ai décrit en détail dans le Traité général, et il est d'autant plus intéressant qu'il réunit l'application la plus complète de tous les résultats relatifs à ce genre de vibrations.

CHAPITRE VI.

Vibrations des corps rigides ou flexibles, agités dans toutes leurs dimensions.

Les vibrations des cordes et des verges droites sont les seules, parmi celles des corps rigides, que l'on ait pu jusqu'à présent soumettre au calcul, de manière à en tirer les lois des mouvemens et les rapports des sons ; c'est pourquoi nous les avons expliquées en détail. Pour les autres cas où les corps doivent être considérés avec toutes leurs dimensions, l'expérience seule peut nous guider, et elle a fait connaître un petit nombre de résultats généraux que nous allons rapporter ici.

Généralement, lorsqu'un corps vibre, il se partage en un certain nombre de parties qui exécutent leurs vibrations séparément, sans s'empêcher les unes les autres, et qui sont douées à chaque instant de mouvemens alternatifs : de là il résulte que les points par lesquels ces parties se joignent, ne participent ni au mouvement de l'une ni au mouvement de l'autre, et restent par conséquent immobiles ; ce que l'on peut rendre sensible pour les surfaces horizontales, en y versant du sable très-fin et sec, qui s'accumule dans les *lignes nodales*. Ce moyen fort ingénieux a été imaginé par Galilée, comme on le peut voir dans la première journée de ses dialogues sur le mouvement, et M. Chladni en a beaucoup varié les applications. La possibilité de ce partage et de cette alternative de mouvemens, paraît être la condition essentielle de laquelle dépendent toutes les manières de vibrer que chaque corps peut admettre, selon les circonstances initiales où on le place ; et, si on ne peut les prévoir d'avance, du moins lorsqu'on les a une fois produites, on peut les reproduire encore en plaçant des obstacles légers sur les lignes nodales, et passant un archet sur une des parties qui doivent entrer en vibration. Mais, malgré ces précautions, on est quelquefois trompé dans son attente, parce que les mêmes portions de lignes nodales peuvent appartenir à plusieurs modes de vibrations différens ; de sorte que, pour obtenir particulièrement celui qu'on désire, il faut rendre son indication plus complète en multipliant la désignation des points qui doivent rester en repos. Pour bien opérer, il faut d'abord se procurer des plaques de verre de diverses formes, et autant que possible d'égale épaisseur. Par cette raison le verre de vitre est préférable aux plaques de glace qui, étant plus épaisses, admettent de plus grandes inégalités de masse, à moins qu'elles n'aient été exactement travaillées de manière à avoir leurs surfaces bien parallèles. On pince ces lames entre les doigts dans un des nœuds de vibration, ou on les serre entre les mâchoires d'un petit étau de bois, représenté *fig.* 22, et on les met en mouvement en les frottant avec un archet sur leurs bords qui, par conséquent, doivent être adoucis et usés à l'émeri. Pour rendre les lignes nodales sensibles, on répand sur la plaque du sable fin et sec, comme je l'ai dit plus haut.

Dans les plaques carrées, la *fig.* 23 est celle qui donne le son le plus grave : on l'obtient en serrant la lame au centre et la mettant en mouvement près d'un angle. Les rayons de cette figure peuvent quelquefois se changer en quatre courbes qui joignent les milieux des côtés de la plaque.

Le son le plus grave, après le précédent, est donné par la *fig.* 24; alors les lignes nodales passent par les diagonales. Pour l'obtenir, il faut serrer la plaque à son centre, et appliquer l'archet au milieu d'un des côtés. De cette manière, il est impossible qu'il se fasse en ce milieu une ligne de repos, comme dans la figure précédente, et cette ligne va s'établir aux angles, symétriquement, de part et d'autre du point ébranlé. Le son ainsi obtenu est la quinte aiguë du premier.

En variant les points d'application de l'archet, et la forme des plaques, on obtient beaucoup d'autres figures, par exemple droites parallèles, *fig.* 25, et aussi des cercles et des hyperboles. Mais ce qui précède suffit pour faire comprendre la possibilité de ces résultats. Si l'on désire plus de détails, on les trouvera dans le Traité général.

On a aussi fait quelques recherches sur les sons qui peuvent être produits par des membranes extensibles, tendues dans un plan comme celles qui forment les tambours de toute espèce. Mais on a jusqu'ici obtenu peu de résultats certains sur cet objet. La difficulté est de mesurer exactement la tension , de la rendre égale dans tous les sens, et d'ébranler la membrane de la même manière. Il faut remarquer qu'alors l'élasticité agit, sur les fibres de la membrane, par extensibilité et non par ressort, c'est-à-dire qu'elle agit dans le sens de la surface pour la contracter ou l'étendre , et non dans le sens de sa courbure pour la redresser ou l'infléchir.

Si l'on n'a pas encore été plus loin dans la théorie des vibrations des surfaces planes, on conçoit qu'à plus forte raison , on ne sait point déterminer théoriquement les vibrations des corps élastiques de forme plus composée. Tout ce que l'on connaît jusqu'à présent sur cet objet , se réduit aux conditions de symétrie que nous avons établies au commencement de ce chapitre. Dans cette multitude de phénomènes aussi divers que le sont les formes des corps qui les produisent, on peut distinguer les vibrations des vases dont les surfaces intérieures et extérieures sont de révolution autour d'un même axe , parce que ce genre de vibration est employé dans les cloches et dans l'instrument de musique nommé *harmonica*. J'ai exposé les détails de ce dernier, dans le Traité général.

Tous les corps vibrans font entendre à la fois , outre leurs sons fondamentaux , une série infinie de sons d'une intensité graduellement décroissante. Ce phénomène est pareil à celui des sons harmoniques des cordes , mais la loi de la série des harmoniques est différente pour les différentes formes de corps. Ne serait-ce pas cette différence qui produirait le caractère particulier du son produit par chaque forme de corps , ce que l'on appelle le *timbre*, et qui fait , par exemple, que le son d'une corde et celui d'un vase ne produisent pas en nous la même sensation ? Ne serait-ce pas la dégradation d'intensité des harmoniques de chaque série , qui nous y ferait trouver agréables des accords que nous ne supporterions pas s'ils étaient produits par des sons égaux ; et le timbre particulier de chaque substance du bois et du métal , par exemple , ne viendrait-il pas de l'excès d'intensité donné à tel ou tel harmonique?

CHAPITRE VII.

Des Instrumens à vent.

Les instrumens à vent sont généralement composés de tuyaux droits ou courbes dans lesquels l'air est mis en vibration , suivant le sens de leur longueur , par divers procédés. Ces vibrations transmises à l'air extérieur y produisent un son qui devient appréciable lorsqu'elles sont assez rapides. Ainsi, dans les instrumens à vent , ce n'est pas le tuyau lui-même , mais la colonne d'air renfermée , qui est le corps sonore , et leur théorie est tout-à-fait pareille à celles des vibrations longitudinales des cordes dont nous avons parlé page 338.

Pour ébranler la colonne d'air renfermée dans un tuyau , de manière à lui faire produire un son , il ne faut pas la pousser ou la presser toute entière ; ce qui ne ferait que la transporter parallèlement à elle-même , ou la condenser dans un plus petit espace ; il faut exciter en un de ses points , à une de ses extrémités , par exemple , une succession rapide de condensations et de dilatations alternatives , telles que celles qui résulteraient des allées et venues d'un corps solide mis en vibration. Ces mouvemens alternatifs , transmis à toute la colonne d'air , la déterminent à osciller dans le sens de sa longueur , et y excitent des ondes sonores , pareilles à celles que nous avons décrites en traitant de la propagation du son.

Le moyen le plus simple de produire cet ébranlement consiste à souffler dans le tuyau , de manière à ce qu'une lame mince d'air , mise en mouvement avec rapidité , vienne se briser contre le tranchant de ses bords ; c'est ainsi , par exemple , que l'on siffle dans une clef forée. En général , ce que l'on appelle un *sifflet* , n'est qu'un tuyau cylindrique , *fig.* 26 , taillé en biseau à son orifice , au-devant duquel est placé un canal étroit qui sert à souffler de l'air contre le taillant de ce biseau. A mesure que le tuyau est plus long, le son ainsi produit devient plus grave. On emploie une disposition analogue dans les tuyaux d'orgue, que l'on appelle tuyaux *à bouche*, et qui sont représentées *fig.* 27 : ils sont composés d'un *corps* cylindrique BBHH, ouvert ou fermé par un bout HH. A l'autre bout est une ouverture latérale LLL, que l'on appelle la *bouche*, parce que c'est elle qui fait *parler* le tuyau. La partie B′ L′ des parois qui est au-dessous de cette ouverture est aplatie et rentrée en dedans, de manière à former un angle d'environ 22° $\frac{1}{2}$ avec l'axe du système. On la nomme la *lèvre inférieure*. La partie opposée BL, située au-dessus de la bouche, est rentrée de même ; on la nomme la *lèvre supérieure*. C'est contre elle que vient se briser la lame d'air qui met la colonne en vibration. Pour cela on adapte fixement, à l'origine du tuyau, un cône creux *bbc*, que l'on nomme le *pied*, parce qu'il sert de pied au tuyau quand il est placé verticalement. Ce cône est ouvert à sa pointe *c* pour recevoir le vent des soufflets, et il est fermé à sa base par une lame métallique *bb*, qui laisse seulement près de la lèvre inférieure un petit intervalle longitudinal FF, que l'on appelle *la lumière*, et qui sert au passage de l'air. Le bord de la lame qui aboutit à cet intervalle, est taillé à tranchant vif, et a reçu, par cette raison, le nom de *biseau*. L'appareil étant arrangé, on souffle de l'air dans le pied du tuyau ; cet air s'échappe par la lumière FF en formant une lame mince qui va se briser contre la lèvre supérieure BL. Si la direction de cette lèvre est convenablement disposée par rapport à la lame d'air, l'air du tuyau se met en vibration sonore ; mais si elle trop rentrée en-dedans ou trop retirée en-dehors, le tuyau parle mal, ou ne parle pas du tout. On modifie donc peu à peu l'inclinaison de la lèvre, jusqu'à ce que le tuyau rende un son net et pur. L'ouverture plus ou moins grande de la bouche est aussi un élément essentiel à considérer. Si le bas de la lèvre BL est trop éloignée de la lumière, la bouche sera trop large pour la quantité d'air que les soufflets donnent, et le tuyau parlera mal, ou même ne

parlera pas du tout. Si, au contraire, la lèvre BL descend
trop bas, l'ouverture de la bouche sera trop étroite et le
tuyau *octaviera*, c'est-à-dire qu'il ne rendra pas le son fondamental qui convient à sa longueur, et qui est toujours le plus
plein de ceux qu'il peut rendre; mais il en fera entendre quelque autre plus élevé. On conçoit qu'il est plus facile de remédier à cet inconvénient qu'à l'autre, puisqu'il suffit de re-
hausser la lèvre supérieure pour l'amener au degré convenable. Aussi commence-t-on toujours par la faire plus basse
qu'elle ne doit être, et on la coupe peu à peu jusqu'à ce
que le tuyau, mis en place, donne le son fondamental
qu'on en attend. L'ouverture de la bouche, celle de la lumière et la longueur des lèvres sont assujetties à des proportions que l'expérience a fait connaître, et qui influent sur
la beauté des sons. Il y a aussi des rapports à observer entre
la longueur et la grosseur des tuyaux, pour qu'ils parlent
le mieux possible. En général, la lame mince d'air dirigée
parallélement à la colonne contenue dans le tuyau, semble
produire sur elle le même effet que le frottement dans les
vibrations longitudinales des cordes. Pour qu'elle détermine
des vibrations régulièrement continuées, il faut qu'elle
frappe la lèvre supérieure avec un certain degré de force
proportionné à la masse d'air qu'elle doit ébranler, et d'autant plus considérable, que le tuyau est plus large. Le
seul souffle de la poitrine suffit pour les petits tuyaux. C'est
ainsi, par exemple, que l'on joue de la flûte traversière.
Dans cet instrument, c'est avec les lèvres que l'on dirige le
souffle, de manière qu'il aille frapper obliquement le bord
tranchant d'un trou circulaire que l'on appelle l'*embouchure*; aussi ne réussit-on à faire résonner une flûte qu'après
s'y être quelque temps exercé. Mais on y parviendrait à
coup sûr en dirigeant convenablement la lame d'air par
des moyens mécaniques; et cela se trouvait réalisé dans
le flûteur automate de Vaucanson. C'est aussi là l'objet de la configuration particulière que l'on donne à la
bouche des tuyaux d'orgue. Ils tirent le vent d'une caisse
hermétiquement fermée, où l'air est condensé par des

soufflets, et qui communique à chaque tuyau par une soupape que fait ouvrir la *touche* à laquelle ce tuyau correspond. Cet appareil se nomme une *soufflerie*, et le système des soupapes et de la caisse, sur laquelle les tuyaux s'ajustent, se nomme un *sommier*. Quand on veut étudier à fond la théorie des instrumens à vent, et analyser par des expériences exactes les curieux phénomènes qu'ils présentent, il faut nécessairement se procurer un semblable appareil construit sur de petites dimensions, tel, par exemple, qu'on les emploie dans les orgues portatifs. Il faut y joindre un assortiment de tuyaux de dimensions et de longueurs diverses faits en bois, en métal, ou même en simple carton, avec quelques *pieds* en bois sur lesquels ils puissent s'ajuster successivement, comme on le voit *fig.* 28. Alors on pourra étudier les effets isolés de ces tuyaux et leurs rapports, en les plaçant sur le sommier tantôt isolément, tantôt plusieurs à la fois. A mesure que l'on aura tiré un son de l'un d'eux, on le fixera en cherchant son unisson sur un petit orgue portatif ou sur un monocorde bien exact, et l'on pourra ainsi fort aisément suivre toute la série des résultats. L'orgue est surtout avantageux pour cet objet à cause de la permanence de ses sons qui en rend la comparaison plus sûre, et qui permet d'en observer plus long-temps les caractères. Pour pouvoir graduer à volonté la force du vent que l'on emploie à faire parler chaque tuyau, on peut soulever la feuille supérieure du soufflet par un contre-poids que l'on augmente et diminue à volonté, soit en y ajoutant de nouveaux poids ou en pressant dessus avec la main ou en le soulevant par un mouvement de bascule. La *fig.* 28 représente la disposition la plus simple de ce régulateur.

Outre les tuyaux à bouche que nous venons de décrire, on en emploie aussi dans les orgues qui n'ont aucune ouverture latérale. Mais alors il y a dans l'intérieur à l'extrémité du portevent, un appareil vibratoire que l'on appelle une anche et qui est mise immédiatement en vibration sonore par le courant d'air. Ces tuyaux, dont nous étudierons plus tard le mécanisme, sont nécessairement ouverts à leur extrémité pour

laisser échapper l'air ; mais cette condition n'est pas nécessaire
pour les tuyaux à bouche. Ils peuvent être ouverts ou fermés.
seulement ces deux dispositions donnent des sons différens
dans la même longueur.

Il est facile de prouver que, dans ces tuyaux, c'est bien
réellement l'air qui est le corps sonore. Pour cela, il faut en
construire plusieurs, égaux en longueur et en diamètre, mais
différens quant à la matière de leurs parois ; puis on les ajuste
successivement sur un même pied qui porte avec lui sa bouche
et sa lumière, et qui ne sert absolument que pour pouvoir
introduire la lame d'air qui détermine les vibrations. Alors,
en soufflant par le trou c, on obtient toujours le même son et
la même série de sons, quelle que soit la matière du tuyau ,
qu'il soit de bois, ou de cuivre, ou de plomb, ou de papier,
pourvu que ses parois résistent ; mais il faut avoir soin que ,
dans tous les cas, la distance de la lumière à l'extrémité
du tuyau , soit parfaitement la même, sans quoi la colonne
d'air aurait des longueurs inégales, et les sons seraient différens. Je ne parle ici que du ton des sons, qui, en effet ,
ne dépend pas de la nature du tuyau ; car pour cette autre
qualité physique, dont nous avons parlé plus haut , et que
l'on nomme le timbre, elle en dépend sans aucun doute. C'est
par elle que le son d'un tuyau de verre se distingue parfaitement de celui que rend un tuyau de plomb ou de bois. Il est
très-difficile d'en assigner la cause ; mais il est cependant
probable qu'elle tient au frottement de l'air sur la surface
intérieure du tuyau, ou peut-être à une faible vibration du
tuyau lui-même, qui modifie les variations de la densité
dans les différentes parties de chaque onde sonore.

Après avoir montré comment on peut tirer des sons des
tuyaux à bouche ; après avoir prouvé que , dans ces expériences, c'est réellement l'air qui vibre et qui rend des sons,
il nous reste à examiner la manière dont ces vibrations peuvent
s'opérer d'après la nature et les propriétés physiques de l'air.

Considérons d'abord un tuyau cylindrique A B, *fig.* 29, en
partie ouvert à son embouchure A, et fermé à son extrémité
BB. Un tel tuyau, dans le jeu des orgues, se nomme un

bourdon. Lorsqu'on y mettra l'air en vibration sonore, comme nous venons de l'expliquer tout-à-l'heure, la lame mince d'air qui imprime le mouvement en A agitera sans doute les premières couches aériennes suivant des lois compliquées; mais nous verrons bientôt, par des expériences très-précises, que cette complication ne s'étend qu'à une petite distance de l'embouchure, après laquelle les mouvemens des différentes couches aériennes deviennent parfaitement réguliers et semblables; du moins lorsque le son qui en résulte est lui-même constant et uniforme. C'est pourquoi, afin de simplifier le problème, nous considérerons d'abord le courant d'air qui sert de moteur, comme agissant uniquement sur une première couche infiniment mince, au-delà de laquelle le mouvement se communique avec régularité jusqu'à l'extrémité du tuyau. Nous admettrons en outre que ce courant se renouvelle sans cesse en A avec une vitesse et une densité invariables; circonstance qui, d'après l'observation, est nécessaire pour obtenir un son soutenu et uniforme. Ainsi, dans tous les modes d'oscillations que pourra prendre la colonne d'air vibrante, la lame mince d'air qui affleure son orifice, et que l'on peut considérer comme sa première couche, ne fera qu'entrer un peu dans le tuyau, et en sortir tour à tour, sans éprouver ni condensation ni dilatation.

Des ébranlemens pareils, répétés périodiquement avec une succession très-rapide, devront, comme les vibrations d'un corps sonore, exciter dans la colonne d'air des ondulations d'une longueur constante α, mais alternativement condensantes et raréfiantes, qui, partant de l'orifice, se propageront vers le fond du tuyau avec la vitesse ordinaire du son. Arrivées à l'extrémité B, elles se réfléchiront sur elles-mêmes dans le sens BA, et continueront à se propager dans cette nouvelle direction, exactement comme elles l'auraient fait si la colonne d'air se fût continuée au-delà du fond B. De plus, ces deux séries d'ondulations directes et rétrogrades, n'excitant dans la colonne d'air que des agitations très-petites, leurs influences se superposeront sans se confondre, et l'état des couches d'air sera le même que si elles étaient sollicitées à chaque instant par la somme de ces deux impulsions. Pour en suivre les effets , considérons d'abord le retour de la première onde, que nous supposons produite par condensation , et saisissons-là au moment où son milieu atteint précisément le fond du tuyau. Alors le commencement O de cette onde, *fig.* 3o, déjà ramené par la réflexion, coïncide en M avec sa fin O_1 ; et si, pour plus de simplicité , nous supposons d'abord ses deux moitiés exactement symétriques, les condensations des couches d'air M $m\mu$, dans lesquelles elles se superposent, se trouvent partout exactement doublées. Ainsi leur intensité est nulle en M aux extrémités de l'onde, et de là elle va en augmentant jusqu'au fond du tuyau. Mais il n'en est pas de même des vitesses de translation. Celles-ci étant égales , et rendues contraires par la réflexion , dans les deux moitiés de l'onde , se détruisent exactement sur toute l'étendue B M. Cet état d'équilibre ne dure qu'un instant ; la deuxième onde directe $O_1 O_2$, et l'onde réfléchie OBO_1 , continuant leur marche , la couche aérienne M , située à la distance $\frac{1}{2}\alpha$ du fond B, éprouve à la fois les dilatations apportées par l'une, et les condensations ramenées par l'autre. Ces influences sont égales si toutes les ondes sont pareilles , comme cela semble résulter de la constance de l'impulsion primitive et de la permanence du son; alors leurs effets opposés se détruisent exactement, de sorte que la couche dont il s'agit reste dans son état de densité naturel. En suivant de même les progrès successifs des différentes ondes, supposées toutes d'une longueur constante α, et alternativement condensantes et raréfiantes , on verra que la couche aérienne M conserve toujours cet état invariable de densité. Mais pour cela elle ne reste pas immobile ; car l'action directe de l'onde raréfiante $O_1 O_2$ l'entraînera dans le même sens que l'action réfléchie de l'onde condensante OO_1 ; et il en sera toujours de même par la suite. Ces deux forces étant toujours égales et conspirantes, le seul instant d'immobilité de la couche sera celui où elles sont nulles; c'est-à-dire celui où les extrémités des des deux ondes coïncideront. Et cela arrivera périodiquement à des époques séparées les unes des autres par les intervalles égaux T, $2\,T$; $3\,T$, T étant le temps nécessaire pour la propagation entière d'une onde de la longueur a.

Considérons maintenant une autre couche aérienne N_1 dont la distance au fond B soit a, c'est-à-dire égale à la longueur totale des ondes. Cette couche sera d'abord ébranlée par la première onde condensante directe OO_1; puis elle le sera par la deuxième onde raréfiante O_1O_2, qui agira encore sur elle isolément, car elle est traversée par la dernière extrémité O_2 de cette onde lorsqu'elle commence à ressentir la réflexion de la première. A cet instant la couche N_1 se trouvera dans sa position primitive d'équilibre, et dans son état de densité initial. Or, je dis qu'à compter de cette époque, si les ondes qui se succèdent ont toujours une longueur constante, la couche N_1 n'éprouvera jamais plus aucun déplacement; car elle subira toujours à la fois l'action opposée de deux ondes de même nature, condensantes ou raréfiantes, mais dont l'une sera directe et l'autre sera réfléchie. Elle restera donc immobile entre les deux forces de translation de ces ondes, mais elle subira la somme des condensations ou des raréfactions qu'elles apportent. Il en sera de même des couches aériennes $N_2 N_3$.... situées aux distances $2a$, $3a$.... du fond B; et cela aura lieu aussi pour la couche d'air contiguë à ce fond lui-même, parce que le mouvement de translation, produit par chaque point de l'onde directe, s'y détruit immédiatement par la réflexion.

En étendant successivement ces considérations à toutes les parties de la colonne d'air comprises entre le fond du tuyau et son orifice, on verra que, lorsque la superposition des deux systèmes d'ondes directes et réfléchies sera complète, cette colonne se trouvera constamment partagée en un certain nombre de parties vibrantes, d'une longueur a, dont les extrémités seront fixes, et les directions de mouvemens alternativement contraires. C'est ce que représente la *fig.* 31, où les mouvemens des couches successives sont désignés par des flèches placées au-dessous : en sorte qu'il y aura, par exemple, à une même époque, condensation en B, raréfaction en N_1, condensation en N_2, raréfaction en N_3, et ainsi

de suite dans toute l'étendue de la colonne d'air mise en
vibration. Sur quoi il faudra bien se rappeler que les condensations ne doivent pas être uniquement limitées aux points
$BN_2N_4....$ ni les raréfactions aux points $N_1 N_3....$; mais que
le passage d'un de ces états à l'autre sera progressif, en sorte
qu'entre ces extrêmes en $M_1 M_2 M_3$, par exemple, il se trouvera des particules qui ne seront ni raréfiées ni condensées ;
et ce seront là les endroits où le mouvement de translation
alternatif en avant et en arrière sera le plus considérable.

Or, d'après ce que nous avons déjà remarqué, ce dernier état
doit être précisément celui de la mince lame d'air qui imprime
le mouvement à toute la colonne, en affleurant l'orifice du
tuyau. Il faudra donc que la longueur des ondulations soit
proportionnée de manière à ne point faire varier la densité de
cette lame ; alors ses mouvemens seront tels que l'exige son rang
parmi les autres couches, et elle ne troublera point leur continuité. Elle ne fera, pour ainsi dire, que répercuter contre
l'air extérieur toutes les vibrations que la colonne exécute
dans le tuyau. De là naîtront, dans l'air environnant, de nouvelles ondes sonores de la même longueur α, qui, se propageant au dehors du tuyau, transporteront partout avec elles
la sensation du son correspondant à leur longueur.

D'après cette théorie, les divers modes de vibrations régulières, que la colonne d'air contenue dans le tuyau pourra
prendre, seront toujours assujettis à deux conditions uniques :
savoir, que le fond bouché du tuyau soit un nœud de vibrations où les particules aériennes restent immobiles et que
l'orifice ouvert devienne le milieu d'une onde où il ne se fasse
point de variations de densité. Ces deux conditions, dérivées
du principe unique de la constance des ondes, peuvent être
remplies d'une infinité de manières, d'où résultent autant de
modes de vibrations que la théorie indique, et que l'expérience
confirme avec la plus parfaite précision.

Le plus simple de ces modes est celui dans lequel l'étendue
des ondes est double de celle du tuyau ; en sorte que la moitié
d'une onde occupe toute sa longueur, *fig.* 32. Alors la colonne
d'air oscille sans se diviser de A vers B, et de B vers A : la

densité en **A** est constante comme elle doit l'être , mais de là jusqu'au fond B les contractions ou les dilatations vont continuellement en croissant ; les premières ayant lieu quand la colonne s'avance de A vers B, et les autres quand elle revient de B vers A. Si , au contraire , on considère le mouvement de translation des particules , on devra concevoir qu'il est toujours nul en B au fond bouché du tuyau , où elles sont arrêtées par sa résistance , et que de là l'étendue des excursions va en augmentant jusqu'à l'orifice ouvert A , dans lequel une petite portion insensible du courant d'air qui fait vibrer la colonne entre et sort alternativement.

Il ne reste donc qu'à déterminer la durée de ce genre de vibrations ; et c'est ce qui est bien facile. Car, lorsqu'une onde sonore se propage dans une colonne d'air cylindrique , et ébranle successivement chacune de ses couches , nous avons vu que sa marche est exactement égale à la vitesse du son. Donc, dans nos tuyaux, si l'allée et le retour formaient une longueur totale de 1024 pieds , l'onde sonore égale à cette longueur mettrait précisément une seconde à s'y propager , et ainsi il n'y passerait, en une seconde, qu'une seule onde pareille. Il en passerait 2 si le double du tuyau n'était que de 512 pieds, moitié de 1024; et en général s'il avait une longueur quelconque l il en passerait un nombre égal à 1024 divisé par le double de l , ce que nous représenterons par l'expression fractionnaire

$$\frac{1024}{2\,l}$$

Quand la longueur du tuyau sera donnée , il ne faudra que la substituer au lieu de l, et effectuer la division. Le quotient exprimera le nombre de vibrations exécutées en une seconde de temps par la colonne aérienne, pour le mode de vibrations que nous avons considéré , et dans lequel la longueur des ondes sonores est $2l$. Le son qui en proviendra, est, comme on va bientôt le voir, le plus grave de tous ceux que le tuyau peut rendre.

Après ce mode de mouvement où il n'y a pas de nœud, le plus simple est celui qui produirait dans le tuyau un seul nœud immobile $N_1\,N_1$, *fig.* 33, outre celui qui doit toujours exister au fond B. Dans ce cas, BN_1 est égal à la longueur

totale des ondes sonores , et AN_1 est la moitié de cette longueur. La somme de ces deux quantités doit donc former la
longueur totale du tuyau l; ainsi l'onde BN_1 est les deux
tiers de cette longueur ou $\frac{2}{3} l$; et conséquemment le nombre
de ces ondes qui se succèdent en une seconde est égal à 1024
divisé par $\frac{2}{3} l$ ou

$$\frac{3.1024}{2\,l}$$

Les vibrations produites par ce mode de mouvement sont,
comme on voit, trois fois plus rapides que les premières. Si
le premier son est exprimé par 1 et désigné par ut_1, le second
sera exprimé par 3 ; ce sera donc l'octave de la quinte du son
fondamental, ou sol_2.

Supposons maintenant, *fig.* 34, deux nœuds de vibrations
$N_1 N_1$, $N_2 N_2$, où les particules aériennes soient immobiles.
Dans ce cas, les distances BN_1, $N_1 N$ devront être égales
entre elles et à la longueur des ondes; la dernière division
vers l'orifice devra comme précédemment être la moitié de
cette longueur; il faudra donc que la somme de ces quantités, composées de cinq demi-ondes, forme la longueur totale
du tuyau l; ainsi la longueur de chaque onde sera $\frac{2}{5} l$; et conséquemment le nombre de ces ondes qui se succèdent en une
seconde, sera 1024 divisé par $\frac{2}{5} l$, ou

$$\frac{5.1024}{2\,l}$$

Les vibrations qui en résultent sont donc cinq fois plus
rapides que les premières. Si le son fondamental donné par
le premier mode est toujours exprimé par $ut_1 = 1$, celui-ci
sera exprimé par 5, et répondra à mi_3.

En continuant cette manière de raisonner, on trouvera que,
si le son fondamental donné par le premier mode de vibration est représenté par 1, tous les autres sons que le tuyau peut
rendre, formeront la suite des nombres impairs

$$1, 3, 5, 7, \ldots \text{etc.}$$

et, d'après la manière dont nous les avons successivement

amenés, on voit qu'il n'y aura entre eux aucun intermédiaire possible.

Si l'on veut substituer aux rapports des nombres de vibrations les expressions musicales qui leur correspondent, il n'y a qu'à représenter le premier son par *ut*, et alors tous ceux que peut rendre un tuyau ouvert par un bout et fermé par l'autre formeront la série suivante.

$$1 = ut_1$$
$$3 = sol_2$$
$$5 = mi_3$$
$$7 = la_3\text{*}+$$
$$9 = r\acute{e}_4$$
$$11 = fa_4\text{*}-$$
$$13 = la_4^{\flat}+$$
$$15 = si_4$$
$$\text{etc.}$$

Cette succession peut se vérifier par l'expérience, et elle se réalise en effet avec une grande exactitude. Pour cela il faut placer un pareil tuyau sur le sommier portatif décrit page 362, et chercher les divers sons qu'il peut rendre, en forçant graduellement le vent qu'on lui donne, pour obliger la colonne d'air à se subdiviser en un nombre de parties de plus en plus considérable. On peut aussi atteindre le même but en soufflant directement dans le pied du tuyau, avec une énergie progressivement graduée. Lorsqu'on est parvenu ainsi à en tirer un son soutenu il faut le comparer, par unisson, à l'une des touches d'un orgue bien accordé, ou chercher cet unisson sur un monocorde divisé, ce qui détermine également le nombre de vibrations auquel il répond. Quel que soit le procédé que l'on adopte on trouvera toujours que tous les sons que l'on peut tirer du tuyau sont représentés par des termes de la série des nombres impairs, comme l'indique la théorie. Mais, pour pousser un peu loin cette épreuve, il ne faut pas employer des tuyaux réellement destinés à des orgues ou construits sur les proportions de grosseurs et de longueurs généralement adoptées

pour cet instrument. Car, de tels tuyaux n'étant destinés
que pour rendre chacun un seul son, qui est le plus grave de
ceux qui conviennent à leur longueur, les artistes qui les fabri-
quent choisissent les dimensions que l'expérience fait connaître
comme les plus convenables pour que ce son-là soit plein et
stable, et que le tuyau puisse très-difficilement s'en écarter.
Aussi a-t-on beaucoup de peine à obtenir d'un pareil tuyau ses
différens sons, et ce n'est qu'en forçant beaucoup le vent, que
l'on contraint la colonne d'air qu'il renferme à se subdiviser
dans ses vibrations. C'est pourquoi, lorsqu'on veut rendre la
série des sons successifs bien sensible et prolongée, il faut
employer des tuyaux beaucoup plus grèles que ceux dont les
organistes font usage. Il est vrai qu'alors il devient plus difficile d'obtenir le son fondamental de chacun de ces tuyaux,
la colonne d'air qu'ils contiennent ayant une grande facilité à se rompre à cause de sa grande longueur comparativement à sa largeur; mais on y parvient en modérant
extrêmement la force du souffle, soit en soutenant le soufflet si l'on emploie une soufflerie, soit en modérant soi-même
l'impulsion si l'on souffle avec la poitrine. Dans tous les
cas, si l'on n'obtient pas toujours le son le plus grave de
tous ceux que le tuyau peut rendre, on obtiendra au moins
un des plus graves; et, en tirant successivement ceux qui
le suivent, et les fixant sur un orgue ou sur le monocorde,
puis comparant leurs valeurs, on verra qu'en effet ils
suivent la série des nombres impairs ; et l'on pourra, par
cette série même, reconnaître si l'on a effectivement tiré
le son fondamental, ou si l'on a commencé par un des termes
plus élevés de la série.

Je me suis aussi servi, avec succès, des tuyaux du même
calibre que ceux des orgues, en modifiant seulement la grandeur de leur embouchure, au moyen d'une petite lame de
cuivre très-mince et plane que je fais avancer par une
coulisse dans le plan et sur le prolongement de leur lèvre
supérieure, *fig.* 35. Je commence par faire parler ce tuyau dans
son état naturel, la lame étant tout-à-fait retirée en arrière;
puis la soufflerie agissant toujours avec la même force, je fais

saillir un peu la lame en avant ; alors le tuyau commence à parler plus mal, puis il cesse de parler tout-à-fait ; mais, en continuant d'avancer peu à peu la lame, on trouve un point où il recommence à parler de nouveau très-distinctement, et le son qu'il rend alors est exactement représenté par le nombre 3 si le premier l'est par 1. En continuant d'avancer la lame, le son 3 devient sans éclat, puis nul, et l'on entend enfin partir le son 5. On peut continuer ainsi tant qu'il reste une ouverture de bouche suffisante pour que le tuyau parle. A la vérité la saillie de la lame, en rétrécissant sa bouche augmente d'autant la longueur de la colonne d'air renfermée dans le tuyau ; mais, à moins qu'on ne s'élève à des subdivisions très-nombreuses, cet allongement sera très-peu de chose comparativement à la longueur individuelle des subdivisions comprises entre deux nœuds consécutifs, surtout si l'on emploie des tuyaux d'une longueur suffisante, comme de trois ou quatre pieds.

Nous n'avons parlé jusqu'ici que de la comparaison des sons successifs qu'un même tuyau peut rendre ; mais le ton absolu de chacun de ces sons est aussi exactement déterminé par notre théorie, d'après la longueur du tuyau et le mode de vibration ; de sorte qu'on peut le réaliser d'avance sur le monocorde, et voir si en effet chaque tuyau s'y conforme selon sa longueur. En faisant cette comparaison on trouve que le son du tuyau est toujours un peu plus grave que la théorie ne l'indique. La différence tient au mode d'embouchure, comme nous le verrons plus loin.

Dans tous les modes d'oscillations que nous venons de décrire, il existe entre les nœuds de vibrations $N_1 N_2$ d'autres points MM_1, *fig.* 36, où les variations de densité sont tout-à-fait nulles, les couches aériennes qui s'y trouvent ne faisant qu'aller et venir en avant et en arrière. Supposons donc qu'en un de ces points tel que M, on perce un trou latéral qui permette à l'air du tuyau de communiquer librement avec l'atmosphère ; cette communication ne portera aucun obstacle aux oscillations de la colonne intérieure en avant et en arrière, puisque la densité en M est constamment égale à celle de l'air du dehors. On pourra donc alternativement ouvrir et boucher cette ouverture, sans que le son en soit nullement altéré. C'est en effet ce que l'expérience confirme, et elle montre aussi que cette propriété est particulière aux points $MM_1 \ldots$, comme il était facile de le prévoir.

Il y a plus, ce phénomène est indépendant de la grandeur de l'ouverture M. On pourrait l'étendre à tout le contour du tuyau, et séparer entièrement la partie MB, depuis le point M jusqu'au fond solide, le son n'en serait nullement altéré; mais alors la première partie A M comprise depuis la couche M jusqu'à l'embouchure, formerait un tuyau entièrement ouvert à ses deux extrémités. Cette expérience nous apprend donc comment l'air vibre dans un pareil tuyau, *fig.* 37; elle nous montre que les ondulations parvenues à son extrémité M la plus éloignée de l'embouchure, sont répercutées par l'air extérieur, non plus comme elles le seraient par un fond solide, mais de manière que cet air ne fasse qu'entrer et sortir en M à une petite profondeur, sans éprouver aucune variation de densité. Ces allées et venues successives forment donc, au bout ouvert M, une sorte de contre-courant, dont les battemens répondent à ceux de la lame d'air que l'on souffle en A. Les ondulations excitées par l'une et par l'autre cause, se propagent de même, et se superposent dans toutes les couches d'air intermédiaires entre A et M. La seule condition nécessaire pour la continuité du mouvement de la colonne AM, sera donc que ces deux séries d'ondulations soient égales en longueur, comme le sont les ondes directes et rétrogrades dans un tuyau bouché à son fond; et qu'en outre, par l'effet de leur superposition, la densité puisse être constante à chaque orifice.

D'après cela, dans un pareil tuyau, le mode de vibration le plus simple sera celui où les deux orifices seront séparés par un seul nœud de vibration N_1, *fig.* 38, dans lequel les molécules d'air seront immobiles. Alors les mouvemens de translation en A et en M devront toujours se faire au même instant dans des directions contraires , et produire des ondulations d'une longueur égale à celle du tuyau. Considérons d'abord les deux premières de ces ondulations; et , pour fixer les idées, supposons-les condensantes. En se propageant de part et d'autre vers l'orifice opposé , elles se rencontreront au milieu du tuyau en N, N_1 ; et la couche située en ce point, les recevant toujours toutes deux au même instant , restera constamment immobile ; mais elle éprouvera à la fois la somme des condensations ou des dilatations qu'elles apportent. Chaque ondulation continuant à se propager , celle qui est partie de A atteindra l'orifice M au moment où celle qui est partie de M atteindra l'orifice A. A cet instant , les variations de densité seront nulles dans les couches A et M, correspondantes aux extrémités de chaque onde , et de là elles iront en croissant vers le milieu du tuyau où elles seront les plus grandes possibles , puisque ce point répondra alors au milieu des deux ondes. A partir de cette époque, les deux ondulations continuant à se propager , la condensation diminuera en N, N_1 ; en même temps les couches extrêmes A et M , qui étaient entrées dans le tuyau à une petite profondeur , reculeront en arrière, par l'effet de leur mouvement oscillatoire. Ce retour fera naître près de chaque orifice une nouvelle ondulation raréfiante qui suivra la première qui en était émanée. Ainsi le commencement de cette nouvelle onde atteindra le milieu du tuyau quand la fin de la première onde le quittera. Par l'effet de cette superposition il arrivera qu'à cet instant , les condensations et les vitesses seront nulles dans toute l'étendue du tuyau , après quoi l'onde raréfiante continuant à se propager fera succéder les dilatations aux condensations. Celle-ci sera suivie d'une troisième ondulation qui sera de nouveau condensante , et ainsi indéfiniment tant que l'on continuera d'entretenir en A le courant d'air continu qui imprime le premier ébranlement.

Il est bien facile de trouver le ton qui résultera de ce mode de vibration; car, puisque la longueur des ondes est égale à celle du tuyau que nous avons désignée par l, le nombre des vibrations par seconde sera

$$\frac{1024}{l}$$

On voit qu'il est l'octave aiguë de celui que nous avons trouvé tout à l'heure pour un tuyau bouché, d'une longueur égale. Car il répond à un nombre double de vibrations. Ce sera là le son le plus grave que le tuyau pourra rendre, avec ses deux orifices ouverts.

C'est en effet ce que l'expérience confirme, du moins lorsque l'on opère sur des tuyaux assez longs pour que l'on puisse y négliger la petite irrégularité du mouvement des premières couches d'air situées en A, lesquelles, au lieu d'être ébranlées pleinement sur toute l'étendue de cet orifice, ne le sont que par une petite ouverture. Cet effet même peut se corriger par le calcul ; mais il devient insensible au-delà d'une certaine longueur des tuyaux.

Après le mode de vibrations que nous venons de considérer, le plus simple sera celui dans lequel il existe, entre les orifices, deux nœuds de vibrations $N_1 N_2$, *fig.* 39, dans lesquels les particules aériennes sont immobiles. L'intervalle de ces deux nœuds est évidemment égal à la longueur totale d'une onde, et de plus ils devront être également éloignés des deux orifices, puisque les ondes émanées de ces points sont égales ; alors $N_1 N_2$ étant égale à la longueur d'une onde entière, MN_1 et AN_2 en occupent chacun une moitié. La somme totale, égale à deux ondes entières, devra donc former la longueur entière du tuyau l ; ainsi la longueur de chaque onde sera $\frac{1}{2} l$, et il s'en succédera par seconde un nombre qui aura pour expression

$$\frac{2.\ 1024}{l}$$

Le son qui en résultera sera donc l'octave aiguë du son fondamental, de sorte que si celui-ci est pris pour unité, et exprimé par ut_1, l'autre, qui a pour valeur 2, le sera par ut_2.

En continuant ce raisonnement, pour le cas de trois nœuds, quatre nœuds, et ainsi de suite, on trouve que la série des sons qui en résulte , le premier étant pris pour unité , comprend la série indéfinie des nombres naturels

$$1 \quad 2 \quad 3 \quad 4 \quad 5 \ldots\ldots$$

Ce seront donc là tous les sons que peut rendre un tuyau ouvert par les deux bouts; car, d'après la manière successive dont nous les avons fait naître , il est évident qu'il ne saurait exister d'intermédiaire entre eux ; si l'on veut les exprimer par leurs dénominations musicales , en appelant le premier ut_1 , la traduction de la série donnera ,

$1 = ut_1$	$17 = ré_5{}^\flat{-}$
$2 = ut_2$	$18 = ré_5$
$3 = sol_2$	$19 = mi_5{}^\flat{-}$
$4 = ut_3$	$20 = mi_5$
$5 = mi_3$	$21 = mi_5{}^{*}{+}$
$6 = sol_3$	$22 = fa_5{}^{*}{-}$
$7 = la_3{}^{*}{+}$	$23 = sol_5{}^\flat{-}$
$8 = ut_4$	$24 = sol_5$
$9 = ré_4$	$25 = sol_5{}^{*}$
$10 = mi_4$	$26 = la_5{}^\flat{+}$
$11 = fa_4{}^{*}{-}$	$27 = la_5{-}$
$12 = sol_4$	$28 = la_5{}^{*}{+}$
$13 = la_4{}^\flat{+}$	$29 = si_5{}^\flat{+}$
$14 = la_4{}^{*}{+}$	$30 = si_5$
$15 = si_4$	$31 = si_5{}^{*}{-}$
$16 = ut_5$	$32 = ut_6$

et ainsi du reste. Cette série de sons peut se vérifier par l'expérience, comme nous l'avons fait pour les bourdons, et elle se réalise avec la plus grande fidélité. Elle s'applique aussi généralement à tous les instrumens à tuyaux cylindriques, droits ou courbes, dont les deux bouts sont ouverts, par exemple, au cor, à la trompette, et même au serpent et aux flûtes, en supposant que l'on bouche les trous latéraux de ces deux derniers instrumens.

Il y a une remarque curieuse à faire pour le son exprimé par 7, c'est que la plupart des personnes qui sonnent du cor ou de la trompette, ne savent pas le donner. Car, après avoir obtenu le son le plus grave ut_1, ils en tirent aisément les sons $ut_2 = 2$, $sol_2 = 3$, $ut_3 = 4$, $mi_3 = 5$, et $sol_3 = 6$, après quoi l'instrument saute, comme par force, à la triple octave exprimée par 8, sans qu'ils puissent en tirer le son intermédiaire 7. Daniel Bernoulli prétend que cela tient à la difficulté de diviser une quantité en sept parties égales, mais alors il devrait être encore bien plus difficile d'obtenir le son correspondant au nombre 12, lequel cependant s'obtient sans peine. Je partage bien plutôt l'opinion de ce célèbre physicien, quand il dit que cette difficulté tient aussi au défaut d'exercice du musicien, qui n'a jamais besoin de tirer de son instrument le son exprimé par 7, parce qu'il n'est pas usité dans la musique, étant intermédiaire entre la_3* et si_3♭; et la preuve que cette habitude est nécessaire pour obtenir à volonté tel son ou tel autre, c'est qu'elle l'est même pour les sons les plus faciles à produire, tels, par exemple, que ut_1, ut_2, sol_2, ut_3 et mi_3. C'est ce dont on peut se convaincre aisément en adaptant une embouchure à un tuyau de verre, ou de carton, et essayant de souffler avec la bouche dans le pied du tuyau, pour en tirer des sons. Car d'abord, on les entendra passer brusquement d'un terme à un autre, en sautant par-dessus plusieurs intermédiaires, selon le plus ou moins de force avec laquelle on souffle. Mais, quand on se sera aperçu de cet effet, on acquerra bientôt l'expérience nécessaire pour monter ou descendre d'un ton à un autre graduellement; et, lorsqu'on sera dans un de ces tons, on aura, pour ainsi dire, le sentiment du degré de force qu'il faut donner pour passer à un autre immédiatement supérieur ou inférieur, comme je m'en suis assuré moi-même. Il est donc probable qu'avec beaucoup d'exercice, et en se faisant donner assidûment le son 7 par un monocorde, ou par un tuyau, on parviendrait à l'obtenir également, et à donner avec précision la quantité de vent qu'il exige; car il y a pour cela des conditions indispensables, que l'expérience seule apprend à remplir sans qu'on y fasse attention. Le musicien a très-bien le sentiment de ces degrés pour les tons 6 et 8, qu'il emploie à chaque instant dans la musique, comme étant la quinte et l'octave du son 4, et il est tout simple qu'il tombe, comme par précipice, dans l'un ou dans l'autre, quand il essaie par hasard de produire le son 7, auquel il n'est point exercé. On aura plus de facilité, pour l'obtenir, si, au lieu de souffler dans le tuyau avec la bouche, on le place sur un sommier portatif, auquel communique une soufflerie dont on puisse modérer la force. Dans une expérience de ce genre que j'ai faite avec M. Hamel, nous sommes parvenus à obtenir le son 7 bien distinct et soutenu. Mais il nous a fallu nous aider encore d'un autre artifice, qui était d'approcher plus ou moins le doigt de la bouche du tuyau, quand nous avions produit les sons 6 ou 8, de manière à régler, pour ainsi dire, la direction de la lame d'air qui sortait de la lumière, et à la faire rentrer dans le tuyau. Alors, après quelques instans de bourdonnement et comme d'incertitude, on entendait sortir avec éclat le son 7, qui nous était bien facile à reconnaître, parce que son unisson sur un orgue qui nous servait de comparateur, répondait à un fa_4, dont nous avions soin de faire parler de temps en temps la touche, pour acquérir le sentiment du mode de vibration que nous voulions exécuter.

En général, la table précédente montre que les tuyaux dont les deux bouts sont ouverts, ne peuvent, dans leurs octaves les plus graves, donner que des sons très-éloignés les uns des autres ; par exemple, les deux premiers ut_1 ut_2 diffèrent entre eux d'une octave entière. Mais, à mesure que le ton s'élève, c'est-à-dire à mesure que la colonne d'air se divise en un plus grand nombre de parties, les sons que l'on peut obtenir sont plus rapprochés. En s'élevant encore davantage, on commence à trouver même des intervalles chromatiques tels que les dièses et les bémols. Enfin, dans les sons plus éloignés du son fondamental, ces intercallations mêmes ne suffisent plus pour représenter tous les sons de l'instrument. On comprend ainsi comment le musicien qui donne du cor ne peut tirer naturellement que des tons absolus parmi les sons graves, quoiqu'il puisse

ensuite moduler des demi-tons parmi les sons élevés. Il peut
même modifier assez les effets de son instrument, par les
variations d'embouchure, pour abaisser le son 7 qui est au-
dessus du *la*,* jusqu'à le faire accorder avec la vraie valeur
de cette note dans la gamme. Il opère de plus grands changemens encore en bouchant en partie avec la main l'orifice
ouvert du tuyau. C'est ainsi, par exemple, que l'on ramène
les sons 11 et 13 à leurs valeurs usitées. Enfin, en unissant
cet artifice au mouvement des lèvres et à la grandeur de
l'embouchure, on va jusqu'à insérer entre les sons naturels
des premières octaves, des intervalles chromatiques, et à
faire entendre, même dans la première, les tons que l'instrument seul refuserait. Mais ces grandes modifications demandent beaucoup d'habileté et d'exercice pour être produites avec justesse, et elles n'appartiennent pas au commun
des musiciens.

Ici, comme dans les cordes vibrantes, plusieurs vibrations différentes peuvent coexister ensemble, et se superposer pour ainsi dire dans la même colonne d'air ; car,
lorsqu'on produit un son quelconque représenté par n, on
entend résonner avec lui tous les sons plus graves qui répondent à des nombres moindres que n. Cela devient surtout
sensible dans les passages d'un mode de vibration à un autre,
lorsqu'on les produit graduellement par des ouvertures de
bouche variables, comme dans la page 372.

Ici, comme pour les tuyaux bouchés par un bout, les
expressions théoriques ne déterminent pas seulement les
rapports des nombres de vibrations successifs. Elles donnent
les valeurs absolues de ces nombres pour chaque longueur
de tuyau assignée ; et l'on peut de même les vérifier par l'expérience, en cherchant l'unisson du tuyau sur un monocorde
vertical chargé d'un poids constant et connu ; car, connaissant
ce poids, celui de la corde, et sa longueur lorsqu'elle vibre à
l'unisson du tuyau, on peut calculer par les lois de la mécanique le nombre de vibrations qu'elle exécute par seconde,
et par conséquent aussi celle du tuyau : or, en opérant ainsi,
on trouve que le son du tuyau est toujours un peu plus grave
que la théorie ne le donnerait d'après sa longueur.

Daniel Bernoulli a prouvé que cette différence venait de ce que la théorie suppose la colonne aérienne ébranlée à plein orifice, tandis qu'avec la disposition de bouche qu'on pratique dans les tuyaux d'orgues, l'ébranlement n'est que partiel. Il a prouvé que, lorsque la colonne d'air contenue dans un pareil tuyau, se divise en plusieurs parties consonantes, séparées par des nœuds de vibrations immobiles, la portion la plus voisine de l'embouchure partielle est plus courte que les autres quoique vibrant en même temps; et ces dernières, qui se trouvent seules ébranlées dans toute la surface de leur section transversale, sont aussi les seules qui suivent les rapports indiqués par la théorie. On peut voir les preuves de ce fait dans le Traité général.

Je me suis assuré que cette influence des embouchures partielle est inégale dans les différens gaz sous la même pression. Dans le gaz hydrogène, par exemple, elle est considérablement plus forte que pour l'air atmosphérique, ce qui rend la première division vers l'embouchure partielle excessivement plus courte; d'où il suit que, lorsqu'on fait parler un même tuyau successivement avec les deux gaz, les colonnes vibrantes n'ont réellement pas la même longueur dans les deux cas. Il faut avoir égard à cette circonstance, quand on veut comparer les sons rendus par différens gaz. Selon la théorie, ces sons, à longueurs égales, doivent être réciproques aux racines carrées des densités des gaz sous d'égales pressions. Mais on ne trouve pas ce résultat en faisant parler un même tuyau d'orgue avec différens gaz, par la raison que nous venons d'indiquer. Par exemple, pour le gaz hydrogène vibrant dans un tuyau ouvert, l'ébranlement partiel est si considérable qu'il en résulte un abaissement de ton de près d'une septième mineure.

Des Tuyaux à diamètre inégal.

Les tuyaux cylindriques offrent le cas le plus simple de la propagation des ondes sonores, mais on peut aussi former ces ondes dans des tuyaux de diamètre variable, par exemple, coniques ou hyperboliques, en y adaptant des

embouchures partielles, analogues à celles dont nous avons
fait usage pour les tuyaux cylindriques. Alors, la colonne
aérienne se divise encore en parties consonantes entre elles,
séparées par des couches immobiles, et dont la situation est
déterminée par l'opposition des mouvemens des parties
contiguës. Mais il y a cette différence, avec les tuyaux cylindriques, que les longueurs de ces divisions ne sont plus
nécessairement égales, mais dépendent de la forme du
tuyau. On peut déterminer, dans chaque cas, les proportions de ces longueurs par l'expérience, comme nous l'avons
fait pour les tuyaux cylindriques, ou par le calcul, en
partant des lois des mouvemens de l'air, et les résultats
de ces deux méthodes sont parfaitement d'accord. J'ai exposé ces détails dans le Traité général.

On emploie aussi dans l'orgue une espèce particulière de
tuyaux à bouche que l'on nomme *tuyaux à cheminée*, *fig.* 40.
Ils sont composés d'un tuyau de bourdon, au fond duquel
on a percé une petite ouverture circulaire à laquelle s'adapte
un tuyau A B de même diamètre, ouvert à ses deux bouts,
et très-court comparativement au premier. Le ton de ces
tuyaux composés est intermédiaire entre celui des tuyaux
tout-à-fait bouchés et tout-à-fait ouverts, mais leur timbre
est un peu différent ; et on les emploie à cause de cette
qualité, afin de jeter plus de variété dans les jeux.

Les personnes qui ont l'ouïe dure emploient aussi, pour
mieux entendre, le secours d'un tuyau cônique dont elles
placent le sommet dans le trou de leur oreille afin d'y réunir
par la réflexion plus d'ondes sonores qu'il n'y en arriverait naturellement. Ces instrumens, qui se nomment des
cornets acoustiques, n'ont d'autre effet que de concentrer
ainsi les ondulations aériennes.

Des Flûtes et instrumens à vent percés de trous latéraux.

Jusqu'ici nous n'avons considéré que des tuyaux de diverses longueurs ouverts ou bouchés, mais dont les parois
étoient continues. On fait aussi des instrumens très-harmo-

nieux avec des tuyaux cylindriques percés de trous latéraux, dans lesquels on souffle par une embouchure ; ce sont de véritables tuyaux d'orgue où la bouche du musicien sert de soufflet. Comme je ne dois les considérer que sous le rapport théorique, un seul d'entre eux me servira d'exemple, et je choisirai la flûte traversière, parce qu'elle est plus connue.

Cette flûte, représentée *fig.* 41 , est composée d'un cylindre creux de bois, d'ivoire ou de cristal, entièrement ouvert par une de ses extrémités, et percé seulement à l'autre d'un trou latéral qui sert d'embouchure. Les bords de ce trou sont taillés en biseau ; et en les plaçant contre la bouche et serrant les lèvres, on souffle obliquement une lame d'air contre leur tranchant. Par ce moyen , la colonne d'air contenue dans le tuyau , se met en vibration sonore. Si l'on bouche d'abord avec les doigts tous les autres trous percés dans les parois du tuyau , il rentrera dans le cas des tuyaux cylindriques ouverts des deux côtés. L'on en tirera donc d'abord un son fondamental , le plus grave de tous , et ensuite en soufflant plus fort , ou en variant la manière de souffler, on obtiendra une suite d'autres sons de plus en plus aigus , qui , en prenant le premier pour unité , formeront la série des nombres naturels

$$1 \quad 2 \quad 3 \quad 4 \quad 5 \ldots \ldots$$

Mais on en tirera encore d'autres sons intermédiaires , en découvrant successivement un ou plusieurs des trous latéraux que nous supposions tout à l'heure fermés ; car chacun d'eux étant ouvert , élève le son fondamental d'une quantité relative à sa grandeur et à sa distance de l'embouchure , comme on peut s'en assurer par l'expérience , en agrandissant successivement leurs dimensions.

Il y a des instrumens à vent , tels que le serpent et le cor , qui sont formés de tuyaux courbes. Mais cette courbure n'influe en rien sur le son qu'on en tire. Elle ne sert que pour replier le tuyau sur lui-même et lui donner beaucoup de longueur sous peu de volume. Du reste , la série

des sons est absolument la même que pour des tuyaux
rectilignes de forme et de longueur pareilles.

*De la manière d'accorder les tuyaux à bouche. Procé-
dés pour les mettre en ton.*

Lorsqu'on a construit les tuyaux d'orgue sur les dimensions indiquées par la théorie et l'expérience , il est presque
impossible qu'ils se trouvent du premier coup rigoureusement au ton juste qu'on veut leur donner. Il faut donc les
y amener par quelque procédé correctif : nous allons expliquer ceux qui sont en usage , et qui sont fondés sur les
modifications que le son acquiert quand on change la longueur ou la forme des tuyaux. Ces procédés diffèrent selon
la nature du tuyau et la matière dont il est fait. Supposons-
le d'abord de bois , de carton , ou de toute autre matière
qui ne se prête point à l'extension : alors , si le fond doit
être fermé comme dans les bourdons , *fig.* 42 , on y met un
bouchon de bois cylindrique , bien juste , revêtu de peau
dont la pluche est en dehors , et on l'enfonce ou on le
retire graduellement jusqu'à ce qu'il se trouve au ton
demandé. Si le tuyau doit être ouvert à son extrémité ,
fig. 43 , on y ajuste une petite lame de plomb inclinée à
son axe , et que l'on abaisse ou que l'on relève plus ou
moins jusqu'à ce que l'on ait atteint l'accord. Cette lame
modifie le son , parce qu'elle bouche en partie le tuyau.
Car si elle étoit tout-à-fait abaissée et capable de couvrir
toute sa surface , elle le changeroit évidemment en un
bourdon , ce qui abaisseroit son ton d'une octave entière.

Venons maintenant aux tuyaux faits de plomb ou d'étain.
Pour ceux-là , s'ils doivent être ouverts , *fig.* 44 , on les
règle au moyen d'un cône de métal que l'on enfonce dans
leur intérieur , pour les élargir s'ils sont trop graves , et
avec lequel on les resserre s'ils sont trop aigus. Il est visible , en effet , que le rétrécissement de leur orifice les rapproche des bourdons, et que l'évasement les en éloigne.
Quant aux bourdons eux-mêmes , on ne peut pas leur appliquer ce procédé ; on ne peut pas non plus rendre
leur fond mobile , puisqu'il est soudé à l'extrémité de leur

corps. C'est pourquoi on y supplée par un autre moyen d'autant plus curieux à connaître, que l'expérience seule a pu y conduire. A la surface extérieure du tuyau, et à côté de la lèvre sur laquelle le vent frappe, on adapte deux lames de plomb L L, *fig.* 45, qui s'ouvrent en dehors et qui ressemblent à deux *oreilles* : aussi les appelle-t-on de ce nom. En les tenant tout-à-fait ouvertes en dehors et couchées sur la surface du tuyau, on a le son naturel que ce tuyau doit rendre suivant sa longueur ; mais en les rapprochant peu à peu, le son baisse progressivement et d'une quantité quelquefois fort considérable. On voit que ce phénomène tient à l'influence des embouchures ; mais il ne serait pas facile de le calculer. On emploie le même appareil pour les tuyaux à cheminée, auxquels les autres procédés de correction ne sont pas non plus applicables ; car la petitesse de la cheminée ne permettrait pas de songer à les accorder en l'élargissant.

En général, tout ce qui peut arrêter ou retarder d'une manière quelconque les vibrations de l'air, soit dans l'intérieur des tuyaux, soit au dehors, modifie le son qu'on en tire. Ainsi les tuyaux sont influencés par leur voisinage même ; car si, dans un orgue bien accordé on en isole quelques-uns, en enlevant ceux qui les avoisinent, leur ton change et ils ne gardent plus l'accord.

Des instrumens à Anches.

L'anche, représentée *fig.* 46, est un appareil vibratoire qui se met en mouvement par un courant d'air, et qui excite ainsi dans ce fluide des sons dont on accroît beaucoup la force en faisant vibrer l'anche dans un tuyau d'une grosseur et d'une longueur convenable. Cet appareil est essentiellement composé d'une languette A L, formée d'une feuille mince de laiton, fixée en A sur une pièce cylindrique AR de bois ou de métal, creusée en rigole suivant AR. On introduit ce système par le bout A dans un trou demi-circulaire d'un diamètre égal, percé au centre d'un bouchon T qui ferme exactement le tuyau SVT. Alors, si

l'on souffle par l'orifice S , qui est rétréci à dessein pour cet
objet, le courant d'air est forcé d'enfiler la rigole pour
s'échapper. Mais comme la rigole est fort petite, comparativement au diamètre du tuyau S V T , il arrive , si l'on
souffle assez fort, que l'air , en se pressant pour y entrer ,
pousse la languette A L contre la rigole , et la ferme. Mais
l'élasticité de la languette réagissant presque aussitôt, elle
se relève, l'air passe de nouveau , presse la languette , et ce
jeu alternatif se continue aussi long-temps que l'on introduit de nouvel air par l'orifice S avec assez de vitesse. Si
l'on met cet orifice sur le canal d'un soufflet d'orgue, les
alternatives deviennent assez rapides pour produire un son,
ordinairement rauque et assez désagréable , du moins quand
la disposition de l'appareil est réduite à ce degré de simplicité.

Le ton plus ou moins élevé de ce son dépend spécialement
de la longueur de la languette , depuis le point où elle est
attachée. Il dépend aussi de son élasticité , de son poids ,
et de sa courbure plus ou moins concave en dehors. Car
tous ces élémens étant changés , changent le ton dans lequel l'anche résonnait.

Il importe de remarquer que ce n'est pas la languette elle-
même , qui, par ses vibrations , ferme et ouvre tour à tour la
rigole , c'est l'air qui l'y pousse, et c'est elle qui revient; le
son dépend de ces chocs et de ces retours plus ou moins
rapides. Si le point d'attache est fixe, ainsi que la longueur
de la languette, l'air aura besoin d'une force d'autant plus
grande pour l'amener contre la rigole, qu'elle en sera plus
éloignée. Ainsi, l'augmentation de cet éloignement devra
rendre les battemens plus rares, et par conséquent rendre
plus grave le son qui en résulte. C'est en effet ce que l'on
observe constamment. Au contraire, on rendra le son plus
aigu , si l'on raccourcit la partie libre de la languette, toutes
les autres choses restant les mêmes , parce que son extrémité
aura moins de chemin à faire pour s'approcher de la rigole,
et moins à faire aussi en s'en éloignant. Ces variations de longueur s'opèrent au moyen d'une tige de fil de fer recourbée Ff,
qui est adaptée à la languette, et qui la serre contre la rigole

par son ressort. En tirant ou enfonçant cette pièce que l'on appelle *une Rasette* , on met le point d'attache de la languette plus près ou plus loin de son extrémité libre , et le son monte ou descend , mais non pas dans la proportion du carré des longueurs , comme je m'en suis assuré par l'expérience ; ce qui achève de prouver que le jeu de l'anche ne doit pas être assimilé à celui des lames élastiques libres par un bout , fixées par l'autre , et vibrant spontanément. Du reste, le ton de l'anche est tellement déterminé par la rapidité des battemens dont elle est susceptible , qu'il reste le même quel que que soit la nature du gaz par laquelle on la fait parler.

Le courant d'air qui fait vibrer les anches n'agit pas , sur elles, seulement quand il enfile la rigole ; il modifie encore leurs mouvemens par la rapidité plus ou moins grande avec laquelle il s'écoule et fait place à de nouvel air. Par une suite nécessaire de cette réaction réciproque, il arrive que la configuration des tuyaux qu'on ajuste sur les anches influe extrêmement sur la qualité des sons qu'on en tire. Ceux qui rendent les sons les plus éclatans, sont les tuyaux coniques qui vont en s'évasant vers l'air extérieur, *fig.* 47. Si le cône est renversé, *fig.* 48 , le son devient sourd. Mais si deux cônes pareils, opposés base à base , sont ajustés à l'extrémité d'un long tuyau conique, *fig.* 49 , ce système donne au son de la rondeur et de la force. En général pour que les vibrations de l'anche soient régulières et harmonieuses , il faut qu'elles puissent convenir avec le mouvement de l'air dans le tuyau où l'anche parle. La nécessité de cette condition est surtout sensible dans les tuyaux longs et minces, comme ceux des hautbois et de la clarinette. Aussi ces instrumens sont-ils percés de trous latéraux qui, unis au pincement des lèvres permettent au musicien d'établir l'accord dont il s'agit.

Les anches telles que je viens de les décrire ont toujours un son rauque et criard, dont l'âpreté est due au battement de la languette contre la matière solide de la rigole ; mais , par une modification aussi simple qu'ingénieuse , M. Grenié , habile amateur de musique , est parvenu à leur ôter tous ces défauts, et à leur donner en échange des qualités qu'elles n'avaient pas.

Pour cela il fait la rigole A R , *fig.* 50 , en bois ou en cuivre, mais à arêtes vives et en forme de parallélipède. La languette est une lame de laiton parfaitement plane , et coupée en forme de rectangle de manière à remplir exactement, ou plutôt presque exactement la face évidée de la rigole. Une rasette extrêmement ferme et solide *r r* arrête cette languette à la longueur convenable , et fixe invariablement le point à partir duquel elle doit vibrer. Maintenant , lorsque cette anche est montée sur le porte-vent B C S , si l'on souffle par le trou S , l'air comprimé ne trouvant pas , ou presque pas d'issue entre la languette et les parois de la rigole , pousse la languette et l'y fait entrer. Après qu'il a passé une petite quantité d'air, l'élasticité naturelle de la languette la ramène à sa position primitive; de sorte qu'elle ferme de nouveau le passage à l'air ; mais la vitesse qu'elle a acquise en revenant ainsi sur elle-même , lui fait aussitôt dépasser ce point , et elle s'écarte dans le sens opposé , en poussant l'air devant elle jusqu'à ce que la résistance qu'elle éprouve , jointe à l'effort de l'élasticité , l'arrête et la ramène de nouveau à sa position primitive , d'où l'air la pousse une seconde fois dans le tuyau. Voilà le mode de mouvement le plus général que l'on puisse concevoir ; et M. Grenié a bien voulu me fournir l'occasion de le vérifier par l'expérience en disposant une de ses anches dans un porte-vent de verre , de manière qu'on pouvait la voir vibrer. On comprend que de pareilles oscillations , lorsqu'elles deviennent suffisamment rapides, doivent produire un son , de même que les battemens des anches ordinaires , avec la différence importante que le son aura un timbre incomparablement plus doux, plus harmonieux , plus égal , puisque la lame de cuivre, au lieu de battre contre du bois, du cuivre, ou de la peau , dont la résistance est toujours brusque et irrégulière , ne fait ici que refouler sur lui-même un fluide parfaitement homogène , compressible et élastique , tel que l'air. Aussi les anches de M. Grenié n'ont plus rien de ce ton rude et criard qui fait le désagrément des anches ordinaires, et qui ne disparaît pas même tout-à-fait dans les instrumens où l'anche est modifiée par le jeu des lèvres. Leur son, dans les octaves les plus aiguës, comme les plus graves, est aussi doux , aussi pur que celui des tuyaux à bouche ; et l'on voit bien que cela doit être , d'après la manière dont l'air y est mis en vibration.

Un autre point important de la construction de M. Grenié, c'est la fermeté des languettes et celle des rasettes par lesquelles elles sont retenues. La force de chaque languette est combinée avec la largeur de la rigole qu'elle couvre , de manière que le courant d'air qui la presse ne puisse jamais lui donner plusieurs inflexions autour de son axe ; et, comme la fixité de la rasette rend sa longueur invariable , il en résulte que, quelle que soit la force du vent qui la presse , elle ne peut jamais changer de ton. L'accroissement du vent n'a donc d'autre effet que de rendre les excursions de la languette plus grandes, de renfler ainsi le son ; et le musicien règle à son gré ce renflement au moyen d'une pédale qui fait mouvoir un soufflet à ressort. De cette manière, on peut à volonté produire des sons forts ou faibles, et passer d'un de ces extrêmes à l'autre par un *crescendo* aussi régulier, aussi soutenu que celui de la voix ou des instrumens dans lesquels le son est modifié par le jeu des lèvres.

L'air qui a fait vibrer les anches s'échappe par des tuyaux ouverts, évasés en cône et terminés en demi-sphère, *fig.* 51. Ce renflement, comme je l'ai déja annoncé, donne au son de la rondeur et de la force. La longueur de chaque tuyau est toujours égale à celle de la languette. L'expérience a fait connaître cette proportion , comme elle a indiqué la forme la plus favorable du tuyau. M. Grenié a construit sur ce modèle des tuyaux d'anches qui sonnent le seize-pieds ouvert, avec une netteté, une force et une régularité véritablement remarquables. Dans ce cas , la languette est une règle de cuivre , dont la longueur est 0^m,240, la largeur 0^m,035 , l'épaisseur 0^m,003. Ses vibrations sont si énergiques, qu'elles font frémir le tuyau qui lui sert de prolongement , le porte-vent sur lequel elle est montée , le plancher même , et tous les corps élastiques qui sont dans le voisinage.

Sachant, d'après cette théorie, que le son des tuyaux

d'anches est immédiatement excité par les battemens de leurs languettes, et la rapidité de ces battemens étant réglée par les dimensions des lames qui les exécutent, on voit que le ton du son qui en résulte est complettement déterminé par ces circonstances, indépendamment de la nature du milieu où l'anche vibre, et qu'ainsi il doit être le même dans tous les gaz. C'est en effet ce que l'expérience confirme. Pour m'en assurer, j'ai vissé le porte-vent d'une anche libre à un robinet à large canal, adapté au sommet d'une cloche de verre ; et j'ai enveloppé le tuyau de sortie avec une vessie mouillée que j'avais comprimée pour en chasser l'air. Puis, ayant placé la cloche sur une cuve pleine d'eau, *fig.* 52, je l'ai enfoncée graduellement pour que l'air passât par le robinet dans le tuyau de l'anche, et la fit parler. J'ai observé le ton qu'elle rendait dans cette circonstance ; puis ayant ôté la vessie pour laisser échapper tout l'air qui y était passé, je l'ai replacée après l'avoir pressée de nouveau, et j'ai rempli de nouveau la cloche avec du gaz hydrogène, qui, de cette manière, ne se trouvait mêlé qu'avec la très-petite portion d'air atmosphérique que le tuyau de l'anche contenait. Alors, plongeant de nouveau la cloche dans l'eau, j'ai fait parler l'anche avec le gaz hydrogène ; mais le ton du son s'est trouvé exactement le même qu'auparavant. Pour bien faire cette expérience, il faut employer une anche libre, telle que celles de M. Grenié, parce que ce sont les seules dont la construction soit assez parfaite pour conserver la constance de leur ton, quelle que soit la rapidité du courant d'air qui les traverse.

CHAPITRE VI.

Sur la Résonnance des corps.

En rassemblant et généralisant les faits que nous avons exposés dans les chapitres qui précèdent, on doit concevoir que tous les corps, quelle que soit leur nature, s'ils sont convenablement ébranlés, peuvent prendre des mouvemens de vibrations dont la rapidité, la force et la permanence dépendront du mode d'agrégation qui unit les particules du corps vibrant, de son élasticité plus ou moins parfaite, et enfin de sa forme, qui établit des relations mécaniques entre les mouvemens possibles de ses diverses parties. Aussi, en examinant les instrumens de musique des diverses nations du monde, on voit que presque toutes les matières connues ont été employées à leur construction.

Non-seulement cet état vibratoire, qui produit dans l'air des ondes sonores, peut être imprimé à tous les corps par l'effet d'un ébranlement immédiat, mais on peut encore l'y exciter par communication, en les mettant en contact avec des corps vibrans qui leur fassent partager leurs oscillations. C'est ainsi que la boîte de bois sec et élastique qui forme le corps du violon, du piano, de la harpe, de la basse, frémit et résonne sous l'influence harmonique des cordes de ces instrumens ; et, selon que sa contexture la rend plus ou moins docile à cette influence, elle renforce avec plus ou moins d'énergie, de plénitude et de justesse, le faible son que les cordes seules avaient primitivement excité. Pour rendre ce phénomène bien sensible, il faut prendre un diapason de fer, tel que celui qui est représenté *fig.* 21, et qui sert à fixer le ton sur lequel les pianos doivent être accordés ; puis, après l'avoir fait vibrer plusieurs fois isolément, et avoir reconnu le degré d'intensité du son qu'il excite, posez-le, en l'appuyant, sur la caisse du piano dans laquelle toutes les cordes métalliques sont renfermées. Aussitôt le son éclatera, dans le même ton juste, mais avec une force qu'il était loin d'avoir. Si vous voulez rendre l'augmentation plus frappante encore, ne posez le diapason sur la lame qu'après que sa résonnance propre s'est affaiblie presque jusqu'à n'être plus sensible isolément ; aussitôt vous l'entendrez de nouveau, et plus fort qu'il n'avait jamais été. Il est évident qu'alors le mouvement vibratoire du diapason se communique, par l'air et par la matière solide de la caisse, à toutes celles des cordes métalliques qui peuvent l'admettre dans leur longueur totale ou dans leurs divisions ; comme aussi il doit se transmettre aux cordes ou fibres ligneuses de la caisse , qui sont en état de le partager , et c'est pour cela sans doute qu'on la sent frémir. On conçoit alors combien le choix d'un bois à fibres mobiles et facilement excitables doit avoir d'influence sur la bonté des instrumens ; mais on ne peut s'assurer de ces qualités que par l'expérience. Il faut en général employer des bois sonores , secs , élastiques , à fibres bien égales , et essayer, par des épreuves pareilles à celles que nous venons de décrire, s'ils sont également sonores dans toutes leurs parties. Encore , après tout cela , il faut que les cordes dont on fait usage y soient convenablement appropriées ; telle corde résonne mal sur un violon , qui résonnera bien sur un autre. Il paraît aussi que le temps contribue à perfectionner les tables sonores, et que leurs fibres deviennent plus promptes à s'émouvoir quand elles l'ont été souvent. Ces différences sont tellement sensibles pour des oreilles exercées , qu'un habile joueur de violon peut, les yeux fermés , distinguer ceux de ces instrumens qui viennent d'un lutier célèbre , comme Amati ou Guarnerius , uniquement d'après la qualité du son qu'ils rendent ; et vainement essaierait-on de les imiter , si l'on n'a pas à sa disposition des matériaux aussi parfaits. Un *Amati* peut être démonté vingt fois sans rien perdre de son mérite ; si , après l'avoir mis dans cet état, on en copie toutes les pièces avec la fidélité la plus scrupuleuse , on pourra obtenir un instrument d'une forme exactement pareille ; mais si on les remonte l'un et l'autre , et qu'on les éprouve, le premier sera toujours un excellent violon , et le nouveau pourra être fort médiocre , ou même fort mauvais.

On a une grande preuve de l'effet de ces vibrations communiquées , même à travers les substances les plus rigides , dans le bruit prodigieux de l'instrument chinois connu sous le nom de *tamtam*, et qui est aujourd'hui employé dans nos orchestres. C'est une sorte de grande cymbale , qui se suspend librement à une corde par un de ses bords. Elle est faite avec un alliage de 0,20 d'étain, et 0,78 de cuivre, qui , d'après une découverte très-curieuse de M. Darcet , lorsqu'il est trempé , est ductile et malléable , de manière à pouvoir être travaillé aisément , mais qui devient dur , élastique et cassant , lorsqu'on le laisse refroidir lentement dans l'air. On travaille d'abord le métal dans le premier de ces deux états ; puis, quand l'instrument a la forme requise , on lui donne la dureté et l'élasticité. Pour le faire vibrer, on le frappe sur les bords, non pas avec un corps dur , ce qui le briserait comme du verre, mais avec un gros tampon de peau attaché au bout d'un bâton. Le son n'est pas d'abord très-intense ; il paraît que les anneaux, sur lesquels on frappe , entrent les premiers en vibration ; bientôt le mouvement se communique à tout le reste de la masse , et il en résulte un bruit épouvantable.

L'air lui-même , malgré son peu de masse , devient capable de communiquer ainsi ses propres vibrations , lorsqu'il est en contact avec des corps susceptibles de les admettre et de les exécuter avec lui. Nous avons rapporté à ce genre de communications le frémissement des cordes tendues , près desquelles on fait vibrer une autre corde dont elles puissent suivre les oscillations , soit en vibrant tout entières , soit en se divisant d'elles-mêmes en parties aliquotes. L'orgue produit aussi des effets pareils , mais bien plus intenses , sur les corps élastiques qui offrent de larges surfaces aux ondulations de l'air. Si l'on place un de ces instrumens dans une chambre , il arrive presque toujours que quelques-uns de ses tuyaux sont en harmonie avec une ou plusieurs vitres des fenêtres, ou même , par fois , avec la fenêtre entière. Alors la fenêtre frémit et résonne dès qu'on fait parler ces tuyaux-là ; et le son propagé qui en résulte est souvent beaucoup plus intense que le son principal.

On peut tirer parti de ces propriétés pour augmenter l'effet des orchestres dans les salles de spectacle, et cette précaution , au rapport de J.-J. Rousseau , n'est pas négligée dans les théâtres d'Italie. Le lieu où les musiciens sont placés est en quelque façon lui-même un grand instrument. Le plancher est en communication , par le plus petit nombre de points possible, avec la masse solide de l'édifice, qu'il serait trop difficile de faire vibrer ; il la touche seulement par des bâtis légers, qui le tiennent suspendu en l'air. Au-dessous de ce plancher, il y a une voûte creuse, de même étendue horizontale, qui reste constamment vide. L'air que cette cavité renferme est mis en vibration par les instrumens de l'orchestre, et, comme un grand porte-voix, renvoie leurs sons en les rendant plus forts et plus nombreux. Comme il y a très-peu de distance entre chaque point d'où le son se réfléchit dans la cavité, et celui dont il émane, il arrive que les ondes réfléchies et les ondes directes parviennent aux auditeurs à des instans si peu différens, qu'ils n'y aperçoivent point d'intervalle sensible ; mais, selon que la cavité résonnante est plus ou moins profonde, et d'une forme plus ou moins bien appropriée à la configuration de la salle, celle-ci en devient plus ou moins sonore. Au reste, de tous les défauts qui peuvent assourdir une salle de spectacle, ou en général un édifice destiné à des assemblées publiques, le pire, et assurément un des moins rares, c'est l'existence de grandes cavités pratiquées mal à propos dans ses parois, et où les ondes sonores vont s'engouffrer sans pouvoir se distribuer au reste des auditeurs, si ce n'est par des échos tardifs et incommodes, qui ne font qu'affaiblir encore davantage les sons directs.

Il paraît que les anciens avaient, pour renforcer et répandre les sons, des procédés qu'ils tenaient de l'expérience et de la nécessité où ils étaient d'avoir recours à de semblables artifices pour faire entendre leurs acteurs dans des théâtres immenses et entièrement découverts. Il y avait, dit-on, de grands vases d'airain, placés dans diverses parties de l'enceinte, et dont la résonnance fortifiait le son au point de le rendre partout sensible et distinct. Vitruve atteste ce fait, et explique la manière dont les vases étaient placés. Mais il est impossible de concevoir comment il en pouvait résulter un pareil effet. En général, nos connaissances sont très-peu avancées pour tout ce qui concerne l'intensité des sons ; et il est fort à désirer que cette partie, encore toute neuve de la physique, soit étudiée et développée par quelque habile expérimentateur.

Il y a encore une autre espèce de résonnance qui tient en quelque sorte à la nature de notre organe , et qui consiste dans la rondeur et l'éclat qu'un son acquiert lorsqu'il est soutenu par son octave ou sa quinte. Je ne veux pas parler ici du son résultant qui se produit toujours dans un pareil concours de deux sons, et qui naturellement doit contribuer à les faire mieux sentir; il s'agit de phénomènes d'une toute autre nature. Par exemple, si l'on a , dans un tuyau convenable , une anche libre qui sonne le seize-pieds ouvert, et qu'on la fasse vibrer seule, on entendra un son grave , mais sourd, qui formera presque l'extrême de ceux que nous pouvons apprécier : mais mettez à côté de cette anche l'octave au-dessus qui a cependant elle-même un ton encore très-grave , et faites-les résonner ensemble , vous obtiendrez , avec la même gravité , une force, une rondeur et un éclat qui vous surprendront. Aussi, dans les jeux d'orgue, ces tuyaux si graves , comme le seize-pieds et le trente-deux pieds, ne s'emploient jamais seuls; car à peine on pourrait les entendre. Ils y sont toujours accompagnés de leurs accords supérieurs. Ceci peut tenir , au moins en partie, à un fait que M. Hamel a découvert, et dont il m'a rendu témoin ; c'est que , lorsque plusieurs sons vibrent en même temps , outre le son résultant grave qui peut se calculer par la théorie, on entend encore d'autres sons plus élevés, qui forment avec les premiers une série ascendante ; de sorte qu'ils sont surtout sensibles dans les basses, où les premiers se perdent, et qu'ils se perdent dans les tons élevés, où les premiers acquièrent le plus d'énergie.

CHAPITRE VII.

Organes de l'Ouïe et de la Voix.

Lorsqu'a force de combinaisons et d'expériences , nous sommes parvenus à découvrir les lois communes d'une classe de phénomènes naturels, s'il existe dans les êtres organisés quelques appareils destinés à rendre ces phénomènes sensibles,

il est d'un intérêt extrème d'en étudier le mécanisme, et de
le comparer à notre théorie; car, pour savante qu'elle soit,
nous trouvons toujours que la nature en savait davantage;
et l'observation de ses ouvrages, après avoir confirmé ce que
nous avions découvert de véritable, nous laisse encore bien
des énigmes instructives à deviner. Cette considération, très-
propre à frapper des esprits philosophiques, m'a engagé à
insérer ici quelques détails sur les organes de l'ouïe et de la
voix. Je les extrais principalement du Traité élémentaire de
M. Magendie sur la physiologie.

Tous les appareils des sens sont en général composés d'un
système extérieur d'organes qui recueille les impressions
extérieures, et d'un nerf placé derrière, qui paraît destiné à
nous en donner le sentiment intime. Cette disposition s'observe
dans les appareils de la vision, de l'odorat, du toucher; on
la retrouve également dans l'organe de l'ouïe.

DE L'OUIE.

Cet organe offre d'abord à l'extérieur une sorte de *pavillon*
évasé par dehors, comme celui du cornet acoustique; car,
ainsi que je viens de le faire entendre, nos instrumens les
plus parfaits ne sont d'ordinaire que des imitations plus ou
moins heureuses des procédés de la nature. Ce pavillon se
rétrécit peu à peu en un conduit, revêtu intérieurement de
poils et d'une matière visqueuse, qui en défendent l'accès
aux corps étrangers. Enfin le fond en est complètement fermé
par une membrane sèche et tendue, que la peau, devenue
plus mince, recouvre en dehors, et que l'on nomme la
membrane du *tympan*. Les ondulations sonores de l'air extérieur ne pouvant pas aller plus loin que cette membrane, il est
vraisemblable qu'elle est destinée à les recueillir et à les
transmettre à l'intérieur, fonction à laquelle sa structure
élastique la rend parfaitement propre. Néanmoins la propagation du son se fait aussi par les parties solides qui l'environnent; car elle peut être déchirée, ou même entièrement
détruite, sans que la faculté d'entendre soit, dit-on, sensiblement altérée. Derrière elle, il y a une cavité qui est nommée

la *caisse du tympan*, laquelle communique avec le gosier par un petit conduit, qui permet à l'air de l'arrière-bouche d'y entrer et d'en sortir. Cette condition paraît même essentielle à la communication des sons ; car si le conduit guttural se bouche, on prétend que la surdité s'ensuit. Mais ce que la caisse du tympan renferme de plus singulier, ce sont quatre petits corps osseux, appelés les *osselets*, qui forment une chaîne continue attachée d'une part à la membrane, et de l'autre à un appareil solide, très-composé, appelé le *labyrinthe*, dont une partie, contournée en spirale, a été nommée *limaçon*. Le labyrinthe est rempli d'un liquide, dans lequel le nerf acoustique plonge. Ainsi, l'on conçoit que les ondulations sonores, agissant d'abord par leur choc immédiat sur la membrane du tympan, sont transmises, par l'air de la caisse et par la chaîne des osselets, aux parois du labyrinthe, et de là, par l'intermédiaire du liquide, au nerf acoustique. Mais voilà à peu près tout ce dont on peut se rendre raison. A quoi sert la chaîne des osselets ? On l'ignore. Lorsque la membrane du tympan a été détruite, cette chaîne n'est plus tendue, et ne peut plus servir. Les trois osselets situés de son côté tombent, et le quatrième seul reste d'ordinaire attaché à l'orifice du labyrinthe, et à la membrane qui le ferme, de façon que le liquide intérieur ne s'écoule pas. Alors l'audition a encore lieu comme auparavant, quoique probablement avec moins de perfection. Il serait important d'examiner si la sensibilité de l'organe, et sa faculté de percevoir, de comparer les sons, n'est point affaiblie. Au reste, tant que le nerf acoustique est environné de liquide, on comprend que les sons peuvent très-bien lui être transmis par les parties solides de l'organe ; mais la transmission cesserait d'être possible, si ce nerf était isolé. Aussi, lorsque, par suite de maladie, la membrane du tympan est détruite, et la chaîne des osselets tombée, si le quatrième osselet qui bouche le labyrinthe tombe aussi, et si la membrane qui ferme le labyrinthe se rompt, de façon que le liquide renfermé dans cette cavité s'écoule, la surdité s'ensuit toujours. Mais à quoi sert ce merveilleux travail du labyrinthe ? On l'ignore absolument.

DE LA VOIX.

Le mécanisme de l'organe vocal est mieux connu que celui de l'ouïe, quoiqu'on soit encore bien loin de pouvoir l'expliquer dans tous ses détails. Il est, je ne dirai pas semblable, mais analogue aux instrumens à anches libres.

Dans l'homme, l'air, d'abord aspiré dans le poumon, et contenu dans la poitrine, en est chassé par la contraction de ces cavités, laquelle s'opère par un appareil musculaire très-puissant, que l'on nomme *les muscles de l'expiration*. De là il est conduit dans un canal cylindrique que l'on nomme *la trachée-artère*, et qui est composé d'anneaux cartilagineux, alternés avec des anneaux membraneux flexibles, ce qui lui permet de s'allonger et de se raccourcir, quoiqu'à la vérité dans des limites très-peu étendues. Au bout de ce canal sont deux lames membraneuses rectangulaires, placées parallèlement l'une à l'autre à une très-petite distance, de manière que leur intervalle offre une fente étroite, dans laquelle l'air, chassé de la poitrine, est forcé de passer avant de s'échapper par la bouche. L'organisation de ces deux lames est très-composée ; mais ce qu'il nous importe le plus de remarquer, c'est qu'elles peuvent vibrer très-rapidement par leur côté libre, et qu'elles vibrent en effet lorsque la voix se produit d'une manière continue, comme M. Magendie s'en est assuré sur des chiens vivans. Cet appareil, analogue à une anche, mais à une anche dont les lames seraient contractiles et élastiques, se nomme *la glotte*, et l'endroit de la trachée où il est placé, ainsi que les pièces qui l'accompagnent, s'appellent *le larynx*. Au-dessus de la glotte, on trouve une membrane plate, élastique, à peu près semblable à une langue qui, fixée seulement par sa base, peut prendre dans la trachée diverses inclinations s'élevant et s'abaissant sur la glotte de manière à modifier la rapidité du courant d'air qui en sort. Cette membrane a reçu le nom d'*épiglotte*, qui exprime seulement sa place. Nous verrons tout-à-l'heure à quoi elle peut servir. Pour le moment, je me bornerai à dire, d'après M. Magendie, qu'elle entre en vibration aussi-bien que les lèvres de la glotte, dans les sons soutenus. Après avoir dépassé cette membrane, l'air ne rencontre plus d'obstacle; il se répand dans le gosier, dans la bouche, et sort enfin au-dehors.

D'après cette description sommaire, on reconnaît avec évidence que l'organe de la voix ne peut être comparé qu'à un instrument à anche libre, où la poitrine sert de soufflet, la trachée de porte-vent, la glotte d'anche, et la bouche de tuyau pour l'écoulement de l'air. Toutes les épreuves expérimentales que l'on peut faire confirment cette analogie.

Et d'abord, il est impossible d'y voir avec quelques auteurs un instrument à cordes. Qu'y a-t-il en effet dans la glotte qui ressemble à une corde vibrante? Où trouverait-on la place nécessaire pour donner à cette corde la longueur qu'exigent les sons les plus graves? Comment pourroit-on en tirer jamais des sons d'un volume comparable à ceux que l'homme produit? Les plus simples notions d'acoustique suffisent pour faire rejeter cette étrange opinion.

C'est donc un instrument à vent; mais cet instrument est tel, qu'il peut donner des sons très-graves avec une longueur de tuyau très-peu considérable, et que le même tuyau, presque sans changer de longueur, suffit pour produire, non-seulement une certaine série de sons, en progression harmonique, mais tous les sons imaginables et toutes les nuances de ces sons, dans l'étendue de l'échelle musicale que chaque voix peut embrasser. Ces effets sont impossibles avec le jeu des tuyaux de flûtes; mais ils conviennent parfaitement aux tuyaux d'anches; car alors la longueur du porte-vent étant supposée fixe, ainsi que celle du tuyau vocal placé au-delà de l'anche, celle-ci, par le seul allongement ou raccourcissement de ses lèvres, peut modifier le courant d'air de manière à obtenir tous les sons et toutes les nuances possibles de sons compris entre les limites extrêmes qu'elle comporte. En effet, en observant la glotte des chiens pendant la production soutenue de la voix, M. Magendie a vu que, dans les sons les plus graves, les lèvres de la glotte vibraient dans toute leur longueur;

mais qu'à mesure que le ton s'élevait, elles se joignaient et se serraient l'une contre l'autre dans une étendue de plus en plus considérable, de manière à diminuer de plus en plus la longueur de la portion vibrante; de sorte que, dans l'extrême limite des sons aigus, la glotte n'offrait plus qu'une petite fente très-étroite et très-courte, par laquelle tout l'air expiré de la poitrine est contraint de passer. Ce jeu est parfaitement analogue à celui de nos anches, dont il faut aussi raccourcir la languette à mesure que l'on veut faire monter le ton. Mais dans celles-ci, même lorsqu'elles sont parfaitement libres, le ton change toujours un peu quand la force du vent éprouve des variations très-grandes d'intensité; et M. Grenié a trouvé qu'on pouvoit corriger ce défaut en mettant au-dessus des anches, dans le tuyau vocal, de petites lamelles de papier, fixes seulement par leur base, et qui, s'élevant quand le courant s'accélère, s'abaissant quand il se ralentit, peuvent, par ces positions diverses, modifier les ondulations de manière que le ton reste constant, avec une intensité de son différente. On peut conjecturer que l'épiglotte, placée de la même manière, et d'une forme à peu près pareille, est destinée, entre autres choses, à produire un pareil effet, et qu'elle nous donne ainsi la faculté dont nous jouissons, de renfler les sons à volonté sans les altérer.

Lorsque nous avons étudié le son des anches, nous avons remarqué que le tuyau vocal, sans déterminer nécessairement les sons, avait de l'influence sur leur timbre et sur la la facilité plus ou moins grande de les produire. Tel sera donc, dans l'homme, l'effet de la bouche et du conduit guttural. Ainsi, un trou percé dans cette partie du canal n'empêchera pas la voix de se produire, et en changera seulement le timbre; c'est aussi ce que l'on observe sur les individus auxquels il a été fait naturellement, ou artificiellement, quelque ouverture *au-dessus* du larynx. Même on peut, sans aucune opération, en avoir une preuve frappante En effet, il existe au fond de la bouche un trou pareil qui communique dans les fosses nasales, de là à l'air

extérieur, et qui peut être ouvert ou fermé à volonté par
une soupape membraneuse, que l'on appelle le *voile du
palais*. Dans la production habituelle de la voix, cette soupape s'applique sur le trou, et le ferme ; de sorte que l'air
sort seulement par la bouche. Mais, en faisant un léger
effort pour pousser l'air dans les fosses nasales, on empêche
l'application de la membrane, le trou reste ouvert, et le
son sort par le nez et par la bouche à la fois. C'est ce que
l'on appelle *parler du nez*. Or, tout le monde sait que, dans
ce cas, la voix acquiert un timbre particulier, et entièrement différent de son timbre ordinaire.

Au contraire, si vous faites un trou dans le porte-vent
d'une anche, le vent sortira par ce trou ; et en le supposant
suffisamment large, l'anche ne parlera pas. C'est aussi ce
qui arrive aux personnes chez lesquelles il survient, *au-
dessous* du larynx, une ouverture fistuleuse. Elles ne peuvent parler qu'après avoir bouché ce trou. M. Magendie a
eu sous les yeux un individu qui se trouvait dans ce cas, et
qui était contraint de porter habituellement autour du col
une cravatte serrée pour pouvoir parler.

L'allongement et le raccourcissement dont la trachée-
artère est susceptible peuvent, quoique très-limités, servir
aussi à varier les tons, surtout dans les cas extrêmes où
l'influence de l'épiglotte ne serait peut-être plus suffisante ;
car, dans les anches, M. Grenié a reconnu que la longueur
du porte-vent avait une influence analogue. Remarquons
toutefois que cette influence et celle de l'épiglotte, comme
membrane compensatrice, ne sont pas des élémens essentiels à la production même du son ; de sorte, par exemple,
que l'épiglotte pourrait vraisemblablement être détruite
sans que la voix cessât de se former. Mais leur absence ou
leur présence doit se faire sentir dans le chant, où les
mêmes sons doivent être souvent produits avec d'inégales
intensités, et quelquefois avec une intensité variable, le ton
restant le même.

L'étendue des diverses voix humaines, depuis les plus
graves jusqu'aux plus aiguës, embrasse environ trois oc-

taves. Les voix les plus étendues ne passent guère deux octaves en sons bien pleins et bien justes. Les voix d'hommes,
les plus graves, vont communément de sol_1 à fa_3, en appelant ut_1 l'*ut* du violoncelle, ou le son fondamental d'un
tuyau de quatre pieds bouché. Les voix de femmes, les
plus hautes, vont communément de re_3 à la_4. En général,
les voix des enfans et des femmes sont plus aiguës que celles
des hommes faits, parce que les lames de leur glotte sont
proportionnellement beaucoup plus courtes. Elles augmentent dans l'homme vers quinze ou seize ans, et acquièrent
en peu de temps une longueur presque double de celle
qu'elles avaient d'abord; c'est ce qui fait le changement
qu'on observe à cette époque dans le son de la voix, et qui
la rend plus grave. Quant à son volume absolu, il dépend
dans chaque individu de l'épaisseur des lèvres de l'anche,
et de la force d'expiration que les poumons peuvent exercer.

Après ces explications, il sera très-facile de comprendre
les modifications essentielles que l'organe de la voix présente dans les différens animaux. J'emprunte ces détails
dans les leçons d'anatomie de M. Cuvier.

Les animaux à poumons, c'est-à-dire les mammifères,
les oiseaux et les reptiles, sont les seuls qui aient une véritable voix. La nature de l'organe vocal est, dans tous,
essentiellement la même. C'est un instrument à anche libre,
que l'air expiré des poumons fait parler. Mais il y a de
grandes différences dans la disposition de ce mécanisme.

Les mammifères et les reptiles n'ont, comme l'homme,
qu'une seule glotte, ou anche, placée à l'endroit où la trachée-artère vient se terminer dans la bouche. Leur voix se
produit donc absolument de la même manière. Mais l'homme
seul, par la flexibilité de ses lèvres, par la mobilité de sa
langue, et les autres modifications de la bouche, est susceptible d'une variété d'articulations qu'une organisation
plus imparfaite interdit aux animaux.

La classe des oiseaux, qui renferme des chanteurs si mélodieux, offre, dans la construction de l'organe vocal, diverses particularités dont on sentira facilement l'influence sur la variété des sons. La plus remarquable, c'est que la glotte et les lames vibrantes y sont placées presqu'à la sortie des poumons, et à l'origine de la trachée-artère. Du reste, quoique cette trachée soit proportionnellement plus longue et plus extensible que celle des mammifères, elle est encore beaucoup trop courte pour que les sons graves qui en sortent y soient produits comme dans un tuyau de flûte. Cela suffit pour prouver que, dans cette classe, comme chez les mammifères, l'instrument vocal est une anche; et la preuve que l'anche y est placée au bas de la trachée, c'est que, si l'on coupe le cou à un oiseau criard, même très-loin de la tête, comme M. Cuvier en a fait l'expérience, il crie comme auparavant; parce que l'instrument qui produit chez lui le son existe encore, au moins dans sa partie la plus essentiellement nécessaire à la formation de la voix.

J'ai dit que la trachée des oiseaux était plus contractile que celle des mammifères. Elle offre encore une autre particularité; c'est que son extrémité supérieure peut se resserrer et s'élargir de manière à laisser un passage plus ou moins libre au courant d'air. Les variations de la longueur et de l'ouverture sont donc deux moyens dont l'oiseau peut disposer pour varier les tons de sa voix et les intensités de ces tons, de même que la forme des tuyaux qu'on met au-dessus des anches ordinaires réagit sur les tons qu'elles produisent, pour une longueur donnée des lames vibrantes. Mais probablement ce moyen auxiliaire ne sert qu'à former les nuances les plus délicates; car nous avons vu que le seul changement de longueur des lèvres de l'anche est toujours la première et la principale cause du changement de ton.

Nous avons vu aussi que la forme du tuyau vocal adapté aux anches ordinaires, modifie la qualité du son qu'elles produisent, et le rend plus ou moins semblable à celui de divers instrumens. Des variétés analogues se produisent dans les oiseaux par une cause pareille, c'est-à-dire par la forme de leur trachée-artère. Ceux qui ont une trachée conique évasée vers la bouche ont la voix éclatante, comme les jeux de trompettes dans les orgues. D'autres ont, dans certains endroits de leur trachée, des renflemens qui doivent y modifier la qualité du son ; de même qu'il arrive dans les orgues par l'effet des tuyaux à cheminée. Mais les oiseaux chanteurs ont une trachée cylindrique toute composée d'anneaux aussi fins que des fils. On conçoit que la qualité du son peut être modifiée par la construction plus ou moins délicate de la trachée, et par la nature plus ou moins élastique de la substance qui la compose. Elle doit l'être encore par la constitution de l'anche, qui peut être plus ou moins criarde, comme nous observons que cela arrive dans nos anches ordinaires. Mais ces détails, dont la variété se suppose aisément, n'appartiennent pas d'assez près à notre sujet pour que nous devions les parcourir, et il nous suffira d'avoir montré le point de vue véritable sous lequel on doit les envisager.

LIVRE IV.

De l'Électricité.

CHAPITRE PREMIER.

Phénomènes généraux des Attractions et Répulsions électriques ; distinctions de deux sortes d'électricités.

Jusqu'ici toutes les propriétés que nous avons découvertes dans les corps, leur étaient constamment inhérentes, et semblaient essentiellement attachées à la matière qui les compose. C'est ainsi que les corps pesans ne peuvent pas être dépouillés de la pesanteur, ni leurs molécules de la propriété de s'attirer mutuellement.

Nous allons examiner maintenant d'autres genres de modifications qu'on peut imprimer passagèrement aux corps, et qui sont d'autant plus singulières que, sans ajouter ni ôter à leurs particules aucun principe tangible et pondérable , elles y développent néanmoins des forces très-puissantes , dont l'influence mécanique peut ensuite mettre en mouvement des corps matériels.

Par exemple , si l'on prend un bâton de cire d'Espagne ou un tube de verre, ou un morceau d'ambre qui n'ait pas été touché depuis long-temps , et qu'on les approche de quelques petites parcelles de papier , de paille ou d'autres petits corps légers, ceux-ci n'en éprouveront aucune impression ; mais si , avant de faire cette épreuve , on frotte légèrement et vivement le tube de verre , le bâton de cire ou le morceau d'ambre , avec une étoffe de laine ou une peau de chat bien sèche , lorsqu'on les approche ensuite des petits corps légers , dont nous parlions tout-à-l'heure , on voit ceux-ci s'envoler vers eux. Voilà donc une nouvelle propriété , une faculté nouvelle que le frottement a développée dans des corps qui ne la possédaient pas auparavant. Cette propriété a été appelée *électricité* du mot grec ἤλεκτρον , qui signifie *ambre*, parce qu'en effet c'est dans cette résine qu'elle a été remarquée le plus anciennement.

On en était resté pendant des siècles à cette première observation ; mais depuis environ soixante ans ces phénomènes mieux étudiés ont fait découvrir une multitude de résultats importans , dont l'ensemble forme aujourd'hui une des plus belles parties de la physique.

Le premier pas à faire , ce doit être de bien étudier le phénomène fondamental que nous avons d'abord décrit , et d'en bien définir les diverses circonstances. Pour le rendre plus sensible , il faut soumettre au frottement des tubes de verre , de soufre ou de cire d'Espagne , d'un volume un peu considérable ; par exemple , de deux centimètres de diamètre , et de trois ou quatre décimètres de longueur. Alors les attractions sur les corps légers sont beaucoup plus vives ; on les voit s'élancer avec rapidité vers le tube électrisé. Quelques-uns y adhèrent ; d'autres , après l'avoir touché , sont repoussés rapidement. Si l'on approche le tube de la main ou du visage , on éprouve à une certaine distance une sensation pareille à celle que produiraient des toiles d'arai-

gnées; et si on le touche avec le doigt ou avec une boule de
métal, on entend le pétillement d'une étincelle qui s'élance
sur le corps qu'on lui présente. Cette étincelle devient visible lorsque l'on fait l'expérience dans l'obscurité, et l'on
voit aussi une lueur bleuâtre suivre constamment le frottoir à mesure qu'on le promène sur le tube. On peut encore agrandir les effets en substituant au tube un gros globe
de verre ou de résine, ou un cylindre, ou un plateau de
verre que l'on serre entre des coussins fixes, et que l'on fait
tourner circulairement par le moyen d'une manivelle. Cet
appareil se nomme une *machine électrique :* on y ajoute
ordinairement plusieurs autres dispositions de détail qui en
rendent les effets plus sûrs et plus intenses. Nous en parlerons plus loin, quand nous aurons acquis les connaissances
théoriques sur lesquelles ces dispositions sont fondées. En
attendant, l'appareil tel que nous venons de le décrire, suffit
pour mettre dans une entière évidence les phénomènes fondamentaux que nous avons annoncés.

Quelle est la nature du principe qui produit tous ces phénomènes? comment existe-t-il dans les corps? comment son
action est-elle développée par le frottement? Nous l'ignorons; mais, quel qu'il soit, nous le définirons, pour abréger, par le nom d'*électricité*. C'est ainsi que nous avons
nommé *calorique* le principe inconnu de la chaleur.

Toutes les substances vitrées et résineuses produisent ces
phénomènes à des degrés divers. On les obtient aussi avec
des étoffes de soie; mais ils ne réussissent pas du tout avec
les métaux. Si l'on prend un tube de métal d'une main, et
qu'on le frotte de l'autre avec une peau de chat ou une
étoffe de laine, il ne donnera pas de traces lumineuses, il
n'excitera aucune sensation dans les organes, et il n'attirera
point les corps légers.

Mais si, au lieu de tenir le tube métallique à la main,
vous l'attachez à un tube de verre ou de résine bien sec qui
lui serve seulement de support, et qu'ensuite vous le frot-
tiez comme tout-à-l'heure, sans le toucher autrement que
par le frottoir, il acquerra toutes les propriétés électriques.

La même chose arrivera, si vous le frappez avec un peau de chat après l'avoir suspendu sur des cordons de soie ; ou si, pour le tenir, vous enveloppez votre main avec quelques doubles d'une étoffe soyeuse. Ces propriétés ne subsisteront qu'autant que le tube métallique sera exempt de toute autre communication ; car si vous le touchez avec le doigt ou avec un autre morceau de métal, il les perdra à l'instant.

Il est clair, d'après ces expériences, que si le métal n'acquérait pas d'abord les propriétés électriques par le frottement, ce n'était pas qu'il fût inhabile à les recevoir ; mais il l'était à les conserver, puisque, lorsqu'il les possède, on les lui ôte en le touchant avec le doigt, ou avec un autre morceau de métal. Ainsi, quand on le tenait à la main pour le frotter, l'électricité qui s'y développait devait se perdre à mesure. Il ne faut donc pas s'étonner si elle ne produisait pas d'effet. Mais elle est devenue sensible, quand le métal a été suspendu dans l'air par des supports de verre, de soie ou de résine ; c'est donc une preuve que ces diverses substances résistaient à l'écoulement de l'électricité ; et en effet, l'électricité ne se répand pas rapidement d'un bout à l'autre d'un ruban de soie, d'un tube de verre, ou d'un bâton de résine ; car lorsque ces corps sont électrisés par le frottement, si on les touche dans une partie, on dépouille bien cette partie des propriétés électriques, mais elles subsistent encore dans tout le reste. C'est pour cela qu'on peut électriser ces corps par le frottement, en les tenant à la main par une de leurs extrémités.

Ceci nous conduit donc à distinguer les corps naturels en deux grandes classes, selon qu'ils transmettent ou ne transmettent pas *librement* l'électricité. Nous les nommerons, en conséquence, *conducteurs* et *non-conducteurs ;* on appelle aussi ces derniers *corps isolans*, parce que, lorsqu'on les emploie comme supports, ils servent à *isoler* les autres de toute communication avec des conducteurs qui pourraient leur enlever l'électricité (1).

____

(1) Autrefois on donnait aux corps non-conducteurs, le nom

L'air atmosphérique est évidemment de la classe des corps non-conducteurs ; car s'il livrait un libre passage à l'électricité, aucun corps qui y serait plongé ne pourrait produire des phénomènes électriques durables. Or , un tube de verre ou de résine frotté , conserve ses propriétés électriques pendant un temps même considérable , quoiqu'il soit environné d'air.

Au contraire , l'eau est un corps conducteur ; car si l'on mouille avec ce liquide , ou seulement avec sa vapeur , un tube de verre ou de résine électrisé par frottement , il perd à l'instant toute sa vertu. Aussi la valeur aqueuse suspendue dans l'air altère-t-elle les propriétés isolantes de ce fluide ; et c'est pour cela que les expériences électriques ne réussissent jamais mieux que dans les temps froids et secs , où il y a très-peu de vapeur aqueuse suspendue dans l'air.

Cette faculté diverse des corps pour retenir l'électricité ou pour la transmettre , a été découverte par Grey. Il en dut l'observation au hasard , mais à un hasard dont il sut habilement profiter.

Il n'y a aucune relation constante entre l'état des corps et leur faculté conductrice. Parmi les corps solides , les métaux transmettent parfaitement l'électricité ; mais les gommes et les résines sèches ne les transmettent pas. Presque tous les liquides sont de bons conducteurs ; cependant l'huile est un conducteur fort imparfait. La cire froide et le suif conduisent mal l'électricité ; fondus , ils conduisent bien. La faculté conductrice s'observe dans les états les plus opposés ; par exemple , dans la flamme de l'alcool et dans la glace. La température des corps paraît n'avoir aucune

---

d'*idio-électriques*, c'est-à-dire , électriques par eux-mêmes ; et l'on appelait les corps conducteurs , *anélectriques* , c'est-à-dire , non électriques , parce qu'on croyait que les premiers seuls pouvaient être électrisés par frottement. C'est une erreur. Tous les corps s'électrisent quand on les frotte , mais tous n'ont pas la faculté de retenir l'électricité qu'on y développe ; et , pour qu'elle y reste , il faut les isoler.

influence sensible sur les étincelles électriques qui en émanent. Celles qui sortent de la glace ne sont pas froides, et celles qui sortent d'un fer rouge ne semblent pas plus brûlantes.

L'air et les gaz secs, outre la propriété isolante qu'ils possèdent, paraissent encore avoir la faculté de retenir l'électricité à la surface des corps par leur force de pression. Car si l'on place sous le récipient de la machine pneumatique un corps conducteur électrisé, et isolé sur des supports de verre ou de résine, ce corps, à un certain degré de raréfaction de l'air, perd toute son électricité, qui s'élance avec une lueur bleuâtre sur les autres corps conducteurs par lesquels elle peut communiquer au sol. Si l'on place dans les mêmes circonstances un corps non-conducteur, par exemple, un bâton de cire d'Espagne électrisé par le frottement, l'électricité l'abandonne aussi lorsqu'on a fait le vide; mais elle s'en sépare plus lentement; et il faut un intervalle de temps fort sensible pour que le corps en soit tout-à-fait dépouillé. Ces phénomènes semblent donc indiquer que l'électricité n'est retenue à la surface des corps conducteurs que par la pression de l'air; et, qu'à la surface des corps non-conducteurs, comme le verre sec et la résine, elle est retenue par cette pression, jointe à la difficulté qu'elle éprouve à se dégager de leurs particules.

La propriété conductrice des métaux s'emploie utilement pour faciliter les usages de la machine électrique. On suspend à des cordons de soie ou sur des cylindres de verre, une barre métallique dont l'une des extrémités est placée très-près du globe ou du plateau qui est électrisé par frottement. Alors, à mesure que l'électricité se développe, elle passe dans ce conducteur métallique isolé, et s'y conserve. Si l'on touche ce *premier conducteur* avec une autre barre métallique isolée de même, et que l'on tienne par la substance isolante, cette seconde barre devient électrique à son tour, et l'on peut ainsi transporter où l'on veut l'électricité. Peu importe à quel point on touche le premier conducteur, il donnera partout de l'électricité. Si on y attache un fil métallique d'une longueur quelconque, fût-ce de mille mètres, ce fil deviendra de même instantanément électrique dans toute son étendue, pourvu qu'il soit pareillement isolé. On pourra continuer aussi la communication à travers des masses d'eau liquide contenue et isolée dans des vases de verre. Ce sont là des conséquences et des preuves du libre passage que les corps conducteurs offrent à l'électricité.

Pour que les expériences réussissent, il faut que les cordons de soie ou les tubes de verre, qui servent à isoler les conducteurs, soient parfaitement secs; autrement les propriétés électriques s'affaiblissent, et cessent en très-peu de temps. Les fils de soie très-fins et bien secs forment d'excellens isoloirs pour les corps légers. Si l'on suspend à un pareil fil une petite boule de moelle de sureau, substance fort légère et éminemment conductrice, on a sans aucun frais un des appareils les plus utiles pour étudier la théorie de l'électricité. Il faut, pour la commodité des expériences, attacher ce petit pendule à une tige solide recourbée, portée sur un pied mobile, comme le montre la *fig.* 1.

Si l'on fait toucher la petite boule à un tube de verre ou de résine électrisé par frottement, et qu'ensuite on l'en sépare sans la toucher, elle aura acquis les propriétés électriques. Elle attirera des pailles, des poussières et d'autres petits corps légers qu'on lui présentera. Si on avance la main vers elle, on la verra s'en approcher; en un mot, elle aura été électrisée *par communication*.

Ces propriétés subsisteront pendant un temps assez considérable, surtout si l'air est sec, pourvu que l'on ne touche point la petite boule; mais, si on la touche, elle rentrera aussitôt dans son état naturel; elle aura perdu son électricité.

Ici, de même que dans le cas du conducteur électrisé que l'on touche, on peut demander où l'électricité s'en va, et pourquoi elle ne produit plus aucun effet. On le verra par l'expérience suivante.

Au lieu de toucher la boule avec le doigt, touchez-la avec une autre boule, suspendue de même à un fil de soie qui l'isole, mais dont le volume soit quatre-vingts ou cent fois plus considérable que celui de la première. Alors, après le contact, vous trouverez que celle-ci a perdu sa vertu électrique presque aussi complètement que si on l'avait touchée avec le doigt. Vous comprendrez ainsi qu'une quantité donnée d'électricité perd de son intensité en se distribuant à une plus grande surface ; car l'intérieur des boules n'y fait rien, et, qu'elles soient vides ou pleines, le phénomène se passe de même. D'après cela on conçoit que la petite boule perd sa vertu électrique lorsqu'on la touche, parce qu'elle la partage avec le corps humain et la masse immense de la terre, qui sont des corps conducteurs, avec lesquels elle se trouve alors en communication. C'est pour cela que, dans les expériences électriques, on appelle souvent la terre *le réservoir commun* de l'électricité.

Examinons maintenant de plus près ce qui se passe lorsque l'on approche, pour la première fois, le tube frotté de la petite boule pour l'électriser. D'abord elle s'en approche, se porte sur lui et s'attache à sa surface ; mais, après qu'elle l'a touché pendant un instant très-court, qui suffit pour lui faire partager l'électricité du tube, elle est repoussée par lui et semble le fuir tant qu'elle conserve ses propriétés électriques. A la vérité, en approchant très-brusquement le tube, on parvient quelquefois à faire revenir la petite boule et à changer ainsi la répulsion en attraction ; ceci est un phénomène composé dont nous démêlerons plus loin la cause ; mais, en nous bornant à ce qui se passe lorsqu'on présente de loin le tube à la petite boule, comme pour pressentir ses mouvemens après qu'elle en a partagé l'électricité, on voit qu'elle commence toujours par le fuir. De là nous tirerons cette conséquence importante, qu'à l'exception de certains cas particuliers dont il faudra chercher plus tard la cause, les corps électrisés par partage se repoussent entre eux.

A la vérité, il semble, au premier coup d'œil, que l'expérience précédente ne nous autorise pas tout-à-fait à tirer cette conclusion. En effet, on voit bien que la petite boule fuit le tube dont elle a partagé l'électricité, mais on ne voit pas que le tube fuie la boule. Cela vient uniquement de ce qu'il est trop lourd. La boule se déplace seule ne pouvant le déplacer; mais, voulez-vous rendre les choses pareilles, prenez deux petites boules égales, attachez-les aux deux extrémités d'un fil de lin qui est un corps conducteur de l'électricité; puis suspendez ce fil par son milieu à un fil de soie, comme le montre la figure 2; alors les deux petites boules communiqueront ensemble par le fil de lin, et leur système sera cependant isolé dans l'air par le fil de soie. Touchez les deux boules, ou seulement l'une d'elles, avec un tube électrisé; non-seulement vous verrez qu'elles fuiront le tube, après qu'elles auront partagé son électricité, mais elles se fuiront entre elles, et les deux moitiés du fil de lin s'écarteront comme le représente la figure 3.

La répulsion de la petite boule électrisée, *fig.* 1, a lieu également, quelle que soit la nature du tube que l'on emploie, pour lui communiquer l'électricité, pourvu que ce soit toujours le même tube qu'on lui présente ensuite. Mais si, après lui avoir communiqué l'électricité d'un tube de verre frotté avec de la laine, on en approche un tube de résine ou de soufre, frotté de la même manière, bien loin de fuir ce nouveau tube, elle s'en approchera et se portera vers lui avec plus d'avidité encore qu'elle ne ferait si elle n'avait pas été électrisée préalablement. La même chose a lieu si l'on commence par électriser la petite boule avec le tube résineux, et qu'on en approche ensuite le tube de verre; dans un cas comme dans l'autre, il y a toujours attraction.

Nous voyons donc que, lorsqu'un corps a été préalablement électrisé et isolé comme notre petit pendule, les autres corps électrisés qui en approchent n'agissent pas tous sur lui de la même manière, puisque les uns le repoussent et les autres l'attirent. Cela nous oblige désormais à distinguer deux sortes d'électricités, l'une analogue à celle que développe le verre frotté par une étoffe de laine; nous la nommerons *l'électricité vitrée;* l'autre, semblable à celle qu'exerce la résine, pareillement frottée avec une étoffe de laine; nous la nommerons *l'électricité résineuse.* Cette belle découverte est due à Dufay.

Alors tous les phénomènes d'attractions et de répulsions que nous avons jusqu'à présent observés, pourront s'exprimer par cette loi très-simple : *les corps chargés d'électricité de même nature se repoussent mutuellement; de nature différente, ils s'attirent.*

Quoique cette proposition semble être purement l'énoncé des phénomènes, il ne faut pas cependant y attacher une idée de réalité absolue; car, des mouvemens absolument pareils à ceux que les corps électrisés nous présentent, peuvent être produits sans aucune attraction ou répulsion véritable des particules matérielles les unes par les autres. Pour en donner un exemple, concevons un verre AB, *fig.* 4, rempli d'un fluide pesant, tel que l'eau ou le mercure, et suspendu verticalement par un cordon à un point fixe S. Si on ne touche point à ce vase, il restera immobile en vertu des lois de l'équilibre, et le fluide pesant qu'il renferme ne lui fera prendre aucun mouvement horizontal, parce que les pressions latérales, exercées à une même profondeur dans les sens opposés AB, BA, sont égales entre elles. Mais supposons, qu'au moyen d'un miroir ardent M, on dirige un cône de lumière sur le point A, et qu'on fasse ainsi un petit trou dans la paroi en ce point : alors le fluide s'écoulant librement par ce trou, la pression dans le sens BA y deviendra nulle ; et la pression AB qui reste constante n'étant plus alors contre-balancée, le vase s'éloignera du miroir comme s'il était repoussé par lui. Au contraire, si le foyer du cône lumineux était dirigé au point B à travers la matière du vase et du fluide supposée transparente, le vase s'approcherait du miroir comme s'il en était attiré. Cependant il n'y a là aucune attraction ni répulsion véritable ; ce n'est qu'un simple effet de pression hydrostatique entièrement propre au fluide contenu dans le vase AB. Or, non-seulement ceci doit nous mettre en garde contre l'idée d'une attraction ou d'une répulsion réelle exercée entre les particules matérielles des corps électrisés; mais on verra plus

tard que les mouvemens de ces corps se produisent exactement par un semblable mécanisme; car leurs particules
matérielles, quoique électrisées, n'acquièrent aucune in—
fluence réelle les unes sur les autres; tout se passe entre
les électricités vitrées et résineuses qui les recouvrent, et dont
l'action réciproque se borne à augmenter ou à diminuer,
sur certaines parties de leurs surfaces, la pression que l'électricité y exerce contre l'air environnant qui la retient, ou
en général contre les obstacles qui s'opposent à son déplacement. D'après ces considérations, si nous continuons
d'employer les mots d'attraction et de répulsion pour exprimer les mouvemens des corps électrisés, il faudra ne les
entendre que comme un moyen commode d'énoncer les circonstances de ces mouvemens, et nullement comme une
indication réelle de leur véritable cause.

Ces attractions et ces répulsions ne s'exercent pas seulement à travers l'air; elles se font sentir aussi à travers les
autres corps non conducteurs, comme le verre et la résine.
Si l'on suspend au centre d'un matras de verre un tube de
cire d'Espagne frotté et électrisé, il attire les corps légers
situés hors du matras, comme il faisait avant l'interposition
des parois de verre. Cette transmission d'action s'opère
aussi à travers les corps conducteurs; mais elle est masquée
par un autre phénomène dont nous parlerons plus loin.

Pour savoir si une substance donnée, étant frottée d'une
certaine manière, acquiert l'électricité vitrée ou l'électricité
résineuse, il faut essayer l'effet qu'elle produit sur le pendule
électrique déjà chargé d'une électricité connue. Par exemple,
on touche ce pendule avec un tube de verre frotté par une
étoffe de laine; il prend l'électricité vitrée. On frotte de
même la substance que l'on veut éprouver, et on l'approche
du petit pendule. Si elle le repousse, elle a l'électricité vitrée; si elle l'attire, elle possède l'électricité résineuse. On
peut, si l'on veut, répéter l'épreuve inverse en donnant
d'abord au petit pendule l'électricité d'un tube de résine.
Comme les signes d'électricité donnés par les diverses substances sont quelquefois assez faibles, il est bon de savoir

augmenter la sensibilité de l'appareil. On y parvient en diminuant le diamètre de la petite boule de sureau, et en la suspendant à un fil de soie plus fin. Si l'on se sert, par exemple, d'un de ces fils tels qu'ils sortent du cocon, et qu'on lui donne trois ou quatre décimètres de longueur, une électricité même très-faible suffira pour le mettre en mouvement. Nous apprendrons plus tard à construire des appareils encore plus sensibles, lorsque nous nous serons formé une théorie exacte des phénomènes, qui nous permettra d'apprécier toute la délicatesse de leurs rapports; mais celui que nous venons de décrire, suffira dès à présent dans le plus grand nombre des cas.

En soumettant à cette épreuve l'électricité développée par le frottement d'un grand nombre de substances, on voit que la nature de cette électricité n'a rien d'absolu, et qu'elle dépend de l'espèce du corps frottant tout autant que de celle du corps frotté. Par exemple, le verre poli frotté avec une étoffe de laine, prend, comme nous l'avons dit, l'électricité vitrée ; frotté avec une peau de chat, il acquiert l'électricité résineuse. La soie frottée avec la résine prend l'électricité résineuse ; frottée avec le verre poli, elle prend l'électricité vitrée.

Voici une table de plusieurs substances qui acquièrent l'électricité vitrée, quand on les frotte avec celles qui les suivent dans la liste ; et l'électricité résineuse, quand on les frotte avec celles qui les précèdent.

La peau du chat,	Le papier,
Le verre poli,	La soie,
L'étoffe de laine,	La gomme-laque,
Les plumes,	Le verre dépoli.
Le bois,	

On voit assez, par cette table, qu'il n'y a aucun rapport apparent entre la nature ou la constitution des substances et l'espèce d'électricité qu'elles développent, étant frottées les unes avec les autres.

La seule loi générale que l'on ait trouvée dans ces phénomènes, c'est que *le corps frottant et le corps frotté ac-*

*quièrent toujours des électricités diverses, l'une résineuse,
l'autre vitrée.*

Pour mettre ce résultat en évidence, il faut isoler les
deux corps que l'on veut frotter l'un contre l'autre. S'ils
sont solides, on leur adapte des manches de verre ou de résine, par lesquels on les tient. Il est bon, quand on le peut,
de donner aux substances frottées la forme de plaques, pour
que la friction s'opère sur une plus grande surface. On peut
isoler et éprouver de même un corps solide et une étoffe ou
deux morceaux d'étoffes, deux peaux d'animaux, etc. Lorsqu'on a opéré le frottement pendant quelques instans, on
sépare les deux corps; et, les tenant toujours par le manche
isolant, on les présente tour à tour à un pendule électrique
bien sensible, chargé d'une espèce d'électricité connue.
Alors on trouve constamment qu'un d'eux l'attire, et que
l'autre le repousse : leurs électricités sont donc diverses. On
a fait un nombre infini d'expériences pour savoir quelles
étaient les circonstances qui déterminent chacun des corps à
prendre l'espèce particulière d'électricité qu'il acquiert;
mais on n'a rien découvert à cet égard de bien décisif. Les
plus légères circonstances semblent quelquefois déterminer
ce phénomène; par exemple, lorsque l'on frotte une plaque
de verre poli contre une plaque de verre dépoli, la première prend l'électricité vitrée, la seconde la résineuse, sans
que l'on puisse dire pourquoi le poli de la surface a cette
influence. Si deux rubans de soie blancs, pris dans la même
pièce, sont frottés en croix l'un contre l'autre, celui qui
est frotté transversalement prend l'électricité résineuse,
celui qui est frotté longitudinalement prend l'électricité vitrée. On ne sait pas davantage comment le sens du frottement agit. Enfin, quelquefois l'effet est variable avec les
mêmes corps. OEpinus assure avoir observé ce fait en frottant une plaque de cuivre contre une de soufre, et aussi en
frottant deux carreaux de verre l'un contre l'autre : il les
retirait toujours dans des états d'électricité contraire; mais
la même espèce d'électricité appartenait tantôt à l'une des
plaques, tantôt à l'autre.

On tire de ces phénomènes une expérience assez piquante. Deux personnes montent sur des tabourets dont les pieds sont formés par des tubes solides de verre ou par toute autre substance isolante : ces tabourets se nomment des *isoloirs*. Une des deux personnes tient à la main une peau de chat bien sèche, et en frappe les habits de l'autre. La première prend l'électricité vitrée, la seconde la résineuse, comme on peut le vérifier en leur faisant approcher tour à tour la main d'un petit pendule chargé d'une électricité connue. Si une personne non isolée les touche tour à tour, elle tirera de chacune une étincelle. Il est clair que ces phénomènes n'ont lieu qu'autant que les personnes électrisées restent sur le plateau isolant ; car, si elles en descendent, elles perdent aussitôt leur électricité en la partageant avec la masse immense de la terre. C'est pourquoi, lorsqu'on isole seulement une des deux personnes, soit celle qui frappe, soit celle qui est frappée, celle-là seule qui est isolée donne des signes d'électricité ; et, si elles ne le sont ni l'une ni l'autre, il ne s'en produit sur aucune des deux. Il est sensible d'ailleurs qu'elles ne doivent jamais se toucher ni communiquer l'une à l'autre autrement que par le frottoir.

La peau de chat est très-commode pour cette expérience et pour beaucoup d'autres analogues, parce qu'elle s'électrise avec beaucoup de facilité. C'est pour cela qu'en passant la main, dans un temps sec, sur le dos d'un chat vivant, on voit ses poils se hérisser et être attirés par la main ; quelquefois même on les entend pétiller et on en tire des étincelles. Cela n'arrive que dans des temps froids où l'air isole très-bien. Les cheveux, lorsqu'ils ne sont point graissés, s'électrisent aussi avec facilité par le frottement, surtout s'ils sont fins et souples, comme le sont ordinairement les cheveux blonds.

Le frottement des liquides contre les corps solides développe aussi de l'électricité. Pour le prouver, on adapte à la machine pneumatique un récipient cylindrique de verre, dont l'extrémité supérieure est hermétiquement fermée par une capsule de bois où l'on verse du mercure. On fait le

vide dans le récipient ; le mercure, pressé par l'air extérieur, filtre à travers les pores du bois, et tombe en une
pluie fine qui frappe les parois du cylindre de verre. Alors,
en approchant un petit pendule électrique que l'on tient
suspendu par son fil de soie, on voit que ce cylindre est
lui-même électrisé. Pour que l'expérience réussisse, il faut
avoir soin de faire bien sécher le cylindre, afin qu'il ne
perde pas l'électricité, toujours assez faible, que lui donne
le frottement du mercure contre sa surface.

Ceci explique un phénomène que l'on observe dans les
baromètres bien purgés d'air. Lorsqu'on penche ces baromètres, de manière que la colonne de mercue remplisse
rapidement toute la partie vide du tube, si l'expérience est
faite dans l'obscurité, on voit se dévopper instantanément
une lueur phosphorique semblable à celle que produit dans
le vide un courant continu d'électricité.

On peut aussi exciter l'électricité par le frottement d'un
gaz contre un corps solide. Si l'on dirige un courant d'air
atmosphérique contre la surface d'un carreau de verre, au
moyen d'un soufflet, le carreau prend l'électricité vitrée.
Un mouchoir de soie, bien sec, étant secoué dans l'air,
s'électrise aussi, mais résineusement.

Le frottement n'est pas l'unique manière de développer
l'électricité, quoique ce soit la plus commune. Il s'en développe, par exemple, dans la fusion des corps. Si l'on
verse du soufre fondu dans un vase de métal isolé, le soufre,
en se refroidissant, prend l'électricité vitrée, et le métal,
la résineuse ; quelquefois le phénomène est inverse ; mais
toujours les deux électricités sont produites à la fois.

Plusieurs substances minérales cristallisées, de nature
vitreuse, ont aussi la propriété de devenir électriques,
quand on les échauffe à un certain degré. Alors une des
extrémités du cristal prend l'électricité vitrée, l'autre la
résineuse ; de sorte que les parties où elles règnent sont séparées, mais elles sont encore produites simultanément.

Enfin, il se développe aussi de l'électricité dans plusieurs combinaisons chimiques, et même dans le seul con-

tact de toutes les substances hétérogènes ; mais ces phénomènes , pour être étudiés , et même pour être aperçus,
exigent des appareils beaucoup plus composés et plus sensibles que ceux que nous avons pu former jusqu'à présent ;
c'est pourquoi nous nous en occuperons plus tard.

CHAPITRE II.

Des lois que suivent les Attractions et les Répulsions
apparentes des corps électrisés.

APRÈS avoir reconnu le phénomène des attractions et des
répulsions électriques , la première chose qu'il faut faire
c'est de déterminer les lois suivant lesquelles elles s'exercent à diverses distances. On y réussit aisément au moyen
de la balance de torsion que nous avons décrite page 307 ; et
cette découverte , due à Coulomb , est une des plus belles
applications qu'il ait faites de son ingénieux instrument.

Nous avons vu alors que cet instrument est essentiellement
formé d'un fil métallique vertical dont le bout supérieur est
attaché à un point fixe , et dont l'inférieur porte une aiguille
horizontale. Quand on veut apprécier de très-petites forces ,
on les fait agir sur l'extrémité de cette aiguille , et l'on mesure leur intensité par l'angle dont elles l'écartent de son
point de repos. En un mot, on balance ces forces par la
force de torsion , qui est toujours proportionnelle à l'angle
de torsion , ainsi que nous l'avons annoncé page 303, d'après
l'expérience.

Pour appliquer cet appareil à la mesure des attractions et
des répulsions électriques, on fait l'aiguille en gomme laque , qui est une substance très-isolante , et l'on fixe à l'une
de ses extrémités une petite boule de moelle de sureau *b* ,
fig. 5. Puis, ayant placé l'index du micromètre de torsion M sur
le zéro de sa division , on tourne le tambour entier qui le porte
jusqu'à ce que la petite boule *b* vienne aussi se placer devant
le zéro de la division tracée sur les parois de l'appareil (1).

____

(1) On trace cette division sur une bande de papier que l'on colle

On s'aperçoit que cette condition est remplie, lorsqu'en regardant du côté opposé de la cage de verre, dans le plan vertical qui contient le fil de suspension et l'aiguille, on voit celle-ci dirigée vers le point de zéro.

Cela fait, on fixe une seconde boule a, à l'extrémité d'un cylindre très-mince de gomme laque, dont la longueur soit telle, qu'étant introduit verticalement dans l'intérieur de la cage de verre, il descende cette boule au niveau de la précédente; et on le place de manière que cette seconde boule réponde aussi au zéro de la division latérale; ce que l'on vérifie comme précédemment. Alors la première boule se trouve écartée de ce point d'un arc égal à la somme des rayons des deux boules, et la petite torsion qui en résulte la maintient en contact avec l'autre.

Maintenant il est clair que, si l'on touche un instant ces boules, ou seulement une d'entre elles, avec un corps déjà électrisé et isolé, elles s'électriseront aussi par communication, et toutes deux de la même manière; elles devront donc se repousser mutuellement : mais comme la première seule est mobile, l'aiguille qui la porte tournera d'une certaine quantité; et, après quelques oscillations, elle s'arrêtera à un certain point d'équilibre que l'on pourra reconnaître sur la division latérale. Alors le degré de torsion qui existera dans le fil fera équilibre à la force répulsive des deux boules et pourra servir à la mesurer.

---

dans une direction horizontale tout autour de la cage de verre. Si celle-ci est circulaire, on fait la division en degrés. Mais quand on veut introduire dans la balance des corps d'un volume un peu considérable, on ne trouve plus de cylindres de verre assez grands pour former les parois de l'appareil, et on les construit avec quatre glaces verticales, dont l'assemblage forme un carré. Alors une bande de papier collée horizontalement sur ces glaces, à la hauteur de l'aiguille, devient tangente au cercle qu'elle décrit. On marque donc le zéro de la division sur le point où la direction de l'aiguille est perpendiculaire à chaque face, et on porte, de part et d'autre de ce point, des divisions inégales, qui représentent les tangentes des arcs de $1°$, $2°$, $3°$, etc.

C'est en effet ainsi que l'on opère ; mais comme il ne faut qu'une extrêmement petite force pour tordre un fil de métal d'un grand angle , on conçoit qu'il ne faut communiquer aux boules que de très-petites charges d'électricité. Pour y parvenir, on les touche seulement avec une grosse tête d'épingle dont la tige est cachée dans un bâton de cire d'Espagne ; on électrise cette tête d'épingle par communication, soit en la mettant un instant en contact avec le premier conducteur d'une machine électrique, soit en la touchant avec un tube de verre ou de résine frotté. On l'introduit dans la cage de verre par une petite ouverture convenablement pratiquée pour cet objet , en la tenant par le bâton de cire qui l'isole ; et , quand elle a touché la boule fixe on la retire aussitôt.

En opérant de cette manière, Coulomb , dans une de ses expériences, trouva qu'après le contact l'aiguille avait décrit un angle de 36°. Alors il tordit le fil de suspension en sens contraire de cette répulsion , de manière à rapprocher l'aiguille jusqu'à 18° de la boule fixe, et il fallut pour cela tourner l'index du micromètre de 126°.

Enfin il rapprocha l'aiguille jusqu'à ce que son écart ne fût plus que de $8°\frac{1}{2}$; lorsqu'il y fut parvenu , la marche totale de l'index du micromètre , compté depuis le zéro de la division , se trouva être de 567°.

Pendant ces expériences les boules ne perdirent pas sensiblement d'électricité. Car , par des essais préliminaires, Coulomb s'était assuré que, *ce jour-là*, les balles électrisées , repoussées à 30° de distance l'une de l'autre , se rapprochaient seulement d'un degré en trois minutes ; et, comme il n'avait employé que deux minutes à faire les trois expériences que nous avons rapportées , il s'ensuit que l'on pouvait bien négliger , comme insensible, la diminution qu'éprouvait l'électricité des boules , tant par le contact de l'air que par la déperdition le long des supports. Cela tenait , comme on le verra par la suite , à la sécheresse de l'air le jour de cette expérience , et à l'excellent choix des supports isolans.

Pour découvrir les conséquences de ces expériences, représentons par $a\,b\,d$, *fig.* 6, la circonférence décrite par la boule mobile b ; soit c le centre de cette circonférence, et prenons d'abord l'arc $a\,b$ de 36°, comme on l'a trouvé après la première répulsion. Il s'ensuit qu'alors la force répulsive des deux boules était contre-balancée par une torsion de 36° exercée dans le sens $a\,b$; car, par les dispositions prises en commençant l'expérience, la torsion est nulle quand l'aiguille se trouve au point a.

Dans le second essai on tord le fil de 126° suivant le sens $b\,a$. Si l'aiguille était libre, cette torsion l'amènerait en d', à 126° au-delà du point a ; mais, au contraire, la force répulsive la retient en b' à 18° en-deçà de ce point. Donc, à cette distance, la force répulsive des deux boules faisait équilibre à une torsion de 126°+18° ou 144°.

Enfin, dans la troisième épreuve, la torsion indiquée par le micromètre a été de 567°, toujours dans le sens $b\,a$; mais au lieu d'aller à 567° au-delà du point a, l'aiguille est restée à 8°½ en deçà de ce point ; ainsi la force répulsive qui la maintenait à·cette distance faisait alors équilibre à une torsion de 567°+8°½, ou 575°½.

Nous avons donc ce tableau comparatif, entre les torsions et les·distances.

Arc de distance des deux boules.	Mesure de la force répulsive par la torsion.
36°	36°
18°	144°
8°½	575°½

Déjà on y découvre une loi remarquable. Les arcs de distance contenus dans la première colonne sont, à très-peu près entre eux, comme les nombres 1, $\frac{1}{2}$, $\frac{1}{4}$, tandis que les torsions correspondantes, qui mesurent les effets des forces répulsives sur l'aiguille, sont entre elles comme les nombres 1, 4, 16 ; c'est-à-dire inversement proportionnelles aux carrés des précédens. Ces rapports prouvent donc que les forces électriques suivent, comme l'attraction céleste, la raison inverse du carré des distances.

A la vérité, la distance rectiligne des deux boules est mesurée par la corde qui les joint, et non par l'arc circulaire que sous-tend cette corde. Secondement, la force répulsive qu'elles exercent l'une sur l'autre agit obliquement sur l'aiguille, et par conséquent ne contribue pas toute entière à la faire tourner. Mais cette obliquité est fort petite dans nos expériences, à cause du peu d'étendue des arcs ; et la même raison fait aussi qu'il y a très-peu de différence entre eux et leurs cordes. Ces circonstances légitiment donc la conséquence que nous avons tirée de nos observations. Mais on peut achever de la mettre tout-à-fait hors de doute en effectuant le calcul d'une manière rigoureuse. Car on trouve ainsi que, lorsque les arcs de répulsion n'excèdent pas 36°, les rapports conclus des arcs, et ceux qu'on déduit des distances ne diffèrent pas dans des quantités sensibles aux observations. En nous tenant donc en dedans de ces limites, nous pourrons appliquer la loi du carré des distances aux arcs mêmes, ce qui simplifiera beaucoup les calculs.

Le fil employé par Coulomb dans ces expériences était d'argent ; et, par sa finesse, il avait une extrême sensibilité de torsion. Coulomb imagina des appareils plus sensibles encore, destinés à indiquer les plus petites quantités d'électricité, *fig.* 7. Ces appareils, que nous nommerons des *électroscopes*, sont de véritables balances électriques dans lesquelles le fil de métal est remplacé par un simple fil de soie, tel qu'il sort du cocon, et de 4 pouces de longueur. L'aiguille est un petit fil de gomme-laque long de 12 lignes, terminé à une de ses extrémités par un petit cercle de clinquant très-léger (1). Dans un de ces appareils dont Coulomb a fait

____

(1) On forme aisément ces fils, en chauffant à la flamme d'une bougie le milieu d'un petit bâton de gomme-laque, que l'on tient par ses deux extrémités. Lorsque cette résine commence à se fondre on écarte rapidement les deux extrémités, et la matière fondue

usage, l'aiguille et le clinquant pesaient ensemble $\frac{1}{4}$ de grain.
Le fil de soie a, sous cette longueur, une flexibilité telle
qu'en agissant sur lui avec un bras de levier d'un pouce,
il ne faut qu'un poids d'un soixante millième de grain pour
le tordre de 360°. Pour communiquer l'électricité au clinquant, on fait passer, à travers un bâton de cire d'Espagne,
un fil de cuivre terminé d'une part par une petite balle de
sureau dorée, et de l'autre par une boule métallique,
ou par un crochet dont la pointe rentre dans la cire. On
introduit ce bâton ainsi armé dans l'intérieur de la cage
de verre, le crochet en dehors, et on le fixe de manière que
le centre de la boule dorée, vue par le fil de suspension,
réponde au zéro de la division sur les parois de la cage.
Quand l'aiguille est en repos, on tourne doucement l'index
du micromètre de torsion jusqu'à ce que le clinquant vienne
s'appliquer contre la boule dorée ; alors l'appareil est prêt
à agir. Si l'on communique de l'électricité au crochet de
cuivre par un moyen quelconque, elle se propage dans la
boule et dans le clinquant qui est repoussé aussitôt. La
sensibilité de ces électroscopes est telle que si, après avoir
électrisé par frottement un bâton de cire d'Espagne, on le
présente au crochet extérieur, même de loin, et en le tenant
à trois pieds de distance, l'aiguille est chassée à plus de 90°.
Nous verrons plus loin comment l'électricité peut se développer ainsi à distance, et sans aucun contact. Pour le moment, nous ne donnons ce résultat que comme une preuve
de l'extrême sensibilité de l'appareil. Au moyen de cet électroscope, il est bien facile de répéter toutes les expériences
indiquées dans le précédent chapitre sur la nature de l'électricité excitée dans différens corps par leur frottement mutuel.

---

se tire communément en un fil très-fin qui adhère, de part et
d'autre, aux deux bouts solides. On tire de la même manière des fils
de cire d'Espagne, et même des fils de verre ; mais, pour ces derniers,
à moins d'employer un tube déjà très-fin, la chaleur d'une bougie
ne suffit pas, et il faut y employer la lampe d'émailleur.

Après avoir déterminé les lois de la répulsion électrique, il était naturel de chercher celles de l'attraction qui s'exerce entre des corps chargés d'électricités de différente nature ; c'est aussi ce que Coulomb a fait par les mêmes procédés. Mais alors il ne faut plus que les boules se touchent dans leur position initiale avant d'être électrisées ; il faut au contraire qu'elles soient séparées, et que la torsion les empêche de se réunir. Pour cela, on commencera par enlever la boule fixe *a*, *fig.* 8 ; et, par le moyen de la tête d'épingle isolée, on donnera à la boule mobile une électricité d'une certaine nature, par exemple, résineuse. Cela fait, on tournera l'index du micromètre d'un certain angle connu *c* ; le fil étant libre, suivra ce mouvement ; et, après quelques oscillations, l'extrémité de l'aiguille s'arrêtera devant un autre point *b* de la division circulaire, lequel sera éloigné de *c* degrés de celui où elle était d'abord. Cette opération aura donc transporté le zéro de torsion de la quantité connue *c*, dans le sens *a b*.

Alors, on replacera la boule fixe *a*, et on lui donnera une électricité différente de la première ; ce sera dans notre exemple de l'électricité vitrée. Les deux boules s'attirant, l'aiguille marchera vers la boule fixe *a*, et si l'*équilibre est possible*, elle s'arrêtera quelque part en un certain point que je désignerai par *b'*. On observera ce point sur la division, puis on tournera ou détournera le micromètre de quantités connues pour varier la torsion, et l'on observera de même, dans chaque cas, les nouvelles positions où l'aiguille s'arrête. Comparant les torsions et les distances, comme nous l'avons fait en étudiant les répulsions, on trouvera qu'elles suivent une loi pareille ; et l'on en conclura que les forces d'attraction produites par les électricités de nature diverse sont, comme les forces répulsives, réciproquement proportionnelles au carré de la distance.

Il faut, dans ces expériences, observer une précaution sans laquelle on ne réussirait point. Lorsque la force attractive des deux boules les détermine à se rapprocher, l'intensité de leur attraction augmente à mesure que leur distance devient moindre ; et, si cette cause existait seule, elles finiraient par se joindre. Mais la torsion s'oppose à leur rapprochement ; et la résistance augmente à mesure que l'aiguille s'éloigne de son point de départ *b* pour aller vers l'autre boule. Or, au-delà d'une certaine distance, cette résistance ne croît plus assez vite pour vaincre l'accroissement de la force d'attraction ; de sorte que l'équilibre devenant impossible, les boules arrivées à ce point se précipitent l'une vers l'autre, et finissent toujours par se joindre. Un calcul très-simple peut mettre ceci en évidence et déterminer les limites d'écart où il faut s'arrêter.

Il arrive même qu'elles se joignent encore dans des cas où l'équilibre est possible d'après le calcul. Cela vient de ce que la flexibilité de la suspension permet à l'aiguille d'osciller quelque temps autour du point d'équilibre où elle doit enfin se fixer. Si les amplitudes de ces oscillations amènent la boule mobile assez près de la boule fixe pour que l'attraction croisse plus rapidement que la torsion, celle-ci ne suffit plus pour ramener l'aiguille, et la boule mobile est entraînée jusqu'au contact.

Coulomb a encore déterminé la loi des attractions électriques par un autre procédé que je rapporterai ici, parce qu'il offre une vérification du précédent, et qu'il nous servira encore dans la théorie du magnétisme. Il consiste à suspendre horizontalement, par un fil de cocon, une aiguille de gomme-laque, dont l'extrémité porte un disque de clinquant que l'on électrise. Devant cette aiguille, à quelque distance, on place un globe chargé d'une électricité différente, qui l'attire et la fait osciller en vertu de son action. On détermine ensuite par le calcul la force attractive, à diverses distances, pour divers éloignemens du globe électrisé, d'après le nombre des oscillations exécutées par l'aiguille en un temps donné ; de même que l'on détermine la force de la pesanteur terrestre d'après les oscillations du pendule ordinaire. Les résultats ainsi obtenus confirment la loi du carré des distances que la balance de torsion nous avait fait découvrir.

La même méthode servirait encore à déterminer la loi des répulsions ; car, en communiquant au globe et au disque des électricités de même nature , le disque sera repoussé, la direction de l'aiguille s'intervertira, et elle oscillera en vertu de cette répulsion dans une position diamétralement opposée à la première ; mais, à l'exception de ce retournement qui influera sur la distance du disque au globe , les observations et les calculs se feront comme auparavant.

A l'aide des résultats auxquels nous venons de parvenir , on peut calculer pour toutes les distances possibles l'énergie de l'attraction ou de la répulsion de deux boules électrisées , lorsqu'on a observé cette énergie pour une seule distance connue.

Mais ceci ne donne encore que la mesure de l'effet total : on ne voit pas dans quelle proportion chacune des boules y contribue. Cependant , à moins qu'elles ne soient parfaitement égales et également électrisées , on conçoit qu'elles doivent y contribuer inégalement. Il nous reste donc à découvrir cette proportion.

On y parviendrait aisément , si l'on pouvait donner ou enlever à l'une des boules une portion d'électricité qui eût un rapport connu avec ce qu'elle possède déjà. Car, en mesurant la nouvelle torsion qui fait équilibre à ce nouvel état, et la comparant avec celle qui avait lieu d'abord à la même distance , on saurait comment l'électricité propre de chaque boule influe sur leur effort total. Or , il est très-facile d'enlever ainsi à chaque boule une quantité d'électricité qui soit justement la moitié de celle qu'elle possède. Il ne faut pour cela que la faire toucher un seul instant par une autre boule de même nature , d'égal diamètre , et isolée avec une égale perfection ; car, tout étant symétrique pour les deux boules , il est évident que l'électricité devra se partager également entre elles ; de sorte, qu'après le contact , l'action propre de la boule touchée sera moitié moindre. Or en opérant ainsi , on trouve que la force totale d'attraction ou de répulsion, qui s'exerçait primitivement entre cette boule et la boule fixe de la balance est , après le contact , exactement réduite à moitié.

Cette réduction n'a pas seulement lieu pour des boules ,

mais pour des cercles, et probablement pour tous les corps dont la forme, ou la distance entre eux, est telle qu'on peut, dans le calcul de leur attraction, les considérer comme des points. Coulomb a substitué à la boule fixe de la balance un cercle de fer de 10 lignes de diamètre, en laissant toujours une boule de sureau à l'extrémité de l'aiguille. Il a électrisé ces deux corps simultanément par le moyen de la tête d'épingle, la répulsion a chassé l'aiguille ; et, lorsqu'on l'a eu ramenée à une distance de 30°, le micromètre marquait 110 ; la force répulsive était donc de 140°. Alors il a fait toucher un instant le petit cercle de fer par un autre de même matière et d'un diamètre égal ; aussitôt l'aiguille s'est raprochée, et pour la ramener comme dans le premier cas à 30° de distance, il a fallu détordre le fil jusqu'à ce que l'index du micromètre fût revenu à 40° ; en sorte que la force répulsive était réduite à 40° + 30° ou 70°, moitié de 140°, qui était son intensité primitive.

Ces expériences présentent en outre une particularité remarquable ; c'est que le partage se fait exactement de la même manière, quelle que soit la nature des corps conducteurs mis en contact, pourvu que leurs dimensions soient les mêmes. Coulomb a fait toucher la boule de sureau fixe par des boules égales de cuivre et de plusieurs autres substances ; il a fait toucher le cercle de fer par un cercle de papier d'un diamètre égal ; toujours le partage s'est fait également.

Ces observations nous conduisent à deux conséquences importantes. La première, c'est que la force totale d'attraction ou de répulsion variant pour chaque distance dans le même rapport que les quantités d'électricités propres à chacun des deux corps qui réagissent, il faut nécessairement que l'expression de son énergie soit proportionnelle au produit de ces deux quantités. Alors chaque boule ou chaque cercle contribue à l'effort total qui les attire ou les écarte, selon la valeur du facteur qu'il y introduit. Nous nommerons désormais ce facteur la *réaction électrique* de la boule ou du cercle, dont il mesure l'action, et nous étendrons par analogie la même dénomination à tous les corps de forme quelconque, lorsqu'on observera leur action électrique à une distance assez grande pour qu'ils puissent être considérés comme de simples points.

La seconde conséquence, c'est que le partage de l'électricité entre des corps conducteurs de même figure et de même volume, se faisant toujours dans des proportions égales, quelle que soit la nature de leur substance, il en résulte que ces corps n'agissent point sur l'électricité par une affinité chimique dépendante de la nature et de l'arrangement de leurs particules matérielles, et ne sont pour elle que des vases où elle se distribue mécaniquement, selon ses propres lois.

CHAPITRE III.

Des lois suivant lesquelles l'électricité se dissipe par le contact de l'air et par les supports qui la retiennent imparfaitement.

La loi générale des attractions et des répulsions électriques est bien connue par ce qui précède ; mais, pour en vérifier les conséquences avec exactitude, et suivre le principe électrique dans le détail de ses effets les plus intimes, il faut s'assurer de la constance de son énergie, ou au moins déterminer les lois suivant lesquelles cette énergie s'affaiblit par le contact de l'air et par l'imperfection des supports isolans. Tel est l'objet de ce chapitre, dont les élémens sont encore tirés des travaux de Coulomb.

Lorsqu'un corps conducteur électrisé est soutenu par des supports isolateurs, l'expérience apprend que l'électricité de ce corps décroît et s'anéantit assez rapidement. Plusieurs causes paraissent concourir à produire cet effet. D'abord, il n'existe probablement pas, dans la nature, de substance parfaitement isolante ; car on n'en connaît aucune qui ne propage, au moins sur sa surface, une forte électricité : le verre, la cire d'Espagne, la gomme-laque elle-même, la transmettent de cette manière, difficilement à la vérité, mais sensiblement. On peut s'en assurer en formant des cylindres de ces diverses substances, et les tenant quelque temps en contact par une de leurs extrémités seulement, avec le premier conducteur d'une machine électrique. Car après les avoir retirés, si l'on présente cette extrémité à l'aiguille de l'électroscope, on voit qu'elle s'est imprégnée de l'électricité du conducteur ; et même, en coupant le bout du petit cylindre, on trouve que l'électricité s'est aussi propagée sur le reste de sa surface dans une certaine longueur, avec une intensité décroissante.

Tous les supports dont on se sert pour isoler les corps électrisés, doivent donc produire sur eux une absorption analogue ; et, s'ils sont assez courts pour pouvoir être ainsi électrisés dans toute leur longueur, ils produiront un écoulement lent, mais continuel, de l'électricité ; de sorte qu'en vertu de cette seule cause, la réaction électrique du corps isolé devra progressivement s'affaiblir.

Secondement, les corps électrisés sont toujours enveloppés et touchés, dans tous les points de leur surface, par l'air atmosphérique, lequel transmet aussi l'électricité avec une facilité plus ou moins grande, selon la quantité de vapeur aqueuse qui s'y trouve, et peut-être selon les modifications que la chaleur ou d'autres circonstances apportent dans les propriétés mêmes de ses élémens chimiques ; de sorte que l'on doit généralement le regarder comme composé d'une infinité d'atomes plus ou moins conducteurs. D'après cela, chaque molécule d'air qui touche un corps électrisé, doit prendre une partie de son électricité. Mais dès qu'elle s'en est imprégnée dans la proportion qui convient à sa grosseur et à sa faculté conductrice, elle est repoussée aussitôt, et remplacée par une autre qui s'électrise comme elle, et est chassée à son tour ; de sorte que, par le seul effet de ces contacts successifs, continuellement renouvelés, l'électricité des corps doit encore s'affaiblir, suivant une progression dépendante de la faculté conductrice de l'air.

Enfin les vapeurs aqueuses suspendues dans l'air contribuent encore à cette déperdition d'une autre manière ; car elles s'attachent à la surface des supports en plus ou moins grande quantité, selon qu'elles sont abondantes ou rares, et selon que la matière du support a plus ou moins d'affinité pour l'eau. Celles de ces particules qui sont les plus voisines du corps électrisé, en reçoivent immédiatement l'électricité; et, si la force avec laquelle il les repousse ensuite est moindre que l'adhérence qui les attache au support, elles doivent transmettre en partie cette électricité aux molécules qui les avoisinent, et celles-ci de même aux suivantes, de sorte que toutes ces particules, éminemment conductrices, forment comme une chaîne sur laquelle, à la vérité, l'intensité de l'électricité doit aller en décroissant depuis le corps conducteur, mais qui pourtant, lorsque le support n'a pas une longueur suffisante, peut enfin la conduire jusque dans le sol. Si les particules qui forment cette chaîne sont plus rapprochées les unes des autres qu'elles ne le sont dans l'air lui-même, ce qui doit souvent arriver, l'électricité se perdra plus rapidement le long du support que par le contact de l'air; et c'est ce qui a lieu fréquemment, comme on le verra bientôt.

Quelque difficulté qu'il paraisse y avoir à éluder cette dernière cause, on sent qu'il est indispensable de le faire pour connaître le décroissement d'électricité produit par le seul contact de l'air, et pouvoir ensuite en tenir compte dans les observations composées où il se mêle à la perte produite par les supports. Le seul moyen d'y parvenir, c'est de choisir, pour supports, les substances les plus isolantes, et d'atténuer assez leurs dimensions pour que leur surface contienne proportionnellement moins de molécules d'eau et d'autres particules conductrices, qu'il ne peut s'en trouver dans l'air environnant; car alors le support isolera au moins aussi bien que l'air, et le peu d'étendue de son contact avec le corps électrisé permettra de négliger tout-à-fait la différence.

Par divers essais faits dans cette vue, Coulomb trouva que, lorsque l'intensité de l'électricité n'était pas très-forte, un petit cylindre de cire d'Espagne ou de gomme-

laque , d'une demi-ligne de diamètre et de 18 ou 20 lignes de longueur , suffisait presque toujours pour isoler
parfaitement une balle de sureau de cinq ou six lignes de
diamètre. Car , en soutenant la boule par plusieurs de ces
cylindres, au lieu d'un seul, l'électricité ne s'affaiblissait pas
plus rapidement , quoique la facilité de la déperdition fût
multipliée avec le nombre des points de contact. Il s'assura
de même que , lorsque l'air était sec , un fil de soie très-fin ,
passé dans la cire d'Espagne bouillante , et ne formant ensuite qu'un petit cylindre tout au plus d'un quart de ligne
de diamètre , remplissait le même objet , pourvu que l'on
donnât à ce fil une longueur de cinq à six pouces. Un fil de
verre tiré à la lampe d'émailleur , de cinq ou six pouces de
longueur , n'isole la balle que dans les jours très-secs , et
lorsqu'elle est chargée d'une très-faible électricité ; il en est
de même d'un cheveu ou d'un fil de soie , à moins qu'ils ne
soient enduits de cire d'Espagne , ou , ce qui vaut encore
mieux , de gomme-laque pure.

Guidé par ces observations préliminaires , Coulomb souda
la boule fixe de sa balance à l'extrémité d'un fil de gomme-
laque pure , de 20 lignes de longueur , et il termina la suspension par un fil de soie très-fin , enduit de cire d'Espagne ,
en sorte qu'il pouvait considérer cette boule comme parfai-
ment isolée. La boule mobile l'était également , puisque
l'aiguille qui la porte est aussi un cylindre très-fin de gomme-
laque. Coulomb choisit d'abord ces deux boules d'égal diamètre , et il employa une balance assez sensible pour que la
torsion d'une circonférence entière répondît sur l'extrémité
de l'aiguille à une force de $\frac{1}{3\,4\,5}$ de grain. Le zéro de torsion du
fil étant amené au centre de la boule fixe , et les deux boules
en contact, on les touche toutes deux avec la tête d'épingle
électrisée décrite dans nos premières expériences ; la répulsion chasse l'aiguille mobile , qui , après quelques oscillations ,
se fixe à une certaine distance de son point de départ , par
exemple à 40°.

Alors on tord le fil de suspension , de manière à la ramener à une distance moindre , par exemple à 20°. Pour cela ,

il faut tourner l'index du micromètre de 140°. Ainsi la force de torsion , égale à la répulsion des deux balles , est 140° + 20 ou 160°.

On observe , avec une montre à secondes , l'instant précis où la balle mobile s'est arrêtée justement à cette distance ; il est 6 heures 50'.

Comme l'électricité se perd par le contact de l'air, la force répulsive des balles diminue graduellement; et , après quelques minutes , elles sont plus près l'une de l'autre que 20°. Pour les ramener à cette distance, on détord le fil d'une quantité connue , par exemple, de 30°. Sa force de torsion étant diminuée de cette quantité , la balle mobile est chassée plus loin que 20°. On attend que la perte de l'électricité l'y ramène , et on observe ce second instant. Cela arrive à 6 h. 53', par conséquent trois minutes après la première observation ; alors la force de torsion égale à la répulsion des deux boules , est

$$140° - 30° + 20° \text{ ou } 130°.$$

La diminution de la force répulsive, entre les deux expériences, est donc égale à 160° — 130° ou 30°, c'est-à-dire à la quantité dont on a détordu le fil pour ramener les boules à la même distance. Cet effet s'est produit en 3' ; et comme , dans de petits intervalles, on trouve qu'il est proportionnel au temps , il s'ensuit que la perte est de 10° par minute. D'ailleurs la force répulsive moyenne entre les deux essais est $\frac{160 + 130°}{2}$ ou 145°. En lui comparant la diminution observée, on voit que la force électrique des deux balles diminuait ce jour-là de $\frac{1}{14\frac{1}{2}}$ par minute , par le seul contact de l'air.

Coulomb trouva constamment, par des expériences de ce genre , que pour un même jour et un même état de l'air , l'affaiblissement de l'électricité , dans un temps très-court, est proportionnel à son intensité , en sorte que le rapport de ces deux élémens est invariable. Mais il change avec l'indication de l'hygromètre, et par conséquent avec la quantité de vapeurs aqueuses suspendues dans l'air.

Il serait très-intéressant de faire sur ce sujet un plus grand nombre d'expériences, pour découvrir le rapport qui doit exister entre la quantité des vapeurs aqueuses et la déperdition plus ou moins rapide de l'électricité. On saurait encore par-là si ces vapeurs seules produisent tout le phénomène, ou si la pression et la température des molécules mêmes de l'air ne contribuent pas aussi à le modifier. Si l'on était parvenu à mesurer ces influences diverses, on trouverait peut-être dans la balance électrique le plus exact et le plus sensible des hygromètres. Du moins, d'après la seule indication des instrumens météorologiques, on pourrait assigner quelle devrait être la proportion d'affaiblissement de l'électricité. Faute de ces connaissances, on est obligé de déterminer directement cette proportion par l'expérience pour chaque jour où on a besoin de la connaître, c'est-à-dire toutes les fois que l'on a des recherches exactes à faire sur l'intensité des forces électriques.

Il est fort heureux pour les observations, que la loi de ce décroissement soit aussi simple ; car puisque, dans un même état de l'air, il est proportionnel à l'intensité absolue de la force répulsive, il suffit de le déterminer à chaque fois, par une seule expérience, pour pouvoir le faire ensuite servir à corriger toutes les autres. Il y a plus, la loi que nous venons de trouver permet de calculer l'intensité des forces électriques pour une époque quelconque, quand on l'a une fois observée et que l'on connaît la loi du décroissement pour ce jour-là. J'ai expliqué le détail de ce calcul dans le Traité général. Ici je ne puis que l'indiquer. En discutant les résultats qu'il donne, on est conduit à voir que la même loi de décroissement doit s'étendre au cas où les deux corps réagissent l'un sur l'autre, sont inégaux en volumes et sont chargés d'inégales quantités d'électricité. C'est en effet ce que l'expérience confirme. Quel que soit le volume de la boule fixe par rapport à la boule mobile, quelle que soit la quantité initiale d'électricité qu'on leur donne, qu'elles aient été électrisées simultanément ou l'une après l'autre, dans des proportions quelconques, le décrois-

sement instantané de leur force répulsive totale , mesurée
à une même distance , est toujours dans une même proportion avec son intensité ; en sorte que toutes les observations
sont également propres à trouver ce rapport constant. Bien
plus, ce rapport est encore le même , quand on emploie des
boules de diverses matières. La nature de la substance dont
elles sont faites n'a absolument aucune influence sur la déperdition de l'électricité par le contact de l'air, au moins
sur la portion de cette électricité qui agit à distance par attraction et par répulsion ; et cela confirme bien l'observation
que nous avons déjà faite que les corps matériels ne paraissent nullement retenir le principe électrique par une affinité
propre , mais par le seul effet de la résistance que lui offre
l'air environnant. Par exemple , un jour où l'électricité décroissait de $\frac{1}{82}$ par minute pour chacune des boules de sureau
de la balance, Coulomb trouva qu'elle était aussi de $\frac{1}{82}$ quand
il remplaçait une de ces boules par une boule de cuivre ; et
ce qui paraîtra plus extraordinaire , elle était aussi de $\frac{1}{82}$ pour
une balle de cire d'Espagne que l'on avait chargée d'électricité en la faisant toucher à un corps fortement électrisé ; de
sorte que , dans ce cas même , l'espèce de difficulté que la
surface d'un pareil corps oppose à la transmission du principe électrique , n'avait aucune influence pour retenir la
portion de ce principe qui , devenue libre à sa surface , se
manifestait par sa réaction.

Jusqu'ici nous n'avons considéré que des boules; mais
quelle que soit la figure du corps électrisé, quelle que soit
sa grosseur et la distribution de sa force répulsive, si l'air est
très-sec et que le degré d'électricité imprimé aux corps ne
soit pas très-considérable , le décroissement instantané de
la force répulsive est toujours le même, et conserve le même
rapport avec son intensité. Coulomb a fait cette épreuve
avec un globe d'un pied de diamètre, avec des cylindres
de toutes les grosseurs et de toutes les longueurs. Il a
substitué aux boules de sa balance des cercles de papier
ou de métal ; il a même armé une fois l'une d'entre elles
d'un petit fil de cuivre de 10 lignes de longueur, et d'un

quart de ligne de diamètre ; et il a trouvé que le jour où il
faisait ces expériences, la force répulsive de tous ees corps
si différens de forme , décroissait également de $\frac{1}{100}$ par minute. Mais il faut remarquer que cette égalité de décroissement pour les corps de différentes figures n'a lieu que lorsque
l'intensité de leur électricité est déjà réduite à un degré
assez faible , et d'autant plus faible que l'air est plus humide.
Car tous les corps de forme anguleuse , lorsqu'on leur
communique une électricité très-forte , perdent d'abord cet
excès suivant des lois de décroissement beaucoup plus rapides , que nous déterminerons plus tard en traitant de
l'électricité des pointes ; jusqu'à ce qu'enfin leur force électrique soit affaiblie dans les limites où la déperdition est
constante. On peut même , sans le secours de la balance ,
rendre ce phénomène sensible aux yeux, en faisant communiquer le premier conducteur de la machine électrique à
une barre métallique anguleuse ou garnie de pointes ; car
si l'on tonrne le plateau de la machine , et que l'expérience
soit faite dans l'obscurité , l'électricité communiquée à cette
barre produit , en s'échappant par les pointes , des ai-
grettes lumineuses qui forment un très-beau spectacle. Je
ne veux pas dire que ce feu soit l'électricité , car c'est là
une question que nous devrons examiner par la suite ; mais
comme il accompagne toujours sa déperdition rapide , il est
au moins un signe et une annonce de cette déperdition. Il
était intéressant d'examiner si , dans le même état de l'air ,
la déperdition des deux électricités était également rapide.
J'en ai fait l'épreuve et j'ai trouvé cette égalité parfaite.

La loi de la déperdition graduelle de l'électricité, par le
seul contact de l'air , étant ainsi connue ; Coulomb a procédé , par la même méthode , à la détermination de la perte
opérée par les supports qui produisent un isolement imparfait.

La première idée qui se présente , c'est de choisir les
supports, de manière que la perte qu'ils produisent soit
très-considérable comparativement à celle qui s'opère par
le seul contact de l'air. Mais cette déperdition très-rapide

aurait un inconvénient grave. En effet chaque fois que l'on touche à l'appareil, soit pour donner aux boules leur électricité initiale, soit pour changer la torsion par le moyen du micromètre, l'aiguille ne revient à une position stable qu'après quelques oscillations. Il faut donc que l'isolement soit encore assez parfait, pour que l'intensité de l'électricité n'éprouve pas de très-grandes variations dans cet intervalle, et pour que l'on puisse faire consécutivement plusieurs observations de ce genre, sans donner aux boules de nouvelle électricité. D'après ces remarques, Coulomb a suspendu la boule fixe de la balance, non plus par un petit cylindre de gomme-laque isolant parfaitement, mais par un simple fil de soie d'un seul brin, tel qu'il sort du cocon. Ce fil avait quinze pouces de longueur. La boule mobile de l'aiguille était toujours parfaitement isolée et égale en volume à l'autre. Coulomb a mesuré, de même que précédemment, la force répulsive de ces deux boules, à diverses époques, et il a calculé le décroissement qui en résultait. Il a trouvé ainsi que le décroissement de l'électricité, d'abord beaucoup plus rapide que par l'air seul, lorsque l'intensité de la force répulsive est considérable, se ralentit graduellement à mesure que cette intensité diminue ; en sorte qu'il arrive un terme où la balle soutenue par le fil de soie, perd précisément autant que lorsqu'elle était isolée d'une manière parfaite ; et une fois ce terme atteint, la même constance se soutient pour tous les degrés d'intensité plus faibles. Ceci nous apprend donc qu'à cette limite, le fil commence à isoler parfaitement.

Dans ces expériences, la boule mobile ne perd son électricité que par le seul contact de l'air. On peut donc calculer, pour un instant quelconque, l'état de sa réaction électrique, d'après la loi de décroissement que nous avons plus haut établie ; et comme l'observation de la force répulsive totale, à cet instant, fait connaître le produit des deux réactions électriques des deux boules, on peut en déduire pour le même instant, la réaction électrique de la boule fixe : ce calcul fait donc connaître l'influence de l'isolement imparfait. En l'appliquant aux observations que nous avons citées, Coulomb a pu déterminer le degré de réaction électrique auquel chacun des supports dont il avait fait usage commençait à isoler parfaitement ; et il a trouvé que l'intensité de cette réaction était proportionnelle à la racine carrée de leur longueur ; c'est-à-dire que dans le même état de l'air, un support d'une longueur quadruple isole parfaitement une quantité double d'électricité. Bien entendu que cette proportionnalité n'a lieu qu'entre les supports cylindriques très-fins dont la longueur seule est inégale, mais dont la nature et la grosseur sont les mêmes. Quand l'une ou l'autre de ces circonstances est changée, il faut déduire le rapport de la formule même. En calculant ainsi, par exemple, d'après l'observation, l'intensité de la réaction électrique à laquelle l'isolement parfait commence, pour des fils de gomme-laque et de soie d'égale longueur et de même diamètre, Coulomb a trouvé que sa valeur est dix fois plus forte pour la première substance que pour la seconde. Par des calculs analogues, on peut comparer entre elles la perméabilité de toutes les substances qui transmettent imparfaitement l'électricité.

Pour qu'on puisse comparer ainsi une matière avec une autre, il n'est pas du tout nécessaire que les boules de la balance aient été observées à une même distance dans les deux séries d'expériences ; il suffit que cette distance ait été maintenue constante dans chaque série, et qu'on en substitue à chaque fois la valeur dans la formule. Il est également indifférent que l'on ait donné tel ou tel degré d'électricité aux boules. Mais il faut toujours qu'elles soient égales et électrisées simultanément ; il faut aussi qu'elles soient les mêmes dans toutes les expériences ; aussi bien que le fil de torsion dont on fait usage. Sans cela, le rapport des torsions aux forces répulsives ne serait pas le même dans les diverses séries ; ce qui rendrait leur comparaison plus difficile et moins immédiate. Ce sont là les seules précautions auxquelles il soit nécessaire de s'astreindre.

CHAPITRE IV.

Disposition de l'Électricité en équilibre dans les corps conducteurs isolés.

MAINTENANT que nous savons, au moyen du calcul, ramener la réaction électrique des corps à un état constant, malgré la déperdition continuelle qui s'opère par l'air et par les supports, nous pouvons nous proposer d'examiner la manière dont l'électricité se distribue entre les diverses parties d'un même corps, tant dans son intérieur qu'à sa surface.

Or, d'après ce que l'expérience nous a déjà fait connaître sur cet objet, il est extrêmement vraisemblable que l'électricité se porte toute entière à la surface des corps conducteurs, sans que leurs particules intérieures la retiennent en aucune manière. Car, autrement, on ne concevrait pas comment la seule conformité de la surface de deux corps qui se touchent, établirait entre eux un partage égal d'électricité, quelle que soit d'ailleurs la substance qui les compose ; ni comment cette égalité peut avoir encore lieu, quand l'un des corps est solide et plein de matière, tandis que l'autre est creux, et n'offre presque qu'une simple surface ; au lieu que toutes ces choses deviennent naturelles et simples, si l'électricité en équilibre se répand seulement sur la surface des corps, sans pénétrer dans leur intérieur.

Cette propriété, à laquelle l'analogie nous mène, est d'une si grande importance, qu'il faut chercher à la vérifier directement.

On peut d'abord la rendre sensible par l'expérience suivante : prenez un corps conducteur de forme sphéroïdale, tel que S, *fig.* 9 ; formez deux calottes très-minces EE de substance pareillement conductrice, de papier doré, par exemple, et donnez-leur des courbures telles qu'en se joignant elles enveloppent complètement le corps S ; ajustez par dehors à ces calottes des tubes de gomme-laque E M par lesquels on puisse les manier sans leur enlever l'électricité. Cela fait, posez le corps S sur un support isolant, ou sus-

pendez-le avec un fil de soie très-fin passé à la gomme-
laque, et communiquez-lui un degré quelconque d'électricité fort ou faible. Puis, après avoir touché les deux calottes
pour vous assurer qu'elles ne sont point électrisées, enve-
loppez-en le sphéroïde S, en les tenant par les extrémités
de leurs manches isolans ; retirez-les aussitôt de la même
manière, et présentez-les à un pendule électrique : vous
trouverez qu'elles ont pris l'électricité du sphéroïde, et qu'elles
l'ont prise toute entière. La réaction électrique de celui-ci,
essayée à l'électroscope le plus sensible, est absolument nulle.

On peut encore vérifier cette propriété d'une autre manière qui semble plus générale, parce que le corps soumis à
l'épreuve peut avoir une forme quelconque, et que l'expérience se fait sans lui ôter rien de son électricité. On pratique seulement sur la surface de ce corps un ou plusieurs
petits trous cylindriques de quatre ou cinq lignes de diamètre, et d'une profondeur arbitraire ; on tire ensuite un
fil de gomme-laque de quelques pouces de longueur, à l'extrémité duquel on adapte un petit cercle de papier doré
pareil à celui de l'aiguille de l'électroscope, et dont le diamètre soit le tiers ou le quart de la largeur des trous. Cela
fait, on isole le corps S ; on l'électrise fortement par quelques étincelles tirées du premier conducteur de la machine
ou de toute autre manière ; puis, tenant le cylindre de gomme-
laque par son extrémité libre, on introduit adroitement le
cercle de papier doré qu'il porte dans les cavités du corps S,
en prenant bien garde de ne pas toucher les bords de leur
ouverture. Ce cercle, retiré des cavités, n'en rapporte pas un
atome d'électricité ; présenté à l'aiguille de l'électroscope
déjà chargée d'une électricité pareille à celle du corps, il
n'opère sur elle aucune répulsion. Mais après avoir inutile-
ment réitéré cette épreuve, si on lui fait toucher un instant
la surface extérieure du corps S, ou seulement le bord d'une
des cavités qu'on y a pratiquées, il chasse vivement l'aiguille
de l'électroscope. Toute l'électricité du corps S réside donc
à cette surface ; il n'y en a point dans son intérieur.

Ce résultat est général pour tous les corps, quelle. que soit leur forme ; mais en répétant l'expérience, on trouvera quelquefois que le petit cercle de papier doré, retiré des cavités, présente de faibles signes d'une électricité *de nature contraire* à celle du corps S, et qui ne disparaît même pas lorsqu'on a touché le petit cercle pour le décharger. Cette permanence prouve que l'électricité dont il s'agit ne lui est pas propre, mais lui est communiquée par la gomme-laque même, qui la lui rend à mesure qu'on la lui ôte ; en sorte qu'il n'en résulte aucune indication sur l'existence de l'électricité dans l'intérieur du corps S. Maintenant, comment le cylindre de gomme-laque, qui porte le petit cercle, peut-il, sans toucher les bords des ouvertures et par la seule proximité, prendre ainsi une électricité *contraire* à celle du corps S ? C'est un phénomène qui s'expliquera bientôt, quand nous traiterons du développement de l'électricité à distance. Ici, je me bornerai à dire que cet effet, purement accidentel, est presque toujours insensible quand la gomme-laque est pure, l'air sec, et qu'on ne laisse pas le petit cylindre séjourner long-temps dans les cavités.

Nous pouvons donc, d'après ce qui précède, être assurés que le principe électrique, quel qu'il soit, ne réside point dans l'intérieur des corps conducteurs, mais se porte entièrement à leur surface. Nous savons d'ailleurs par d'autres expériences, que l'air le retient à cette surface, et est le seul obstacle qui l'empêche de sortir du corps. Ainsi, en rapprochant ces deux indications, nous voyons que le principe électrique, quelle que soit sa nature, se dispose toujours sur les corps conducteurs en une couche très-mince dont la surface extérieure, contiguë à l'air, et limitée par la pression de ce fluide, est la même que celle du corps électrisé, tandis que la surface intérieure, nécessairement peu différente de l'autre, puisque la couche est très-mince, doit être déterminée d'après d'autres lois qu'il nous faudra tirer de l'observation.

Par exemple, lorsque le corps électrisé est une sphère,

la seule raison de symétrie exige que la surface intérieure
soit pareillement sphérique et concentrique à la surface extérieure ; car elle doit être comme elle symétrique dans
tous les sens autour du centre. Lorsque l'on accumule successivement dans une sphère des quantités d'électricité de
plus en plus grandes, on peut concevoir, ou que les nouvelles quantités ajoutées se disposent sphériquement sous
les premières, et augmentent l'épaisseur de la couche, ou
bien que l'épaisseur restant la même, la densité de l'électricité augmente en chaque point. Il est indifférent, pour
les expériences, d'adopter l'une ou l'autre manière de voir ;
car l'épaisseur de la couche étant toujours très-petite,
toutes les molécules électriques accumulées sous chaque
petit élément superficiel, doivent agir par attraction ou par
répulsion sur les corps extérieurs, comme si elles étaient
toutes réunies en un seul point, et par conséquent comme
si elles étaient infiniment condensées. Ainsi leur action sera
toujours proportionnelle à leur nombre, de quelque manière qu'on l'évalue. Mais, à considérer la chose physiquement, l'idée d'une épaisseur essentiellement limitée paraît
peu naturelle ; car il n'existe dans l'intérieur des corps conducteurs aucun obstacle qui empêche l'électricité de s'y
répandre ; si elle ne s'y répand pas, ce ne peut être que par
un résultat des lois de son équilibre ; et, par cela même il
devient très-vraisemblable que pour chaque quantité d'é-
lectricité donnée, l'épaisseur de la couche électrique est
aussi une conséquence de ces lois.

La méthode que nous venons d'exposer pour éprouver
l'électricité d'un corps conducteur, en le touchant par un
petit cercle de papier doré, isolé à l'extrémité d'un fil de
gomme-laque, est applicable dans une infinité de circonstances. Elle peut même faire reconnaître, non-seulement
l'existence et la nature de cette électricité, mais la quantité absolue qui s'en trouve accumulée sur chaque élément
superficiel. Pour cela, au lieu de présenter le petit plan à
l'électroscope, comme dans l'expérience qui précède, on

substitue à la boule fixe de la balance , et l'on observe son action sur la boule ou sur le cercle mobile que l'on a préalablement chargé d'une électricité de même nature. Le peu de
volume de ces divers corps permettant de les considérer comme
des points , on voit que la réaction électrique du petit plan
sera proportionnelle à la quantité d'électricité dont il s'est
couvert ; et, si on l'introduit toujours dans la même balance
sans rien ôter au cercle , ou à la boule mobile , de la première
charge qu'on leur a donnée , les torsions nécessaires pour les
ramener à la même distance donneront les rapports de ces
différentes charges. Or , comme un très-petit plan appliqué
sur un corps se confond avec un élément de sa surface , on
doit présumer que ces charges seront aussi proportionnelles à
celle du point de la surface où le petit plan a touché. De sorte
que l'on pourra ainsi espérer de connaître comment la quantité de l'électricité , ou , ce qui revient au même , comment
l'épaisseur de la couche électrique varie sur les divers points
d'un corps où l'électricité ne serait pas distribuée uniformément.

Pour vérifier cette idée , prenez un corps conducteur de
figure quelconque , placez-le sur un isoloir ; et, après lui
avoir donné un degré arbitraire d'électricité , touchez-le
avec le petit plan d'épreuve en un point a , que vous pourrez
exactement reconnaître ; portez ce petit plan dans la balance , préalablement chargée d'une électricité de même
nature , et observez la torsion nécessaire pour balancer la
répulsion à une distance fixe D ; soit cette torsion A.

Retirez alors le petit plan , et faites-lui toucher de nouveau le corps conducteur dans un autre point a' , différent
du premier , mais que vous pourrez également reconnaître ;
portez-le ensuite dans la balance , et mesurez la torsion nécessaire pour ramener l'aiguille à la distance D , comme
dans la première expérience. Soit cette torsion n A , en sorte
que son rapport avec la première soit exprimé par n.

Si , après un intervalle de quelques minutes , vous répétez
les mêmes épreuves, en portant toujours le petit plan sur

les mêmes points a, a', vous ne trouverez plus les mêmes torsions absolues, parce que le corps isolé aura perdu une partie de son électricité par le contact de l'air ; mais le rapport de ces torsions demeurera le même. Si la première est devenue A$'$, la seconde sera n A$'$. Pour que la comparaison soit tout-à-fait exacte, il faudra mettre entre les deux contacts successifs de a et de a' le même intervalle que dans la première expérience, afin que la perte par l'air soit proportionnellement la même.

Le résultat de cette épreuve se reproduira ainsi autant de fois qu'on voudra la répéter ; et la proportionnalité des torsions se maintiendra tant qu'il restera une quantité d'électricité appréciable sur la surface du corps isolé. Si de plus on a noté les époques auxquelles les observations successives ont été faites, on verra que le décroissement absolu des torsions est exactement tel qu'il doit résulter du seul contact de l'air ; ou en d'autres termes, la répulsion mutuelle du petit plan et du cercle mobile, à une époque quelconque, est exactement la même que si on avait laissé constamment le petit plan dans la balance avec la charge primitive d'électricité qu'il avait prise sur le point a ou a', dans le premier contact. Par conséquent, la quantité absolue d'électricité qu'il prend à chaque contact, est proportionnelle à la somme actuelle et totale de l'électricité du corps.

Cette proportionnalité peut tout de suite être mise en évidence par l'expérience suivante.

Donnez au corps isolé la forme d'un cylindre ou d'un parallélipipède rectangle, dont la longueur surpasse beaucoup la grosseur ; électrisez-le, et faites toucher le petit plan, d'abord au milieu de sa longueur, puis à l'une de ses extrémités, il aura dans ces deux cas des réactions bien différentes. Maintenant faites toucher le corps électrisé par un autre, de forme et de dimensions exactement pareilles, qui sera aussi isolé, et que vous présenterez au premier symétriquement, c'est-à-dire de manière que les côtés pareils se touchent dans toute leur étendue. L'électricité se partagera certainement d'une manière égale entre les deux corps. Aussi, quand vous les aurez séparés, si vous recommencez l'épreuve du petit plan, en touchant toujours aux mêmes points que la première fois, vous trouverez que ses réactions électriques sont réduites, pour tous les points, exactement à la moitié de ce qu'elles étaient d'abord.

Ainsi, en résumant ces expériences, les quantités absolues d'électricités, successivement prises par le *plan d'épreuve* en un même point de la surface d'un corps conducteur, sont constamment proportionnelles à la somme totale d'électricité répandue sur la surface de ce corps à l'instant du contact; et, quelle que soit cette somme, les quantités prises au même instant sur différens élémens superficiels conservent toujours entre elles des rapports invariables. De là on doit tirer deux conséquences : la première, c'est que dans chaque corps conducteur, l'accumulation d'une quantité double, triple d'électricité, donne à chaque élément superficiel une quantité d'électricité double, triple ou en général proportionnelle ; la seconde, c'est que le petit plan d'épreuve, considéré comme infiniment petit par rapport à la surface totale du corps conducteur, prend toujours en chaque point de cette surface une quantité d'électricité proportionnelle à celle de l'élément qu'il a touché.

En opérant ainsi, chaque contact du plan diminue un peu la quantité absolue d'électricité du corps qu'il touche, et par conséquent, à parler à la rigueur, il faudrait tenir compte de cette diminution pour rendre les observations successives exactement comparables ; mais on rend ce soin inutile en faisant le plan si petit, que la quantité d'électricité qu'il enlève soit infiniment petite et comme nulle comparativement à celle de la surface totale du corps. Si, malgré cette précaution, on voulait encore affaiblir l'erreur, il n'y aurait qu'à reporter le petit plan sur la surface du corps sans le décharger. Il faut aussi avoir soin d'employer, pour soutenir les petits plans, des fils de gomme-laque bien pure, dont la force isolante soit la plus parfaite possible.

Comme ces observations demandent toujours d'être plusieurs fois répétées , il faut , en les comparant les unes aux
autres , avoir égard par le calcul à la perte d'électricité résultante du contact de l'air. C'est ce que l'on peut faire , d'a-
près les lois de cette déperdition que nous avons données
plus haut ; mais on peut encore suppléer à cette correction ,
en combinant les expériences de manière qu'elles se recti-
fient d'elles-mêmes. Pour cela , s'il s'agit de comparer les
réactions électriques de deux points a et b , on fera d'abord
toucher a par le petit plan ; puis on observera la réaction
proportionnelle qui en résulte dans celui-ci. Ensuite on le
fera toucher de même à b , et on observera pareillement la
réaction correspondante. Alors si entre la première observation et la seconde , il s'est écoulé un certain temps , par
exemple , trois minutes , on répétera de nouveau le contact
de a , trois minutes après la seconde observation , et l'on
prendra une moyenne arithmétique entre ce résultat et le
premier que l'on a obtenu. On aura ainsi la même chose
que si les deux contacts de a et de b eussent été faits exactement à la même époque. Ce mode de correction qui s'o-
père par des observations correspondantes , est toujours le
meilleur qu'on puisse employer. Il corrige même l'effet de
la déperdition par les supports , pourvu qu'elle soit peu
considérable , ainsi que cela arrive toujours quand ils sont
bien choisis et bien préparés.

Pour donner une application de la méthode des contacts
alternatifs , je choisirai l'expérience suivante , que je trouve
dans les manuscrits de Coulomb.

Il s'était proposé de chercher comment l'électricité se
dispose sur une lame mince et isolée. Pour le découvrir , il
isola une lame d'acier de 11 pouces de long , 1 pouce de
large et $\frac{1}{2}$ ligne d'épaisseur. Pour pouvoir la toucher dans
toute sa largeur , il donna au plan d'épreuve un pouce de
long sur trois lignes de large. Il appliqua d'abord ce plan au
centre de la lame en C, *fig.* 10 , puis à 1 pouce de distance
de l'extrémité , et il obtint les résultats suivans :

	TORSIONS observées.	TORSIONS moyennes au milieu.	TORSIONS moy. à 1 po. de l'extrém.	RAPPORT des torsions moyennes.
Touché au milieu..	370°			
à 1^{Po} de l'extrémité.	440	360	440	1,22
au milieu..... ...	350	350	417,5	1,20
à 1^{Po} de l'extrémité.	395	335	395	1,18
au milieu........	320	Moyenne.......		1,20

C'est-à-dire que , sur des espaces égaux , pris dans toute la largeur de la lame , au centre et à un pouce de ses extrémités , les quantités d'électricités sont entre elles comme 1 à 1,2, par conséquent presque égales.

Coulomb a recommencé l'expérience en posant le petit plan tont-à-fait à l'extrémité, mais toujours tout entier sur la surface , et il a trouvé les résultats suivans :

	TORSIONS observées.	TORSIONS moyennes au milieu.	TORSIONS moyennes à l'extrémité	RAPPORT des torsions moyennes.
Touché à l'extrém.	400			
au milieu	195	195	395	2,02
à l'extrémité......	390	190	390	2,05
au milieu	185	185	370	2,00
à l'extrémité.....	350	Moyenne.......		2,02

Ici le rapport des quantités d'électricités est beaucoup plus fort que tout à l'heure. Ainsi , après avoir été presque constante depuis le centre jusqu'à 1 pouce des extrémités de la lame , l'électricité augmente rapidement près de ces extrémités.

Coulomb a fait encore une dernière épreuve, en mettant le petit plan , non plus sur la surface même de la lame , mais dans le prolongement de cette surface en D , de manière à toucher l'épaisseur de la lame par son tranchant ; et alors il a eu les résultats que voici :

	TORSIONS observées.	TORSIONS moyennes au milieu.	TORSIONS moyen. au-delà du bord	RAPPORT des torsions
Touché au milieu..	305°			
au-delà du bord....	1175	295	1175	5,98
au milieu........	285	285	1156	4,05
au-delà du bord...	1157	Moyenne........		4,01

Ainsi, le plan d'épreuve placé dans le prolongement de la lame, y prend une électricité justement double de celle même qu'il prenait à cette extrémité, quand il ne touchait qu'une seule surface.

L'expérience répétée avec une lame de 22 pouces de longueur, c'est-à-dire double de la précédente, et de mêmes dimensions dans tout le reste, a donné exactement les mêmes rapports entre le milieu et les extrémités.

De là Coulomb conclut, 1°. que, dans le contact sur les surfaces de la lame, le plan d'épreuve ne participe qu'à l'électricité d'une de ses deux faces, qui est celle sur laquelle il est appliqué; 2°. qu'au-delà d'une certaine longueur de la lame, suffisante pour que l'électricité soit presque uniforme dans une grande partie de sa surface, un nouvel accroissement de longueur n'a plus d'influence sensible sur le rapport des quantités d'électricités accumulées aux extrémités et au milieu, la première étant toujours double de la seconde.

Pour sentir les conséquences de cette remarque, soit, *fig.* 11, AB une lame dont la longueur surpasse la limite que nous venons d'indiquer. Supposons que nous ayons observé l'état électrique des divers points de sa surface, et élevons en chacun de ces points des ordonnées CE, PM, QN, AA′, BB′ proportionnelles aux quantités d'électricité qui s'y trouvent accumulées. Ces ordonnées seront sensiblement égales entre elles, depuis le centre C jusqu'à un pouce des extrémités de la lame, après quoi elles iront en croissant rapidement jusqu'à ces extrémités, de manière à former la courbe A′M ou B′N. Or, puisque le rapport de AA′ à PM ou à CE est le même dans toutes les lames dont la longueur est très-grande comparativement à leur largeur , et que la même constance se soutient pour les ordonnées intermédiaires , il s'ensuit que la courbe A'M , B'N conserve la même forme dans toutes ces lames , et ne fait que se superposer à leurs deux extrémités sur la couche uniforme , dont l'épaisseur est C E ; de sorte que l'on peut ainsi prévoir complètement l'état électrique de toutes ces lames , quand on a observé l'intensité de l'électricité à leur centre.

Cette augmentation rapide de l'électricité vers les extrémités des lames ne leur est pas particulière ; il paraît qu'elle a lieu en général dans tous les corps prismatiques ou cylindriques très-allongés ; et elle est d'autant plus rapide qu'ils sont plus minces. C'est ce que prouvent plusieurs autres expériences de Coulomb , que j'ai rapportées et calculées dans le Traité général.

La tendance de l'électricité pour se porter à la surface des corps conducteurs , et la manière dont elle se répand sur cette surface , peuvent se rendre sensibles par une expérience assez curieuse. A B , *fig.* 12 , est un cylindre isolé , mobile autour d'un axe horizontal , et que l'on peut faire tourner au moyen de la manivelle M , composée de plusieurs tiges de verre. Sur le cylindre est enroulé un ruban métallique R , dont l'extrémité est terminée en demi-cercle et attachée à un cordon de soie F. On fait communiquer cet appareil à un électroscope composé de deux fils de lin *ff*, garnis de boules de moëlle de sureau , et on l'électrise. Aussitôt les fils *ff* divergent. Alors on déroule peu à peu le ruban métallique en le tirant par le fil isolant F , et le soutenant suspendu en l'air. A mesure qu'il s'étend , on voit les fils de lin se rapprocher et indiquer l'affaiblissement progressif de leur réaction. Si le ruban est suffisamment long , comparativement à la charge électrique donnée à l'appareil , leur écart peut diminuer jusqu'à devenir presque insensible ; mais il se reproduit de nouveau si , faisant tourner la manivelle M , on enroule de nouveau le ruban métallique sur son cylindre ; et alors la réaction des fils redevient la même qu'au commencement de l'expérience , sauf la perte occasionnée par le contact de l'air.

CHAPITRE V.

Des Électricités combinées, et de leur séparation par les actions à distance.

Jusqu'ici nous avons considéré des corps électrisés par le frottement ou la communication. Nous allons maintenant voir des phénomènes où l'état électrique est développé sans contact, par la seule influence à distance d'un corps électrisé.

On prend un conducteur cylindrique B , *fig.* 13 , isolé , horizontal, dont les deux extrémités sont arrondies en demi-sphères. On y attache de distance en distance des fils de lin , auxquels pendent de petites boules faites en moelle de sureau. Après avoir touché ce conducteur, pour s'assurer qu'il n'est point chargé d'électricité, on l'approche d'un corps électrisé A , en le tenant par ses supports isolateurs , et le plaçant toutefois assez loin de A , pour qu'il n'en puisse pas recevoir directement l'électricité par explosion. On observe alors les phénomènes suivans :

1°. Les fils placés aux extrémités du cylindre B divergent et manifestent ainsi qu'il est électrisé.

2°. On observe que cette divergence va en diminuant vers le milieu du cylindre , où il se trouve un point dans lequel il ne se fait aucune répulsion.

3°. Ce point, qui n'est point électrisé , varie de position sur le cylindre , à mesure qu'on éloigne ou qu'on approche celui-ci du corps électrisé.

4°. Si l'on promène le long du cylindre une boule de sureau non électrisée et suspendue à un fil de soie qui l'isole , elle est attirée partout , excepté dans la partie intermédiaire, dont nous venons de parler.

5°. Mais si cette boule est électrisée , elle est attirée par une des extrémités du cylindre et repoussée par l'autre, ce qui annonce qu'elles sont chargées d'électricités différentes.

6°. En effet, si on touche successivement ces deux extrémités avec un petit corps conducteur isolé, et qu'on éprouve l'électricité qui en résulte, on trouve que, dans l'extrémité qui avoisine le corps électrisé, elle est d'une nature opposée à la sienne ; et au contraire, elle est de même nature dans sa partie la plus éloignée.

7°. Les signes d'électricité cessent, si l'on retire le cylindre par ses supports isolans, et qu'on l'éloigne à une grande distance du corps électrisé A, ou si l'on enlève par un contact l'électricité de ce corps.

8°. A l'exception de ce dernier cas, le corps primitivement électrisé ne perd rien par l'influence qu'il exerce. Aucune partie de son électricité ne se transmet au cylindre ; car si l'on mesure sa réaction électrique par le plan d'épreuve avant qu'on lui présente le cylindre, et après qu'on l'a retiré, on trouve qu'elle n'a éprouvé aucune diminution, si ce n'est celle qui doit naturellement se produire par le seul contact de l'air.

9°. Cette constance ne subsiste que hors de la présence du cylindre isolé. Car, pendant qu'il est dans le voisinage du corps électrisé, si celui-ci est conducteur, la réaction sur sa surface est différente, comme on peut s'en assurer par le plan d'épreuve.

10°. Si, sans toucher au corps électrisé, on enlève, et l'on remet le cylindre en sa présence à plusieurs reprises, les mêmes phénomènes cessent, et se reproduisent à chaque fois sans aucun changement.

Le seul énoncé de ces résultats en montre les conséquences : 1°. puisque le cylindre ne prend rien au corps électrisé, il faut qu'il possède en lui-même les principes des deux électricités qui se développent en lui par l'influence de ce corps ; 2°. puisque ces deux électricités disparaissent quand l'influence du corps étranger cesse, quoiqu'elles ne puissent s'échapper dans le sol, à cause de l'isolement du cylindre, il faut que leurs proportions soient telles, qu'étant abandonnées à elles-mêmes, elles puissent se neutraliser mutuellement. 3°. Enfin, il faut que cette neutralisation s'opère sans les détruire, puisqu'elles reparaissent de nouveau tout entières chaque fois que l'on soumet le cylindre à l'influence du corps étranger.

Nous sommes ainsi conduits à reconnaître que les principes des deux électricités existent naturellement dans tous les corps conducteurs, dans un état de combinaison qui les neutralise. C'est ce que nous nommerons désormais *l'état naturel des corps*. Nous voyons que le frottement, qui nous semblait un moyen de les faire naître, sert seulement à les dégager de cette combinaison, et à rendre l'une d'elles sensible en absorbant l'autre. Voilà pourquoi, sans doute, nous observions constamment que le corps frottant et le corps frotté manifestaient des électricités contraires. Enfin, puisque la seule influence d'un corps électrisé présenté à distance, force ces deux électricités à se séparer et à se distribuer de manière que celles de nature différente soient les plus voisines l'une de l'autre, et celles de même nature les plus éloignées, il faut, pour énoncer ce fait, admettre que les principes électriques *de nom différent s'attirent, et de même nom se repoussent*, selon des lois que l'expérience nous apprendra peut-être à déterminer.

Alors tous les phénomènes que nous avons décrits plus haut deviennent des conséquences simples, nécessaires, évidentes de cette propriété générale. Un seul d'entre eux, peut-être, semble demander quelque attention pour y être rapporté. C'est cette variation passagère qu'éprouve la réaction électrique du corps A, pendant qu'on lui présente le cylindre. Mais, puisque l'électricité libre sur la surface d'un corps agit à distance sur celles des autres corps, et détruit, au moins en partie, leur combinaison, il est évident que celles-ci, une fois devenues libres, doivent à leur tour agir sur le corps qui les a mises en liberté, et changer la réaction électrique des points de sa surface, soit en contraignant l'électricité libre qui s'y trouve de se distribuer autrement, soit en ajoutant à cette électricité celle que le corps peut fournir par la décomposition de son électricité naturelle, soit enfin en agissant de ces deux façons à la fois.

Ces observations nous conduisent à une autre conséquence importante : dans nos premières recherches, nous avions remarqué que les corps électrisés attirent ou semblent attirer tous les corps légers qu'on leur présente, sans qu'il soit besoin pour cela de développer en ceux-ci la faculté électrique par le frottement ou la communication. Mais maintenant nous devons concevoir que ce développement s'y opère de lui-même, par la seule influence à distance du corps électrisé sur les électricités combinées des petits corps qu'on lui présente. De sorte que, dans ce cas même, l'attraction soit réelle, soit apparente, que l'on observe, n'a réellement lieu qu'entre des corps électrisés.

Il y a plus : le développement des électricités combinées, dans cette circonstance, est indispensable pour que l'attraction s'opère ; car elle est d'autant moins vive qu'il est moins facile ; et, s'il est impossible, elle cesse entièrement. Pour vous en convaincre, prenez deux fils de soie écrue très-fins et d'égale longueur. Suspendez-y deux petites boules de dimensions égales, mais dont l'une soit de gomme-laque pure, et l'autre aussi de gomme-laque, mais dorée sur sa surface, ou revêtue d'une mince feuille d'étain. Alors les deux pendules étant placés l'un à côté de l'autre à une petite distance, approchez-en un tube de verre ou de cire d'Espagne frotté et électrisé : vous verrez que la boule couverte de métal, et sur la surface de laquelle la décomposition des électricités combinées peut facilement se faire, sera bien plus aisément et plus vivement attirée que l'autre. Celle-ci ne commence à l'être qu'après un certain temps, lorsque la décomposition s'est enfin opérée sur sa surface ; et alors son état électrique subsiste même après qu'on en a éloigné le corps électrisé. La première boule, quoique dorée, contracte aussi de cette manière une électricité permanente, parce que la résine qui la compose s'imprègne de celle qui est développée à sa surface ; et l'une et l'autre sont favorisées en cela par le contact de l'air, qui, sous l'imfluence du corps électrisé, tend surtout à leur enlever celle de leurs électricités combinées, qui est repoussée par ce corps, tandis qu'il a moins de prise sur celle dont la force répulsive propre est dissimulée par l'attraction. Aussi remarque-t-on en général que les corps isolés qui ont été quelque temps soumis à l'influence d'un corps électrisé, finissent par avoir un excès d'électricité de nature contraire à la sienne, et dont les effets se manifestent quand on les soustrait à l'influence de ce corps.

Comme les résultats auxquels nous venons de parvenir, nous seront par la suite d'un usage continuel, il faut les réduire en une sorte de théorème que nous énoncerons de la manière suivante.

Lorsqu'un corps conducteur et isolé B, qui est dans l'état naturel, est mis en présence d'un autre corps A électrisé et isolé, l'électricité distribuée sur la surface de A agit par influence sur les deux électricités combinées de B, en décompose une quantité proportionnelle à l'intensité de son action, et la résout dans ses deux principes constituans. De ces deux électricités devenues libres, elle repousse celle de même nom qu'elle, et attire celle de nom différent. La première se porte sur la partie de la surface de B, qui est la plus éloignée de A; la seconde sur celle qui en est la plus voisine. Ces deux électricités, devenues libres, agissent à leur tour sur l'électricité libre de A, et même sur ses deux électricités combinées, dont une partie se décompose par cette réaction et se sépare, si le corps A est aussi conducteur. Cette nouvelle séparation entraîne une nouvelle décomposition de l'électricité combinée de B, et ainsi de suite jusqu'à ce que les quantités de chaque principe, devenues libres sur les deux corps, soient en équilibre par le balancement de toutes les forces attractives et répulsives qu'elles exercent les unes sur les autres, en vertu de leur nature différente ou semblable.

Nous examinerons plus tard par quelles conditions cet équilibre est déterminé. En ce moment, supposons-le établi ; et pour continuer à observer le développement des phénomènes qui en résultent, reprenons la même disposition d'appareil qui nous a servi d'abord, et qui est représentée *fig.* 14. De plus, afin d'abréger l'énoncé des faits, supposons que l'électricité, primitivement donnée à A, est vitrée. Alors, si le conducteur B est cylindrique, ce que nous supposons pour que la séparation des électricités combinées y soit plus manifeste, sa partie R, la plus voisine de A, est à l'état résineux ; sa partie la plus éloignée V est à l'état vitré.

Les choses étant ainsi, on touche cette partie V avec un troisième conducteur C, pareillement isolé, et dans l'état naturel, on le retire et on le trouve chargé d'électricité vitrée. En même temps, les fils de lin placés en V sur le conducteur A se rapprochent, et la divergence de ceux qui sont placés en R augmente. Mais si, après ce contact, l'on retire B de la présence de A, ou qu'on touche A pour lui ôter son électricité, on trouve B uniquement chargé d'électricité résineuse.

Ceci est une conséquence fort simple de l'action à distance. Avant le contact, l'électricité vitrée de B, refoulée en V, repoussait l'électricité vitrée de A, et attirait l'électricité résineuse développée en R ; elle affaiblissait donc ainsi l'action de A sur R. Par le contact du troisième conducteur, on enlève une portion de cette électricité V ; alors l'action de A sur R devient plus forte, parce qu'elle est moins contre-balancée. En vertu de son accroissement d'énergie, il se fait dans le conducteur B une nouvelle décomposition d'électricité combinée, dont la partie vitrée se porte de nouveau en V, et la résineuse en R. Alors la quantité totale accumulée en R se trouve nécessairement plus considérable que l'autre, puisque cette dernière seule a été affaiblie par le contact de C. Aussi, lorsque vous soustrayez B à l'influence de A, cette électricité vitrée V redevenue libre, ne suffit plus pour neutraliser complétement R, et l'on trouve le conducteur B chargé d'un excès d'électricité résineuse. Cette même inégalité fait que, sous l'influence de A, la divergence des fils doit être plus faible en V qu'en R, conformément à l'observation.

Voulez-vous porter cette différence à l'extrême ? Au lieu de toucher le conducteur B avec un corps isolé, qui ne prend jamais qu'une portion de l'électricité V, touchez-le avec un corps non-isolé, et faites-le ainsi communiquer un instant avec le sol. Alors toute l'électricité refoulée en V s'échappera. Les fils suspendus en ce point se rapprocheront tout-à-fait, et n'en donneront plus le moindre signe ; mais les fils placés en R divergeront encore plus que dans le cas précédent, et vous ne diminuerez point leur divergence, en touchant de nouveau l'extrémité V. Mais, si vous soustrayez le conducteur B à l'influence de A, cette divergence deviendra beaucoup plus forte.

Ceci est encore très-facile à comprendre : lorsque vous mettez V en communication avec le sol, toute l'électricité vitrée accumulée à cette extrémité se partage avec la masse immense de la terre, et sa réaction électrique devient insensible ; ou, si l'on veut, elle décompose l'électricité combinée de la terre, attire l'électricité résineuse avec laquelle elle se neutralise, et repousse la vitrée qui se distribue sur toute la surface du globe terrestre. De quelque manière que l'on conçoive la chose, il n'y a plus du tout d'électricité vitrée libre en V. Alors l'électricité vitrée de A, dégagée de cette résistance, exerce une plus forte attraction sur R. Cela nécessite une nouvelle décomposition de l'électricité combinée de B, dont la partie vitrée se dissipe de même dans le sol, tandis que la résineuse s'accumule en R ; et ainsi de suite jusqu'à ce que l'attraction de A pour R soit complètement satisfaite. Mais ces décompositions, que dans notre raisonnement nous avons supposées successives pour bien en comprendre le mécanisme, s'opèrent instantanément dans les corps métalliques dont la conductibilité peut être regardée comme parfaite ; et voilà pourquoi un seul contact suffit pour l'établir complètement. D'après ce qui vient d'être dit, on conçoit pourquoi B, soustrait à l'influence de A, manifeste un excès d'électricité résineuse, et pourquoi cet excès est plus fort encore que dans le cas précédent.

Jusqu'ici nous nous sommes bornés à rendre sensible par l'expérience l'action de A sur B ; mais nous pouvons de même rendre sensible la réaction de B sur A, soit en touchant celui-ci en divers points de sa surface avec le plan d'épreuve, ce qui serait le procédé le plus exact; soit en se bornant à suspendre, à l'extrémité de A la plus éloignée de B, des fils de lin garnis de petites boules de moelle de sureau. On observe d'abord la divergence de ces boules, quand le corps A est isolé et solitaire. Puis à mesure qu'on approche le conducteur B, et qu'il se fait dans celui-ci une décomposition de son électricité combinée, on voit les fils de lin de A se rapprocher peu à peu, parce que l'électricité vitrée qui réside en cette partie de A, l'abandonne pour se porter vers B. Si elle y passe toute entière, on voit les fils de lin redevenir tout-à-fait verticaux, comme si le corps A était dans l'état naturel ; et enfin s'il se développe en cette extrémité de l'électricité résineuse, par l'effet de l'action toujours croissante de R, on voit les fils diverger de nouveau, mais par une électricité différente.

Cette succession de divergences produites par des électricités contraires, et séparées par un état naturel, s'observera encore avec plus de facilité sur le conducteur B, si, au lieu de le présenter à A dans l'état naturel, on lui communique d'abord une faible électricité résineuse ; car lorsqu'il est d'abord éloigné de l'influence de A, tous les fils de lin qui y seront suspendus divergeront en vertu de cette électricité. Mais, à mesure que B s'approchera de A, et que l'action de celui-ci attirera cette électricité résineuse dans l'extrémité qui l'avoisine, on verra les fils de lin de l'autre extrémité se rapprocher graduellement, puis se toucher, puis enfin diverger de nouveau en vertu de l'électricité vitrée que l'action de A fait sortir de la combinaison où elle était engagée dans l'état naturel, et qui se trouve repoussée en cette partie du conducteur B.

Pour fixer les idées, nous avons supposé que le corps A était chargé d'électricité vitrée. Mais si on le chargeait d'électricité résineuse, tous les phénomènes seraient encore exactement pareils, avec la seule différence qu'il faudrait partout, dans leur énoncé, changer les dénominations des deux électricités.

Après avoir ainsi reconnu généralement les propriétés attractives et répulsives propres aux deux électricités vitrée et résineuse, après avoir reconnu leur état naturel de combinaison dans les corps, leur séparation par l'influence à distance, et les conséquences générales qui résultent de ces nouvelles propriétés, il faut, conformément à la méthode que nous avons adoptée dans le cours de cet ouvrage, chercher à les soumettre au calcul de manière à fixer exactement les détails des faits, et à prévoir, par exemple, pour chacun des corps soumis à leur influence mutuelle, quelle est, sur un point quelconque de sa surface, la quantité et la nature de l'électricité.

Mais comme nous avons reconnu que les effets de ces influences réciproques, tels que nous venons de les observer, s'exercent sur les principes électriques eux-mêmes, on conçoit que nous ne pourrons les atteindre dans leur cause qu'en déterminant la nature et le mode d'action de ces principes ; ou, ce qui revient pour nous au même, en imaginant, d'après les phénomènes observés, quelque mode d'action calculable qui représente exactement les phénomènes, et qui puisse être vérifié, sinon immédiatement dans son existence physique, du moins indirectement, mais sûrement dans ses conséquences.

Or, si l'on considère l'extrême facilité avec laquelle les deux électricités vitrée et résineuse se répandent dans les corps conducteurs, et se portent à leur surface où elles sont retenues par la pression de l'air ; si l'on considère la mobilité parfaite avec laquelle ces deux principes se rapprochent ou s'éloignent, se réunissent ou se séparent, sans rien perdre de leurs facultés originelles, on verra que l'idée la plus vraisemblable qu'on puisse avoir de leur nature, c'est de les regarder comme des fluides d'une fluidité parfaite, dont les molécules sont douées de facultés attractives et répulsives, et qui, dans les corps où ils peuvent libre-

ment se mouvoir, se disposent de manière à être en équilibre en vertu de toutes les forces intérieures et extérieures
qui agissent sur eux.

Il est facile de voir que chacun de ces fluides doit posséder en lui-même une cause de répulsion qui tende à écarter
ses particules les unes des autres ; car si l'on suppose une
certaine quantité d'électricité vitrée ou résineuse, introduite dans une sphère métallique où ses mouvemens sont
libres, nous savons qu'elle se portera toute entière à la
surface, et y formera une couche très-peu épaisse. Si l'on
augmente le diamètre de la sphère, la couche électrique
s'éloignera toujours de plus en plus de son centre, en diminuant toujours d'épaisseur ; enfin, si l'on supprime tout-à-
fait la pression de l'air, l'électricité se dissipe complètement. Ces effets indiquent certainement une action répulsive exercée entre les particules électriques de même nature ;
et tous les phénomènes dans lesquels les deux électricités
combinées sont séparées l'une de l'autre par l'influence à
distance, confirment parfaitement ce résultat, de même
qu'ils démontrent aussi l'existence d'une attraction réciproque entre les électricités de nature différente.

Nous voyons encore, par les mêmes phénomènes, que ces
attractions et ces répulsions s'affaiblissent à mesure que la
distance augmente ; mais suivant quelle loi ? Parmi toutes
celles que l'on peut essayer, il en est une qui représente et
reproduit parfaitement tous les phénomènes ; c'est le rapport inverse du carré de la distance. En l'adoptant, les
constitutions des deux principes électriques sont comprises dans l'énoncé suivant : *Chacun des deux principes
électriques est un fluide dont les particules, parfaitement
mobiles, se repoussent mutuellement, et attirent celles de
l'autre principe avec des forces réciproques au carré de la
distance.* De plus, *à distance égale, le pouvoir attractif est
égal au pouvoir répulsif*, cette égalité est nécessaire pour
que dans un corps à l'état naturel, les deux électricités
combinées n'exercent aucune action à distance.

On peut même en donner la preuve par l'expérience :

ayez deux disques de verre mince AB, A'B', *fig.* 15, dont
les surfaces soient bien planes, et qui aient environ un décimètre de diamètre ; le verre à miroir est très-bon pour cet
objet. Fixez à chacun d'eux un manche CM de verre ou de
cire d'Espagne, ou de toute autre substance isolante ; puis
ayant disposé un petit pendule très-sensible, formé d'une
boule de sureau de la grosseur d'une lentille, suspendue à
un fil de soie tel qu'il sort du cocon, frottez les disques
l'un contre l'autre, en les tenant par les manches isolans ;
et, sans les séparer, présentez-les ensemble au petit pendule :
vous verrez qu'ils n'exercent sur lui aucune attraction ;
mais séparez-les, et présentez-les lui tour à tour, ils l'attireront tous les deux. Ils se sont donc mutuellement électrisés par le frottement ; et même l'un a pris l'électricité vitrée, l'autre la résineuse, comme vous pourrez le vérifier
en les présentant tour à tour à un second pendule très-sensible, chargé d'une électricité connue. Mais ces électricités
ne se manifestent pas, quand les disques sont en contact,
parce que, résidant sur les deux surfaces qui se touchent, la
distance de tous leurs points au pendule est absolument la
même, et ainsi les actions opposées qu'elles exercent pour
séparer les électricités combinées de la petite boule sont
égales ; de sorte que leur résultante totale est nulle. On peut
même modifier l'expérience de manière que cette compensation soit progressive. Pour cela, après avoir séparé les
disques, on présente la surface frottée de l'un d'eux au petit
pendule, et on laisse approcher celui-ci jusqu'au contact.
Dès qu'il a pris sur cette surface la très-petite quantité
d'électricité qui convient à son volume, il est repoussé et
s'éloigne. Tenez-le dans cet état de répulsion, en lui présentant l'autre face du disque, comme le représente la
fig. 16 ; car l'électricité agira aussi bien sur lui à travers
l'épaisseur du verre. Puis, approchez peu à peu le second
disque du premier, comme pour les remettre de nouveau
en contact par leurs faces électrisées. A mesure que la distance de ces faces deviendra moindre, vous verrez la répulsion diminuer et le petit pendule s'abaisser de plus en

plus vers la verticale ; enfin, quand elles se toucheront, le système des deux disques n'agira pas plus sur le petit pendule que tout autre corps à l'état naturel ; mais vous le ferez de nouveau remonter, en les séparant. Ces deux électricités, ainsi neutralisées par leur contact, nous représentent au naturel l'état des électricités combinées, avec la seule différence que celles-ci, dans les corps conducteurs, ne sont unies l'une à l'autre que par leur force de combinaison, et peuvent être séparées par l'action à distance d'une électricité devenue libre ; au lieu que, dans nos disques, chacune d'elles est retenue par la résistance que la nature non-conductrice du verre oppose à la liberté de ses mouvemens. C'est pourquoi l'expérience que nous venons de décrire réussirait également bien avec des disques de gomme-laque ou de cire d'Espagne, ou même avec un disque de ces substances et un disque métallique ; mais elle ne pourrait plus se faire avec *deux* disques métalliques, ou formés, en général, de corps conducteurs, parce qu'alors aucune résistance ne s'opposant au mouvement des électricités que le frottement dégage, elles se réuniraient et se recombineraient de nouveau à mesure que le frottement les dégagerait.

Ayant ainsi défini bien nettement les caractères et le mode d'action des deux fluides, il faut exposer les conséquences *mathématiques* de cette définition pour les comparer aux phénomènes, et voir si elles y sont exactement conformes. Il faut surtout chercher celles qui, étant susceptibles d'une évaluation précise et numérique, comportent plus de rigueur dans leur vérification. Mais ces déductions ne peuvent s'obtenir que par des calculs très-élevés, pour lesquels on emploie toutes les ressources de l'analyse ; et même, avec tous ces secours, on n'est parvenu à les établir d'une manière générale et exacte que depuis peu de temps ; c'est à M. Poisson qu'est due cette belle découverte. Nous puiserons donc dans son travail les résultats précis que le calcul lui a fait connaître ; nous les emprunterons comme des déductions rigoureuses de nos définitions premières, et il ne nous restera plus qu'à vérifier si elles sont d'accord avec les faits.

Commençons par considérer un seul corps conducteur isolé, chargé d'un excès d'électricité vitrée ou résineuse, et soustrait à toute influence étrangère.

Le calcul annonce que le fluide introduit dans ce corps se portera tout entier à sa surface, et y formera une couche extrêmement mince. Ceci est confirmé par les observations les plus minutieusement exactes.

Le calcul détermine encore la surface intérieure de cette couche et son épaisseur. La surface extérieure, bornée par l'air, est la même que celle du corps. L'air est dans ce cas, pour l'électricité libre, comme un vase imperméable, de forme donnée, qui la contient dans sa capacité intérieure, et résiste par sa pression à la tendance qu'elle a pour s'étendre. La surface intérieure est toujours très-peu différente de la première, puisque la couche électrique est très-mince. Mais, pour que le corps demeure dans un état électrique permanent, la forme de cette surface doit être telle que la couche entière n'exerce ni attraction ni répulsion sur les points qui sont compris dans sa cavité; car, si ces actions n'étaient pas nulles, elles s'exerceraient sur les électricités combinées du corps, en décomposeraient une partie, et par conséquent l'état électrique du corps changerait. La condition analytique qui établit cette propriété détermine la forme et l'épaisseur de la couche, laquelle peut et doit même en général être inégale sur les diverses parties de la surface du corps électrisé. Par exemple, si ce corps a la forme d'une sphère, les deux surfaces de la couche électrique seront sphériques, et auront leur centre au centre de la sphère. L'épaisseur de la couche sera donc partout constante et égale à la différence de leurs rayons. En effet, on démontre que, dans la loi du carré des distances, une pareille couche n'exerce aucune action sur les points qui lui sont intérieurs.

Si le sphéroïde proposé est un ellipsoïde, la surface intérieure de la couche électrique sera aussi un ellipsoïde concentrique et semblable, car on démontre qu'une couche elliptique dont les surfaces sont ainsi concentriques et semblables n'exerce aucune action sur un point situé dans son intérieur. L'épaisseur de la couche en chacun de ses points se trouve généralement déterminée par cette construction; il en résulte que cette épaisseur est la plus grande au sommet du plus grand axe, et la moindre au sommet du plus petit; et les épaisseurs qui répondent à deux sommets différens, sont entre elles comme les longueurs de ces axes.

Dans tous les cas, la surface extérieure de la couche fluide est donnée par la surface même du corps, et tout se réduit à trouver pour la surface intérieure une forme très-peu différente, qui rende nulle l'action totale de la couche sur tous les points compris dans sa cavité.

Ces divers résultats ne sont pas susceptibles d'être immédiatement soumis à l'expérience, mais ils sont liés à d'autres qui se prêtent à cette vérification, et que nous découvrirons bientôt.

La couche électrique, disposée comme nous venons de le dire, agit par attraction et par répulsion sur les autres molécules électriques situées hors de sa surface extérieure, ou à cette surface même. Elle les attire si elles sont de nature différente de la sienne, et si elles sont de même nature, elle les repousse. Ce dernier cas est celui des molécules électriques qui forment la surface extérieure de la couche; chacune d'elle est repoussée de dedans en dehors avec une force proportionnelle à l'épaisseur de la couche en ce point. Les molécules situées au-dessous de la surface, dans l'épaisseur de la couche même, éprouvent une répulsion pareille, mais moindre, parce qu'elle est seulement proportionnelle à l'épaisseur qui les sépare de la couche intérieure, et que les molécules qui les enveloppent du côté de la surface extérieure n'exercent sur elles aucune action. Toutes ces forces répulsives graduellement décroissantes, étant combattues dans leur effet par l'air extérieur qui s'oppose au départ des particules électriques, on conçoit qu'il en doit résulter une

pression totale exercée contre cet air , et tendante à le soulever. Cette pression est en raison composée de la force
répulsive exercée à la surface et de l'épaisseur de la couche ;
et comme un de ces élémens est toujours proportionnel à
l'autre , on peut dire qu'elle est , en chaque point , proportionnelle au carré de l'épaisseur ; elle doit donc être en général variable sur la surface des corps électrisés. Si cette
pression est partout moindre que la résistance que l'air
oppose , l'électricité est retenue dans le vase d'air, et ne peut
s'échapper. Mais si la pression, en certains points de la surface , vient à l'emporter sur la résistance de l'air , pour lors
le vase crève et le fluide électrique s'échappe comme par
une ouverture. C'est ce qui arrive à l'extrémité des pointes
et sur les arêtes vives des corps anguleux ; car on peut démontrer qu'au sommet d'un cône, par exemple , la pression
du fluide électrique deviendrait infinie , si l'électricité pouvait s'y accumuler. A la surface d'un ellipsoïde allongé , et
de révolution , la pression ne devient infinie en aucun
point; mais elle sera d'autant plus considérable aux deux
pôles, que l'axe qui les joint sera plus grand par rapport au
diamètre de l'équateur. D'après les théorèmes que je viens
de citer , cette pression sera à celle qui a lieu à l'équateur
du même corps, comme le carré de l'axe des pôles est au
carré du diamètre de l'équateur; de manière que si l'ellipsoïde est très-allongé, la pression électrique pourra être
très-faible à l'équateur, tandis qu'aux pôles elle surpassera
la résistance de l'air. Aussi, lorsqu'on électrise une barre
métallique qui a la forme d'un ellipsoïde très-allongé, le
fluide électrique se porte principalement vers ses extrémités ,
et il s'échappe par ces deux points, en vertu de son excès
de pression sur la résistance que l'air lui oppose. En général , l'accroissement indéfini de la pression électrique , en
certains points des corps électrisés, fournit une explication
naturelle et précise de la faculté qu'ont les pointes de dissiper rapidement dans l'air non-conducteur le fluide électrique dont elles sont chargées.

Si la nature du corps électrisé était telle que l'électricité ne pût pas s'y mouvoir librement, l'excès de pression dont nous venons de parler, s'exercerait contre les particules mêmes du corps qui envelopperaient la couche électrique; ou, en général, contre celles qui, soit par leur affinité, soit par tout autre mode de résistance quelconque, s'opposeraient à sa dissipation.

Ayant déterminé, d'après la théorie, la manière dont l'électricité se dispose dans un seul corps conducteur isolé et soustrait à toute influence étrangère, passons au cas plus composé où plusieurs corps électrisés et conducteurs s'influencent mutuellement; et, comme il faut choisir des corps dont la forme rende les phénomènes accessibles au calcul, considérons deux sphères de matière conductrice, toutes deux électrisées et mises en présence l'une de l'autre à une distance quelconque.

La disposition de l'électricité dans cette circonstance et dans toutes celles où plusieurs corps électrisés sont soumis à leur influence mutuelle, est assujettie à un principe général, évident de lui-même, et qui a le précieux avantage de ramener immédiatement toutes ces questions à une condition mathématique. En voici l'énoncé que nous tirons encore du beau travail de M. Poisson.

« Si plusieurs corps conducteurs électrisés sont mis en
» présence les uns des autres, et qu'ils parviennent à un
» état électrique permanent, il faudra, dans cet état, que
» la résultante des actions des couches électriques qui les
» recouvrent, sur un point quelconque pris dans l'intérieur
» d'un de ces corps, soit nulle. Car si cette résultante n'était
» pas nulle, l'électricité combinée qui réside au point que
» l'on considère, serait décomposée, et l'état électrique
» changerait, contre la supposition que l'on a faite de sa
» permanence. »

Ce principe, traduit en calcul, fournit immédiatement autant d'équations que l'on considère de corps, et que le problème présente d'inconnues; mais leur résolution surpasse souvent les forces de l'analyse. Cependant M. Poisson, qui avait si heureusement découvert la clef générale de

cette théorie, est parvenu à lever toutes les difficultés ana-
lytiques, pour le cas des deux sphères mises en contact ou
en présence l'une de l'autre, et chargées primitivement de
quantités quelconques d'électricités. Les formules auxquelles
il est parvenu offrent un grand nombre de résultats que l'on
peut vérifier par l'expérience, et qui sont autant d'épreuves
sévères de la théorie. On peut lire les détails de cette comparaison dans le Traité général ; je me bornerai ici à citer
un seul de ces phénomènes dont les particularités sont extrêmement remarquables. Il a lieu lorsque deux sphères
d'inégal diamètre, après avoir été mises en contact et électrisées simultanément, sont écartées graduellement l'une de
l'autre à des distances diverses, en restant toujours isolées..
Alors leur état électrique éprouve les plus singulières variations. D'abord, au moment du contact, l'électricité, étudiée
par le plan d'épreuve, se trouve de même nature sur les
deux sphères, comme on devait s'y attendre ; mais, de plus,
elle est nulle au point du contact. Maintenant, si l'on sépare
les deux sphères, et que leurs dimensions, comme nous
l'avons supposé, soient inégales, cette nullité n'a plus lieu.
L'électricité naturelle de la petite sphère se décompose, et
celle qui est de nature contraire à celle de la grande sphère,
se porte vers le point où le contact a eu lieu. Cet effet diminue à mesure qu'on écarte les deux sphères, et devient nul
à une certaine distance, qui dépend du rapport de leurs
diamètres. Alors le point de la petite sphère, sur lequel
s'est fait le contact, se retrouve dans l'état naturel ; enfin à
une distance plus grande encore, ce point se recouvre de la
même électricité que le reste de la sphère dont il fait partie.
L'existence de ces singulières alternatives, la distance où
elles ont lieu, leur apparition constante sur la plus petite
des deux sphères, tout cela peut se déterminer avec le plan
d'épreuve, et tout cela aussi peut se prédire avec la même
précision par les formules que M. Poisson a données.

Ne pouvant entrer ici dans des vérifications plus détaillées,
nous les supposerons faites, et nous tirerons de la théorie la

définition précise de plusieurs élémens de l'action électrique
que l'on confoud très-souvent.

La première chose à considérer dans des expériences d'é-
lectricité, c'est la nature de celle qui réside à la surface
des corps soumis aux expériences, et en chacun des points
de cette surface; on la détermine en touchant avec le plan
d'épreuve, et présentant celui-ci à l'aiguille de l'électroscope déjà chargée d'une électricité connue.

La seconde chose est la quantité de cette électricité accumulée en chaque point, ou, ce qui revient au même,
l'épaisseur de la couche électrique. On la mesure encore,
en touchant avec le plan d'épreuve, et présentant ce plan à
l'aiguille de la balance préalablement chargée d'une électricité de même nature. La force de torsion nécessaire pour
balancer la réaction électrique du plan, est, à distances
égales, proportionnelle à la quantité d'électricité qu'il possède, ou, ce qui revient au même, à l'épaisseur de la couche
électrique sur l'élément qu'il a touché.

La troisième chose que l'on peut considérer théoriquement, c'est l'influence exercée par chaque élément de la
couche électrique sur une molécule de fluide située à sa surface extérieure ou hors de cette surface. L'attraction ou la
répulsion ainsi considérée, est directement proportionnelle
à l'épaisseur de la couche électrique sur l'élément superficiel
qui attire ou qui repousse, et elle est inversement proportionnelle au carré de la distance qui sépare cet élément du
point attiré ou repoussé.

Enfin, la dernière chose qu'il faut considérer, c'est la
pression que l'électricité exerce contre l'air extérieur en
chaque point de la surface du corps électrisé. L'intensité de
cette pression est proportionnelle au carré de l'épaisseur de
la couche électrique.

En restant fidèle à ces dénominations, on ne risquera
point de s'égarer par des considérations vagues; et si l'on y
joint le souvenir du développement de l'électricité par influence à distance, on n'aura aucune peine à se rendre
compte de presque tous les phénomènes électriques.

La plupart de ces phénomènes, quand on se borne à leurs circonstances les plus générales, peuvent se représenter en supposant l'existence d'un seul fluide électrique dont une certaine quantité est répandue dans tous les corps, et forme leur état naturel. C'est ainsi que Franklin, et après lui Æpinus, les ont envisagés. L'excès de ce fluide dans les corps produit ce que nous avons appelé l'électricité vitrée, et le défaut, ce que nous avons appelé l'électricité résineuse; d'où résultent deux états des corps, que les partisans de ce système désignent par les dénominations de *positif* et de *négatif*. Ils admettent aussi que les molécules du fluide électrique se repoussent mutuellement. Mais de plus, comme l'expérience montre que les corps dans l'état naturel n'exercent aucune action électrique les uns sur les autres, ils sont contraints de supposer que les molécules électriques sont attirées par la matière propre des corps, supposition que dément l'égalité avec laquelle l'électricité se partage par contact, entre des sphères de même volume et de nature quelconque. Enfin, une discussion approfondie et calculée prouve que cette supposition ne suffirait pas pour l'équilibre, et qu'il faut encore admettre que les molécules des corps exercent les unes sur les autres une action répulsive sensible à de grandes distances, comme les influences électriques elles-mêmes. Cette multiplicité d'hypothèses contraires aux analogies les plus vraisemblables, a fait aujourd'hui abandonner ces idées; mais elles ont été cependant utiles par l'usage ingénieux que leurs auteurs en ont fait pour réunir en un seul corps les phénomènes qui étaient jusqu'alors épars.

CHAPITRE VI.

Théorie des mouvemens excités dans les corps par les attractions et les répulsions électriques.

Dès les premières recherches que nous avons faites sur les phénomènes électriques, nous avons découvert que deux corps électrisés, mis en présence l'un de l'autre, semblent s'attirer ou se repousser. Nous avons depuis observé que

l'attraction et la répulsion s'exercent uniquement entre les
particules des fluides électriques , sans que la substance matérielle des corps y participe par aucune affinité particulière.
Il devient donc nécessaire d'examiner comment , et par
quel mécanisme , les effets de ces forces peuvent se transmettre aux particules des corps , et produire en eux les mouvemens que nous observons.

Pour plus de simplicité , bornons-nous d'abord à considérer deux sphères électrisées A et B , l'une A fixe , l'autre B
mobile ; il pourra se présenter trois cas qu'il faut discuter
séparément.

  1°. A et B non-conducteurs ;

  2°. A non-conducteur, B conducteur ;

  3°. A conducteur , et B conducteur.

Dans le premier cas, les particules électriques sont fixées
sur les corps A et B par la force inconnue qui produit la non-
conductibilité. Ne pouvant quitter ces corps , elles partagent
avec eux les mouvemens que leur action réciproque tend à
leur imprimer.

Alors les forces qui peuvent opérer le mouvement sont,
1°. l'attraction ou la répulsion mutuelle du fluide de A sur
le fluide de B ; 2° la répulsion du fluide de B sur lui-même ;
mais les répulsions des parties d'un système ne pouvant imprimer aucun mouvement à son centre de gravité, les effets
de cette action propre s'entre-détruisent sur chaque sphère ,
et il n'en peut résulter aucun mouvement de l'une vers
l'autre. Le premier genre de force est donc le seul auquel
il faille avoir égard. Si la distribution de l'électricité est
uniforme sur chaque sphère , chacune d'elle attire ou repousse l'autre comme si toute sa masse électrique était
concentrée à son centre , et la force totale d'attraction ou
de répulsion est proportionnelle au produit des quantités
totales d'électricité qu'elles possèdent. Cette force se transmet à la matière pondérable des deux sphères A et B , en
vertu de l'adhésion par laquelle elles retiennent les particules électriques ; et , à cause des deux facteurs dont son expression se compose, on voit qu'elle deviendrait nulle si l'une

ou l'autre des deux sphères n'était point primitivement chargée d'une électricité étrangère. Pendant le mouvement, elle n'éprouve de variation que celle qui provient de la distance, parce que les deux sphères étant supposées faites de substances rigoureusement non conductrices, leur action réciproque n'y produit aucun nouveau développement d'électricité.

Dans le second cas, la sphère B, supposée de matière conductrice, éprouve une décomposition de ses électricités naturelles par l'influence de A. Les électricités opposées qui résultent de cette décomposition se joignent à la quantité étrangère que l'on y a introduite, et se disposent ensemble conformément aux lois de l'équilibre électrique ; alors le mouvement de B vers A peut s'envisager de deux manières.

Supposons d'abord que, sans troubler l'état électrique de B, on étende sur sa surface une couche isolante, solide, sans pesanteur, et qui y reste invariablement adhérente. L'électricité de B ne pouvant plus s'échapper, s'appuiera pour ainsi dire sur cette couche, et transmettra par son moyen aux particules du corps les forces qui la sollicitent. Alors les forces qui agissent sur le système seront, 1°. l'attraction mutuelle ou la répulsion du fluide de A sur le fluide de B ; 2°. la répulsion propre du fluide de B sur lui-même : mais cette répulsion ne peut produire aucun mouvement sur le centre de gravité de B ; 3°. la pression du fluide de B sur l'enveloppe isolante : mais cette pression est exactement contrebalancée par la réaction de l'enveloppe, et il n'en résulte encore aucun mouvement. La première force est donc encore la seule à laquelle il faille avoir égard.

Lorsque la distance D des deux sphères est très-grande comparativement aux rayons de leurs surfaces, les électricités décomposées de B sont, d'après le calcul, comme d'après l'expérience, distribuées à peu près également sur les deux hémisphères situés du côté de A et du côté opposé. Alors les actions qu'elles éprouvent de la part de A sont à peu près égales et s'entre-détruisent. Toute la force effective provient donc des quantités d'électricité étrangère introduites dans les deux sphères, et son intensité est proportionnelle au produit de ces quantités. Tant que les deux sphères sont très-éloignées l'une de l'autre, ce produit, et la force attractive ou répulsive ne varie qu'en vertu du changement de la distance. Mais ceci n'est qu'une approximation. Car à considérer la chose dans la rigueur, l'état électrique de la sphère conductrice B varie à mesure qu'elle s'approche de A, à cause de la séparation que celle-ci produit dans ses électricités naturelles. Par conséquent l'action réciproque des deux sphères doit varier aussi d'une manière fort compliquée.

La supposition d'une enveloppe isolante, sans pesanteur, ne sert ici que pour lier le fluide électrique avec les particules matérielles du corps B. On peut toujours regarder comme telle la petite couche d'air qui enveloppe ordinairement les corps et qui est adhérente à leur surface. Mais on peut encore arriver au même résultat, sans le secours de cet intermédiaire ; alors il faut considérer les pressions produites sur l'air par les électricités qui existent dans B à l'état de liberté. En effet, ces électricités, tant celles qu'on y a introduites que celles qui s'y décomposent, se portent vers la surface de B, où l'air les arrête par sa pression et les empêche de sortir. Elles se disposent donc *sous* cette surface comme l'exige leur action sur elles-mêmes et l'influence du corps A ; en s'appuyant, pour cela, contre l'air qui les empêche de s'étendre. Mais réciproquement elles pressent cet air de dedans en dehors, et tendent à le soulever avec une force proportionnelle au carré de l'épaisseur de la couche électrique en chaque point. Décomposez toutes ces pressions suivant trois axes rectangulaires des coordonnées $x\,y\,z$, dont l'une z soit dirigée vers le centre de la sphère A, et faites-en les sommes particielles, vous trouverez que, suivant les x et les y, elles sont nulles ; de sorte qu'il ne reste en définitif qu'une seule résultante dirigée vers le centre de la sphère A. Lorsque les sphères sont très-éloignées l'une de l'autre comparativement aux rayons de leurs surfaces, les électricités décomposées de B pressent l'air extérieur en sens contraire avec une intensité à peu près égale, et leurs effets s'entre-détruisent presque exactement. Il ne reste donc que l'effet des quantités étrangères introduites dans les deux sphères, et il en résulte un excès de pression dirigé suivant la ligne des centres et proportionnel au produit de ces quantités, c'est-à-dire exactement le même que l'autre méthode l'avait donné. Il est évident d'ailleurs que cette expression est sujette aux mêmes limitations, puisque les pressions produites par la couche électrique contre l'air extérieur doivent varier avec la quantité d'électricité naturelle décomposée dans B par l'influence de A à mesure que les deux sphères se rapprochent.

Le troisième cas, où A et B sont tous deux conducteurs, se résout exactement par les mêmes principes, soit en imaginant les deux surfaces électrisées couvertes d'une enveloppe isolante, et calculant les actions réciproques des deux fluides qui se transmettent par le moyen de cette enveloppe aux particules matérielles, soit en considérant les pressions produites sur l'air extérieur par les deux couches électriques, et calculant l'excès de ces pressions suivant la ligne qui joint les deux centres. Seulement, dans ce cas, la force attractive ou répulsive des deux sphères variera à mesure qu'elles s'approcheront l'une de l'autre, non-seulement par la différence qui en résultera dans l'intensité de l'action électrique, mais encore par la décomposition progressive des électricités naturelles qui s'opérera dans les deux corps conducteurs A et B.

Les résultats que nous venons d'obtenir subsisteraient encore si les sphères A et B étaient toutes les deux libres de se mouvoir l'une vers l'autre; car, sans troubler leur action réciproque, on peut toujours imprimer à l'une et à l'autre le mouvement d'une d'elles en sens contraire; ce qui réduirait celle-ci à l'état de repos, et ramènerait le problème au cas que nous avons considéré. Enfin, si nous avons choisi des corps de forme sphérique, c'est uniquement pour pouvoir effectuer les calculs qui donnent, dans chaque cas, les valeurs des attractions. Car les mêmes raisonnemens s'appliquent également à tous les cas composés.

Considérons, par exemple, de cette manière les phénomènes que présente un pendule électrique dévié de la verticale par l'action d'un tube électrisé. Pour fixer les idées, concevons ce pendule formé par une petite boule de moelle de sureau suspendue à un fil de soie C S, *fig.* 17, et chargée d'électricité *vitrée.* Tant que la boule sera soustraite à toute influence étrangère, l'électricité se disposera sur sa surface en une couche sphérique très-mince, d'une épaisseur partout égale; et, en conséquence, la pression qn'elle exercera sur l'air extérieur sera partout égale aussi, puisqu'elle est toujours, en chaque point, proportionnelle au carré de l'épaisseur de la couche. La petite boule sera donc moins pressée par l'air extérieur que s'il n'y avait point d'électricité libre à sa surface; mais elle le sera encore également, et par conséquent elle ne prendra de mouvement dans aucun sens.

Supposons maintenant qu'à quelque distance de sa surface, on approche un bâton de gomme-laque ou de cire d'Espagne électrisé *résineusement*; aussitôt une portion des électricités naturelles de la petite boule sera décomposée par influence. La partie résineuse fuira le tube, la partie vitrée se portera vers lui. Ce dernier mouvement sera partagé par l'électricité vitrée qu'on avait précédemment répandue sur la surface de la boule. La pression sur l'air, toujours proportionnelle au carré de l'épaisseur de la couche électrique, deviendra donc plus forte du côté du tube; et réciproquement la pression atmosphérique, primitivement égale sur toute la surface, deviendra plus forte sur la face opposée. Cet excès de pression poussera donc la boule vers le tube résineux, de sorte que si on veut la retenir avec un autre fil de soie C S' dirigé en sens contraire de la tendance qu'elle éprouve, ce fil soutiendra tout l'effort produit par la différence de pression.

Supposons maintenant que l'on coupe ce fil : la boule cédera à l'effort qui l'entraîne, et le fil isolant C S qui la soutient s'écartera de la verticale. Mais cet écart aura une limite ; car le poids de la boule qui, dans la position initiale, était supportée par le point de suspension S, ne l'est plus qu'en partie dans la position oblique S C', *fig.* 18. En effet, si on représente l'effort de ce poids par la ligne verticale C'P, on pourra le décomposer en deux autres forces, l'une C'Q dirigée dans le prolongement du fil et détruite par sa résistance, l'autre C'R perpendiculaire au fil, et tendant à ramener la boule au point le plus bas. Or, cette seconde force croîtra évidemment avec l'angle C S C', et en conséquence elle tendra d'autant plus à faire descendre la boule que celle-ci sera plus écartée de la verticale. Par conséquent, dans chaque position du tube, l'écart du fil sera tel que l'excès de pression atmosphérique, qui tend à soulever la boule, soit égal à la pesanteur décomposée qui tend à la faire descendre.

Nous avons supposé le tube et la boule chargés d'électricités de nature diverse : s'ils l'étaient d'électricités de même nature, ces électricités se repousseraient au lieu de s'attirer. La pression de l'électricité de la boule contre l'air extérieur deviendrait prépondérante sur sa face la plus éloignée du tube, et elle ferait effort pour s'éloigner de lui.

Voilà ce qui a lieu en général : mais, dans certains cas, on observe un phénomène qui semble au premier coup d'œil démentir tout-à-fait ce raisonnement. En approchant l'un de l'autre deux corps électrisés de la même manière, on voit la répulsion s'affoiblir ; et, en diminuant toujours leur distance mutuelle, elle finit par se changer en attraction. Cela arrive ordinairement quand un des corps est fort petit par rapport à l'autre, et est faiblement électrisé ; par exemple, dans le cas où la petite boule de moelle de sureau du pendule électrique est chargée d'une faible électricité résineuse, et qu'on en approche de plus en plus un gros tube de cire d'Espagne électrisé, comme elle résineusement. Mais bien loin que ce phénomène soit contraire à notre théorie, il en est une conséquence. A mesure que le tube en s'approchant de la boule repousse l'électricité résineuse qu'on lui a primitivement donnée, il décompose une partie plus considérable de ses électricités combinées. Il repousse la résineuse qui va se joindre à l'autre, et attire la vitrée qui se porte vers lui. Si ces deux électricités décomposées existaient seules à la surface de la boule, il n'y a nul doute qu'elle serait attirée vers le tube : elle le serait d'autant plus énergiquement, qu'il s'approcherait d'elle davantage, et qu'il serait plus fortement électrisé ; sans que l'on pût concevoir de bornes à cette attraction. Mais il n'en est pas ainsi de la répulsion due à la quantité fixe d'électricité résineuse primitivement donnée à la boule. Celle-ci ne peut croître uniquement que par la diminution de la distance. Si donc, à une certaine distance, son énergie est moindre que l'attraction due au développement progressif des électricités combinées, cette dernière force l'emportera et la boule se rapprochera du tube. On conçoit ainsi que la possibilité du phénomène dépend des proportions qui ont lieu entre les quantités d'électricité primitivement existantes sur le tube et sur la boule ; et, sans pouvoir assigner ces proportions, on voit que l'inversion se produira d'autant plus facilement et à une distance d'autant plus grande que le tube aura plus d'électricité, et que la boule en aura moins. De sorte que si la distance est fixe, la répulsion ou l'attraction dépendront uniquement du rapport qui existera entre les quantités d'électricité.

On peut rendre ce résultat sensible par l'expérience suivante, dont la disposition est représentée *fig.* 19. On a un cylindre métallique isolé que l'on met en communication avec le premier conducteur de la machine électrique. A côté de ce cylindre, une petite boule de moelle de sureau est suspendue par un fil de soie ; et un autre fil de soie attaché au cylindre, l'empêche de s'éloigner au-delà d'une certaine distance. On électrise d'abord le cylindre faiblement. La boule est attirée, le touche et est ensuite repoussée. On continue d'électriser, elle est de nouveau attirée ; et ainsi de suite, attirée et repoussée, conformément à notre théorie.

Pour donner un autre exemple de ces considérations,

appliquons-les aux mouvemens du petit cercle de papier doré , porté par l'aiguille de l'électroscope ou de la balance. Concevons que ce petit cercle ayant été d'abord chargé d'électricité d'une certaine nature , on lui présente à quelque distance, presque parallèlement à sa surface , un autre petit cercle électrisé et fixe , que je supposerai d'abord formé d'une matière non conductrice, afin que l'électricité distribuée sur sa surface ne se déplace pas.

Lorsque le cercle mobile est seul dans la balance , l'électricité se distribue sur ses deux faces de la même manière et en proportion pareille , à cause de leur symétrie. Les pressions latérales contre l'air extérieur sont par conséquent égales , et il n'en résulte aucun mouvement. Mais dès que cette électricité est soumise à l'influence du cercle fixe , elle est attirée ou repoussée par la sienne , et la pression qu'elle exerce contre l'air devient inégale sur les deux faces. Si elle est attirée , elle presse davantage l'air du côté qui regarde le cercle fixe ; si elle est repoussée , elle le presse davantage du côté opposé. Ainsi dans le premier cas, l'excès de la pression atmosphérique poussera le cercle mobile vers le cercle fixe ; dans le second , il l'en éloignera.

Jusqu'ici nous avons considéré des formes de surfaces telles , que l'électricité, abandonnée à elle-même , devait évidemment s'y distribuer d'une manière symétrique , et produire des pressions égales sur les parties opposées. Alors le corps électrisé doit évidemment rester immobile, s'il n'est soumis à aucune influence étrangère. Mais quoique cette compensation soit plus difficile à reconnaître dans les corps dont la forme est plus composée , il n'en est pas moins certain qu'elle existe ; car on démontre en mécanique, que les actions réciproques des parties d'un système libre ne peuvent pas lui imprimer de mouvement de translation ni de rotation autour de son centre de gravité.

Il n'en serait plus de même dans le cas où le fluide électrique pourrait s'échapper par quelque endroit du corps. Par exemple , on forme , avec un gros fil de laiton ou de fer , une aiguille AA , *fig.* 20 , dont les deux bouts sont

recourbés en sens opposé , perpendiculairement à sa longueur , et aiguisés en pointe. On y fait au centre un petit
trou , et l'on y ajuste une chape conique que l'on pose sur
un pivot CM , autour duquel l'aiguille peut tourner horizontalement. Le pied du pivot P se visse sur l'extrémité du
conducteur d'une machine électrique. Tant qu'on n'excite
point d'électricité , l'aiguille demeure immobile dans la position qu'on lui a donnée ; mais si l'on met la machine électrique en action , l'aiguille commence aussitôt à tourner ,
et tourne de plus en plus avec rapidité comme si elle repoussait l'air par ses pointes.

Pour concevoir nettement ce phénomène , imaginons que
l'aiguille , après avoir été électrisée , soit recouverte d'une
petite couche isolante sans pesanteur, qui l'enveloppe de
toutes parts ; et supposons qu'on la suspende librement
dans le vide à un fil de soie qui lui permette de tourner
librement autour de son centre. Dans ce cas , les pressions
produites à la surface de la couche électrique s'exerceront
contre l'enveloppe isolante ; mais , d'après le théorême de
mécanique que nous avons rapporté tout-à-l'heure , elles ne
pourront faire prendre au système aucun mouvement de
rotation sur lui-même , de sorte que toutes les pressions,
décomposées dans un sens quelconque , s'entre-détruiront
sur les faces opposées. Maintenant supposons que , sur une
certaine partie de l'aiguille , je ne dis pas à l'extrémité de
la pointe , mais dans un endroit quelconque , on enlève l'enveloppe isolante de manière que l'électricité puisse s'échapper
par cette ouverture ; alors , la pression en cet endroit devenant nulle , la pression opposée agira seule , et par conséquent elle fera tourner l'aiguille , dans le sens suivant
lequel elle agit.

Ce résultat ne pourrait guère s'observer dans le vide
absolu, parce que l'électricité de l'aiguille s'y dissiperait
instantanément , lorsqu'on creverait la couche isolante ;
mais on peut le produire dans l'air libre : seulement il
faut aiguiser assez les pointes de l'aiguille pour que l'é-
lectricité s'accumule à leur extrémité à un degré tel

qu'elle surmonte la pression atmosphérique. Alors l'air lui-même sert d'enveloppe isolante, et l'ouverture se fait par l'effort de l'électricité même ; au lieu que dans notre première hypothèse, nous supposions qu'on la pratiquait artificiellement. Le phénomène est absolument pareil à ce qui arriverait, si l'aiguille, au lieu d'être électrisée, était un vase creux rempli d'eau ou de mercure, et que les extrémités, recourbées en pointes, fussent deux petits canaux dont les orifices auraient été crevés par la pression du fluide. Alors, la pression devenant nulle à ces orifices, celle qui s'exercerait sur l'élément opposé de la surface intérieure pousserait l'aiguille en sens contraire, et la ferait tourner ainsi autour de son centre. Nous avons reconnu la possibilité de pareils mouvemens dans le premier livre, page 42.

Dans ce cas, si l'on fait le produit des masses par les vitesses de toutes les molécules liquides qui s'échappent, ce produit sera constamment égal à la somme des produits des masses par les vitesses des autres points de l'aiguille, et du liquide qui tourne avec elle en sens opposé. La même égalité devra encore avoir lieu dans le mouvement de l'aiguille électrisée ; or, comme la masse des molécules électriques qui s'échappent est absolument inappréciable, puisque les corps les plus fortement électrisés n'acquièrent aucun accroissement sensible de poids aux balances les plus précises, il faut que, par compensation, la vitesse des particules électriques soit infiniment considérable, et aucun exemple peut-être n'est plus propre à donner une idée juste de leur rapidité.

Avant que l'on connût les véritables lois de l'équilibre de l'électricité, on ignorait comment les attractions et les répulsions, qui n'ont réellement lieu qu'entre les particules électriques, pouvaient se transmettre aux particules matérielles des corps ; et l'on désignait cet effet par le mot vague de *tension*, qui représentait l'électricité à peu près comme un ressort placé entre les corps électrisés, et tendant à les rapprocher ou à les écarter. Les détails dans lesquels nous venons d'entrer montrent comment cette transmission de force s'opère, par l'intermédiaire de la pression que l'électricité exerce contre l'atmosphère environnante, ou en général contre les obstacles qui s'opposent à sa dissipation.

CHAPITRE VII.

De la meilleure disposition à donner aux Machines électriques, et aux Conducteurs qui en font partie.

Dès nos premières recherches sur les phénomènes électriques, nous avons compris que, pour les agrandir, il fallait opérer le frottement sur de grandes surfaces. Nous avons donc employé un plateau ou un cylindre de verre que nous avons fait tourner entre des frottoirs fixes, par le moyen d'une manivelle ; et nous avons placé près de sa surface un corps métallique isolé qui se charge de l'électricité à mesure qu'elle se développe, pour la transmettre à d'autres conducteurs également isolés qui la conduisent partout où les expériences l'exigent. Mais maintenant, que nous savons que plusieurs corps ainsi électrisés réagissent toujours les uns sur les autres, nous devons nous demander quelle est la meilleure disposition à donner à toutes les parties de l'appareil? quelle doit être la nature des frottoirs pour développer le mieux l'électricité ? la forme du premier conducteur pour qu'il la soutire rapidement? celle des conducteurs secondaires pour qu'elle s'y accumule en abondance ? enfin celle des supports isolans pour qu'elle se conserve d'une manière plus durable? Ce sont là autant de questions importantes dont on peut voir la discussion dans le Traité général : ici je me bornerai à en donner les résultats.

Trois choses sont à considérer dans cette recherche : le plateau, le frottoir et les conducteurs.

Considérons d'abord le frottoir : quelle que soit sa nature, il faut, pour rendre le frottement étendu et durable, qu'il s'applique exactement sur la surface du plateau ou du cylindre de verre, et qu'il la presse en un grand nombre de points. Rien de plus avantageux pour cet objet, que des coussins rembourrés avec du crin, couverts en cuir souple, et pressés par un ressort contre la surface du verre. Le cuir seul, frottant ainsi contre le verre, développe peu d'électricité. Mais, on en obtient incomparablement davantage, en recouvrant sa surface d'un amalgame sec de mercure et de zinc triturés ensemble ; alors cet amalgame est réellement le corps frottant, et le verre le corps frotté. Si l'on isole les coussins pendant le frottement, et qu'on examine la nature de l'électricité acquise par le verre, on voit qu'elle est vitrée ; et par conséquent les coussins prennent l'électricité contraire, c'est-à-dire la résineuse.

Mais dans l'usage ordinaire de la machine, il faut bien se garder d'isoler les coussins ; il faut au contraire les faire communiquer au sol par une communication métallique ; car on obtient ainsi beaucoup plus d'électricité. Il est aisé de concevoir la raison de ce phénomène. Supposons que, dans l'état d'isolement, la surface du verre ainsi frottée acquière la quantité $+\,e$ d'électricité vitrée ; alors le frottoir aura une quantité égale $-\,e$ d'électricité résineuse. Je donne à celle-ci le signe négatif pour indiquer qu'ajoutée à l'autre, elle la neutralise. Sans doute, c'est la nature des deux surfaces qui exige cette proportion entre les espèces et les quantités d'électricités qui s'y attachent ; mais quelle qu'en soit la cause, il est sûr que l'électricité résineuse $-\,e$, qui réside sur le frottoir, tend toujours à se combiner avec l'électricité $+\,e$ que retient le verre, et cette attraction doit nécessairement diminuer la quantité dont le verre seul pourrait naturellement se charger. Les choses étant dans cet état, supposons que l'on communique, au système des deux corps, une quantité $+\,2\,e$ d'électricité vitrée. Une partie $+\,e$ de cette quantité se combinera avec l'électricité résineuse $-\,e$ du frottoir, et neutralisera son attraction pour l'électricité vitrée du plateau. Par conséquent le reste $+\,e$ pourra, sans que rien l'en empêche, se joindre à cette électricité ; et alors, le frottoir restant dans l'état naturel, le plateau se trouvera avoir en tout $+\,2\,e$, c'est-à-dire une charge double de ce qu'il avait d'abord. Voilà justement ce que fait la communication libre du frottoir avec le sol , réservoir commun de toute l'électricité de la terre. Elle permet à l'électricité résineuse développée sur la surface conductrice du frottoir , de se combiner avec l'électricité vitrée du sol nécessaire pour la saturer, et elle transmet ainsi au verre tout l'excès d'électricité vitrée $2e$ qui peut exister sur sa surface, pendant qu'il est frotté par l'amalgame métallique , maintenu dans l'état naturel.

L'office du premier conducteur que l'on place tout près du plateau ou du cylindre de verre, est précisément d'enlever cet excès à mesure qu'il se développe; car s'il restait adhérent à la surface du verre, cette surface , en passant de nouveau sur le frottoir , ne pourrait plus rien acquérir ; au lieu qu'étant préalablement déchargée par le conducteur , elle prend de nouveau sur le frottoir l'excès $2e$, lorsqu'elle se retrouve en contact avec lui. Toutes ces quantités d'électricité vitrée , successivement absorbées par le premier conducteur , passent de là dans les conducteurs secondaires , et s'y distribuent conformément aux lois de l'équilibre électrique. L'accumulation ne cesse que lorsque leur force répulsive totale ne permet plus l'introduction d'une nouvelle quantité d'électricité du plateau. Alors celui-ci n'étant plus successivement déchargé , cesse aussi de prendre de nouvelle électricité au frottoir, et l'on a beau faire tourner la machine, son effet n'augmente plus ; ou du moins elle n'acquiert que ce qu'il faut pour remplacer la déperdition opérée par le contact de l'air sur toutes les surfaces électrisées du plateau et des conducteurs.

Cette analyse exacte des phénomènes nous indique plusieurs conditions utiles au perfectionnement de l'appareil.

1°. Il faut que les parties de la surface du verre, qui sont successivement frottées, arrivent devant le premier conducteur sans avoir perdu , que le moins possible, de l'électricité qu'elles ont acquise. Pour cela, on attache au frottoir des morceaux de taffetas gommés qui s'étendent sur la surface du verre dans le sens du mouvement de rotation. Dès que le verre s'électrise, ces taffetas adhèrent à sa surface, et la préservent du contact de l'air jusque dans le voisinage du conducteur.

2°. Il faut que le premier conducteur ait autant de branches qu'il y a de frottoirs, afin que les mêmes parties du verre n'entrent jamais sous un frottoir sans être déchargées. On emploie ordinairement deux frottoirs, et l'on donne deux branches au conducteur, comme on le voit dans la *fig.* 21. Ces deux branches sont armées de pointes dans leur extrémité qui regarde le plateau. L'autre extrémité est au contraire arrondie en sphère pour rendre la déperdition plus lente. Mais un conducteur aussi borné, se chargerait bientôt à saturation avec une médiocre quantité d'électricité. C'est pourquoi on le fait communiquer avec un système de conducteurs isolés, formés de cylindres, longs et minces, suspendus parallèlement les uns aux autres, *fig.* 22. L'expérience et la théorie s'accordent à faire voir que lorsque les longueurs et les diamètres de ces cylindres sont bien proportionnées, cette disposition est la plus favorable pour obtenir de fortes charges avec de faibles tensions. Cette disposition a même l'avantage que lorsqu'on cesse de tourner le plateau ou le cylindre de verre, on peut supprimer la communication entre les conducteurs secondaires et le premier conducteur ; car, par ce moyen, on prévient l'écoulement de l'électricité accumulée qui s'échapperait rapidement par les pointes du premier conducteur, quand celle du plateau qui ne serait plus renouvelée cesserait de la refouler par sa répulsion.

Il est clair que ces changemens de communication ne doivent pas se faire par le contact direct d'un observateur communiquant au sol, mais par l'intermédiaire de tiges métalliques attachées à des manches isolans que l'on tient à la main. Quand il ne s'agit que d'une communication momentanée, on donne ordinairement à ces tiges la forme de deux arcs circulaires A C, A′ C, *fig.* 23, tournant à charnière autour d'un centre commun C, et munies chacune d'un manche isolant M, qui est ordinairement une tige de verre enduite de gomme-laque. On prend une de ces tiges avec la main droite, l'autre avec la main gauche; puis ouvrant ou fermant l'angle qu'elles forment, on peut à volonté augmenter ou diminuer la distance A A' des deux extrémités de l'arc, et la proportionner à l'intervalle des conducteurs que l'on veut faire communiquer. Cet instrument s'appelle un *excitateur*, parce qu'en effet il sert à exciter des étincelles d'un conducteur sur un autre. On emploie aussi, comme moyen de communication, des chaînes et des cordons métalliques qu'on laisse pendre d'un conducteur sur un autre, et qu'on enlève aisément avec des tubes de verre, quand on veut détruire la communication.

Après avoir déterminé les formes les plus convenables pour toutes les parties d'une machine électrique, il ne me reste qu'à dire un mot de l'isolement. On conçoit que celui du premier conducteur et des conducteurs secondaires doit être le plus parfait possible, afin qu'ils conservent long-temps l'électricité qu'on leur communique. Pour cela, il faut autant qu'il est possible que les supports soient longs et minces. Ceux du premier conducteur sont ordinairement des colonnes de verre. Il faut qu'elles soient vernies en gomme-laque, parce que cette substance isole beaucoup mieux que le verre, et se charge moins d'humidité. Les conducteurs secondaires se suspendent avec des cordons de soie au plafond; il ne serait pas inutile que la partie supérieure de ces cordons fût terminée par un cylindre de gomme-laque. Du reste, on n'a qu'à appliquer ici les principes exposés dans le chapitre III.

Jusqu'ici nous avons supposé que les frottoirs communiquaient au sol, et que les conducteurs étaient isolés. Alors l'électricité acquise par les conducteurs est vitrée; mais on peut aussi leur donner l'électricité résineuse. Pour cela, il faut rendre les branches du premier conducteur mobiles autour de son axe. Veut-on changer la nature de l'électricité? on les tourne, et on les fait toucher aux frottoirs, *fig.* 24. En même temps on supprime la communication entre les frottoirs et le sol. Alors l'électricité vitrée acquise par le plateau

ne lui est plus fournie que par les frottoirs mêmes , et par
le système de conducteurs auquel ils communiquent ; de
sorte que ceux-ci perdant cette portion de leurs électricités
combinées , se trouvent chargés d'un excès d'électricité
résineuse. Dans cette expérience , il faut ôter les pointes
dont les branches du premier conducteur sont armées , ou
bien il faut qu'elles soient disposées de manière à se trouver
alors en contact avec les frottoirs ; car, sans cela , elles
détermineraient l'écoulement de l'électricité des conducteurs
à mesure qu'elle se développerait. En outre, pour favoriser
la communication des conducteurs aux coussins dans cette
circonstance, on garnit le fond de ceux-ci d'une plaque métallique ; mais les supports qui les soutiennent , et qui
s'attachent ordinairement à l'axe de la machine, doivent
être faits avec des substances isolantes , et disposés de manière à produire l'isolement le plus parfait. Enfin , on doit ,
pour ce cas, pouvoir amener devant le plateau de verre
deux branches métalliques garnies de pointes , et communiquant au sol , afin de neutraliser toute l'électricité vitrée
dont sa surface est couverte quand il sort du contact des
frottoirs ; car s'il gardait cette électricité , il ne s'en développerait plus de nouvelle lorsqu'il passerait une seconde fois
entre les coussins.

CHAPITRE VIII.

Des Électroscopes.

LES *Électroscopes* sont, comme leur nom l'indique , des
instrumens destinés à découvrir les plus petites quantités
d'électricité. Nous avons déjà parlé, page 422 , de celui de
Coulomb , qui est une véritable balance électrique dont la
suspension est formée par un fil de soie , tel qu'il sort du
cocon. Tous les autres électroscopes sont fondés de même
sur le principe général de la répulsion qui s'exerce entre
des corps chargés d'électricités pareilles , et leur sensibilité
plus ou moins grande dépend de la ténuité et de la liberté

des corps que l'on emploie pour manifester cette répulsion. Ce sont ordinairement deux longs brins de paille , ou deux minces lames d'or battu, L L' , *fig.* 25 , suspendues parallèlement , et très-près l'une de l'autre , par de petits fils de métal dont l'extrémité supérieure , recourbée en boucle , s'accroche à deux anneaux *a a'*, pratiqués dans une tige commune, pareillement métallique. Cette suspension conservant une extrême mobilité, le moindre degré d'électricité communiqué à la tige T passe aux fils de métal, et de là aux pailles et aux lames , qui la manifestent aussitôt en s'écartant l'une de l'autre. Pour éviter les mouvemens de l'air et les accidens qui pourraient briser les pailles , on enferme tout l'appareil dans un flacon de verre carré, *fig.* 26, dont on vernit le col à la gomme-laque , afin que l'isolement soit plus parfait. Le sommet de la tige seul sort du flacon , et on la tourne de manière que l'écartement des pailles se fasse parallèlement à une des faces sur laquelle on trace une petite division circulaire pour mesurer l'amplitude de l'écartement. Il est évident qu'une plus grande ou une moindre amplitude indiquera un degré d'électricité plus ou moins faible ; mais, comme l'action de la pesanteur pour ramener les pailles à la verticale, augmente à mesure qu'elles deviennent plus obliques, on concevra facilement que la force répulsive qui les soutient n'est pas simplement proportionnelle à leur écart, et suit d'autres lois plus composées, dépendantes du poids des pailles et de leur figure ; de sorte que les parties de la division supposées égales entre elles , ne représentent jamais des degrés égaux d'électricité. Ainsi, lorsqu'il s'agira de mesurer ces degrés, il faudra recourir à la balance de Coulomb ou à son électroscope, qui , seul , réunit le double avantage d'indiquer les plus petites forces électriques , et de les mesurer tout à la fois.

On peut communiquer à toutes les espèces d'électroscopes l'électricité vitrée ou résineuse , en touchant le bouton extérieur de leur tige avec un conducteur isolé chargé de cette nature d'électricité. Mais on y parvient également par un autre moyen qu'il est très-utile de connaître, parce que,

pour le mettre en pratique , il suffit d'avoir un tube de
verre ou de cire d'Espagne , ou tout autre corps qui, frotté
avec quelque étoffe , développe une espèce d'électricité
connue.

Supposons, par exemple, que l'on se serve d'un bâton de
cire d'Espagne, et que l'on opère sur l'électroscope de Coulomb , représenté *fig.* 7. Le cercle de clinquant étant en
contact avec la boule fixe, on frotte le bâton de cire d'Espagne avec une peau de chat, et on le présente de loin au
bouton extérieur B de la tige métallique , aussitôt l'aiguille
est chassée. La répulsion subsiste aussi long-temps que le
bâton est tenu en présence. Si on l'approche davantage du
bouton , l'aiguille est repoussée plus loin ; si on l'éloigne,
elle se rapproche de la boule fixe; si on l'ôte tout-à-fait ,
elle revient toucher cette boule, et reste en contact avec elle
à son point de repos.

Tous ces phénomènes sont des résultats de l'influence à
distance. L'électricité du bâton de cire d'Espagne est résineuse. Elle décompose les électricités combinées de la tige
et de la boule fixe, attire la vitrée dans le bouton extérieur ,
et repousse la résineuse dans la boule fixe , et dans le cercle
de clinquant qui la touche. Celui-ci s'éloigne donc de la
boule , comme étant électrisé de la même manière. Appro-
che-t-on le bâton davantage , la décomposition des électricités
combinées augmente ; l'électricité résineuse de la boule
fixe devient plus forte , le clinquant est donc repoussé plus
loin. Le contraire arrive , si l'on éloigne le bâton de cire
d'Espagne. L'enlève-t-on tout-à-fait , alors la tige et la
boule fixe sont abandonnées à leurs propres forces, et leurs
électricités décomposées se recomposent. Mais elles ne peuvent plus se neutraliser complètement, et l'électricité résineuse est trop faible de tout ce que le clinquant a emporté.
La tige et la boule fixe demeurent donc chargées d'un petit
excès d'électricité vitrée , correspondant à l'électricité
résineuse du clinquant. Alors il doit y avoir attraction ,
et c'est seulement à l'époque du contact que la saturation
s'achève.

Ceci bien entendu , rien n'est plus facile que de communiquer au clinquant et à la boule fixe un état d'électricité vitrée permanent.

Pour cela , touchez le bouton extérieur de la tige avec le doigt, présentez à distance le bâton de cire d'Espagne ; puis retirez le doigt *d'abord* , et ensuite le bâton. Pendant le contact, l'influence du bâton de cire d'Espagne décompose une portion des électricités naturelles du doigt et de la tige. Cette influence chasse l'électricité résineuse dans le sol par la route libre que le doigt lui présente , et elle retient la vitrée, qu'elle attire dans la partie la plus voisine du tube ; de sorte que , si la tige est assez longue , le clinquant placé à l'autre bout ne part point. Quand vous retirez votre doigt , cette électricité vitrée ne peut plus s'échapper , et lorsque vous enlevez ensuite le bâton , elle se trouve rester en excès sur la surface de la tige et de la boule fixe ; alors le clinquant part. On conçoit qu'il est essentiel de retirer le doigt avant le bâton de cire ; car si l'on enlevait celui-ci d'abord , l'excès d'électricité vitrée s'enfuirait dans le sol , ou , ce qui revient au même , elle se neutraliserait aux dépens du sol , et tout rentrerait dans l'état naturel.

Voulez-vous avoir la preuve que cette électricité excédante est réellement vitrée ? observez le mouvement du clinquant. Comme , d'après les dispositions que nous avons supposées, il n'est parti qu'au moment où l'on a retiré le bâton de cire d'Espagne , il a la même électricité que la boule fixe. Approchez de nouveau la cire d'Espagne du bouton extérieur, plus que vous ne l'aviez fait dans la première expérience , elle y fera revenir l'électricité vitrée ; et , produisant de plus une décomposition d'électricités naturelles , elle repoussera la résineuse dans la boule fixe ; aussitôt vous verrez le clinquant revenir vers cette boule , et si vous ne vous hâtez d'éloigner la cire d'Espagne , il arrivera jusqu'au contact. Ce rapprochement, sous l'influence de la cire d'Espagne , est le signe auquel on reconnaît tous les cas où le clinquant et la boule fixe sont l'un et l'autre chargés d'électricité vitrée. En opérant de même avec un tube de verre frotté par une peau de

chat ou une étoffe de laine , vous communiquerez au clinquant
et à la boule fixe l'électricité résineuse.

Mais on peut aussi produire le même effet avec la cire d'Espagne. Pour cela , ayez un petit tube de verre , à l'extrémité
duquel vous attacherez avec de la cire molle un fil de métal
de deux ou trois décimètres de longueur. Touchez le bouton
extérieur de l'électroscope avec le fil isolé , en le plaçant de
manière qu'il devienne , pour ainsi dire , le prolongement de
la tige, *fig.* 27. Présentez alors , à quelque distance, le bâton
de cire d'Espagne , retirez le fil auxiliaire , et ensuite le
bâton : la tige et la boule fixe se trouveront chargées d'un
excès d'électricité résineuse. Car , par la disposition de l'expérience , l'électricité vitrée qui s'est décomposée dans le système, a été presque toute attirée dans le fil auxiliaire , qui
était le plus voisin de la cire d'Espagne. Aussi ce fil, quand
on l'enlève , possède un excès d'électricité vitrée ; d'où il suit
que , par compensation , la tige et la boule fixe de l'électroscope , qui communiquaient avec lui , possèdent un excès
d'électricité résineuse.

C'est en effet ce que l'on peut aisément vérifier d'après les
mouvemens du clinquant. Car ici , quand on a enlevé le bâton
de cire d'Espagne , il ne revient pas de lui-même vers la
boule fixe , comme dans l'expérience précédente ; au contraire, il en demeure éloigné , malgré la force de la torsion
qui tendrait à l'y faire revenir , et il s'éloignera encore
davantage , si vous présentez de loin le bâton de cire d'Espagne au bouton extérieur de l'électroscope , parce que
l'influence de la cire augmente la quantité d'électricité
résineuse accumulée dans la boule fixe. Cet écartement ,
sous l'influence de la cire d'Espagne , est le signe auquel
on reconnaît tous les cas où le clinquant et la boule fixe
sont chargés l'un et l'autre d'électricité résineuse. En opérant de même avec un tube de verre frotté par une étoffe
de laine , on communiquerait à l'électroscope l'électricité
vitrée.

On doit maintenant concevoir pourquoi il convient de
donner au fil auxiliaire une longueur d'un ou deux déci-

mètres ; c'est pour faciliter, dans cette longueur, la séparation des électricités combinées , et enlever l'une ou l'autre plus aisément; par la même raison, il est utile de donner une longueur à peu près pareille à la tige de l'électroscope.

Les moyens que je viens d'expliquer pour communiquer à volonté l'électricité vitrée ou l'électricité résineuse, sont applicables à toutes les espèces d'électroscopes. Tout ce que nous avons dit pour le clinquant et la boule fixe, peut se dire des pailles ou des lames que la force répulsive écarte : c'est de même par influence qu'on y développe l'une ou l'autre électricité; et si elles sont déjà chargées, c'est aux mêmes signes qu'on reconnaît la nature de l'électricité qui produit la divergence. Mais cette épreuve y demande une précaution de plus que dans l'électroscope de Coulomb : c'est de n'approcher le corps électrisé que lentement et de loin d'abord , comme si l'on voulait en quelque sorte pressentir la nature de l'électricité. Car si les pailles ou les lames divergent, par exemple, par une électricité vitrée , et qu'on approche de la tige de l'électroscope un bâton de cire d'Espagne , outre l'action de cette cire pour attirer à elle l'excès d'électricité vitrée répandu sur la tige et les pailles, il s'opérera encore une décomposition d'électricités combinées; et l'électricité de même nom que celle de la cire d'Espagne, c'est-à-dire la résineuse , sera refoulée dans les pailles. S'il arrive qu'elle soit plus que suffisante pour saturer le peu d'électricité vitrée qui leur reste encore, elles divergeront de nouveau, mais résineusement, et l'alternative des deux répulsions pourra être quelquefois si rapide , qu'on n'apercevra pas le passage de l'une à l'autre. Alors on croira que la divergence primitive était due à une électricité résineuse; ce qui serait une erreur. Cela n'arrivera pas , si l'on approche lentement le bâton de cire d'Espagne, et l'on aura le temps d'observer d'abord l'affaiblissement de la première répulsion.

De tous les électroscopes très-sensibles, celui de Coulomb est le plus aisé à construire. Cet habile physicien s'en était servi pour déterminer les circonstances qui , dans le frottement de deux corps déterminent l'espèce d'électricité dont chacun d'eux se charge; et il a découvert ainsi un grand nombre de faits curieux que l'on peut voir dans le Traité général.

CHAPITRE IX.

Des Électricités dissimulées.

MAINTENANT que nous nous sommes formé une théorie complète et sûre de l'action de l'électricité, nous comprendrons avec facilité le jeu de quelques instrumens qui la rendent plus énergique et plus durable ; soit en attirant dans un seul point toute l'électricité d'un système de conducteurs, par l'influence d'une électricité de nature contraire , soit en employant l'influence permanente d'une même quantité d'électricité , pour déterminer successivement la séparation des électricités combinées de divers conducteurs présentés à distance. Nous n'aurons , pour ainsi dire , qu'à faire la description de ces appareils , leur théorie se présentera d'elle-même.

LE CONDENSATEUR.

Lorsqu'un conducteur A , isolé et dans l'état naturel , est mis en contact avec un système de conducteurs électrisés , ou avec une source permanente d'électricité , il acquiert une charge électrique déterminée ; mais si l'on approche de lui un autre corps B , dans l'état naturel et communiquant librement avec le sol , la présence de ce corps le fait se charger beaucoup plus fortement. En effet, l'électricité dont A s'est d'abord couvert , agit sur les électricités combinées de B, à mesure qu'on l'approche ; elle refoule l'électricité de même nom dans le sol , et attire celle de nom contraire , qui se fixe sur la surface de B la plus voisine de A. Mais par cette attraction même , l'équilibre est rompu dans le système de conducteurs auquel A communique. Une nouvelle quantité de fluide libre se répand donc sur A , d'où résulte une nouvelle décomposition de fluide B, et ainsi de suite, jusqu'à ce que le fluide accumulé sur A se trouve en équilibre entre la répulsion qu'il exerce sur lui-même et l'attraction du fluide de B pour le retenir.

Tous ces phénomènes, que la théorie indique, sont parfaitement confirmés par l'expérience.

On communique aux grands conducteurs de la machine une faible électricité ; après quoi prenant un plateau métallique A , *fig.* 28 , que l'on tient isolé et suspendu par son crochet C, au moyen d'un tube de verre M, on fait toucher ce crochet aux conducteurs. Le plateau prend ainsi une petite quantité d'électricité qui , lorsqu'on l'a éloigné du conducteur, peut donner un certain degré de divergence aux boules de sureau d'un électroscope isolé , formé par deux fils de lin suspendus à une tige de cuivre.

Après cette opération , les conducteurs ont perdu une si petite quantité d'électricité , qu'on peut les regarder comme presque aussi chargés qu'auparavant ; on recommence à les toucher de la même manière , mais en tenant au-dessous du plateau isolé A un autre plateau B communiquant au réservoir commun, *fig.* 29. On maintient la présence de B jusqu'à ce que le premier plateau A soit séparé des conducteurs ; de cette manière, il prend une électricité beaucoup plus considérable que la première fois, comme on peut s'en assurer en le présentant de nouveau à l'électroscope. Il est évident qu'il faut retirer A du contact sous l'influence de B ; car si l'on retirait B d'abord , le fluide accumulé dans A retournerait aussitôt dans le système des conducteurs, conformément aux lois de son premier équilibre.

Si vous répétez cette expérience en tenant d'abord le plateau B très-éloigné de A, ensuite un peu plus près, et enfin très-voisin, vous trouverez que la charge de A augmente de plus en plus. Cela est en effet conforme à la théorie ; car l'attraction réciproque de l'électricité de B et de A doit augmenter à mesure que leur distance devient moindre ; le maximum de charge correspondrait donc au cas où la distance des deux plateaux serait tout-à-fait nulle. Mais, comme on ne pourrait arriver à cette distance sans exciter une étincelle à travers l'air qui les

séparé, on interpose entre eux un corps très-mince et difficilement perméable à l'électricité, par exemple, une plaque
de verre, un morceau de taffetas verni ou une mince couche
de résine. Avec cette précaution l'on peut diminuer presque
à volonté la distance des deux plateaux. Les instrumens construits de cette manière s'appellent des *condensateurs*.

Le condensateur à plaque de verre est sujet à se charger
d'humidité, qui adhère facilement au verre et détruit la
perfection de l'isolement. Le condensateur de taffetas n'est
pas comparable à lui-même, parce que la pression plus ou
moins forte des plateaux sur le taffetas peut faire varier leur
distance, et par suite l'intensité de la condensation. Le
meilleur de tous est celui où la séparation se fait par une
simple couche de vernis résineux appliquée séparément sur
chaque plateau. Il faut seulement avoir l'attention de poser
les plateaux l'un sur l'autre sans les frotter ; car le frottement développerait dans la couche de résine de l'électricité
qui y adhérerait très-fortement, et qui pourrait ensuite
occasionner des erreurs dans les expériences délicates. Pour
rendre l'usage de ces instrumens commode, on donne au
plateau B un pied solide en métal, et l'on adapte sur la
surface supérieure de A un manche isolant M, de verre
verni. Tout l'appareil est représenté *fig*. 3o. Quand on veut
s'en servir, on pose les plateaux l'un sur l'autre ; on touche
l'inférieur B pour le faire communiquer avec le sol ; puis
on touche les corps électrisés avec le bouton *a* d'un fil métallique attaché fixement au plateau supérieur A, que l'on
nomme le plateau *collecteur*, parce qu'en effet c'est lui qui
prend l'électricité des corps auxquels on l'applique. Après
le contact, on pose le pied du condensateur sur une table
solide ; et, tandis qu'on l'y retient fixement pressé, on enlève le plateau collecteur par le manche isolant M, et l'on
éprouve l'électricité dont il s'est chargé. Il faut avoir soin
de séparer ainsi les plateaux parallèlement à eux-mêmes ;
car si on les séparait obliquement, l'électricité du plateau
collecteur se porterait dans la partie de ce plateau la plus
voisine de B, et son accumulation pourrait y produire une

étincelle qui percerait la couche de vernis et déchargerait subitement le condensateur. C'est pour cela que le pied de l'instrument doit être maintenu bien fixe pendant qu'on enlève le plateau collecteur ; car l'adhérence des deux plateaux tend à les faire glisser l'un sur l'autre obliquement. Il faut encore ne pas charger ces instrumens d'électricité au-delà du degré de résistance que peut offrir la double couche isolante qui sépare leurs plateaux ; car si cette résistance peut être vaincue, les deux électricités accumulées percent la couche et se rejoignent par explosion, comme elles feraient à travers l'air. C'est ce qui arrive très-aisément au condensateur à plateaux vernis, et par cette raison, il faut le réserver pour les quantités d'électricités très-faibles. Quand la charge doit être forte, il faut employer le condensateur à lame de verre. Mais alors, si les plateaux ne sont pas vernis, la plus grande partie de l'électricité accumulée se répand sur le verre et s'y attache, de sorte qu'elle ne suit plus le plateau collecteur quand on l'enlève.

Lorsqu'un pareil condensateur communique avec une machine électrique par une de ses faces métalliques, l'autre communiquant au sol, celle-ci se trouve réellement dans le même état que si on eût pu l'approcher, sans explosion, extrêmement près d'un conducteur très-fortement chargé : la réunion de ces circonstances est donc éminemment propre à produire une décharge énergique. Aussi lorsque l'on prend d'une main le pied du condensateur, ce qui fait que l'on partage son état électrique, et que de l'autre on touche le plateau collecteur, les électricités accumulées se déchargent et se rejoignent avec beaucoup de force à travers le corps, ce qui produit dans tous les organes une secousse d'autant plus énergique, que le condensateur est plus grand, sa charge plus forte et ses plateaux plus rapprochés. Cette commotion se transmet en s'affaiblissant à travers une chaîne formée par plusieurs personnes qui se tiennent par la main ; et son affaiblissement tient sans doute à la résistance qu'opposent au passage des fluides électriques ces corps qui ne sont pas des conducteurs parfaits.

Tout le jeu des condensateurs peut se calculer par le principe suivant, qui indique à la fois le mode et les bornes de l'accumulation qu'ils produisent. L'électricité A introduite dans le plateau collecteur, neutralise à distance une portion — B d'électricité contraire sur le plateau inférieur qui communique au sol, et elle l'empêche de s'échapper. Celle-ci à son tour fixe de même une portion A′ de l'électricité du plateau collecteur, et lui ôte sa force expansive. Le plateau collecteur se trouve donc exactement dans le même cas que s'il avait seulement A — A′ d'électricité libre ; en conséquence il doit continuer à se charger, jusqu'à ce que cette quantité égale celle qu'il aurait prise aux conducteurs auxquels il communique, s'il eût été mis seul en contact avec eux, sans l'influence du plateau inférieur. Le rapport de A à — B et de — B à A′ dépend de la distance plus ou moins considérable qui existe entre les plateaux. Mais dans tous les cas — B doit être plus faible que A, abstraction faite du signe, en sorte que si A est vitrée et B résineuse, ces deux quantités mises en contact devront donner un résidu vitré. Car l'attraction des molécules de $+$ A sur — B doit être moindre, à distance, qu'elle ne serait au contact ; puis donc qu'à travers la couche isolante elles neutralisent — B et lui ôtent sa force expansive naturelle, il faut qu'elles compensent par leur nombre l'affaiblissement de leur action. En conséquence nous devons toujours nous représenter B comme une fraction de A. Pour fixer les idées, supposons-le, par exemple, $\frac{99}{100}$ de A ; et suivons les conséquences de cette détermination.

De même que $+$ A neutralise — B à travers l'épaisseur de la couche isolante, de même il y a dans A la portion A′ que — B neutralise ; et le mode d'action étant exactement le même, la proportion de saturation devra être la même aussi, c'est-à-dire $\frac{99}{100}$. Ainsi A′ sera $\frac{99}{100}$ de B, et comme B lui-même est $\frac{99}{100}$ de A ; il s'ensuit que A′ sera $\frac{99}{100} \cdot \frac{99}{100}$ de A ou $\frac{9801}{10000}$ A. L'excès de A sur A′ qui exprime la portion d'électricité qui reste libre sur le plateau collecteur sera donc A — $\frac{9801}{10000}$ A. ou $\frac{199}{10000}$ A ; fraction presque exactement égale à $\frac{1}{50}$ A ; ainsi ce plateau devra continuer à acquérir de l'électricité jusqu'à ce que le cinquantième de sa charge égale la quantité qu'il prendrait naturellement aux mêmes conducteurs, si on le leur présentait seul, et sans l'influence du plateau inférieur. Sa charge, sous cette influence, sera donc cinquante fois plus grande que dans l'état de séparation.

Le mode de raisonnement dont nous venons de faire usage, montre, qu'en général, la force condensante de l'instrument dépend de la fraction qui exprime le rapport de saturation à distance entre ses deux surfaces. Plus cette fraction approchera de l'unité, plus les quatités d'électricité qui peuvent se neutraliser à travers la couche isolante approcheront d'être égales entre elles, et moindre sera l'excès d'électricité qui reste libre sur le plateau collecteur. Le rapport de cet excès à la charge totale, pourra toujours se calculer comme dans l'exemple précédent, et en le renversant, on aura la mesure de la condensation.

Ceci suppose que l'on connaît la valeur de la fraction qui exprime le rapport de saturation à distance entre les deux plateaux. C'est à quoi l'on peut parvenir par l'expérience. Pour cela on isolera l'instrument et on chargera son plateau collecteur d'une quantité d'électricité quelconque, le plateau inférieur communiquant au sol. Cela fait, on rompra cette communication ; et, les deux plateaux étant redevenus isolés, on les séparera bien parallèlement l'un à l'autre avec leurs couches isolantes, en les tenant par leurs manches de verre. Puis on portera le plan d'épreuve sur chacun d'eux en un point semblablement situé, par exemple, sur leur circonférence ; et l'on mesurera à la balance de torsion les charges qu'il aura acquises dans l'un et l'autre cas. Elles seront proportionnelles aux épaisseurs des couches électriques dans les points de contact, et par conséquent aux quantités totales d'électricité des deux plateaux, puisque ceux-ci sont égaux en grandeur et que les points de contact sont semblablement situés. Ainsi, la charge prise par le plan d'épreuve sur le plateau collecteur représentant A, celle qu'il aura prise sur le plateau inférieur représentera — B ;

et le rapport de celle-ci à la première sera la fraction qui exprime la proportion de saturation d'un plateau à l'autre; d'où l'on pourra ensuite, par le calcul, conclure la mesure de la force condensante. Cette méthode est plus sûre que de chercher à déterminer directement la proportion de condensation, comme il semble qu'on pourrait le faire en comparant, par le plan d'épreuve, la charge que le plateau collecteur reçoit d'un même système de conducteurs lorsqu'il est seul et lorsqu'il est sous l'influence de l'autre plateau. Car, pour que cette comparaison fût exacte, il faudrait que, dans les deux cas, les conducteurs fussent chargés exactement au même degré; et cette égalité est une chose dont on ne peut jamais répondre.

La force condensante étant déterminée, l'effet absolu d'un condensateur dépend encore de la quantité absolue d'électricité que le plateau collecteur prendrait aux conducteurs électrisés qui le chargent, s'il était mis seul en contact avec eux. Or, toutes choses d'ailleurs égales, cette quantité doit augmenter avec la surface du plateau collecteur. Ainsi les condensateurs d'un grand diamètre accumuleront plus d'électricité que ceux d'un diamètre moindre, et devront, par leur décharge, donner de plus grands chocs; c'est ce que l'expérience confirme.

Ces neutralisations réciproques, dont nous venons de faire usage pour établir nos calculs, peuvent être rendues sensibles par l'expérience suivante. Après avoir chargé un condensateur à lames de verre, le plateau inférieur communiquant au sol, isolez tout l'appareil, et touchez d'abord le plateau inférieur : vous n'en tirerez pas d'électricité; par conséquent toute celle qui y existe est dissimulée. Touchez alors le plateau supérieur, il vous donnera une étincelle; mais pour cela, toute son électricité ne partira pas. Il en conservera encore une portion considérable. Cette portion était donc aussi dissimulée à son tour. Pour la rendre sensible, touchez de nouveau le plateau inférieur. Cette fois il vous donnera une étincelle; car son électricité n'est plus toute entière dissimulée, depuis que vous avez enlevé une partie de celle qui la retenait à distance. Mais, par ce nouveau contact, une nouvelle portion de celle-ci est devenue libre ; le plateau collecteur vous donnera donc encore une étincelle, et ainsi de suite jusqu'à ce que les deux plateaux soient complètement déchargés. Il est facile de déterminer la loi de cette progression par le calcul, d'après la proportion constante de saturation à distance d'un plateau à l'autre. On trouve ainsi que le premier contact enlève plus d'électricité que le second ; celui-ci plus que le troisième, et ainsi de suite ; de telle sorte que les quantités ainsi enlevées suivent une progression géométrique décroissante, dont la raison est le rapport de saturation.

Lorsqu'on touche à la fois les deux plateaux, toutes les quantités d'électricités qui se seraient échappées de l'une et l'autre face dans les contacts successifs, se transmettent simultanément à travers les organes, et ce seul coup décharge complètement le condensateur.

J'ai annoncé plus haut que, dans le condensateur à lame de verre, la plus grande partie des électricités accumulées n'est nullement adhérente aux plateaux métalliques, mais s'attache aux deux faces opposées de la lame. Alors les deux plateaux n'ont proprement d'autre effet que d'établir une communication libre entre les différens points de chacune de ses deux faces, afin que l'électricité puisse facilement s'y étendre, et s'échapper de même, au moment de la décharge, de tous leurs points à la fois. Ce résultat peut être aisément vérifié par l'expérience ; pour cela, après avoir chargé un condensateur à lame de verre, placez-le sur un isoloir ; puis, enlevez avec la main le plateau supérieur par son manche isolant, et touchez-le : vous n'en recevrez qu'une petite étincelle, et la force expansive passera du côté de l'autre plateau. Cela fait, enlevez aussi la lame de verre, en la prenant par un de ses angles, et touchez le plateau inférieur ; il vous donnera à son tour une étincelle, mais pareillement fort petite. Il faut donc que les électricités accumulées soient restées attachées aux deux faces de la plaque de verre ; et en effet, si vous la replacez de nouveau entre les deux plateaux isolés, sans leur comniquer, non plus qu'à elle, aucune quantité d'électricité nouvelle, le condensateur se trouvera rechargé de lui-même presque aussi fortement que la première fois. Ou bien encore, sans remettre la lame de verre entre les deux plateaux, appliquez directement vos mains sur ses deux faces, de manière à les toucher à la fois l'une et l'autre par un grand nombre de points ; vous éprouverez une décharge, comme si la lame avait été recouverte de ses plateaux, parce que l'étendue du contact de vos mains permet à un grand nombre de points des deux surfaces de se décharger à la fois. Mais si, au lieu de toucher les faces de la lame avec les mains étendues, vous vous bornez à y promener l'extrémité des doigts, vous sentirez seulement un pétillement et une décharge locale dans les points que vous toucherez ; mais il ne s'opérera pas de décharge générale, et ainsi vous ne serez pas exposé à de fortes commotions.

Æpinus, à qui l'on doit réellement l'invention du condensateur, a fait une expérience en quelque sorte inverse de la précédente, et qui montre, de la manière la plus sensible, quel est précisément l'emploi de la couche isolante interposée entre les deux plateaux. Il a employé pour plateaux deux grandes plaques circulaires de bois revêtues de feuilles d'étain, et les ayant approchées parallèlement l'une de l'autre sans autre intermédiaire que la couche d'air qui les séparait, il a fait communiquer le plateau supérieur aux conducteurs d'une machine électrique, l'inférieur communiquant avec le sol. Cet appareil était, comme on voit, un véritable condensateur à lame d'air ; aussi s'est-il chargé comme un condensateur se charge, et a-t-il donné de même la commotion, lorsque touchant d'une main le plateau inférieur, on a touché de l'autre le plateau supérieur. Pour obtenir de grands effets de cet appareil, il faut employer de larges plaques ; car, comme on est obligé de les tenir à une assez grande distance pour qu'il ne s'échappe pas directement d'étincelle entre elles à travers l'air, il faut que l'étendue de leurs surfaces compense la faiblesse de la force condensatrice. D'ailleurs cette largeur paraît être aussi une cause qui retarde l'étincelle, quand les plateaux sont approchés l'un de l'autre parallèlement. C'est en quelque sorte le contraire de l'effet des pointes. La seule différence qu'il y ait entre cet appareil et le condensateur ordinaire, c'est que les surfaces de la couche isolante n'ont d'existence réelle que lorsque les deux plateaux sont en présence, puisqu'elles ne sont autre chose que les limites aériennes des surfaces par lesquelles les plateaux se regardent.

Quoique Æpinus eût, ainsi que nous l'avons dit, réellement découvert le condensateur, et qu'il en eût donné la véritable théorie, comme on peut le voir dans son ouvrage, on doit à Volta d'en avoir pour ainsi dire créé l'utilité, en le joignant à l'électroscope, pour découvrir et rendre sensibles les causes d'électricité les plus faibles.

En effet, dans les recherches de physique, on rencontre souvent des causes d'électricité qui ne peuvent produire qu'une force répulsive très-faible, et qui s'arrêtent lorsqu'elles ont atteint cette limite, mais qui, lorsqu'on a détruit l'électricité qu'elles ont produite, la développent de nouveau. Telle est, par exemple, l'électricité qui se développe dans la plupart des combinaisons chimiques; et nous en verrons bientôt beaucoup d'autres exemples. Or, supposons qu'on fasse communiquer ces sources constantes avec le plateau collecteur d'un condensateur dont la couche isolante soit excessivement mince, telle, par exemple, qu'une simple couche de vernis résineux. Il est clair que l'électricité de la source ira s'accumuler dans le condensateur jusqu'à ce que la quantité non dissimulée soit égale à celle que le plateau collecteur recevrait directement de la source même. Désignons cette quantité par E. Quand on aura atteint cette limite, si l'on sépare le condensateur de la source, et qu'on enlève son plateau collecteur, la charge se trouvera égale à la quantité E multipliée par la force condensante. Elle pourra donc devenir sensible, quelle que soit la faiblesse de E, si le rapport de saturation est une fraction très-peu différente de l'unité, c'est-à-dire si la distance des plateaux du condensateur est extrêmement petite, condition que la couche de vernis résineux remplit parfaitement.

Pour unir les indications de cet instrument à celles de l'électroscope de paille dont Volta se sert communément comme plus portatif et plus commode, on dévisse le bouton supérieur de la tige, et on le remplace par le plateau inférieur du condensateur, *fig* 31. Ce plateau se trouve alors isolé par les parois de verre de l'électroscope. On le fait communiquer directement par un fil métallique à la source constante d'électricité, et l'on touche seulement le plateau supérieur pour le faire communiquer au sol. Dans cette disposition, c'est le plateau inférieur qui accumule l'électricité. Quand on pense qu'il est chargé suffisamment, on le sépare de la source constante sans le toucher, puis on enlève le plateau supérieur par son manche isolant, et l'électricité du plateau inférieur devenant libre, manifeste sa force répulsive par la divergence qu'elle donne aux pailles ; il est facile ensuite de déterminer sa nature par les épreuves ordinaires. Il est quelquefois plus commode de faire communiquer la source constante avec le plateau supérieur du condensateur ; alors on touche celui qui communique aux pailles. Lorsque l'appareil est chargé on cesse de le toucher ; on le sépare de la source, et l'on enlève le plateau supérieur qui emporte l'électricité qu'il avait acquise. Alors le plateau inférieur qui se trouve isolé, garde l'électricité contraire, et la manifeste dans les pailles. Sa charge est ainsi un peu moindre que celle du plateau collecteur, dans la première méthode, puisque le rapport de saturation à distance est toujours fractionnaire. Mais la différence sera insensible, si, comme nous le supposons, la couche isolante est très-mince ; parce que ce rapport doit être alors excessivement peu différent de l'unité. Il faut seulement ne pas oublier que cette électricité est de nature opposée à celle de la source.

Il est clair que l'on pourrait également appliquer le condensateur à l'électroscope de Coulomb ; comme la méthode est exactement la même, il est inutile de nous y arrêter.

DE L'ÉLECTROPHORE.

Lorsqu'un corps est électrisé et isolé, si l'on approche de lui un autre corps non isolé, celui-ci prendra l'électricité contraire, et si on l'isole subitement, on le trouvera chargé de cette électricité. Ceci a été prouvé plusieurs fois, et peut l'être encore de diverses manières.

On charge les conducteurs de la machine d'une certaine quantité d'électricité, et l'on en approche à distance un disque métallique soutenu par une tige de verre. Si l'on retire ce disque sans l'avoir touché, on le trouvera dans l'état naturel. Mais si on le touche, tandis qu'il est en présence des conducteurs, et qu'on le retire ensuite, après avoir cessé de le toucher, on le trouvera chargé d'une électricité contraire à celle du conducteur.

On prend un disque métallique porté sur un pied, on l'isole et on lui donne une étincelle ; après quoi on s'en sert comme dans l'expérience précédente, pour charger un autre disque métallique que l'on en approche à distance, en le touchant d'abord et l'isolant après. Ce phénomène se renouvelle aussi long-temps que l'électricité du disque isolé n'a pas été entièrement enlevée par le contact de l'air.

Pour savoir ce que l'électricité de ce disque éprouve pendant qu'elle agit ainsi par influence, il n'y a qu'à faire communiquer sa surface inférieure avec un électroscope à fils, isolé comme lui ; à l'instant les fils divergent. Mais, à mesure qu'on approche le disque non isolé, leur divergence diminue. Enfin elle devient sensiblement nulle, et l'électricité qui les animait paraît détruite. Mais elle n'est réellement que dissimulée ; car, dès qu'on éloigne le disque qui communique avec le sol, les fils recommencent à diverger de nouveau aussi fortement que la première fois.

La décomposition du fluide naturel du corps que l'on approche, par conséquent la quantité d'électricité dont il se charge, augmente à mesure que sa distance au corps électrisé diminue ; elle serait au plus haut degré d'intensité, si cette distance était nulle. Mais on ne pourrait pas la dimi-

nuer indéfiniment sans déterminer une étincelle entre les
deux corps. C'est pourquoi on interpose entre eux une lame
mince formée de quelque substance imperméable à l'électricité ; par exemple, une plaque de verre ou une couche de
résine.

Pour montrer l'application de cette méthode, on isole un
disque métallique tel que le plateau inférieur d'un condensateur ; on le recouvre d'une lame de verre, et on lui donne
une étincelle. On pose ensuite sur cette plaque l'autre plateau qui est muni d'une tige isolante ; on le touche à sa surface supérieure, et l'enlevant ensuite par sa tige, on le trouve
chargé d'une électricité contraire à celle du disque isolé. On
peut répéter cette expérience autant de fois que l'on voudra ; c'est pourquoi les appareils de ce genre ont reçu le nom
d'*électrophores*, qui veut dire porteur d'électricité.

On voit que le condensateur et l'électrophore sont fondés
tous deux sur l'action électrique exercée à distance. Mais,
dans le condensateur, on emploie la présence d'un corps non
isolé pour augmenter la charge d'un corps isolé ; au lieu que
dans l'électrophore, c'est le corps isolé et électrisé qui détermine cette accumulation.

On peut construire des électrophores dans lesquels l'épaisseur de la couche isolante soit tout-à-fait insensible. Pour
cela, il n'y a qu'à employer comme plateau inférieur une
lame de verre ou une couche de résine électrisée par le
frottement. Ces substances retenant fortement l'électricité,
on peut poser le disque supérieur immédiatement sur leur
surface, sans qu'elles lui en abandonnent une quantité notable ; tandis que leur influence, pour décomposer les électricités naturelles de ce disque, s'exercera encore très-éner-
giquement. Aussi les électrophores les plus usités sont construits de cette manière, avec un gâteau de résine coulé dans
une enveloppe de métal, *fig.* 32. On électrise la surface de
ce gâteau en le frappant avec une peau de chat bien
sèche. Alors il prend l'électricité résineuse ; et son influence
fixe dans le plateau supérieur l'électricité vitrée. Cet appareil
est d'une application fréquente dans les recherches de chimie

où l'on a souvent besoin d'électricité. On peut aussi en tirer plusieurs confirmations frappantes de la théorie que j'ai exposée dans le Traité général.

Lorsque le plateau supérieur est chargé et posé sur la résine, l'électricité vitrée qui réside sur sa surface inférieure, et l'électricité contraire développée sur la résine, se neutralisent mutuellement, et n'ont ni l'une ni l'autre aucune tendance à s'échapper. Elles ne peuvent donc pas être enlevées par le contact de l'air, qui d'ailleurs éprouve de la difficulté à s'insinuer entre les surfaces où elles reposent. Un appareil ainsi chargé doit donc conserver très-long-temps ses deux électricités ; aussi durent-elles des mois entiers, si l'électrophore n'est pas placé dans un lieu humide.

Cependant l'attraction permanente des deux électricités opposées doit peu à peu vaincre la résistance que la résine oppose au dégagement du fluide résineux qu'elle possède, et à l'introduction du fluide vitré du plateau. C'est probablement là l'unique cause qui fait qu'après un temps plus on moins long, les électrophores se trouvent enfin déchargés et leurs diverses parties ramenées à l'état naturel.

On peut accélérer les effets de cette attraction réciproque en augmentant beaucoup son énergie. Pour cela, lorsque l'électrophore est chargé, enlevez le plateau métallique et posez-le de nouveau sur la résine, non plus parallèlement et selon sa surface plane, mais obliquement et par sa circonférence. Alors son électricité vitrée s'accumulant toute entière dans la partie qui touche la résine prendra une force beaucoup plus grande. Elle sortira du plateau, neutralisera complètement l'électricité résineuse des endroits vers lesquels elle s'élance, et après quelques contacts ainsi répétés sur diverses parties du gâteau de résine, celui-ci se trouvera tout-à-fait déchargé.

De là on peut déduire une expérience assez curieuse. Au lieu de reporter sur la résine l'électricité vitrée qu'elle a développée par son influence, portez-là de même sur un autre gâteau, qui soit dans l'état naturel. Elle s'attachera pareillement à la surface de cette résine, qui se trouvera électrisée vitreusement, et deviendra capable à son tour de développer par son influence l'électricité résineuse. Lorsque le second gâteau sera ainsi chargé, posez un plateau métallique sur sa surface ; vous aurez un électrophore contraire au premier. Vous vous servirez de celui-ci pour charger de même la surface d'un troisième gâteau qui prendra l'électricité résineuse. Enfin vous étendrez ces alternatives à un nombre quelconque de gâteaux qui se trouveraient tour-à-tour électrisés vitreusement et résineusement.

On peut même, par ce procédé, électriser chaque surface, uniquement en certaines parties. Pour cela, il suffit d'adapter au plateau qui apporte l'électricité, une tige et un bouton métallique pareils à celui du plateau collecteur du condensateur. Alors si on touche la résine avec ce bouton, l'électricité se portera toute entière au point de contact. On peut, en choisissant ces points à la suite les uns des autres, tracer ainsi des contours déterminés.

Si l'on veut rendre ces contours visibles, il n'y a qu'à répandre sur la surface de la résine quelque poudre légère formée d'une substance non conductrice, par exemple, de la poussière de résine ou de soufre. Les petites particules qui composent ces poussières s'attachent uniquement aux endroits électrisés; de sorte qu'en renversant le gâteau, toutes celles qui ne répondent pas à ces parties tombent par leur propre poids, et il ne reste que ce qui s'est attaché aux contours électrisés. On remarque que les petites particules de poussière affectent des arrangemens réguliers et différens, suivant la nature de l'électricité qui les attache ; de sorte qu'en formant des traces avec les deux électricités sur diverses parties du même gâteau, on obtient à la fois les deux sortes de figures qui en résultent. Cette curieuse observation est due à Lichtenberg, physicien allemand ; aussi les figures tracées de cette manière s'appellent-elles des figures de Lichtenberg.

Pour rendre ces phénomènes plus sensibles, on emploie un mélange de soufre et de minium triturés ensemble. Le frottement, produit par la trituration, électrise le soufre vitreusement, et le minium résineusement. On met cette poudre dans une espèce de soufflet qui sert à la projeter sur le gâteau de résine électrisé. Alors, en s'y attachant, les deux substances se séparent et se distinguent à la fois par leur arrangement et par leur couleur; le soufre est jaune, et le minium est rouge.

Dans les premiers temps de cette découverte, il y eut des physiciens allemands qui remarquèrent que la poudre de résine, ainsi répandue sur un gâteau électrisé, éprouvait peu à peu des mouvemens graduellement progressifs, qui n'avaient toutefois rien de régulier. On se hâta de bâtir sur cela un système. Mais des observateurs plus attentifs reconnurent que ces mouvemens étaient produits par de très-petits insectes que l'on appelle des *Acarus*, qui se trouvaient dans la poudre de résine et qui se promenaient sur la surface électrisée.

LA BOUTEILLE DE LEYDE.

Dans les deux paragraphes précédens, nous avons examiné les phénomènes que produisent les deux électricités vitrée et résineuse, lorsqu'elles sont dissimulées l'une par l'autre, en vertu de leur action à distance. Nous avons vu que, lorsqu'elles sont dans cet état, si on leur présente des corps conducteurs qui communiquent de l'une à l'autre, elles s'y précipitent avec force, se rejoignent et retournent ainsi à leur état naturel de combinaison.

Les expériences que nous allons parcourir tiennent encore au même genre d'action, et s'expliquent exactement par les mêmes principes; mais elles sont intéressantes à examiner, parce qu'elles fournissent des moyens puissans d'accumuler la force électrique, et qu'elles donnent naissance à une foule de phénomènes qui exigent cette accumulation.

On tient à la main un vase de verre en partie rempli d'eau. On y plonge un conducteur métallique communiquant à la machine. Après quelques tours de plateau, si on essaye d'ôter le conducteur d'une main en tenant toujours le vase de l'autre, on reçoit une commotion d'autant plus énergique,

que le vase est plus grand, la machine plus forte, et qu'on la fait agir plus long-temps.

Cette expérience, bien antérieure au condensateur, à l'électrophore, et à toute théorie de l'électricité, est due au hasard, mais à un *hasard observé*. Elle fut faite d'abord à Leyde, par Cunéus et Muschenbroeck. Le résultat fut pour eux un sujet de surprise, et même d'épouvante. Tous les physiciens la répétèrent; et, bientôt, familiarisés avec le phénomène qui les avait effrayés d'abord, ils cherchèrent les conditions d'appareil les plus propres à les reproduire. Ils reconnurent d'abord la nécessité d'une substance conductrice telle que l'eau, le mercure, ou des plaques métalliques appliquées sur les parois intérieures du vase; ils virent aussi qu'il fallait une enveloppe extérieure également conductrice, et que la main n'en faisait l'office que d'une manière imparfaite. Enfin ils trouvèrent qu'il était essentiel d'ôter à l'électricité toute communication directe de l'intérieur du vase à l'extérieur, excepté à l'instant de l'explosion.

Pour remplir ces conditions, il ne se trouve rien de plus commode que d'employer une bouteille ou un flacon de verre ordinaire, à l'extérieur duquel on colle une mince enveloppe de métal, et dont l'intérieur est rempli de pareilles feuilles aussi collées ou simplement disséminées. Une tige métallique terminée au dehors par une boule passe dans le bouchon de la bouteille, et sert à porter l'électricité dans l'intérieur. On vernit extérieurement le bouchon et une partie du col. Cet appareil, représenté *fig.* 33, reçut généralement le nom de *bouteille de Leyde*, du nom de la ville où ses propriétés avaient été observées pour la première fois.

La théorie de cet appareil est si exactement conforme à celle du condensateur, que les mêmes expressions s'y appliquent presque littéralement.

L'électricité que l'on introduit dans l'intérieur de la bouteille, et que nous supposerons être de l'électricité vitrée, décompose par influence les électricités naturelles de la face extérieure, chasse la vitrée, fixe la résineuse, qui, par son attraction réciproque, la fixe aussi en partie à son tour;

la bouteille forme ainsi un véritable condensateur. Lorsqu'on fait communiquer ses deux faces, les deux électricités qui y sont accumulées se précipitent l'une sur l'autre avec une grande vitesse, et, traversant rapidement les organes, y produisent une vive commotion; ou, ce qui revient au même, le corps qui établit ainsi la communication éprouve une décomposition brusque de ses électricités naturelles, dont chacune se porte sur la face de la bouteille où réside l'électricité opposée.

Cette explication peut être vérifiée dans tous ses détails par des expériences pareilles à celles que nous avons employées pour le condensateur. En général, la bouteille de Leyde n'est qu'un condensateur dont la lame isolante est courbe, et qui a pour armure, à l'extérieur, la feuille métallique dont on recouvre la surface de la bouteille; à l'intérieur, les corps conducteurs dont la bouteille est remplie.

Lorsqu'une bouteille de Leyde électrisée est suspendue dans l'air, l'action absorbante de ce fluide ne peut agir que sur la portion d'électricité qui se trouve libre sur l'une et l'autre face de la lame, et ainsi l'attraction réciproque des deux électricités dissimulées sert à les protéger l'une et l'autre. C'est aussi ce que l'observation confirme de la manière la plus évidente, par le temps considérable que des bouteilles de Leyde d'un verre mince mettent à se décharger complètement, lorsqu'on les isole, et que la communication directe de leurs deux surfaces est empêchée par une couche de gomme-laque de bonne qualité.

Néanmoins, si, après un certain temps, on touche les deux surfaces avec le plan d'épreuve, on trouve qu'il s'y est développé des quantités d'électricités libres, de nature contraire, et sensiblement égales; ce dont le calcul rend compte très-exactement. Si donc, à cette époque, on répandait sur les deux faces de la lame ou de la bouteille quelque poudre formée de substance non conductrice, elle y adhérerait par l'attraction des électricités libres; et si de plus ces électricités n'étaient pas assez fortes pour chasser les particules de la poudre, elles se trouveraient ainsi préservées du con-

tact de l'air ; de sorte que leur déperdition étant nulle,
l'appareil pourrait rester chargé indéfiniment. C'est ce qu'on
observe, en effet, avec les lames de verre minces, lorsqu'a-
près avoir chargé leurs deux faces, on y répand le mélange
de soufre et de minium dont nous avons parlé plus haut. Si
l'on suspend ces lames par un cordon le long d'une muraille
sèche, elles conservent leur électricité pendant des mois entiers.

En général, quand on s'occupe de phénomènes électriques,
il ne faut jamais perdre de vue l'influence que le contact de
l'air peut avoir sur eux. Sans cela, par exemple, on croirait, d'après l'expérience, qu'une bouteille de Leyde, ou
tout appareil de ce genre, peut se charger en recevant seulement l'électricité de la machine sur une de ses faces, sans
communiquer par l'autre avec le sol. Car, dans le fait,
une bouteille ainsi isolée se charge peu à peu, surtout si
on l'électrise long-temps. Mais c'est que l'électricité de sa
seconde surface, que l'influence à distance repousse et rend
libre, se trouve alors exposée à l'action absorbante de l'air
qui la diminue peu à peu ; ce qui permet l'accumulation
d'une certaine quantité d'électricité sur la surface qui communique directement aux conducteurs. Pour pousser cette
déperdition à l'extrême, il n'y a qu'à armer la surface
extérieure de quelques pointes ; alors la bouteille, quoique
isolée dans l'air, se charge presqu'aussi fortement que si
la face armée de pointes communiquait avec le sol.

DES BATTERIES ÉLECTRIQUES.

Quand on veut accumuler beaucoup d'électricité, on forme
des bouteilles de Leyde avec de grandes jarres de verre
que l'on revêt de feuilles métalliques sur leurs deux surfaces, et l'on fait communiquer toutes les tiges de ces bouteilles à un même conducteur métallique qui détermine,
quand on le touche, leur décharge simultanée. Cet appareil
s'appelle une batterie électrique ; il est représenté *fig.* 34 :
on l'établit ordinairement sur un support isolant qui communique au sol par un conducteur métallique que l'on peut
ôter ou mettre à volonté.

Plus une batterie contient de surface de verre armé, plus elle accumule d'électricité à force répulsive égale ; mais aussi plus il faut de temps pour la charger avec une machine donnée. En général, quand on emploie de très-grandes batteries, il est utile de les séparer en plusieurs divisions, pour pouvoir proportionner la quantité d'électricité aux effets qu'on veut produire. Cela offre encore l'avantage de pouvoir charger les batteries plus vite avec la même machine ; c'est ce que je vais expliquer.

Je suppose un nombre quelconque de bouteilles de Leyde, ou en général de surfaces de verre armées, suspendues les unes sous les autres par des conducteurs métalliques, comme le représente la *fig.* 35. Attachons la première à un cordon de soie S, et faisons communiquer la dernière avec le sol. Conduisons ensuite sur la face supérieure A, A, l'électricité de la machine que je supposerai vitrée ; il est évident que toutes les lames inférieures se chargeront en même temps que la première, par les répulsions successives de l'électricité de l'une dans l'autre. Mais le raisonnement et l'expérience s'accordent à montrer que, dans cette manière de charger *par cascade*, la décomposition des électricités naturelles s'affaiblit avec une extrême rapidité à mesure que l'on s'éloigne du premier conducteur ; de sorte que, pour peu que l'on multiplie le nombre des bouteilles, les dernières ne se chargent presque pas. En outre, si l'on fait communiquer le premier anneau et le dernier de la chaîne par leurs surfaces opposées, on n'obtient que la décharge des quantités d'électricité qu'ils ont individuellement acquises ; et celles des termes intermédiaires se recomposent d'elles-mêmes sans produire aucun effet ; au lieu qu'on en profiterait également si, après avoir chargé le système par cascade, on en désunissait les parties successives pour faire communiquer ensemble les faces chargées d'électricités de même nature, et les décharger simultanément. On applique avec succès cette méthode à la charge des grandes batteries. Pour cela il faut le séparer en plusieurs divisions établies sur des pieds isolans, comme le représente la *fig.* 36. Quand on veut les charger toutes, ou seulement quelques-unes d'entre elles, on établit d'abord la communication entre les faces successives B_1 A_2, B_2 A_3...., au moyen de verges métalliques C_1 C^2, que l'on passe dans des anneaux disposés pour cet usage ; et l'on fait communiquer avec le sol la dernière face B_n. Puis, lorsqu'on croit la charge suffisante, on détruit la communication de la face B_n avec le sol. Alors, on peut impunément enlever les unes après les autres les tiges métalliques C_1 C_2.... Car, lorsqu'on ôte C_1, par exemple, il ne peut se faire aucune décharge, puisque l'électricité B_1 est retenue par A_1 et l'électricité A_2 par B_2. Cela fait, et les batteries partielles étant ainsi séparées, on établit des communications entre leurs surfaces A_1. Pour cela on y *jette*, je ne dis pas on y pose, car on s'exposerait à une décharge, on y jette, dis-je, les mêmes tiges métalliques C_1 C_2, qui, rencontrant les conducteurs par lesquels les parties de chaque batterie sont liées, les mettent naturellement en communication. Chaque fois que la tige tombe sur deux batteries consécutives, elle excite entre elles une étincelle, ce qui vient de l'inégalité des charges qu'elles avaient acquises dans la premiere disposition. Quand toutes les batteries sont réunies, on peut les décharger toutes d'un seul coup, en faisant communiquer ensemble une partie quelconque des faces extrêmes A_1 et B_n, ou si l'on veut, on continue de faire encore tourner la machine pour achever de les charger complètement.

Dans ces opérations, il importe d'avoir un régulateur qui vous indique à chaque instant l'état de la batterie. Car, à un certain degré de charge, la portion d'électricité des faces A qui jouit de sa force répulsive, peut surmonter la résistance de l'air, et se porter par explosion vers une face B, ce qui déchargerait brusquement la batterie, et souvent avec rupture d'une partie des jarres, parce que toute la force du choc se porte alors en un seul point de leur garniture métallique. Pour éviter cet accident, on visse à demeure, sur les conducteurs des faces A, un petit pendule formé par une tige métallique TT, *fig.* 37, et par une légère tige d'ivoire, portant à son extrémité une boule de sureau b. Le fluide libre des faces A exerçant sa force répulsive sur ce petit pendule, le fait s'éloigner de sa tige ; et ses écarts sont marqués par une division tracée sur le cadran cc. Il est clair que cet instrument ne donne aucune mesure absolue ; mais il offre au moins une indication constante sur laquelle on peut se régler, lorsqu'on a, une fois pour toutes, déterminé par expérience le degré de répulsion auquel une décharge spontanée pourrait devenir à craindre.

Pour décharger les batteries, on se sert de l'excitateur à deux branches décrit page 482. On pose l'une d'elles sur une face A, l'autre sur une face B, et la décharge s'opère à travers leur substance. Généralement, quand on opère avec de fortes batteries, on doit bien se garder de s'exposer à en recevoir la décharge ; car on pourrait en éprouver les accidens les plus graves, et même la mort.

CHAPITRE X.

Des Piles électriques, et des Phénomènes que présentent les cristaux électrisés par la chaleur.

J'AJOUTERAI encore, sur la charge par cascade, quelques développemens qui nous deviendront utiles dans la théorie du galvanisme et du magnétisme. Ils auront d'ailleurs l'avantage actuel d'offrir de nouveaux exemples du jeu des électricités dissimulées.

Concevez une suite de plaques de verre, armées de métal sur leurs deux surfaces, et disposées parallèlement les unes aux autres, comme le représente la *fig.* 47, en sorte que la face B_1 de la première communique par un fil métallique à la face A_2 de la seconde, de même la face B_2 de celle-ci à la face A_3 de la troisième, et ainsi de suite jusqu'à la dernière dont la face postérieure B_n communique avec le sol. Supposons que tout cet appareil étant isolé, on fasse communiquer la première face A_1 au premier conducteur d'une forte machine, et qu'après l'avoir ainsi électrisé par cascade pendant quelque temps, on rompe les communications avec le conducteur et avec le sol au moyen de tiges isolantes. On demande quel sera l'état électrique de toutes les parties de l'appareil après un certain temps.

Pour le prévoir, il faut considérer qu'au moment de la rupture des communications, la première face A_1 contient une certaine charge électrique, en partie libre, et en partie dissimulée par l'électricité de nature contraire qu'elle a elle-même attirée et fixée sur la seconde face B_1; il en est de même de la face A_2 par rapport à B_2, de A_3 par rapport à B_3, et ainsi de suite pour toutes les autres. De toutes ces quantités, il n'y a que la charge de A_1 qui soit étrangère à l'appareil, toutes les autres proviennent de simples décompositions des électricités naturelles; l'intensité absolue de ce développement décroît rapidement d'un élément à l'autre; mais tout ce qui est développé sur chacun d'eux n'est pas sensible; il n'y a de sensible que les portions d'électricités libres, qui sont toutes de même nature que celle qui est fixée sur A_1.

Cela posé, si l'appareil était exposé dans un milieu parfaitement isolant, il est clair que cet état d'équilibre s'y maintiendrait sans cesse; mais s'il est entouré d'un milieu absorbant, tel que l'air, il perdra graduellement son électricité. Pour savoir comment cela arrivera, il faut se rappeler que, dans un même état de l'air, et pour une même forme de surface, cette déperdition est proportionnelle à la quantité totale d'électricité libre qui y réside. Ainsi, dans les premiers instans, elle sera plus forte pour la première face A_1 que pour la seconde A_2, puisque celle-ci a moins d'électricité libre, et de même elle sera plus forte pour A_2 que pour A_3, et ainsi de suite jusqu'à la dernière face B_n, où elle sera nulle tout-à-fait, puisqu'il ne se trouve point alors d'électricité libre sur cette face. Mais, par suite de ces déperditions inégales, il s'y en développera. Car l'équilibre précédemment établi, n'avait pas lieu entre les portions d'électricité libres des différentes faces, mais entre leurs charges absolues; et, puisque la première A_1 se trouve

affaiblie, elle ne peut plus neutraliser sur B_1 ce qu'elle y neu-
tralisait auparavant ; il en est de même pour l'action de
A_2 sur B_2, et de même encore en continuant jusqu'à la
dernière face B_n, alors l'électricité de cette face n'étant plus
complètement neutralisée, une portion devient libre, et
cette portion, d'abord très-petite, augmente graduellement.
Car, bien que dès l'instant où elle paraît elle se trouve pour
toujours exposée à l'action absorbante de l'air, cependant,
à cause de sa faiblesse, elle perd d'abord moins que les
portions libres des autres faces, de sorte que le changement
d'équilibre continue à s'opérer de la même manière, la
perte d'électricité libre diminuant de plus en plus sur la
première face, et augmentant sur la dernière, et les élémens intermédiaires éprouvant des changemens moyens
entre ces deux-là. Il ne peut donc y avoir de limite à ces
variations que dans l'égalité des quantités d'électricité libre
existantes sur les deux faces extrêmes de l'appareil, ce qui
réduira aussi leur charge à l'égalité ; alors la disposition de
l'électricité sera en général symétrique à partir de ces deux
faces, en allant des extrémités au centre de la colonne ; les
quantités d'électricités libres seront de nature contraire de
part et d'autre de ce centre et graduellement décroissantes
à mesure qu'on s'en approche, de sorte qu'au centre même
elles seront tout-à-fait nulles et l'on pourra toucher impunément la plaque qui y sera placée. Mais si on rompt la pile
en cet endroit ou en tout autre, et qu'on isole les fragmens,
il se développera peu à peu, à l'extrémité rompue, une certaine quantité libre de nature contraire à celle du pôle extrême que l'on a laissé intact.

Voilà ce que le raisonnement indique, et ce que le calcul démontre en détail. L'expérience y est aussi parfaitement conforme comme je m'en suis assuré.

Les phénomènes que présentent les minéraux susceptibles
de s'électriser par la chaleur, sont tellement conformes à
ceux que je viens de décrire, qu'on ne peut douter que la
nature n'y ait réalisé un appareil semblable, c'est-à-dire
une pile électrique composée d'un nombre infini de plaques

parallèles. Le seul exposé des faits suffira pour établir cette vérité.

Je prendrai pour exemple la variété de la tourmaline que M. Haüy nomme *isogone*; elle a la forme d'un prisme à neuf pans, terminé d'un côté par un sommet à trois faces, et de l'autre par un sommet à six faces. Quand on expose cette pierre à une température moindre que 34° de Réaumur , elle n'offre aucun signe d'électricité; mais plongez-la pendant quelques minutes dans l'eau bouillante; et, après l'avoir retirée en la tenant avec de petites pinces par le milieu du prisme , présentez-la au disque de l'électroscope , ou à un petit pendule déjà chargé d'une électricité connue , vous verrez qu'elle l'attire par un de ses bouts, et le repousse par l'autre. Le sommet à trois faces possède l'électricité résineuse , et le sommet à six faces l'électricité vitrée. En rendant l'électroscope extrêmement sensible , on trouve que chaque espèce d'électricité va en décroissant rapidement depuis le sommet où elle réside , qu'elle devient très-faible à une petite distance de chaque extrémité du prisme , et que de là jusqu'au centre , tout le reste du minéral semble dans l'état naturel ; en un mot, les effets sont absolument les mêmes que dans la pile électrique isolée dont j'ai décrit plus haut la construction. Le mode seul d'exciter l'électricité est différent. On peut voir dans le Traité général différentes manières de varier ces expériences.

On a reconnu depuis des phénomènes analogues dans beaucoup d'autres cristaux. Plusieurs même sont beaucoup plus sensibles à cet égard que la tourmaline, car il suffit d'élever un peu leur température, pour les électriser. M. Haüy, qui a fait sur cet objet beaucoup de recherches curieuses , a remarqué que cette faculté existe seulement dans des cristaux dont les formes ne sont point symétriques , et que les parties où résident les pôles électriques opposés dérogent toujours à la symétrie, comme les deux extrémités du prisme de la tourmaline.

Lorsque l'on fond du soufre dans un bassin de fer , et qu'on l'y laisse refroidir après l'avoir isolé , on trouve qu'il acquiert

l'électricité résineuse , et le fer l'électricité vitrée. Ce fait
semble nous indiquer ce qui se passe dans chaque élément
de la tourmaline et des autres cristaux qui deviennent électriques par la chaleur. Une suite d'élémens pareils, mis en
contact les uns avec les autres , doit former une véritable pile
électrique, dans laquelle l'isolement et la séparation des plaques sont produits par la non-conductibilité de la substance
du cristal.

CHAPITRE XI.

Effets mécaniques produits par la force répulsive des Électricités accumulées.

Nous avons déjà plusieurs fois remarqué que l'électricité
répandue sur la surface des corps conducteurs exerce une
contre-pression sur l'air atmosphérique qui la contient à cette
surface par son poids. Nous avons vu que cette réaction ,
toujours proportionnelle au carré de l'épaisseur de la couche
électrique , peut devenir assez grande pour vaincre la résistance que l'air lui oppose. Alors l'électricité s'échappe par
explosion , en écartant les particules de l'air. D'après cela on
doit présumer qu'à des degrés plus grands d'accumulation ,
l'électricité deviendra capable de faire explosion à travers des
substances beaucoup plus denses que l'air, et pourra de même
séparer leurs particules. C'est aussi ce que l'expérience confirme.

La décharge d'une batterie électrique peut , lorsqu'elle
est suffisamment forte , briser des cylindres de bois qu'on lui
fait traverser ; elle tue les animaux vivans lorsqu'on la fait
passer à travers leurs corps , et leurs cadavres se putréfient
avec la même promptitude que ceux des animaux foudroyés.
Elle brise de même et traverse des lames de verre dans le
sens de leur longueur, pourvu que leurs surfaces soient polies ; car sans cela le verre devenant conducteur , la décharge
pourrait passer sans le briser. Transmise à travers des fils de
fer, d'argent ou de cuivre, elle les fond en petits globules.
Enfin, avec un degré d'accumulation plus grand encore, ces

ils et des lames d'or mêmes sont subitement volatilisées. On peut voir dans le Traité général la manière la plus commode de faire chacune de ces expériences, et les précautions qu'il faut observer pour les exécuter sans danger.

On conçoit donc qu'une telle force pourra, par une action semblable, produire dans les substances liquides ou gazeuses tous les phénomènes qui résulteraient naturellement d'une forte compression ou d'une subite élévation de température; c'est en effet ce qui a lieu. Ainsi la décharge électrique, même celle d'une simple bouteille de Leyde, enflamme les gaz hydrogène et oxigène, lorsqu'ils sont mêlés ensemble à peu près dans la proportion de deux parties d'hydrogène contre une d'oxigène en volume ; et le résidu est de l'eau liquide. L'appareil le plus convenable pour cette expérience est représenté *fig.* 39. C'est un tube de verre fermé par le haut avec un bouchon métallique, qui y est fortement luté, et qui a un petit bouton saillant en dedans du tube : une tige métallique flexible monte à ressort dans le même tube, et peut s'approcher du bouton à une petite distance. Alors le tube étant plongé dans une cuve pleine d'eau, on le remplit de gaz comme un récipient ordinaire, et l'ayant sorti et essuyé, on donne au chapeau métallique une étincelle : elle se propage dans le mélange gazeux, et l'enflamme en le faisant détonner. Au reste la simple compression mécanique produit le même effet, comme je l'ai montré par l'expérience, et une élévation de température suffit également pour le déterminer.

La décharge électrique enflamme aussi les corps facilement combustibles, comme le phosphore, l'éther et les autres liquides spiritueux, c'est-à-dire qu'elle détermine leur combinaison avec l'oxigène de l'air. Mais une simple élévation de température a des résultats pareils; et même pour que l'inflammation réussisse bien avec l'électricité, il est bon que les liquides aient été chauffés préalablement. Il n'y a rien dans tout cela qui indique un principe agissant par des affinités électives, et susceptible de s'unir aux corps par des combinaisons. Tout ce qu'on y peut voir, c'est une force répulsive considérable qui , écartant les molécules des corps et les refoulant les unes sur les autres , afin de s'ouvrir un passage , les force , par cette pression mécanique , à développer de la chaleur qu'elles tenaient auparavant combinée.

Mais aussi nous devons par-là concevoir la plus haute idée de l'énergie de cette force et de l'énorme vitesse que doit posséder la matière électrique , pour que , sans aucune masse appréciable aux balances les plus sensibles , elle puisse imprimer à des corps pesans et solides des quantités de mouvemens si considérables. On sait , en effet , que , quand un corps met un autre corps en mouvement par son choc , la somme des produits des masses par les vitesses est la même avant et après le choc. Quelle vitesse ne faut-il pas supposer à l'électricité , pour que cette loi rigoureuse de la mécanique soit observée dans les phénomènes que nous avons décrits ? Le diamètre même de la terre entière serait peut-être trop petit pour en rendre la transmission sensible.

De même que l'on détermine la formation de l'eau par l'étincelle électrique , on est parvenu aussi à la décomposer. On s'est d'abord servi , pour cela , de violentes décharges transmises à travers ce liquide , et qui y produisaient des explosions accompagnées d'étincelles. Mais l'habile et ingénieux physicien , M. Wollaston , est parvenu à produire le même effet d'une manière infiniment plus marquée, plus sûre et plus facile , en conduisant le courant électrique dans l'eau par des fils de platine très-fins , terminés en pointes aiguës et isolées dans des tubes de verre , de manière à ne pouvoir perdre leur électricité que par la dernière extrémité de cette pointe. On conçoit déjà qu'une électricité , même faible , peut acquérir , dans de semblables circonstances , une intensité extrême qui se porte au sommet de la pointe , et dont l'énergie s'exerce toute entière contre la seule molécule d'eau avec laquelle la pointe est en contact.

On peut voir dans le Traité général , les détails de cette curieuse expérience , avec les conséquences importantes qui en dérivent.

CHAPITRE XII.

De l'Électricité atmosphérique et des Paratonnerres.

Dès que l'on eut découvert la bouteille de Leyde et les batteries électriques, les effets de l'électricité accumulée par ces appareils se trouvèrent si ressemblans à ceux de la foudre, qu'on ne put s'empêcher de soupçonner cette analogie. Cependant Franklin fut le premier qui, ayant reconnu le pouvoir des pointes pour décharger à distance les corps électrisés, conçut la possibilité d'employer ce moyen pour rendre sensibles les effets de l'électricité atmosphérique, et se préserver de ses explosions. Mais n'ayant pas, en Amérique, les moyens suffisans pour ces expériences, il engagea les physiciens d'Europe à les observer. Le premier qui répondit à cet appel fut Dalibard, physicien français, qui fit construire à Marly-la-Ville une cabane au-dessus de laquelle était fixée une barre de fer de quarante pieds de longueur, isolée dans sa partie inférieure. Un nuage orageux étant venu à passer vers le zénith de cette barre, elle donna des étincelles à l'approche du doigt, et présenta tous les autres effets qu'offrent les conducteurs électrisés par nos machines ordinaires.

Ces appareils se multiplièrent; mais ils avaient tous un défaut commun, qui consistait dans le défaut d'isolement de leur base, laquelle se trouvait exposée à être mouillée par la pluie, et à laisser dissiper ainsi l'électricité. Canton imagina de remédier à ce défaut en plaçant, à l'extrémité inférieure de la barre métallique, un chapeau en métal qui recouvrait le support isolant, et le mettait à l'abri de la pluie. Au moyen de cet appareil perfectionné, il trouva que certains nuages sont chargés d'électricité vitrée, d'autres d'électricité résineuse; en sorte que l'électricité de l'appareil changeait souvent cinq ou six fois en une demi-heure. La pluie et la neige en tombant l'électrisaient aussi, et ces phénomènes avaient lieu l'hiver comme l'été. Pour ne pas être obligé d'aller le visiter sans cesse , et souvent sans utilité , Canton imagina d'y adapter un petit appareil extrêmement ingénieux , représenté *fig.* 40. Ce sont trois timbres T T$_1$ T$_2$ suspendus à une même tige métallique, celui du milieu T, par un fil de soie , les deux autres par une chaîne métallique. De plus, le timbre T communique au sol par une autre chaîne attachée sous sa partie inférieure ; entre ces timbres pendent de petites sphères métalliques $b\,b'$ suspendues à des fils de soie. D'après cela, il est clair que, si la tige A B est mise en communication avec le conducteur vertical qui reçoit l'électricité de l'atmosphère, cette électricité se transmettra d'abord aux deux timbres extrêmes T$_1$T$_2$ par le moyen des chaînes métalliques qui les suspendent. Alors les petits globules $b\,b'$ seront attirés vers les timbres , et viendront le toucher ; mais aussitôt après, ils en seront repoussés, et ils seront au contraire attirés par le timbre T communiquant au sol ; ils se porteront donc vers lui, se déchargeront , et iront se recharger de nouveau par le contact des timbres extrêmes. Ces oscillations continuelles des petits globules feront sonner les timbres , et l'on sera ainsi averti de la présence de l'électricité. Cet appareil se nomme un *carillon électrique*.

Cependant Franklin , en Amérique , avait continué de suivre ses idées qui devaient en effet lui offrir un grand attrait. A défaut d'édifices d'une grande hauteur , il imagina de faire descendre l'électricité des nuages sur la terre, le long de la corde d'un cerf-volant ; et, depuis les belles expériences de Newton sur les couleurs développées par les bulles d'eau savonneuse , ce fut la seconde fois que des jeux d'enfans devinrent pour la physique les instrumens des plus belles découvertes. Mais Franklin ne prévoyait pas lui-même l'extrême danger auquel il s'exposait. Son cerf-volant était enlevé, et il en tenait la corde à la main ; mais elle ne donnait encore aucun signe d'électricité, quoique le cerf-volant fût voisin d'un nuage qui paraissait porteur de la foudre. Déjà Franklin craignait de s'être trompé dans ses conjectures , lorsqu'enfin une petite pluie étant venue mouiller la corde, et augmenter sa faculté conductrice, Franklin rénssit à en tirer quelques étincelles ; et il faut l'entendre lui-même raconter la joie qu'il ressentit à l'aspect de ce phénomène qu'il avait prévu. Cependant, si la corde eût été plus mouillée ou d'une nature plus conductrice, il est probable que cet homme célèbre eût payé de sa vie sa témérité, et nous eussions été privés de tout ce qu'il a fait depuis de grand et d'utile pour les sciences, la philosophie et la liberté. En France, M. de Romas fit cette même expérience d'une manière beaucoup plus parfaite, soit qu'il l'eût conçue de lui-même, soit qu'il y eût été conduit par la tentative de Franklin. Il imagina d'entrelacer un fil de fer très-fin avec la corde du cerf-volant (1) ; et pour que l'observateur ne fût pas exposé à des décharges imprévues, l'extrémité inférieure de la corde se terminait par un cordon de soie de huit ou dix pieds de longueur, au moyen duquel le cerf-volant et le fil étaient isolés. De plus, au lieu d'en tirer des étincelles avec le doigt, ce qui fait que l'observateur reçoit lui-même la décharge, Romas imagina de les tirer à l'aide d'un conducteur métallique communiquant au sol par une chaîne, et tenu à la main par l'intermédiaire d'un manche isolant ; c'était proprement notre excitateur actuel. Ayant donné ainsi à cet appareil toute la perfection que suggérait une prudence éclairée, Romas n'hésita point à le lancer dans les nuages les plus orageux ; et dans une de ces expériences, pendant un orage qui ne fut remarquable ni par les éclats de la foudre, ni par une pluie abondante, il en fit jaillir pendant des heures entières des jets de feu de plus de dix pieds de longueur. « Imaginez-vous, écrivait-il à Nollet, imaginez-vous de voir des lames de feu de neuf ou dix pieds de longueur et d'un pouce de grosseur, qui faisaient autant ou plus de bruit que des coups de pistolet. En moins d'une heure, j'eus certainement trente lames de cette dimension, sans compter mille autres de sept pieds et au-dessous.

---

(1) Il vaut mieux employer, comme le fait M. Charles, une corde métallique filée.

Mais ce qui me donna le plus de satisfaction dans ce nouveau spectacle, c'est que les plus grandes lames furent spontanées, et que, malgré l'abondance du feu qui les formait, elles tombèrent constamment sur le corps conducteur le plus voisin. Cette constance me donna tant de sécurité, que je ne craignais pas d'exciter ce feu avec mon excitateur, dans le temps même que l'orage était assez animé; et, lorsque les branches de verre de cet instrument eurent seulement deux pieds de longueur, je conduisis où je voulus, sans sentir à ma main la plus petite commotion, des lames de feu de six ou sept pieds, avec la même facilité que je conduisais des lames qui n'avaient que sept à huit pouces. » Cette seule description suffit pour montrer que de semblables expériences ne doivent être tentées qu'avec d'extrêmes précautions. On peut voir dans le Traité général celles que la théorie suggère, et au moyen desquelles elles n'offrent plus qu'un spectacle admirable sans aucun danger.

Une fois qu'il est bien constaté que la foudre est une explosion électrique, on ne peut douter que l'électricité d'un nuage orageux ne puisse, comme celle de nos machines, être considérablement affaiblie par l'action des pointes. Cette conséquence, comme nous l'avons dit, n'échappa point à Franklin; et celui qui, le premier, avait découvert les pointes, imagina les *paratonnerres*.

On appelle ainsi des verges métalliques pointues que l'on élève sur le sommet des édifices, sur le haut des mâts des navires, etc..... Une de leurs extrémités plonge dans l'atmosphère, l'autre communique avec le sol. L'effet de ces appareils est de recevoir ou de neutraliser l'électricité des nuages, et de la conduire sans explosion jusque dans l'intérieur de la terre. Depuis environ cinquante ans qu'ils ont commencé à être en usage, un grand nombre d'exemples en a prouvé l'utilité; elle est en effet évidente par la théorie. Lorsqu'un nuage électrisé passe à une proximité telle que son influence puisse être sensible, il décompose les électricités naturelles de la barre, repousse celle de même nom dans le sol, et attire celle de nom contraire, qui se porte à l'extrémité supérieure de la pointe, et y acquiert une intensité d'autant plus grande que l'action du nuage est plus forte. De là il résulte que les particules d'air humide, situées entre le nuage et le paratonnerre, doivent se précipiter vers celui-ci avec une grande rapidité, y perdre l'électricité que leur avait donnée le nuage, en prendre une autre très-forte de nature contraire; puis, fuyant alors la pointe qui les repousse, se porter vers le nuage, et neutraliser l'électricité de toutes celles de ses particules qui se rencontrent sur leur passage, jusqu'à ce que ce mouvement alternatif l'ait complètement déchargé. Il doit donc arriver, en général, que cette décharge s'opérera sans explosion, et que tous les corps conducteurs qui se trouveront au-dessous du paratonnerre à peu de distance, seront préservés par lui. Mais enfin si, dans un cas extraordinaire, ce rapide écoulement de l'électricité ne suffit pas encore, et qu'une explosion se produise, c'est infailliblement sur la pointe qu'elle doit se porter, puisque c'est là que l'attraction réciproque des deux électricités contraires est incomparablement la plus forte; aussi, en ce point, l'expérience a-t-elle confirmé pleinement la théorie. Dans les premiers temps que cette invention fut mise en usage, on présenta à l'Académie des sciences une pointe de paratonnerre qui avait ainsi reçu une explosion si forte qu'elle en avait été fondue, comme les fils de fer que nous fondons par nos batteries. Cependant cette explosion si terrible, qui aurait causé infailliblement les plus grands malheurs sur la maison où elle était tombée, ne fit pas même éprouver la commotion la plus légère, et ne fut aperçue que par l'effroyable bruit qu'elle excita.

On peut, par une expérience très-simple, donner une image sensible de l'effet des paratonnerres sur les nuages électrisés. On suspend aux conducteurs d'une machine électrique un fil de lin, au bas duquel on a attaché un petit lambeau de coton cardé qui peut assez bien nous représenter un nuage. On électrise le tout, et l'on présente au coton, non pas une pointe, mais un corps sphérique; aussitôt il est attiré, et il se produit une étincelle entre ces deux corps. Mais si, au lieu d'une sphère, on présente au coton une pointe que l'on tient à une grande distance, il se décharge d'abord invisiblement de son électricité, après quoi il retourne vers les conducteurs pour se recharger, et il revient vers la pointe pour se décharger de nouveau. On peut suspendre ainsi plusieurs lambeaux de coton à des fils de différentes longueurs, et on les voit se replier successivement les uns sur les autres. C'est exactement ainsi que les lambeaux inférieurs d'un nuage, qui ont été déchargés par l'influence d'un paratonnerre, doivent se replier vers les parties supérieures du nuage qui sont encore électrisées.

L'effet et l'utilité des paratonnerres étant incontestables, il importe de décider quelle est la construction la plus avantageuse qu'on puisse leur donner. Deux conditions surtout paraissent indispensablement nécessaires ; la première, c'est que la communication soit bien établie avec le sol, et entre les diverses barres métalliques dont l'appareil est composé. On peut voir dans le Traité général les précautions les plus sûres pour bien remplir ces deux conditions.

Si ces conditions sont remplies avec exactitude, la théorie comme l'expérience s'accordent à montrer que le voisinage, le contact même d'un paratonnerre, n'est nullement dangereux, la décharge électrique choisissant toujours les meilleurs conducteurs. Ainsi, quand on a fait traverser un paquet de poudre à canon avec un fil de fer, on peut impunément transmettre par ce fil toutes les décharges électriques qui ne sont pas capables de le fondre. De même, suspendez un oiseau à l'un des conducteurs de la machine, chargez la batterie et déchargez-là, l'oiseau n'en ressentira aucun effet ; cependant il se trouve alors sur le passage de l'électricité. Enfin, en s'enveloppant le corps d'un cordon métallique dont on tient dans les mains les extrémités, on peut, sans aucun danger, décharger par ces cordons les plus fortes batteries, en s'isolant comme l'oiseau dans l'arc de communication.

Dans ces expériences, on éprouve quelquefois une petite commotion instantanée, mais incomparablement plus faible

que la décharge de la batterie. Cette commotion vient de ce
que l'électricité accumulée dans la batterie n'opère pas sa
décharge en un seul instant indivisible, quelque bon conducteur qu'on lui présente. Pendant son passage, elle agit
par influence sur les électricités naturelles des corps qui
touchent ce conducteur, et y produit une séparation qui ne
dure qu'un moment; l'équilibre se recompose aussitôt, mais
l'alternative subite de ces deux états produit une commotion
dans les organes qui l'éprouvent. On voit par cela même
que cet effet doit être extrêmement faible, car il est uniquement produit par l'influence de cette portion d'électricité
qui reste libre sur unes des faces de la batterie, et dont la
force répulsive, quoique très-affaiblie par son extension sur
le conducteur qu'on lui présente, n'est cependant pas
anéantie entièrement.

Pour mettre ces résultats en évidence, on isole un conducteur cylindrique, et on le fait toucher à la face d'une batterie qui communique avec le sol. Vis-à-vis une des extrémités de ce conducteur, on en place un autre aussi
isolé, mais séparé du premier par un petit intervalle,
fig. 41; au moment de la décharge, il s'échappe une étincelle
du premier conducteur au second, et un électroscope placé
sur ce dernier s'érige et s'abaisse en un instant. Si l'on
veut terminer ce second conducteur par un pistolet de
Volta, dont l'autre extrémité communique avec le sol,
la décharge latérale enflammera le gaz tonnant.

Le seul danger que pourraient offrir les paratonnerres
viendrait donc uniquement de ce choc latéral, que l'on peut
pour ainsi dire atténuer à volonté en augmentant les dimensions et la faculté conductrice du corps par lequel on fait
écouler l'électricité. La théorie et l'expérience viennent de
nous montrer que ce choc est incomparablement moindre que
la décharge directe; et, si jamais il devenait sensible dans
un éclat de foudre, qu'aurait donc été la décharge elle-
même, s'il ne s'était pas trouvé là de conducteur métallique
pour la transmettre au sol?

On a vu quelquefois, dans des momens d'orage, des animaux et des hommes tomber morts subitement au moment d'une explosion, quoique la foudre eût éclaté à une grande distance du lieu où ils se trouvaient. Ce phénomène peut être facilement expliqué par les considérations que nous venons d'établir.

Concevons un nuage fortement électrisé et dont les deux extrémités soient pendantes vers la terre; elles y refouleront l'électricité de même nature que celle dont elles sont chargées, et attireront l'électricité contraire. Si, par une circonstance quelconque, la décharge s'opère à une des extrémités du nuage, l'équilibre se rétablira aussitôt dans le point de la terre qui se trouve sous l'autre extrémité; et ce rétablissement d'équilibre pourra occasionner la mort des animaux ou des hommes qui y seront soumis, surtout si l'électricité est forte. C'est ce que l'on appelle le *choc par retour*.

On peut en donner une idée par l'expérience suivante:

Suspendez par un cordon de soie une grenouille vivante, à quelque distance du conducteur d'une machine électrique, comme le représente la *fig.* 42; attachez à l'une de ses jambes un cordon métallique très-léger et flexible, qui la fasse communiquer avec le sol; puis faites agir la machine, et à mesure que l'électricité se développe, tirez de temps en temps des étincelles du premier conducteur, en lui présentant une tige de métal terminée en demi-sphère. A chaque explosion, vous verrez la grenouille tressaillir, quoiqu'elle ne soit pas dans l'arc de communication; ses électricités naturelles, que l'influence du conducteur électrisé sépare, se rejoignent subitement chaque fois que cette influence est détruite, et excitent une commotion dans les organes de l'animal.

Ces effets se produisent encore après la mort: pour les observer alors dans toute leur énergie, il faut tuer subitement la grenouille en lui coupant le corps en travers; après quoi on la dépouille et on la prépare comme le représente la *fig.* 43. Alors l'irritabilité est telle que les contractions musculaires se produisent encore par l'influence d'une forte machine à la distance de dix ou douze mètres. Ce phéno-

nomène, simple en lui-même , montre que les organes musculaires des grenouilles sont des électroscopes d'une sensibilité extrême. On verra , dans un des chapitres qui vont
suivre , que cette susceptibilité a été la cause accidentelle
d'une des plus belles découvertes qu'on ait faites dans la
physique.

Jusqu'ici nous n'avons étudié l'électricité atmosphérique
que dans l'état violent et passager où elle se trouve pendant
les orages ; mais, en augmentant la sensibilité de l'appareil
qui sert à la manifester, on peut espérer de la rendre sensible, lorsqu'elle paraîtrait nulle avec des instrumens plus
grossiers. Pour cela , on a imaginé d'armer l'électroscope à
pailles ou à lames d'or d'une verge métallique pointue, que
l'on visse par son bout intérieur sur l'extrémité de sa tige.
On donne ordinairement à cette verge un mètre de longueur , et on la compose de plusieurs pièces emboîtées les
unes dans les autres, pour que sa longueur puisse être variée
à volonté. A l'aide de cet instrument, représenté *fig.* 44 , on
reconnaît que l'atmosphère , lorsqu'elle est pure , est dans un
état habituel d'électricité vitrée ; mais les moindres nuages ,
les moindres brouillards modifient cet état.

L'intensité de cette électricité habituelle croît à mesure
que l'on s'élève dans l'atmosphère ; aussi, pour la rendre
plus sensible , de Saussure a imaginé de jeter en l'air une
boule pesante attachée à un fil de métal très-fin , dont l'extrémité inférieure , bouclée autour de la tige de l'électroscope, adhère à cette tige par la légère pression de son propre
ressort. Quand le fil est déployé par le mouvement de la
boule , il donne à l'électroscope la même espèce d'électricité
que possède la couche la plus haute ou cette boule s'élève.
Mais, par la continuation même de ce mouvement , le fil
se détache de la tige de l'électroscope, et celle-ci reste
isolée avec l'électricité qu'elle a acquise.

En général, les expériences que l'on peut tenter sur l'électricité atmosphérique , présentent la singulière circonstance
d'un milieu indéfini, qui est l'air, dont toutes les molécules
sont individuellement chargées d'un excès d'électricité de

même nature, adhérente à leur surface; de sorte que la masse entière du milieu s'en trouve pénétrée dans une proportion variable avec les hauteurs. Alors les diverses particules de ce milieu ne peuvent être en repos que par la mutuelle compensation de leurs forces répulsives combinées avec leur pesanteur; et la même condition s'applique aussi aux corps conducteurs qui s'y trouvent plongés. Ainsi, pour tous ces corps, l'équilibre électrique n'aura pas lieu quand leurs électricités naturelles seront complètement neutralisées, mais lorsqu'ils posséderont l'excès de l'une ou ou de l'autre électricité qui convient à la couche où ils se trouvent, excès qui est vitré dans l'atmosphère, lorsqu'elle est pure. S'ils possèdent un plus grand excès de cette même électricité, ils agiront uniquement en vertu de cet excès les uns sur les autres, et sur toutes les molécules d'air environnantes : ils devront donc se repousser mutuellement. Si, contraire, l'excès d'électricité qu'ils possèdent, est moindre que celui qu'ils prendraient naturellement dans la couche où on les place, la masse du milieu agira sur chacun d'eux en vertu de cette différence, et leurs électricités naturelles seront décomposées autant qu'il le faut pour compléter ce qui leur manque de l'électricité du milieu : en vertu de cette addition, ils repousseront le milieu autant que le milieu les repousse, et n'en éprouveront plus aucune action. Mais ils agiront les uns sur les autres avec l'excès qu'ils ont acquis de l'électricité opposée ; et, si le milieu est un fluide indéfini composé de particules susceptibles de s'électriser par le contact, cet excès se dissipera peu à peu dans l'espace. Il y aurait beaucoup d'expériences curieuses à faire pour constater les lois de l'équilibre électrique dans des circonstances aussi différentes de celles que l'on a généralement coutume de considérer.

CHAPITRE XIII.

De la Lumière électrique.

La lumière qui se développe dans les explosions électriques a passé long-temps aux yeux des physiciens pour une modification de l'électricité même, qui jouissait de la faculté de devenir lumineuse à un certain degré d'accumulation. Mais depuis quelques années l'observation de la lumière qui se dégage de l'air par une pression mécanique, m'a fait penser que la lumière électrique pourrait avoir une semblable cause, et être purement l'effet de la compression opérée sur l'air par l'explosion de l'électricité (1). C'est ce qu'une discussion approfondie des expériences, rend extrêmement probable, comme on le peut voir dans le Traité général. Suivant que l'air que le choc électrique comprime est plus ou moins dense, ou selon que la décharge électrique qu'on y transmet est plus ou moins énergique, elle produit des lueurs variées depuis le violet le plus tendre jusqu'au blanc le plus éclatant. Cet effet se produit dans le vide de nos machines pneumatiques, et même dans le vide de nos baromètres. Mais qu'est-ce qu'un tel vide sinon un espace où il y a des vapeurs d'eau ou de mercure qui peuvent, comme les autres, dégager de la chaleur quand elles sont suffisamment comprimées.

L'électricité développée produit encore deux autres effets, que l'on a voulu regarder comme deux de ses caractères physiques. Le premier est cette sensation pareille au contact d'une toile d'araignée que les corps électrisés produisent quand on les approche d'une partie quelconque de la peau nue. Le second, c'est l'odeur de phosphore très-sensible et très-distincte que produisent les pointes électrisées lorsqu'on les présente vers les organes de l'odorat. Mais les commotions données par la bouteille de Leyde et les batteries électriques, prouvent que l'électricité en mouvement secoue violemment les organes, et y excite des contractions musculaires très-

____

(1) Annales de Chimie, tome 53, pag. 321. 1805.

énergiques. On verra plus tard encore d'autres exemples de
cette faculté. Maintenant, lorsqu'un conducteur électrisé se
présente devant une partie quelconque de notre corps, il se
fait en cette partie une décomposition de nos électricités
naturelles, et celle qui est de nom opposé à celle du conducteur, se condense à l'extremité qui en est la plus voisine; ce
mouvement intérieur, le départ de cette électricité, ou l'introduction de celle qui vient du dehors, ne doivent-ils pas
produire en nous quelque sensation? et le seul contact de l'air
qui se renouvelle et s'électrise sur les parties de notre peau
où l'électricité est devenue libre, ne doit-il pas y exciter
aussi quelque frémissement? Or, si cela doit être ainsi, il
n'y a aucune raison d'aller imaginer des causes particulières
pour produire ces effets; et il n'y a par conséquent aucune
vraisemblance à en faire des propriétés physiques attachées à
la nature de l'électricité.

En variant la marche et les scintillations de la lumière
électrique, on l'a employée à plusieurs jeux de physique intéressans, que j'ai décrits dans le Traité général.

CHAPITRE XIV.

Du développement de l'Électricité par le simple contact.

Nous allons maintenant nous occuper du développement
de l'électricité par le simple contact. Cette partie de la physique, créée depuis peu d'années, nous offrira le contraste
d'une grande découverte due au hasard, et d'une découverte
plus grande encore obtenue directement, et conduite à son
dernier terme par les expériences et les inductions les plus
rigoureuses.

Ce fut vers 1789 que les premières observations de ce genre
se présentèrent. Galvani, professeur de physique à Bologne,
faisait des recherches sur l'excitabilité des organes musculaires
par l'électricité. Il employait à ces épreuves des grenouilles
tuées et écorchées, dont il avait mis à nu les nerfs lombaires,

comme le représente la *fig.* 45. En outre, pour pouvoir les
manier facilement, il avait passé dans la portion restante E
de la colonne dorsale, un fil de cuivre recourbé en crochet.
Il arriva par hasard qu'un jour il suspendit plusieurs cadavres
de grenouilles, par ces crochets de cuivre, au balcon de fer
d'une terrasse ; à l'instant leurs pieds et leurs jambes, qui po-
saient aussi en partie sur ce fer, entrèrent en convulsion
spontanée ; et le phénomène se répéta autant de fois qu'on
réitéra le contact. Galvani saisit habilement l'importance de
ce phénomène, et s'attacha à en déterminer les circonstances
essentielles. Il vit d'abord qu'au lieu de tenir la grenouille à
la main, on pouvait la poser sur une plaque de fer, et qu'en
appliquant sur ce fer le crochet de cuivre, les convulsions
se manifestaient encore. Il reconnut ensuite que tout se ré-
duisait à établir entre les muscles et les nerfs de la grenouille
une communication par un arc métallique. Il observa que
les convulsions s'excitaient encore quand cet arc était d'un
seul métal, mais qu'elles étaient alors très-rares et très-faibles ; et que, pour les rendre fortes et durables, il fallait
employer le contact de deux métaux différens. Cette condition
remplie, on pouvait compléter la communication par des
substances quelconques, pourvu qu'elles fussent conductrices
de l'électricité. Il fit entrer dans la chaîne de communication
d'autres parties animales, et même des personnes vivantes
qui se tenaient par la main ; les convulsions se manifestèrent
encore. Galvani crut voir dans ces faits le développement de
ce qu'il appelait une *électricité animale* existante dans les muscles et dans les nerfs, et dont la circulation s'opérait quand
on mettait ces parties en communication par un arc métallique, ou en général par de bons conducteurs de l'électricité.

Lorsque ces nouveaux phénomènes furent connus en Italie,
ils y excitèrent une admiration générale, et tous les esprits
se portèrent vers les vues de Galvani. Mais Volta ne les eut
pas plus tôt répétés, qu'il y reconnut des indications toutes
différentes. Voyant que les convulsions ne s'obtenaient que
très-rarement avec un arc composé d'un seul métal, et seu-

lement lorsque l'irritabilité était encore très-vive , tandis qu'on les reproduisait à coup sûr , et beaucoup plus long-temps, avec un arc composé de métaux hétérogènes, il en conclut que le principe d'excitation résidait dans les métaux ; et , comme ce principe devait être nécessairement de nature électrique , puisque sa transmission était arrêtée par toutes les substances isolantes, il en vint à penser que le seul contact des métaux hétérogènes devait produire une électricité faible, qui , se transmettant à travers les organes de la grenouille , lorsqu'on complétait la chaîne , déterminait dans ces organes éminemment irritables les convulsions que Galvani avait observées.

En essayant l'application de divers métaux , Volta reconnut que le meilleur excitateur était le zinc mis en contact avec l'argent ou le cuivre , quoiqu'on pût produire aussi les phénomènes avec un arc hétérogène composé de deux métaux quelconques.

D'après l'ensemble de ces observations , la meilleure prépa-ration pour répéter l'expérience de Galvani , est la suivante : prenez une grenouille, et après avoir coupé son corps trans-versalement au-dessous des bras , dépouillez ses jambes et ses cuisses de la peau qui les recouvre ; retranchez ensuite toutes les chairs et toutes les parties qui recouvrent les nerfs lom-baires désignés par N N dans la *fig.* 46, puis, coupez la colonne dorsale de manière que les jambes et les cuisses restent sus-pendues uniquement par ces nerfs. Alors enveloppez-les d'une petite feuille de cuivre ou de zinc ; posez la grenouille ainsi préparée sur un support isolant , par exemple , sur une plaque de verre ; et , prenant un morceau de tout autre métal recourbé en forme d'arc , posez une des extrémités sur l'ar-mature des nerfs , et l'autre extrémité sur les muscles des cuisses; aussitôt vous verrez les convulsions se manifester , non-seulement dans la cuisse et la jambe que vous aurez touchée , mais encore dans l'autre. Ces convulsions cessent quelque temps après la mort, et elles cessent d'autant plus vite , qu'elles ont été plus excitées. Mais, dans le premier moment de leur affaiblissement , on peut les ranimer par l'application de tous les excitans qui exaltent l'irritabilité animale. Il en est de même, au reste, des convulsions que l'on produit sur les organes des grenouilles par l'influence à distance de l'électricité ordinaire ; et il en résulte seulement que ces organes, lorsque leur irritabilité subsiste encore, sont des indicateurs sensibles au plus petit degré d'électricité.

Volta fit revivre aussi une autre expérience que l'on trouve dans un ancien ouvrage intitulé *Théorie du plaisir*, et qui est extrêmement propre à montrer l'influence du contact des métaux hétérogènes sur les organes animaux. On prend deux pièces de métaux différens ; le mieux est que l'une soit d'argent ou de cuivre, et l'autre de zinc. On pose une de ces pièces au-dessus, l'autre au-dessous de la langue, de manière qu'elles la débordent un peu en avant. Tant que les pièces ne se touchent point, on n'en reçoit aucune sensation particulière. Mais lorsqu'on les met en contact, il s'excite une saveur tout-à-fait analogue à celle du sulfate de fer. Ici, d'après Volta, l'électricité est développée par le contact des deux pièces ; et c'est la surface de la langue, couverte de papilles nerveuses extraordinairement sensibles, qui lui sert de conducteur. Quelquefois encore l'excitation se transmet à d'autres nerfs ; et, si l'on est dans l'obscurité, l'on voit une sorte d'éclair passer subitement dans les yeux.

Galvani chercha à soutenir son opinion d'une électricité animale contre le professeur de Pavie ; il lui objecta les convulsions excitées par un arc d'un seul métal, et il s'attacha à en varier les circonstances. Par exemple, après avoir promptement préparé une grenouille, comme nous l'avons dit tout-à-l'heure, si on la jette aussitôt sur un bain de mercure bien nettoyé, de manière qu'elle le touche par ses nerfs et par ses muscles, il se manifeste ordinairement des convulsions. Volta répondit que, dans cette circonstance même, il pouvait y avoir quelque hétérogénéité entre les diverses parties de l'arc conducteur, soit sur la surface du mercure même, soit par le contact des métaux dont on s'est servi pour préparer l'animal. En effet, les plus petites différences dans les substances employées pour former la chaîne suffisent pour exciter des convulsions, qui avant ne se produisaient pas. Par exemple, si l'on arme les nerfs de la grenouille avec une lame de plomb impur, tel que celui dont les vitriers se servent, et que l'on achève la communication par un arc du même métal pris dans la même feuille, et par conséquent d'une nature exactement pareille, on produit rarement des effets. Mais si on l'établit avec du plomb purifié, tel que celui dont les essayeurs se servent, l'armature restant la même, les convulsions se manifestent aussitôt; et même il suffit de frotter l'arc d'un seul métal contre un autre métal pour lui donner une hétérogénéité suffisante, comme M. Hallé l'a fait voir. Néanmoins Galvani ne se rendit pas encore à ces remarques; il poussa la précaution jusqu'à préparer les organes de la grenouille avec des lames de verre effilées en couteau. Il obtint encore des convulsions par un arc d'un seul métal; mais seulement dans les cas que nous avons signalés, c'est-à-dire où l'irritabilité est extrèmement vive. Enfin, après avoir préparé la grenouille avec toutes ces précautions, il réussit à produire les contractions par le seul contact des muscles et des nerfs de l'animal même, sans avoir besoin d'employer aucune autre substance quelconque pour compléter l'arc conducteur. Mais si, comme le dit Volta, et comme nous le prouverons tout-à-l'heure, il se développe de l'électricité par le seul contact mutuel de deux métaux, il est également possible qu'il s'en développe par le contact de deux substances hétérogènes quelconque, comme les muscles et les nerfs. Seulement, si cette action est beaucoup plus faible que celle d'un métal sur un métal, il faudra, pour la manifester, employer un électroscope d'une susceptibilité encore plus vive, et tel que les organes de la grenouille paraissent l'être dans les premiers instans qui suivent la mort. Le nouveau fait observé par Galvani, quoiqu'extrêmement remarquable, ne conduit donc qu'à une généralisation de l'idée de Volta, bien loin de la renverser.

Il s'agit maintenant d'établir cette idée par l'expérience. Pour cela, Volta emploie deux disques métalliques, l'un de zinc , l'autre de cuivre , de cinq ou six centimètres de largeur , bien plans , non vernis , et ayant à leur centre des tiges isolantes perpendiculaires à leurs surfaces , par le moyen desquelles on peut les mettre en contact sans les toucher immédiatement. On approche ainsi ces disques l'un de l'autre , jusqu'à ce qu'ils se touchent , *fig.* 47 ; puis, on les sépare , en les retirant parallèlement. Mais , comme l'électricité qui s'y développe par un seul contact est toujours extrêmement faible , on ne l'essaie pas immédiatement à l'électroscope ; on arme celui-ci de son petit condensateur , dans lequel on accumule l'électricité de plusieurs contacts , en faisant communiquer son plateau supérieur avec le sol, et touchant le plateau inférieur qui communique aux pailles , avec le disque métallique dont on veut éprouver l'électricité. Cela fait, on retire ce disque ; on le touche ainsi que l'autre pour les remettre tous deux dans l'état naturel; on les replace de nouveau isolés et en contact ; on les sépare , et l'on reporte au condensateur celui que l'on veut éprouver. Après sept ou huit contacts de ce genre, si l'on enlève le plateau supérieur du condensateur, les pailles divergent très-fortement en vertu de l'électricité déposée dans le plateau inférieur par les contacts successifs du disque métallique ; on peut ainsi éprouver et reconnaître la nature de cette électricité.

Par exemple, supposons les deux disques de cuivre et de zinc. Si c'est le disque de cuivre qui a touché le plateau inférieur de l'électroscope, l'électricité qui fait diverger les pailles est résineuse ; si l'on a touché avec le zinc , elle est vitrée. Ainsi ces deux métaux , isolés et dans l'état naturel , se mettent , par leur simple contact, dans des états électriques différens : le zinc acquiert un excès d'électricité vitrée , et le cuivre l'excès complémentaire d'électricité résineuse.

On peut encore répéter l'expérience d'une autre manière. Ne faites communiquer aucun des plateaux du condensateur avec le sol ; laissez-les isolés sur l'électroscope ; mais chaque fois que vous séparez les deux disques du contact , touchez en même temps chacun des plateaux avec un des disques, et toujours avec le même. Comme les électricités libres qu'ils possèdent sont de nature contraire, elles s'attireront mutuellement et se fixeront sur les surfaces contiguës des plateaux. Après quelques contacts de ce genre, séparez les plateaux, et chacun d'eux se trouvera chargé de l'espèce d'électricité qui convient au disque par lequel on l'a touché.

On pourrait croire que l'électricité qui se développe dans cette circonstance tient à une sorte de compression des plateaux l'un contre l'autre, comme celle qui se développe lorsqu'on presse des taffetas gommés avec un disque métallique, ainsi que M. Libes l'a observé. Mais il est facile de prouver que l'action développée au contact des métaux est d'une toute autre espèce, et est excitée par une influence réciproque qui décompose leurs électricités naturelles. Pour établir ce fait capital, Volta fait l'expérience suivante. Il forme une lame métallique avec deux morceaux C, Z, *fig.* 48, l'un de zinc, l'autre de cuivre, soudés bout à bout. Puis, prenant entre les doigts l'extrémité de la lame qui est de zinc, il touche, avec l'autre extrémité qui est de cuivre, le plateau supérieur d'un condensateur qui est aussi de cuivre et dont le plateau inférieur communique avec le sol. Après le contact, si l'on enlève le plateau touché, on le trouve électrisé résineusement. Ceci n'a rien que de conforme aux expériences précédentes; seulement l'on n'a plus à craindre l'effet d'une pression ou d'une séparation entre les molécules du zinc et celles du cuivre, puisque leur juxtaposition est établie d'une manière permanente, et que le contact sur le condensateur s'opère entre cuivre et cuivre; ce qui ne peut développer aucune nouvelle électricité. Pour que l'électricité, ainsi produite par un seul contact, soit très-marquée, il faut que le condensateur soit beaucoup plus large que celui de l'électroscope, et que sa force condensante soit considérable.

On obtient encore des effets pareils, sans toucher la lame de zinc avec les doigts, et en la tenant seulement par des tiges de verre ou d'autre substance isolante. Mais alors, comme cette lame ne communique plus au sol, il faut la mettre en contact avec quelque corps d'une grande capacité, dont elle puisse tirer l'électricité qu'elle doit fournir au plateau collecteur du condensateur. C'est à quoi l'on parvient, soit en donnant beaucoup de surface à la lame de zinc, soit, ce qui vaut mieux encore, en lui faisant toucher l'intérieur d'une grande bouteille de Leyde armée en dedans par une feuille de zinc, et dont la surface extérieure, armée aussi d'un métal quelconque, est mise en communication avec le sol.

Cette épreuve faite, on la répète en sens inverse. On prend entre les doigts l'extrémité de la lame qui est de cuivre, et l'on touche avec l'autre extrémité qui est de zinc, le plateau supérieur du condensateur qui est aussi de cuivre, *fig.* 49. Lorsqu'on détruit le contact et qu'on enlève le plateau touché, il n'a point acquis d'électricité, quoique le plateau inférieur communique au réservoir commun. Pourtant, dans cette expérience, le cuivre et le zinc communiquent encore ensemble et se touchent encore comme dans la première. La seule différence, c'est qu'alors les deux morceaux de cuivre qui communiquaient au zinc étaient situés bout à bout, tandis que, dans la seconde expérience, ils sont situés des deux côtés du zinc. La cause, quelle qu'elle soit, qui développe l'électricité, agit donc comme une force attractive ou répulsive qui s'exercerait du zinc sur le cuivre, et du cuivre sur le zinc. Dans la première expérience où les deux pièces de cuivre sont d'un même côté du zinc, cette force peut s'exercer, et l'électricité qu'elle développe se répand sur le plateau de cuivre du condensateur. Mais, dans la seconde expérience où le zinc se trouve entre deux cuivres, l'action *électromotrice*, quelle que soit sa nature, s'exerce également des deux côtés du zinc ; il ne doit donc pas se développer d'électricité.

Les métaux et un grand nombre de substances non métalliques agissent ainsi sur leurs électricités naturelles, quand on les met en contact les unes avec les autres, et il

est extrêmement vraisemblable que cette propriété s'étend
avec des degrés divers à tous les corps de la nature. Parmi
toutes les combinaisons que l'on en peut faire, il y en aura
donc où le développement de l'électricité sera le plus énergique, et d'autres où il sera plus faible, ou même insensible. Dans la première classe sont les métaux hétérogènes,
lorsqu'on les met en contact les uns avec les autres ; dans
la dernière, se trouvent l'eau pure, les dissolutions salines,
et même les liqueurs acides mises en contact, soit entre
elles, soit avec des métaux.

Pour vérifier cette propriété, prenons un tube de verre
ouvert à ses deux extrémités, fermons l'une d'elles avec un
bouchon de cuivre terminé inférieurement par une tige de
même métal qui se prolonge au dehors, comme le représente la *fig.* 5o. Puis, remplissons le tube avec un des liquides
dont nous venons de parler, par exemple, avec de l'eau
ou des dissolutions salines, ou même un acide ; nous aurons
ainsi un assemblage exactement pareil à celui des lames de
zinc et de cuivre soudées au bout l'une de l'autre. Mais la
propriété électromotrice sera incomparablement plus faible.
Car, si nous l'éprouvons de la même manière, en touchant
avec le doigt le liquide du tube, et portant la tige de cuivre
sur le plateau du condensateur, ce qui est précisément le
même mode que dans la première expérience, nous aurons
beau répéter le contact, le plateau touché ne prendra jamais une quantité appréciable d'électricité ; et cela arrivera
ainsi même quand le liquide contenu dans le tube agirait
chimiquement sur le bouchon de cuivre avec une grande
énergie, à moins que l'on n'employât de très-grandes masses
de liquide et de métal agissant violemment l'une sur l'autre.
Car alors on sait que la combinaison chimique de deux substances développe de l'électricité, comme MM. Lavoisier et
Laplace l'ont observé en faisant dissoudre quelques kilogrammes de limaille de fer dans l'acide sulfurique. Mais il
est évident que l'électricité développée dans cette circonstance est totalement différente du phénomène produit par
le contact des métaux, ou en général des substances hété-

rogènes, puisqu'alors les plus petites quantités de ces substances soudées ensemble, et qui ne produisent l'une sur l'autre
aucune altération sensible, exercent autant de pouvoir que
les plus grandes masses. Enfin, ce qui détermine une distinction bien décisive, si l'on répète la même expérience avec
des masses du même ordre, au moyen du petit appareil que
nous venons de décrire, on trouvera que le contact immédiat des métaux et des liquides conducteurs n'exerce qu'une
force électromotrice absolument inappréciable.

Mais, par cela même, ces liquides peuvent servir pour transmettre l'action réciproque du cuivre et du zinc, sans l'affaiblir par leur contact. Ainsi, par exemple, en reprenant la
seconde expérience, *fig.* 49, où le zinc était entre deux
cuivres, nous avons vu qu'alors les forces électromotrices
exercées sur le zinc étant égales et contraires, le développement de l'électricité était nul et le condensateur ne se chargeait point. Mais il se chargera si, entre le zinc et le plateau
collecteur, qui est de cuivre, on interpose une couche d'un
liquide conducteur, tel, par exemple, qu'une goutte d'eau
ou un papier humecté de quelque dissolution saline. Ce
corps intermédiaire suffit alors pour empêcher l'action électromotrice du plateau sur le zinc, qui ne se manifeste que
dans le contact; en outre, il ne peut pas remplacer cette action, parce que sa propre force électromotrice est très-
faible et insensible; mais en vertu de sa faculté conductrice,
il peut transmettre l'électricité du zinc si celui-ci en acquiert
au-delà de sa quantité naturelle. Or le zinc se trouve ici
dans une condition éminemment propre à ce développement; car il se trouve interposé entre deux corps qui le
touchent, et dont l'un, qui est le cuivre, exerce sur lui
une action électromotrice sensible, tandis que l'autre, qui
est le liquide, n'en exerce qu'une infiniment faible. Le développement d'électricité pourra donc s'opérer aussi bien
que si le zinc était isolé dans l'air; et de plus, par le moyen
du conducteur humide, il faudra que ce conducteur et le
plateau du condensateur auquel il communique, partagent
tous deux l'excès d'électricité du zinc, jusqu'à ce qu'ils

acquièrent une force répulsive égale à la sienne. C'est en effet ce que l'expérience confirme parfaitement.

Par conséquent, si l'on soude ensemble deux plaques circulaires, l'une de zinc, l'autre de cuivre, et si, après avoir posé cette pièce sur la main par le côté cuivre, on recouvre sa face zinc avec un conducteur humide dont la force électromotrice soit insensible, par exemple, avec une rondelle de drap imbibée d'eau ou de dissolution saline, tous les corps conducteurs que l'on mettra au—dessus de ce système, partageront l'excès d'électricité vitrée de la face zinc et du corps humide qui la recouvre. Si donc, sur ce premier système, on en pose un autre pareil, de manière que sa face cuivre pose sur la rondelle humide, ce second système partagera d'abord, comme corps conducteur, l'excès d'électricité vitrée de la première face zinc; et en outre, la seconde pièce de zinc prendra un nouvel excès d'électricité, également vitrée, produit par la force électromotrice du cuivre avec lequel elle est soudée. En ajoutant ainsi successivement plusieurs systèmes semblables les uns sur les autres, on aura un appareil dans lequel l'état électrique des pièces successives ira en augmentant de bas en haut, avec le nombre des couples superposés.

Tel est l'admirable instrument universellement connu aujourd'hui sous le nom de *pile voltaïque*, et dont la physique et la chimie ont obtenu de si étonnans résultats. Pour bien concevoir ses effets, il faut avoir analysé d'une manière précise l'état électrique dans lequel se mettent les diverses pièces qui le composent, ainsi que les changemens qui peuvent y survenir lorsqu'on met quelques-unes d'entre elles en communication avec le sol ou avec un condensateur.

CHAPITRE XV.

Théorie de l'appareil électromoteur, en y supposant la conductibilité parfaite.

CONSIDÉRONS d'abord une seule pièce formée d'une plaque de zinc soudée avec une plaque de cuivre de dimensions égales, et mettons la face cuivre en communication avec le sol. Cette face sera alors dans l'état naturel; mais la face zinc se couvrira d'une couche d'électricité vitrée libre, dont je représenterai par $+1$ la quantité totale. La valeur de cette unité dépendra de l'étendue des deux plaques, et sera proportionnelle à leur surface.

La face cuivre communiquant toujours au sol, on pose sur la face zinc une rondelle de drap imbibée d'eau salée, ou de tout autre liquide conducteur, dont l'action électromotrice est insensible. Alors l'électricité libre de la face zinc se répandra sur la surface de ce conducteur ; mais comme il faut toujours que le zinc possède l'excès d'électricité vitrée que son contact avec le cuivre exige, il le reprendra au cuivre, et celui-ci au sol. Tout ceci est un simple résumé des expériences rapportées dans le chapitre précédent.

Les choses restant dans cet état, on prend une nouvelle pièce cuivre et zinc pareille à la première ; et, après avoir touché sa face cuivre, on l'isole; puis on pose cette face sur la rondelle humide, comme le représente la *fig.* 51. Alors, selon Volta, il s'opère deux actions : 1°. la face zinc de cette seconde pièce conserve l'excès d'électricité vitrée $+1$ qu'elle tient de son contact avec le cuivre; 2°. le système entier de la pièce partage l'électricité libre de la rondelle, comme ferait tout autre corps conducteur. La rondelle reprend cette électricité au zinc inférieur, celui-ci au cuivre, et le cuivre au sol; de sorte qu'après un temps qui doit être infiniment petit, si la conductibilité est parfaite, il s'établit un état électrique stable, dans lequel les quantités d'électricité libres sont telles que le représente le tableau suivant :

Pièce supérieure
$\begin{cases} \text{face zinc } z_2 \text{ soudée à } c_2 \dots\dots\dots\dots +2 \\ \text{face cuivre } c_2 \text{ communiquant à la} \\ \quad \text{rondelle humide} \dots\dots\dots\dots +1 \end{cases}$

Pièce inférieure
$\begin{cases} \text{face zinc } z_1 \text{ soudée avec } c_1 \dots\dots\dots +1 \\ \text{face cuivre } c_1 \text{ communiquant au sol.} \quad 0 \end{cases}$

Sur ce système, posez une seconde rondelle, puis une troisième pièce cuivre et zinc de la même manière, *fig.* 52.

La face zinc de cette pièce conservera l'excès d'électricité vitrée $+1$ qu'elle tient de son contact avec le cuivre ; mais en outre elle partagera, comme corps conducteur, l'électricité libre des pièces inférieures qui se réparera aux dépens du sol ; et, quand l'état électrique sera devenu stable, on aura

$$
\text{Pièce..3}
\begin{cases}
\text{face zinc } z_3 \text{ soudée à } c_3 \dots\dots\dots\dots\dots\dots\dots +3 \\
\text{face cuivre } c_3 \text{ communiquant à la rondelle} \\
\quad \text{humide } r_2 \dots\dots\dots\dots\dots\dots\dots\dots\dots +2
\end{cases}
$$

$$
\text{Pièce..2}
\begin{cases}
\text{face zinc } z_2 \text{ soudée à } c_2 \dots\dots\dots\dots\dots\dots +2 \\
\text{face cuivre } c_2 \text{ communiquant à la rondelle} \\
\quad \text{humide } r_1 \dots\dots\dots\dots\dots\dots\dots\dots\dots +1
\end{cases}
$$

$$
\text{Pièce..1}
\begin{cases}
\text{face zinc } z_1 \text{ soudée à } c_1 \dots\dots\dots\dots\dots\dots +1 \\
\text{face cuivre } c_1 \text{ communiquant au sol} \dots\dots +0
\end{cases}
$$

En continuant toujours la superposition des couples de la même manière, les quantités d'électricité vitrée libre croîtront de bas en haut, suivant une progression arithmétique.

Cette théorie suppose que la transmission de l'électricité s'opère à travers les rondelles humides sans aucun affaiblissement. C'est le cas d'une conductibilité parfaite. On y admet en outre que les liquides interposés entre les élémens métalliques n'exercent sur eux qu'une action électromotrice nulle, ou assez petite pour pouvoir être négligée. Enfin, pour passer d'un élément à un autre, on introduit une troisième donnée ; c'est que l'excès d'électricité $+1$ que le zinc prend au cuivre est constant pour ces deux métaux, soit qu'ils se trouvent dans l'état naturel ou non. Cette dernière supposition est la plus simple que l'on puisse faire ; mais toutefois ce n'est qu'une supposition dont les expériences fondamentales rapportées plus haut ne fournissent aucune preuve. J'ai ouï dire à Coulomb, qu'il avait vérifié cette loi, et qu'elle lui avait paru exacte. Il est clair qu'on ne peut l'établir avec exactitude qu'à l'aide de la balance électrique, et en mesurant les quantités d'électricités libres aux diverses hauteurs d'une pile ; mais cette observation est influencée par la conductibilité toujours imparfaite des conducteurs humides, et par plusieurs autres causes que nous examinerons dans un des chapitres suivans. Quoi qu'il en soit, admettons d'abord l'équidifférence dont il s'agit, comme la plus simple des lois imaginables, et cherchons à en développer les conséquences par le calcul.

D'abord, si l'on touche d'une main la base de la pile, et que l'on porte l'autre main à son sommet, tous les excès d'électricité $+1$, $+2$, $+3$...... des différentes pièces se déchargeront à travers les organes dans le réservoir commun. En supposant la transmission de l'électricité dans l'intérieur de la pile parfaitement libre, ou seulement très-rapide comparativement à sa transmission par les organes, cette décharge devra produire une commotion comme celle de la bouteille de Leyde, mais avec cette différence remarquable que la sensation en paraîtra continue. Car, la pile se rechargeant aux dépens du sol beaucoup plus vite que les organes ne peuvent la décharger, la pièce supérieure se retrouvera toujours presque aussi chargée qu'avant le contact. L'expérience confirme parfaitement ces indications. L'on peut aussi reproduire de la même manière, mais avec une intensité infiniment plus considérable, tous les phénomènes de saveur et de lumière qu'un seul couple de pièces nous a présentés.

Si l'on veut connaître dans ce cas la quantité d'électricité qui forme la décharge à chaque contact, il n'y a qu'à faire la somme des quantités d'électricité qui, d'après les déterminations précédentes existent à l'état de liberté dans les diverses parties de l'appareil. Mais pour simplifier cette évaluation on peut supposer les rondelles humides infiniment minces et négliger la quantité d'électricité qui se porte à leur contour extérieur; alors les quantités précédentes répandues sur les surfaces du cuivre et du zinc seront les seules qu'il s'agira de sommer. On trouve alors que cette somme est proportionnelle au carré du nombre des couples. On verra plus loin que ce résultat est extrêmement affaibli par l'imperfection des conducteurs humides.

Nous avons supposé la pile montée de cette manière :

cuivre, zinc humide, cuivre, etc., le premier cuivre communiquant au sol. Mais on pourrait aussi la monter en sens contraire, zinc, cuivre humide, zinc, en établissant la communication du sol avec le premier zinc. Dans ce cas, la théorie serait absolument la même, avec cette seule différence que notre unité $+ 1$ deviendrait négative, c'est-à-dire que les quantités d'électricité libre seraient de nature résineuse.

Au lieu de poser les plaques métalliques les unes sur les autres en colonne verticale, on peut les placer de champ, et parallèlement les unes aux autres sur des supports isolans, par exemple, sur des tiges de verre vernies. Alors au lieu d'interposer entre elles des rondelles de drap qui se tiendraient difficilement verticales, on établit de l'une à l'autre des espèces de petites auges dont elles font les parois extrêmes, et l'on verse dans ces auges les liquides qui doivent servir de conducteurs ; c'est ce qu'on nomme l'*appareil à auges*, *fig.* 53. On peut aussi souder ensemble, et bout à bout, des lames de cuivre et de zinc que l'on recourbe à leur point de soudure, de manière que chaque métal puisse plonger dans un vase de verre ou de porcelaine, rempli en partie d'un liquide conducteur. Une suite de vases semblables forment une chaîne électromotrice dont les extrémités peuvent être ramenées circulairement l'une auprès de l'autre pour la commodité des expériences ; c'est ce que Volta nomme l'*appareil de tasses à couronne*, *fig.* 54. De quelque manière que soient disposés ces appareils, leur mode d'action est exactement le même, et la théorie que nous venons d'exposer leur convient également sans aucune restriction.

Appliquons maintenant à la partie supérieure de la pile, ou en général à la dernière plaque de l'appareil, un condensateur dont le plateau inférieur communique avec le sol. Avant le contact, cette plaque que je suppose toujours zinc, avait l'électricité vitrée libre, qui convenait à son rang dans la pile. Le condensateur lui en enlève une partie qu'elle reprend aussitôt à la pièce inférieure, celle-ci à la suivante, et ainsi de suite jusqu'à la dernière, qui reprend tout au sol. Ce mouvement doit donc se continuer jusqu'à ce que la pièce supérieure ait repris la même quantité d'électricité libre qu'elle possédait d'abord , et qui convient à sa position. Ainsi le condensateur se chargera jusqu'à ce que son plateau collecteur ait la même tension que cette plaque.

Si la pile était montée en sens contraire , le zinc communiquant au sol, l'électricité libre à son sommet serait résineuse, et la charge du condensateur serait égale à la précédente, mais résineuse aussi.

De même que l'électricité de la colonne s'accumule dans le condensateur, elle s'accumulera dans l'intérieur d'une bouteille de Leyde ou d'une batterie électrique , dont l'extérieur communiquera au réservoir commun; et comme , à mesure que la pile se décharge , elle se recharge aux dépens de ce même réservoir , la batterie se chargera également , quelle que soit sa capacité , jusqu'à ce que la force répulsive de son électricité libre fasse équilibre à celle qui existe au sommet de la pile. Si l'on retire alors la batterie , elle donnera la commotion correspondante à ce degré de force répulsive ; et c'est ce que l'expérience confirme.

Pour que l'action du condensateur sur la pile soit régulière , constante et aussi énergique qu'elle peut l'être , il faut avoir le plus grand soin d'établir entre ses plateaux et les pôles de la pile des communications parfaites. Car les quantités d'électricité libres étant excessivement petites , le moindre obstacle suffit pour les arrêter ou pour ralentir considérablement leur propagation ; et alors le condensateur prend beaucoup moins d'électricité qu'il ne ferait , si les communications étaient libres. C'est bien pis encore , si le mode de communication est lui-même variable , comme lorsqu'on tient le condensateur à la main , et qu'on se contente de poser sur le sommet de la pile le bouton de son plateau collecteur. Dans ce cas , si on l'applique plusieurs fois de suite à la même pile , les quantités d'électricité dont il se charge peuvent varier en un instant du simple au triple ou au quadruple ; au lieu qu'avec un mode de communication plus uniforme , on y trouverait une parfaite égalité. Or c'est là ce qu'il est absolument nécessaire d'obtenir pour pouvoir connaître et mesurer l'état électrique de la pile d'une manière exacte.

Après bien des tentatives, voici la disposition d'appareil qui m'a paru la plus commode : sur une table solide je fixe par des vis un parallépipède de bois AB, *fig.* 55, revêtu d'une feuille d'étain. L'extrémité A de ce parallépipède porte un cône de métal tronqué par le haut et bien poli, sur lequel on pose la pile ; l'autre extrémité B porte une tige métallique verticale et mobile TT terminée par un plateau métallique auquel on fixe solidement le pied du condensateur par une vis de métal. On peut ainsi amener cet instrument à la hauteur de la pile soumise à l'expérience, sans altérer l'exactitude des communications. Les disques dont je fais usage sont tous de dimensions égales, et chaque disque de zinc est serré de force, mais non soudé contre le disque de cuivre correspondant. De cette manière, le contact est toujours parfaitement établi entre eux. On n'a que des couples à disposer les uns sur les autres, et ces couples peuvent être supposés identiques, lorsque les plaques sont neuves. Comme elles sont d'ailleurs bien dressées, il suffit pour établir la pile de les poser les unes sur les autres sans supports latéraux ; ce qui évite encore l'espèce de communication qui s'établit entre les pôles de la pile par l'isolement imparfait de ces supports, au grand détriment de l'appareil.

Enfin, pour établir constamment, et de la même manière, le contact du condensateur avec le sommet de la pile, je pose sur celle-ci un petit vase de fer rempli de mercure, et bien nettoyé par dessous ; le bouton du condensateur et l'extrémité de sa tige flexible sont aussi en fer. De cette manière, lorsque l'instrument est amené à la hauteur de la pile, il suffit d'abaisser son bouton dans le mercure à l'aide d'un tube de verre verni ; après quoi abandonnant la tige à sa propre élasticité, on est certain d'avoir un contact aussi égal et aussi instantané qu'il est possible. On peut ensuite, si l'on veut, le prolonger plus long-temps pour voir si le temps influe sur la charge du condensateur. Lorsque la tige est sortie du mercure, on enlève le plateau collecteur bien parallèlement à lui-même, et on le touche avec la sphère fixe et isolée de la balance électrique. On remet celle-ci dans sa cage de verre; le disque mobile que je suppose dans l'état naturel vient la toucher, et est repoussé aussitôt à une certaine distance que l'on observe, ou bien encore, si l'on veut, on tord le fil de suspension jusqu'à ce que le disque soit ramené à une distance fixe de la sphère. Quel que soit celui de ces moyens qu'on adopte, comme le disque s'électrisera par le contact et aux dépens de la boule, l'angle de torsion mesurera le *carré* de la quantité d'électricité communiquée à la sphère par le condensateur, et à ce dernier par la pile. On pourra donc ainsi évaluer cette quantité fort exactement. Je me suis assuré qu'en faisant usage de cette méthode, on obtenait d'une suite d'expériences consécutives des résultats parfaitement comparables; ce qui est loin d'avoir lieu quand on néglige les précautions qui assurent la perfection et l'identité du contact du condensateur.

En comparant ainsi les charges obtenues avec des piles du même nombre d'étage montées avec des conducteurs humides de nature diverse, on trouve que l'eau, les acides affaiblis, la plupart des dissolutions salines, en général les substances dont la conductibilité est énergique, donnent sensiblement les mêmes quantés d'électricité libre, et la donnent par un contact sensiblement instantané. Même, pour la plupart de ces conducteurs, on peut accroître ou diminuer extrêmement l'étendue de leur surface sans qu'il en résulte aucune variation appréciable dans la charge, sans doute à cause de la facilité presque infinie que leur surface offre à la transmission des courans électriques; mais cela suffit toujours pour prouver, conformément à l'opinion de Volta, qu'ils ne jouent absolument que le rôle de conducteurs, et que leur contact, ou leur action chimique, n'est pas la cause déterminante du développement de l'électricité. Néanmoins on trouve aussi des liquides avec lesquels les charges sont inégales, à même nombre d'étages, soit qu'ils affaiblissent trop la conductibilité par leur interposition, comme nous l'expliquerons par la suite, soit qu'ils exercent une action électromotrice propre par eux-mêmes ou par les combinaisons qu'ils forment avec les autres parties de l'appareil. Toutes ces variétés se sont présentées dans les nombreuses expériences tentées par les physiciens dans les premiers temps de la découverte.

Dans les considérations précédentes , nous avons toujours supposé que l'appareil électromoteur communiquait par sa base au sol duquel il pouvait tirer toutes les quantités d'électricité libre nécessaires à l'équilibre de ses parties. Mais si l'on concevait que toutes les pièces qui le composent fussent placées originairement sur un isoloir , et que la colonne même, et l'observateur qui la forment, fussent isolés pendant qu'on la monte, alors les quantités d'électricité libre nécessaires à l'équilibre ne pouvant se tirer du sol , la pile se les prendrait à elle-même par la décomposition des électricités naturelles de ses plaques. Le pôle zinc aurait donc un excès d'électricité vitrée libre , compensé par un égal excès d'électricité résineuse au pôle cuivre; et à partir de là, les quantités d'électricité libre iraient en décroissant jusqu'au milieu de la colonne qui serait dans l'état neutre. Il est visible, en effet, que de cette manière , les conditions d'équidifférence d'une pièce à l'autre seraient satisfaites , et conserveraient le rang que nous leur avons assigné dans l'appareil non isolé. Ces considérations sont confirmées par l'expérience, au moins dans leurs résultats généraux ; car toutes les piles , même après avoir été montées en communication avec le sol, se mettent d'elles-mêmes dans l'état que nous venons de décrire lorsqu'on les place pendant quelque temps sur un isoloir ; parce que l'air qui les touche leur enlevant graduellement leur électricité libre , elles ne peuvent que se recharger aux dépens d'elles-mêmes, et les résultats de cette décomposition sont les seuls qui subsistent quand les quantités d'électricité qu'elles avaient pris au sol ont été épuisées avec le temps. Dans cet état , les signes électroscopiques aux deux pôles de la pile sont très-faibles, et les condensateurs, même les plus forts, ne s'y chargent pas sensiblement. Ce phénomène est d'autant plus digne de remarque, qu'il ne s'accorde pas avec la théorie de l'équilibre par équidifférence. Cette théorie indique bien que la charge du condensateur dans la pile isolée doit être moindre que dans la pile non isolée ; mais la proportion qu'elle indique est bien éloignée de l'extrême faiblesse que l'expérience démontre.

En réfléchissant à cette discordance, j'ai été conduit à penser que l'action électrique de l'appareil électromoteur pourrait bien ne pas être due simplement aux quantités d'électricité libres qui paraissent sur ses élémens, comme Volta le supposait ; mais qu'il pourrait y exister en même temps une très-grande quantité d'électricité dissimulée ; et comme cette considération changerait beaucoup la manière dont l'action de la pile devrait être envisagée, je vais l'exposer ici.

Reprenons d'abord les expériences fondamentales de Volta sur le développement de l'électricité par le simple contact de deux métaux isolés ; que nous montrent-elles ? Qu'il se manifeste alors sur chacun d'eux une certaine quantité d'électricité libre et de nature opposée. Mais s'en suit-il pour cela que ces quantités soient les seules qui se développent réellement ? Non sans doute ; et la décomposition des électricités naturelles des deux plaques, pendant le contact, pourrait être énorme sans produire d'autres indices extérieurs que ceux que nous avons observés. C'est ainsi que les deux faces d'un carreau de verre armé de métal peuvent être chargées de quantités d'électricité fort considérables, quoique les portions de ces électricités qui jouissent de leur force répulsive sur l'une et l'autre face soient néanmoins très-petites.

Dans cette manière de voir, deux disques de zinc et de cuivre mis en contact ressembleraient exactement à un pareil carreau, après qu'on l'a isolé, et lorsque l'action absorbante de l'air a égalisé les forces répulsives de ses deux faces. Seulement la lame isolante de verre serait remplacée par les forces électromotrices, qui retiendraient les deux électricités de part et d'autre de la surface du contact. Alors l'électroscope et la balance ne rendraient sensibles que les portions d'électricité qui seraient libres des deux côtés de cette surface ; et les quantités totales d'électricités dissimulées ne se manifesteraient qu'à l'instant où l'on établirait une communication directe entre les disques, de même que dans la bouteille de Leyde ou le carreau électrisé.

L'appareil électromoteur deviendrait ainsi tout-à-fait analogue aux piles électriques que nous avons considérées dans le chapitre X. La disposition de l'électricité y serait exactement pareille, et la même théorie, les mêmes formules s'y appliqueraient. On peut, en effet, remarquer que les résultats auxquels nous sommes parvenus en considérant ces piles, offrent une représentation exacte des phénomènes électriques que produit l'appareil électromoteur, soit quand un de ses pôles communique au sol, soit dans l'état d'isolement. Cette manière de l'envisager aiderait à concevoir comment il peut exciter de si fortes commotions, et surtout des phénomènes chimiques que nous ne pouvons produire qu'en accumulant des quantités considérables d'électricité, soit par des batteries, soit au moyen de pointes d'une finesse extrême. C'est qu'en effet il y aurait aussi une très-grande quantité d'électricité développée dans l'action chimique de l'appareil électromoteur. Enfin, on concevrait aussi pourquoi les piles, même les plus énergiques, lorsqu'elles sont isolées par leur base, ne communiquent presque pas d'électricité sensible au condensateur, tandis qu'elles donnent des charges considérables, et jusqu'à des étincelles, si l'on fait communiquer instantanément un de leurs pôles avec le sol. Car les charges indiquées par le calcul, pour ces deux circonstances, auraient en effet entre elles une disproportion extrême, ce qui n'avait pas lieu dans la première manière de voir.

CHAPITRE XVI.

Effets chimiques de l'Appareil électromoteur.

APRÈS la continuité des commotions électriques, le premier phénomène chimique que l'on opéra avec la pile fut la décomposition de l'eau. Cette découverte est due à MM. Carlisle et Nicholson. Si l'on adapte aux pôles de l'appareil électromoteur des fils de platine qui se rendent dans un même vase de verre en partie rempli d'eau, on voit un courant continuel de gaz oxigène se dégager du fil qui communique au pôle vitré, et en même temps un courant de gaz hydrogène se dégage de l'autre fil qui communique au pôle résineux. Si, au lieu de platine, on emploie des fils de cuivre, d'argent ou de tout autre métal susceptible d'être facilement oxidé, l'oxigène ne se dégage point sous forme de gaz, il se combine avec le fil vitré et l'oxide. Il est indifférent que la pile soit isolée ou non isolée.

Pour savoir si les deux gaz qui se dégagent sont réellement dans la proportion qui fait l'eau, il faut les recueillir et les mesurer. L'appareil le plus propre à cet usage est celui qui est représenté, *fig.* 56 ; il a été indiqué par MM. Gay-Lussac et Thenard, dans un ouvrage dont je tirerai une grande partie des phénomènes que je rapporterai sur l'action chimique de la pile. EE est un entonnoir de verre dont le bec B est fermé par un bouchon revêtu de cire d'Espagne, à travers lequel on a fait passer deux fils de platine parallèles, distans entre eux d'environ un centimètre, et qui s'élèvent dans l'intérieur de l'entonnoir jusqu'à quatre ou cinq centimètres au-dessus de son fond. On verse de l'eau dans l'entonnoir, et on recouvre chaque fil par une petite cloche de verre pareillement remplie d'eau. Ensuite on fait communiquer les bouts extérieurs des fils, chacun avec un pôle de la pile, et l'appareil est disposé. On le laisse agir pendant quelque temps, après quoi on l'arrête et on mesure le volume des gaz dégagés sous chaque cloche. On y trouve deux fois autant d'hydrogène que d'oxigène en volume. Ce sont en effet les proportions qui constituent l'eau ; car en rétablissant la combinaison par une étincelle électrique il ne reste aucun résidu gazeux. Afin de ne rien perdre de l'action de la pile, il faut que la communication des fils avec les élémens extrêmes soit parfaitement établie. Pour cela, rien de plus commode que de les plonger dans un petit vase de verre rempli de mercure, où plongent aussi deux gros fils de fer scellés aux plaques extrêmes de l'appareil électromoteur.

Avec cet appareil, MM. Gay-Lussac et Thenard ont observé que la quantité de gaz dégagée dans un temps donné par une même pile, soit à rondelles, soit à auges, variait considérablement selon la nature des substances dissoutes dans l'eau dont l'entonnoir était rempli. Les dissolutions salines concentrées, les mélanges d'eau et d'acide ont donné les dégagemens les plus abondans, les plus rapides. Ce phénomène a diminué à mesure que les proportions de sel ou d'acide sont devenues moindres; et enfin, lorsque l'entonnoir n'a plus contenu que de l'eau bouillie et parfaitement pure, il ne s'est presque plus dégagé de gaz. Ainsi l'eau pure, qui transmet une électricité forte, telle que celle que nous excitons par nos machines ordinaires, devient presque isolante pour les faibles forces répulsives que fournit l'appareil électromoteur. On peut donc appliquer ici la loi générale que nous avons trouvée relativement aux substances imparfaitement conductrices; c'est-à-dire que, pour une distance donnée des fils, l'isolement ne doit être parfait que jusqu'à un certain degré de force répulsive, déterminé par le nombre des plaques de l'appareil; et de même que, pour chaque support, le degré de force répulsive, où l'isolement parfait commence, est réciproque aux racines carrées des longueurs des supports, de même, pour chaque appareil électromoteur, il doit y avoir une certaine distance des fils à laquelle la communication sera tout-à-fait interrompue. On devra y retrouver de même l'influence qu'exerce sur l'isolement le contact plus ou moins étendu du support avec le corps isolé. Aussi MM. Gay-Lussac et Thenard ont-ils remarqué qu'en raccourcissant les fils au-delà d'un certain terme, les quantités de gaz dégagées dans un même liquide ont considérablement diminué; mais elles ont augmenté de nouveau en substituant dans l'entonnoir un liquide plus conducteur. Ce défaut de conductibilité de l'eau peut être tout de suite rendu sen-

sible par une expérience fort simple : ayant isolé une pile
et placé des fils conducteurs à ses deux pôles, plongez ces
fils dans un vase de verre rempli en partie d'eau commune ;
aussitôt les gaz se dégageront en abondance. Si vous retirez
de l'eau un de ces fils, et que le prenant d'une main, vous
plongiez l'autre main dans l'eau du vase, vous éprouverez
la commotion comme à l'ordinaire. Mais au lieu de cela,
établissez la communication par une colonne d'eau de 4 ou
5 millimètres de diamètre, et de 3 ou 4 centimètres de longueur ; ce que vous pouvez faire en aspirant l'eau du vase
avec un tube de ces dimensions que vous tiendrez à la
bouche. Alors, quoique vos organes les plus sensibles se
trouvent dans l'arc de communication, vous éprouverez à
peine une légère saveur, mais non pas le plus léger frémissement. J'ai disposé ainsi une pile de 68 couples, dont les
pôles communiquaient par des tubes non capillaires remplis
d'eau distillée, et d'environ 1 mètre de longueur. L'appareil est resté monté pendant 24 heures, sans qu'il se soit
dégagé un atôme de gaz ; et en essayant de communiquer
d'un pôle de la pile à l'autre par le moyen des colonnes
d'eau contenues dans les tubes, on n'éprouvait non plus
aucune des sensations que l'appareil électromoteur produit
ordinairement. En un mot, tout se passait comme si un
corps isolant eût été interposé entre les deux pôles ; mais
tous les effets reparaissaient dès que l'on communiquait immédiatement par la surface libre de l'eau (1). C'est pourquoi il aurait été à désirer que, dans les expériences de MM.
Gay-Lussac et Thenard, on eût essayé d'étendre les fils sur
la surface de l'eau même ; car je pense que, dans ce cas, la
communication des deux pôles de la pile s'établirait.

MM. Gay-Lussac et Thenard ont cherché s'ils pourraient
découvrir quelque rapport entre les quantités de gaz dégagés
par une pile, et les quantités de sel mises dans l'eau de l'entonnoir ; mais ils n'ont trouvé de relation simple que pour le
sulfate de soude. Les quantités de gaz dégagées dans un temps

____

(1) Journal de Physique, an 9 (1800).

donné sont à très-peu de chose près proportionnelles aux racines cubiques des quantités de ce sel, contenues dans l'eau dont la décomposition s'opère. La dissolution de nitre a présenté un effet contraire; saturée de sel, elle a produit moins de gaz que non saturée. Il paraît qu'il faut ici considérer deux choses, la décomposition que l'eau éprouve, et celle que le sel éprouve aussi dans ses élémens; le phénomène étant composé, il est clair que le résultat doit l'être aussi.

On a beaucoup cherché comment s'opérait la décomposition de l'eau dans les circonstances que nous venons de décrire; car on ne peut douter que l'eau ne soit décomposée, puisque les proportions des gaz qui se dégagent sont toujours dans le rapport de ses principes constituans. Il ne s'est élevé à cet égard qu'une opinion qui ait soutenu les regards de l'expérience. C'est que les molécules de l'eau situées entre les deux fils, étant influencées par les électricités opposées qui en émanent, se disposent et s'arrangent les unes à la suite des autres, comme une file de condensateurs dans chacun desquels il y a un pôle vitré et un pôle résineux; de manière que chaque pôle résineux touche à un pôle vitré, et qu'aux extrémités de la chaîne, le fil métallique qui est vitré communique au pôle résineux d'une particule, et réciproquement. Supposons que, dans cette polarisation, l'oxigène de l'eau possède l'électricité résineuse, et l'hydrogène l'électricité vitrée; alors, si la force attractive de la pile est assez forte pour que la première molécule d'eau se décompose, cela suffira pour toute la chaîne. L'oxigène de cette molécule devenant libre, se dégagera sous forme de gaz, ou se combinera avec le fil vitré et l'oxidera. Alors l'hydrogène de la même particule deviendra libre aussi; mais comme il possède l'électricité vitrée, il sera attiré et retenu par l'oxigène de la molécule suivante qui possède l'électricité résineuse. Il déterminera à son tour la décomposition de cette particule, se combinera avec son oxigène, et formera une nouvelle molécule d'eau. Cette combinaison rendra libre l'hydrogène de la seconde particule qui agira de même sur la particule

suivante, jusqu'à ce qu'enfin la décomposition se transmette
à la particule d'eau qui est immédiatement en contact avec
le fil résineux. Ici l'action électrique des molécules les unes
sur les autres ne se prolonge pas davantage ; l'hydrogène
de la dernière particule ne trouvera plus d'oxigène électrisé
avec lequel il puisse se combiner ; par conséquent il se dégagera sur ce fil, ou se combinera avec lui.

Ce que nous venons de dire pour l'eau peut s'appliquer à
toute autre substance que l'appareil électromoteur décompose. Alors la possibilité de la décomposition dépendra en
général de trois élémens : 1°. de la disposition plus ou moins
forte qu'auront les principes de cette substance à prendre
dans chaque particule des états électriques opposés ; 2°. de
l'énergie plus ou moins grande de cette opposition ; 3°. enfin
du rapport de cette énergie avec l'affinité chimique que les
principes de la substance ont entre eux. Par exemple , si l'on
opère sur un corps dont les principes se mettent facilement
dans un état électrique très-opposé, il pourra se faire que la
pile décompose ce corps, quoique l'affinité chimique qui
réunit ses principes soit très-puissante. Si , au contraire ,
l'affinité est très-faible , mais qu'en même temps les principes
constituans de la substance aient très-peu de tendance à se
mettre dans des états électriques opposés , il sera fort possible
que la décomposition ne s'opère pas. Enfin, de même que
dans le frottement des corps les uns contre les autres, il y en
a qui prennent tantôt l'électricité vitrée , tantôt l'électricité
résineuse, selon la nature du frottoir auquel on les applique,
de même il pourra arriver qu'un même principe chimique
prenne tantôt l'état vitré, tantôt l'état résineux , selon les
combinaisons où il entrera ; et quoique, en général, chaque
principe doive porter dans toutes les combinaisons les mêmes
dispositions naturelles , néanmoins le résultat définitif dépendra encore des dispositions analogues ou différentes des
principes avec lesquels il sera uni. Dans toutes les expériences
que l'on a faites jusqu'à présent avec l'appareil électromoteur , l'oxigène a paru conserver cette disposition à l'état
résineux que nous lui avons reconnue dans l'eau , et que

l'on remarque aussi dans les expériences faites avec l'électricité
ordinaire, où l'oxigène de l'air se porte toujours vers les
surfaces électrisées vitreusement. Même, lorsque les corps
se sont trouvés composés de plusieurs principes, dont quelques-uns avaient de fortes affinités pour l'oxigène, ce lui-ci
leur a communiqué sa disposition résineuse, et les a entraînés
vers le pôle vitré; tandis qu'au contraire les autres principes
ont alors pris l'état vitré, et se sont portés vers le pôle résineux. En vertu de cette loi, tous les oxides et tous les acides
qui contiennent de l'oxigène ont été décomposés par l'appareil électromoteur, et le principe qui était uni à l'oxigène
a été transporté au pôle résineux; tandis que l'oxigène suivant sa
disposition constante est venu se rendre au pôle vitré. Ces
belles observations ont été d'abord faites par MM. Hisenger
et Berzelius. M. Humphry Davy, en les variant, en les
étendant, fut conduit à essayer l'action de l'appareil électromoteur sur les alcalis, que l'on avait jusque-là regardés
comme des corps simples. Il vit alors, et ce fut depuis l'éton-
nement de l'Europe savante, il vit des bulles d'oxigène se
dégager au pôle vitré; tandis qu'au pôle résineux s'assem-
blaient des substances brillantes d'un aspect métallique et
pourtant très-légères, brûlant dans l'air avec énergie, et
même jouissant de la singulière propriété de s'enflammer
dans l'eau. C'étaient donc les bases métalliques de la soude
et de la potasse, appelées depuis *sodium* et *potassium*. Mais
ces propriétés mêmes faisaient qu'on ne pouvait extraire que
des atômes de ces substances, qui se détruisaient dans l'air
à mesure qu'ils étaient formés. Il fallut donc chercher un
moyen de les préserver du contact de l'air qui les dévorait.
Le docteur Seebeck imagina pour cela un procédé fort simple,
qui consiste à combiner le sodium ou le potassium avec le
mercure à mesure qu'il se dégage. On creuse dans un petit
fragment de soude ou de potasse, une cavité que l'on remplit de mercure; on pose ce fragment sur une plaque métallique, et l'on plonge dans le mercure le fil résineux d'un
appareil électromoteur, qui doit contenir au moins deux

cents couples de plaques. On fait communiquer l'autre fil
avec le support de métal ; alors la soude ou la potasse est
décomposée, ainsi que l'eau qu'elle contient. L'oxigène de l'un
et de l'autre se rendent au pôle vitré, où leur état électrique
les entraîne. L'hydrogène et le sodium ou le potassium qu'ils
abandonnent, se rendent, au contraire, au pôle résineux.
Là, l'hydrogène se dégage sous forme de gaz, et le potassium
ou le sodium se combinent avec le mercure, qui les préserve
du contact de l'air. De temps en temps, on verse l'amalgame
dans de l'huile de naphte, et on renouvelle le mercure.
Lorsqu'on a recueilli une certaine quantité d'amalgame, on
le distille dans une cornue, avec le moins d'air possible.
L'huile se vaporise d'abord, ensuite le mercure ; et enfin le
sodium ou le potassium reste libre. Pour que la décomposition
de la potasse ou de la soude s'opère par le procédé que nous
venons de décrire, il faut que ces alcalis contiennent assez
d'eau pour transmettre l'électricité de la pile, mais non
pas cependant une quantité assez grande pour que la décomposition de cette eau exige tout l'emploi de l'électricité transmise, car alors la potasse et la soude ne se décomposeraient
pas. M. Davy et M. Seebeck, par des procédés de ce genre,
sont parvenus à reconnaître dans les autres alcalis des signes
non douteux de décomposition. Mais plus de détails sur
cet objet ne conviendraient pas à un traité tel que celui-ci.
J'ajouterai seulement qu'en partant de la première découverte de M. Davy sur la composition de la potasse et de
la soude, MM. Gay-Lussac et Thenard ont réussi à enlever
l'oxigène à ces substances, par le seul effort des affinités
chimiques.

Jusqu'ici nous n'avons considéré que l'action de la pile
pour décomposer les corps ; elle a encore d'autres effets très-
remarquables. Par exemple, si l'on établit la communication
des deux pôles par des fils métalliques très-fins, et qu'on
les approche doucement l'un de l'autre jusqu'au contact, il
s'établit entre eux une attraction qui les retient unis malgré
la force de leur ressort ; si ces fils sont de fer, il s'excite
entre eux une étincelle visible qui, comme nous le verrons

tout-à-l'heure, produit une véritable combustion du fer. Ce phénomène réussit plus sûrement, lorsqu'on arme l'extrémité d'un des fils de fer avec une légère feuille d'or battu. Cette feuille est consumée à l'endroit où l'étincelle s'élance. On peut enflammer du gaz tonnant avec cette étincelle, et même du phosphore et du soufre, comme avec celles que donnent nos machines électriques ordinaires.

Nous ne parlons ici que des effets produits avec des piles les plus communes, dont les disques ont à peu près la largeur d'une pièce de 5 francs. Mais on conçoit qu'ils doivent devenir beaucoup plus considérables, si l'on emploie des plaques qui aient plus de surface, et qui soient assemblées en même nombre. Car dans des piles où le nombre des élémens et la nature des conducteurs humides sont les mêmes, l'épaisseur de la couche électrique libre sur chaque plaque de rang égal, est aussi la même, comme la théorie l'indique, et comme l'expérience nous l'a montré plus haut; d'où il suit que les quantités totales d'électricités que ces piles possèdent dans l'état d'équilibre, ou qu'elles donnent dans l'état de mouvement, sont exactement et constamment proportionnelles aux surfaces des plaques, quelles que soient d'ailleurs les modifications qui puissent y survenir dans le cours de l'expérience, par suite de l'action de la pile même. Aussi MM. Gay-Lussac et Thenard ont-ils trouvé que les quantités de gaz dégagées en un temps donné, sont proportionnelles aux surfaces des plaques que l'on compare, ou, ce qui revient au même, aux quantités totales d'électricité. Le même accroissement s'observe dans tous les autres effets chimiques. Une pile à larges plaques, même composée d'un petit nombre de couples, peut enflammer plusieurs centimètres de fil de fer; et si, à la largeur des plaques se joint aussi l'augmentation de force qui résulte de leur nombre, alors l'énergie devient extrême. Ces phénomènes ont été observés pour la première fois par MM. Hachette et Thenard.

CHAPITRE XVII.

Examen des altérations qui s'opèrent dans l'Appareil électromoteur par sa réaction sur lui-même. Modifications qui en résultent dans son état électrique.

L'ACTION chimique de la colonne électrique ne s'exerce pas seulement à l'extrémité des fils par lesquels on établit la communication entre ses deux pôles ; elle a lieu de même entre ses élémens métalliques , le conducteur humide qui les sépare tenant lieu du liquide dans lequel on plonge les fils. De là résultent dans l'intérieur même de l'appareil des changemens considérables qui modifient son état électrique , soit en influant sur l'action électromotrice des élémens qui le composent, soit en y altérant la conductibilité.

Le premier effet de cette action , c'est une absorption rapide de l'oxigène de l'air qui environne l'appareil. On peut s'en assurer d'une manière très-simple , en plaçant une pile verticale sur un support entouré d'eau , et la recouvrant d'une cloche cylindrique de verre qui plonge aussi dans l'eau par sa base , *fig.* 57. En peu d'instans , on voit s'élever l'eau dans l'intérieur de la cloche , surtout si l'on établit la communication entre les deux pôles de la pile par des fils de métal , de manière à y déterminer la circulation de l'électricité. Quand il n'y a point de communication établie , l'absorption s'opère encore , mais avec beaucoup plus de lenteur. Dans tous les cas , après un temps plus ou moins long , selon le volume de la pile et la quantité d'air qui l'environne , l'absorbtion cesse et l'air resté sous la cloche ne présente plus de traces d'oxigène. Ce phénomène a été découvert par M. Frédéric Cuvier et moi , dans les premiers temps où l'appareil électromoteur fut connu en France. Aujourd'hui nous pouvons aller plus loin et en pénétrer la cause ; elle réside sans doute dans l'affinité de l'oxigène pour les surfaces électrisées vitreusement , comme le sont les élémens zinc de la pile ; et , en effet , ce sont ces élémens qui se trouvent oxidés. L'effet est surtout énergique et durable quand la pile est tenue ainsi sous une cloche uniquement remplie de gaz oxigène pur. Alors son effet se prolonge beaucoup au-delà du temps qu'il aurait duré dans l'air ordinaire ; et, lors même que la pile plongée dans une atmosphère d'azote paraît tout-à-fait éteinte, la restitution d'une petite quantité d'oxigène suffit pour la ramener.

Lorsque l'on démonte les piles qui ont été ainsi tenues en action pendant plusieurs heures ou même pendant plusieurs jours, sous une cloche qui empêche le renouvellement de l'air atmosphérique, avec une communication constamment établie entre leurs pôles, on trouve que les disques métalliques qui les composent adhèrent entre eux et aux rondelles de drap intermédiaires avec une si grande force qu'il est très-difficile de les séparer. Quand on y est parvenu, on voit que l'action chimique de la pile a réagi sur elle-même, et produit des altérations remarquables sur ses propres élémens. Si la pile a été montée de cette manière, zinc, humide, cuivre, zinc....., etc., *fig.* 58, et qu'on l'ait posée sur sa base zinc, on voit constamment que des molécules du zinc inférieur s'en sont détachées et se sont portées sur le cuivre supérieur, tandis que des molécules du cuivre se sont portées sur le zinc supérieur, et ainsi de suite du bas en haut de la colonne. Si la situation de la pile est inverse, cuivre, humide, zinc, cuivre.... etc., *fig.* 59, le cuivre descend sur le zinc inférieur, le zinc sur le cuivre du haut en bas de la colonne. La direction du *transport* est inverse par rapport à la verticale ; mais elle reste la même relativement à l'ordre des élémens dont l'appareil est composé.

D'après cette disposition, le zinc est obligé, pour se porter sur le cuivre, de traverser le morceau de drap humide qui les sépare. Dans les piles où la communication n'a point été établie, cette transmission n'a point lieu. La surface du cuivre est lisse, et celle du zinc qui lui est opposée est seulement couverte de petits filets noirs qui suivent la direction des fils du drap. Lorsque la communication est établie depuis un peu de temps, quelques particules d'oxide commencent à passer, et se portent sur le cuivre : enfin, si l'action est forte, la

surface de ce dernier finit par en être recouverte entièrement. Alors l'action chimique et physiologique de la pile
cesse , soit que l'oxide de zinc déposé sur le cuivre exerce
sur lui une action électromotrice qui balance celle du zinc
métallique qui le touche par son autre face , soit que l'interposition de cette couche d'oxide offre un trop grand obstacle à la transmission de l'électricité, soit enfin , ce qui est
le plus probable, que les deux effets se produisent à la fois.

Quelquefois l'oxide de zinc, après avoir traversé le morceau de drap , se revivifie sur le cuivre à l'état métallique.
Alors l'élément sur lequel cette précipitation s'opère perd
toute sa force électromotrice , puisque le cuivre s'y trouve en
contact entre deux zincs.

Le mouvement de transport étant dirigé du zinc au cuivre
à travers les conducteurs humides, lorsque le cuivre se porte
sur le zinc, c'est toujours par les faces où ils se touchent
immédiatement. Alors si le cuivre adhère au zinc , il garde
son brillant métallique ; quelquefois il se forme du laiton.
Ces revivifications n'ont pas lieu quand la communication
n'est pas établie entre les extrémités de la pile. Il faut encore , pour qu'elles puissent s'opérer , que les disques de
drap ne soient pas trop épais , ni d'un tissu trop serré.

Ce sont là , je crois , les premiers phénomènes de transport qui aient été observés avec l'appareil électromoteur.
Nous les avons annoncés , M. F. Cuvier et moi , dans le travail dont j'ai parlé plus haut. Ils sont surtout sensibles dans
les piles composées de plaques d'un très-petit diamètre. La
réaction de ces piles sur elles-mêmes est incomparablement
plus forte et plus prompte que celle des piles à larges
disques.

Tous ces changemens intérieurs étant bien constatés , il
faut examiner quelle influence ils peuvent avoir sur l'état
électrique , et , par suite , sur la permanence chimique de
l'appareil électromoteur.

Commençons par l'absorption de l'oxigène , au moyen de
laquelle l'énergie chimique de la pile est augmentée. Il est
clair que cet accroissement n'aurait pas lieu , si la conduc-

tibilité était parfaite ; car alors chaque élément métallique de la pile tirerait instantanément du sol, par transmission directe, la quantité d'électricité qui lui est nécessaire, selon le rang qu'il occupe. Mais les expériences contenues dans le précédent chapitre nous ont appris que ce cas est tout-à-fait idéal ; et, quoiqu'il ait été utile de le considérer d'abord pour concevoir nettement l'accroissement de l'électricité par la superposition des couples métalliques, il faut nécessairement modifier ces abstractions par la circonstance d'une conductibilité imparfaite, pour avoir une idée complète de la pile, telle qu'on peut la former réellement.

Selon les idées de Volta, l'oxigène ne pourrait agir qu'en établissant une communication plus intime entre les élémens métalliques de la pile, en les serrant pour ainsi dire par l'oxidation les uns contre les autres, et contre les rondelles imparfaitement conductrices qui les séparent. Il est en effet vraisemblable que cette adhérence contribue à augmenter la conductibilité, surtout dans les commencemens de l'action. Mais lorsqu'elle est devenue assez forte pour que la pile tout entière ne forme plus pour ainsi dire qu'une masse solide, lorsque les rondelles humides interposées entre les disques se sont desséchées, que tout l'oxigène qui l'environnait a été absorbé, et que l'action chimique semble tout-à-fait éteinte, quel nouveau degré d'adhérence peut subitement produire l'introduction d'une nouvelle quantité d'oxigène ? Ne semble-t-il pas plutôt que cet oxigène ranime la pile en s'insinuant entre les rondelles, et portant à chaque disque de zinc avec lequel il se combine, la quantité d'électricité dont ce disque a besoin pour se recharger autant que l'exige le rang qu'il occupe ? Alors l'état électrique des disques redevient le même que s'ils eussent tiré leur électricité du sol, et ils réparent leurs pertes avec la même rapidité. L'action chimique de la pile recommence donc aussi à s'exercer, comme elle le faisait avant le dessèchement des conducteurs humides.

Mais si c'est l'oxigène qui rend l'électricité au zinc, où prend-il cette électricité ? Se dégage-t-elle dans sa combinaison avec le zinc, et, en général, les phénomènes chimiques qui se passent dans l'intérieur de la pile, développent-ils l'électricité dont elle a besoin? Des expériences délicates faites avec la balance électrique m'ont prouvé que la proportion d'électricité qui pouvait se développer de cette manière était incomparablement plus petite que celle qui circule réellement dans l'appareil ; ainsi l'oxigène environnant ne peut prolonger l'action d'une pile qu'en servant lui-même de conducteur entre les élémens métalliques qui la composent, et voici comment on peut concevoir cette communication.

Imaginons une pile montée de cette manière, cuivre, zinc, humide, et faisons-la communiquer au sol par sa base cuivre. Dans l'état d'équilibre, toutes les pièces de cette pile auront un excès d'électricité vitrée dépendant du rang qu'elles occupent. Si l'on touche la pièce supérieure, l'excès qu'elle possède s'écoulera dans le sol, et elle tendra à le reprendre aux pièces inférieures à travers les conducteurs humides. Mais ces conducteurs n'étant pas parfaits, il faudra pour cela un certain temps ; et, si l'on réitère la décharge avant que la communication ait pu se faire, la pièce supérieure prendra de l'électricité vitrée à la pièce de cuivre qu'elle touche immédiatement, de sorte que celle-ci acquerra un excès d'électricité résineuse ; et la même chose arrivera plus ou moins à tous les couples métalliques qui composent la pile.

Cela posé, introduisons autour des disques une atmosphère d'oxigène. Cet oxigène se trouvera attiré par toutes les pièces de zinc qui sont à l'état vitré ; il se combinera donc avec leur substance en vertu de l'affinité qu'il a pour elle, et de l'influence électrique qui l'y détermine. Mais l'oxide de zinc qui en résultera sera à son tour attiré vers la surface de la pièce de cuivre supérieure, que l'imperfection des conducteurs laisse à l'état résineux. Il portera donc à cette pièce l'électricité vitrée du zinc métallique qu'il abandonne, et ce mouvement de transport, continué du bas en haut de la pile, rétablira la transmission de l'électricité. La même chose arriverait encore dans une pile qui communiquerait au sol par son sommet zinc, parce que l'état imparfait des conducteurs permettra de même aux élémens métalliques de se mettre dans des états opposés.

Cette explication, qui est due à M. Davy, s'applique également à toutes les autres décompositions chimiques qui s'opèrent dans l'intérieur de la pile. Les produits qui en résultent, attirés vers les surfaces diversement électrisées, transportent avec eux l'électricité de ces surfaces, et produisent directement le même résultat qui naîtrait d'une parfaite conductibilité.

On doit donc s'attendre que toutes les modifications qui surviennent dans l'état chimique des conducteurs humides, influeront sur l'action de la pile, et même sur la quantité d'électricité qu'elle communiquera au condensateur par un simple contact. De là les différences que présentent les mêmes piles à des époques diverses de leur action, et cela doit influer aussi sur la progression de leur énergie avec le nombre des étages.

L'affaiblissement progressif et inévitable des appareils électromoteurs montés avec des conducteurs humides, a fait faire aux physiciens une infinité de tentatives pour découvrir une construction de pile qui n'employât que des conducteurs parfaitement secs. Jusqu'ici leurs efforts ont été vains; ou du moins les piles ainsi construites n'ont pas possédé une conductibilité assez grande pour produire les décompositions chimiques; objet principal pour lequel on peut désirer un appareil permanent.

A cet égard, Volta a découvert entre les substances métalliques une relation très-remarquable, qui rend impossible la construction d'une pile avec ces seules substances. Je vais l'exposer d'après lui; mais je n'ai pas eu l'occasion de la constater.

Si l'on range les métaux dans l'ordre suivant, argent, cuivre, fer, étain, plomb, zinc, chacun d'eux deviendra vitré par le contact avec celui qui le précède, et résineux avec celui qui le suit. L'électricité vitrée passera donc de l'argent au cuivre, du cuivre au fer, du fer à l'étain, et ainsi de suite.

Maintenant la propriété dont il s'agit consiste en ce que la force électromotrice de l'argent au zinc est égale à la somme des forces électromotrices des métaux qui sont compris entre eux dans la série : d'où il suit qu'en les mettant en contact, dans cet ordre, ou dans tel autre que l'on voudra choisir, les métaux extrêmes seront toujours dans le même état que s'ils se touchaient immédiatement. Par conséquent, si l'on suppose un nombre quelconque d'élémens ainsi disposés, dont les extrémités seraient, par exemple, argent et zinc, on aurait le même résultat que si les élémens étaient seulement formés de ces deux métaux ; c'est-à-dire qu'il n'y aura pas d'effet, ou qu'il sera le même que celui qu'aurait produit un seul élément.

Il paraît jusqu'à présent que la propriété précédente s'étend à tous les corps solides qui sont de très-bons conducteurs ; mais elle ne subsiste pas entre eux et les liquides. C'est pour cela que l'on réussit à la construction de la pile par l'intermède de ces derniers. De là résulte la division que fait Volta des conducteurs en deux classes : la première comprenant les corps solides ; la seconde, les liquides. On n'a pu construire encore l'appareil à colonne que par un mélange convenable de ces deux classes ; il devient impossible avec la première seulement, et l'on ne connaît pas encore assez exactement l'action mutuelle des corps qui composent la seconde, pour prononcer s'il en est de même à leur égard. Cependant, il paraît que cela ne doit pas être, car la nature a réalisé de véritables piles à liquides dans les appareils électriques de certaines espèces de poissons, particulièrement de la torpille. Ces appareils, situés près de l'estomac de l'animal, sont composés d'une multitude de tubes rangés à côté les uns des autres et remplis d'un liquide particulier. Il paraît que l'animal peut mettre à volonté cette pile en action, et alors il peut communiquer de vraies secousses électriques aux corps animés avec lesquels il est en contact.

Si l'on n'a pas pu réussir à former des appareils voltaïques absolument secs et indécomposables, on est parvenu à en obtenir dont l'action, à la vérité très-faible, est du moins de longue durée. Telle est la pile que M. Hachette a construite avec des couples métalliques séparés par une simple couche de colle de farine, mêlée de sel marin. Lorsque cette couche est séchée, l'humidité qu'elle tire de l'atmosphère, la rend assez conductrice pour permettre le rétablissement de l'équilibre électrique entre les élémens métalliques, dans un temps inappréciable; aussi elle charge le condensateur par un simple contact sensiblement instantané, et elle conserve cette propriété pendant des mois et des années entières, ce qui en fait un véritable électrophore; mais elle ne donne ni commotion, ni saveur, ni action chimique. M. Zamboni a construit aussi une pile dont l'effet électrique paraît très-durable; il la compose avec des disques de papier, doré ou argenté sur une de ses faces, et recouvert sur l'autre d'une couche d'oxide de manganèse pulvérisé. Alors, dans la superposition de ces disques, les couples métalliques se trouvent formés d'argent ou d'or, en contact avec l'oxide de manganèse; et le papier interposé sert de conducteur. De là résulte une transmission d'électricité très-faible; aussi obtient-on seulement des signes électriques, de même qu'avec la pile à la colle, mais point d'action chimique, ni de commotion, ni même de saveur. Cette dernière classe de phénomènes exige donc un rétablissement d'équilibre électrique plus rapide. Pour mettre en évidence les effets extrêmes de ce retard, j'ai construit des piles où le corps humide était suppléé par des disques de nitrate de potasse, fondus au feu; alors la conductibilité était si faible que le condensateur mettait un temps sensible à se charger, et se chargeait de plus en plus, avec le temps, jusqu'à une certaine limite, qui était la même qu'avec les piles les plus énergiques, pour un nombre d'étages pareil. D'après la loi de ces charges, j'ai pu conclure que la quantité initiale d'électricité, donnée par une pareille pile au condensateur, dans un infiniment petit, était incomparablement moindre qu'avec les piles ordinaires; et comme ce sont ces charges

initiales qui produisent les décompositions chimiques, quand
la communication est établie entre les deux pôles, on voit
pourquoi ces piles, où la conductibilité est très-faible, ne
produisent point ces phénomènes, et ne donnent ni action
chimique, ni saveur, ni commotion.

CHAPITRE XVIII.

Des Piles secondaires.

Tandis que l'on épuisait toutes les combinaisons pour
former un appareil électromoteur uniquement composé de
substances sèches, et par conséquent inaltérables, Ritter en
découvrait un qui, sans pouvoir développer d'électricité par
son action propre, est cependant susceptible d'être chargé
par la pile voltaïque, de manière à en acquérir passagèrement toutes les propriétés. C'est ce que l'on nomme les
piles secondaires de Ritter.

Pour s'en former une idée juste et précise, il faut connaître
une observation faite antérieurement par M. Ermann de
Berlin, sur l'imparfaite conductibilité des substances végétales
imbibées d'eau.

Si l'on isole une colonne électrique, dont le pôle supérieur
soit vitré, et le pôle inférieur résineux, que l'on fasse communiquer ces deux pôles par un conducteur imparfait,
comme serait par exemple, pour ces petites quantités d'électricités, une bande de papier mouillée d'eau pure, chaque
moitié de cette bande prendra l'électricité du pôle avec lequel
elle communique. La partie supérieure sera vitrée, et l'inférieure résineuse. Ce phénomène est une conséquence évidente
des lois que suit l'électricité, lorsqu'elle se distribue sur des
corps qui la transmettent imparfaitement.

Concevons maintenant que l'on enlève ce conducteur imparfait avec un corps isolant, comme une baguette de verre;
l'équilibre ne se rétablira pas instantanément entre ses deux
extrémités, et elles resteront pendant quelque temps vitrées
et résineuses, comme lorsqu'elles communiquaient aux deux
pôles de la pile.

Ces différences diminueront peu à peu, à mesure que les électricités contraires se recomposeront, et bientôt leurs actions neutralisées deviendront tout-à-fait insensibles.

C'est à cela précisément que se rapporte l'expérience fondamentale de M. Ritter. Seulement il remplace le ruban humide par une colonne composée de disques de cuivre et de cartons humides entremêlés Cette colonne est incapable par elle-même de mettre l'électricité en mouvement, du moins si l'on suppose ses élémens de chaque espèce homogènes entre eux; mais elle se charge par la communication avec la pile, comme la bande de papier humide dont nous avons parlé. Voici toutefois une différence essentielle dans les deux résultats. Il paraît que l'électricité, lorsqu'elle est faible, éprouve quelque difficulté à passer d'une surface à une autre. Cela semble du moins résulter des expériences de M. Ritter, et peut-être cette résistance est-elle produite par la couche imperceptible d'air non conducteur qui adhère aux surfaces de tous les corps. L'électricité introduite dans la colonne à un seul métal, éprouve donc une difficulté pareille à passer du métal au carton humide; et cet obstacle s'accroît à mesure que les alternatives sont plus nombreuses. Ainsi cette pile, une fois chargée, doit perdre son électricité très-lentement, lorsqu'il n'y a pas de communication directe entre ses deux pôles. Mais si l'on établit cette communication par un bon conducteur, l'écoulement des deux électricités et leur combinaison s'y faisant avec vitesse, déterminera une décharge qui s'opérera comme dans la bouteille de Leyde, par une commotion instantanée. A cet effet succédera un nouvel état d'équilibre, dans lequel les forces répulsives des différentes plaques seront diminuées en raison de la quantité d'électricité qui s'est neutralisée instantanément. Les décharges doivent donc se répéter en s'affaiblissant à mesure que l'on réitère les contacts; mais elles cessent bientôt d'être sensibles par une suite même de l'égalité de charge qu'elles tendent à rétablir entre toutes les parties de l'appareil. En un mot, le jeu de cette colonne tient à ce qu'elle devient successivement plus ou moins bon conducteur, selon que ses deux extrémités communiquent ou ne communiquent pas entre elles.

Quant à la manière dont l'électricité doit s'y disposer, elle doit être telle que la force répulsive de l'électricité à la surface de chaque plaque, combinée avec la résistance des surfaces voisines, fasse équilibre aux actions réunies de toutes les autres. Par conséquent, si l'on suppose le nombre des élémens impairs et tout l'appareil isolé, les quantités d'électricité iront en diminuant depuis les deux extrémités où elles seront égales et de signe contraire, comme dans la pile primitive, jusqu'au centre où elles seront nulles; mais, si l'appareil communique avec le sol par sa base, l'électricité ira en croissant dans toute l'étendue de la colonne, depuis cette base où elle sera nulle jusqu'au sommet où elle sera égale à celle de la pile primitive.

L'appareil que nous venons de décrire reproduit avec une moindre intensité les commotions, les décompositions de l'eau et les autres effets physiologiques ou chimiques que l'on obtient de la pile ordinaire. En y variant les nombres et l'ordre des disques de cartons et de cuivre, M. Ritter a obtenu plusieurs résultats intéressans. Ainsi il a observé que, de toutes les manières dont on peut disposer un certain nombre de conducteurs hétérogènes, l'arrangement où il y a le moins d'alternatives est le plus favorable à la transmission de l'électricité. Par exemple, si l'on construit une pile avec soixante-quatre disques de cuivre et soixante-quatre disques de cartons mouillés, disposés en trois masses, de sorte que tous les cartons fassent un assemblage continu, terminé de part et d'autre par trente-deux plaques métalliques, cette pile conduira très-bien l'électricité de la colonne de Volta, et se chargera par conséquent très-peu, ou point du tout, d'une manière permanente. Si l'on interrompt les conducteurs humides par une plaque de cuivre, la faculté conductrice diminue déjà. Des interruptions plus fréquentes l'affaiblissent encore davantage; et, en multipliant ainsi les interruptions, l'on parvient à des systèmes dans lesquels la conductibilité est à peine sensible. Ce sont ces phénomènes qui ont fait connaître à M. Ritter la résistance qu'éprouve une faible électricité pour passer d'une surface à une autre, résistance qui n'a d'effet que dans cet état de faiblesse ; car, par une propriété singulière, une électricité assez forte pour la vaincre s'ouvre tout-à-fait un libre passage et s'écoule entièrement.

On vient de voir qu'en changeant la distribution des élémens dans une pile secondaire, on peut changer à volonté sa faculté conductrice. Il était naturel de penser que ces modifications influeraient diversement sur les effets chimiques et physiologiques. Pour en suivre l'effet progressif, M. Ritter a varié l'arrangement d'un nombre donné de conducteurs humides et solides, depuis la séparation en deux groupes jusqu'aux alternatives les plus nombreuses. Voici les résultats qu'il a obtenus.

Un très-petit nombre d'alternatives se laisse facilement traverser par le courant élecrique de la pile primitive, supposée suffisamment forte. L'appareil ne se charge donc point d'une manière permanente ; les effets chimiques et physiologiques sont nuls. En multipliant davantage les alternatives, la pile primitive restant la même, la pile secondaire commence à se charger. Elle communique de l'électricité à l'électroscope ; elle dégage de l'eau quelques bulles de gaz, mais elle ne donne point de commotions dans les organes. Le nombre des alternatives s'accroissant encore, la charge électrique augmente ; on obtient la décomposition de l'eau, la saveur, la commotion. Mais, à une certaine limite d'alternatives, les effets chimiques et physiologiques cessent de croître, quoique la charge électrique totale reste constante, ou même continue d'augmenter. Passé ce terme, cette charge se soutient toujours, mais les autres effets s'affaiblissent. Le dégagement des bulles cesse d'abord, ensuite la commotion. On se retrouve donc alors arrivé à l'autre extrême d'une conductibilité trop imparfaite, et la progression avec laquelle ces phénomènes s'éteignent, la charge électrique restant constante, achève de mettre dans une entière évidence ce que nous avons dit plus haut sur la manière dont ils dépendent de la vitesse de transmission.

On voit, d'après les mêmes principes, pourquoi l'appareil de M. Ritter est plus propre qu'aucun autre à mettre séparément en évidence ces deux genres d'action. Dans la pile ordinaire, la quantité d'électricité libre croît avec le nombre des étages, et balance la résistance qui résulte des alternatives; au lieu que, dans la pile secondaire, la force répulsive de l'électricité aux deux pôles ne peut jamais surpasser celle de la pile primitive; et la résistance que les alternatives fournissent est employée toute entière à modifier l'écoulement d'une même quantité d'électricité.

Enfin, si la colonne de Volta peut charger ainsi la pile secondaire de Ritter, elle doit cette faculté à ce que la force répulsive de l'électricité à ses pôles est extrêmement faible, et pour ainsi dire imperceptible. Une électricité plus forte, telle, par exemple, que celle des machines électriques ordinaires, traverserait entièrement le système des corps conducteurs qui forment la pile secondaire, et par conséquent ne pourrait produire aucun des effets qui résultent de son accumulation.

Les différences qui existent dans les actions chimiques des piles ordinaires, à raison de la grandeur de leurs plaques, se retrouvent aussi dans les piles secondaires. La nature des cartons, leur épaisseur, la nature de la dissolution dont ils sont humectés, enfin l'ordre dans lequel on les entremêle, et une foule d'autres petites circonstances modifient ces effets de mille manières, qu'il serait aussi utile que curieux d'examiner.

La pile secondaire étant, comme nous l'avons dit plus haut, formée avec un seul métal et une substance humide, il semble, au premier coup-d'œil, qu'elle ne doit pas avoir d'électricité par elle-même; et en effet, son action propre, avant qu'on l'ait chargée, est à peine appréciable. Mais on peut cependant la rendre sensible en mettant les muscles et les nerfs d'une grenouille en communication avec ses deux extrémités.

CHAPITRE XIX.

Sur la résistance inégale que les deux Électricités éprouvent en traversant différens corps, quand elles sont fort affaiblies.

En étudiant la manière dont l'électricité se décharge à travers des corps de différente nature, nous avons reconnu que ceux mêmes qui semblent le mieux la conduire, opposent cependant à son passage une résistance appréciable. En rapprochant ces résultats de ceux que nous avaient présentés les supports imparfaitement isolans, nous avons dû en conclure que l'imperfection de la conductibilité deviendrait de plus en plus sensible, à mesure que l'on diminuerait la force répulsive de l'électricité transmise; de sorte qu'à un certain degré d'affaiblissement, déterminé pour chaque corps, tous les corps, et les métaux mêmes, produiraient un isolement parfait. L'appareil électromoteur fournissant une source d'électricité inépuisable, avec une force répulsive très-faible, réunissait les conditions les plus propres à ce genre d'épreuve; aussi nous a-t-il fait découvrir, dans les propriétés conductrices des liquides, des différences et des imperfections que nos machines électriques ordinaires ne nous auraient pas fait apercevoir.

En s'appliquant à des recherches de ce genre, M. Ermann a fait cette observation curieuse, que la faculté conductrice de certains corps pour les deux électricités est inégale, de sorte qu'en atténuant de plus en plus la force répulsive, on trouve un terme où le corps devient isolant pour l'une, tandis qu'il est encore conducteur pour l'autre; c'est ce que prouvent les expériences que nous allons rapporter.

M. Erman isole un appareil électromoteur, monté avec un liquide bon conducteur, tel, par exemple, que la dissolution de muriate de soude. Il fait communiquer chacun de ses pôles à un électroscope à feuilles d'or très-sensible, pareillement isolé. Bientôt chaque électroscope a acquis le degré de divergence déterminé par le nombre des plaques, et le zéro électrique se trouve au milieu de l'appareil.

Cela fait, il prend un prisme de savon alkalin bien sec, et il insère, dans un de ses bouts, un fil métallique qui communique au sol. S'il touche par l'autre bout l'un quelconque des pôles de la pile, ce pôle est aussitôt déchargé, la divergence de l'électroscope y devient nulle; et, au contraire, l'électroscope de l'autre pôle diverge davantage. Tout se passe comme si le pôle touché par le prisme eût communiqué avec le sol, et le savon semble faire alors l'office de conducteur pour l'une ou l'autre électricité indifféremment.

Maintenant la pile restant toujours isolée, et les forces répulsives de ses pôles étant rétablies, faites communiquer ces pôles ensemble par l'intermédiaire du même savon, en insérant, dans les deux bouts du prisme, des fils métalliques qui se rendent à chaque pôle. Malgré cette communication, les deux électroscopes continueront à diverger comme auparavant, de sorte que le savon semble alors faire l'office d'un corps non conducteur.

Mais, lorsque cet isolement est bien reconnu, touchez un instant le savon avec un fil de métal qui communique au sol; aussitôt le pôle résineux sera neutralisé, et la force répulsive du pôle vitré atteindra son maximum. Ainsi le savon reprend de nouveau sa faculté conductrice, mais seulement pour laisser écouler l'électricité résineuse, et c'est toujours celle-ci qu'il transmet de préférence, même quand on le touche tout auprès du fil qui se rend au pôle vitré de la pile. Ce pôle n'en reste pas moins isolé.

La flamme de l'alcool présenta à M. Ermann des effets pareils, mais la disposition conductrice était en faveur de l'électricité vitrée. Tout ceci doit s'entendre seulement des degrés d'électricité très-faibles, tels que les donne l'appareil électromoteur. Car la flamme de l'alcool et le savon conduiraient imparfaitement à la vérité, mais d'une manière sensiblement égale, des électricités plus énergiques.

En répétant ces expériences, l'éther sulfurique m'a pré-

senté une propriété qui complète celles qu'a découvertes
M. Ermann. Ce liquide , interposé entre les deux pôles de la
pile, semble les isoler comme le savon et l'alcool. Si l'on place
dans le cercle un appareil pour la décomposition de l'eau, il ne
se dégage point de bulles; enfin tous les signes de l'isolement
des deux pôles sont complets. Mais si on touche un seul
instant l'éther avec un fil métallique, pour le faire communiquer avec le sol , en appliquant en même. temps un condensateur à l'un quelconque des pôles de la pile , ce condensateur se charge complètement , comme si l'éther était
devenu tout à coup conducteur de l'espèce d'électricité qui
appartient au pôle où le condensateur est appliqué. En
rendant compte de ces expériences, j'ai dit que le deux pôles
de la pile *semblaient* isolés par l'interposition d'un prisme
de savon alcalin. C'est qu'en effet l'isolement n'est que partiel. Le mouvement de l'électricité, dans le prisme de savon,
n'est pas absolument nul; il est seulement beaucoup plus
lent que dans la pile même , ce qui permet à celle-ci de se
recharger sensiblement , et d'acquérir une tension à ses pôles
pendant que le savon la décharge. La preuve en est que le
même prisme de savon conduit absolument toute l'électricité
d'une pile moins conductrice, telle que la pile à la colle ;
car il ôte absolument toute tension à ses pôles, de sorte que
le condensateur ne se charge plus du tout en les touchant.
La flamme d'alcool interposée entre les pôles de cette même
pile, ne la décharge pas si complètement. Elle laisse subsister
une tension , et l'on peut y répéter les expériences de M.
Ermann. Cette flamme conduit donc l'électricité moins bien
que le savon alcalin. J'ai donné le détail de ces expériences
dans le Bulletin des Sciences, pour 1816, page 103.

FIN DU TOME PREMIER.

TABLE

DES LIVRES ET DES CHAPITRES

CONTENUS DANS CE VOLUME.

LIVRE PREMIER

Considérations générales sur la Matérialité, l'Équilibre et le Mouvement.

CHAPITRE PREMIER. Examen des propriétés par lesquelles les corps nous deviennent sensibles................ *Page* 1

CHAP. II. Notions fondamentales : espace, repos, mouvement, force................................. 11

CHAP. III. De l'équilibre produit par la composition de plusieurs forces appliquées à un même point matériel 16

CHAP. IV. De l'équilibre produit par la composition de plusieurs forces appliquées à divers points matériels liés entre eux invariablement. 20

CHAP. V. De l'équilibre dans les machines simples.......... 50

    Du Levier......................... Ib.

    De la Poulie....................... 53

    Du Plan incliné. 54

CHAP. VI. De l'équilibre des liquides incompressibles........ 57

CHAP. VII. De l'équilibre des fluides aériformes............. 45

CHAP. VIII. Conditions de l'équilibre des corps solides plongés dans des fluides pesans............................ 48

CHAP. IX. Notions générales sur les diverses espèces de mouvemens, sur le temps, la vitesse et la masse 50

CHAP. X. Du mouvement curviligne : forces centrales : force centrifuge 63

CHAP. XI. Oscillations du pendule...................... 73

CHAP. XII. Du choc des corps.......................... 79

CHAP. XIII. Des mouvemens des liquides incompressibles..... 85

CHAP. XIV. Sur les mouvemens des corps solides dans les milieux résistans................................. 98

CHAP. XV. Des mouvemens des fluides aériformes........... 101

LIVRE II.

*Exposé des phénomènes généraux et des moyens d'observa-
tions communs à toutes les sciences, d'expérience.*

CHAPITRE PREMIER. Des procédés qui servent à mesurer l'éten-
due : le vernier, le sphéromètre , le comparateur........... 103
CHAP. II. De la Balance et de la manière de s'en servir. 112
CHAP. III. De la construction du Thermomètre , et de la ma-
nière de s'en servir................................. 119
CHAP. IV. Sur les destructions et les reproductions de chaleur
qui s'observent pendant le changement d'état des corps...... 148
CHAP. V. De la pression atmosphérique et du Baromètre...... 153
CHAP. VI. Rapports du Baromètre et du Thermomètre...... 175
CHAP. VII. Lois de la condensation et de la dilatation de l'Air
et des Gaz, sous les pressions diverses , à une même tempé-
rature 178
CHAP. VIII. Des Pompes à liquides et à gaz 187
CHAP. IX. Mesure de la dilatation des corps solides par la chaleur. 204
CHAP. X. Mesure de la dilatation des Gaz par la chaleur..... 217
CHAP. XI. Mesure de la dilatation des Liquides par la chaleur. 224
CHAP. XII. Des Vapeurs en général, et d'abord de leur forma-
tion et de leur force élastique dans le vide 230
CHAP. XIII. Mesure du poids des Vapeurs sous un volume
donné , à une pression et une température déterminées...... 245
CHAP. XIV. Du mélange des Vapeurs avec les Gaz........... 250
CHAP. XV. De l'Évaporation.......................... 257
CHAP. XVI. De l'Hygrométrie.......................... 261
CHAP. XVII. De la Pesanteur spécifique des Corps........... 271
CHAP. XVIII. Mesure de la pesanteur spécifique des Gaz...... 273
CHAP. XIX. Mesure de la Pesanteur spécifique des Liquides... 283
De l'Aréométrie 286
CHAP. XX. Mesure de la pesanteur spécifique des Corps solides. 288
CHAP. XXI. Des Phénomènes capillaires.................... 293
CHAP. XXII. De l'Élasticité........................... 299
CHAP. XXIII. Du Frottement.......................... 309

LIVRE III.

De l'Acoustique.

CHAPITRE PREMIER. De la production et de la propagation du
Son.. 311

Chap. II. De la perception et de la comparaison des Sons continués... 322

Chap. III. Vibrations des Cordes élastiques 326

Chap. IV. Approximations usitées dans la musique pour exprimer les intervalles des sons. Nécessité d'altérer la justesse de ces intervalles dans les instrumens à sons fixes ; règles de ce tempérament 339

Chap. V. Vibrations des verges élastiques , droites ou courbes. 350

Chap. VI. Vibrations des corps rigides ou flexibles, agités dans toutes leurs dimensions.. 356

Chap. VII. Des Instrumens à vent......................... 359

    Des Flûtes et Instrumens à vent percés de trous latéraux 381

    De la manière d'accorder les tuyaux à bouche , selon leur forme et la nature rigide ou flexible de leurs parois. Procédés pour les mettre en ton 385

    Des Instrumens à Anches.................................. 384

Chap. VIII. Sur la Résonnance des corps.................... 389

Chap. IX. Organes de l'Ouïe et de la Voix.................. 394

    DE L'OUÏE.. 395

    DE LA VOIX.. 397

LIVRE IV.

De l'Électricité.

Chapitre premier. Phénomènes généraux des Attractions et Répulsions électriques: distinctions de deux sortes d'électricités. 403

Chap. II. Des lois que suivent les Attractions et les Répulsions apparentes des corps électrisés.............................. 418

Chap. III. Des lois suivant lesquelles l'Électricité se dissipe par le contact de l'air et par les supports qui la retiennent imparfaitement... 428

Chap. IV. Disposition de l'Électricité en équilibre dans les corps conducteurs isolés. 438

Chap. V. Des Électricités combinées , et de leur séparation par les actions à distance. Rapports de leur équilibre avec celui des Fluides.. 449

Chap. VI. Théorie des mouvemens excités dans les corps par les attractions et les répulsions électriques.................... 467

Chap. VII. De la meilleure disposition à donner aux Machines électriques , et aux Conducteurs qui en font partie........... 478

CHAP. VIII. Des Électroscopes.................... 483

CHAP. IX. Des Électricités dissimulées.................... 489

    LE CONDENSATEUR............................

    L'ÉLECTROPHORE 500

    LA BOUTEILLE DE LEYDE.................... 504

    LES BATTERIES ÉLECTRIQUES.................... 507

CHAP. X. Des Piles électriques, et des Phénomènes que présentent les cristaux électrisés par la chaleur.............. 510

CHAP. XI. Effets mécaniques produits par la force répulsive des Électricités accumulées.................... 514

CHAP. XII. De l'Électricité atmosphérique et des Paratonnerres. 517

CHAP. XIII. De la Lumière électrique.................... 527

CHAP. XIV. Du développement de l'Électricité par le simple contact.................... 528

CHAP. XV. Théorie de l'appareil électromoteur, en y supposant la conductibilité parfaite.................... 538

CHAP. XVI. Effets chimiques de l'appareil électromoteur..... 548

CHAP. XVII. Examen des altérations qui s'opèrent dans l'Appareil électromoteur par sa réaction sur lui-même. Modifications qui en résultent dans son état électrique.................... 557

CHAP. XVIII. Des Piles secondaires.................... 564

CHAP. XIX. Sur la résistance inégale que les deux Électricités éprouvent en traversant différens corps, quand elles sont fort affaiblies.................... 569

FIN DE LA TABLE DU 1er. VOLUME.

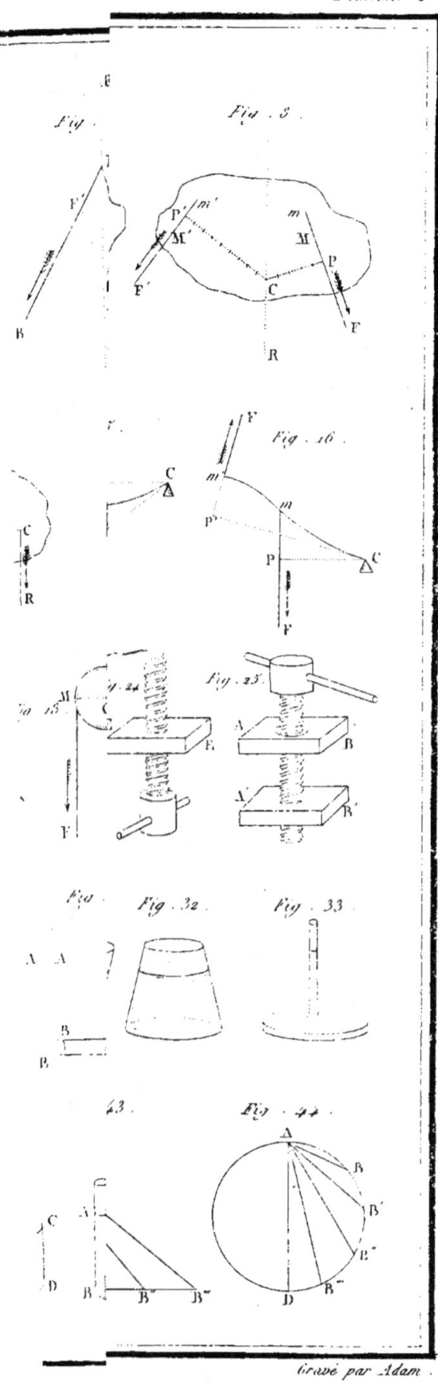
Fig. 3
Fig. 16
Fig. 24
Fig. 25
Fig. 32
Fig. 33
Fig. 44

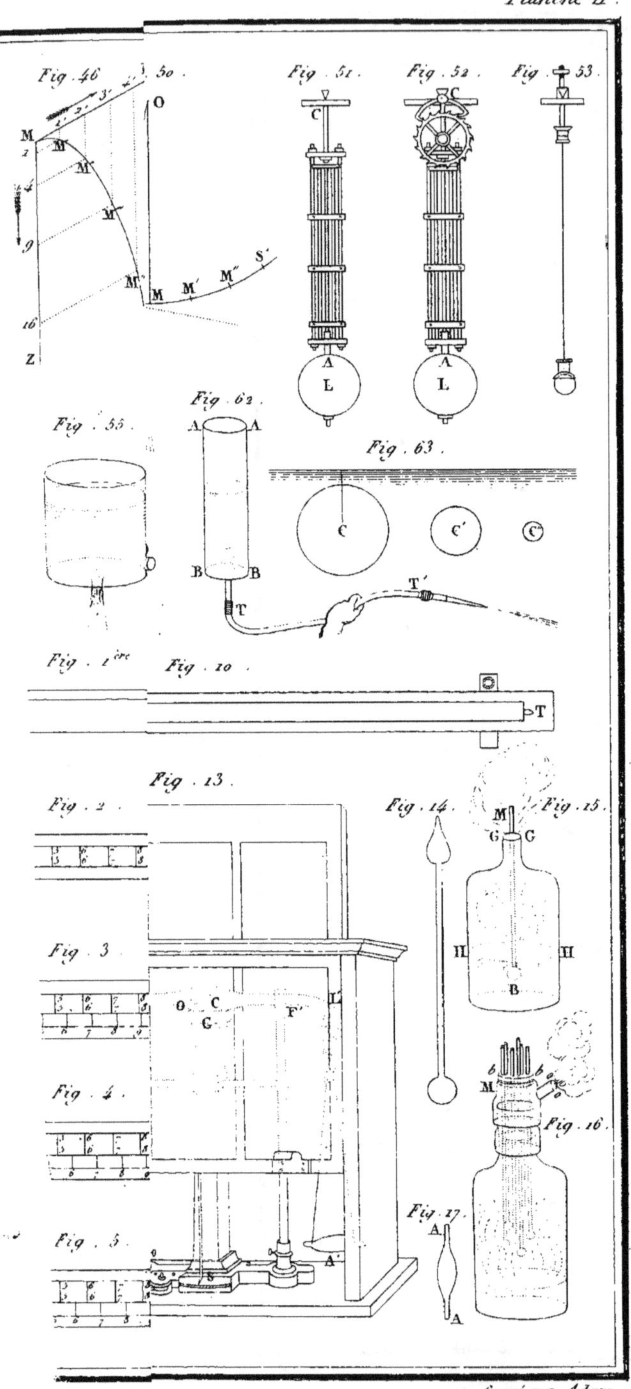

Gravé par Adam.

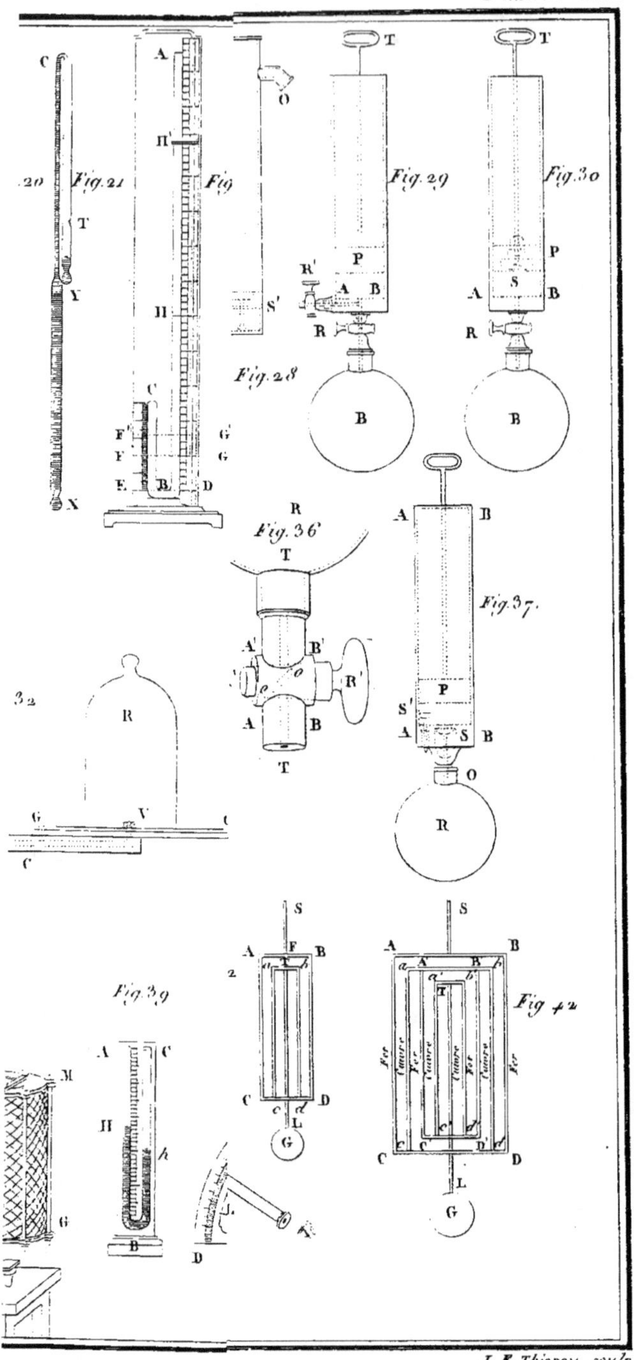
C
A
.20 Fig.21 Fig
Π'
T
II
Y
C
F'
F
E B D
X
Fig.28
O
R'
P
A B
S'
R
Fig.36
R
T
A' B'
o R'
c
A' B'
T
32
R
G V
C
C
Fig.29
T
P
A B
R
B
Fig.30
T
P
A S B
R
B
A B
Fig.37
P
S'
A S B
O
R
S
A F B
2
C D
c L
G
Fig.39
A C
M
II h
G
B
J
D A
S
A a A' B b
T
A' a' b'
Fer Cuivre Fer Cuivre Cuivre Fer Cuivre Fer
c' d
C c c' d D
L
G
Fig.42

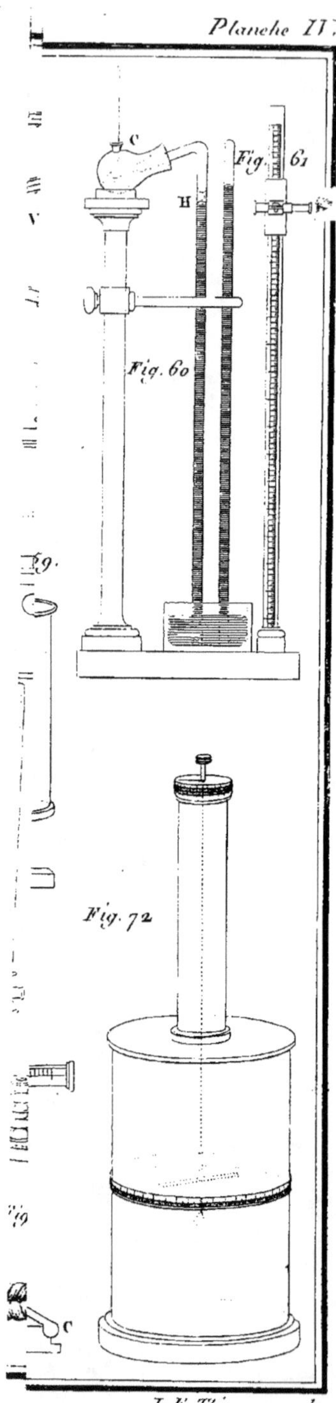
Planche II.
C
H
Fig. 61
Fig. 60
Fig. 72
C
J. E. Thierry sculp

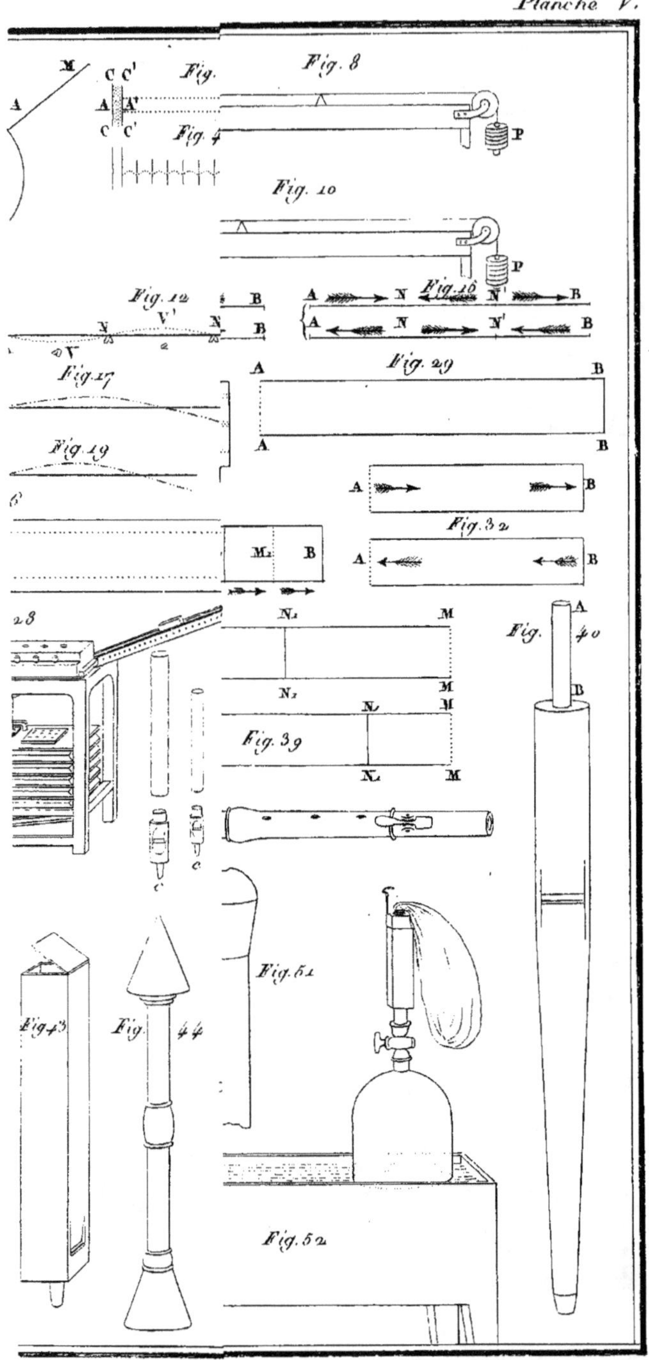
M
C C'
A
A A'
C C'
Fig.
Fig. 8
P
Fig. 10
P
Fig. 12
B
B
V'
A N N' B
Fig. 16
A N N' B
Fig. 17
A Fig. 29 B
A B
Fig. 19
A B
Fig. 32
A B
M B
N. M
N. M
N M
Fig. 39
N. M
Fig. 40
A
B
Fig. 51
Fig. 43
Fig. 44
Fig. 52

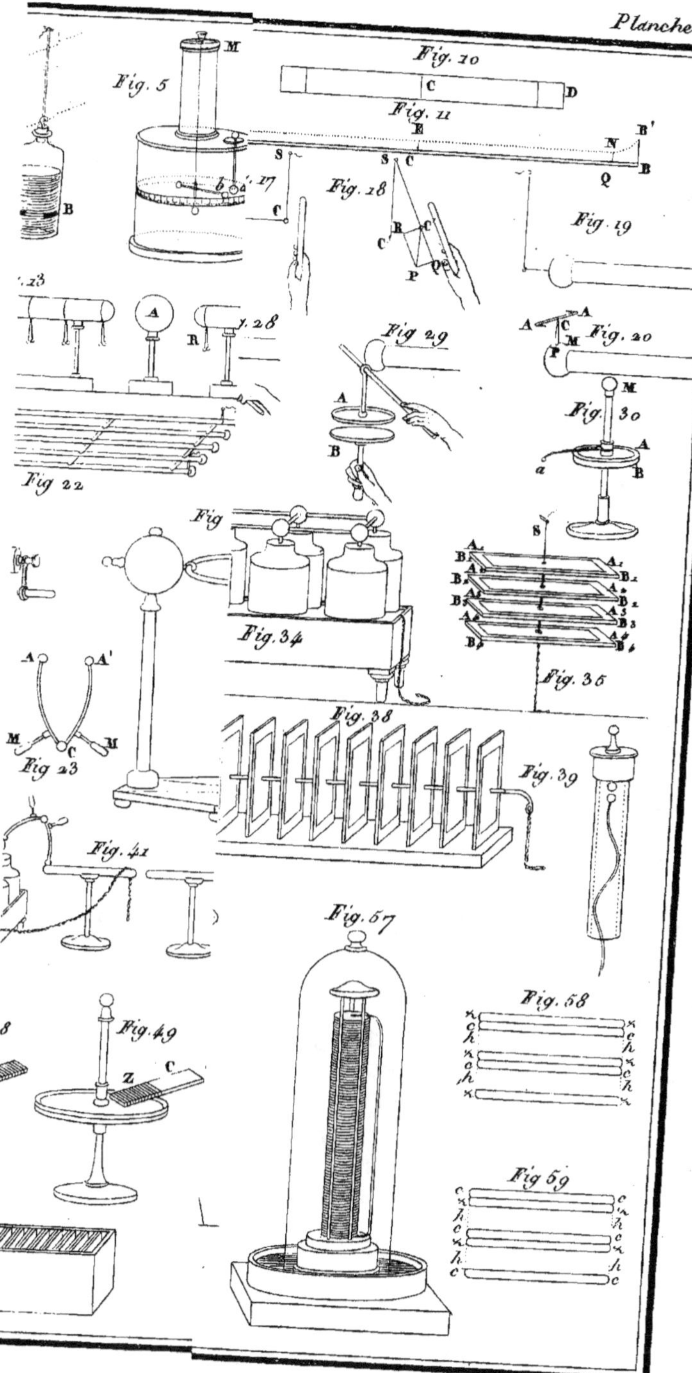

Fig. 5
Fig. 10
Fig. 11
Fig. 17
Fig. 18
Fig. 19
Fig. 20
Fig. 22
Fig. 23
Fig. 28
Fig. 29
Fig. 30
Fig. 34
Fig. 35
Fig. 38
Fig. 39
Fig. 41
Fig. 49
Fig. 57
Fig. 58
Fig. 59

www.ingramcontent.com/pod-product-compliance
Lightning Source LLC
LaVergne TN
LVHW021922170726
843501LV00001BA/120